光盘使用说明

光盘主要内容

本光盘为《计算机应用案例教程系列》丛书的配套多媒体教学光盘，光盘中的内容包括18小时与图书内容同步的视频教学录像和相关素材文件。光盘采用真实详细的操作演示方式，详细讲解了电脑以及各种应用软件的使用方法和技巧。此外，本光盘附赠大量学习资料，其中包括3～5套与本书内容相关的多媒体教学演示视频。

光盘操作方法

将DVD光盘放入DVD光驱，几秒钟后光盘将自动运行。如果光盘没有自动运行，可双击桌面上的【我的电脑】或【计算机】图标，在打开的窗口中双击DVD光驱所在盘符，或者右击该盘符，在弹出的快捷菜单中选择【自动播放】命令，即可启动光盘进入多媒体互动教学光盘主界面。

光盘运行后会自动播放一段片头动画，若您想直接进入主界面，可单击鼠标跳过片头动画。

光盘运行环境

- 赛扬1.0GHz以上CPU
- 512MB以上内存
- 500MB以上硬盘空间
- Windows XP/Vista/7/8操作系统
- 屏幕分辨率1280×768以上
- 8倍速以上的DVD光驱

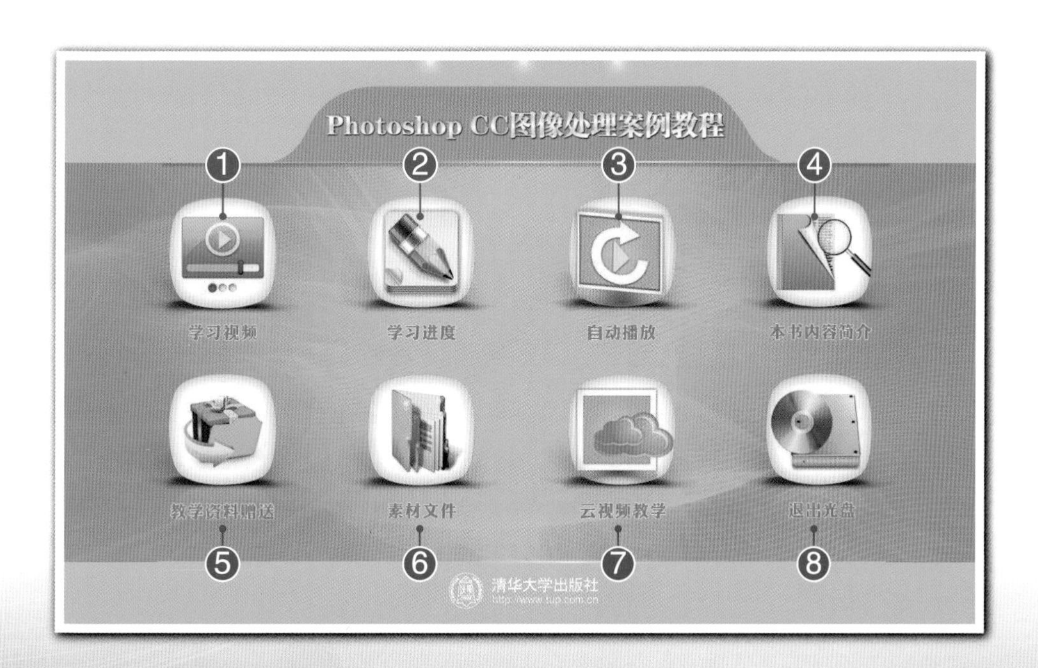

① 进入普通视频教学模式
② 进入学习进度查看模式
③ 进入自动播放演示模式
④ 阅读本书内容介绍
⑤ 打开赠送的学习资料文件夹
⑥ 打开素材文件夹
⑦ 进入云视频教学界面
⑧ 退出光盘学习

[光盘使用说明]

普通视频教学模式

学习进度查看模式

自动播放演示模式

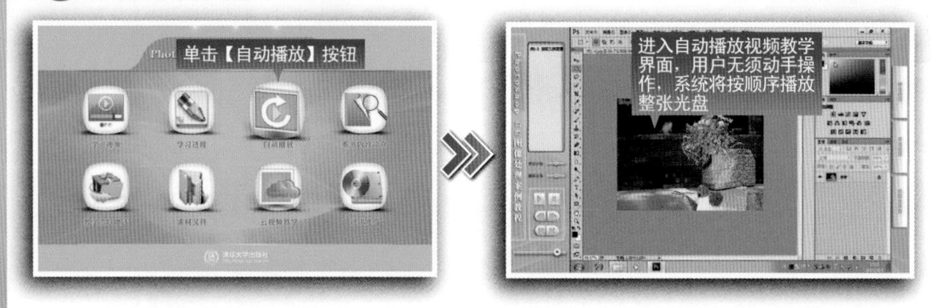

赠送的教学资料

[PowerPoint 2010幻灯片制作案例教程]

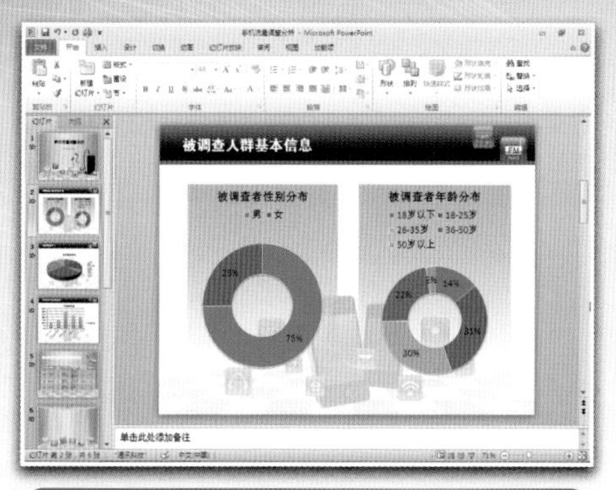

▸ 插入、编辑图表

▸ 创建相册

▸ 制作旅游公司演示文稿

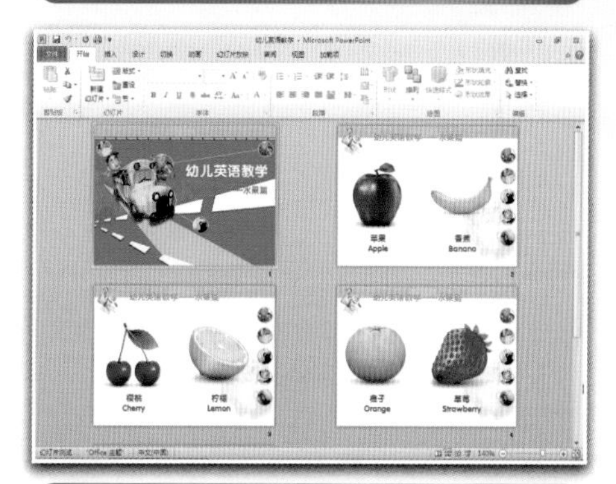

▸ 制作“幼儿英语教学”课件

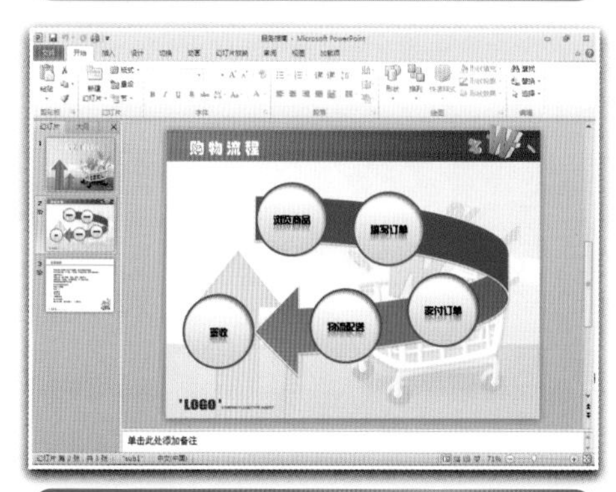

▸ 绘制、编辑形状

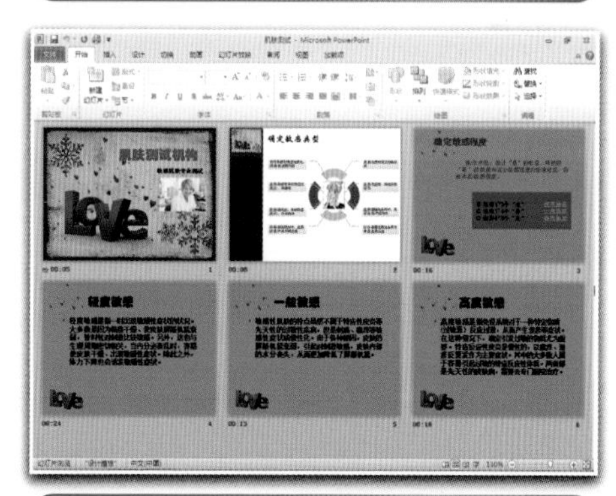

▸ 制作“肌肤测试”演示文稿

▸ 使用幻灯片缩略图放映

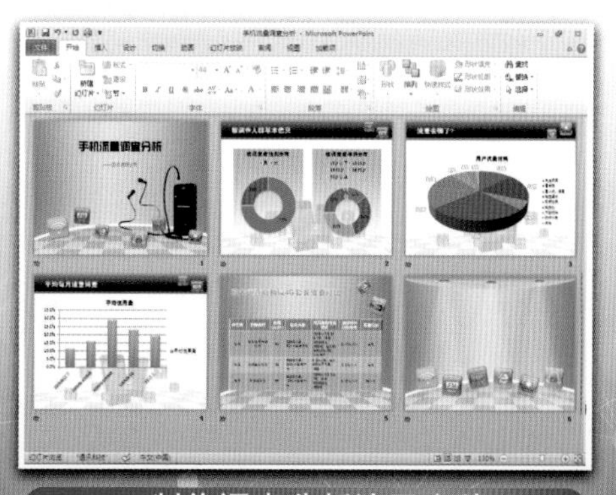

▸ 制作调查分析演示文稿

▶ 制作“古诗词赏析”演示文稿母版

▶ 艺术字操作

▶ 设计演示文稿动画效果

▶ 制作“旅游行程”演示文稿

▶ 制作“食谱”演示文稿母版

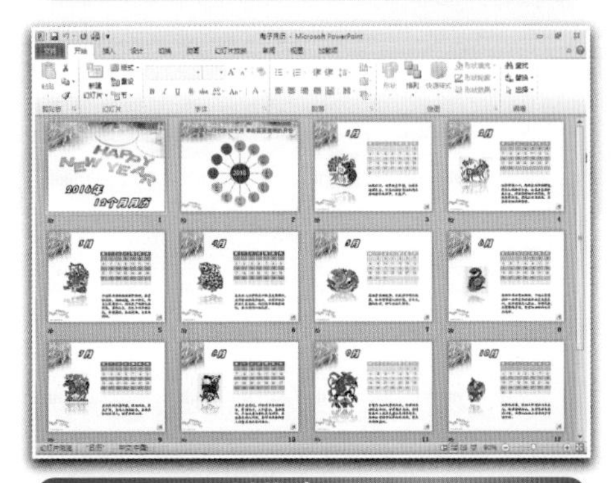

▶ 制作电子月历

▶ 制作小学语文课件

▶ 根据样本模板创建演示文稿

计算机应用案例教程系列

PowerPoint 2010幻灯片制作
案例教程

薛　芳◎编著

清华大学出版社
北京

内 容 简 介

本书是《计算机应用案例教程系列》丛书之一，全书以通俗易懂的语言、翔实生动的案例，全面介绍了使用 PowerPoint 2010 制作幻灯片的相关知识。本书共分 11 章，涵盖了演示文稿基础知识，PowerPoint 2010 的基础操作，幻灯片文本的创建与编辑，在幻灯片中添加图形图像，添加表格和图表，设计幻灯片母版，在幻灯片中插入多媒体，设置幻灯片的切换效果与动画，设计交互式演示文稿，演示文稿放映控制和演示文稿的后期管理等内容。

本书内容丰富，图文并茂，双栏紧排，附赠的光盘中包含书中实例素材文件、18 小时与图书内容同步的视频教学录像以及 3～5 套与本书内容相关的多媒体教学视频，方便读者扩展学习。本书具有很强的实用性和可操作性，是一本适合于高等院校及各类社会培训学校的优秀教材，也是广大初中级计算机用户和不同年龄阶段计算机爱好者学习计算机知识的首选参考书。

本书对应的电子教案可以到 http://www.tupwk.com.cn/teaching 网站下载。

图书在版编目(CIP)数据

PowerPoint 2010 幻灯片制作案例教程 / 薛芳　编著. — 北京：清华大学出版社，2016（2024.2重印）
(计算机应用案例教程系列)
ISBN 978-7-302-43521-1

Ⅰ. ①P… Ⅱ. ①薛… Ⅲ. ①图形软件－教材 Ⅳ. ①TP391.41

中国版本图书馆 CIP 数据核字(2016)第 080975 号

责任编辑：胡辰浩　袁建华
版式设计：妙思品位
封面设计：孔祥峰
责任校对：成凤进
责任印制：刘海龙

出版发行：清华大学出版社
　　网　　址：https://www.tup.com.cn，https://www.wqxuetang.com
　　地　　址：北京清华大学学研大厦 A 座　　邮　　编：100084
　　社 总 机：010-83470000　　邮　　购：010-62786544
　　投稿与读者服务：010-62776969，c-service@tup.tsinghua.edu.cn
　　质 量 反 馈：010-62772015，zhiliang@tup.tsinghua.edu.cn
　　课 件 下 载：https://www.tup.com.cn，010-62794504
印 装 者：三河市铭诚印务有限公司
经　　销：全国新华书店
开　　本：185mm×260mm　　**印　　张：**18.75　　**字　　数：**480 千字
(附光盘 1 张)
版　　次：2016 年 7 月第 1 版　　**印　　次：**2024年 2 月第 9 次印刷
定　　价：79.00 元

产品编号：065447-04

熟练使用计算机已经成为当今社会不同年龄层次的人群必须掌握的一门技能。为了使读者在短时间内轻松掌握计算机各方面应用的基本知识，并快速解决生活和工作中遇到的各种问题，清华大学出版社组织了一批教学精英和业内专家特别为计算机学习用户量身定制了这套“计算机应用案例教程系列”丛书。

丛书、光盘和教案定制特色

选题新颖，结构合理，为计算机教学量身打造

本套丛书注重理论知识与实践操作的紧密结合，同时贯彻“理论+实例+实战”3阶段教学模式，在内容选择、结构安排上更加符合读者的认知习惯，从而达到教师易教、学生易学的目的。丛书完全以高等院校、职业学校及各类社会培训学校的教学需要为出发点，紧密结合学科的教学特点，由浅入深地安排章节内容，循序渐进地完成各种复杂知识的讲解，使学生能够一学就会、即学即用。

版式紧凑，内容精炼，案例技巧精彩实用

本套丛书采用双栏紧排的格式，合理安排图与文字的占用空间，其中290多页的篇幅容纳了传统图书一倍以上的内容，从而在有限的篇幅内为读者奉献更多的计算机知识和实战案例。丛书内容丰富，信息量大，章节结构完全按照教学大纲的要求来安排，并细化了每一章内容，符合教学需要和计算机用户的学习习惯。书中的案例通过添加大量的“知识点滴”和“实用技巧”的注释方式突出重要知识点，使读者轻松领悟每一个案例的精髓所在。

书盘结合，素材丰富，全方位扩展知识能力

本套丛书附赠一张精心开发的多媒体教学光盘，其中包含了18小时左右与图书内容同步的视频教学录像。光盘采用真实详细的操作演示方式，紧密结合书中的内容对各个知识点进行深入的讲解，读者只需要单击相应的按钮，即可方便地进入相关程序或执行相关操作。附赠光盘收录书中实例视频、素材文件以及3～5套与本书内容相关的多媒体教学视频。

在线服务，贴心周到，方便老师定制教案

本套丛书精心创建的技术交流QQ群(101617400、2463548)为读者提供24小时便捷的在线交流服务和免费教学资源。便捷的教材专用通道(QQ：22800898)为教师量身定制实用的教学课件。教师也可以登录本丛书的信息支持网站(http://www.tupwk.com.cn/teaching)下载图书的相关教学资源。

本书内容介绍

《PowerPoint 2010幻灯片制作案例教程》是这套丛书中的一本，该书从读者的学习兴趣和实际需求出发，合理安排知识结构，由浅入深、循序渐进，通过图文并茂的方式讲解使用PowerPoint 2010制作幻灯片的各种方法及技巧。全书共分为11章，主要内容如下。

第1章：介绍了演示文稿和PowerPoint的基础知识，包括如何设计演示文稿，PowerPoint的启动与退出以及工作环境设置等内容。

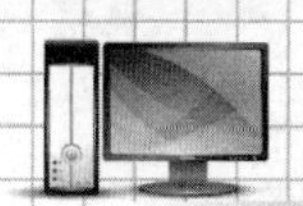

第 2 章：介绍了使用 PowerPoint 创建演示文稿的基础操作，包括创建、打开和关闭演示文稿，幻灯片基础操作等内容。

第 3 章：介绍了在幻灯片中输入、编辑文本以及设置文本格式的操作方法和技巧。

第 4 章：介绍了在幻灯片中插入图片和图形的操作方法和技巧，包括插入与编辑图片、自选图形、SmartArt 图形和相册等内容。

第 5 章：介绍了在幻灯片中插入表格和图表的操作方法和技巧。

第 6 章：介绍了幻灯片母版的创建与编辑的操作方法和技巧，包括幻灯片母版的种类，母版的版式设计，母版的主题和背景设置等内容。

第 7 章：介绍了制作多媒体演示文稿的操作方法和技巧，包括插入音频、视频文件，以及设置多媒体文件显示效果等内容。

第 8 章：介绍了添加幻灯片切换效果和对象动画效果的操作方法和技巧。

第 9 章：介绍了设计交互式演示文稿的操作方法和技巧。

第 10 章：介绍了幻灯片放映的设置方法，包括放映前设置，开始放映，控制放映过程，使用监视器，审阅演示文稿等内容。

第 11 章：介绍了演示文稿后期管理的操作方法和技巧，包括打包、发布、输出和打印等内容。

读者定位和售后服务

本套丛书为所有从事计算机教学的老师和自学人员而编写，是一套适合于高等院校及各类社会培训学校的优秀教材，也可作为计算机初中级用户和计算机爱好者学习计算机知识的首选参考书。

如果您在阅读图书或使用电脑的过程中有疑惑或需要帮助，可以登录本丛书的信息支持网站(http://www.tupwk.com.cn/teaching)或通过 E-mail(wkservice@vip.163.com)联系，本丛书的作者或技术人员会提供相应的技术支持。

除封面署名的作者外，参加本书编写的人员还有陈笑、曹小震、高娟妮、李亮辉、洪妍、孔祥亮、陈跃华、杜思明、熊晓磊、曹汉鸣、陶晓云、王通、方峻、李小凤、曹晓松、蒋晓冬、邱培强等。由于作者水平所限，本书难免有不足之处，欢迎广大读者批评指正。我们的邮箱是 huchenhao@263.net，电话是 010-62796045。

最后感谢您对本丛书的支持和信任，我们将再接再厉，继续为读者奉献更多更好的优秀图书，并祝愿您早日成为计算机应用高手！

本书对应的电子教案可以到http://www.tupwk.com.cn/teaching网站下载。

《计算机应用案例教程系列》丛书编委会

2016 年 2 月

目录

第 1 章 快速了解演示文稿

1.1 了解演示文稿……2

1.1.1 了解演示文稿的应用领域……2

1.1.2 明确演示文稿的应用场合……2

1.1.3 了解观众群体的需求……3

1.2 精美演示文稿的创建……4

1.2.1 演示文稿的设计流程……4

1.2.2 幻灯片的布局结构……5

1.2.3 幻灯片的内容设计……5

1.2.4 幻灯片的色彩设计……7

1.2.5 演示文稿制作经验之谈……8

1.3 PowerPoint 的启动与退出……9

1.3.1 PowerPoint 的特点……9

1.3.2 启动 PowerPoint 2010……10

1.3.3 退出 PowerPoint 2010……10

1.4 PowerPoint 2010 界面介绍……10

1.4.1 PowerPoint 工作界面……10

1.4.2 PowerPoint 视图模式……11

1.5 设置 PowerPoint 2010 工作环境……13

1.5.1 自定义快速访问工具栏……13

1.5.2 自定义工具选项卡……14

1.5.3 显示标尺、网格和参考线……15

1.5.4 更改工作界面颜色……15

1.5.5 设置演示文稿显示比例……16

1.5.6 移动拆分……16

1.5.7 排列演示文稿……17

1.5.8 切换文档窗口……17

1.6 案例演练……17

第 2 章 PowerPoint 2010 的基础操作

2.1 创建演示文稿……20

2.1.1 创建空白演示文稿……20

2.1.2 根据模板创建演示文稿……20

2.1.3 根据现有内容新建……21

2.1.4 其他创建方法……22

2.2 演示文稿的基本操作……24

2.2.1 打开演示文稿……24

2.2.2 关闭演示文稿……25

2.2.3 保存与保护演示文稿……25

2.3 幻灯片的基本操作……29

2.3.1 选择幻灯片……29

2.3.2 插入幻灯片……30

2.3.3 移动与复制幻灯片……31

2.3.4 隐藏幻灯片……32

2.3.5 删除幻灯片……33

2.4 使用节管理幻灯片……34

2.4.1 新增节……34

2.4.2 编辑节……35

2.5 撤销和恢复操作……35

2.6 案例演练……36

2.6.1 创建和调整演示文稿……36

2.6.2 自定义 PPT 保存方式……38

第 3 章 创建与编辑幻灯片文本

3.1 输入文本……40

3.1.1 使用文本框添加文本……40

3.1.2 设置文本框属性……41

3.1.3 导入文本……43

3.2 编辑文本……45

3.2.1 选择文本……45
3.2.2 移动文本……46
3.2.3 复制和删除文本……46
3.2.4 查找和替换文本……46

3.3 设置文本格式……48

3.3.1 设置字体格式……48
3.3.2 设置特殊文本格式……50
3.3.3 设置字符间距……51
3.3.4 清除格式……52

3.4 设置段落格式……52

3.4.1 设置段落对齐方式……52
3.4.2 设置文本换行格式……53
3.4.3 设置文本段落缩进……53
3.4.4 设置文本段落间距……54
3.4.5 使用项目符号和编号……55
3.4.6 设置分栏显示……57

3.5 使用艺术字……58

3.5.1 插入艺术字……59
3.5.2 设置艺术字格式……59

3.6 添加备注文本……62

3.7 案例演练……63

3.7.1 制作讲解演示文稿……63
3.7.2 制作宣传演示文稿……68

第 4 章 在幻灯片中添加图形图像

4.1 在幻灯片中使用图片……76

4.1.1 插入剪贴画……76
4.1.2 插入来自文件的图片……76
4.1.3 插入屏幕截图……80
4.1.4 设置图片格式……81
4.1.5 调整图片排列方式……86
4.1.6 旋转和翻转图片……87

4.2 绘制与设定自选图形……87

4.2.1 绘制常用的自选图形……87
4.2.2 编辑形状……88
4.2.3 设置形状样式……90
4.2.4 组合图形……92

4.3 创建与编辑 SmartArt 图形……93

4.3.1 创建 SmartArt 图形……93
4.3.2 编辑 SmartArt 图形……94
4.3.3 格式化 SmartArt 图形……97

4.4 插入相册……98

4.4.1 新建电子相册……98
4.4.2 编辑电子相册……101

4.5 案例演练……103

4.5.1 制作“幼儿英语教学”课件……103
4.5.2 制作旅游公司演示文稿……107

第 5 章 在幻灯片中添加表格和图表

5.1 在幻灯片中插入表格……118

5.1.1 快速插入表格……118
5.1.2 手动绘制表格……118
5.1.3 在表格中输入文本……120
5.1.4 链接其他软件创建的表格……120

5.2 设置表格外观……121

5.2.1 设置表格文本对齐方式……121
5.2.2 选择表格样式……122

5.3 在幻灯片中插入图表……124

5.4 设置图表外观……125

5.5 案例演练……130

5.5.1 制作调查分析演示文稿……130
5.5.2 制作电子月历……136

第6章 幻灯片母版设计

6.1 幻灯片母版介绍……148
6.1.1 幻灯片母版……148
6.1.2 讲义母版……149
6.1.3 备注母版……149
6.2 设置幻灯片母版……150
6.2.1 修改母版版式……150
6.2.2 设置页眉和页脚……156
6.3 设置幻灯片母版主题和背景……158
6.3.1 设置母版主题……158
6.3.2 设置母版背景……161
6.3.3 保留母版……163
6.4 设置其他母版……163
6.4.1 制作讲义母版……163
6.4.2 制作备注母版……165
6.5 案例演练……167
6.5.1 制作“食谱”演示文稿母版……167
6.5.2 制作小学语文课件……175

第7章 在幻灯片中插入多媒体

7.1 在幻灯片中插入声音……190
7.1.1 使用剪辑管理器中的音频……190
7.1.2 插入计算机中的声音文件……190
7.1.3 为幻灯片配音……192
7.2 控制音效效果……192
7.2.1 设置音效属性……192
7.2.2 预览剪贴画音频……194
7.2.3 试听音效效果……194
7.3 在幻灯片中插入视频……194
7.3.1 插入剪辑管理器中的影片……194
7.3.2 插入计算机中的视频文件……195
7.3.3 插入网站中的视频文件……197
7.4 设置视频效果……197
7.5 管理音频和视频书签……198
7.6 案例演练……199
7.6.1 制作“科学种植”演示文稿……199
7.6.2 制作传统风格演示文稿母版……201

第8章 设置幻灯片的切换效果与动画

8.1 设置幻灯片切换动画……212
8.1.1 为幻灯片添加切换动画……212
8.1.2 设置切换动画选项……213
8.2 为幻灯片中的对象添加动画效果……214
8.2.1 添加进入效果……214
8.2.2 添加强调效果……216
8.2.3 添加退出效果……218
8.2.4 添加动作路径动画效果……219
8.3 动画效果高级设置……221
8.3.1 设置动画触发器……221
8.3.2 动画刷复制动画效果……222
8.3.3 设置动画计时选项……222
8.3.4 重新排序动画……224
8.4 案例演练……225

第9章 设计交互式演示文稿

9.1 设置幻灯片超链接……230
9.1.1 创建超链接……230

9.1.2 编辑超链接 ……232
9.1.3 设置超链接格式 ……232
9.1.4 清除超链接 ……233
9.1.5 链接到其他对象 ……234

9.2 添加动作按钮 ……236

9.3 案例演练 ……237

9.3.1 制作“旅游行程”演示文稿 ……237
9.3.2 制作“肌肤测试”演示文稿 ……243

第 10 章 演示文稿放映控制

10.1 幻灯片放映前的设置 ……254

10.1.1 设置放映时间 ……254
10.1.2 设置放映方式 ……255
10.1.3 设置放映类型 ……255
10.1.4 自定义放映 ……256
10.1.5 幻灯片缩略图放映 ……258
10.1.6 录制语音旁白 ……259

10.2 开始放映幻灯片 ……260

10.2.1 从头开始放映 ……260
10.2.2 从当前幻灯片开始放映 ……260
10.2.3 广播幻灯片 ……260

10.3 控制幻灯片的放映过程 ……262

10.3.1 切换和定位幻灯片 ……262
10.3.2 为重点内容做标记 ……264
10.3.3 激光笔 ……265
10.3.4 黑屏和白屏 ……266

10.4 使用监视器 ……266

10.5 审阅演示文稿 ……267

10.5.1 校验演示文稿 ……267
10.5.2 信息检索 ……268
10.5.3 翻译内容 ……268
10.5.4 编码转换 ……269
10.5.5 创建批注 ……270

10.6 案例演练 ……272

第 11 章 演示文稿的后期管理

11.1 发布幻灯片 ……276

11.2 将演示文稿保存到 Web ……277

11.3 使用电子邮件发送演示文稿 ……278

11.4 将演示文稿输出为其他格式 ……279

11.4.1 输出为图形文件 ……279
11.4.2 输出为幻灯片放映 ……280
11.4.3 输出为大纲文件 ……281

11.5 创建 PDF/XPS 文档与讲义 ……282

11.5.1 创建 PDF/XPS 文档 ……282
11.5.2 创建讲义 ……283

11.6 打包演示文稿 ……284

11.6.1 从本地磁盘中打包 ……284
11.6.2 在其他计算机中解包 ……286

11.7 创建视频 ……286

11.8 打印演示文稿 ……287

11.8.1 页面设置 ……287
11.8.2 打印预览 ……288
11.8.3 设置打印 ……289

11.9 案例演练 ……290

11.9.1 将演示文稿输出为图片 ……290
11.9.2 预览并打印演示文稿 ……291

第1章

快速了解演示文稿

PowerPoint 是一款专门用于制作演示文稿的应用软件，也是 Microsoft Office 系列软件中的重要组成部分。使用 PowerPoint 可以制作出集文字、图形、图像、声音以及视频等多媒体元素为一体的演示文稿，使信息以更轻松、更高效的方式表达出来。

对应光盘视频

例 1-1 调整快速访问工具栏
例 1-2 添加自定义选项卡和选项组
例 1-3 显示标尺、网格和参考线
例 1-4 更改工作界面的颜色
例 1-5 定制 PowerPoint 工作界面

1.1 了解演示文稿

演示文稿由“演示”和“文稿”两个词语组成，可以很好地表达它的作用，即用于演示某种效果而制作的文档，主要用于会议、产品展示和教学课件等领域。演示文稿可以很好地拉近演示者和观众之间的距离，更容易让观众接受演示者的观点。

1.1.1 了解演示文稿的应用领域

PowerPoint 通常用来制作用于公共空间下放映的多媒体演示文稿，在演示过程中可以插入声音、视频以及动画等多媒体资料，使演示内容更加直观、形象，更具说服力。目前 PowerPoint 制作的演示文稿主要有以下 3 种用途。

1. 多媒体商业演示

最初开发 PowerPoint 软件的目的就是为各种商业活动提供一个内容丰富的多媒体产品或服务演示的平台，帮助销售人员向最终用户演示产品或服务的优越性。

PowerPoint 用于决策提案时，设计要体现简洁与专业性，避免大量文字段落的涌现，多采用 SmartArt 图示、图表以说明。

2. 多媒体交流演示

PowerPoint 演示文稿是宣讲者的演讲辅助手段，以交流为用途，被广泛用于培训、研讨会以及产品发布等领域。

大部分信息通过宣讲人演讲的方式传递，PowerPoint 演示文稿中出现的内容信息较少，文字段落篇幅较小，常以标题形式出现，作为总结概括。

每个页面单独停留时间较长，观众有充足时间阅读页面上的每个信息点。

3. 多媒体娱乐演示

由于 PowerPoint 支持文本、图像、动画、音频和视频等多种媒体内容的集成，因此，很多用户都使用 PowerPoint 来制作各种娱乐性质的演示文稿，例如手工剪纸集、相册等，通过 PowerPoint 的丰富表现功能来展示多媒体娱乐内容。

1.1.2 明确演示文稿的应用场合

对于同样内容的 PowerPoint 演示文稿，在不同场合下，需要调整不同的设计思路以适应场合的需求。一般情况下，在大型场合下，必须考虑 PowerPoint 演示文稿中的内容是否能够完整呈现，在视觉传达上要尽量满足在场的绝大多数观众。而在小型场合下，如会议室、培训教室等，由于观众人数不多，对演示文稿的限制就相对少一些。下面分别就大型场合和小型场合进行详细的介绍。

1. 大型场合

大型场合的观众人数为数十或数百，常见于大型报告厅、展厅等。

在大型场合中放映多媒体，首先要考虑将 PowerPoint 演示文稿的内容准确无误地传递给每一位观众的最好方式。

一般情况下，基于大型场合演示的 PowerPoint，在设计思路上应该充足体现以下内容：

- 去除过于繁琐的文字，尽可能以关键词或句代替段落。因为，大场合的观众人多，注意力很难持续集中。
- 多使用图片代替文字，避免视觉疲劳。图片的优势在于色彩的表现，能够吸引视线，合适的图片往往优于描述文字。

2. 小型场合

小型场合的观众人数通常在 10 人以内，常见于会议室、教室等。

在小型场合中，观众注意力比较集中，即使在有人宣讲的情况下，PowerPoint 放映也会成为焦点，影响观众有条件阅读到 PowerPoint 演示文稿中的每一个细节。小型场合的设计思路体现以下内容：

- 简洁、有效地传递信息。在小型场合中，观众的注意力主要集中在演示内容上，如果 PowerPoint 设计的表现形式过于花哨，会分散观众注意力。
- 尽可能选择图示化的表达方式。使用 PowerPoint 自带的图示，如箭头、指示以及拓扑图等，通过设计来阐述文本内容，能够将复杂的概念、流程、框架非常直观地表达出来，使宣讲内容一目了然。

1.1.3 了解观众群体的需求

在了解 PowerPoint 的应用领域，明确媒体演示的场合之后，还需要了解观众群体的需求。同样内容的演示文稿，在不同的观众群体面前，应该采取不同的设计思路和设计方案，这样才能有效地进行信息传递。

按照观众群体对演示文稿的内容关注程度，分为行业外群体、客户群体和公司内部群体。

1. 行业外群体

行业外群体是指与 PowerPoint 演示文稿内容无关的观众群体(亦称大众群体)。行业外群体本身并不完全关注演示文稿的内容信息，再加上观众层次不一，很难完全了解他们的需求。而演示文稿发布者希望通过 PowerPoint 放映，引起观众对内容的关注。这时，就需要 PowerPoint 内容具有一定的吸引力，或者通过色彩、版式、所选图片及动画效果等直观的设计形式，来吸引观众的注意。

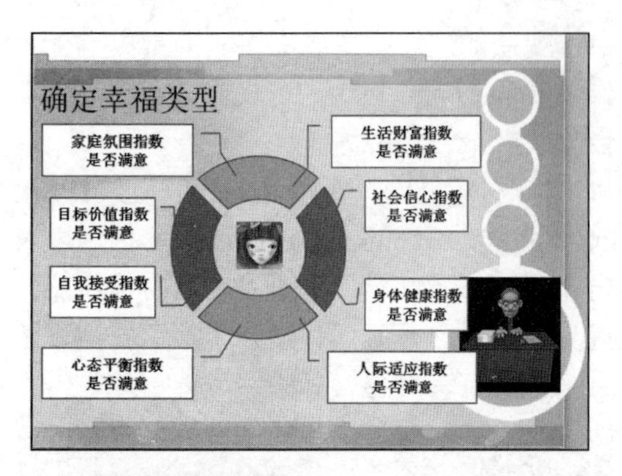

2. 客户群体

面对客户群体，PowerPoint 演示文稿带有很强的目的性，即需要得到顾客群体的认可。在设计之前，需要尽可能地多了解客户群体的特性，如客户对颜色的喜好、对内容细节的接受程度等。内容和形式需要同样重视，避免过于复杂的设计。

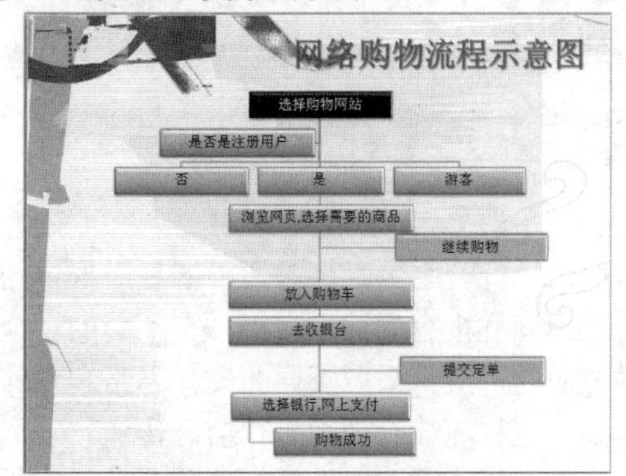

另外，演示过程也是对企业自身的推广过程。通过对版式、配色和字体的预设，前后风格保持统一，建立稳固的视觉形象。

加盟费用明细表

	投资店型	创业型店	标准型店	备注
月营业收入预估	开店总投资	65000	120000	创业型店按30平米、标准型店按60平米举例
	4F单店月营业额	15000	45000	包括货品销售，团体销售均按9折销售
	会员费	550	1328	创业型店月发展会员5人；标准型店月发展会员2人。
	月营业总额	15560	50103	

3. 公司内部群体

针对公司内部群体的PowerPoint演示文稿多用于公司内容对上级领导的工作汇报，内容比较多，并涉及大量报表数据。对于公司内部群体，更多的是直接关注 PowerPoint 演示文稿内容。而如何在大量页面的幻灯片切换中避免单一乏味产生心理抵触，成为设计形式的重点。在设计时，通过色彩来区分，以避免给观众单调的感觉。

针对公司内部群体而言，需要注意形式简洁，首先要通过母版保持演示文稿统一的风格。在对文本段落的处理上则通过段落间距、项目符号的设置来实现一定的留白，便于阅读。

1.2 精美演示文稿的创建

演示文稿作为演讲者进行演说的一种重要辅助工具,其质量的好坏直接关系着演讲效果。为了制作出优秀的演示文稿，在制作之前用户应先理清幻灯片的制作流程，并掌握幻灯片的制作要领。

观众的接受能力有限，必须尽量使幻灯片看起来简洁、美观。本节将介绍精美演示文稿的设计流程、制作步骤、布局结构和内容设计等内容。

1.2.1 演示文稿的设计流程

设计演示文稿是一个系统性的工程，包括前期的准备工作、收集资料、策划布局方式与配色等工序。

1. 确定演示文稿类型

通常演示文稿可以归纳为演讲稿型(即用于多媒体交流演示)、内容展示型(即用于多媒体商业演示)和交互型(即用于多媒体娱乐演示)3 种。在设计演示文稿之前，首先应

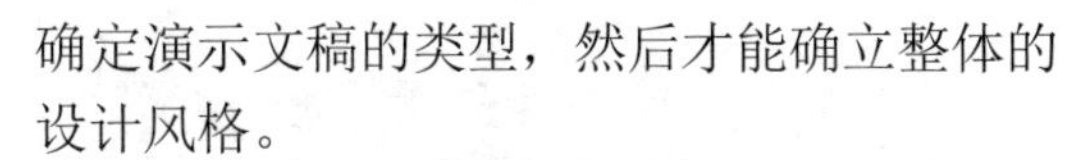

确定演示文稿的类型，然后才能确立整体的设计风格。

2. 收集演示文稿素材和内容

在确定演示文稿的类型之后，即可着手为演示文稿收集素材内容，通常包括以下几个方面。

- 文本内容：是各种幻灯片中均包含的重要内容。收集文本内容的途径主要包括自行撰写和从他人的文章中摘录。
- 图像内容：也是演示文稿的重要组成部分，主要为背景图像和内容图像。演示文稿所使用的背景图像通常包括封面、内容和封底 3 种，选取时应保持三者之间的色调一致。尽量避免内容图像和背景图像采用相同的图像。
- 逻辑关系内容：在展示演示文稿中的内容结构时，往往需要组织一些图形来清晰地展示其之间的关系。
- 多媒体内容：可以准备多媒体内容，包括各种声音、视频等。声音可以在播放时吸引顾客注意力；视频可以以更加生动的方式展示内容。
- 数据内容：也是演示文稿的一种重要内容。可以插入 Excel 和 Access 等格式数据，并根据这些数据，制作数据表格和图表等内容。

3. 制作演示文稿

制作演示文稿是演示文稿的设计与实施阶段。在该阶段，用户可先设计演示文稿母版，应用背景图像，然后根据母版创建各幻灯片、插入内容。此外，用户也可直接为每张幻灯片设置背景，分别选取版式并插入内容。

知识点滴

根据以上内容，可以归纳出制作演示文稿的七步法：一为确定目标；二为分析受众；三为整体构思；四为组织材料；五为统一美化；六为单页设计；七为内部测试。

1.2.2 幻灯片的布局结构

在设计演示文稿的幻灯片时，应该为其应用多种布局，以排列其中的内容。

- 单一布局结构：是最简单的幻灯片布局结构，往往只单纯地应用一个占位符或内容。这种布局结构通常应用于封面、封底或内容较单一的幻灯片中，通过单个内容展示富有个性的视觉效果。
- 上下布局结构：是最常见的幻灯片布局结构，包含两个部分，即标题部分和内容部分。默认情况下，大多数都是这种结构，应用于封面、封底，也可以应用于绝大多数幻灯片中。
- 左右布局结构：是一种较为个性化的幻灯片布局结构，各部分内容以左右分列的方式排列。这种布局结构通常应用于一些中国古典风格的或突出艺术氛围的幻灯片中。在中国古典风格的左右布局幻灯片中，其内容通常以从右至左的方向显示。而对于一些突出艺术氛围的幻灯片而言，则通常以从左至右的方向显示内容。
- 混合布局结构：混合使用上下布局和左右布局结构，使用多元化的方式展示更丰富的内容。

知识点滴

除了混合多种排列方式外，在处理图文混排的内容时，还可以根据图像的尺寸，设置文本的流动方式，使图文结合更加紧密。

1.2.3 幻灯片的内容设计

在为幻灯片确立了布局版式后，接下来就可以着手为幻灯片添加内容，并设计内容的样式。

1. 标题的设计

标题是幻灯片的纲目，其通常由简短的文本组成，以体现幻灯片的主题、概括幻灯片的主要内容。

实用技巧

标题的设计具体到幻灯片中，主要为文本格式、艺术字样式、形状样式等设置。

设计幻灯片的标题可以为其添加前景、

背景以及各种三维效果。

2. 文本内容的设计

幻灯片中的文本内容包括两种，即段落文本和列表文本。段落文本用于显示大量的文本内容，以表达一个完整的意思或显示由多个句子组成的句群。而列表文本主要用于显示多项并列的简短内容，通过项目符号对这些内容进行排序，多用于显示幻灯片的目录、项目等。

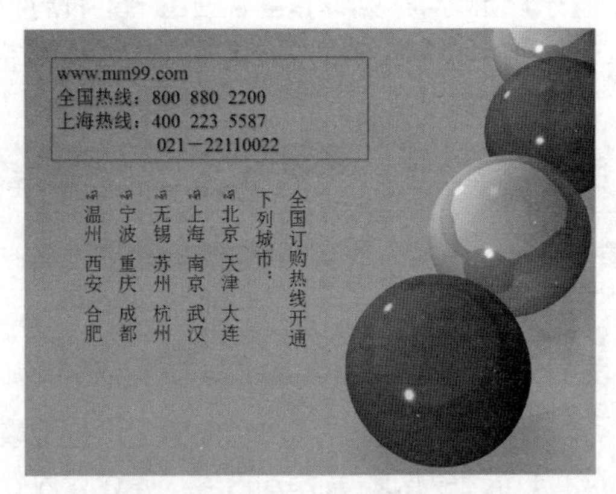

3. 表格的设计

如果需要显示大量有序的数据，则可以使用表格工具。表格是由单元格组成的，通常包括表头和内容两大类单元格。

在设计表格时，用户既可以应用已有的主题样式，也可以重新设计表格的边框、背景以及各单元格中字体的样式，通过这些属性，将表格的表头和普通单元格区分开，从而使表格中的数据更加清晰明了。

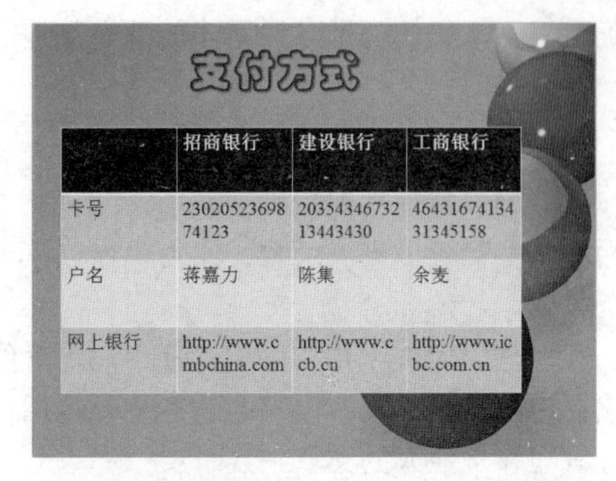

	招商银行	建设银行	工商银行
卡号	2302052369874123	2035434673213443430	4643167413431345158
户名	蒋嘉力	陈集	余麦
网上银行	http://www.cmbchina.com	http://www.ccb.cn	http://www.icbc.com.cn

4. 图形的设计

PowerPoint 幻灯片中的图形主要包括形状和 SmartArt 图示。普通形状用于显示一些复杂的结构，或展示矢量图形信息。SmatArt 是 PowerPoint 预设的形状，可以展示一些简单的逻辑关系以及预置的色彩风格。

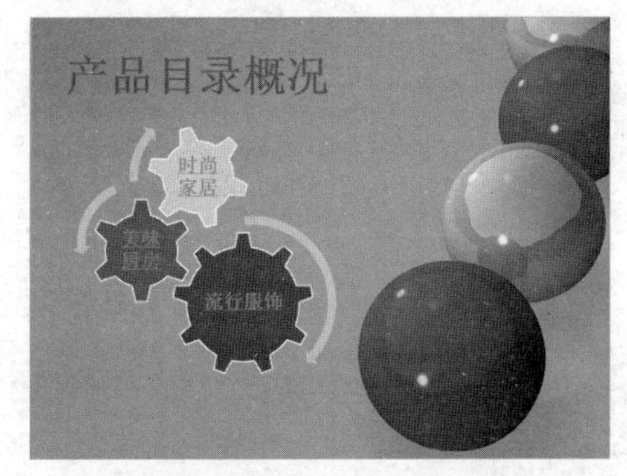

5. 图表的设计

如果要显示表格数据的变化趋势，则可以使用图表工具，通过图形来展示数据。在设计图表时，用户可根据数据的具体分类来选择图表所使用的主题颜色和图表的类型。

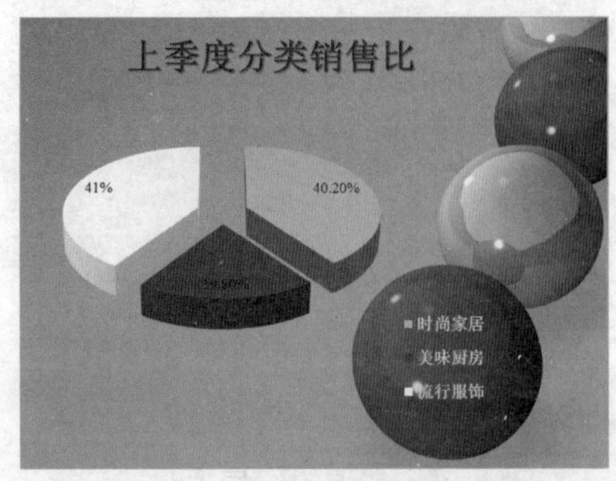

1.2.4 幻灯片的色彩设计

在人类的视觉对象中，色彩是存在的、不可忽视的重要因素。实际上，在某种意义上色彩比形态更加具有视觉吸引力。在设计幻灯片时，色彩的运用会影响到幻灯片的视觉效果以及观众的感受。

1. 色彩与视觉感受

人类本身并不能从色彩上看到视觉或心理的感受。所谓人对色彩的感受，是人类自身在进行各种生产、生活活动时积累的各种与色彩相关的经验而形成的体验。这些经验使人在观察到某种颜色或某种色彩搭配而引起的，与这种颜色有关的物体所带来的联想。

色彩在引起联想具有印象的同时，还会引起与这些联想相关的抽象印象，如下表所示。

色相	具体联想	抽象联想
红	太阳、火焰、血液等	喜庆、热忱、警告、革命、热情等
橙	橙子、芒果、麦子等	成熟、健康、愉快、温暖等
黄	灯光、月亮、向日葵等	辉煌、灿烂、轻快、光明、希望等
绿	草原、树叶、森林等	生命、青春、活力、和平等
蓝	天空、大海等	平静、理智、深远、科技等
紫	丁香花、葡萄等	优雅、神秘、高贵等
黑	夜晚、煤炭、墨汁等	严肃、刚毅、信仰、恐怖等
白	雪、白云、面粉等	纯净、神圣、安静等
灰	灰尘、水泥、乌云等	平凡、谦和、中庸等

在设计幻灯片而选择色彩时，不能过于依赖与其相关的情感含义，因为其间的联系并不是固定不变的，在不同的文化背景下，这种感情含义是可以变化的。

2. 色彩的调和

在演示文稿平面设计时，往往需要确立一个核心的主色调，以该色调为基础进行色彩的选择。

调和色彩的依据就是主色调，主色调越明显，则作品的协调感越强，而主色调越不明显，则作品的协调感就越弱。

色彩的调和依靠的是各种色彩因素的积累，以及色彩属性的相近。调和的方法主要包括以下几种。

- 色相近似调和：除素描作品以外，通常至少包含两个以上的色相。在设计平面时，使用的色彩在色相环上越相近，则色相越类似，甚至趋于同一种色相。以这种方式调和，通常需要借助色彩明度的差异化来形成画面层次感。
- 明度近似调和：可能使用了多种色相的颜色。可对这些色彩进行处理，使用近似的明度，以降低各种颜色的对比因素，使其调和。使用这种方式调和时，需要注意各颜色的饱和度不可太高。
- 低饱和度色彩调和：饱和度较低的颜色会给人以整体偏灰暗的感觉，因此大量应用这类色彩，在画面的色彩组合上就一定是调和的。
- 主色调比例悬殊调和：如果主色调所占比例成分有绝对的优势，则通常这幅作品的整体色彩就是较为协调和统一的，其统一的程度与主色调和其他色调之间面积的比值成正比，即比例越大，则调和的程度越高；反之，则会由于色彩的激烈冲突而产生严重的对立。这种基于色调比例理论的调和，被称为主色调比例悬殊调和。

在了解了 4 种基本的调和方法后，用户即可根据这些调和色彩的原则，设计演示文稿中所采用的色调以及搭配的色彩。

3. 色彩的对比

色彩的调和是决定平面设计作品稳定性

的关键。而如果需要平面作品展示色彩的冲击力，赋予作品激情，丰富作品的内涵，则需要使用对比手法。

对比的手法与调和完全相反，需要通过差异较大的两种或更多鲜明的色彩来形成。对比的方式主要包括以下 4 种。

- 色相对比：色相是区别颜色的重要标志之一，多种色相对比强烈的颜色出现在同一设计作品中，本身就会产生强烈的对比效果。两种色彩在色相环上的距离越远，则对比的感觉越强烈。例如，在使用饱和度高的绿色与红色、黄色与红色，以突出民俗与喜庆风格。在摄影、绘画、计算机界面设计中，色相对比的手法应用广泛，使作品中色彩的运用更加鲜明突出。
- 饱和度对比：在描述设计作品时，如果需要体现出色彩的对比效果，则往往可使用饱和度对比的手法。在使用这种手法时，主要侧重于将同一种色相中不同饱和度的色彩进行比较，以形成强烈的对照，使画面更富有空间感和层次感。
- 明度对比：也是一种重要的色彩对比手法。在平面色彩设计时，使用同一色相饱和度的色彩，可以用明度来区分色彩中的内容。相比之前的两种方法，明度对比用于凸显光照对物体的影响或物体表面的质感等特点。
- 色性对比：色性也是色彩的一种重要属性，是人类根据颜色形成的关于冷暖触觉的联想。在 24 色色相环中，位置越靠上的色彩就给人以更温暖的感觉，而位置越靠下的色彩则给人以更寒冷的感觉。色性的对比是色相对比的一个分支，也是一种冲击力较强的对比。通过两种色性的颜色塑造，可以使平面作品的画面更具有空间感和立体感。处理到位的冷暖色彩，将使画面充满着色彩的活力和生机。

实用技巧

在使用对比的手法处理色彩时，还应注意人的肉眼在观察色彩时还会受到两种色彩间距离因素的影响。

1.2.5 演示文稿制作经验之谈

演示文稿是演讲者和观众进行双向交流的工具，其目的是为了说服观众，引起共鸣。如何达到这种效果呢？除了做好前期准备工作，吸收、借鉴他人的成功经验也不失为一条捷径。下面将介绍在制作演示文稿中需要注意的一些问题。

1. 配色经验

颜色对于每一个图形图像都十分重要，演示文稿也不例外。对于没有经过美术培训的用户而言，如何选择用色可能是问题之一。初学者喜欢用多种不同的颜色来彰显演示文稿的丰富，其实这是配色的大忌，一个成功的演示文稿的颜色一般不应超过 4 种。在搭配颜色时一定要对颜色有所认识，明白这种颜色表达的意思。例如，红色，一种激情的颜色；浅蓝，给人清爽、干净的感觉；浅绿，一种充满青春气息的颜色。只有了解颜色的含义，才能协调颜色、巧妙达意。

2. 搜集素材的经验

打开一个搜索引擎，初学者往往会为输入什么关键字进行搜索而发愁。其实很简单，去繁就简，只要输入简短且达意的词语或短句即可快速搜索出大量所需的图片、声音等素材。当搜索到理想的素材后，应该在电脑中分门别类建立相应文件夹，将具有相同特点的素材存放在一起，以便在制作演示文稿时方便调用。

3. 制作过程中的经验

制作演示文稿的首要目的是让观众能在短时间内接受演讲者呈现的信息。因此，在表现形式上一定要灵活。在制作演示文稿的过程中，尽量少出现文字，能用图片等对象代替绝对不用文字。观众观看长篇文字很容易产生视觉疲劳，而使用图片、声音、动画等多媒体的表现形式往往会比文字生动许多，而且更容易被观众接受。

> **实用技巧**
>
> 演示文稿的第 1 张幻灯片十分重要，它就好比一个人的脸，第一时间映入观众的眼球，因此在第 1 张幻灯片上一定要做足功夫；第 2 张以后的幻灯片在大体上应该风格统一，保证文稿的整体性。

4. 保存经验

当制作完演示文稿后，要做的第一件事情就是将其保存起来。保存后，还可以为演示文稿设置密码，以避免他人随意查看和篡改该演示文稿。

5. 快速完成演示文稿的经验

想要快速完成演示文稿的制作，必须深入理解、熟练掌握各个工具的使用。此外，还应该熟练应用快捷键。

1.3　PowerPoint 的启动与退出

PowerPoint 2010 是微软公司推出的一款功能强大的专业演示文稿编辑制作软件，该软件与 Word、Excel 等常用办公软件一样，是 Office 办公软件系列中的一个重要组成部分，深受各行各业办公人员的青睐。一般在做演示、演说、演讲、展示时使用，是帮助演讲者增强演示效果的有力工具。

1.3.1 PowerPoint 的特点

在使用 PowerPoint 制作演示文稿前，应先了解 PowerPoint 的一些相关知识和特点。使用 PowerPoint 可以轻松地制作出丰富多彩并带有各种特殊效果的演示文稿。用户可以通过电脑屏幕、投影仪以及 Web 浏览器等多种途径放映演示文稿，还可以使用打印机将演示文稿打印出来，或直接将演示文稿存储为网页格式发布到网上。

总体来说，PowerPoint 具有如下特点。

- 简单易用：PowerPoint 的操作比较简单。一般情况下，用户只需要经过短时间的学习即可制作出具有专业水平的多媒体演示文稿。
- 帮助系统：制作演示文稿时，用户可以通过 PowerPoint 帮助系统获得各种提示信息，从而帮助用户进行幻灯片的制作，并提高工作效率。
- 利于协作：通过因特网协作和共享演示文稿使 PowerPoint 操作更简单，地理位置分散的用户在各自的办公室可以很好地与他人进行合作。

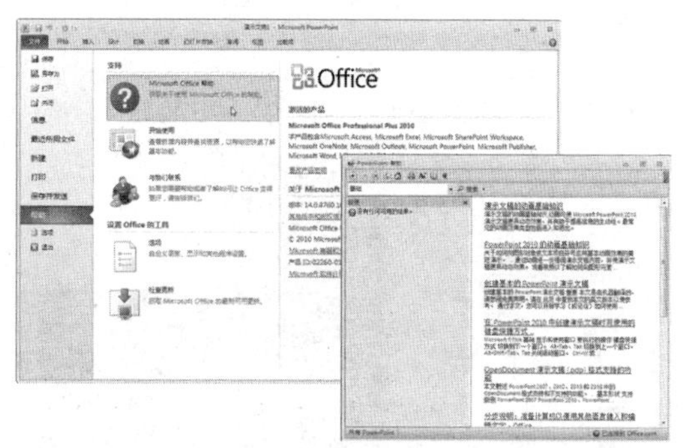

- 多媒体演示：使用 PowerPoint 操作的演示文稿可以应用于各种不同的场合。其演示内容可以是文字、图形、图像、声音及视频等多媒体信息。此外，PowerPoint 还提供了许多控制自如的放映方式和变化多端的画面切换效果。演示文稿放映的同时还可以使用鼠标或笔迹对演示重点进行标示和强调。
- 支持多种格式的图形文件：Office 剪辑库中有许多类型的剪贴画。通过自定义的方法，可以向剪辑库中增加新的图形。另外，PowerPoint 还允许用户在幻灯片中添加 JPEG、BMP、WMF 和 GIF 等类型的文件。对不同类型的图形，可以设置其动态效果。
- 发布应用：用户可以将演示文稿保存为 HTML 格式的网页文件，然后将其发布到因特网上，从而实现网络资源共享。

▶ 输出方式的多样化：用户可以根据需要输出制作的演示文稿，包括供观众使用的讲义或供演讲者使用的备注文档。此外，用户还可以打印出幻灯片的大纲。

1.3.2 启动 PowerPoint 2010

与普通的 Windows 应用程序类似，可以多种方式启动 PowerPoint，如常规启动、通过桌面快捷方式启动、通过现有演示文稿启动和通过 Windows 7 任务栏启动等。

▶ 常规启动：单击【开始】按钮，选择【所有程序】| Microsoft Office | Microsoft PowerPoint 2010 命令。

▶ 通过桌面快捷方式启动：双击桌面 Microsoft PowerPoint 2010 快捷图标。

▶ 通过现有演示文稿启动：找到已经创建的演示文稿，然后双击该文件图标。

▶ 通过 Windows 7 任务栏启动：在将 PowerPoint 2010 锁定到任务栏之后，单击任务栏中的 Microsoft PowerPoint 2010 图标按钮即可。

实用技巧

右击【开始】菜单中的 Microsoft PowerPoint 2010 菜单选项，从弹出的菜单中选择【锁定到任务栏】命令，此时 Windows 就会将 Microsoft PowerPoint 2010 锁定到任务栏中。

1.3.3 退出 PowerPoint 2010

当不再需要使用 PowerPoint 2010 编辑演示文稿时，就可以退出该软件。退出 PowerPoint 的方法与退出其他应用程序类似，主要有如下几种方法。

▶ 单击 PowerPoint 2010 标题栏上的【关闭】按钮 。如果当前创建了多个演示文稿，单击窗口右上角的【关闭】按钮，只是关闭当前演示文稿，但未退出 PowerPoint 2010。

▶ 右击 PowerPoint 2010 标题栏，从弹出的快捷菜单中选择【关闭】命令，或者直接按 Alt+F4 组合键。

▶ 在 PowerPoint 2010 的工作界面中，单击【文件】按钮，从弹出的菜单中选择【退出】命令。

1.4 PowerPoint 2010 界面介绍

PowerPoint 2010 采用了全新的操作界面，以与 Office 2010 系列软件的界面风格保持一致，相比之前版本，PowerPoint 2010 的界面更加整齐而简洁，更便于操作。本节主要介绍 PowerPoint 2010 工作界面及视图模式等内容。

1.4.1 PowerPoint 工作界面

PowerPoint 2010 的工作界面主要由【文件】按钮、快速访问工具栏、标题栏、功能选项卡和功能区、大纲/幻灯片浏览窗格、幻灯片编辑窗口、备注窗格和状态栏等部分组成。

实用技巧

如果在快速访问工具栏中添加其他按钮，单击其后的【自定义快速访问工具栏】按钮，在弹出的下拉菜单中选择所需的按钮命令即可。在其中选择【在功能区下方显示】命令，可将快速访问工具栏调整到功能区下方。

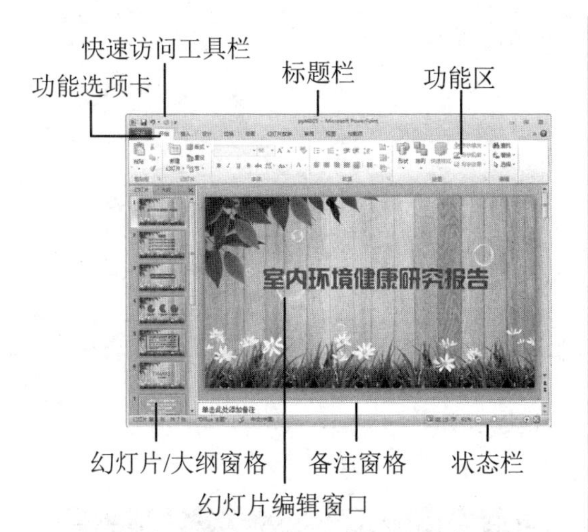

下面将详细介绍各组成部分的作用。

▶ 快速访问工具栏：位于标题栏界面顶部，使用它可以快速访问频繁使用的命令，如保存、撤销以及重复等。

▶ 标题栏：位于 PowerPoint 2010 工作界面的右上侧，它显示了演示文稿的名称和程序名，最右侧的 3 个按钮分别用于对窗口执行最小化、最大化和关闭操作。

ppt4805 - Microsoft PowerPoint

▶ 功能选项卡和功能区：PowerPoint 2010 的所有命令集成在几个功能选项卡中，打开选项卡可以切换到相应的功能区，在其中选择许多自动适应窗口大小的工具栏，不同的工具栏中又放置了与其相关的命令按钮或列表框。

▶ 大纲/幻灯片浏览窗格：用于显示演示文稿的幻灯片数量及位置，通过它可以更加方便地掌握演示文稿的结构。它包括【大纲】和【幻灯片】选项卡，选择不同的选项卡可在不同的窗格间切换。默认打开的是【幻灯片】浏览窗格，在其中将显示整个演示文稿中幻灯片的编号与缩略图；在【大纲】浏览窗格中将列出当前演示文稿中各张幻灯片中的文本内容。

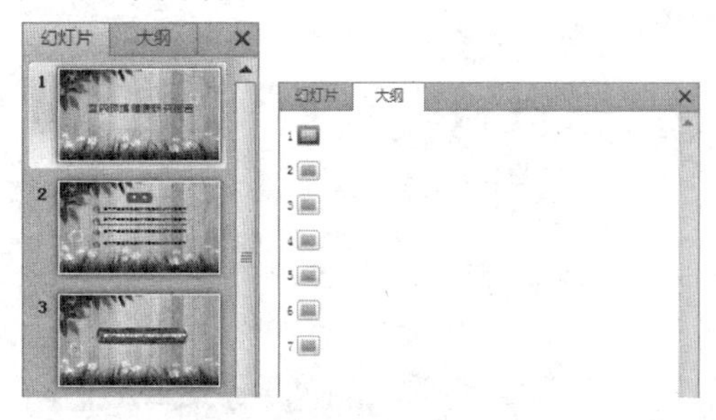

▶ 幻灯片编辑窗口：它是编辑幻灯片内容的场所，是演示文稿的核心部分。在该区域中可对幻灯片内容进行编辑、查看和添加对象等操作。

▶ 备注窗格：位于幻灯片窗格下方，用于输入内容，可以为幻灯片添加说明，以使放映者能够更好地讲解幻灯片中展示的内容。

▶ 状态栏：位于窗口底端，它不起任何编辑作用，主要用于显示当前演示文稿的编辑状态和显示模式。拖动幻灯片显示比例栏中的显示比例滑动条上的滑块或单击⊕、⊖按钮，可调整当前幻灯片的显示大小，单击右侧的⊡按钮，可按当前窗口大小自动调整幻灯片的显示比例，使当前窗口中可以看到幻灯片的全局效果，且为最大显示比例。

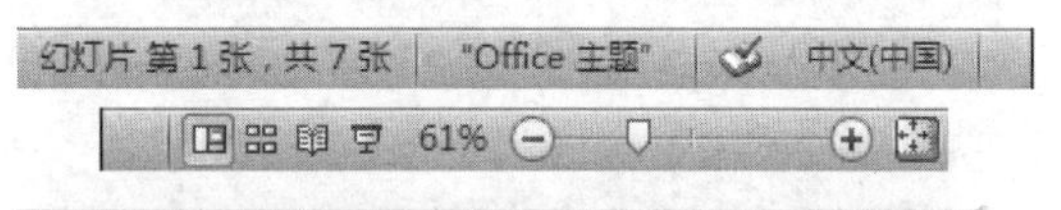

1.4.2 PowerPoint 视图模式

为了满足用户不同的需求，PowerPoint 2010 提供了多种视图模式以编辑、查看幻灯片。打开【视图】选项卡，在【演示文稿视图】组中单击相应的视图按钮，或者在视图栏中单击视图按钮，即可将当前操作界面切换至对应的视图模式。下面将介绍这几种视图模式。

1. 普通模式

普通视图又可以分为两种形式，主要区别在于 PowerPoint 工作界面最左边的预览窗口，分为幻灯片和大纲两种形式显示。

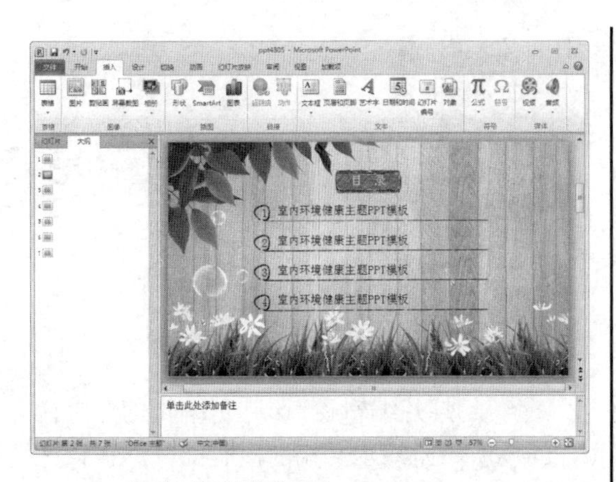

2. 幻灯片浏览视图

使用幻灯片浏览视图，可以在屏幕上同时查看演示文稿中的所有幻灯片，这些幻灯片以缩略图方式显示在同一窗口中。

在幻灯片浏览视图中可以查看设计幻灯片的背景、配色方案或更换模板后演示文稿发生的整体变化，也可以检查各个幻灯片之间是否前后协调、图标的位置是否合适等问题。

> **实用技巧**
>
> 在浏览视图中双击某张幻灯片，即可切换到该幻灯片的普通视图。

3. 备注页视图

在备注页视图模式下，用户可以方便地添加和更改备注信息，也可以添加图形等信息。

4. 阅读视图

如果用户希望在一个设有简单控件的审阅窗口中查看演示文稿，而不想使用全屏的幻灯片放映视图，则可以在自己的电脑中使用阅读视图。

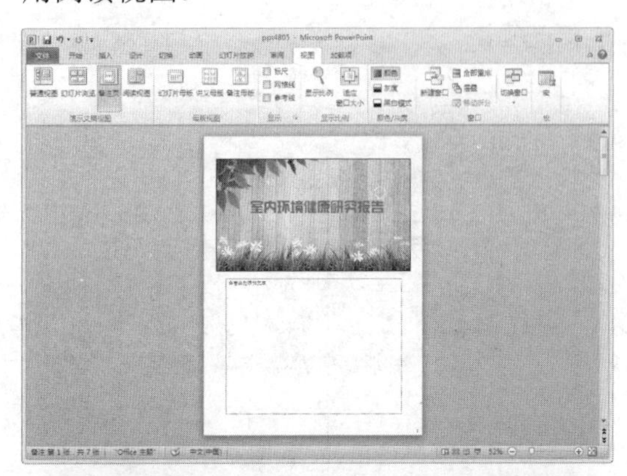

5. 幻灯片放映视图

幻灯片放映视图是演示文稿的最终效果。在幻灯片放映视图下，用户可以看到幻灯片的最终效果，包括演示文稿的动画，声音以及切换等效果。幻灯片放映视图并不是显示单个的静止的画面，而是以动态的形式显示演示文稿中的各个幻灯片。

> **实用技巧**
>
> 按下 F5 键或者单击按钮可以直接进入幻灯片的放映模式，按下 Shift+F5 键则可以从当前幻灯片开始向后放映；在放映过程中，按下 Esc 键退出放映。

1.5　设置 PowerPoint 2010 工作环境

PowerPoint 2010 支持自定义快速访问工具栏及设置工作环境等，从而使用户能够按照个人习惯设置工作界面，并在制作演示文稿时更加得心应手。

1.5.1 自定义快速访问工具栏

快速访问工具栏包含一组独立于当前所显示的选项卡的命令。在制作演示文稿的过程中如果经常使用某些命令或按钮，可以根据实际情况将其添加到快速访问工具栏中，以提高制作演示文稿的速度。

【例 1-1】添加【从头开始放映幻灯片】命令按钮到快速访问工具栏中，并将快速访问工具栏调整至功能区的下方。视频

step 1 单击【开始】按钮，在弹出的【开始】菜单中选择【所有程序】| Microsoft Office | Microsoft PowerPoint 2010 命令，启动 PowerPoint 2010 应用程序，打开一个名为"演示文稿 1"的空白演示文稿。

step 2 单击快速访问工具栏右侧的【自定义快速访问工具栏】按钮，从弹出的快捷菜单中选择【其他命令】命令。

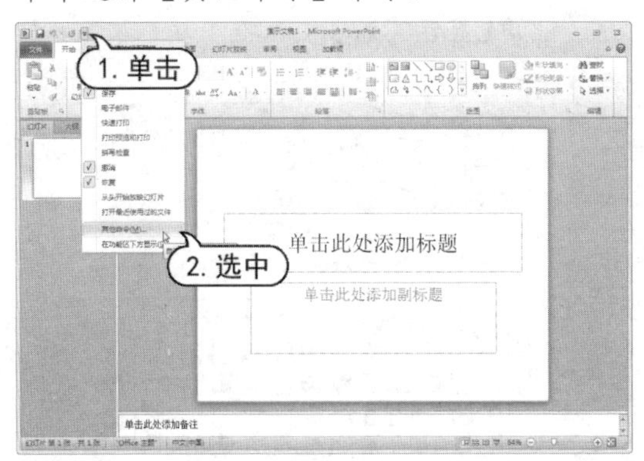

step 3 打开【PowerPoint选项】对话框的【快速访问工具栏】选项卡，在【从下列位置选项命令】下拉列表中选择【幻灯片放映 选项卡】选项，在其下的列表框中选择【从头开始放映幻灯片】选项，单击【添加】按钮，即可将该命令按钮添加到右侧的列表框中，然后单击【确定】按钮。

step 4 返回至工作界面，即可看到快速访问工具栏中添加了【从头开始放映幻灯片】按钮。

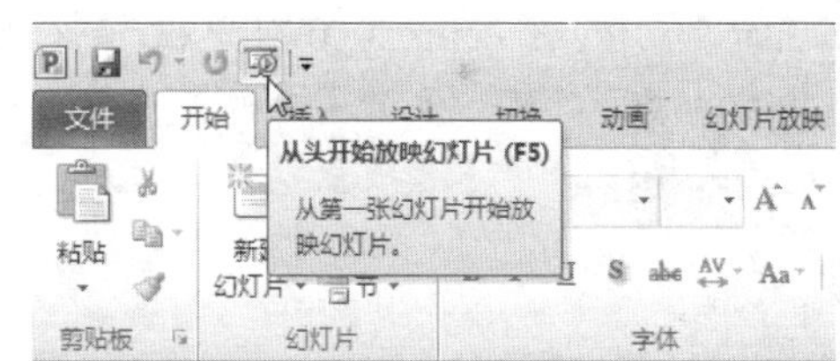

step 5 单击【自定义快速访问工具栏】按钮，从弹出的快捷菜单中选择【在功能区下方显示】命令。

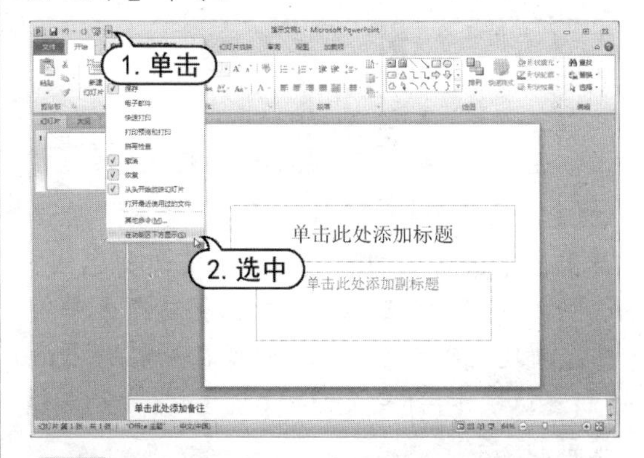

step 6 此时该工具栏将放置在功能区下方。同时，菜单中的相应命令更改为【在功能区上方显示】。

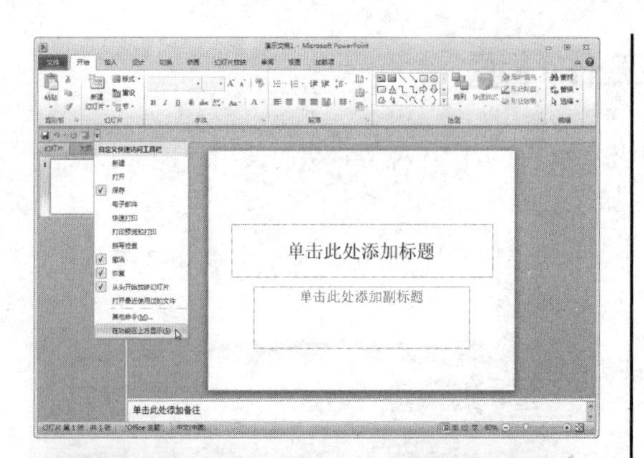

1.5.2 自定义工具选项卡

在 PowerPoint 2010 中，用户可以创建自定义的工具选项卡和选项组，将经常使用的一些特殊命令放置在新建选项组中，以便于操作。

【例 1-2】在 PowerPoint 2010 中，添加自定义选项卡和选项组。视频

step 1 启动PowerPoint 2010 应用程序，打开一个空白演示文稿。单击【文件】按钮，从弹出的菜单中选择【选项】命令。

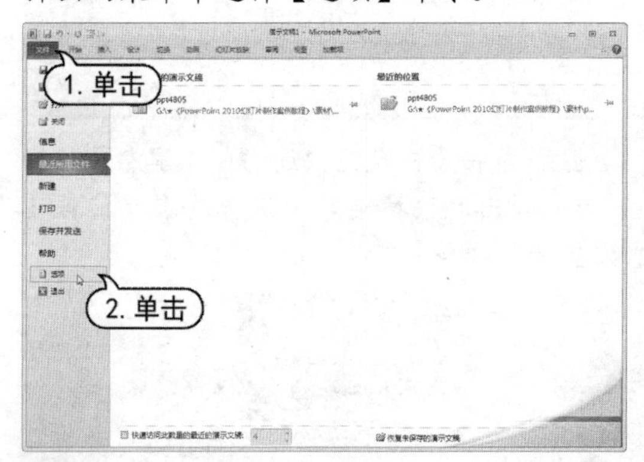

step 2 在打开的【PowerPoint 选项】对话框中，单击左侧列表中的【自定义功能区】选项。在右侧【自定义功能区】选项区中单击【新建选项卡】按钮，即可在列表中添加【新建选项卡(自定义)】和【新建组(自定义)】项目。

step 3 选中【新建选项卡】选项，单击【重命名】按钮，打开【重命名】对话框，输入选项卡的名称，然后单击【确定】按钮，即可为新增的选项卡或组更改名称。

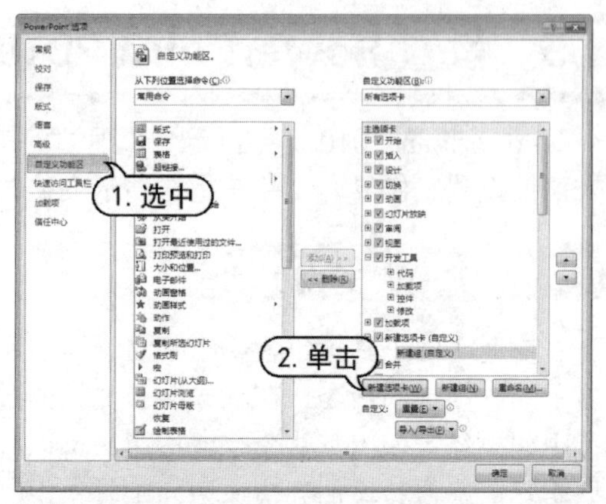

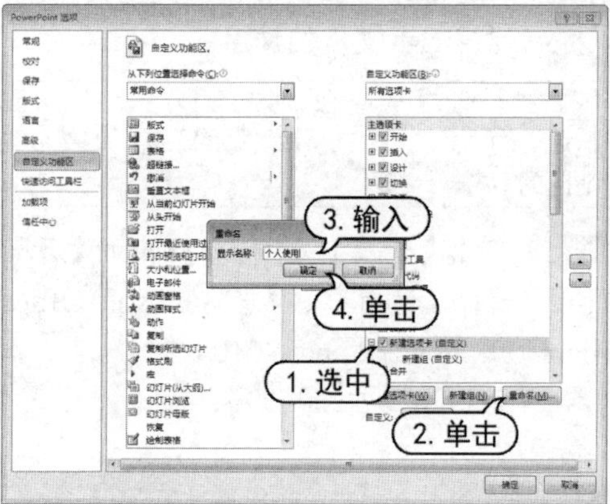

step 4 选中【新建组(自定义)】选项，单击【重命名】按钮，打开【重命名】对话框。在对话框的【显示名称】文本框中输入"工具"，然后单击【确定】按钮。

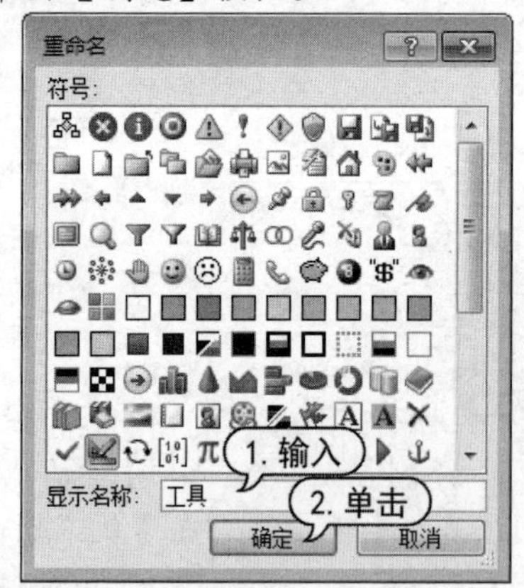

step 5 返回至【自定义功能区】选项卡，在左侧的【从下列位置选中命令】列表框中选中要添加的命令按钮，单击【添加】按钮，将其添加到自定义的选项卡和组中，然后单击【确定】按钮，完成设置。

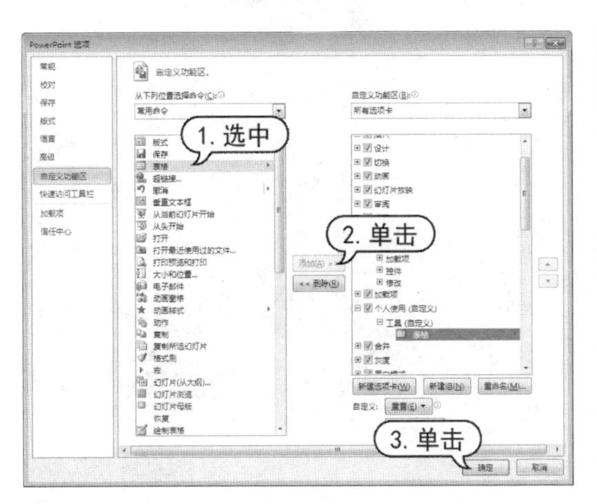

step 6　此时在PowerPoint 2010工作界面中可以查看新建的【个人使用】选项卡和【工具】组，以及添加的命令按钮。

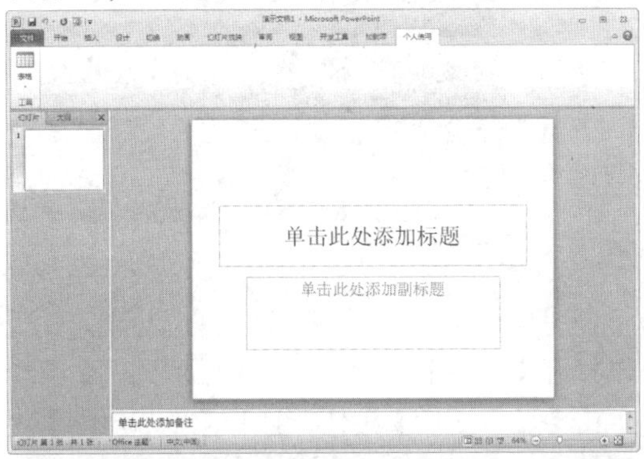

知识点滴

为了使幻灯片显示区域更大，可以将标题栏下方的功能区最小化，只显示功能选项卡，单击右侧的【功能区最小化】按钮即可，此时右侧按钮将变成【展开功能区】，单击该按钮，即可显示功能区。

1.5.3 显示标尺、网格和参考线

在编辑幻灯片时标尺主要用于对齐或定位各对象。使用网格和参考线可以对对象进行辅助定位。下面将以实例来介绍如何显示标尺、网格和参考线。

【例 1-3】在空白演示文稿中，显示标尺、网格和参考线。视频

step 1　启动PowerPoint 2010应用程序，打开一个空白演示文稿。

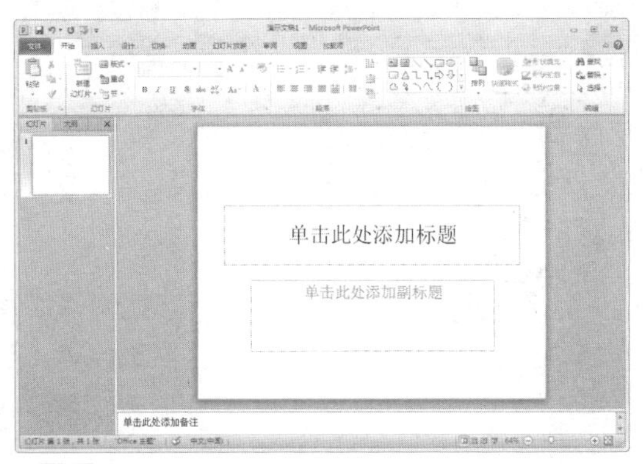

step 2　打开【视图】功能选项卡，在【显示】组中分别选中【标尺】、【网格线】和【参考线】复选框。此时在幻灯片编辑窗口中显示标尺、网格线和参考线。

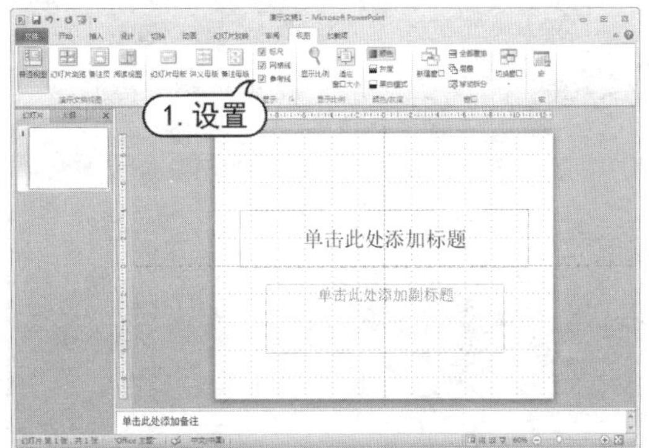

实用技巧

在【视图】功能选项卡中，取消选中【标尺】、【网格线】和【参考线】复选框，即可隐藏标尺、网格和参考线。

1.5.4 更改工作界面颜色

默认情况下，PowerPoint 2010的工作界面的颜色是银色。如果用户对其界面颜色不满意，则可以自行进行更改。

【例 1-4】更改工作界面的颜色。视频

step 1　启动PowerPoint 2010应用程序，打开一个空白演示文稿。单击【文件】功能选项卡，在左侧的列表中选择【选项】命令。

实用技巧

单击功能区右上角的【Microsoft PowerPoint帮助】按钮，或者直接按F1键，即可启用帮助系统，打开【PowerPoint 帮助】窗口，通过窗口上方的搜索框来搜索帮助信息。

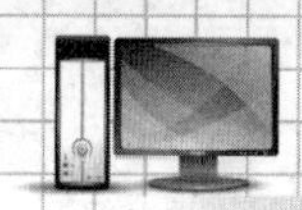

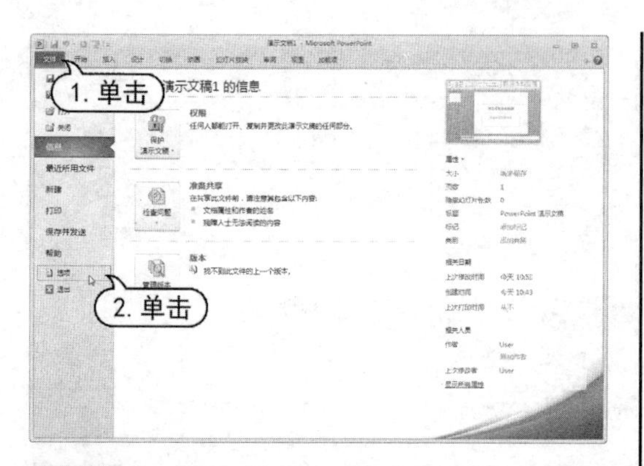

step 2 打开【PowerPoint选项】对话框的【常规】选项卡，在【配色方案】下拉列表中选择【黑色】选项，然后单击【确定】按钮。

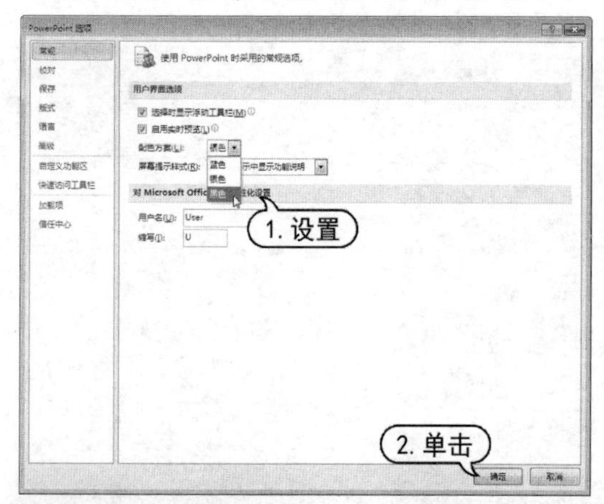

step 3 此时PowerPoint工作界面的颜色由原来的银色更改为黑色。

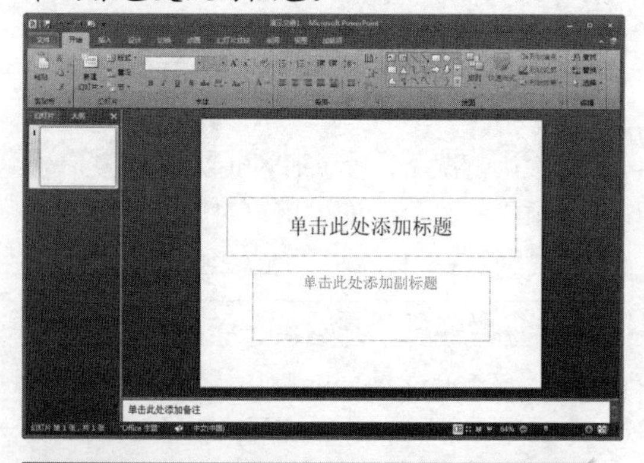

1.5.5 设置演示文稿显示比例

打开演示文稿，在状态栏中向左或右拖动滑钮，可以调节演示文稿的显示比例，同样单击⊕按钮或⊖按钮，也可以设置演示文稿的显示比例。

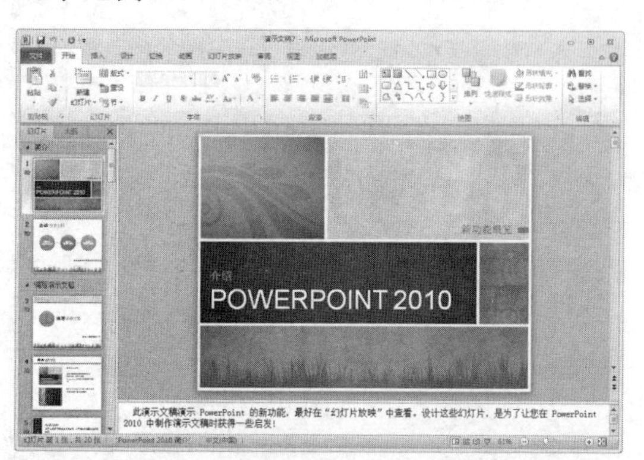

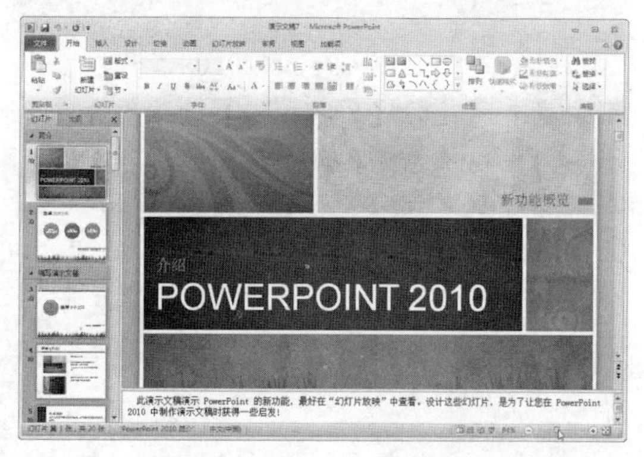

另外要精确设置演示文稿的显示比例，可以打开【视图】选项卡，在【显示比例】组中单击【显示比例】按钮，打开【显示比例】对话框，在对话框中选中显示比例，或者精确设置百分比，然后单击【确定】按钮即可。

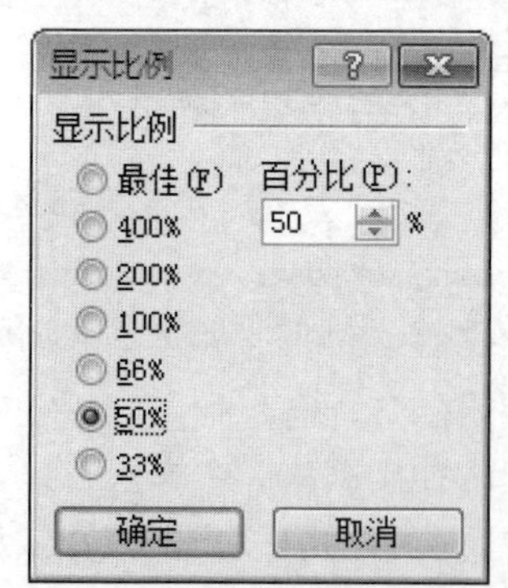

1.5.6 移动拆分

打开【视图】选项卡，在功能区【窗口】组单击【移动拆分】按钮可以移动用于分割窗口不同部分的拆分条。单击该按钮后，可以使用键盘上的方向键移动拆分条，然后按

Enter 键返回文档。

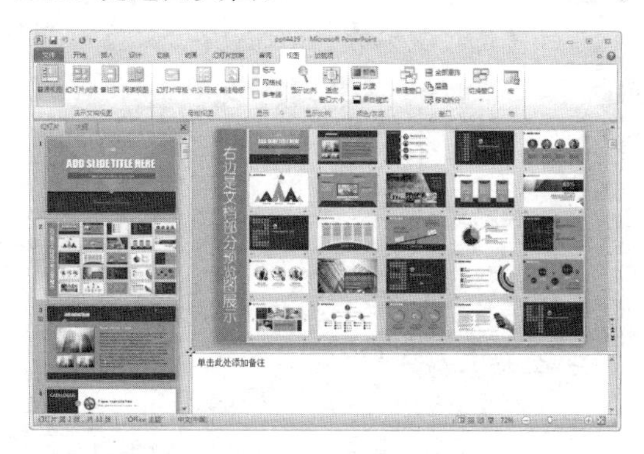

1.5.7 排列演示文稿

在 PowerPoint 中，打开两个或两个以上演示文稿时，在任意一个演示文档窗口中，打开【视图】选项卡，在功能区【窗口】组中单击【全部重排】按钮，此时系统自动将打开的演示文稿同时显示在电脑屏幕上。

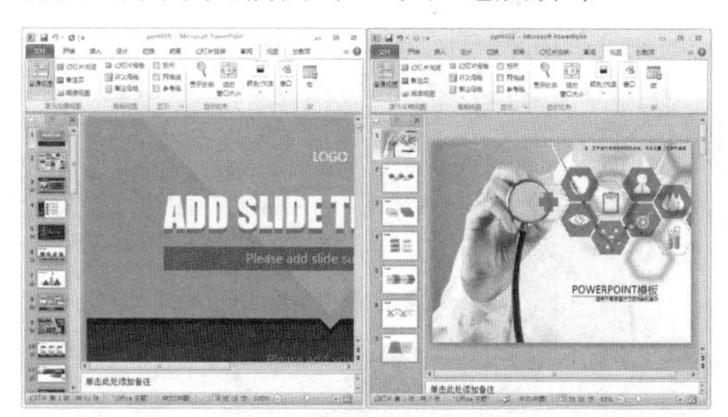

如果单击【层叠】按钮，可以将打开的演示文档窗口在屏幕上层叠，使它们重叠在一起。

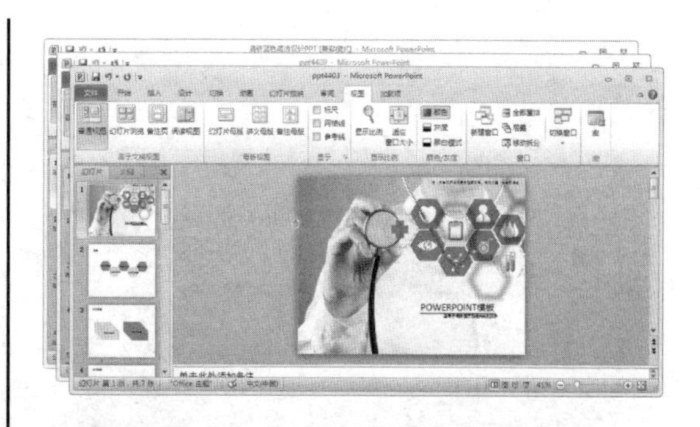

1.5.8 切换文档窗口

打开【视图】选项卡，在功能区【窗口】组中单击【切换窗口】按钮，在弹出的列表中选择需要切换的文档名称即可。

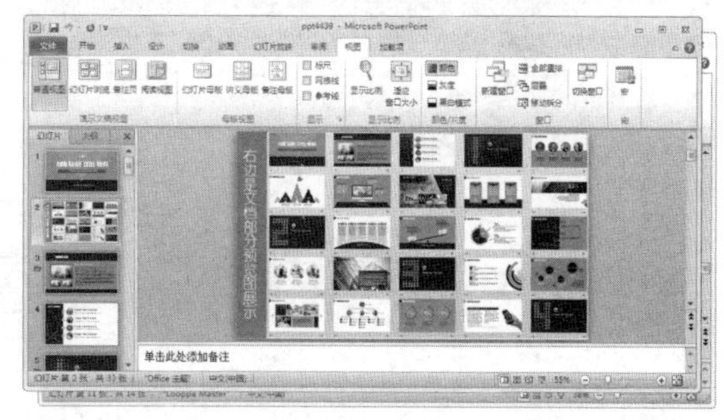

1.6 案例演练

本章的案例演练部分主要介绍启动现有演示文稿，然后在该演示文稿中设置自定义快速访问工具栏，并切换到幻灯片放映视图观看幻灯片的效果等实例操作，用户通过练习从而可以巩固本章所学知识。

【例 1-5】启动现有演示文稿，并定制 PowerPoint 2010 工作界面。
视频+素材 (光盘素材\第 01 章\例 1-5)

step 1 找到计算机中的现有演示文稿“创建绿色家园”，双击该演示文稿，即可快速启动 PowerPoint 2010 应用程序，并打开该演示文稿。

step 2 单击【自定义快速访问工具栏】按钮，从弹出的菜单中选择【快速打印】命令。此时即可将【快速打印】命令按钮添加到快速访问工具栏中。

step 3 在功能区中右击，从弹出的快捷菜单中选择【功能区最小化】命令，即可将功能

区隐藏。

step 4 单击【自定义快速访问工具栏】按钮，从弹出的菜单中选择【在功能区下方显示】命令，即可将快速访问工具栏显示在功能区下方。

step 5 单击【文件】选项卡，在左侧的列表中选择【选项】命令。

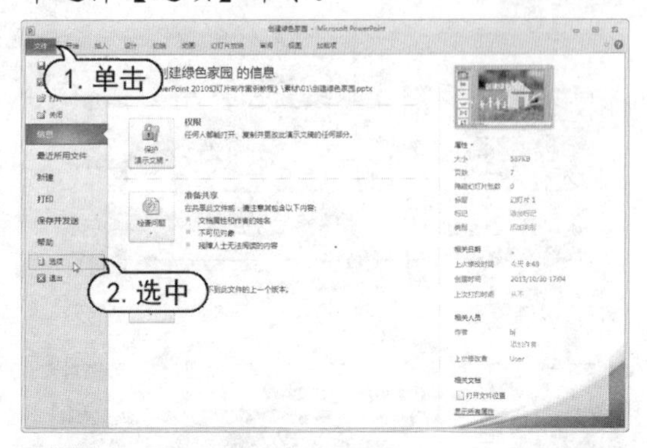

step 6 打开【PowerPoint选项】对话框的【常规】选项卡，在【配色方案】下拉列表中选择【蓝色】选项，单击【确定】按钮。

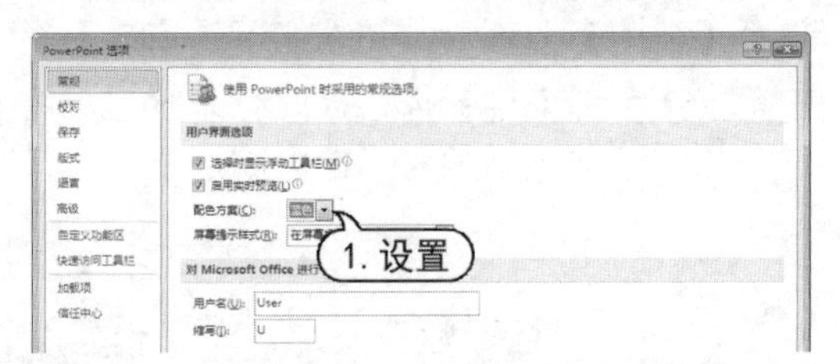

step 7 此时，演示文稿的界面演示将更改为蓝色。

step 8 按F5 快捷键，开始放映该演示文稿。

第 2 章

PowerPoint 2010 的基础操作

演示文稿是用于介绍和说明某个问题和事件的一组多媒体材料。演示文稿中可以包含幻灯片、演讲备注和大纲等内容，而 PowerPoint 则是创建和演示、播放这些内容的工具。本章主要介绍创建、保存演示文稿的方法和编辑幻灯片的基本操作。

对应光盘视频

例 2-1 根据样本模板创建演示文稿
例 2-2 根据主题创建演示文稿
例 2-3 插入现有幻灯片
例 2-4 使用【我的模板】
例 2-5 从 Web 模板创建演示文稿
例 2-6 另存演示文稿
例 2-7 加密保存演示文稿
例 2-8 标记演示文稿为最终状态
例 2-9 移动幻灯片
例 2-10 隐藏幻灯片
例 2-11 删除幻灯片
例 2-12 创建和调整演示文稿
例 2-13 自定义 PPT 保存方式

2.1 创建演示文稿

在 PowerPoint 中，用户可以创建各种多媒体演示文稿。演示文稿中的每一页叫做幻灯片，每张幻灯片都是演示文稿中既相互独立又相互联系的内容。本节将介绍多种创建演示文稿的方法。

2.1.1 创建空白演示文稿

空白演示文稿由带有布局格式的空白幻灯片组成，用户可以在空白的幻灯片上设计出具有鲜明个性的背景色彩、配色方案、文本格式和图片等。

创建空白演示文稿的方法如下。

▶ 启动 PowerPoint 自动创建空白演示文稿：无论是使用【开始】按钮启动，还是通过桌面快捷图标或者通过现有演示文稿启动，都将自动打开一个空白演示文稿。

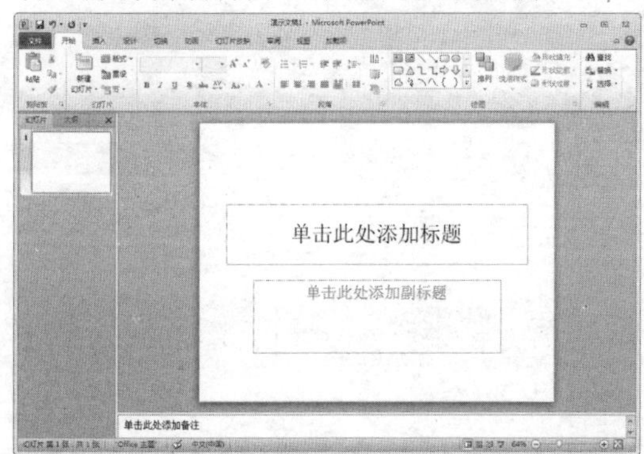

▶ 使用【文件】按钮创建空白演示文稿：单击工作界面左上角的【文件】功能选项卡，在左侧的列表中选择【新建】命令，在右侧的【可用模板和主题】列表框中选中【空白演示文稿】选项，单击【创建】图标，即可新建一个空白演示文稿。

2.1.2 根据模板创建演示文稿

模板是一种以特殊格式保存的演示文稿，一旦应用了某种模板后，幻灯片的背景图形、配色方案等就已经确定。通过模板，用户可以创建多种风格的精美演示文稿。PowerPoint 2010 又将模板细化为样本模板和主题两种。

1. 根据样本模板创建演示文稿

样本模板是 PowerPoint 自带的模板中的类型，这些模板将演示文稿的样式、风格，包括幻灯片的背景、装饰图案、文字布局及颜色、大小等均预先定义好。用户在设计演示文稿时可以先选择演示文稿的整体风格，再进一步编辑和修改。

【例 2-1】根据样本模板创建演示文稿。
视频+素材 (光盘素材\第 02 章\例 2-1)

step 1 启动PowerPoint 2010 应用程序，单击【文件】按钮，从弹出的菜单中选择【新建】命令，在【可用的模板和主题】窗格中选择【样本模板】选项。

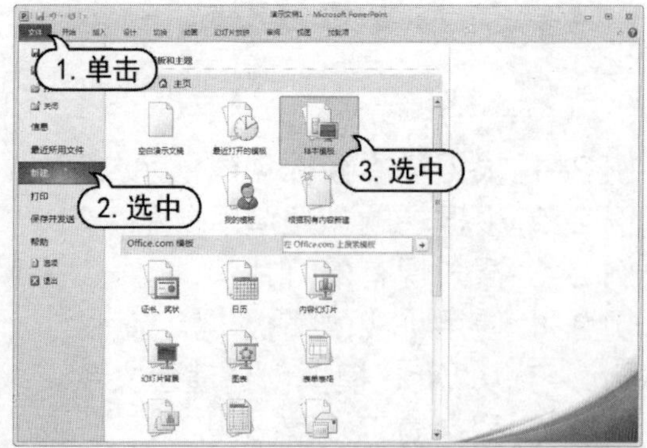

step 2 自动显示【样本模板】窗格，在列表框中选择【现代型相册】选项，然后单击【创建】图标。

step 3　此时该样本模板将被应用在新建的演示文稿中。

2. 根据主题创建演示文稿

使用主题可以使没有专业设计水平的用户设计出专业的演示文稿效果。

【例 2-2】在 PowerPoint 2010 中根据主题创建演示文稿。
视频+素材 (光盘素材\第 02 章\例 2-2)

step 1　启动PowerPoint 2010 应用程序，单击【文件】按钮，从弹出的菜单中选择【新建】命令，在【可用的模板和主题】窗格中选择【主题】选项。

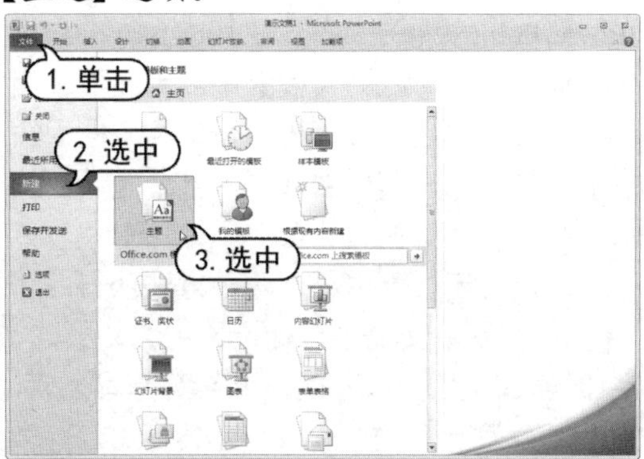

step 2　在打开的【主题】窗格中，选择【复合】选项，单击【创建】图标。

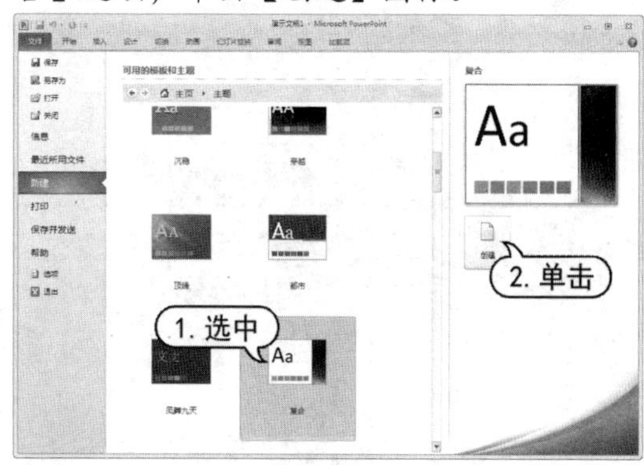

step 3　此时，即可新建一个基于【复合】主题样式的演示文稿。

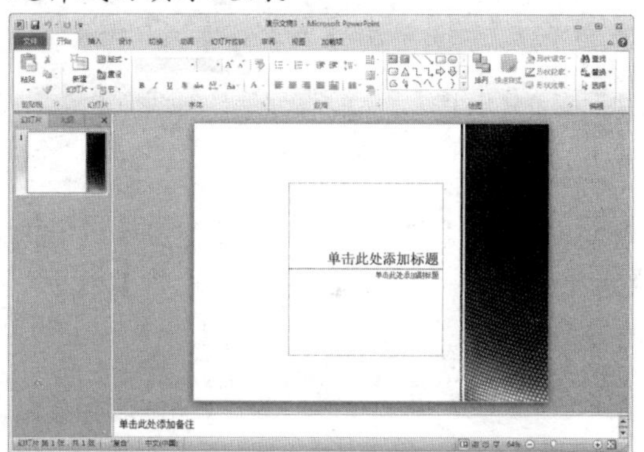

2.1.3 根据现有内容新建

如果用户要使用现有演示文稿中的一些内容或风格来设计其他的演示文稿，就可以使用 PowerPoint 的【根据现有内容新建】功能。利用该功能就能够得到一个和现有演示文稿具有相同内容和风格的新演示文稿，用户只需在原有的基础上进行适当修改即可。

【例 2-3】在【例 2-1】创建的演示文稿中插入现有幻灯片。
视频+素材 (光盘素材\第 02 章\例 2-3)

step 1　启动PowerPoint 2010 应用程序，打开【例 2-1】应用的自带样本模板的现代型相册。

step 2　将光标定位在幻灯片的最后位置，在【开始】选项卡的【幻灯片】组中单击【新建幻灯片】下拉按钮，在弹出的列表框中选择【重用幻灯片】命令。

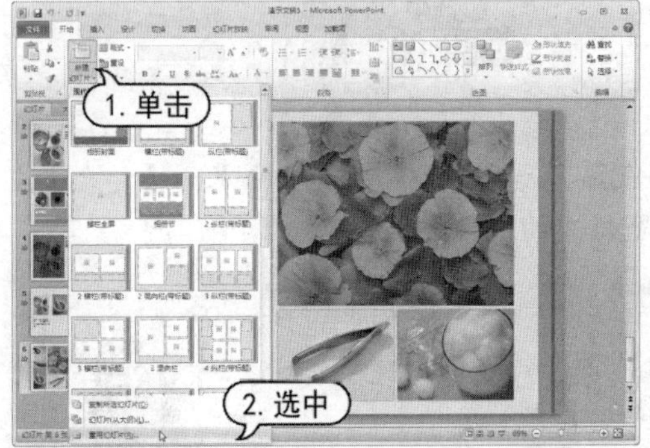

step 3 打开【重用幻灯片】任务窗格，单击【浏览】按钮，在弹出的菜单中选择【浏览文件】命令。

step 4 打开【浏览】对话框，选择需要使用的现有演示文稿，单击【打开】按钮。

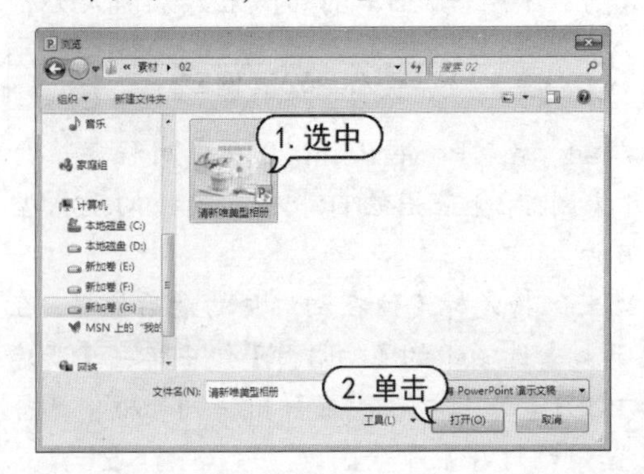

step 5 此时，【重用幻灯片】任务窗格中显示现有演示文稿中所有可用的幻灯片。

step 6 在幻灯片列表中单击需要的幻灯片，将其插入到指定位置。

2.1.4 其他创建方法

除了以上介绍的方法外，用户还可以通过其他创建方法来制作精美的演示文稿。例如，通过自定义模板创建演示文稿、使用 Web 模板创建演示文稿。

1. 通过自定义模板创建演示文稿

用户可以将自定义演示文稿保存为【PowerPoint 模板】类型，使其成为一个自定义模板保存在【我的模板】中。当需要使用该模板时，通过在【可用的模板和主题】窗格中选择【我的模板】选项，打开【新建演示文稿】对话框调用即可。

自定义模板可由以下两种方法获得：

- 在演示文稿中自行设计主题、版式、字体样式、背景图案、配色方案等基本要素，然后保存为模板。

▶ 由其他途径(如下载、共享、光盘等)获得的模板。

【例 2-4】将从其他途径获得的模板保存到【我的模板】列表框中，并调用该模板。
视频+素材 (光盘素材\第 02 章\例 2-4)

step 1 启动PowerPoint 2010 应用程序，双击打开预先设计好的模板，单击【文件】按钮，从弹出的菜单中选择【另存为】命令。

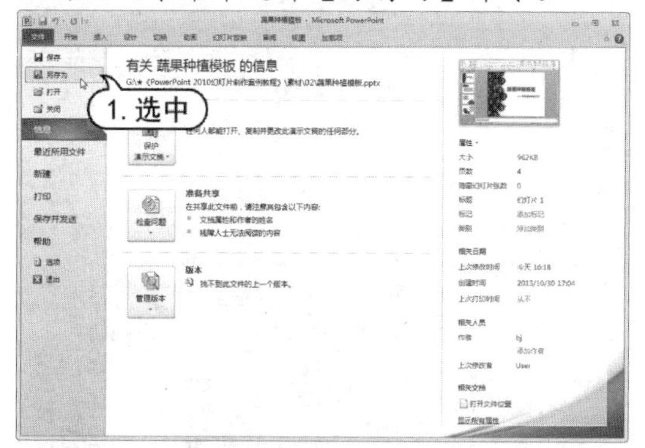

step 2 打开【另存为】对话框，在【文件名】文本框中输入模板名称，在【保存类型】下拉列表中选择【PowerPoint 模板】选项。此时对话框中的【保存位置】下拉列表框将自动更改保存路径，单击【确定】按钮，将模板保存到PowerPoint默认模板存储路径下。

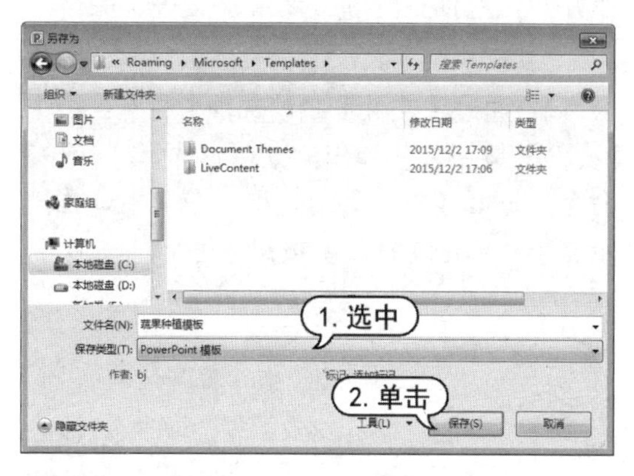

step 3 关闭保存后的模板。再次启动PowerPoint 2010 应用程序，打开一个空白演示文稿。

step 4 单击【文件】按钮，从弹出的菜单中选择【新建】命令，在【可用的模板和主题】窗格中，选择【我的模板】选项。

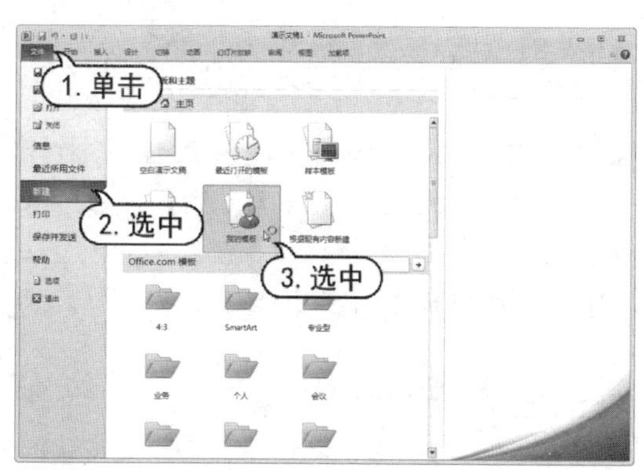

step 5 打开【新建演示文稿】对话框中的【个人模板】选项卡，选择刚刚创建的自定义模板，然后单击【确定】按钮。

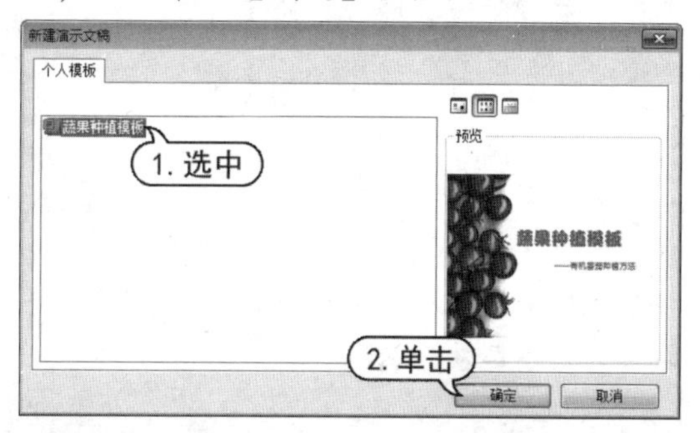

step 6 此时模板被应用到当前演示文稿中。

2. 使用 Web 模板创建演示文稿

与以往版本相比，PowerPoint 2010 着重增强网络功能，允许用户从微软的 Office 官方网站下载相关的 PowerPoint 模板。PowerPoint 将从官方网站下载 PowerPoint 模板的功能集成到了软件中。用户只需保持本地计算机的网络畅通，即可在创建演示文稿时，直接调用互联网中的资源。

【例 2-5】直接从 Web 模板创建演示文稿。
视频+素材 (光盘素材\第 02 章\例 2-5)

step 1 启动PowerPoint 2010 应用程序，打开一个空白演示文稿。单击【文件】按钮，从弹出的菜单中选择【新建】命令。在【Office.com模板】窗格中选择【专业型】分类选项。

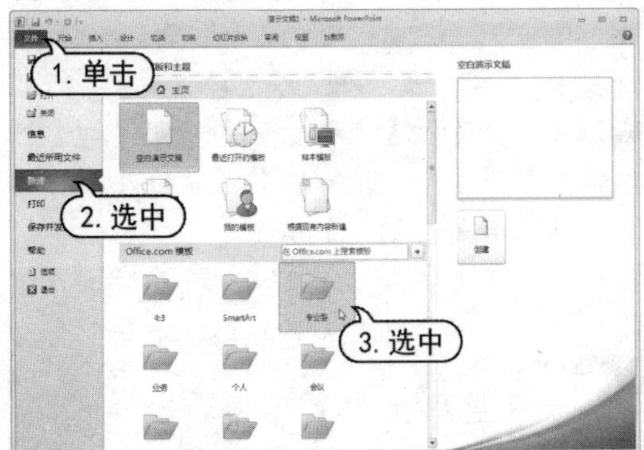

step 2 在打开的【专业型】分类窗格中，选择【集思广益设计模板】，单击【下载】按钮，即可开始下载演示文稿。

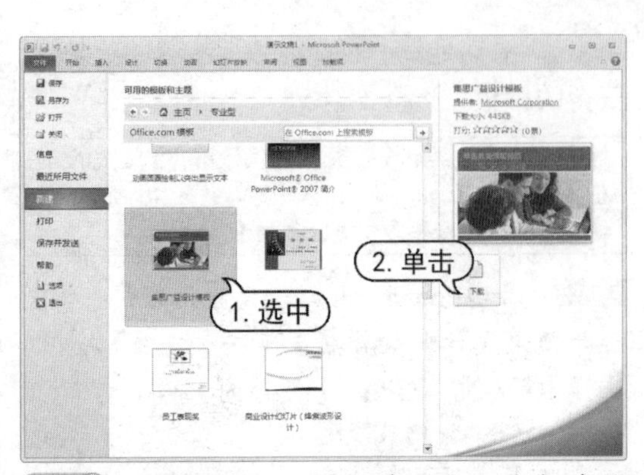

step 3 下载完成后，模板将被应用在新建的演示文稿中。

2.2 演示文稿的基本操作

要设计出好的演示文稿，必须从最基本的操作开始，包括打开和关闭演示文稿、保存与保护演示文稿等。

2.2.1 打开演示文稿

使用 PowerPoint 2010 不仅可以创建演示文稿，还可以打开已有的演示文稿，对其进行编辑。

PowerPoint 允许用户通过以下几种方法打开演示文稿。

▶ 直接双击打开：Windows 操作系统会自动为所有 ppt、pptx 等格式的演示文稿、演示模板文件建立文件关联，用户只需双击这些文档，即可启动 PowerPoint 2010，同时打开指定的演示文稿。

知识点滴

PowerPoint 2010 关联的文档主要包括 6 种，即扩展名为 ppt、pptx、pot、potx、pps 和 ppsx 的文档。

▶ 通过【文件】功能选项卡打开：单击【文件】按钮，从弹出的菜单中选择【打开】命令，打开【打开】对话框。在其中选择演示文稿，单击【打开】按钮即可。

▶ 通过快速访问工具栏打开：在快速访问工具栏中单击【自定义快速访问工具栏】按钮

，在弹出的菜单中选择【打开】命令，将【打开】命令按钮添加到快速访问工具栏中。单击该按钮，打开【打开】对话框，选择相应的演示文稿，单击【打开】按钮即可。

- 使用快捷键打开：在 PowerPoint 2010 窗口中，直接按 Ctrl+O 组合键，打开【打开】对话框，选择演示文稿，然后单击【打开】按钮即可。

知识点滴

除了以上介绍的几种打开演示文稿的方法外，用户还可以直接选择外部的演示文稿，然后使用鼠标将演示文稿拖动到 PowerPoint 2010 窗口中，同样可以打开该演示文稿。

2.2.2 关闭演示文稿

在 PowerPoint 2010 中，用户可以通过以下几种方法将已打开的演示文稿关闭：

- 直接单击 PowerPoint 2010 应用程序窗口右上角的【关闭】按钮，关闭当前打开的演示文稿，同时也会关闭 PowerPoint 2010 应用程序窗口。
- 单击【文件】功能选项卡，从中选择【退出】命令，可以关闭打开的演示文稿，同时也会关闭 PowerPoint 2010 应用程序窗口。如果选择【关闭】命令，则只关闭当前打开的演示文稿。
- 在 Windows 任务栏中右击 PowerPoint 2010 程序图标按钮，从弹出的快捷菜单中选择【关闭窗口】命令，关闭演示文稿，同时关闭 PowerPoint 2010 应用程序窗口。
- 按 Ctrl+F4 组合键，直接关闭当前已打开的演示文稿；按 Alt+F4 组合键，则除了关闭演示文稿外，还会关闭整个 PowerPoint 2010 应用程序窗口。

2.2.3 保存与保护演示文稿

文件的保存是一种常规操作，在演示文稿的创建过程中及时保存工作成果，可以避免数据的意外丢失。保存演示文稿的方式很多，一般情况下的保存方法与其他 Windows 应用程序相似。

1. 常规保存

在进行文件的常规保存时，可以在快速访问工具栏中单击【保存】按钮，也可以单击 Office 按钮，在弹出的菜单中选择【保存】命令。当用户第一次保存该演示文稿时，系统将打开【另存为】对话框，供用户选择保存位置和命名演示文稿。

在【保存位置】下拉列表框中可以选择文件保存的路径；在【文件名】文本框中可以修改文件名称；在【保存类型】下拉列表框中选择文件的保存类型。

当执行上面的操作后，PowerPoint 标题栏自动显示保存后的文件名，再次修改演示文稿，并进行保存时，直接单击【文件】按钮，在弹出的【文件】菜单中选择【保存】命令，或者按 Ctrl+S 快捷键即可，此时不再打开【另存为】对话框。

2. 另存为

另存演示文稿实际上是指在其他位置或以其他名称保存已保存过的演示文稿的操作。将演示文稿另存为的方法和第一次进行保存的操作类似，不同的是另存为操作能保证编辑操作对原文档不产生影响，相当于将当前打开的演示文稿做一个备份。

【例 2-6】以只读方式打开“销售工作报告”演示文稿，并将其以“第四季度销售报告”为名进行另存为操作。

视频+素材 (光盘素材\第 02 章\例 2-6)

step 1 启动PowerPoint 2010 应用程序，打开一个空白演示文稿，单击【文件】按钮，从弹出的菜单中选择【打开】命令。

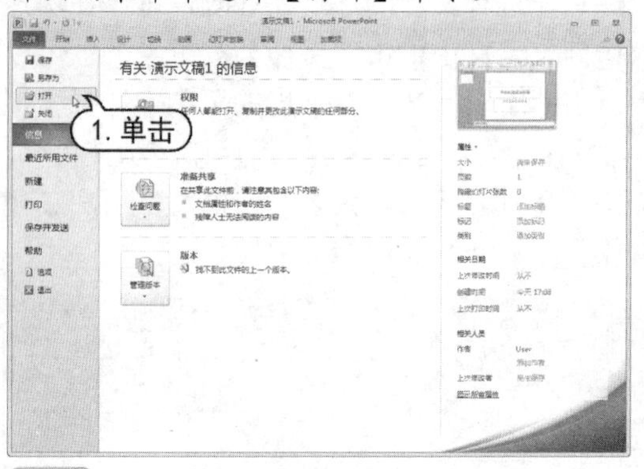

step 2 打开【打开】对话框，选择要打开的"销售工作报告"演示文稿，单击【打开】下拉按钮，从弹出的快捷菜单中选择【以只读方式打开】命令。

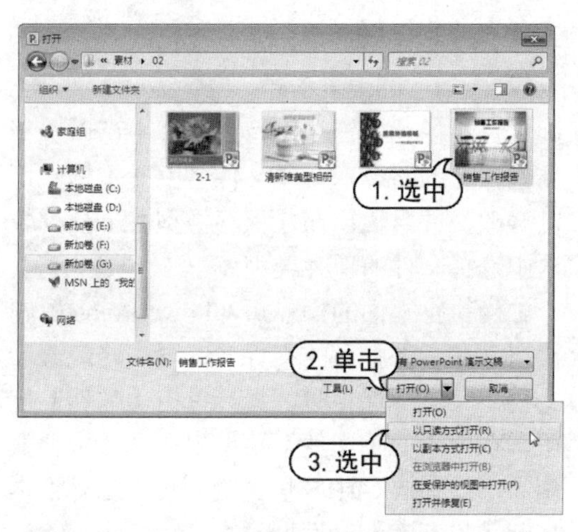

step 3 此时，即可打开该演示文稿，并在标题栏中的文件名后显示"只读"二字。

step 4 单击【文件】按钮，从弹出的菜单中选择【另存为】命令。

step 5 打开【另存为】对话框，设置演示文稿的保存路径，在【文件名】文本框中输入文本"第四季度销售报告"，然后单击【保存】按钮。

step 6 返回至演示文稿窗口，即可看到标题栏中的演示文稿的名称已经变为"第四季度销售报告"。

3. 加密保存

加密保存可以防止其他用户在未授权的情况下打开或修改演示文稿，以此加强文档的安全性，从而保护演示文稿。

【例 2-7】加密保存"第四季度销售报告"演示文稿。
视频+素材 (光盘素材\第 02 章\例 2-7)

step 1 启动PowerPoint 2010 应用程序，打开"第四季度销售报告"演示文稿。

step 2 单击【文件】功能选项卡，从中选择【另存为】命令，打开【另存为】对话框。选择文件的保存路径，单击【工具】下拉按钮，从弹出的菜单中选择【常规选项】命令。

知识点滴

在【工具】下拉菜单中选择【保存选项】命令，即可打开【PowerPoint 选项】对话框的【保存】选项卡，在其中可以设置文件的保存格式、文件自动保存时间间隔、自动恢复文件的位置和默认文件位置等。

step 3 打开【常规选项】对话框，在【打开权限密码】和【修改权限秘密】文本框中输入“123456”，然后单击【确定】按钮。

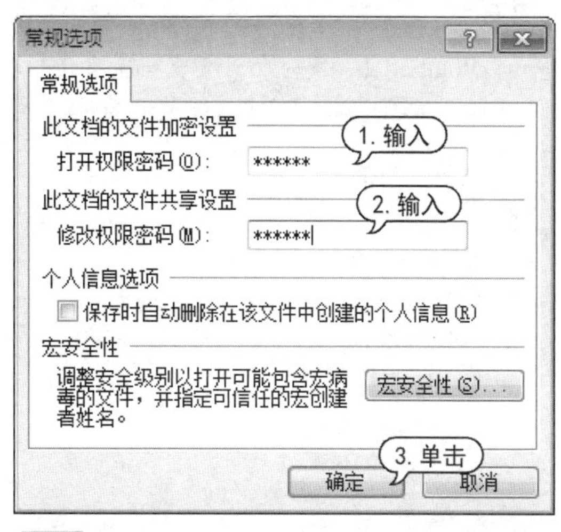

step 4 打开【确认密码】对话框，继续输入打开权限密码，然后单击【确定】按钮。

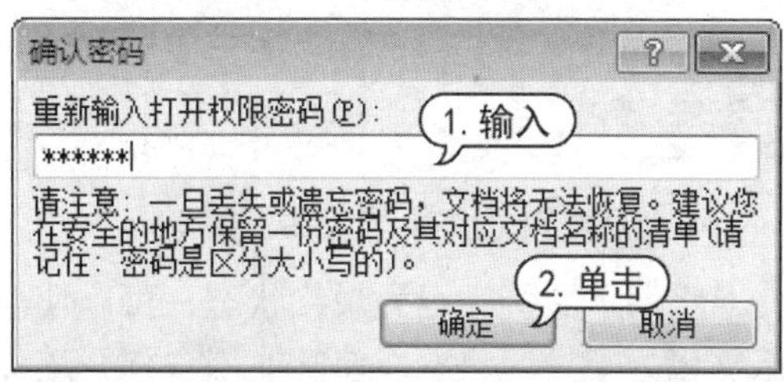

step 5 继续打开【确认密码】对话框，输入修改权限密码，然后单击【确定】按钮。

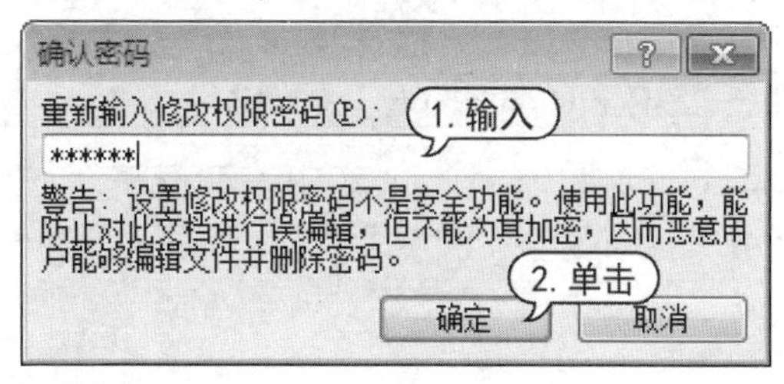

step 6 返回至【另存为】对话框，单击【保存】按钮，即可加密保存演示文稿，然后按 Ctrl+F4 键关闭演示文稿。

step 7 双击加密保存后的演示文稿，启动PowerPoint 2010，同时打开【密码】对话框。用户需要正确地输入密码，才能访问和修改该演示文稿。

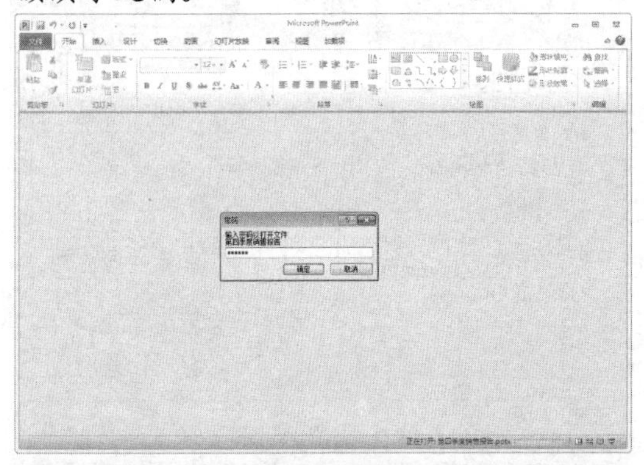

实用技巧

当制作好一个演示文稿后，也可以将其保存为模板，以备以后使用。将演示文稿保存为模板的操作方法可以参考【例 2-4】，在此不做详细阐述。

4. 将演示文稿标记为最终状态

将演示文稿标记为最终状态，可以使演示文稿处于只读状态，使其他用户打开该文稿时只能浏览而不能篡改里面的内容。

【例 2-8】将“项目状态报告”演示文稿标记为最终状态保存。
视频+素材 (光盘素材\第 02 章\例 2-8)

step 1 启动PowerPoint 2010 应用程序，打开“项目状态报告”演示文稿。

step 2 单击【文件】按钮，从弹出的菜单中选择【信息】命令，打开【信息】窗格。

step 3 在【信息】窗格中单击【保护演示文稿】按钮，从弹出的下拉列表中选择【标记为最终状态】选项。

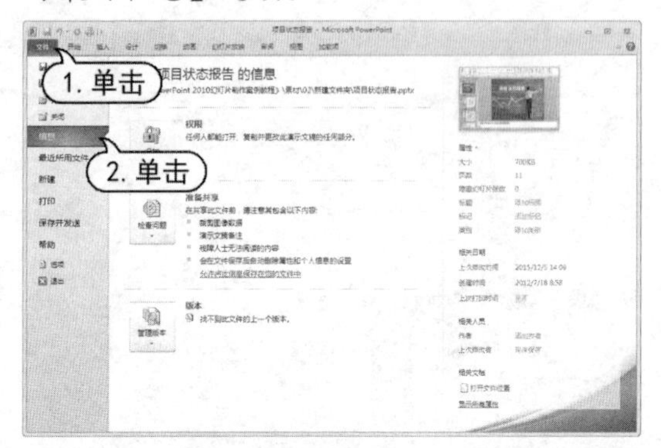

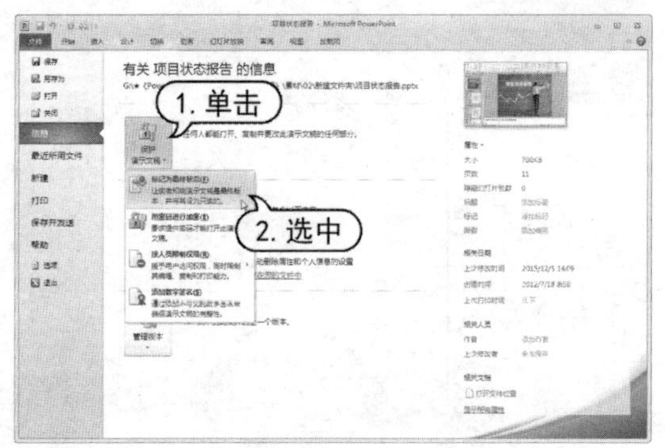

step 4 在弹出的提示对话框中，提示“该演示文稿将先被标记为最终版本，然后保存”，单击【确定】按钮即可。

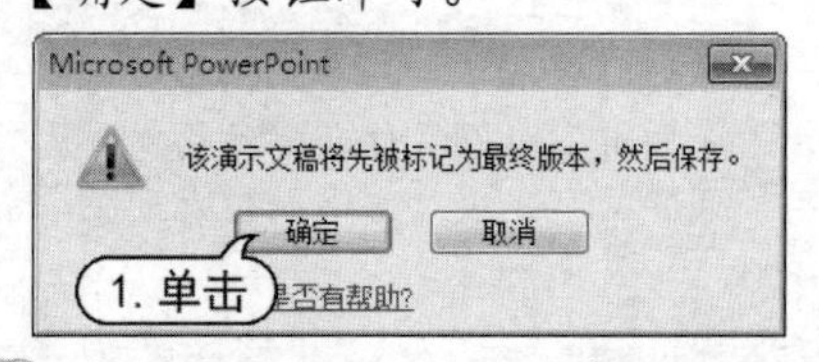

step 5 在弹出的提示对话框中，提示当前文档已经标记为最终状态，单击【确定】按钮即可。

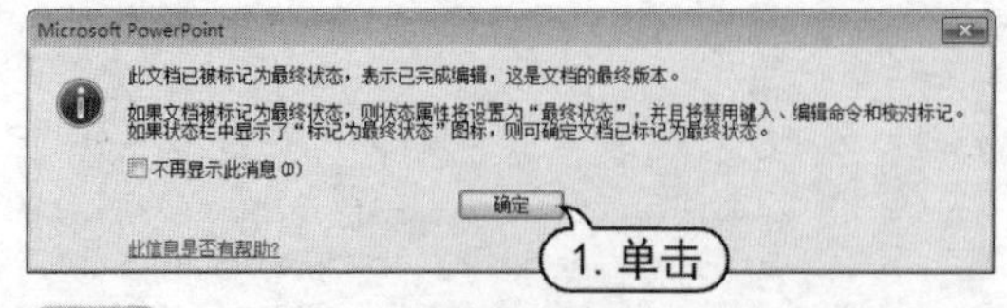

step 6 此时，可以看到【保护演示文稿】按钮右侧出现了“权限”字样，并提示用户“此演示文稿已经标记为最终状态以防止编辑”。

step 7 重新打开“项目状态报告”演示文稿，此时可以看到显示出一条黄色的警告信息，提示用户该演示文稿已经标记为最终状态，并且可以看到【开始】选项卡中的各个按钮均呈现为未激活状态。这说明用户只能浏览而不能编辑。

2.3　幻灯片的基本操作

幻灯片是演示文稿的重要组成部分。因此，使用 PowerPoint 2010 需要掌握幻灯片的一些基本操作，主要包括选择幻灯片、插入幻灯片、移动与复制幻灯片、删除幻灯片和隐藏幻灯片等。

2.3.1 选择幻灯片

在 PowerPoint 2010 中，用户可以选中一张或多张幻灯片，然后对选中的幻灯片进行操作。在普通视图中选择幻灯片的方法如下。

- 选择单张幻灯片：无论是在普通视图还是在幻灯片浏览视图下，只需单击需要的幻灯片，即可选中该张幻灯片。
- 选择编号相连的多张幻灯片：首先单击起始编号的幻灯片，然后按住 Shift 键，单击结束编号的幻灯片，此时两张幻灯片之间的所有幻灯片被同时选中。

- 选择编号不相连的多张幻灯片：在按住 Ctrl 键的同时，依次单击需要选择的每张幻灯片，即可同时选中单击的多张幻灯片。在按住 Ctrl 键的同时再次单击已选中的幻灯片，则取消选择该幻灯片。

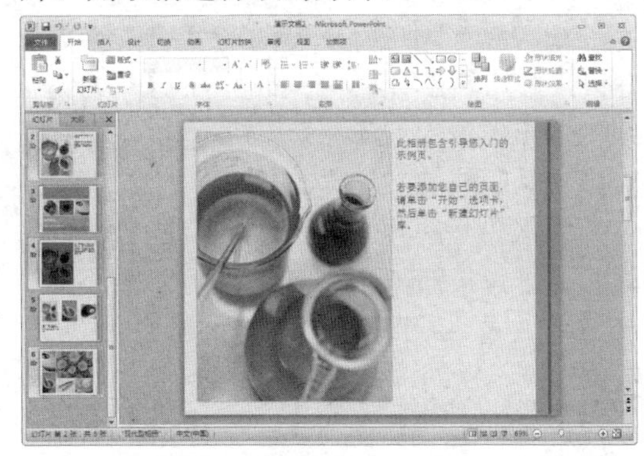

- 选择全部幻灯片：无论是在普通视图还是在幻灯片浏览视图下，按 Ctrl+A 组合键，即可选中当前演示文稿中的所有幻灯片。

实用技巧

在对幻灯片进行操作时，最为方便的视图模式是幻灯片浏览视图。对于小范围或少量的幻灯片操作，也可以在普通视图模式下进行。在幻灯片浏览视图下，用户直接在幻灯片之间的空隙中按下鼠标左键并拖动，此时鼠标划过的幻灯片都将被选中。

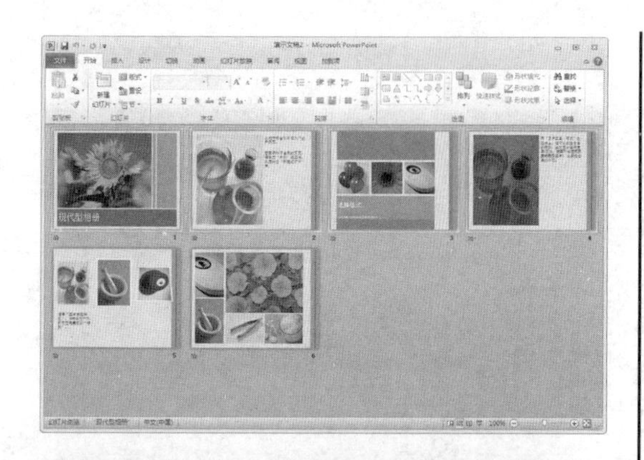

2.3.2 插入幻灯片

在启动 PowerPoint 2010 应用程序后，PowerPoint 会自动建立一张新的幻灯片，随着制作过程的推进，需要在演示文稿中插入更多的幻灯片。

要插入新幻灯片，可以通过【幻灯片】组插入，也可以通过右击插入，还可以通过键盘操作插入。下面将介绍这几种插入幻灯片的方法。

1. 通过【幻灯片】组插入

在幻灯片浏览窗格中，选择一张幻灯片，打开【开始】选项卡，在功能区的【幻灯片】组中单击【新建幻灯片】按钮，即可插入一张默认版式的幻灯片。

当需要应用其他版式时，单击【新建幻灯片】下拉按钮，从弹出的下拉列表框中选择一个版式，即可插入该版式的幻灯片。

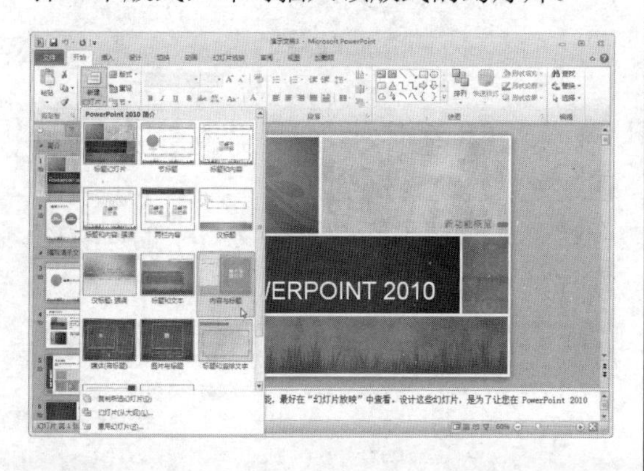

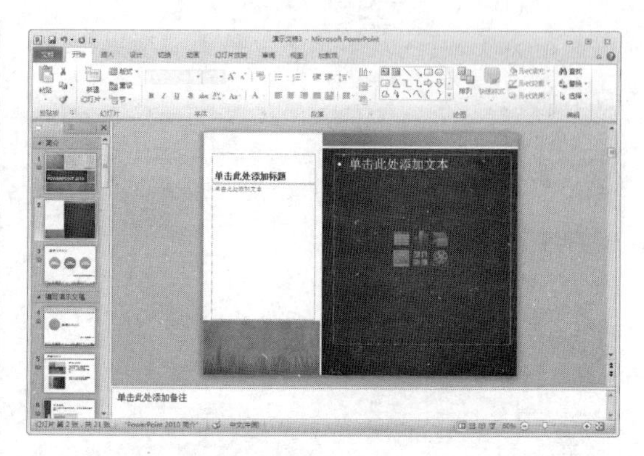

2. 通过右击插入

在幻灯片浏览窗格中，选择一张幻灯片，右击该幻灯片，从弹出的快捷菜单中选择【新建幻灯片】命令，即可在选择的幻灯片之后插入一张新的幻灯片。

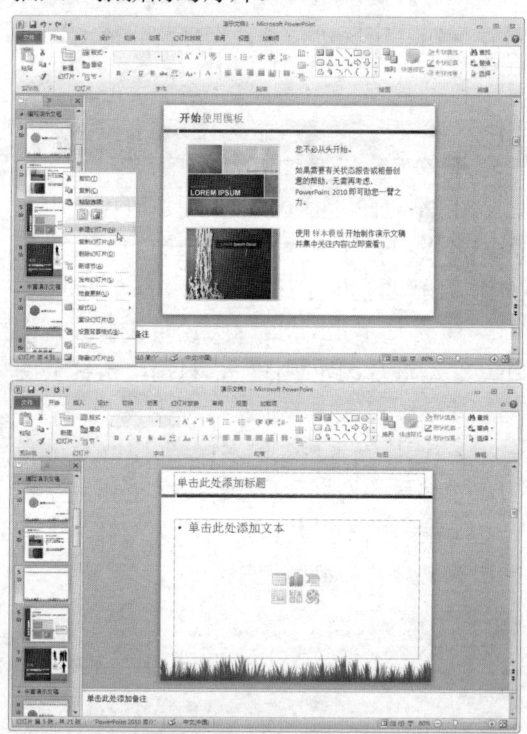

3. 通过键盘操作插入

通过键盘操作插入幻灯片的方法是最为快捷的方法。在幻灯片浏览窗格中，选择一张幻灯片，然后按 Enter 键，即可插入一张新幻灯片。

2.3.3 移动与复制幻灯片

在 PowerPoint 2010 中，用户可以方便地对幻灯片进行移动与复制操作。

1. 移动幻灯片

在制作演示文稿时，为了调整幻灯片的播放顺序，就需要移动幻灯片。

【例 2-9】在"咖啡文化"演示文稿中，移动幻灯片。
视频+素材（光盘素材\第 02 章\例 2-9）

step 1 启动PowerPoint 2010 应用程序，打开"咖啡文化"演示文稿。

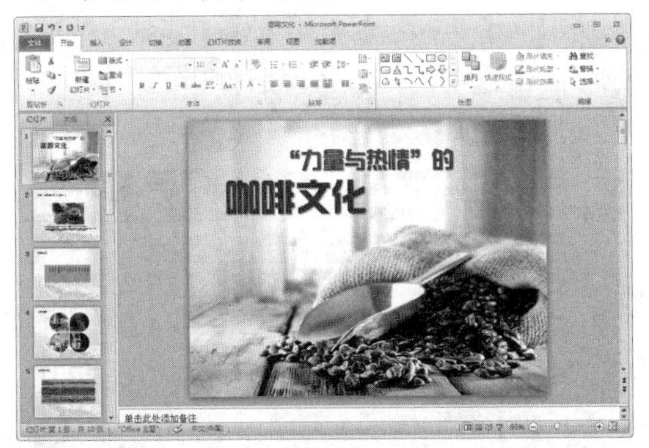

step 2 在幻灯片浏览窗格中，选中第 9 张幻灯片，在【开始】选项卡的【剪贴板】组中单击【剪切】按钮。

step 3 在幻灯片浏览窗格中，选中第 1 张幻灯片，在【开始】功能选项卡的【剪贴板】组中单击【粘贴】按钮，即可将剪切的幻灯片移动到选中的幻灯片下方窗格中。

step 4 在幻灯片浏览窗格中，选中第 10 张幻灯片，单击鼠标右键，从弹出的快捷菜单中选择【剪切】命令。

step 5 将光标定位在第 3 张幻灯片下的空隙处，右击，从弹出的快捷菜单中单击【粘贴选项】中的【保留源格式】按钮，即可将指定的幻灯片移动到目标位置中。

step 6 在幻灯片浏览窗格中，选中第 6 张幻灯片，按住鼠标左键不放向上拖动，此时光标变为形状，且光标对应位置有一条线，表示幻灯片移动后的位置。

step 7 拖动幻灯片至第 4 张幻灯片后，释放鼠标，移动后的幻灯片将自动重新编号。

step 8 在幻灯片浏览窗格中，选中第 6 至 8 张幻灯片，按Ctrl+X快捷键，剪贴选定的幻灯片。

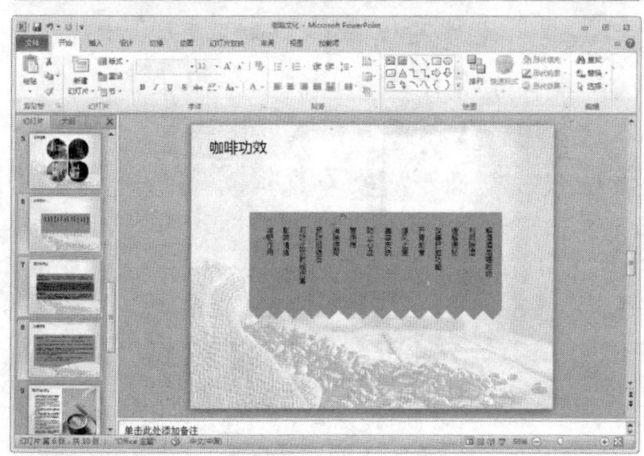

step 9 将光标定位在剪切后的第 6 张幻灯片下面的位置，按Ctrl+V快捷键，即可将指定的幻灯片移动到目标位置。

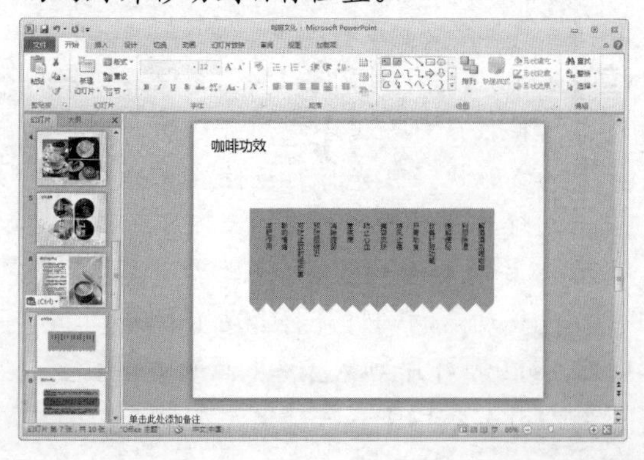

step 10 在快速访问工具栏中单击【保存】按钮，保存移动后的演示文稿。

2. 复制幻灯片

PowerPoint 支持以幻灯片为对象的复制操作。在制作演示文稿时，为了使新建的幻灯片与已经建立的幻灯片保持相同的版式和设计风格(即使两张幻灯片的内容基本相同)，可以利用幻灯片的复制功能，复制出一张相同的幻灯片，然后再对其进行适当的修改。

复制幻灯片的基本方法如下：

▶ 选中需要复制的幻灯片，在【开始】选项卡的【剪贴板】组中单击【复制】按钮，或者右击选中的幻灯片，从弹出的快捷菜单中选择【复制】命令。

实用技巧

右击选中的幻灯片，从弹出的快捷菜单中选择【复制幻灯片】命令，即可快速地复制幻灯片到选中幻灯片后面位置。

▶ 在需要插入幻灯片的位置单击，然后在【开始】选项卡的【剪贴板】组中单击【粘贴】按钮，或者在目标位置右击，从弹出的快捷菜单中选择【粘贴选项】命令中的选项。

知识点滴

用户可以同时选择多张幻灯片进行上述操作。Ctrl+C、Ctrl+V 快捷键同样适用于幻灯片的复制和粘贴操作。另外，用户还可以通过鼠标左键拖动的方法复制幻灯片。方法：选择要复制的幻灯片，按住 Ctrl 键，然后按住鼠标左键拖动选定的幻灯片，在拖动的过程中，出现一条竖线表示选定幻灯片的新位置，此时释放鼠标左键，再释放 Ctrl 键，选择的幻灯片将被复制到目标位置。

2.3.4 隐藏幻灯片

制作好的演示文稿中有的幻灯片可能不是每次放映时都需要显示出来，此时就可以将暂时不需要的幻灯片进行隐藏。

【例 2-10】在“彩色铅笔绘画教程”演示文稿中隐藏第 2 张幻灯片。

视频+素材 (光盘素材\第 02 章\例 2-10)

step 1 启动PowerPoint 2010 应用程序，打开

"彩色铅笔绘画教程"演示文稿。

step 2 在幻灯片浏览窗格中，选中第 2 张幻灯片，并单击鼠标右键，从弹出的快捷菜单中选择【隐藏幻灯片】命令。

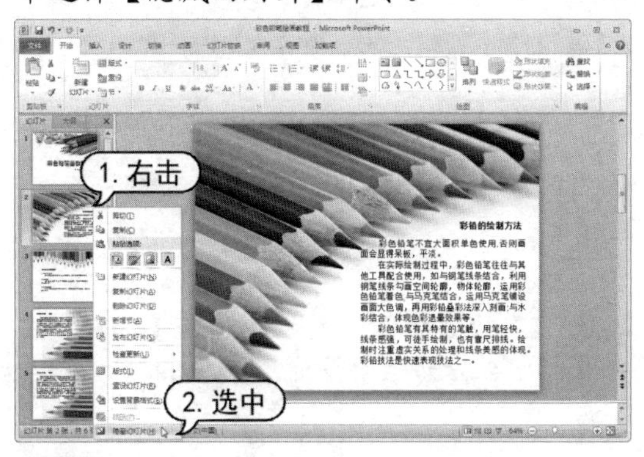

step 3 此时，即可隐藏选中的幻灯片，在幻灯片浏览窗格中隐藏的幻灯片编号上将显示图标志。

step 4 在快速访问工具栏中单击【保存】按钮，保存隐藏幻灯片后的"彩色铅笔绘画教程"演示文稿。

2.3.5 删除幻灯片

在演示文稿中删除多余幻灯片是清除大量冗余信息的有效方法。

【例 2-11】在"项目状态报告"演示文稿中删除幻灯片，并删除所有幻灯片的节。
视频+素材 (光盘素材\第 02 章\例 2-11)

step 1 启动PowerPoint 2010 应用程序，打开"项目状态报告"演示文稿。

step 2 在幻灯片浏览窗格中选中第 5、6 张幻灯片浏览窗格，并单击鼠标右键，从弹出的快捷菜单中选择【删除幻灯片】命令。

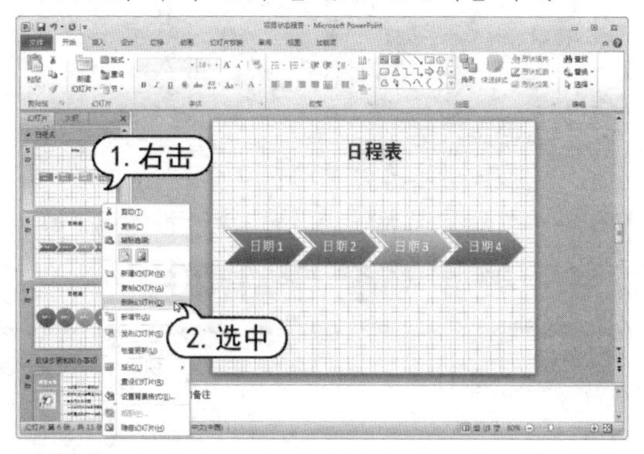

step 3 此时，即可删除选中的幻灯片，重新编号后面的幻灯片。

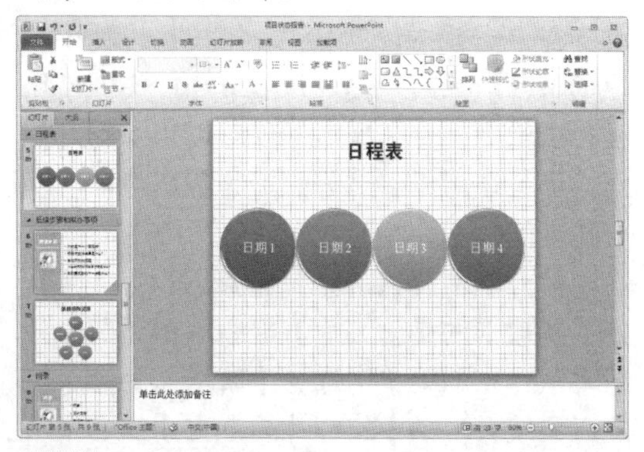

step 4 在【开始】选项卡的【幻灯片】组中，单击【节】按钮，从弹出的菜单中选择【删

除所有节】命令，即可快速删除幻灯片浏览窗格中所有节。

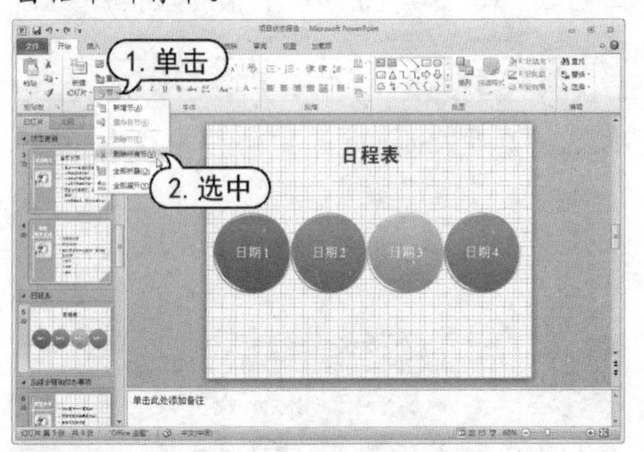

step 5 单击【幻灯片浏览】按钮，切换至幻灯片浏览视图，查看删除节后的幻灯片效果。

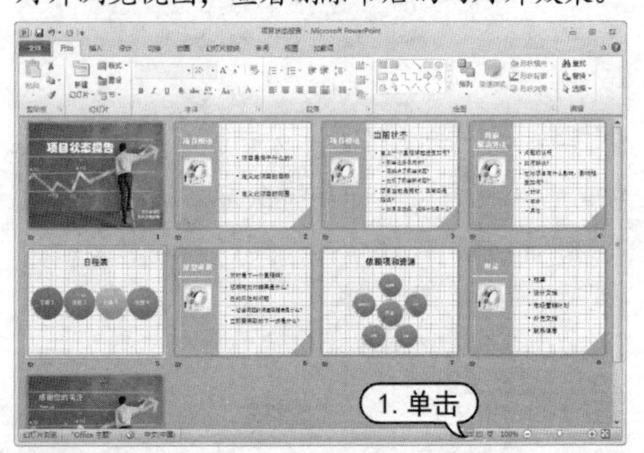

step 6 在幻灯片浏览窗格中，选择第 8 张幻灯片，按Delete键，即可快速删除该幻灯片。

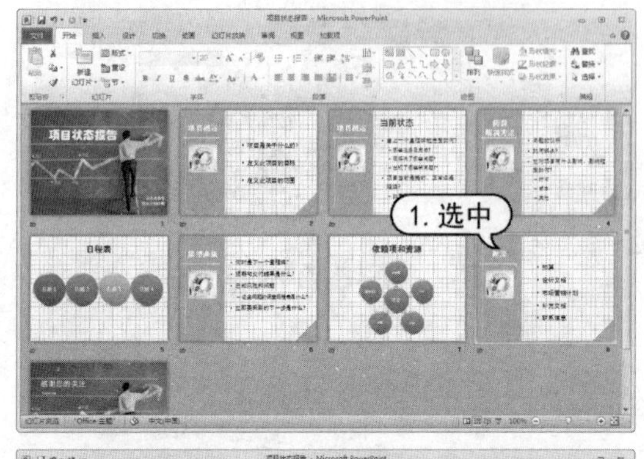

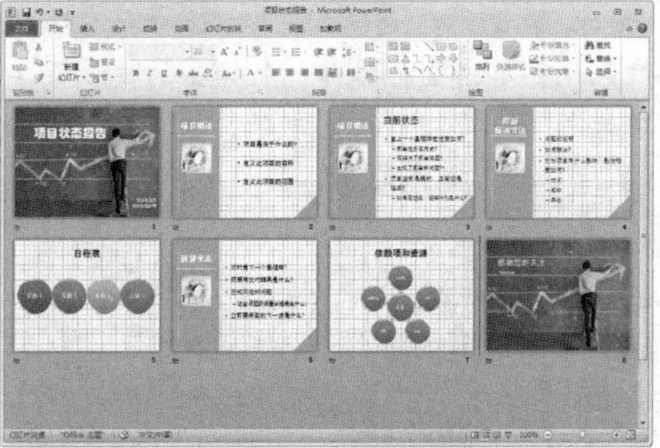

step 7 在快速访问工具栏中单击【保存】按钮，保存修改后的“项目状态报告”演示文稿。

2.4 使用节管理幻灯片

在 PowerPoint 2010 中制作大型演示文稿时，用户可以使用节来对幻灯片进行简化管理和导航，如此可以使演示文稿的结构一目了然。

2.4.1 新增节

在 PowerPoint 2010 中，用户可以使用新增的节功能来组织幻灯片。节功能类似使用文件夹组织文件一样，不仅可以跟踪幻灯片组，而且还可以将节分配给其他用户，明确合作期间的所有权。

打开演示文稿，选择目标幻灯片，在【开始】选项卡的【幻灯片】组中单击【节】按钮，从弹出的菜单中选择【新增节】命令，此时系统会自动在幻灯片的上方添加一个节标题。

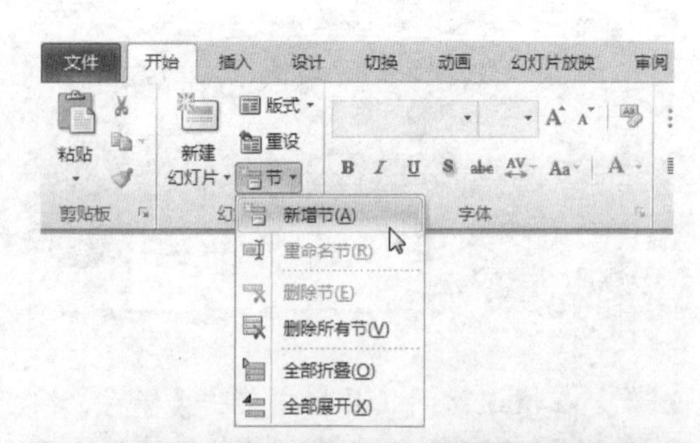

实用技巧

将光标定位在左侧幻灯片浏览窗格中两张幻灯片中间的位置，并右击，从弹出的快捷菜单中选择【新增节】命令，同样可以快速增加新节。

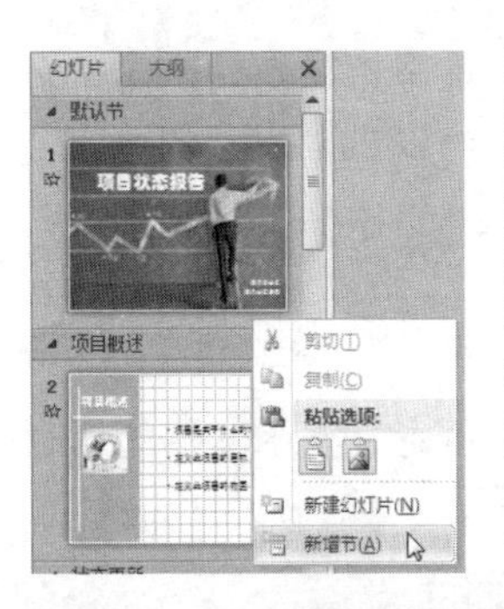

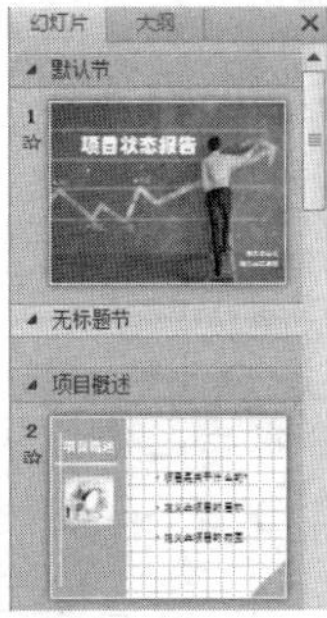

2.4.2 编辑节

选择创建的节，在【幻灯片】组中单击【节】按钮，从弹出的菜单中选择【重命名节】命令，打开【重命名节】对话框，在【节名称】文本框中输入节名称，然后单击【重命名】按钮，此时即可设置节的名称。

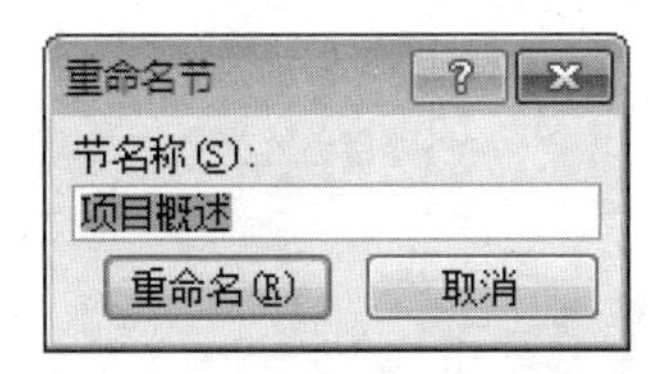

在【幻灯片】组中单击【节】按钮，从弹出的列表中选择【全部折叠】命令，此时在左侧的幻灯片浏览窗格窗口中只显示节名称。

在【幻灯片】组中单击【节】按钮，从弹出的列表中选择【全部展开】命令，可以将幻灯片的缩略图重新显示出来

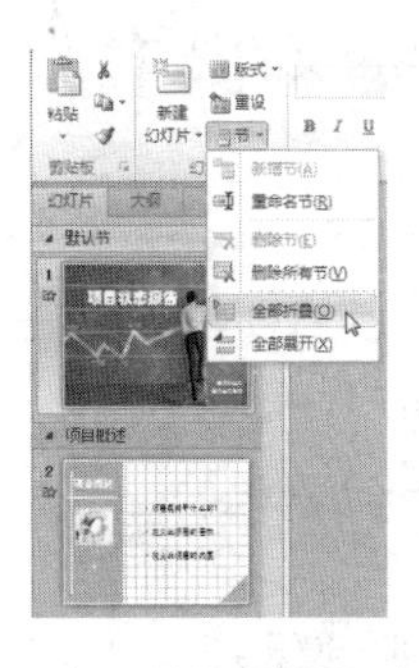

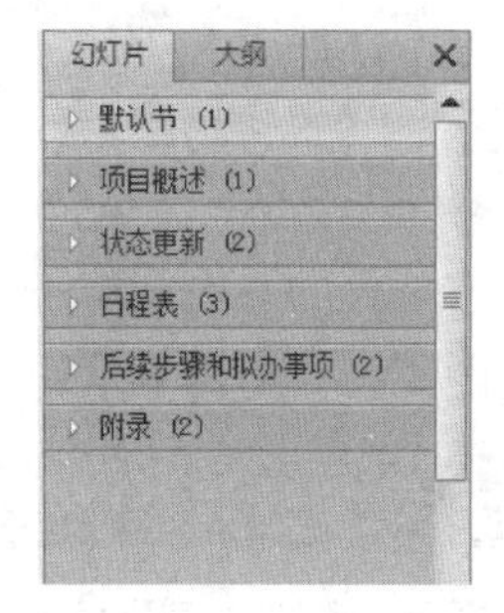

打开【开始】选项卡，在【幻灯片】组中单击【节】按钮，从弹出的菜单中选择【删除所有节】命令，即可删除幻灯片中的所有节。

实用技巧

在幻灯片浏览窗格中的节名称上右击，可以从弹出的菜单中选择编辑节的相关命令。

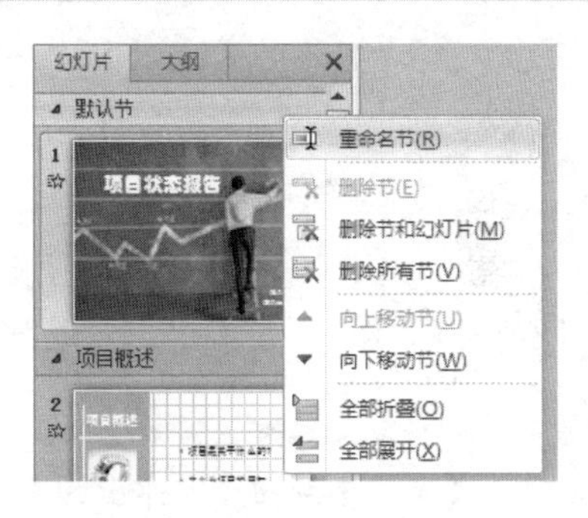

2.5 撤销和恢复操作

撤销和恢复是编辑演示文稿中常用的操作，【撤销】命令对应的快捷键是 Ctrl+Z，【恢复】命令对应的快捷键是 Ctrl+Y。

在进行编辑工作时难免会出现误操作，如误删除文本或者错误地进行剪切、设置等，这时可以通过【撤销】功能将其返回到该步骤操作前的状态。

在快速访问工具栏中单击【撤销】按钮，就可以撤销前一步的操作。默认情况下，PowerPoint 2010 可以撤销前 20 步操作。

用户也可以自定义 PowerPoint 可撤销的步数。单击【开始】按钮，从弹出的菜单中选择【选项】命令，打开【PowerPoint 选项】对话框。在该对话框中，选中【高级】选项，在显示的选项组中设置【最多可以取消操作数】数值框中数值，即可自定义撤销步数。

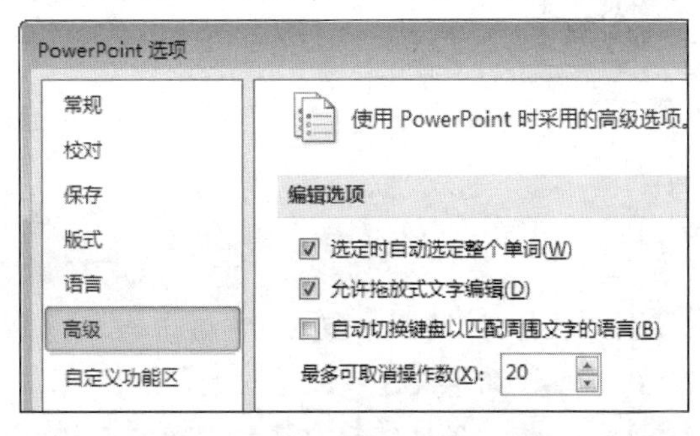

如果将可撤销操作的数值设置过大，将会

占用较大的系统内存，从而影响 PowerPoint 的运行速度。

与【撤销】按钮功能相反的是【恢复】按钮，它可以恢复用户撤销的操作。在快速访问工具栏中也可以直接找到该按钮。

2.6 案例演练

本章的案例演练部分包括创建和调整“员工培训”演示文稿和自定义演示文稿的保存方式两个综合实例操作，用户通过练习从而巩固本章所学知识。

2.6.1 创建和调整演示文稿

【例 2-12】创建“新员工培训”演示文稿，并对其中的幻灯片进行调整。

视频+素材 (光盘素材\第 02 章\例 2-12)

step 1 启动PowerPoint 2010 应用程序，打开一个空白演示文稿。

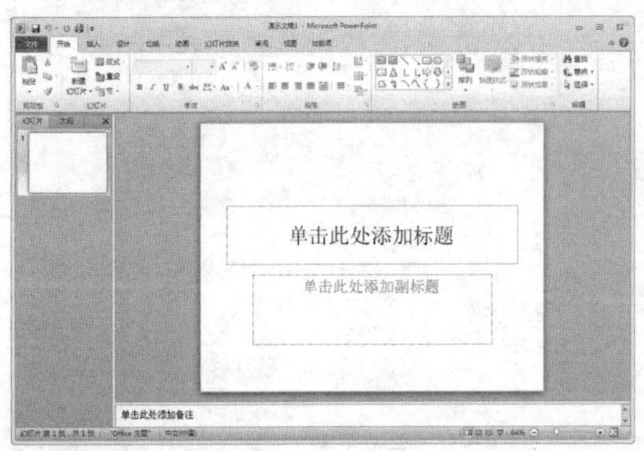

step 2 单击【文件】按钮，从弹出的【文件】菜单中选择【新建】命令。在显示的【可用的模板和主题】窗格中，选择【样本模板】选项。

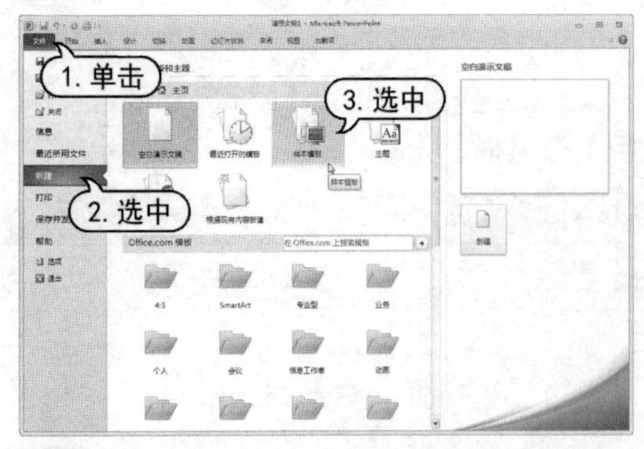

step 3 在打开的【样本模板】窗格中选择【培训】模板选项，然后单击【创建】按钮。

step 4 此时，根据模板新建一个演示文稿，并显示样式和文本效果。

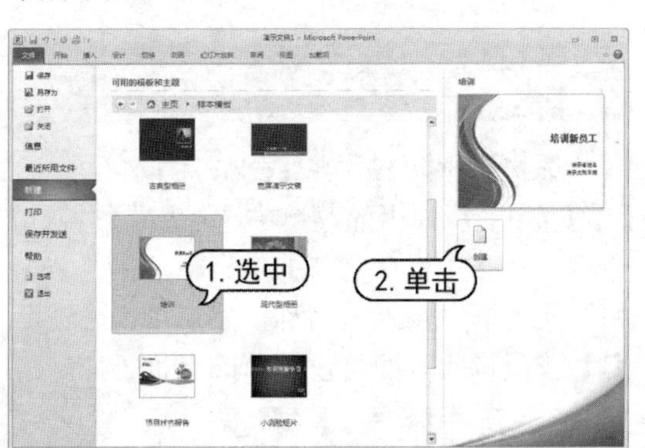

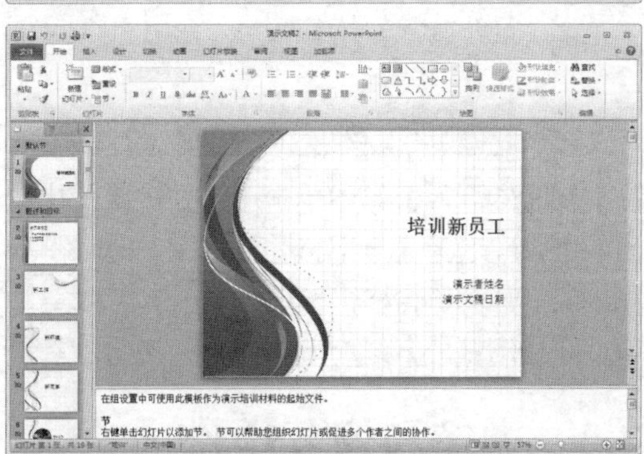

step 5 选中幻灯片浏览窗格窗格中的【默认节】节，在【开始】选项卡的【幻灯片】组中单击【节】按钮，从弹出的菜单中选择【重命名节】命令。

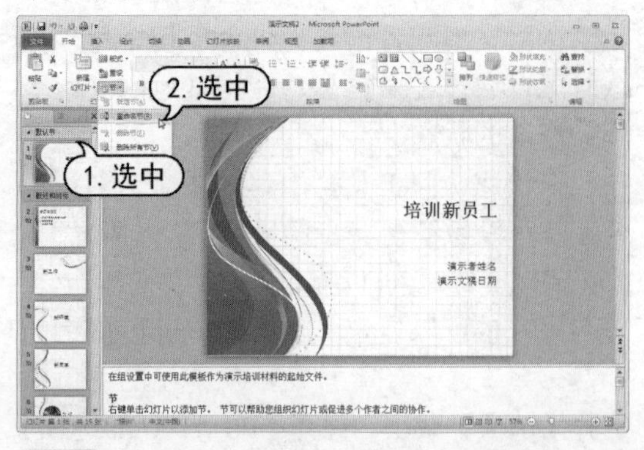

step 6 在打开的【重命名节】对话框中，在

【节名称】文本框中输入名称“标题节”，然后单击【重命名】按钮，即可重新命名【默认节】的节名称。

step 7 选中第3至第5张幻灯片，并右击，从弹出的快捷菜单中选择【删除幻灯片】命令。

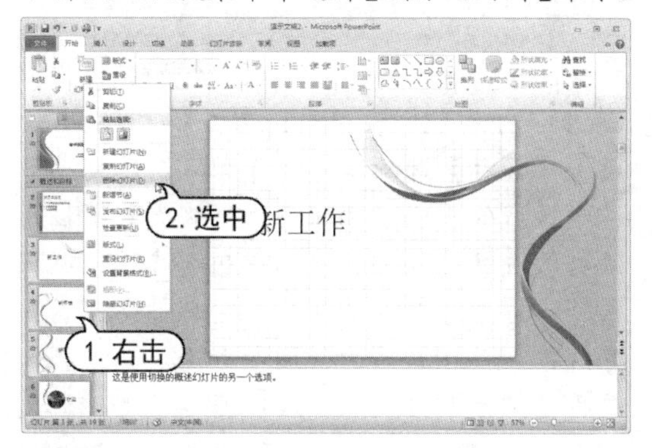

step 8 此时，即可删除选中的幻灯片，后面的幻灯片将自动重新编号。

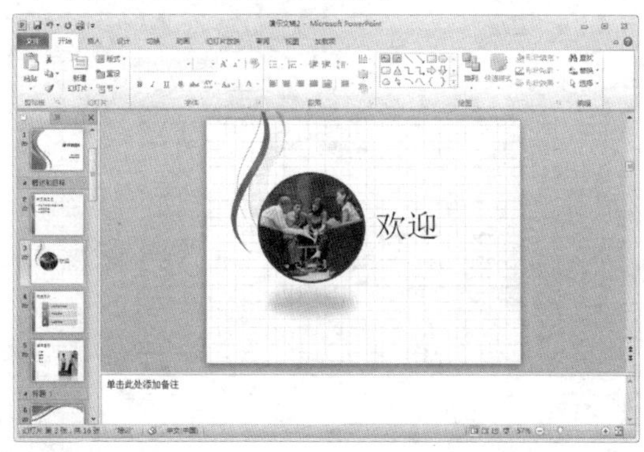

step 9 在左侧幻灯片浏览窗格窗格中选中第10张幻灯片，按住鼠标左键不放，将其拖动到第7张幻灯片下方，当出现一条横线时，释放鼠标左键即可完成移动操作。

step 10 选中幻灯片浏览窗格窗格中的【视觉的示例幻灯片】节，右击，从弹出的快捷菜单中选择【删除节和幻灯片】命令。即可在删除该节的同时删除幻灯片。

step 11 在【幻灯片】组中单击【节】按钮，从弹出的菜单中选择【全部折叠】命令，此时在左侧的幻灯片浏览窗格窗口中只显示节名称。

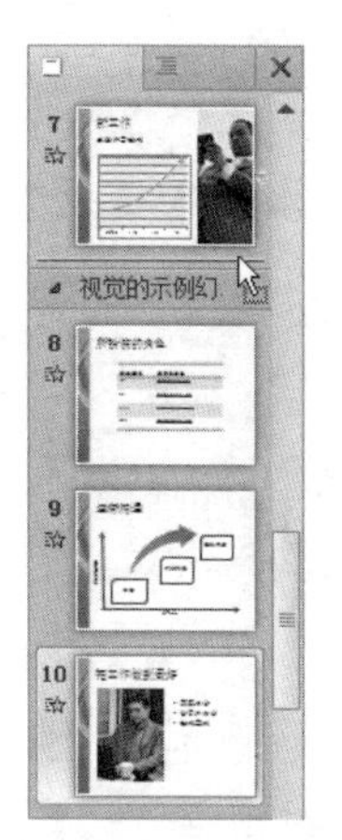

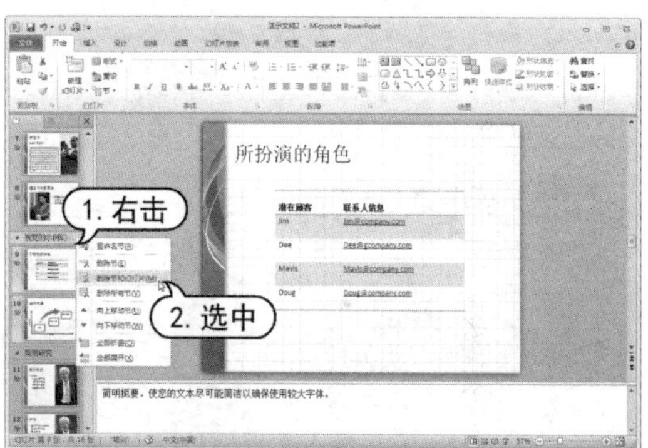

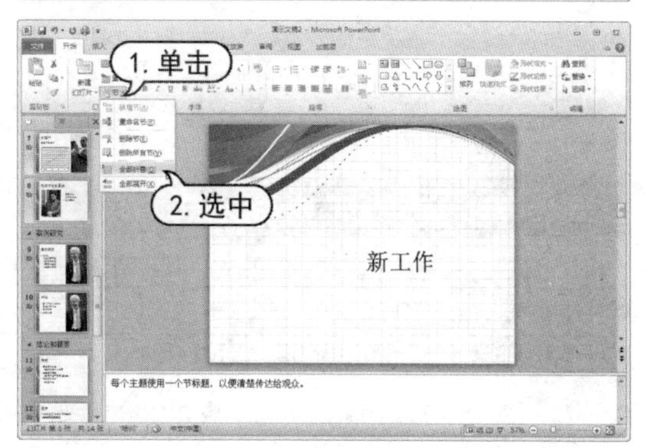

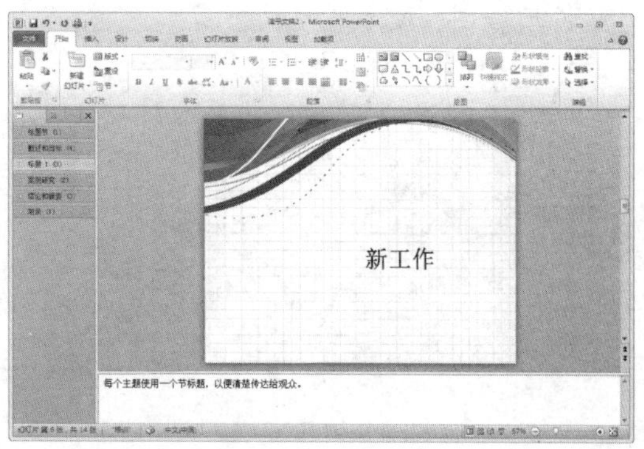

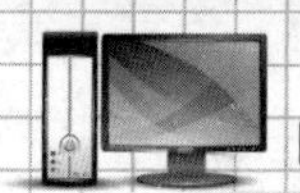

step 12 双击【标题 1】节，即可展开该节下的 3 张幻灯片。

step 13 在快速访问工具栏中单击【保存】按钮，打开【另存为】对话框，选择保存路径，在【文件名】文本框中输入“新员工培训”，单击【保存】按钮，即可将编辑过的演示文稿保存。

2.6.2 自定义 PPT 保存方式

【例 2-13】在“新员工培训”演示文稿中自定义演示文稿保存方式。
视频+素材 (光盘素材\第 02 章\例 2-13)

step 1 启动PowerPoint 2010 应用程序，打开“新员工培训”演示文稿。

step 2 单击【文件】按钮，从弹出的【文件】菜单中选择【选项】命令。

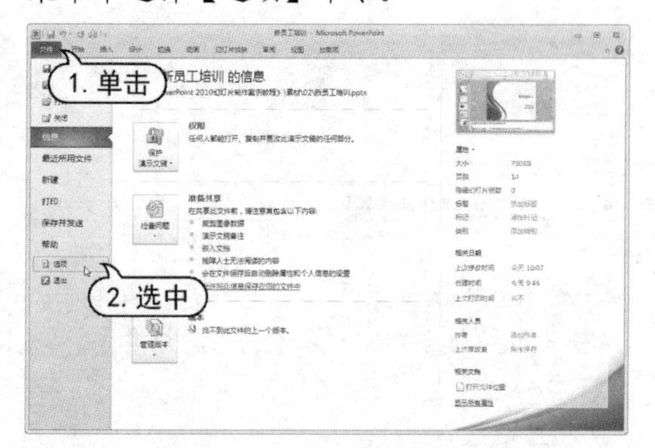

step 3 打开【PowerPoint 选项】对话框，切换至【保存】选项卡，在【保存演示文稿】选项区域的【将文件保存为此格式】下拉列表框中选择【PowerPoint 97-2003 演示文稿】选项；选中【保存自动恢复信息时间间隔】复选框，并在其后的微调框中输入 5，然后单击【确定】按钮，完成设置。

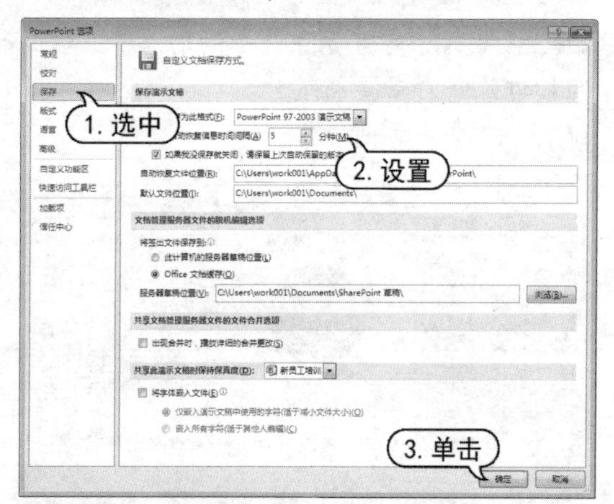

step 4 返回至“新员工培训”演示文稿窗口，单击【关闭】按钮，关闭演示文稿，并退出 PowerPoint 2010 应用程序。

知识点滴

在【将文件保存为此格式】下拉列表框中选择【PowerPoint 97-2003 演示文稿】选项，在设置完毕后，制作的演示文稿将自动保存为 PowerPoint 97-2003 演示文稿格式。

第 3 章

创建与编辑幻灯片文本

文字是演示文稿中至关重要的组成部分，简洁的文字说明使演示文稿更为直观明了。为了使幻灯片中的文本层次分明，条理清晰，可以为幻灯片中的段落设置格式和级别。本章将介绍在幻灯片中添加文本、设置文本格式和设置段落格式的方法。

对应光盘视频

例 3-1 使用文本框
例 3-2 设置文本框样式
例 3-3 导入 Word 文档
例 3-4 查找、替换文本
例 3-5 设置文本字体格式
例 3-6 设置文本特殊格式
例 3-7 设置文本字符间距
例 3-8 设置段落对齐方式
例 3-9 设置段落缩进方式
例 3-10 设置段落文本间距
例 3-11 添加自定义项目符号
例 3-12 分栏显示文本
例 3-13 插入艺术字
例 3-14 设置艺术字填充效果
例 3-15 设置艺术字轮廓效果
其他视频文件参见配套光盘

3.1 输入文本

文本对演示文稿中主题、问题的说明及阐述作用是其他对象不可替代的。在幻灯片中添加文本常用方法是使用文本框。

3.1.1 使用文本框添加文本

文本框是一种可移动、可调整大小的文字容器，它与文本占位符非常相似。使用文本框可以在幻灯片中放置多个文字块，使文字按照不同的方向排列。也可以突破幻灯片版式的制约，实现在幻灯片中任意位置添加文字信息的目的。

PowerPoint 提供了横排文本框和垂直文本框两种形式的文本框，分别用来放置水平方向文字和垂直方向文字，用户可以根据自己的需要进行选择。

选择【插入】选项卡，在【文本】组中单击【文本框】下拉按钮，在弹出的列表中选择【横排文本框】选项或【垂直文本框】选项，再移动鼠标指针到幻灯片编辑窗口中，当指针形状变为↓时，在幻灯片中按住鼠标左键并拖动，鼠标指针变为十字形状，当拖动到合适大小时，释放鼠标即可完成横排文本框或垂直文本框的插入。

【例 3-1】在“光盘策划提案”演示文稿中，使用文本框输入文本。
视频+素材 (光盘素材\第 03 章\例 3-1)

step 1 启动PowerPoint 2010 应用程序，单击【新建】按钮，从弹出的菜单中选择【新建】命令。在【可用的模板和主题】窗格中，单击【我的模板】选项，打开【新建演示文稿】对话框。在该对话框中，选择【科技梦幻】选项，然后单击【确定】按钮新建演示文稿。

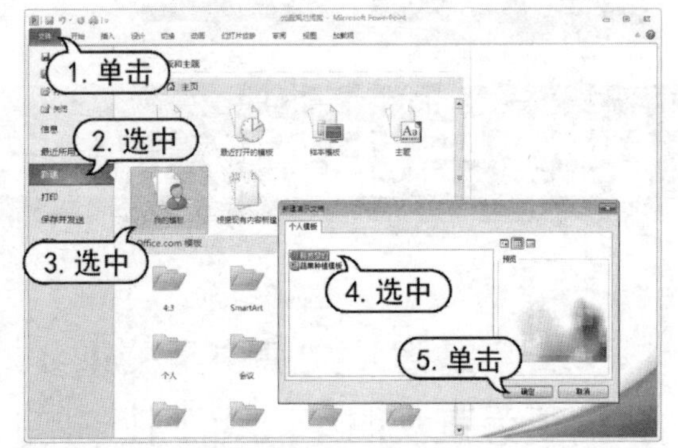

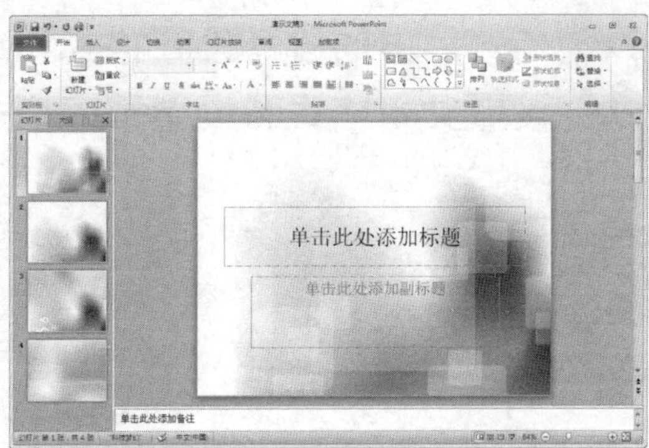

step 2 在第 1 张幻灯片中单击【单击此处添加标题】文本框，并在其中输入“计算机基础实训教材系列”。单击【单击此处添加副标题】文本框，并在其中输入“——光盘策划提案”。

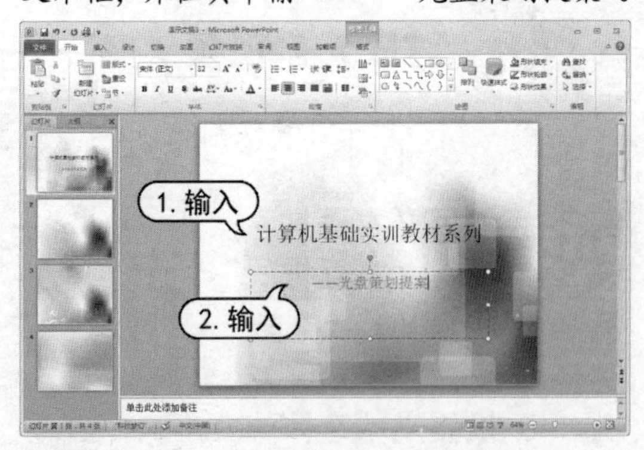

step 3 在幻灯片浏览窗格中，选择第 2 张幻灯片，将其显示在幻灯片编辑窗口中。

step 4 单击【单击此处添加标题】文本框，在其中输入“光盘特色”。

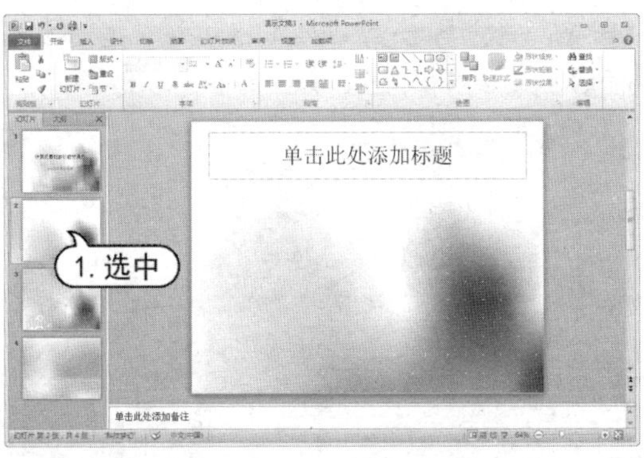

step 5 打开【插入】选项卡，在【文本】组中单击【文本框】下拉按钮，从弹出的列表中选择【横排文本框】选项。

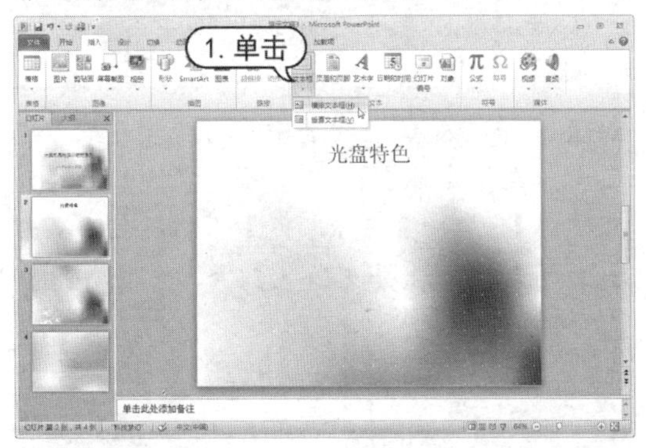

step 6 移动鼠标指针至幻灯片的编辑窗口中，当指针形状变为“↓”形状时，在幻灯片页面中按住鼠标左键并拖动。当拖动到合适大小的矩形框后，释放鼠标，完成横排文本框的插入。

知识点滴

文本框包括横排文本框和垂直文本框两种，其中在横排文本框中输入的文本以横排显示；在垂直文本框中输入的文本将以竖排显示。

step 7 此时，光标自动位于文本框内，可在其中直接输入文本内容。

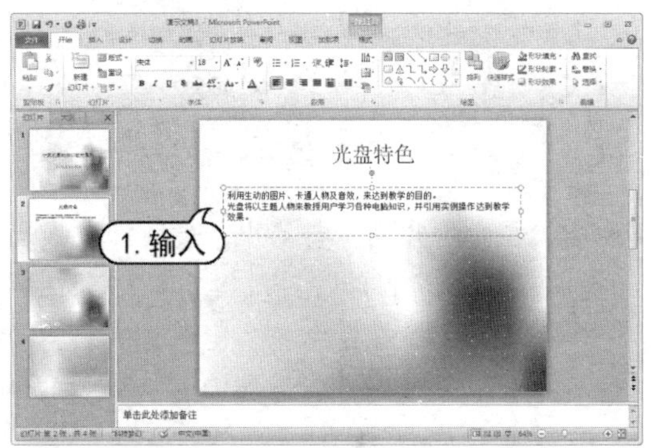

step 8 在幻灯片中任意空白处单击，退出文本框文字编辑状态。

step 9 使用同样的方法，在其他幻灯片中插入文本框，并输入文本内容。

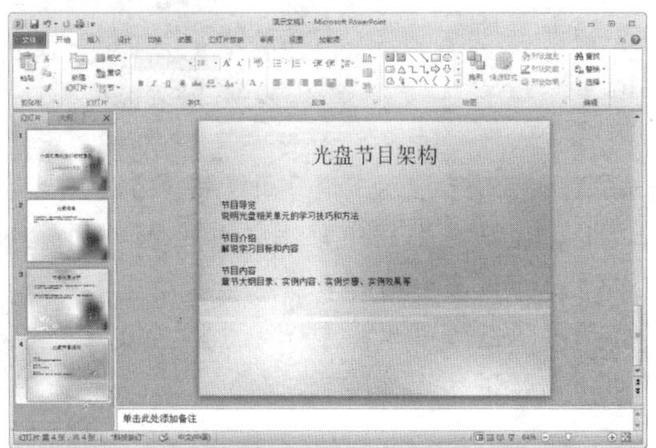

step 10 在快速访问工具栏中单击【保存】按钮，在打开的【另存为】对话框中，以“光盘策划提案”为名保存演示文稿。

3.1.2 设置文本框属性

在 PowerPoint 2010 中，默认文本框形式简单且不够美观，因此需要设置边框、填充

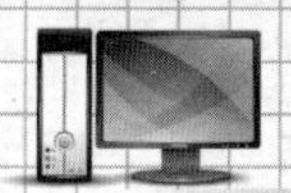

色以及文本效果等属性。

【例 3-2】在“光盘策划提案”演示文稿中，设置文本框的样式。

视频+素材 (光盘素材\第 03 章\例 3-2)

step 1 启动PowerPoint 2010 应用程序，打开“光盘策划提案”演示文稿。

step 2 在幻灯片浏览窗格中，选择第 2 张幻灯片，将其显示在幻灯片编辑窗口中，然后单击选中标题的文本框。

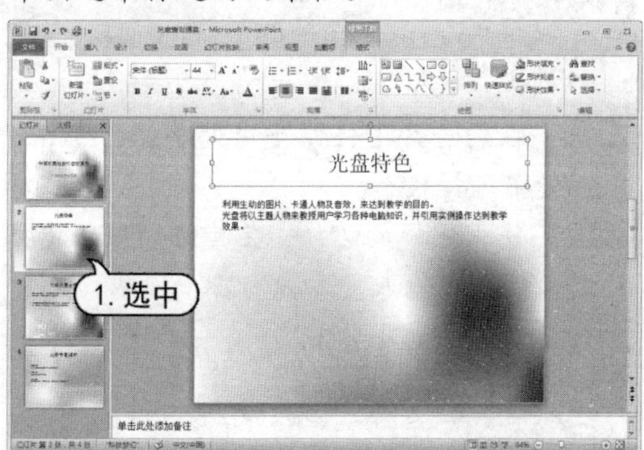

step 3 打开【绘图工具】的【格式】选项卡，在【形状样式】组中单击【其他】按钮，在弹出的列表中选择【其他主题填充】命令，在弹出的面板中单击【样式 7】，为文本框快速应用形状样式。

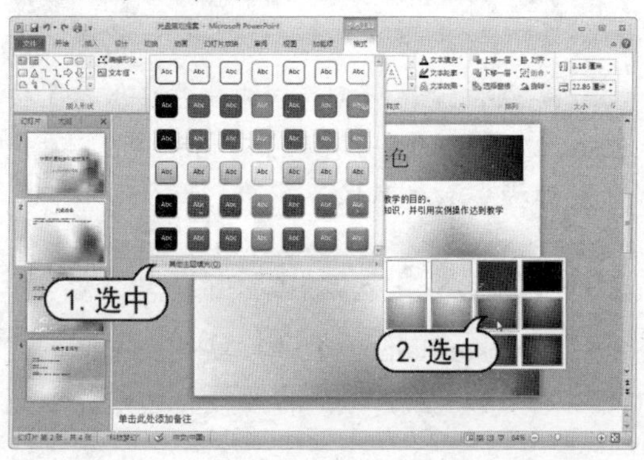

step 4 将光标移动到文本框边缘，拖动文本框的控制点，调整文本框形状。

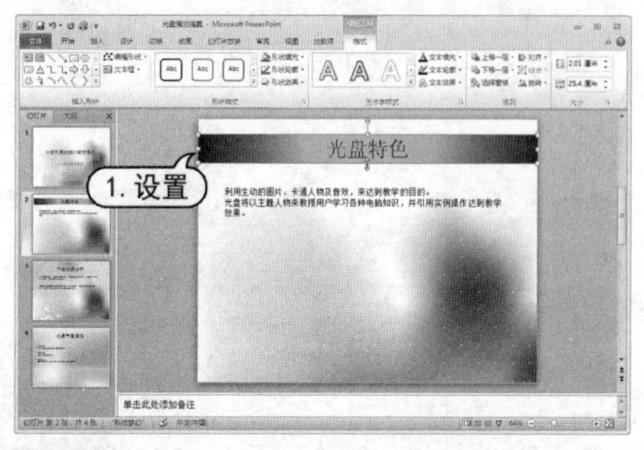

step 5 在【形状样式】组中，单击【形状效果】按钮，在弹出的列表中选择【预设】选项，再从弹出的列表中选择【预设 6】效果。

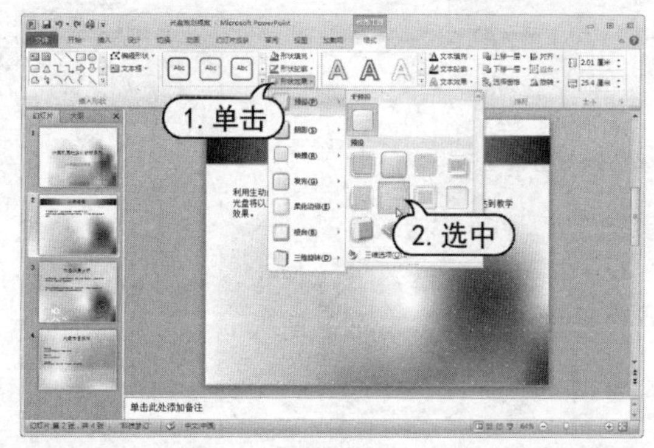

step 6 保持文本框的选中，打开【开始】选项卡，在【字体】组中设置【字体】为【汉真广标】，单击【字体颜色】下拉按钮，从弹出的列表框中选择【白色】。

step 7 打开【绘图工具】的【格式】选项卡，在【艺术字样式】组的选择文字外观样式组中单击【其他】按钮，从弹出的列表框中选择【填充-白，轮廓 强调文字颜色 1】样式。

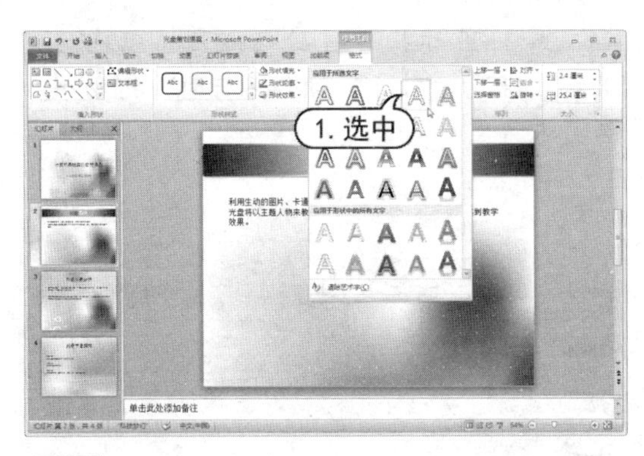

step 8 打开【开始】选项卡，在【字体】组中，单击【字符间距】按钮，在弹出的列表中选择【很松】选项。

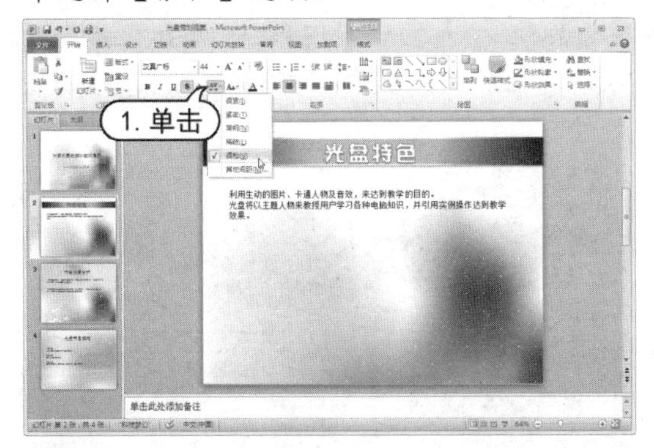

step 9 使用同样的方法，在其他幻灯片中设置文本框效果。

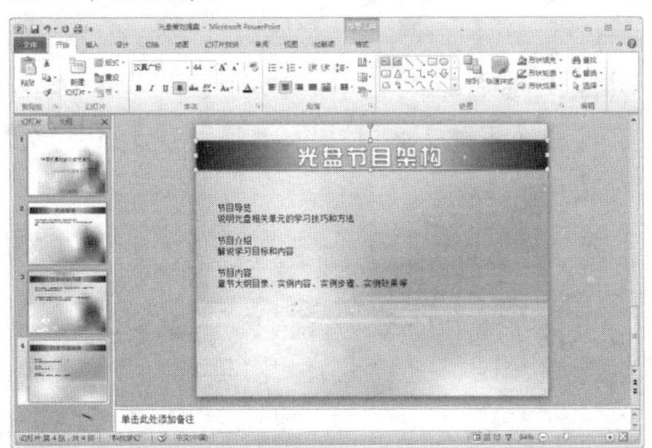

step 10 在快速访问工具栏中单击【保存】按钮，保存“光盘策划提案”演示文稿。

3.1.3 导入文本

在 PowerPoint 2010 幻灯片中，除了使用文本框输入文本外，还可以从外部导入其他办公软件所创建的文本。

【例 3-3】在创建的演示文稿中，导入 Word 文档。
视频+素材 (光盘素材\第 03 章\例 3-3)

step 1 启动PowerPoint 2010 应用程序，单击【文件】按钮，在打开的菜单中选择【新建】命令。在【可用的模板和主题】窗格中，选择【样本模板】选项。

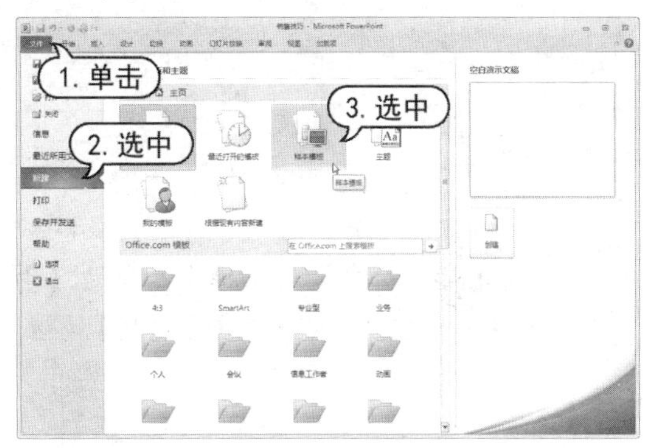

step 2 在显示的【样本模板】窗格中，单击选中【项目状态报告】模板，然后单击【创建】按钮新建演示文稿。

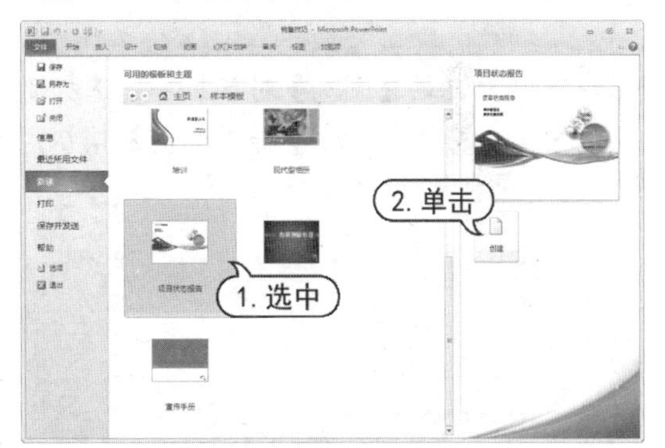

step 3 按键盘上的Enter键，在默认的第 1 张幻灯片下方新建一张幻灯片。并删除幻灯片中的文本占位符。

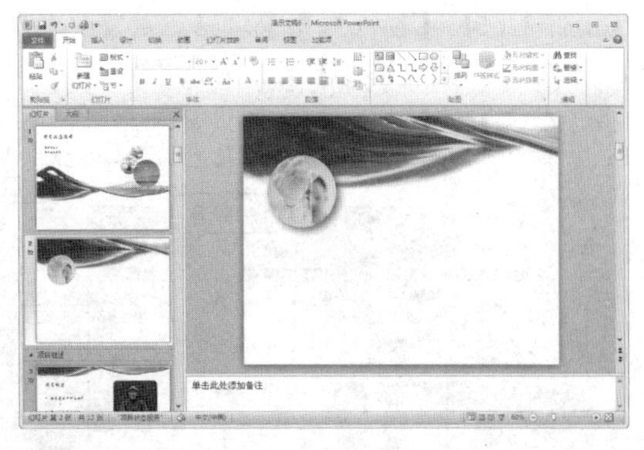

step 4 打开【插入】选项卡，在【文本】组

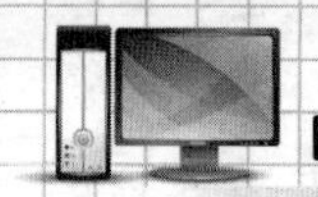

中单击【对象】按钮，打开【插入对象】对话框。

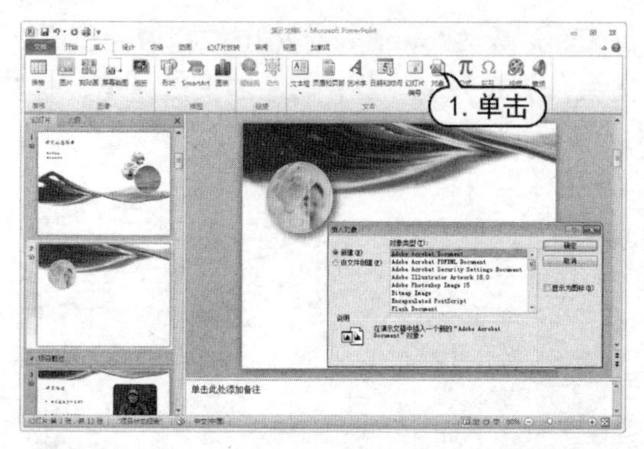

step 5 在【插入对象】对话框中，选中【由文件创建】单选按钮，然后单击【浏览】按钮。

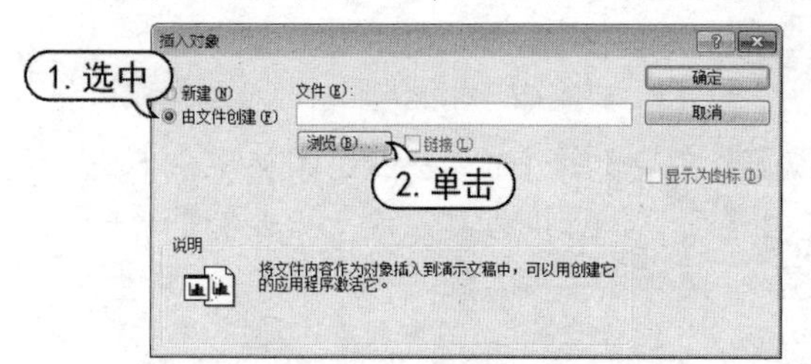

step 6 在打开的【浏览】对话框中，选择要插入的文本文件，然后单击【确定】按钮，

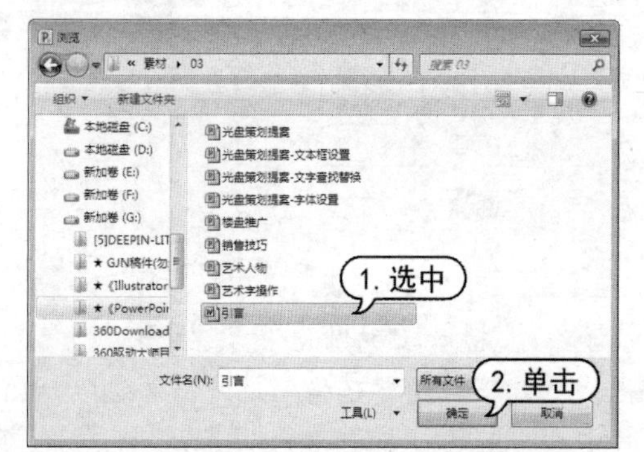

step 7 此时，【插入对象】对话框的【文件】文本框中将显示该文本文档的所在路径。单击【确定】按钮，幻灯片中将显示导入的文本文档。

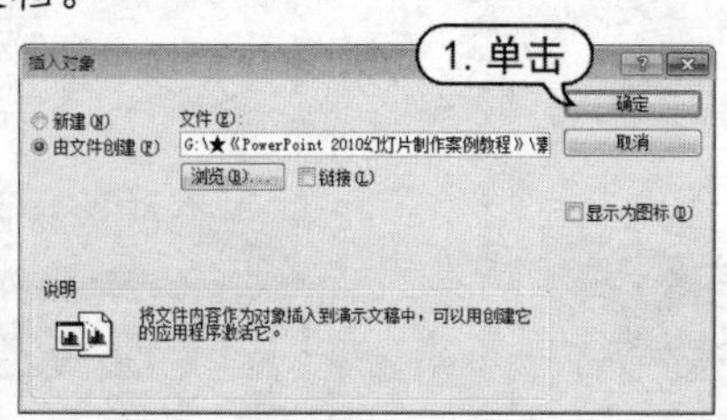

step 8 将鼠标指针移动到该文档边框的右下角，当鼠标指针变为↘形状时，拖动导入的文本框，调整其大小。

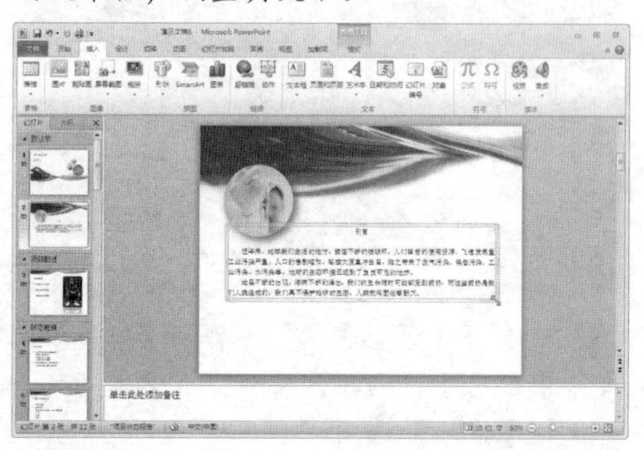

step 9 在导入的文本内双击，显示文本编辑状态。在原功能区的位置会显示文本创建软件的工具栏。

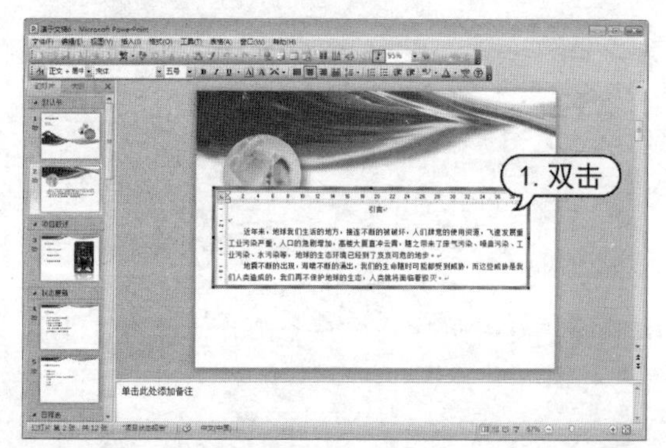

step 10 选中导入文本的标题文字，在工具栏中设置【字体】为【方正大黑简体】，【字号】为【二号】。

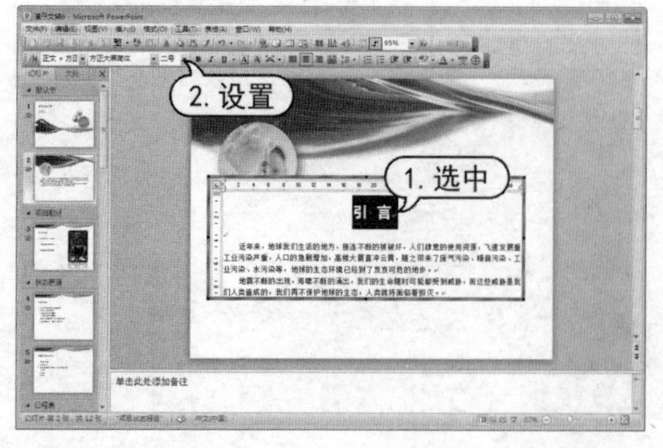

step 11 使用鼠标选中导入文本的正文文本，在工具栏中设置【字体】为【方正大标宋简体】，【字号】为【小四】。

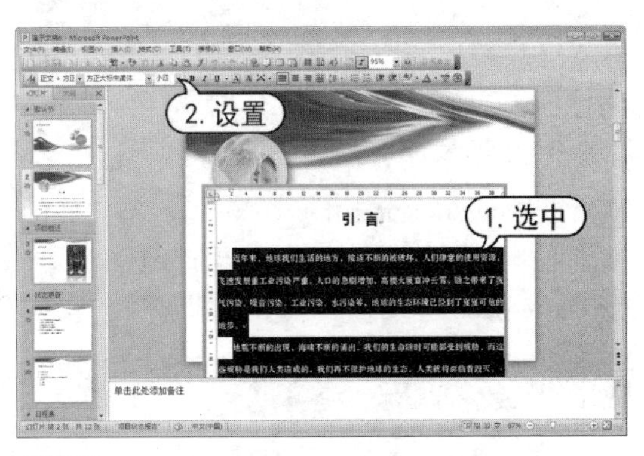

step 12 设置完成后，将鼠标光标移至文本编辑窗口外，在幻灯片的空白处单击，即可退出文本编辑状态。然后拖动文本至合适的位置即可。

3.2　编辑文本

PowerPoint 2010 的文本编辑操作主要包括选择、复制、粘贴、剪切、撤销与重复、查找与替换等。掌握文本的编辑操作是进行文字属性设置的基础。

3.2.1 选择文本

用户在编辑文本之前，首先要选择文本，然后再进行复制、剪切等相关操作。在 PowerPoint 2010 中，常用的选择方式主要有以下几种。

- 当将鼠标指针移动至文字上方时，鼠标形状将变为I形状。在要选择文字的起始位置单击，进入文字编辑状态。此时按住鼠标左键，拖动鼠标到要选择文字的结束位置释放鼠标，被选择的文字将以高亮显示。

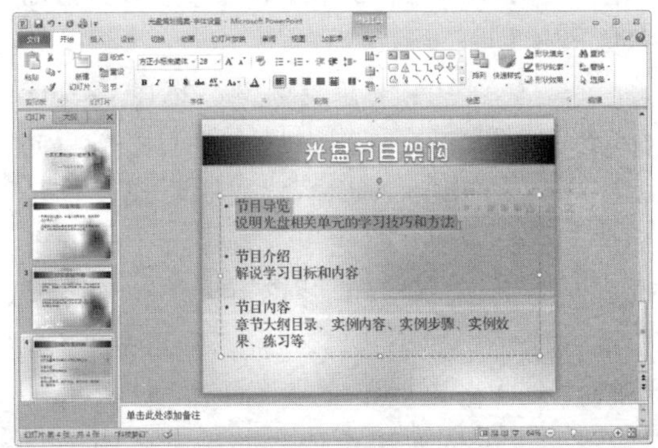

- 进入文字编辑状态，将光标定位在要选择文字的起始位置，按住 Shift 键，在需要选择的文字的结束位置单击鼠标，然后释放 Shift 键，此时在第一次单击鼠标左键位置和再次单击鼠标左键位置之间的文字都将被选中。
- 进入文字编辑状态，利用键盘上的方向键，将闪烁的光标定位到需要选择的文字前，按住 Shift 键，使用方向键调整要选中的文字，此时光标划过的文字都将被选中。
- 当需要选择一个语义完整的词语时，在需要选择的词语上双击，PowerPoint 将自动选择该词语，如双击选择“人物”、“学习”等。
- 如果需要选择当前文本框或文本占位符中的所有文字，那么可以在文本编辑状态下单击【开始】选项卡，在【编辑】组中单击【选择】按钮右侧的下拉箭头，在弹出的菜单中选择【全选】命令即可。

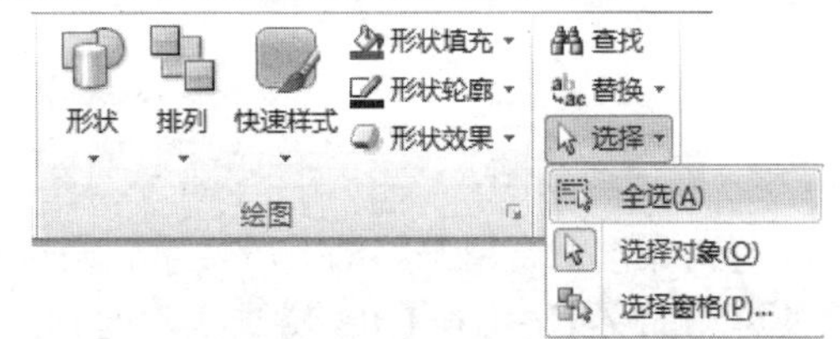

- 在一个段落中连续单击鼠标左键 3 次，可以选择整个段落。
- 当单击占位符或文本框的边框时，整个占位符或文本框将被选中，此时占位符中

的文本不以高亮显示，但具有与被选中文本相同的特性，如可以为选中的文字设置字体、字号等属性。

实用技巧

单击幻灯片中的空白处，可以取消文本的选中状态。

3.2.2 移动文本

选中需要移动的文字，当鼠标指针再次移动到被选中的文字上方时，鼠标指针将由 I 形状变为形状，这时可以按住鼠标左键并向目标位置拖动文字。在拖动文字时，鼠标指针下方将出现一个矩形。释放鼠标即可完成移动操作。

3.2.3 复制和删除文本

在 PowerPoint 2010 中，复制和剪切的内容可以是当前编辑的文本，也可以是图片、声音等其他对象。使用这些操作，可以帮助用户创建重复的内容，或者把一段内容移动到其他位置。

1. 复制与粘贴

要复制文字，首先选中需要复制的文字，打开【开始】选项卡，在【剪贴板】组中单击【复制】按钮，这时选中的文字将复制到 Windows 剪贴板上。然后将光标定位到需要粘贴的位置，单击【剪贴板】组中的【粘贴】按钮，此时，复制的内容将被粘贴到新的位置。

知识点滴

在选中需要复制的文本后，用户可以使用 Ctrl+C 组合键完成复制操作，使用 Ctrl+V 组合键完成粘贴操作。

2. 剪切与粘贴

剪切操作主要用来移动一段文字。当选中要移动的文字后，在【开始】选项卡的【剪贴板】组中单击【剪切】按钮，这时被选中的文字将被剪切到 Windows 剪贴板上，同时原位置的文本消失。将光标定位到新位置后，单击【剪贴板】组中的【粘贴】按钮，就可以将剪切的内容粘贴到新的位置，从而实现文字的移动。

3. 删除文本

在 PowerPoint 2010 中，可以将不需要的文本删除。操作方法：选取要删除的文本，按 Backspace 键或者 Delete 键即可。

3.2.4 查找和替换文本

当需要在较长的演示文稿中查找某一个特定内容，或在查找到特定内容后将其替换为其他内容时，可以使用 PowerPoint 2010 提供的【查找】和【替换】功能。

1. 查找

在【开始】选项卡的【编辑】组中单击【查找】按钮，打开【查找】对话框。

在【查找】对话框中，各选项的功能如下。

- 【查找内容】下拉列表框：用于输入所要查找的内容。
- 【区分大小写】复选框：选中该复选框，在查找时需要完全匹配由大小写字母组合成的单词。
- 【全字匹配】复选框：选中该复选框，PowerPoint 只查找用户输入的完整单词或字母，而 PowerPoint 默认的查找方式是非严格匹配查找，即该复选框未选中时的查找方式。例如，在【查找内容】下拉列表框中输入文字“计算”时，如果选中该复选框，系统仅会严格查找该文字，而对“计算机”、“计算器”等词忽略不计；如果未选中该复选框，系统则会对所有包含输入内容的词进行查找统计。
- 【区分全/半角】复选框：选中该复选框，在查找时将自动区分全角字符与半角字符。

▶ 【查找下一个】按钮：单击该按钮开始查找。当系统找到第一个满足条件的字符后，该字符将高亮显示，这时可以再次单击【查找下一个】按钮，继续查找到其他满足条件的字符。

2. 替换

PowerPoint 2010 中的替换功能包括替换文本内容和替换字体。在【开始】选项卡的【编辑】组中单击【替换】按钮右侧的下拉箭头，在弹出的菜单中选择相应命令即可。

【例 3-4】在“光盘策划提案”演示文稿中，查找文本“用户”，并替换为文本“读者”。
视频+素材 (光盘素材\第 03 章\例 3-4)

step 1 启动PowerPoint 2010 应用程序，打开“光盘策划提案”演示文稿。

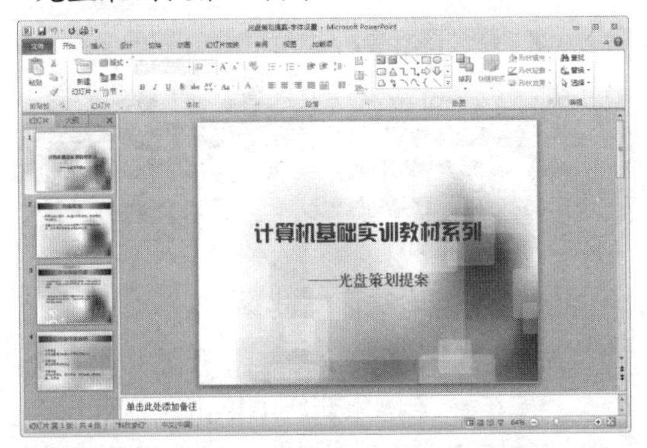

step 2 在【开始】选项卡的【编辑】组中单击【查找】按钮，打开【查找】对话框。在【查找内容】文本框中输入文本“用户”，然后单击【查找下一个】按钮。此时，PowerPoint 以高亮显示满足条件的文本。

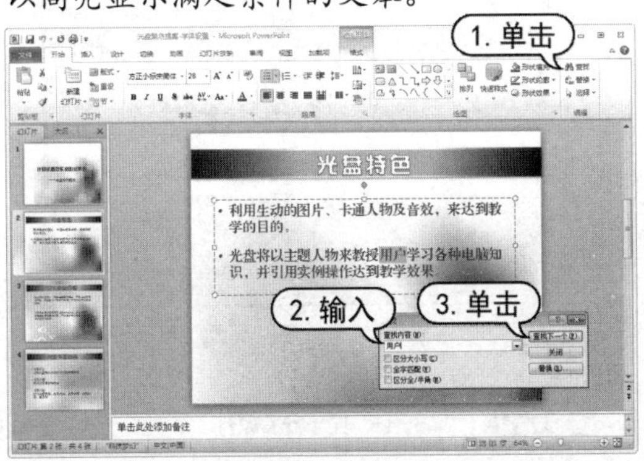

step 3 继续单击【查找下一个】按钮，PowerPoint将继续对符合条件的文本进行查找。当全部查找完成后，系统将打开信息提示对话框，提示对演示文稿搜索完毕，此时单击【确定】按钮。

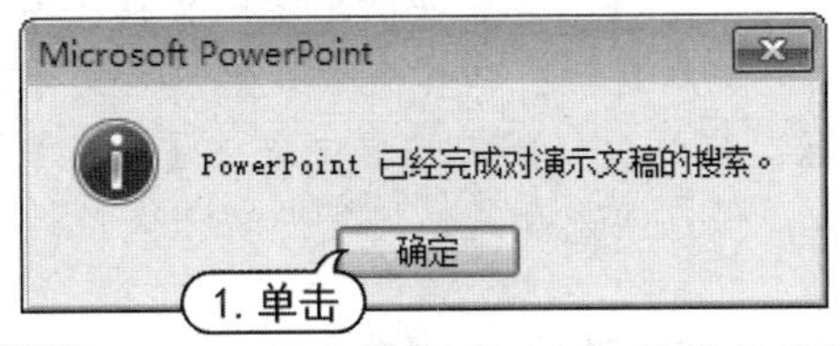

step 4 返回至【查找】对话框，单击【替换】按钮，打开【替换】对话框。在【替换为】下拉列表框中输入文字“读者”，并选中【全字匹配】复选框。

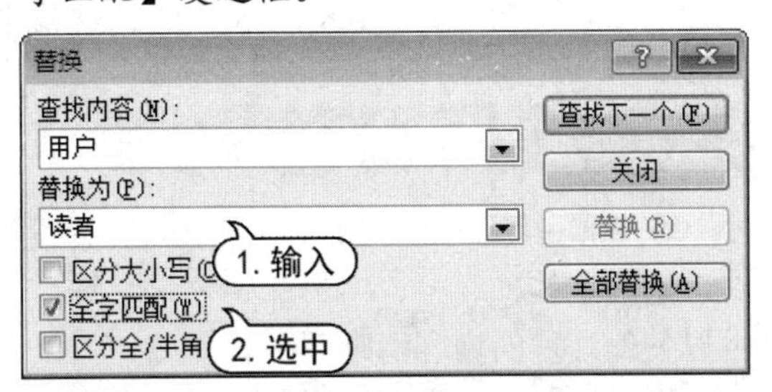

step 5 单击【查找下一处】按钮，此时幻灯片中第一次出现“用户”的文字被选中，单击【替换】按钮，替换该处的文本。

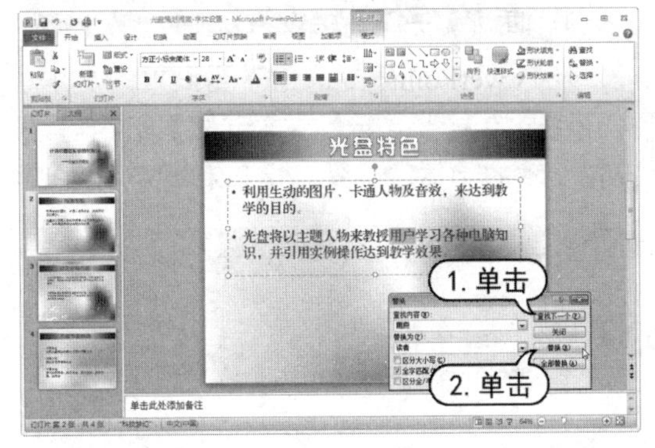

step 6 返回至【替换】对话框，单击【全部替换】按钮，即可一次性完成所有满足条件的文本的替换，同时打开Microsoft PowerPoint对话框，提示用户完成文本替换的数量。单击【确定】按钮，返回至【替换】对话框。

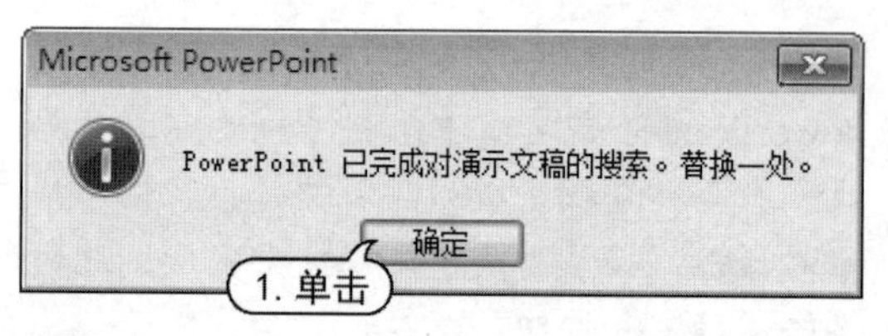

step 7 单击【关闭】按钮，完成替换，返回幻灯片编辑窗口，即可查看替换后的文本。

step 8 在快速访问工具栏中单击【保存】按钮，保存"光盘策划提案"演示文稿。

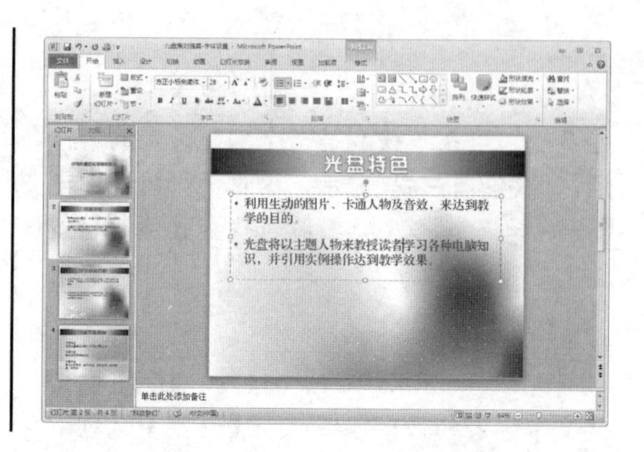

3.3 设置文本格式

在 PowerPoint 中，当幻灯片应用了版式后，幻灯片中的文字也具有了预先定义的属性。但在很多情况下，为了使演示文稿更加美观、清晰，用户仍然需要按照自己的要求对文本格式进行重新设置，包括字体、字号、字体颜色、字符间距及文本效果等。

3.3.1 设置字体格式

在 PowerPoint 中，为幻灯片中的文字设置合适的字体、字号、字形和字体颜色等，可以使幻灯片的内容清晰明了。

通常情况下，设置字体、字号、字形和字体颜色的方法有 3 种：通过【字体】组设置、【字体】对话框设置，或浮动工具栏设置。

1. 通过【字体】组设置

在 PowerPoint 中，选中需要设置的文本，打开【开始】选项卡，在【字体】组中可以设置文本的字体、字号、字形和颜色。

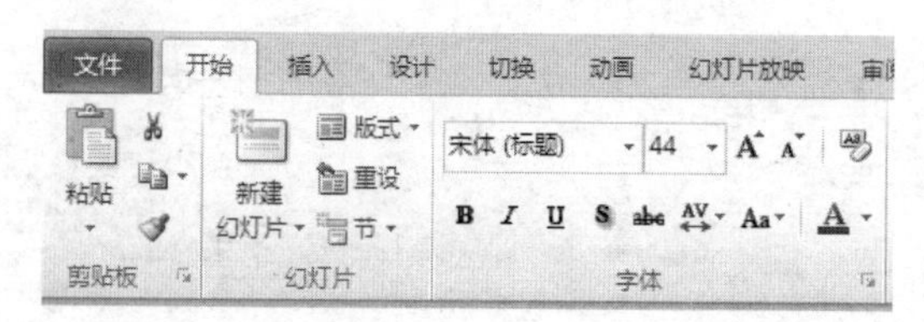

2. 通过浮动工具栏

选择要设置的文本后，PowerPoint 2010 会自动弹出【格式】浮动工具栏，或者右击选取的字符，也可以打开【格式】浮动工具栏。在该浮动工具栏中可以设置文本的字体、字号、字形和字体颜色。

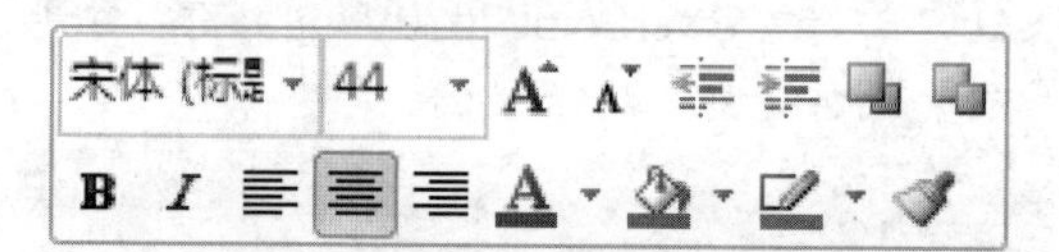

实用技巧

该浮动工具栏开始时呈半透明状态，使用鼠标光标接近它，才会正常显示，否则会自动隐藏，以免影响用户的正常操作。

3. 通过字体对话框设置

选中需要设置的文本，打开【开始】选项卡，然后在【字体】组中单击对话框启动器，打开【字体】对话框。切换至【字体】选项卡，在其中可以进行西文和中文的字体、字号、字形以及字体颜色等设置。

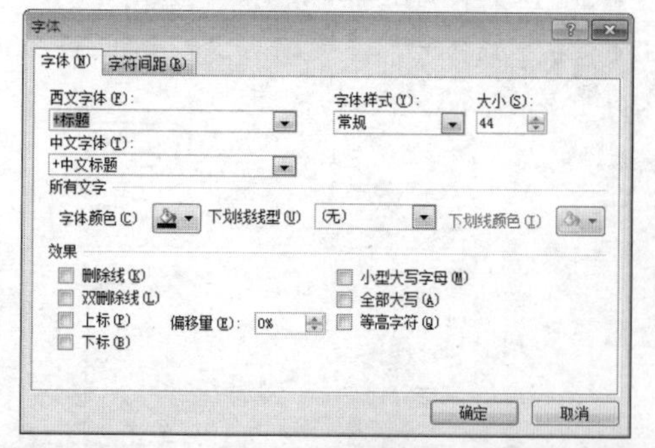

【例 3-5】在"艺术人物"演示文稿中，设置幻灯片中文本的字体格式。

视频+素材 (光盘素材\第 03 章\例 3-5)

step 1 启动PowerPoint 2010 应用程序，打开“艺术人物”演示文稿。

step 2 自动显示第 1 张幻灯片，选择标题占位符，在【开始】选项卡的【字体】组中【字体】下拉列表中选择【华文琥珀】选项，在【字号】下拉列表中选择 72，单击【文字阴影】按钮，此时标题文本将自动应用设置的字体格式。

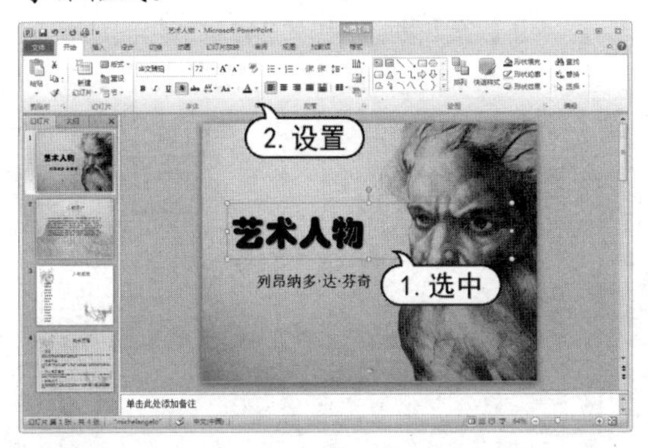

step 3 在幻灯片中，选中副标题文本。在【字体】组中，单击【字体】下拉列表，从中选择【方正黑体简体】选项，单击【字体颜色】按钮，从弹出的列表框中选择【其他颜色】选项。

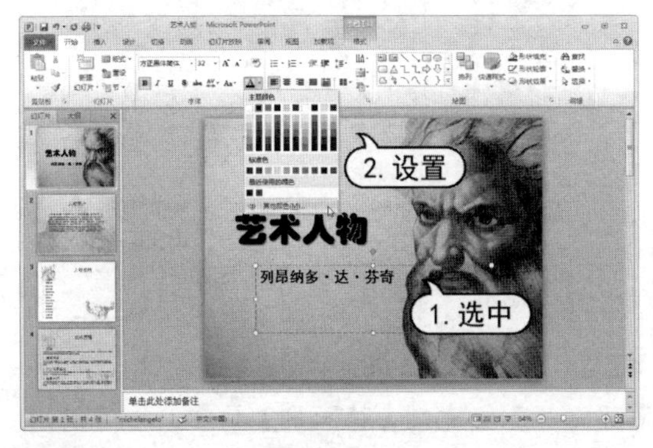

step 4 在打开的【颜色】对话框中，选择【自定义】选项卡，设置【红色】数值为 108，然后单击【确定】按钮。

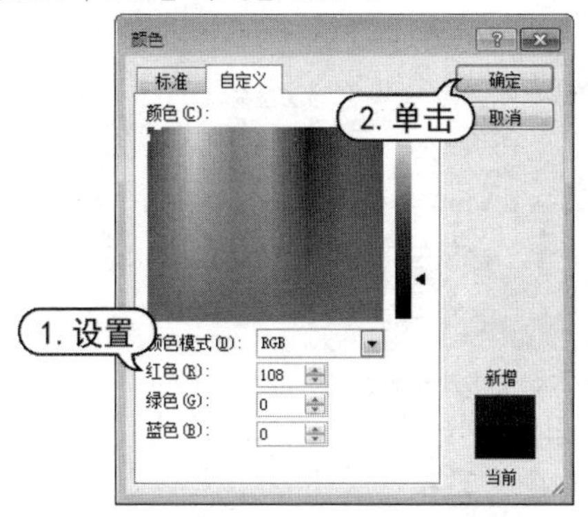

step 5 在幻灯片浏览窗格中，选择第 2 张幻灯片，将其显示在幻灯片编辑窗口中。

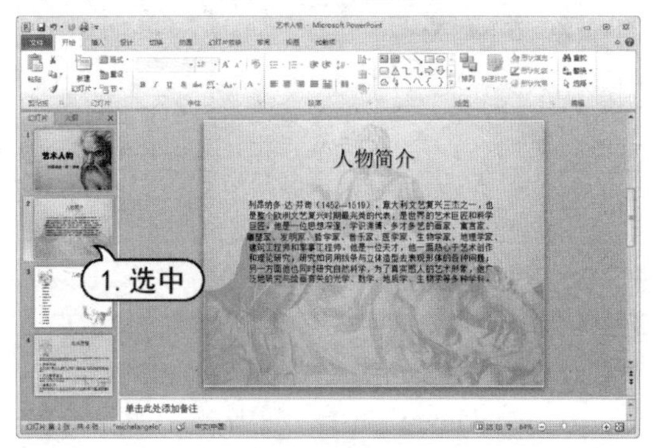

step 6 在【字体】组中，设置标题文本【字体】为【华文琥珀】，单击【字符间距】下拉按钮，从弹出的列表中选择【很松】选项。

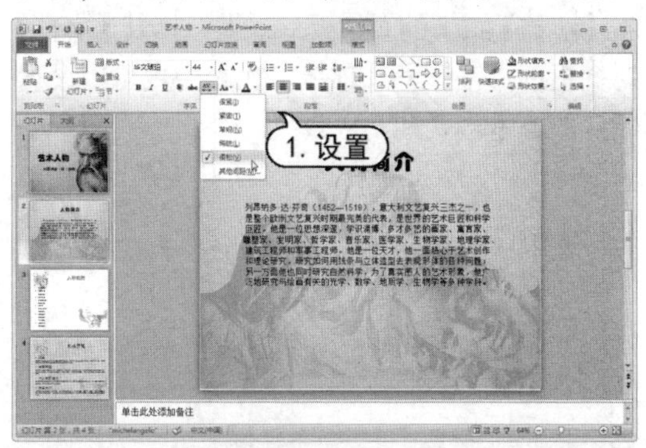

知识点滴

在【开始】选项卡的【段落】组单击【文字方向】按钮，在弹出的菜单中选择文字方向选项，即可设置占位符文本的流动方向，并将文本内容旋转一定的角度显示。

step 7 参照步骤 5~6，在第 3 和 4 张幻灯片

中设置同样的标题文本格式。

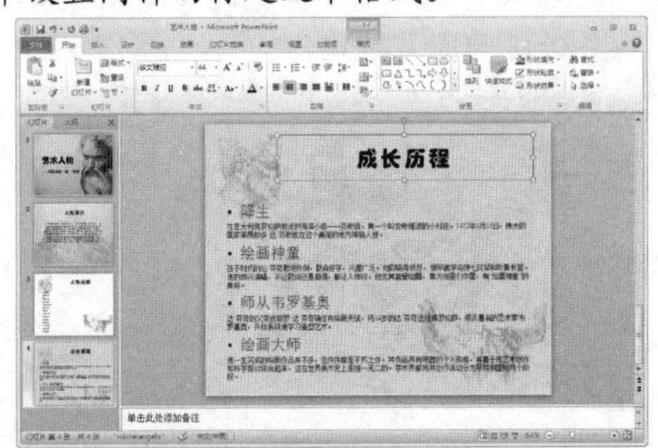

step 8 在快速访问工具栏中单击【保存】按钮，保存“艺术人物”演示文稿。

知识点滴

在 PowerPoint 2010 中，如果设置的文本格式与其他相应文本的格式相同，可使用格式刷快速设置。方法：将光标定位在设置好的文本占位符中，在【开始】的【剪贴板】组中单击【格式刷】按钮，然后切换至目标幻灯片中，将鼠标指针定位在要设置格式的文本前，此时指针变为【】形状，按住鼠标左键拖动选中目标文本，然后释放鼠标即可。双击【格式刷】按钮，可以连续应用该工具。

3.3.2 设置特殊文本格式

在 PowerPoint 2010 中，用户除了可以设置最基本的文字格式外，还可以在【开始】选项卡的【字体】组中选择相应按钮来设置文字的其他特殊效果，如添加删除线、下划线等。单击【字体】组中的对话框启动器，打开【字体】对话框的【字体】选项卡，在其中也可以设置特殊的文本格式和文本效果。

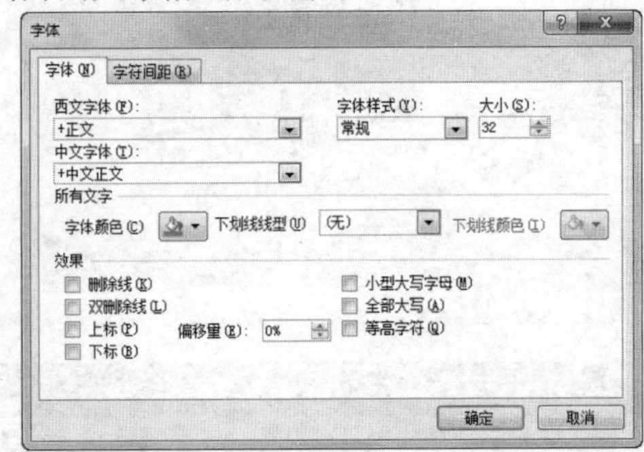

【例 3-6】在“艺术人物”演示文稿中，为文本设置特殊的格式。

视频+素材 (光盘素材\第 03 章\例 3-6)

step 1 启动PowerPoint 2010 应用程序，打开“艺术人物”演示文稿。

step 2 在幻灯片浏览窗格中，选择第 4 张幻灯片，将其显示在幻灯片编辑窗口中，并选中文本框中的文本内容。

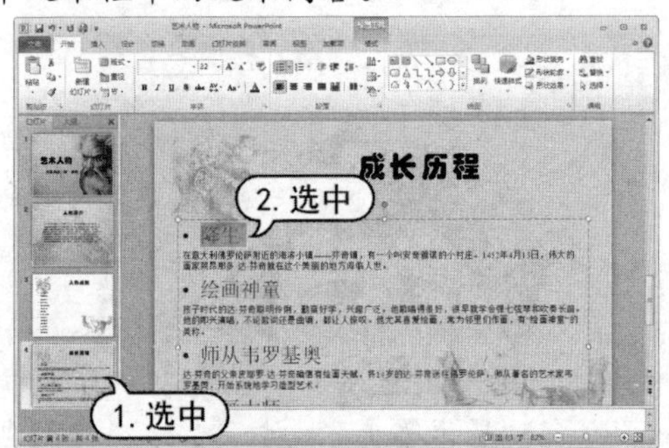

step 3 在【开始】选项卡的【字体】组中单击对话框启动器，打开【字体】对话框。打开【字体】选项卡，在【中文字体】下拉列表中选择【方正黑体简体】选项，在【字体样式】下拉列表中选择【加粗 倾斜】选项，在【大小】微调框中输入 24，在【下划线线型】下拉列表中，选择下划线样式，然后单击【确定】按钮完成设置。

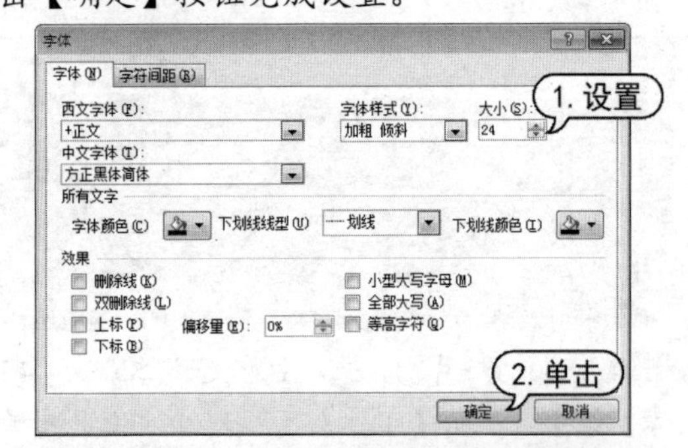

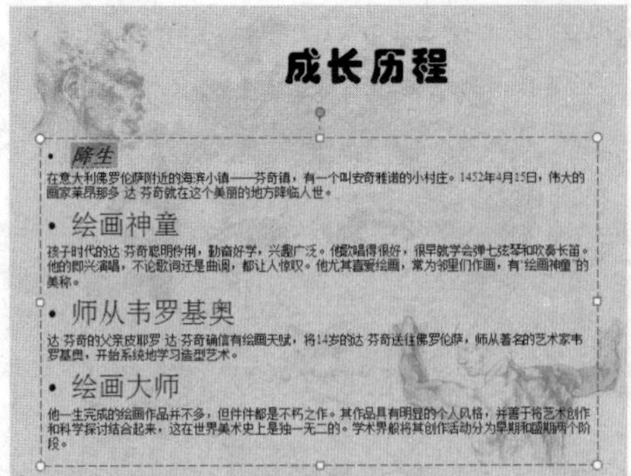

step 4 保持编辑后文本的选中状态，双击【剪贴板】组中的【格式刷】按钮，然后使用【格式刷】工具在其他段落标题拖动，复制文

本格式。

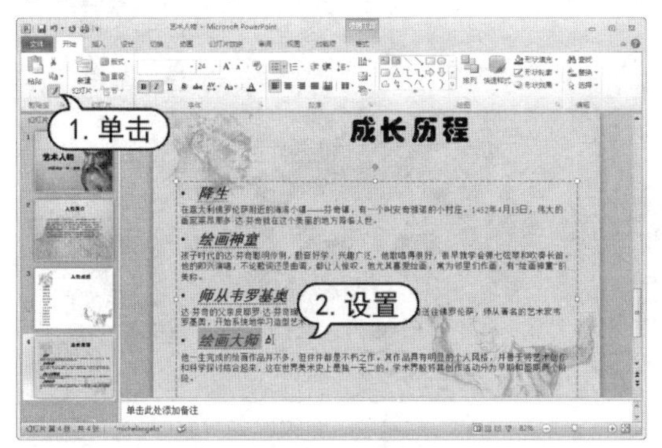

step 5 在快速访问工具栏中单击【保存】按钮，保存“艺术人物”演示文稿。

3.3.3 设置字符间距

字符间距是指演示文稿中字与字之间的距离。在通常情况下，文本是以标准间距显示的，这样的字符间距适用于绝大多数文本，但有时候为了创建一些特殊的文本效果，需要扩大或缩小字符间距。

【例 3-7】在“艺术人物”演示文稿中，为文本设置字符间距。
视频+素材 (光盘素材\第 03 章\例 3-7)

step 1 启动PowerPoint 2010 应用程序，打开“艺术人物”演示文稿。

step 2 在第 1 张幻灯片中选择标题占位符，打开【开始】选项卡，在【字体】组中单击对话框启动器，打开【字体】对话框。

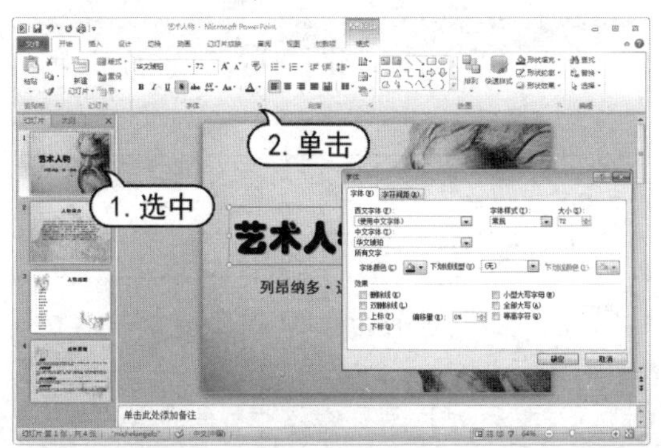

step 3 在【字体】对话框中，打开【字符间距】选项卡。在【间距】下拉列表中选择【加宽】选项，在【度量值】微调框中输入 8，然后单击【确定】按钮。

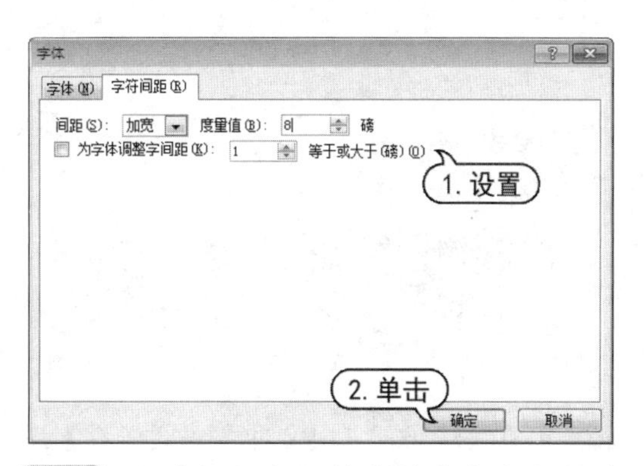

step 4 此时标题占位符中的字与字之间的距离将扩大 8 磅。

知识点滴

在【开始】选项卡的【字体】组单击【字符间距】按钮，从弹出的菜单中选择相应命令，可以大致地设置占位符中文本之间的间距，如很紧、紧密、稀疏和很松等。

step 5 在幻灯片浏览窗格中，选择第 2 张幻灯片，将其显示在幻灯片编辑窗口中。

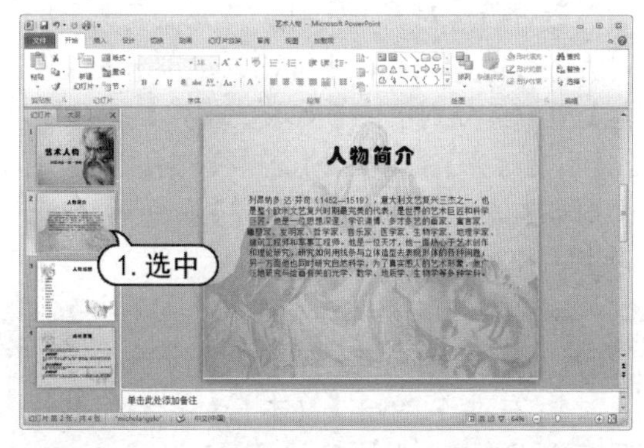

step 6 选中文本占位符，使用同样的方法，将占位符中字与字之间的距离将扩大 5 磅。

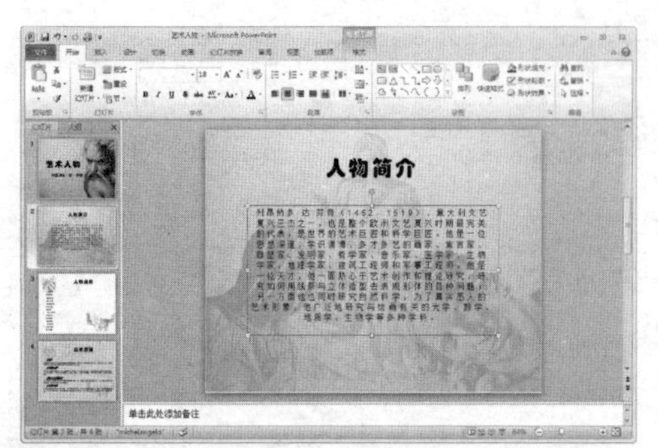

step 7 在快速访问工具栏中单击【保存】按钮，保存“艺术人物”演示文稿。

3.3.4 清除格式

PowerPoint 提供了【清除格式】按钮，允许用户清除应用于字体的格式信息，将其转换为无格式文本。选中文本占位符，在【开始】选项卡的【字体】组中单击【清除格式】按钮，即可清除文本格式，显示默认的文本格式。

3.4 设置段落格式

段落格式包括段落对齐、段落缩进及段落间距设置等。掌握了在幻灯片中编排段落格式的操作方法后，就可以为整个演示文稿设置风格相符的段落格式。

3.4.1 设置段落对齐方式

段落对齐是指段落边缘的对齐方式，包括左对齐、右对齐、居中对齐、两端对齐和分散对齐。

设置段落对齐方式时，首先需要选定要对齐的段落，然后在【开始】选项卡的【段落】组中可分别单击【文本左对齐】按钮、【文本右对齐】按钮、【居中】按钮、【两端对齐】按钮和【分散对齐】按钮即可。以上 5 种对齐方式说明如下。

- 文本左对齐：单击【文本左对齐】按钮时，段落左边对齐，右边参差不齐。
- 右对齐：单击【文本右对齐】按钮时，段落右边对齐，左边参差不齐。
- 居中对齐：单击【居中】按钮时，段落居中排列。
- 两端对齐：单击【两端对齐】按钮时，段落左右两端都对齐分布，但是段落最后不满一行的文字右边是不对齐的。
- 分散对齐：单击【分散对齐】按钮时，段落左右两边均对齐，而且当每个段落的最后一行不满一行时，将自动拉开字符间距使该行均匀分布。

【例 3-8】在“艺术人物”演示文稿中，设置段落对齐方式。
视频+素材 (光盘素材\第 03 章\例 3-8)

step 1 启动PowerPoint 2010 应用程序，打开“艺术人物”演示文稿。

step 2 在幻灯片浏览窗格中，选中第 2 张幻灯片，将其显示在编辑窗口中。在其中选中文本占位符，在【开始】选项卡的【段落】组中单击【两端对齐】按钮。

知识点滴

使用快捷键同样可以设置文本对齐方式，按 Ctrl+L 快捷键设置左对齐；按 Ctrl+E 快捷键设置居中对齐；按 Ctrl+R 设置右对齐。

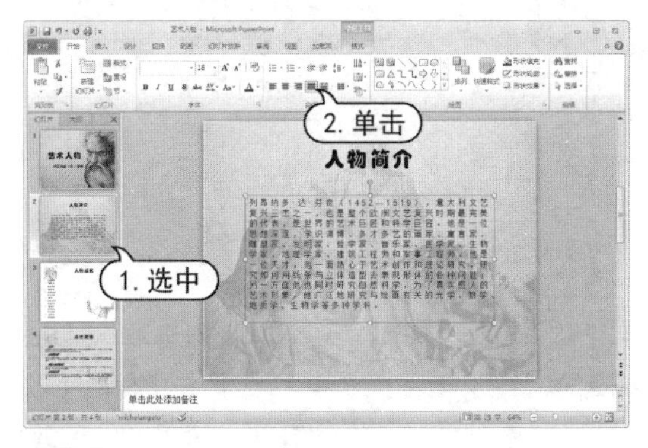

step 3　在幻灯片浏览窗格中，选择第 1 张幻灯片，将其显示在幻灯片编辑窗口中，并选中副标题占位符。

step 4　在【开始】选项卡的【段落】组中单击【对齐文本】按钮，从弹出的菜单中选择【中部对齐】选项，设置标题文本中部居中对齐。

step 5　在快速访问工具栏中单击【保存】按钮，保存“艺术人物”演示文稿。

实用技巧

除了设置水平方向的对齐方式外，还可以设置垂直方向的对齐方式，在【段落】组中单击【对齐文本】按钮，在弹出的菜单中选择垂直对齐方式，其中顶端控制段落朝占位符顶部对齐；中部对齐控制段落朝占位符中部对齐；底端对齐控制段落朝占位符底部对齐。

3.4.2 设置文本换行格式

设置换行格式，可以使文本以用户规定的格式分行。

在【开始】选项卡的【段落】组中单击对话框启动器，打开【段落】对话框，切换到【中文版式】选项卡，在【常规】选项区域中可以设置段落的换行格式。选中【允许西文在单词中间换行】复选框，可以使行尾的单词有可能被分为两部分显示，选中【允许标点溢出边界】复选框，可以使行尾的标点位置超过文本框边界而不会换到下一行。

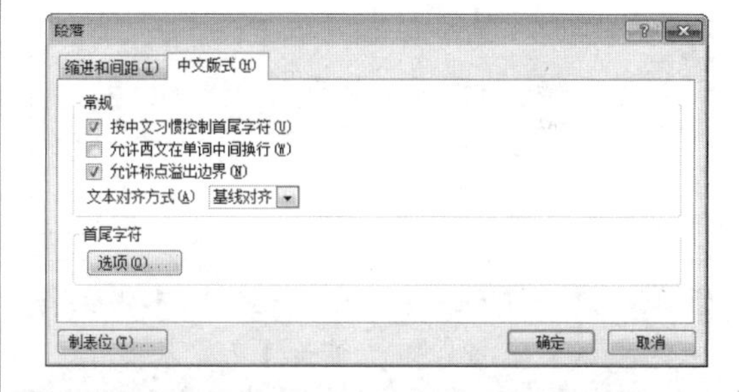

3.4.3 设置文本段落缩进

在 PowerPoint 中，可以设置段落与文本框左右边框的距离，也可以设置首行缩进和悬挂缩进。

使用【段落】对话框可以准确地设置缩进尺寸。在【开始】选项卡的【段落】组中单击对话框启动器，将打开【段落】对话框。在该对话框中可以设置缩进值。

【例 3-9】在“艺术人物”演示文稿中，为幻灯片段落设置缩进方式。
视频+素材 (光盘素材\第 03 章\例 3-9)

step 1　启动PowerPoint 2010 应用程序，打开“艺术人物”演示文稿。在幻灯片浏览窗格中，选择第 2 张幻灯片，将其显示在幻灯片编辑窗口中，并选中文本占位符。

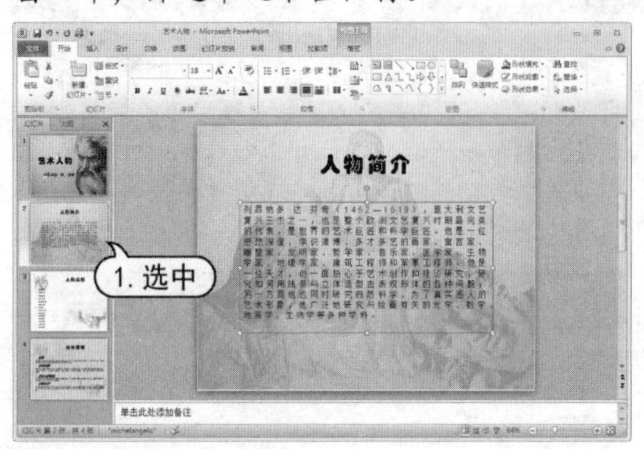

step 2 在【开始】选项卡的【段落】组中单击对话框启动器，打开【段落】对话框。在【缩进】选项区域中，单击【特殊格式】下拉按钮，从弹出的下拉列表中选择【首行缩进】选项，并在其后的【度量值】数值框中输入“1.7 厘米”。

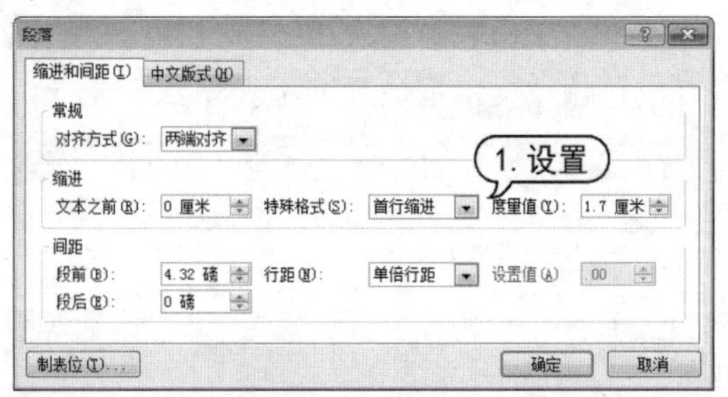

step 3 单击【确定】按钮，此时文本占位符中的段落文本将以首行缩进 1.7 厘米显示。

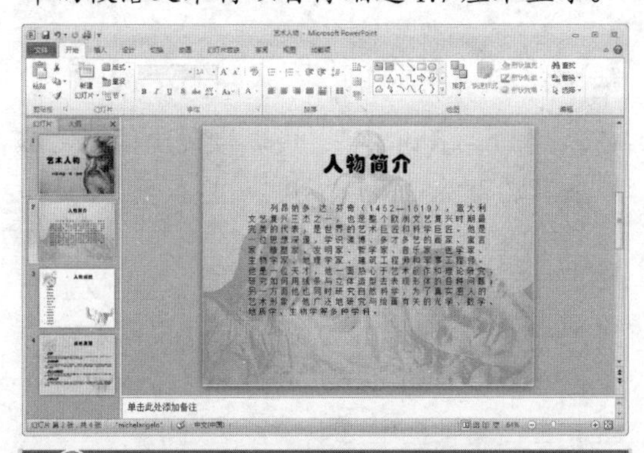

知识点滴

在【段落】对话框的【常规】选项区域中，单击【对齐方式】下拉按钮，从弹出的下拉列表中选择对齐方式，同样可以用来设置文本的 5 种水平对齐方式

step 4 使用步骤 1~3 同样的操作方法，设置第 4 张幻灯片中的文本框中的文本段落首行缩进 1 厘米显示。

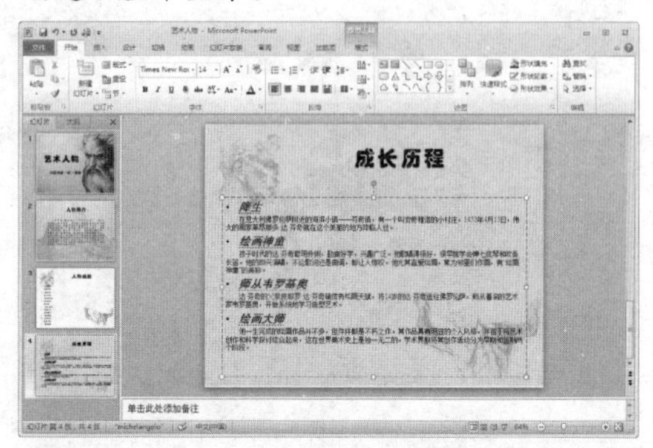

step 5 在快速访问工具栏中单击【保存】按钮，保存“艺术人物”演示文稿。

3.4.4 设置文本段落间距

在 PowercPoint 2010 中，设置行距可以改变 PowerPoint 默认的行距，使演示文稿中的内容条理更为清晰。

选择需要设置行距的段落，在【开始】选项卡的【段落】组中单击【行距】下拉按钮按钮，从弹出的列表中选择相应的选项即可改变默认行距。如果在列表中选择【行距选项】命令，打开【段落】对话框。该对话框中的【间距】选项区域用来设置段落的行距。

【例 3-10】在“艺术人物”演示文稿中，为幻灯片段落文本设置间距。

视频+素材 (光盘素材\第 03 章\例 3-10)

step 1 启动PowerPoint 2010 应用程序，打开“艺术人物”演示文稿。在幻灯片浏览窗格中选择第 2 张幻灯片，将其显示在幻灯片编辑窗口中，并选中文本占位符。

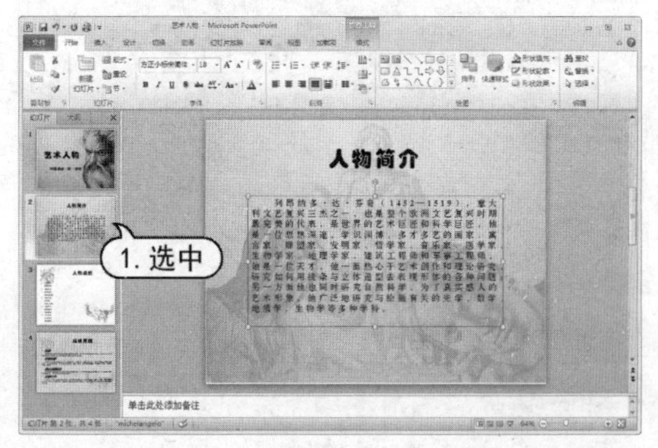

step 2 在【开始】选项卡的【段落】组中单击【行距】下拉按钮，从弹出的列表中选择【1.5】选项，此时占位符中的文本将以 1.5 倍行距显示。

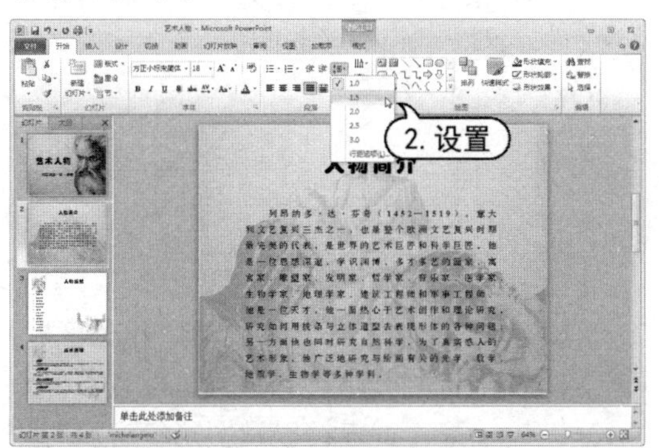

step 3 在幻灯片浏览窗格中，选择第 4 张幻灯片，将其显示在幻灯片编辑窗口中，并选中文本占位符。在【段落】组中单击【行距】按钮，从在菜单中选择【行距选项】命令，打开【段落】对话框。

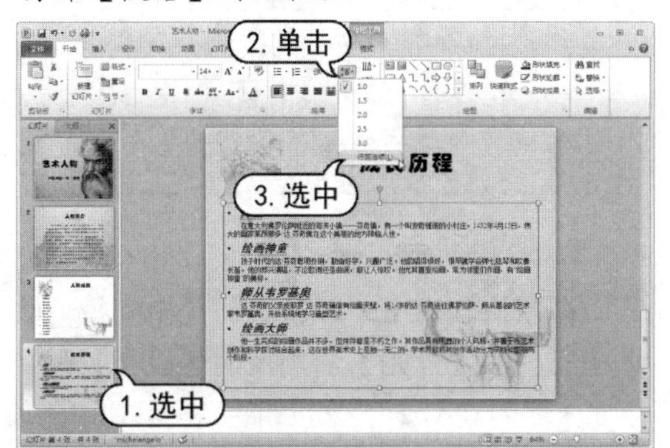

step 4 在【段落】对话框的【间距】选项区域中，设置【段前】为 6 磅；单击【行距】下拉按钮，从弹出的下拉列表中选择【固定值】选项，并在其后的【设置值】微调框中输入“25 磅”，单击【确定】按钮。

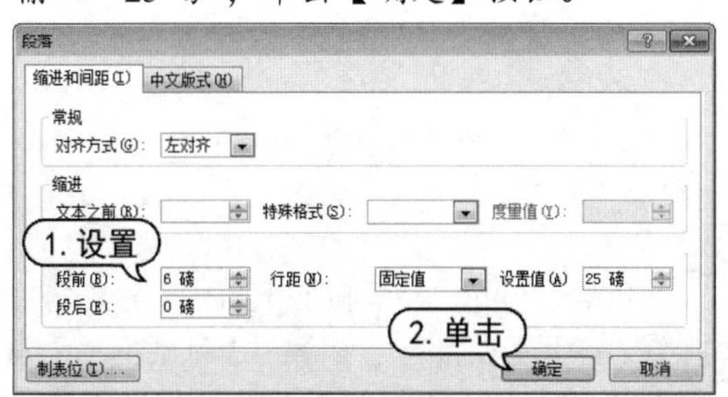

step 5 此时，文本占位符中的文本将以固定值 25 磅显示。

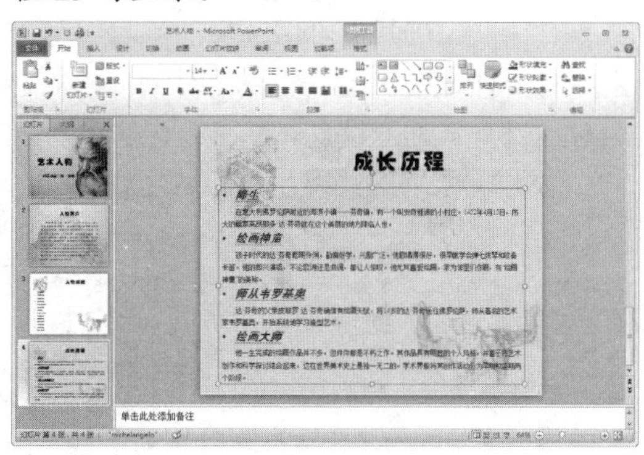

step 6 在快速访问工具栏中单击【保存】按钮，保存“艺术人物”演示文稿。

3.4.5 使用项目符号和编号

在 PowerPoint 演示文稿中，为了使某些内容更为醒目，经常需要使用项目符号和编号。项目符号用于强调一些特别重要的观点或条目，从而使主题更加美观、突出；而使用编号，可以使主题层次更加分明、有条理。

1. 添加项目符号

项目符号在演示文稿中使用的频率很高。在并列的文本内容前都可添加项目符号。默认的项目符合以实心圆点形状显示。此外 PowerPoint 还可以将图片或系统符号库中的各种字符设置为项目符号，从而丰富了项目符号的形式。

要添加项目符号，则将光标定位在目标段落中，在【开始】选项卡的【段落】组中单击【项目符号】下拉按钮，从弹出的下拉列表框中选择需要使用的项目符号样式即可。

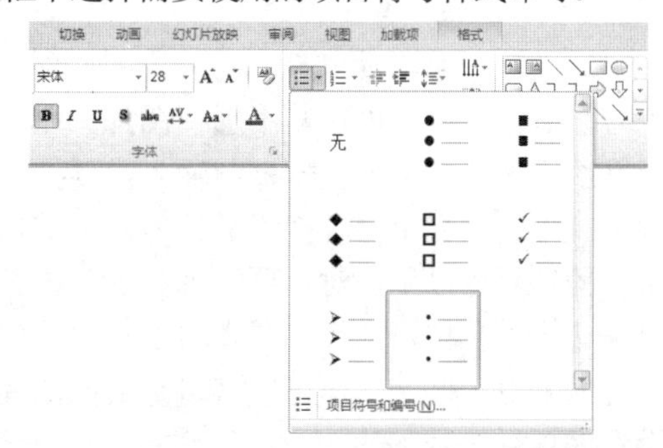

若在【项目符号】列表框中选择【项目

符号和编号】命令，将打开【项目符号和编号】对话框，在其中可供选择的项目符号类型共有 7 种。用户还可以根据对话框中的选项对项目符号进行设置。

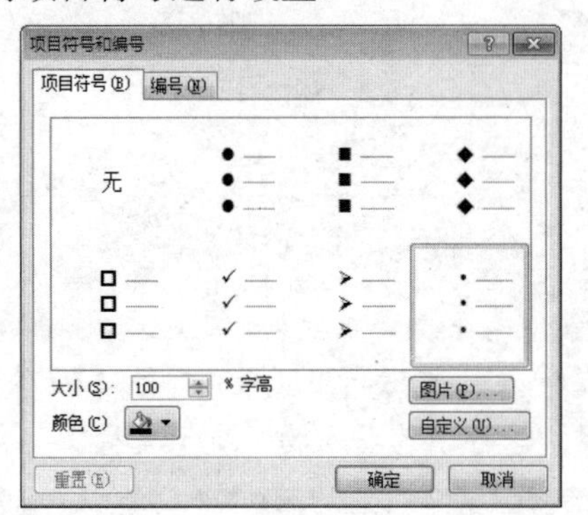

▶ 在【大小】文本框中设置项目符号与正文文本的高度比例，以百分数比表示。当该文本框中的值大于 100%时，表示该项目符号的高度将超过正文文本的高度。

▶ 单击【颜色】按钮，打开颜色面板，可以设置项目符号的颜色。

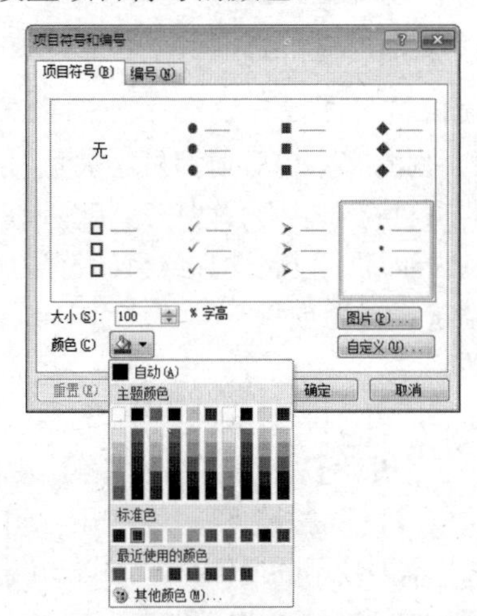

▶ 单击【图片】按钮，打开【图片项目符号】对话框，可以在其中选择图片。在对话框的【搜索文字】文本框中输入需要搜索的关键字，然后单击【搜索】按钮，则符合条件的结果将显示在对话框的列表窗口中。单击【导入】按钮，将打开【将剪辑添加到管理器】对话框，用户可以将自定义的图片设置为项目符号。

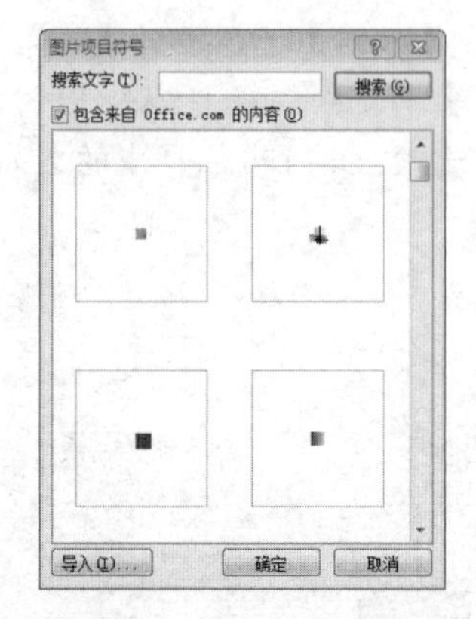

▶ 单击【自定义】按钮，打开【符号】对话框，在其中可以选择字符、标点符、货币符、数学符、制表符以及图形符等符号作为项目符号。

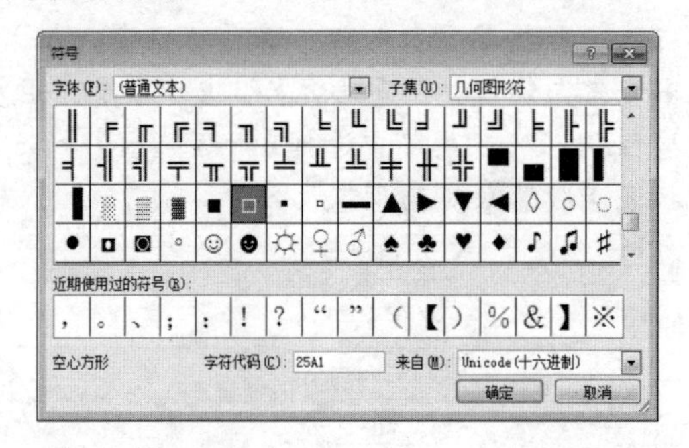

2. 添加编号

在默认状态下，项目编号是由阿拉伯数字构成。在【开始】选项卡的【段落】组中单击【编号符号】下拉按钮，从弹出的列表框中可以选择内置的编号样式。

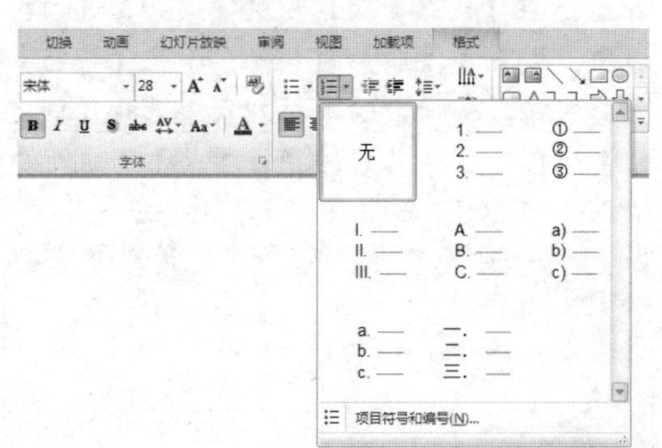

PowerPoint 还允许用户使用自定义编号样式。打开【项目符号和编号】对话框的【编号】选项卡，可以根据需要选择和设置编号

样式。

实用技巧

打开【项目符号和编号】对话框的【编号】选项卡，在【起始编号】数值框中可以设置编号列表第一个项目起始编号符号的顺序值。

【例 3-11】在“艺术人物”演示文稿中，为幻灯片中的文本添加自定义项目符号。

视频+素材 (光盘素材\第 03 章\例 3-11)

step 1 启动PowerPoint 2010 应用程序，打开“艺术人物”演示文稿。

step 2 在幻灯片浏览窗格中选择第 3 张幻灯片，将其显示在幻灯片编辑窗口中。

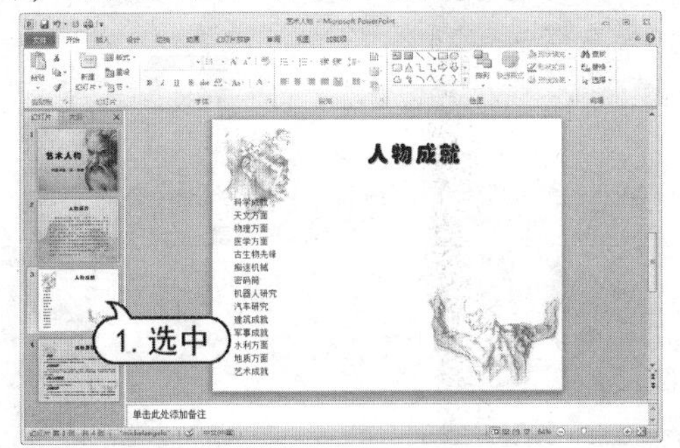

step 3 选中文本占位符，在【开始】选项卡的【段落】组中单击【项目符号】按钮，添加项目符号。

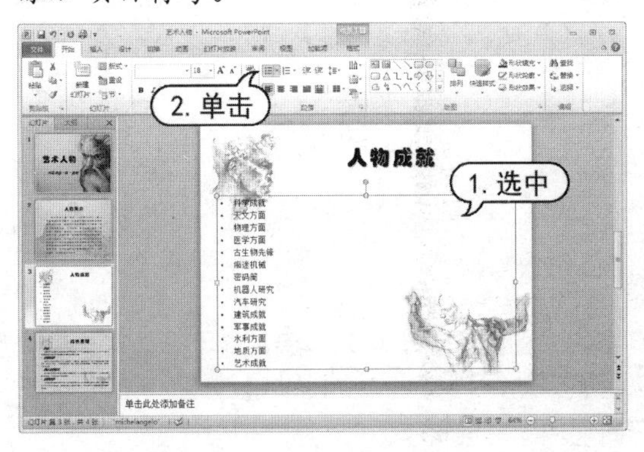

step 4 单击【项目符号】下拉按钮，从弹出的列表框中选择【项目符号和编号】命令。

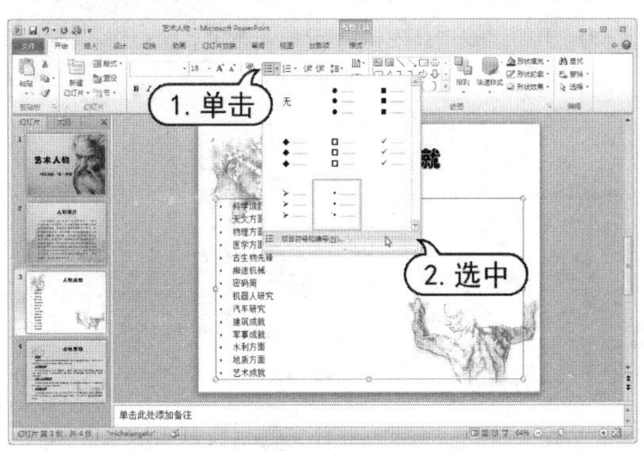

step 5 打开【项目符号和编号】对话框，单击【图片】按钮。打开【图片项目符号】对话框，在其中选择一种符号，单击【确定】按钮。

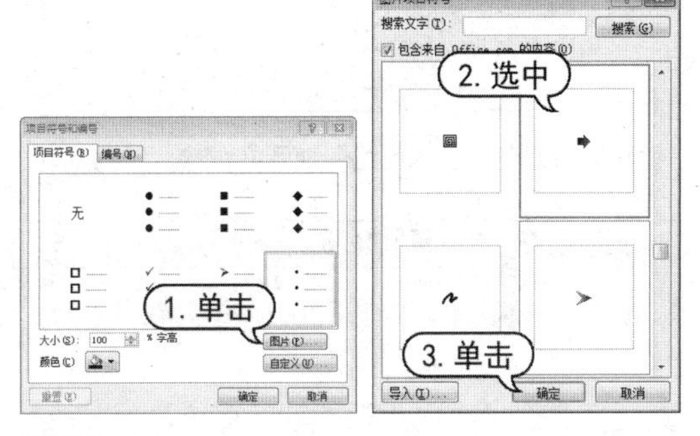

step 6 此时，幻灯片中文本占位符中的文本将以图片项目符号的方式显示。

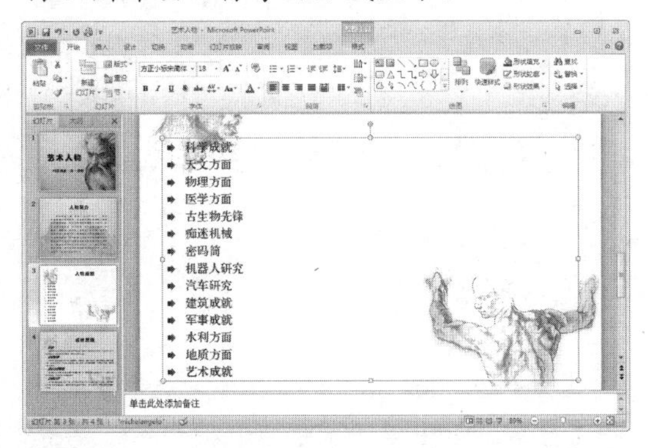

step 7 在快速访问工具栏中单击【保存】按钮，保存“艺术人物”演示文稿。

3.4.6 设置分栏显示

分栏的作用是将文本段落按照两列或更多列的方式排列显示。

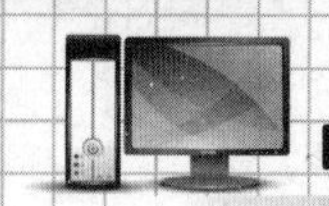

选取要进行分栏处理的文本，然后在【开始】选项卡的【段落】组中单击【分栏】下拉按钮，从弹出的列表中选择相应的栏数。

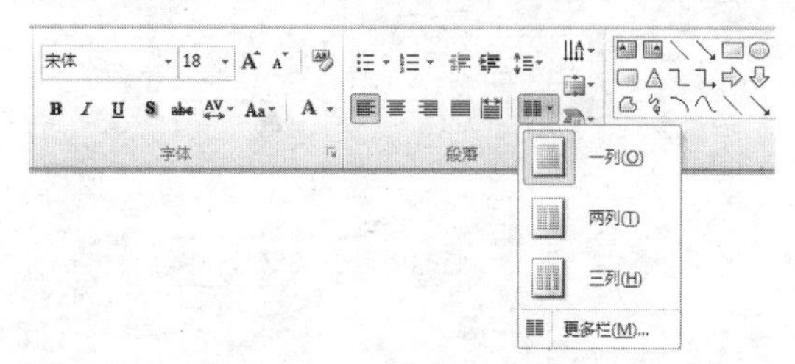

如果列表中没有适合的栏数选项，则选择【更多栏】选项，在打开的【分栏】对话框中进行设置即可。

【例 3-12】在"艺术人物"演示文稿中，分栏显示占位符中的文本。

视频+素材 (光盘素材\第 03 章\例 3-12)

step 1 启动PowerPoint 2010 应用程序，打开"艺术人物"演示文稿。

step 2 在幻灯片浏览窗格中选择第3张幻灯片，将其显示在幻灯片编辑窗口中。

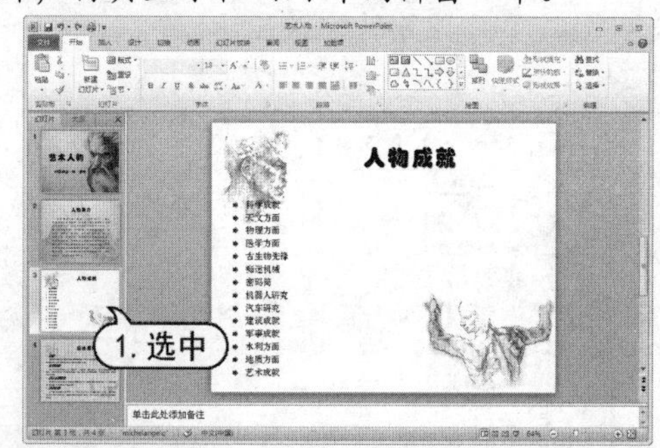

step 3 选中文本占位符，在【开始】选项卡的【段落】组中单击【分栏】按钮，从弹出的菜单中选择【更多栏】命令。

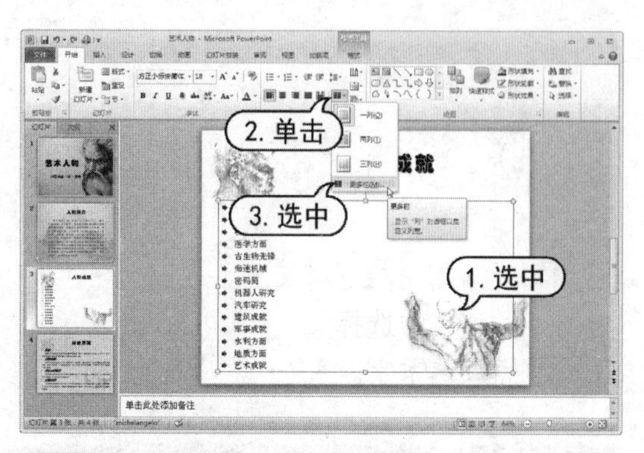

step 4 打开【分栏】对话框，在【数字】数值框中输入 3，【间距】数值框中输入"1 厘米"，然后单击【确定】按钮。

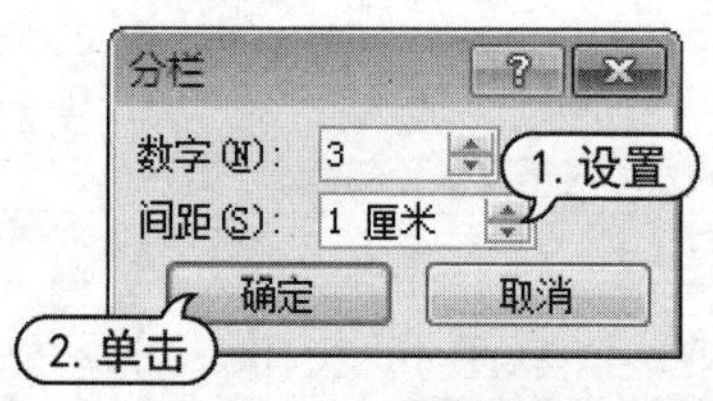

step 5 在【开始】选项卡的【字体】组中，设置【字号】数值为 24，然后拖动鼠标调节占位符的大小。此时，幻灯片中占位符文本将分三栏显示。

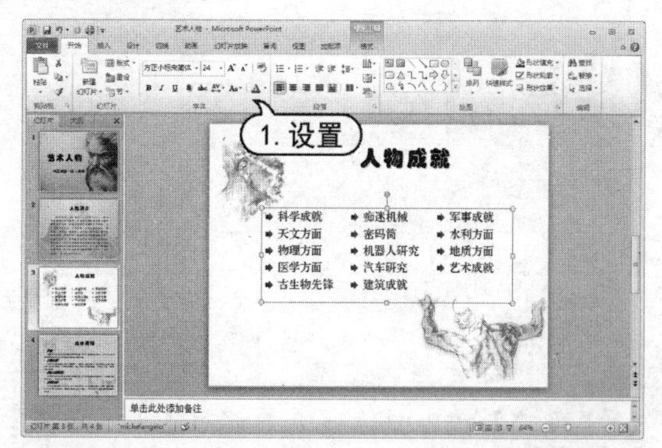

step 6 在快速访问工具栏中单击【保存】按钮，保存"艺术人物"演示文稿。

3.5 使用艺术字

艺术字是一种特殊的图形文字，常被用来表现幻灯片的标题文字。用户既可以像对普通文字一样设置其字号、加粗、倾斜等效果，可以像对图形对象一样为其设置边框、填充等属性，还可以对其进行大小、旋转或添加阴影、三维效果等操作。

3.5.1 插入艺术字

艺术字是一个文字样式库，可以将艺术字添加于文档中，从而制作出装饰性效果。在 PowerPoint 中，打开【插入】选项卡，在【文本】组中单击【艺术字】下拉按钮，在弹出的下拉列表中选择需要的样式，即可在幻灯片中插入艺术字。

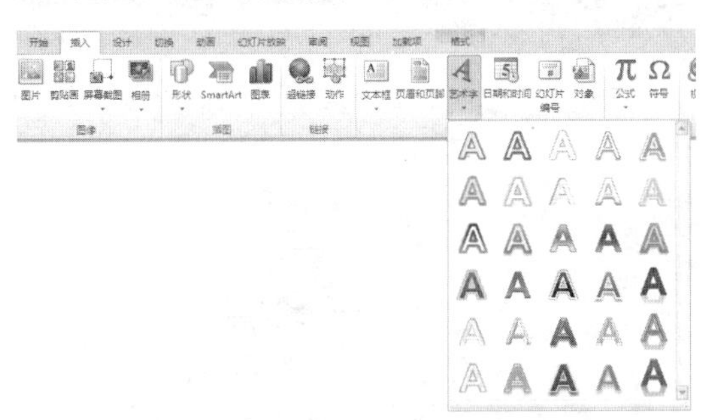

【例 3-13】在演示文稿的幻灯片中插入艺术字。
视频+素材 (光盘素材\第 03 章\例 3-13)

step 1 启动PowerPoint 2010 应用程序，打开“艺术字操作”演示文稿。

step 2 选择【插入】选项卡的【文本】组，单击【艺术字】按钮，从弹出的艺术字样式列表中选择【渐变填充-黑色，轮廓-白色，外部阴影】样式，然后在幻灯片中输入文字。

知识点滴

除了直接插入艺术字外，用户还可以将文本转换成为艺术字。方法：选择要转换的文本，在【插入】选项卡的【文本】组中单击【艺术字】下拉按钮，从弹出的艺术字样式列表框中选择需要的样式即可。

step 3 在【开始】选项卡的【字体】组中，设置艺术字的字体为【汉真广标】，【字号】数值为 60。

step 4 在快速访问工具栏中单击【保存】按钮，保存“艺术字操作”演示文稿。

实用技巧

选择需要设置文字属性的艺术字文本，在浮动工具栏中也可以设置字体、字号和颜色。当用户为文本设置字体大小时，对应的艺术字大小也随着文字大小改变而改变。

3.5.2 设置艺术字格式

为了使艺术字的效果更加美观，可以对艺术字格式进行相应的设置，如艺术字的填充、轮廓以及效果等属性。

插入艺术字后，在显示的绘图工具【格式】选项卡中通过【艺术字样式】组可以对插入的艺术字属性进行设置。

1. 设置艺术字填充

单击【艺术字样式】组中的【文本填充】下拉按钮，在弹出的列表中可以直接选择文字填充颜色，也可以自定义填充颜色，还可以填充图片、渐变和纹理等。

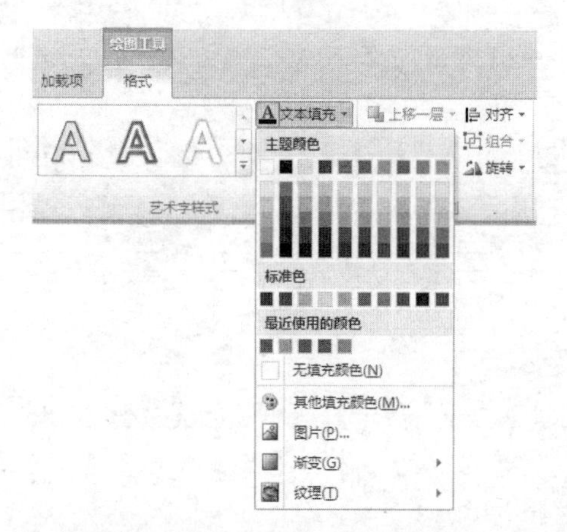

【例 3-14】在“艺术字操作”演示文稿的幻灯片中，设置艺术字填充效果。
视频+素材 (光盘素材\第 03 章\例 3-14)

step 1 启动PowerPoint 2010 应用程序，打开“艺术字操作”演示文稿，并选中艺术字文本框。

step 2 在【格式】选项卡的【艺术字样式】组中，单击【文本填充】按钮，在弹出的列表中选择【渐变】选项，然后从弹出的列表中选择【其他渐变】命令。

step 3 在打开的【设置文本效果格式】对话框中，单击【预设颜色】下拉按钮，在弹出的面板中选择【茵茵绿原】预设渐变。

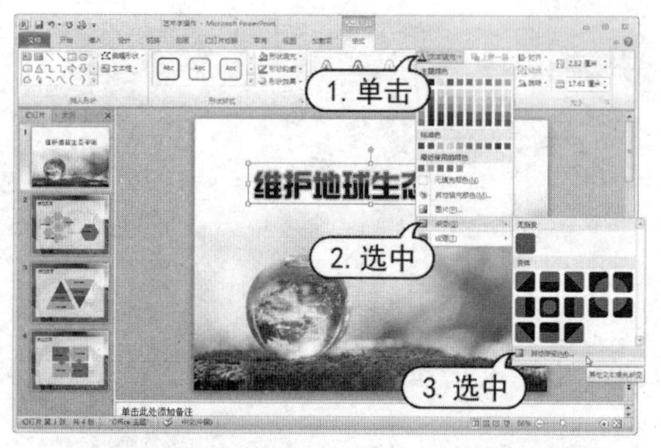

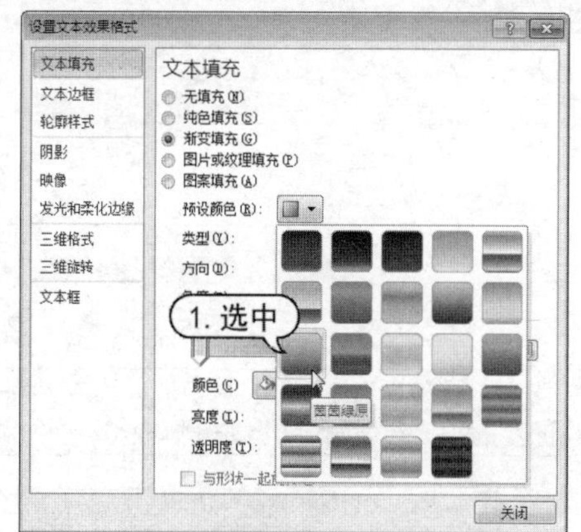

step 4 在渐变光圈滑动条上，选中右侧的【停止点 3】色标滑块，在其下方设置【亮度】数值为-50%，【位置】数值为 70%，然后单击【关闭】按钮。

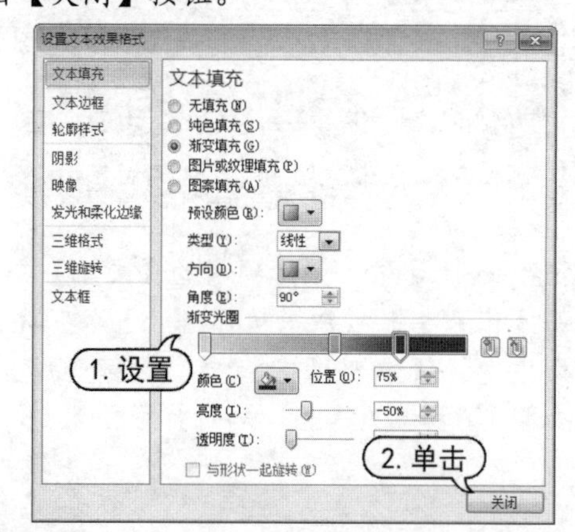

step 5 此时，幻灯片中的艺术字显示为更改后的渐变填充效果。

step 6 在快速访问工具栏中单击【保存】按钮，保存“艺术字操作”演示文稿。

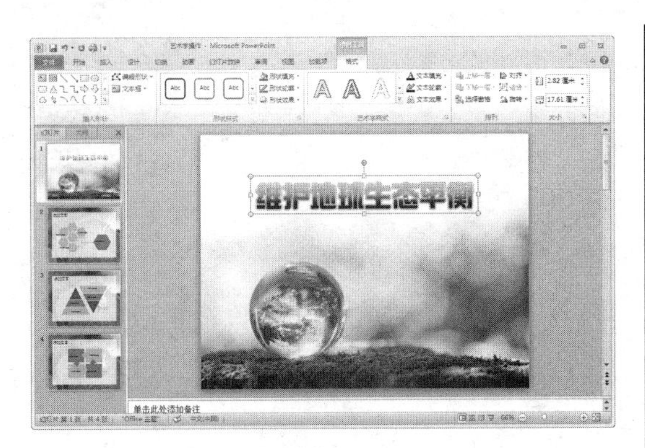

2. 设置艺术字轮廓

单击【艺术字样式】组中的【文本轮廓】下拉按钮，在弹出的列表中可以设置文字轮廓填充颜色，还可以设置轮廓粗细和样式。

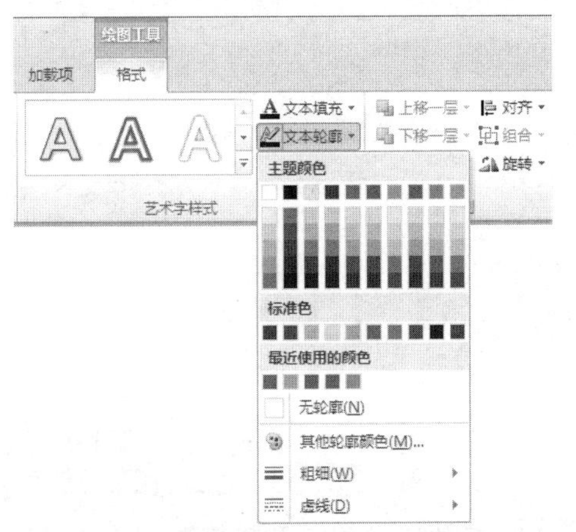

【例 3-15】在"艺术字操作"演示文稿的幻灯片中，设置艺术字轮廓效果。
视频+素材 (光盘素材\第 03 章\例 3-15)

step 1 启动PowerPoint 2010 应用程序，打开"艺术字操作"演示文稿，并选中艺术字文本框。

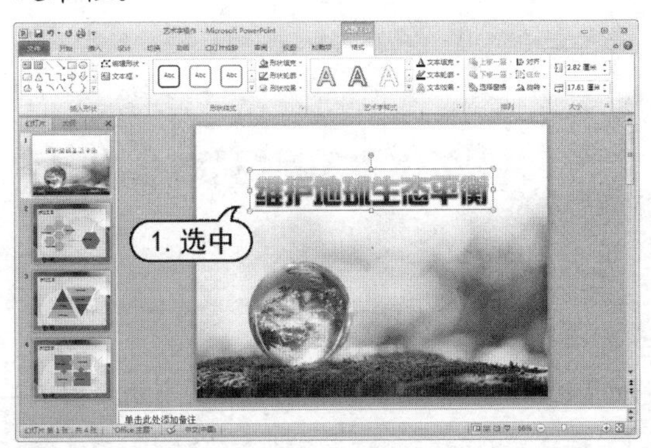

step 2 在【格式】选项卡的【艺术字样式】组中，单击【文本轮廓】按钮，在弹出的下拉列表中选择【粗细】选项，在弹出的列表中选择【3 磅】选项。

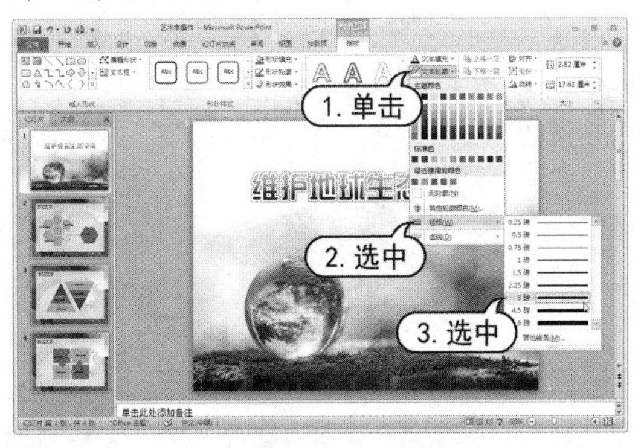

step 3 此时，幻灯片中的艺术字显示为更改后的轮廓粗细效果。

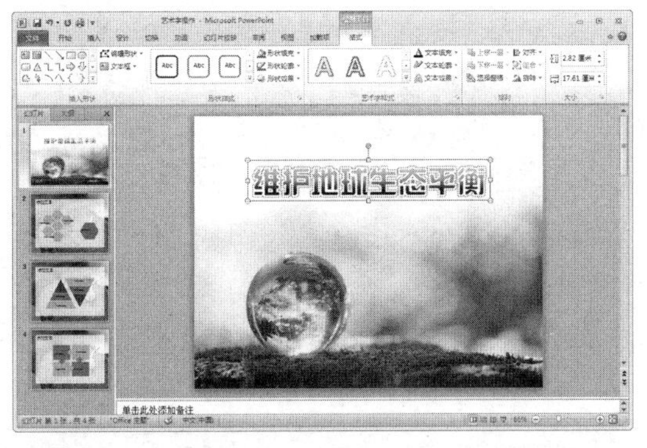

step 4 在快速访问工具栏中单击【保存】按钮，保存"艺术字操作"演示文稿。

知识点滴

在【粗细】或【虚线】选项下拉列表中选择【其他线条】命令，打开【设置文本效果格式】对话框。在其中同样可以设置文本轮廓效果。

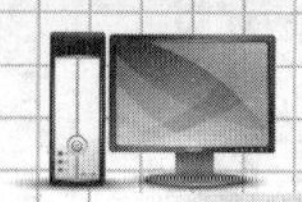

3. 设置艺术字效果

单击【艺术字样式】组中的【文本效果】下拉按钮，在弹出的下拉列表中可以选择应用程序中预置的艺术字效果，也可以选择每种效果底部的选项命令，打开【设置文本效果格式】对话框调整艺术字效果。

【例 3-16】在“艺术字操作”演示文稿的幻灯片中，设置艺术字文本效果。

视频+素材 (光盘素材\第 03 章\例 3-16)

step 1 启动PowerPoint 2010 应用程序，打开“艺术字操作”演示文稿，并选中艺术字文本框。

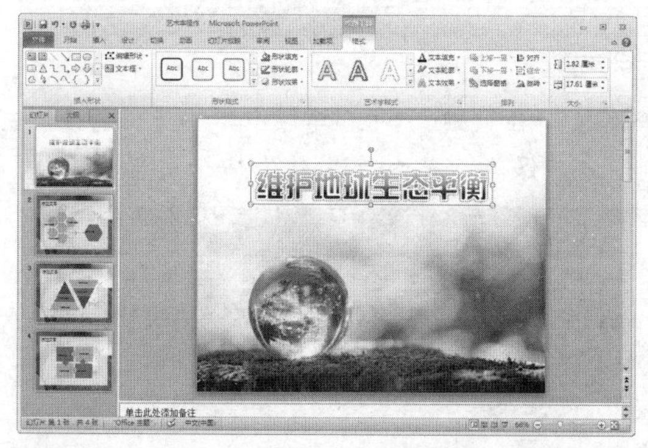

step 2 在【格式】选项卡的【艺术字样式】组中，单击【文本效果】按钮，在弹出的列表中选择【映像】选项，然后在弹出的列表中选择【映像选项】命令。

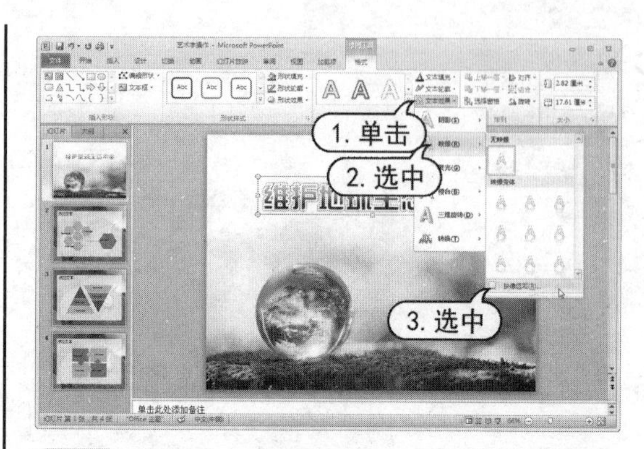

step 3 在打开的【设置文本效果格式】对话框中，设置【透明度】为 60%，【大小】为 100%，【距离】为 7 磅，【虚化】为 3 磅，然后单击【关闭】按钮。

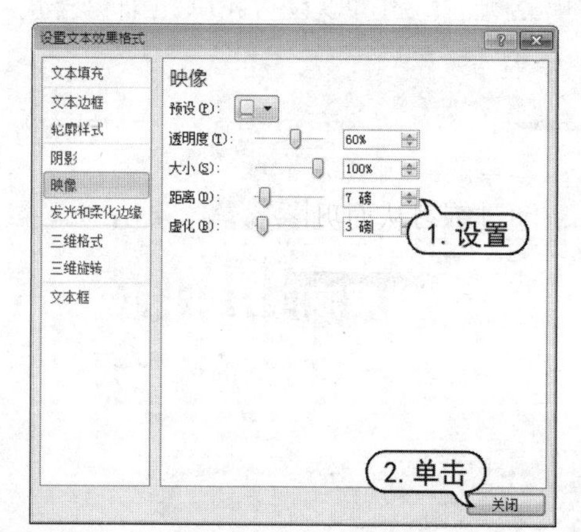

step 4 在快速访问工具栏中单击【保存】按钮，保存“艺术字操作”演示文稿。

3.6 添加备注文本

在幻灯片中输入文本时，也可以在幻灯片的备注窗格中输入演讲者备注。使用备注文本框可以补充或详尽阐述幻灯片中的要点。

【例 3-17】在“艺术字操作”演示文稿中，添加相应的备注文本。

视频+素材 (光盘素材\第 03 章\例 3-17)

step 1 启动PowerPoint 2010 应用程序，打开“艺术字操作”演示文稿。默认显示第 1 张幻灯片，将光标定位在备注窗格中。

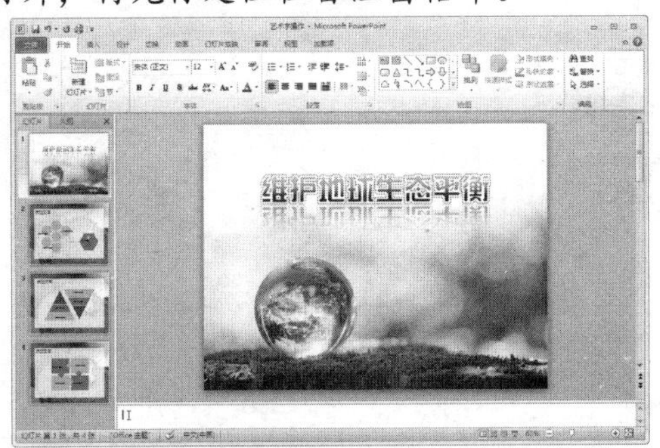

step 2 在备注窗格中输入需要的备注信息。

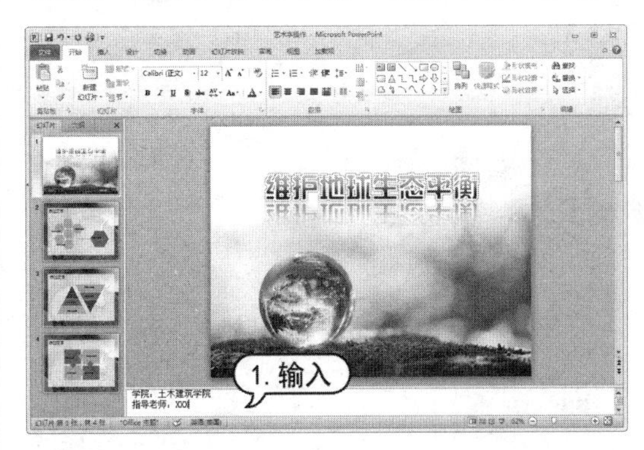

step 3 在快速访问工具栏中，单击【保存】按钮，保存“艺术字操作”演示文稿。

3.7 案例演练

本章的案例演练部分包括制作讲解演示文稿和制作宣传演示文稿两个综合实例操作，使用户通过练习从而巩固本章所学知识。

3.7.1 制作讲解演示文稿

【例 3-18】制作“销售技巧讲解”演示文稿。

视频+素材 (光盘素材\第 03 章\例 3-18)

step 1 启动PowerPoint 2010 应用程序，打开一个空白演示文稿。

step 2 单击【文件】按钮，从显示的菜单中选择【新建】命令。然后在【可用的模板和主题】窗格中选择【我的模板】选项。

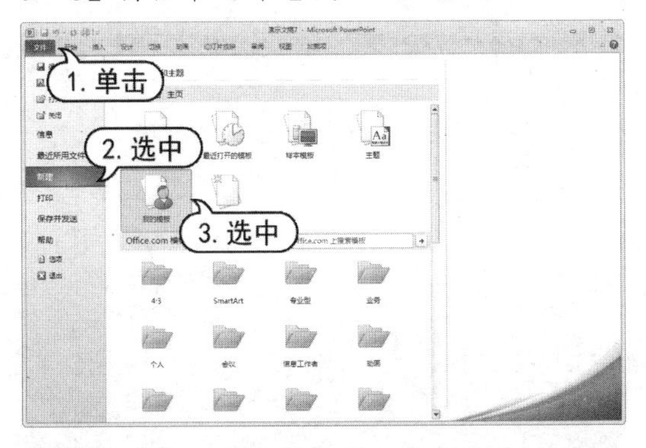

step 3 在打开的【新建演示文稿】对话框中，选择【商业营销】选项，然后单击【确定】按钮。

step 4 此时，即可新建一个基于模板的演示文稿，在快速访问工具栏中单击【保存】按钮，将其以“销售技巧讲解”为文件名保存。

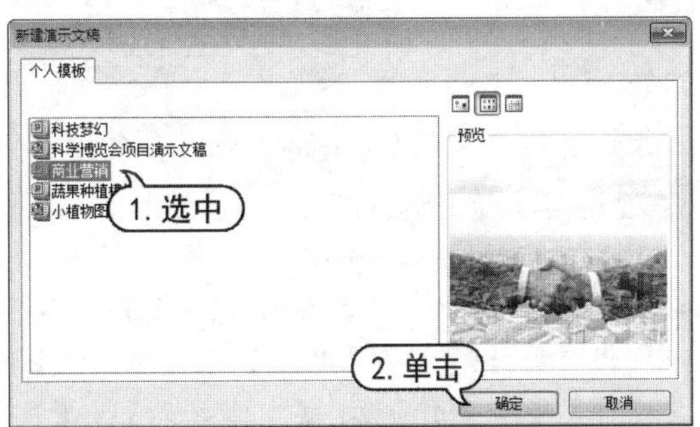

step 5 在默认打开第 1 张幻灯片中，单击【单击此处添加标题】文本占位符，在其中输入文字“销售技巧讲解”；在【单击此处添加副

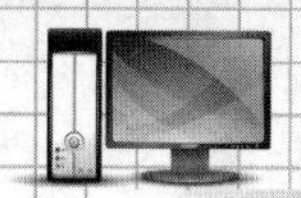

标题】文本占位符中输入2行文字“讲解者：XXX”。

step 6 选中标题文本占位符，在【开始】选项卡的【字体】组中，设置标题文字【字体】为【方正粗圆_GBK】，【字号】为60；单击【字符间距】按钮，在弹出的下拉列表中选择【很松】选项；然后调整文本占位符位置。

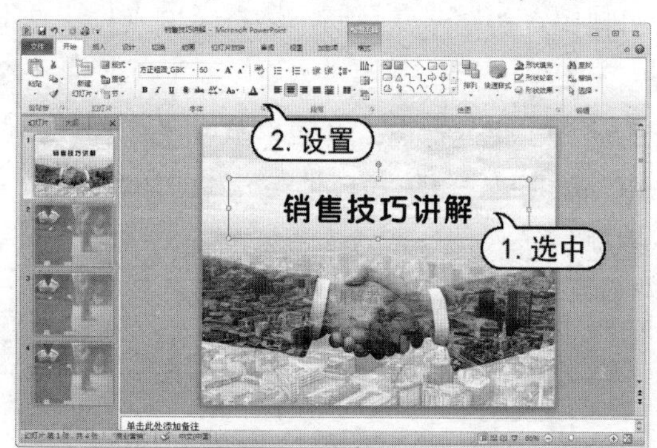

step 7 选中副标题文本占位符，在【字体】组中设置副标题文字【字体】为【方正大标宋简体】，【字号】为20，【字体颜色】为【黑色】，然后调整文本占位符位置。

step 8 选中标题文字，单击打开【绘图工具】的【格式】选项卡。单击【艺术字样式】组中艺术字外观样式组选项旁的【其他】按钮，在弹出的下拉列表框中选择【填充-红色，强调文字颜色2，粗糙棱台】样式。

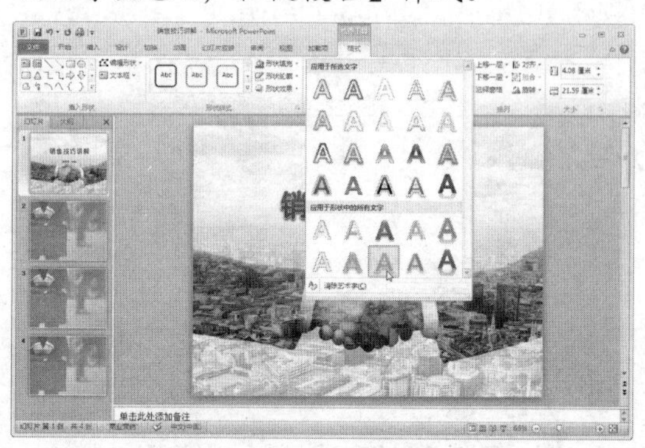

step 9 在【艺术字样式】组中，单击【文字效果】按钮，在弹出的列表中选择【映像】选项，在弹出的列表框中选择【映像选项】命令。

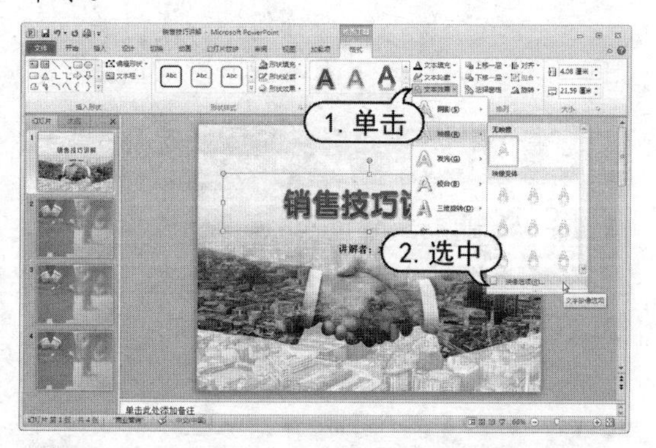

step 10 在打开的【设置文本效果格式】对话框中，设置【透明度】为30%，【大小】为65%，【距离】为3磅，然后单击【关闭】按钮。

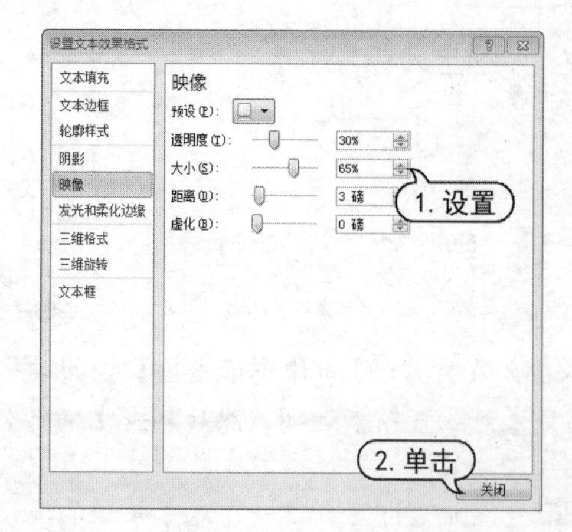

step 11　在幻灯片浏览窗格中，选中第 2 张幻灯片，将其显示在幻灯片编辑窗口中。

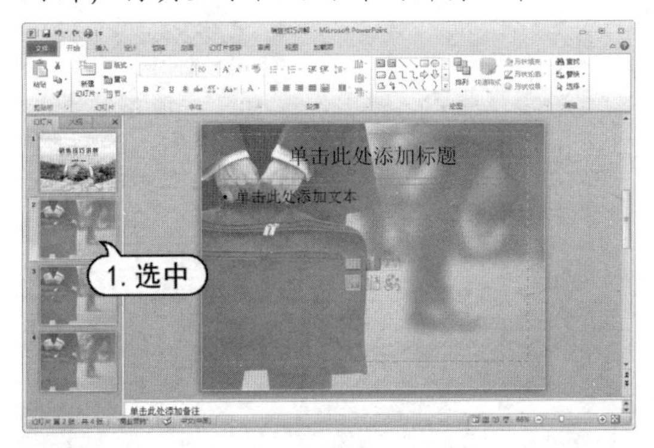

step 12　在【单击此处添加标题】文本占位符中输入标题文字，然后在【开始】选项卡的【字体】组中，设置标题【字体】为【方正大黑简体】，并单击【段落】组中的【文本右对齐】按钮。

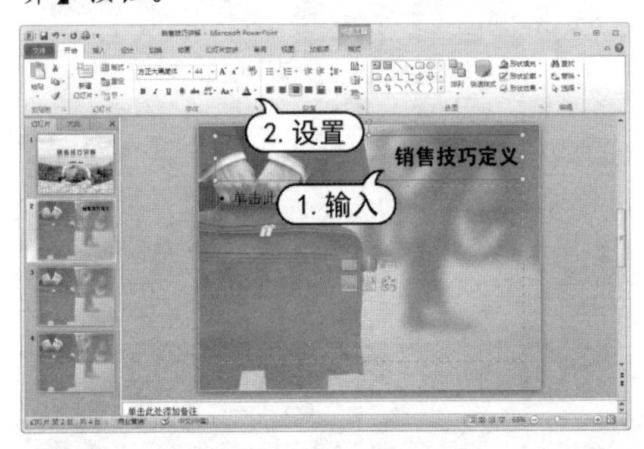

step 13　在【单击此处添加文本】占位符中输入文本内容，并在【字体】组中设置文本内容【字体】为【方正黑体简体】，【字号】为 24，单击【段落】组中的【两端对齐】按钮。然后调整占位符的位置及大小。

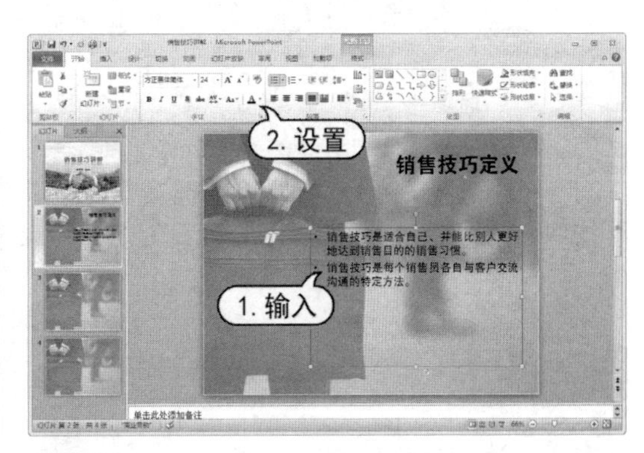

step 14　在【段落】组中单击启动对话框按钮，打开【段落】对话框。在该对话框中，设置【段后】为 18 磅，然后单击【确定】按钮。

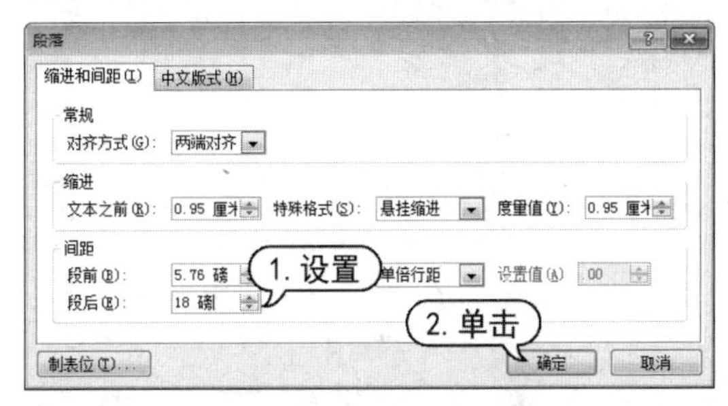

step 15　在【段落】组中，单击【行距】下拉按钮，在弹出的下拉列表中选择【1.5】选项。

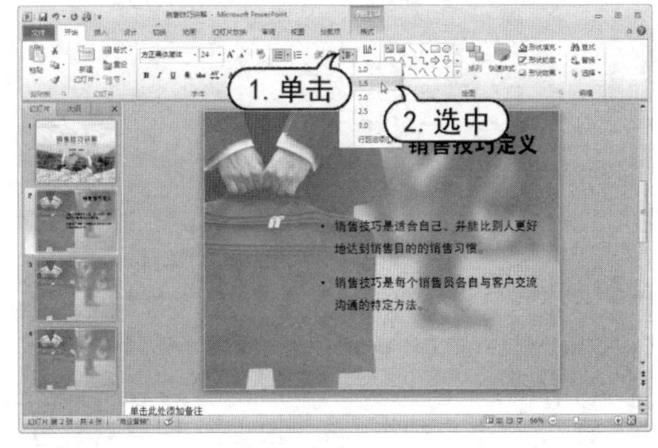

step 16　选中标题文字占位符，单击打开【绘图工具】的【格式】选项卡。在【形状样式】组中单击【形状填充】下拉按钮，在弹出的列表中选择【渐变】选项，在弹出的列表中单击一种渐变样式。

step 17　单击【艺术字样式】组中艺术字外观样式选项组旁的【其他】按钮，在弹出的下拉列表中单击选中【填充-蓝色，文字，内部阴影】样式。

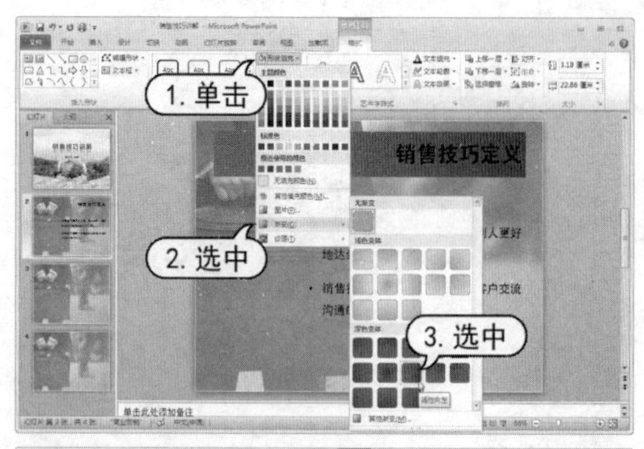

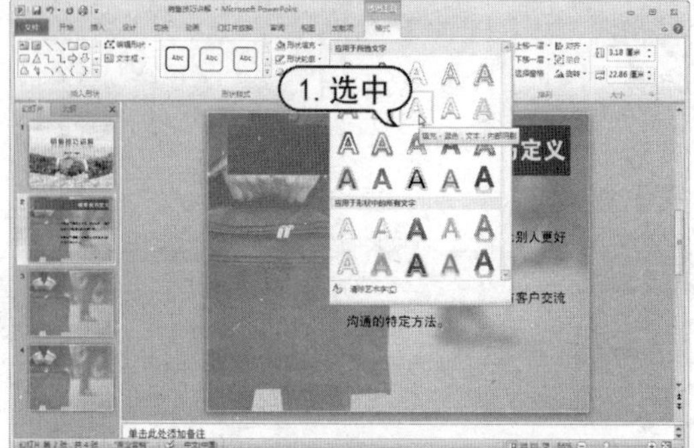

step 18 在【大小】组中，设置【形状高度】为 2.2 厘米。

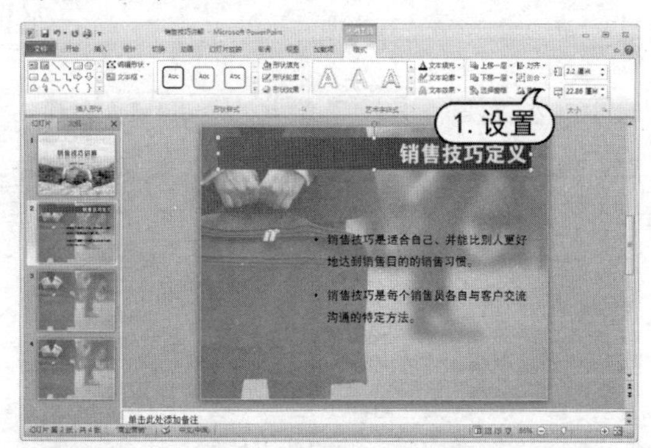

step 19 选中文本占位符，单击打开【开始】选项卡。单击【段落】组中的【项目符号】下拉按钮，在弹出的列表中选择【项目符号和编号】命令。

step 20 在打开的【项目符号和编号】对话框中，选中【选中标记项目符号】样式，设置【大小】为 120%，单击【颜色】下拉按钮，在弹出的列表框中选择【深红】，然后单击【确定】按钮应用项目符号。

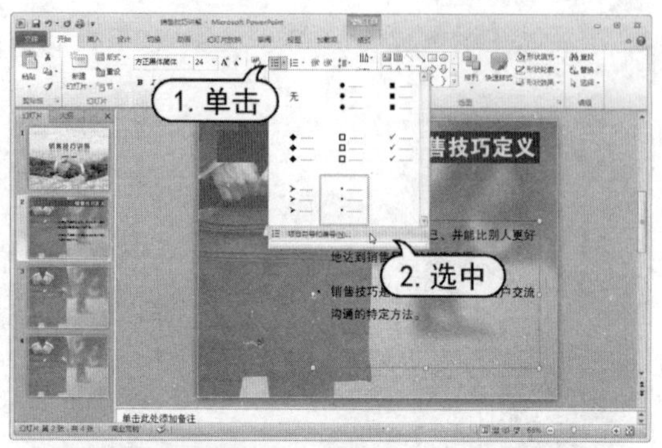

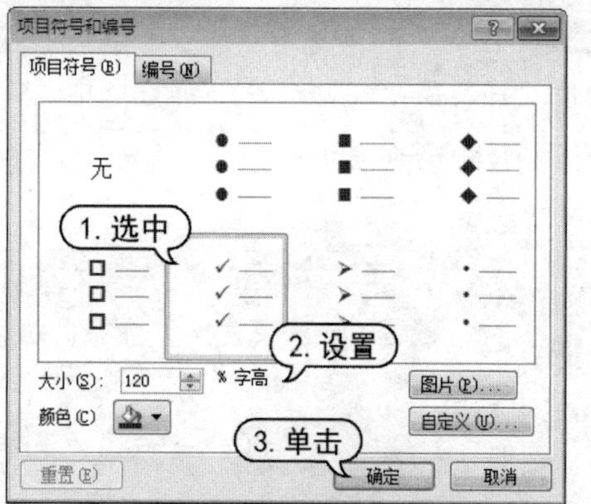

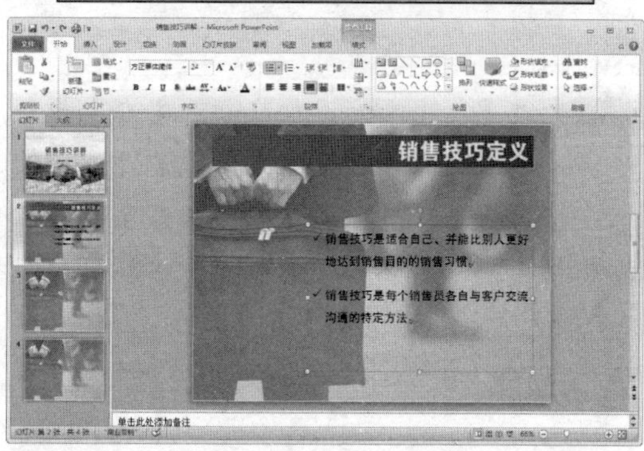

step 21 使用步骤 11~20 的操作方法，添加另外两张幻灯片中的文本内容。

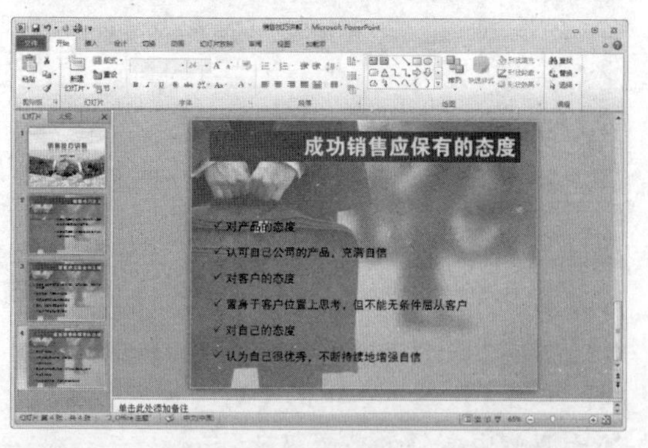

step 22 在幻灯片浏览窗格中，选中第 3 张幻

灯片，并选中内容文本占位符。

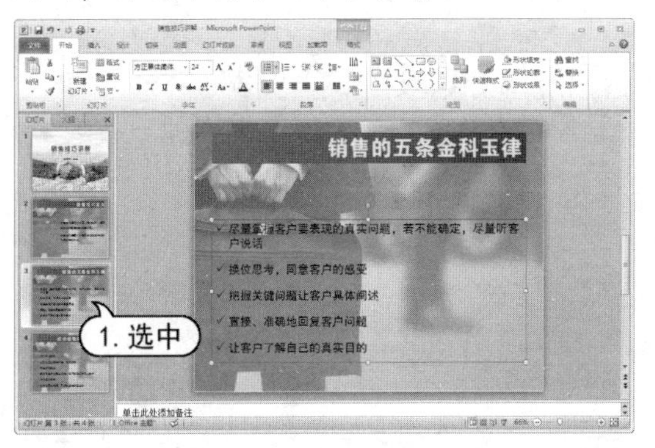

step 23 单击【段落】组中的【分栏】下拉按钮，在弹出的列表中选择【更多栏】命令。

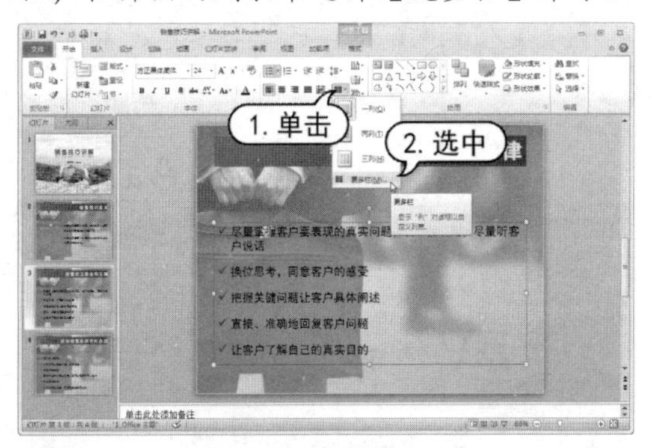

step 24 在打开的【分栏】对话框中，设置【数字】为2，【间距】为1厘米，然后单击【确定】按钮。

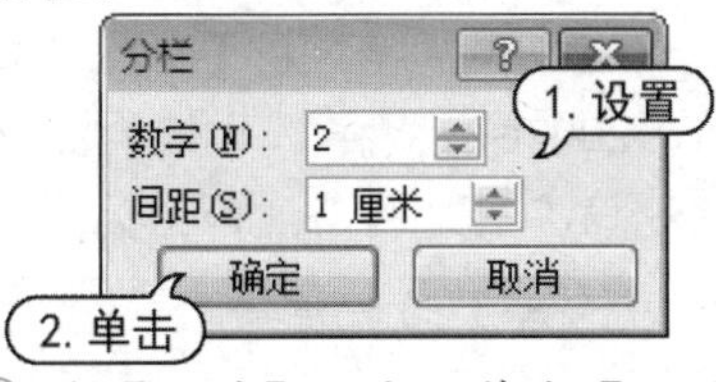

step 25 在【段落】组中，单击【编号】下拉按钮，在弹出的列表中选择【项目符号和编号】命令。

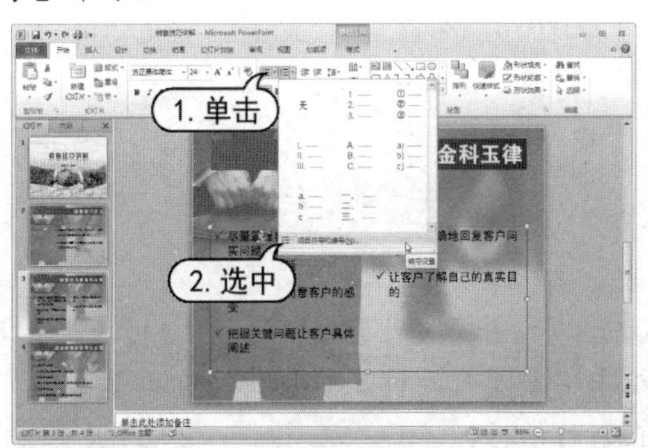

step 26 在打开的【项目符号和编号】对话框中，选择一种编号样式，设置【大小】为90，然后单击【确定】按钮。

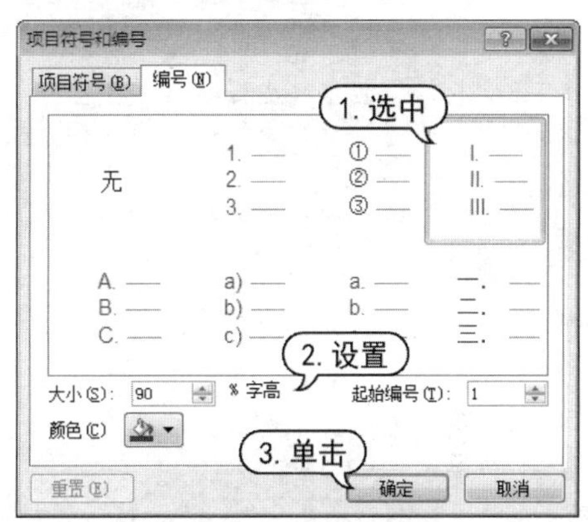

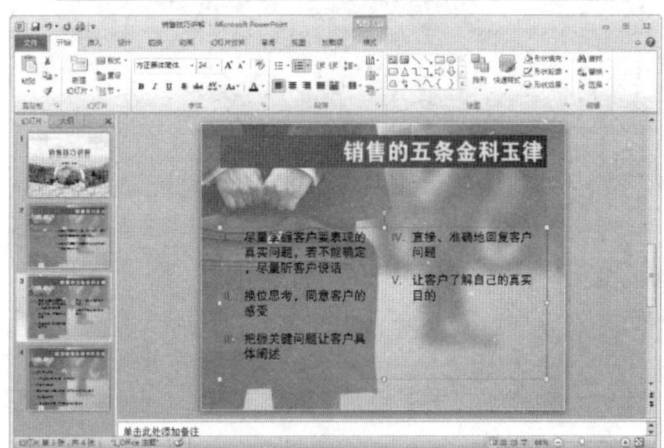

step 27 在【段落】组中，单击启动对话框按钮，打开【段落】对话框。在该对话框中，打开【中文版式】选项卡，选中【按中文习惯控制首尾字符】复选框，然后单击【确定】按钮。

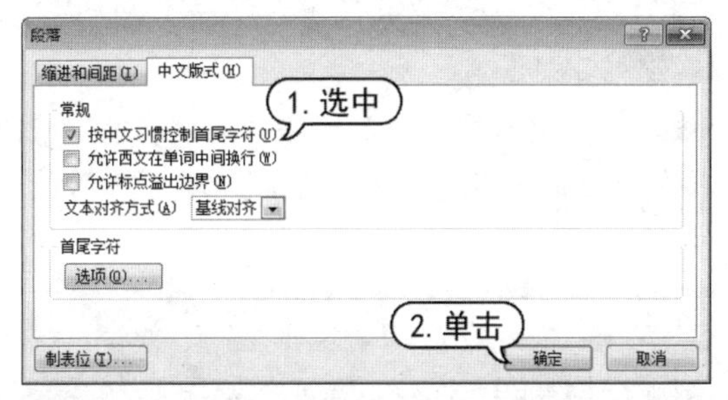

step 28 在幻灯片浏览窗格中，选中第4张幻灯片，将其显示在编辑窗口中。

step 29 在幻灯片中，将光标插入到内容文本第二行文字中，单击【段落】组中的【提高列表级别】按钮，并单击【项目符号】按钮，取消项目符号。

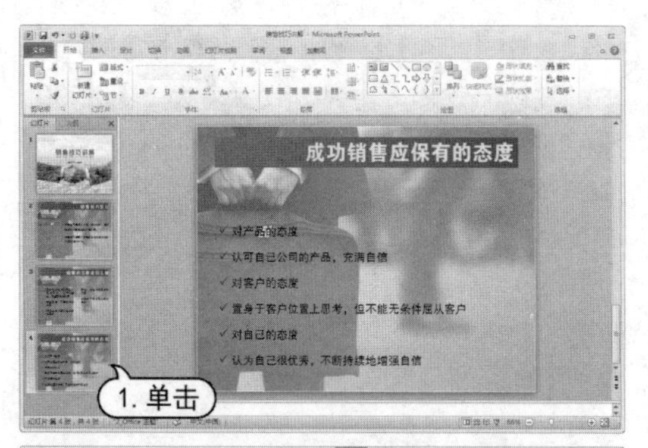

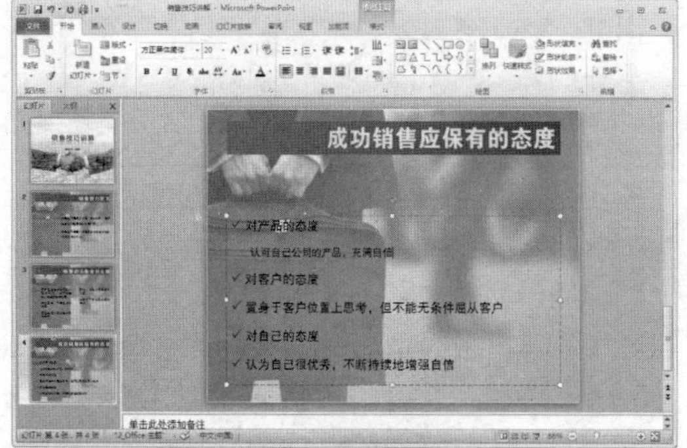

step 30 使用与步骤 29 相同的操作方法，调整内容文本中其他行的效果。

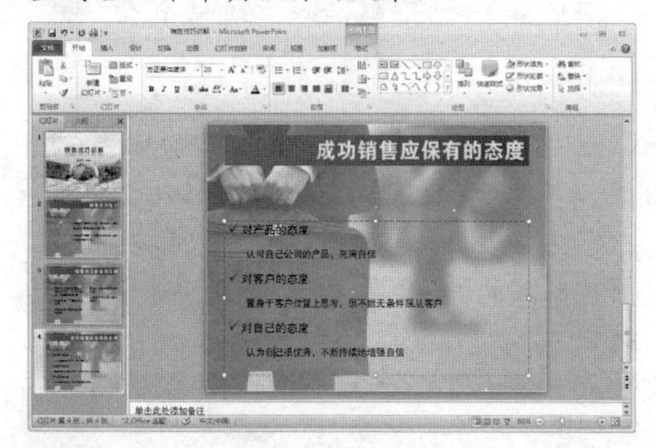

step 31 在快速访问工具栏中，单击【保存】按钮，在打开的【另存为】对话框中保存演示文稿。

3.7.2 制作宣传演示文稿

【例 3-19】制作“公路隧道宣传”演示文稿。
视频+素材 (光盘素材\第 03 章\例 3-19)

step 1 启动PowerPoint 2010 应用程序，单击【文件】按钮，从弹出的【文件】菜单中选择【新建】命令，然后在【可用的模板和主题】窗格中选择【主题】选项。

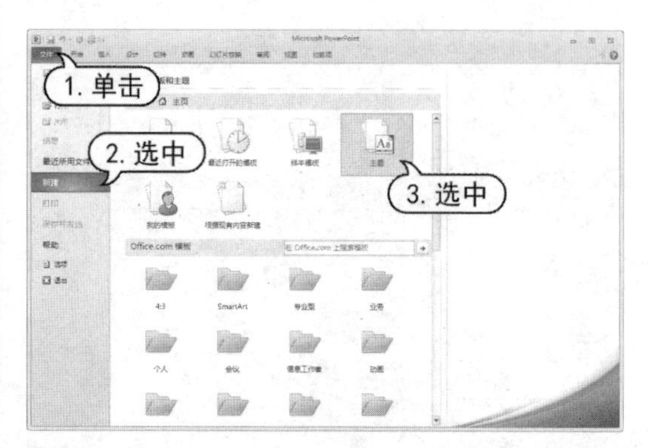

step 2 在显示的【主题】窗格中，选择【聚合】选项，在右侧的预览窗格中预览模板效果，然后单击【创建】按钮，即可新建一个基于【聚合】主题的演示文稿。

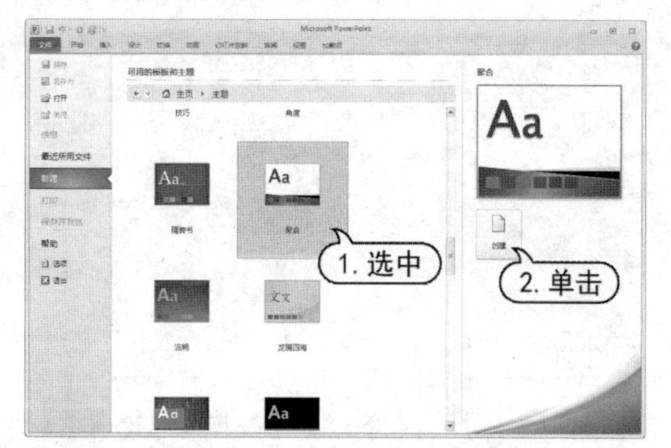

step 3 在快速访问工具单击【保存】按钮，打开【另存为】对话框。在该对话框中，选择演示文稿的保存路径，在【文件名】文本框中输入“公路隧道宣传”，然后单击【保存】按钮，快速保存创建的新演示文稿。

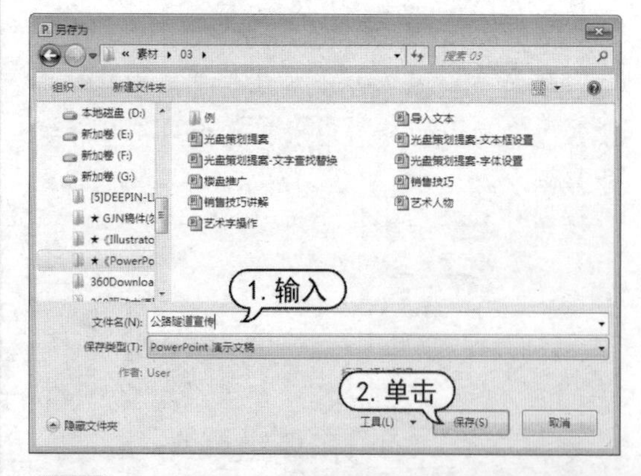

step 4 打开【设计】选项卡，在【页面设置】组中单击【页面设置】按钮，打开【页面设置】对话框。

step 5 打开【页面设置】对话框，在【幻灯片大小】下拉列表中选择【全屏显示(16:9)】选项，保持其他默认选项，单击【确定】按钮。

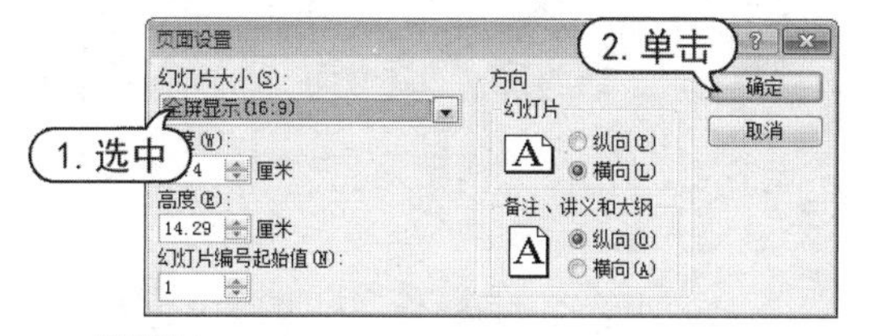

step 6 此时演示文稿将以16: 9宽屏纵横比显示。

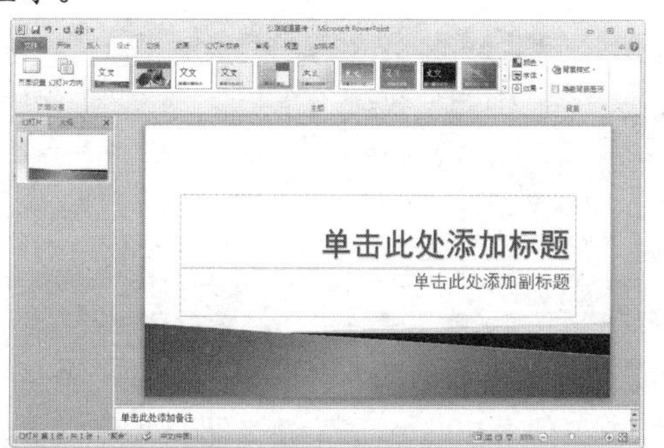

step 7 在幻灯片中，单击【单击此处添加标题】文本占位符中输入“世界公路隧道长度排名”。打开【开始】选项卡，在【字体】组中单击【字体颜色】下拉按钮，从弹出的列表框中设置文字字体颜色为【深蓝】。

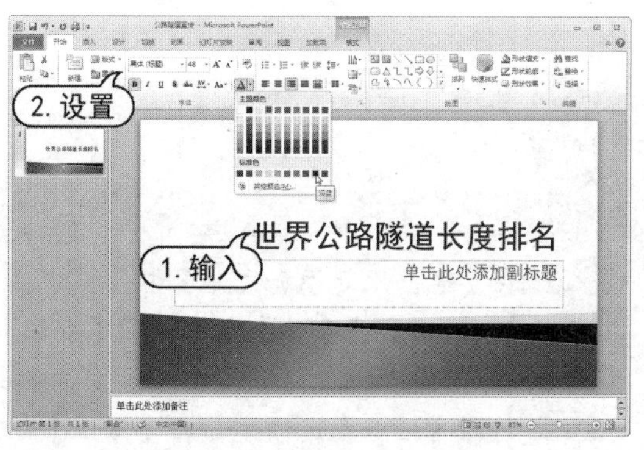

step 8 在幻灯片中，单击【单击此处添加副标题】文本占位符中输入文字。在【字体】组中，设置文字【字体】为【华文行楷】，设置【字体颜色】为【黑色】，然后单击【加粗】按钮。

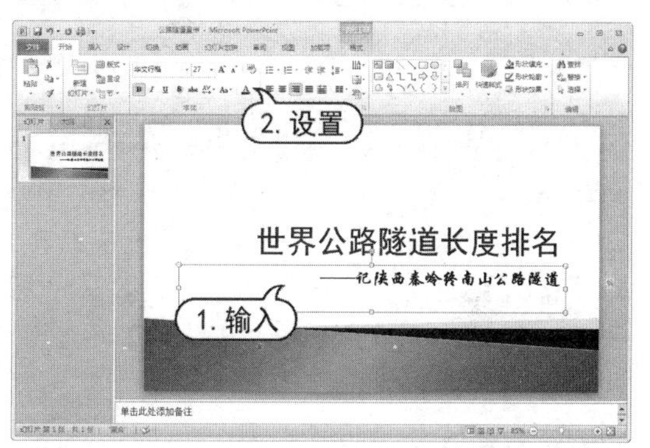

step 9 打开【插入】选项卡，在【图像】组中单击【图片】按钮，打开【插入图片】对话框。

step 10 打开的【插入图片】对话框中，选择插入图片所在文件夹的路径，选择要插入的图片，然后单击【插入】按钮。

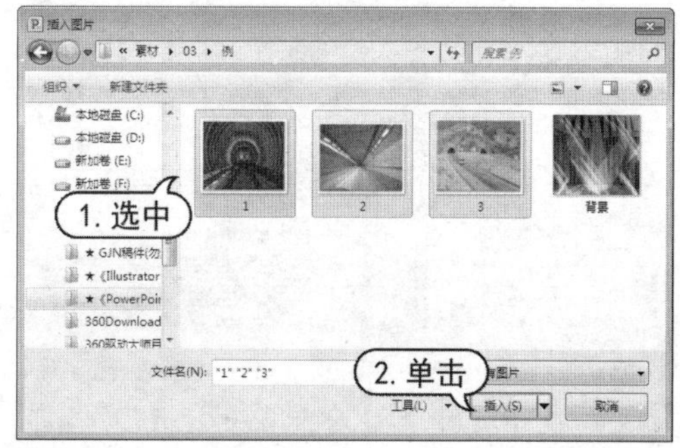

step 11 拖动鼠标调节图片和占位符的位置，使其更符合幻灯片页面的大小。

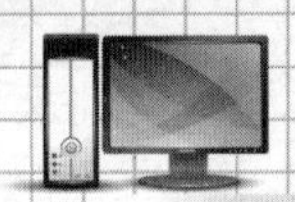

step 12 同时选中3张图片，打开【图片工具】的【格式】选项卡，在【图片样式】组中单击图片总体外观样式组中的【其他】按钮，从弹出的列表框中选择【简单框架，黑色】样式，为图片应用该样式。

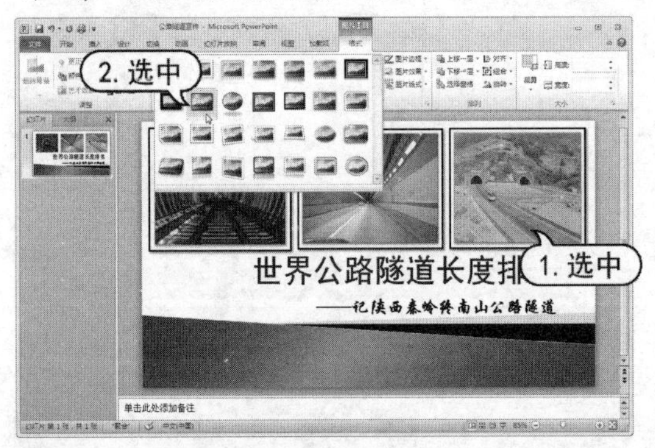

step 13 打开【开始】选项卡，在【幻灯片】组中单击【新建幻灯片】下拉按钮，从弹出的下拉列表中选择【比较】选项，新建一个基于该版式的幻灯片。

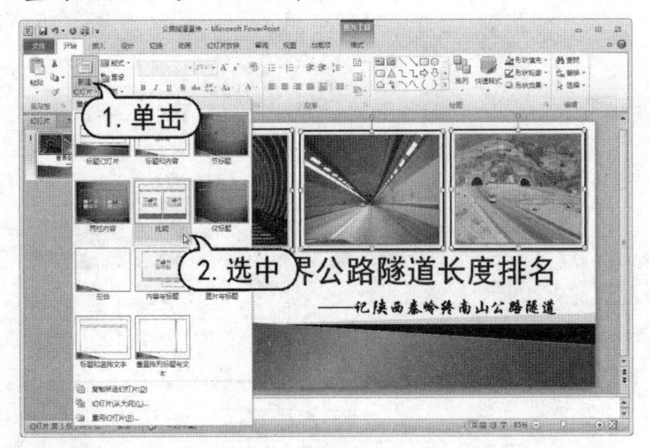

step 14 选中【单击此处添加文本】占位符，按Delete键，将其删除。将蓝色文本占位符移动到幻灯片上方。

step 15 在蓝色文本占位符中，输入文字“世界双洞公路隧道长度 NO.1~3”，选中“世界双洞公路隧道长度”文字，在【字体】组中单击【文字阴影】按钮；选中“双洞”文字单击【倾斜】按钮和【下划线】按钮；选中“NO.1~3”文字，单击【字体颜色】下拉按钮，从弹出的列表框中选择【红色】选项。

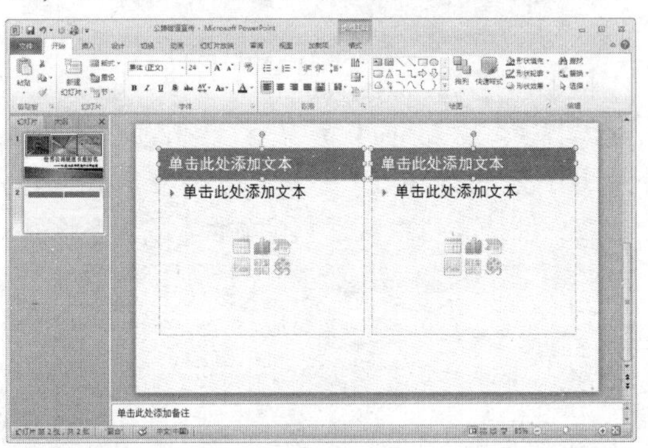

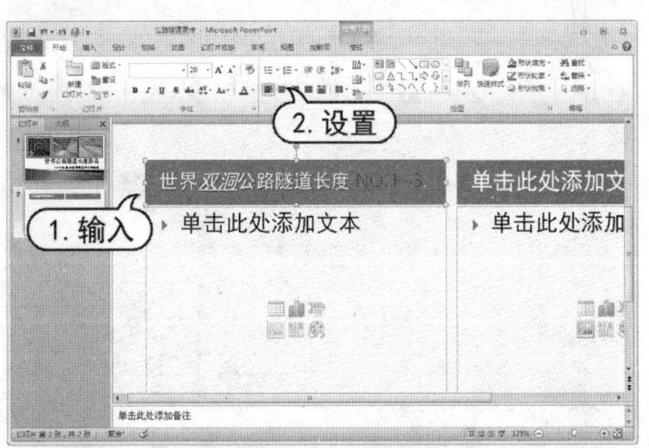

step 16 使用相同的操作方法，在另一个蓝色文本占位符中输入“世界单洞公路隧道长度NO.1~3”，并设置文字效果。

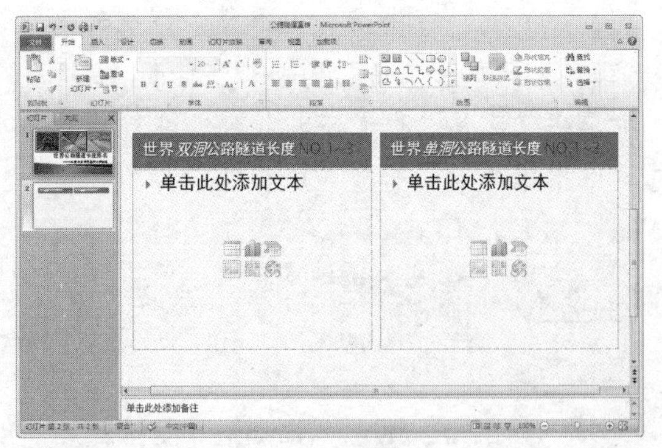

step 17 在【单击此处添加文本】占位符中输入文字内容，并在【字体】组中设置【字体】为【华文仿宋】，【字号】为20。

step 18 打开【插入】选项卡，在【图像】组中单击【图片】按钮，打开【插入图片】对话框。在对话框中，选择所需要的图片，然后单击【插入】按钮。

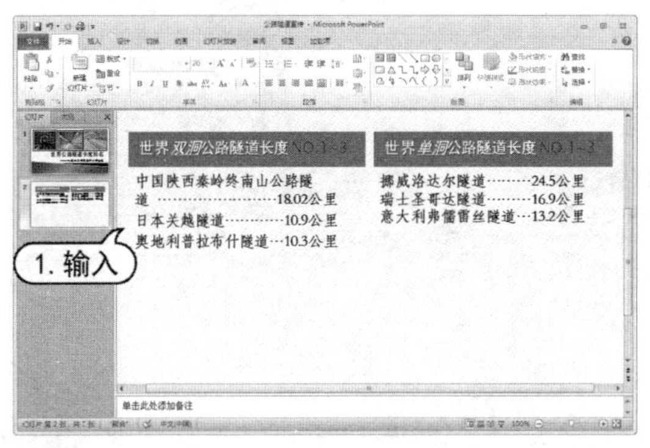

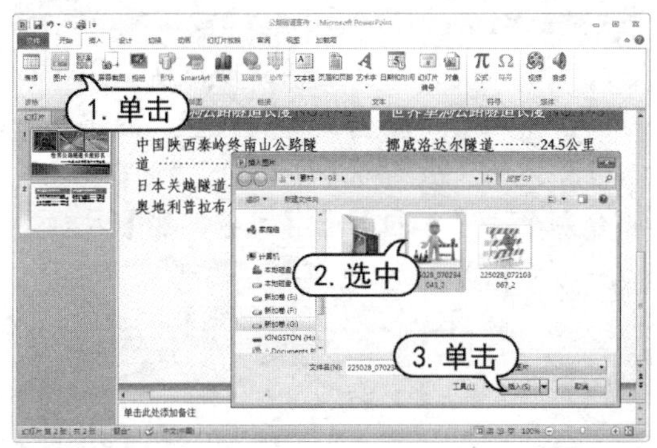

step 19　在幻灯片中，调整插入图片的大小及位置。

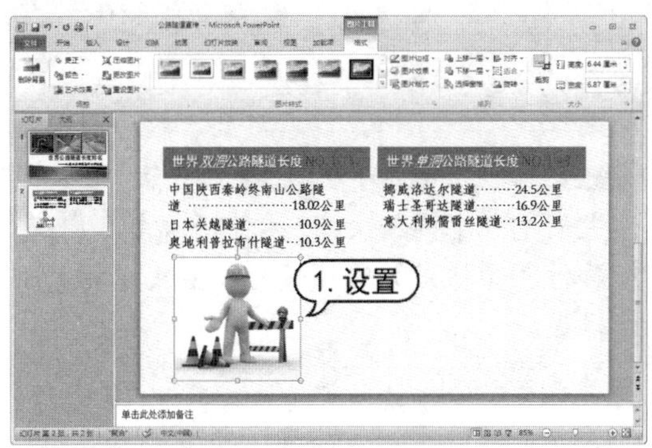

step 20　在【插入】选项卡的【文本】组中，单击【文本框】下拉按钮，从弹出的下拉菜单中选择【横排文本框】命令。

step 21　在幻灯片中，拖动绘制一个横排文本框，并输入文本内容。然后在【字体】组中，设置其【字体】为【华文琥珀】，【字号】为20，【字体颜色】为【深蓝】。

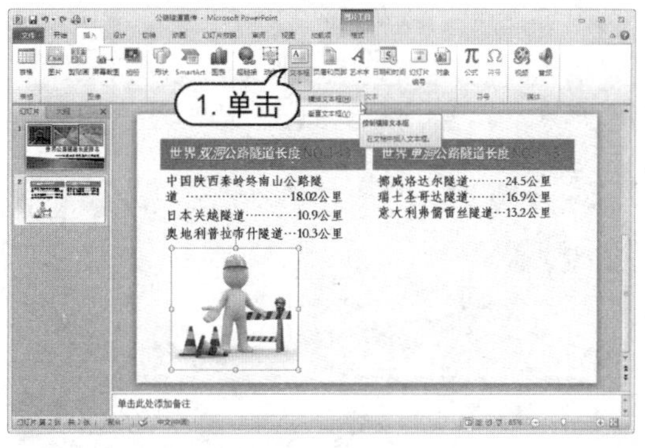

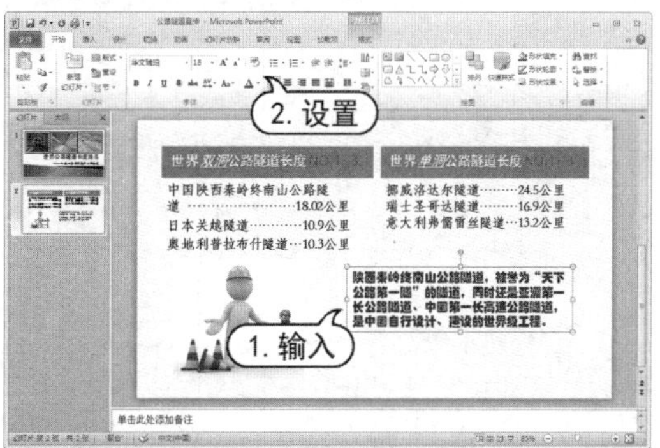

step 22　选中文本框，打开【绘图工具】的【格式】选项卡，在【形状样式】组中单击【其他】按钮，从弹出的列表框中选择一种样式，为文本框填充形状效果。

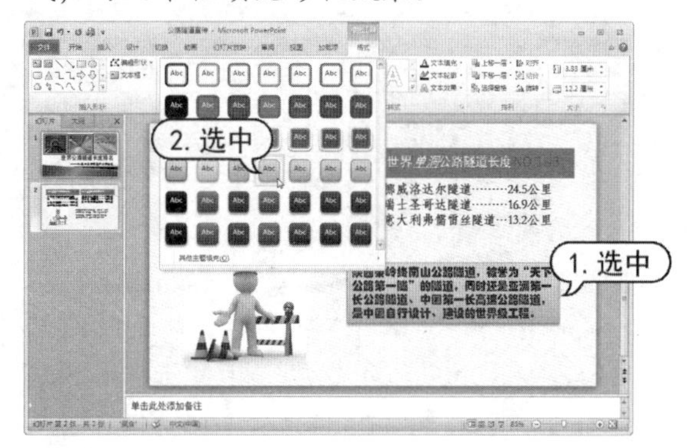

step 23　参照步骤 13，新建一张【标题和内容】版式的幻灯片。

step 24　在幻灯片的两个文本占位符中输入文字，在【字体】组中设置标题文字【字体】为【华文行楷】，【字号】为 54，分别单击【加粗】和【文字阴影】按钮，设置【字体颜色】为【橙色】；设置正文文字字体为【楷体】。

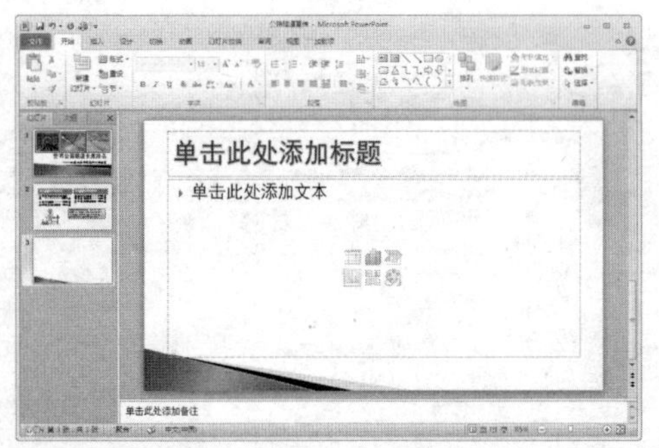

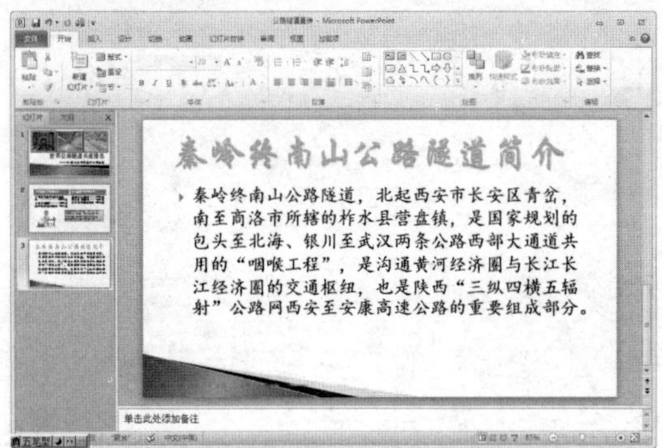

step 25 拖动鼠标调节文本占位符的大小。然后参照步骤 18~19，在幻灯片中插入一张图片，并调节其大小和位置。

step 26 在左侧的幻灯片预览窗格中选中第 3 张幻灯片缩略图，然后按Enter键，新建一张幻灯片。

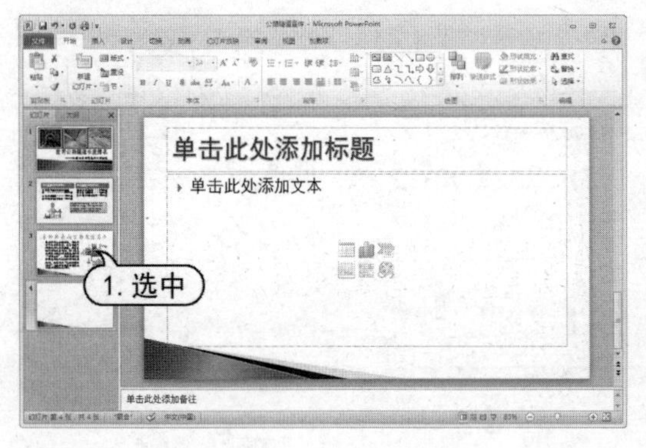

step 27 在幻灯片中输入标题文字，在【字体】组中设置文字【字体】为【华文行楷】，【字号】为 40，【字体颜色】为【浅青绿，背景 2，深色 75%】。

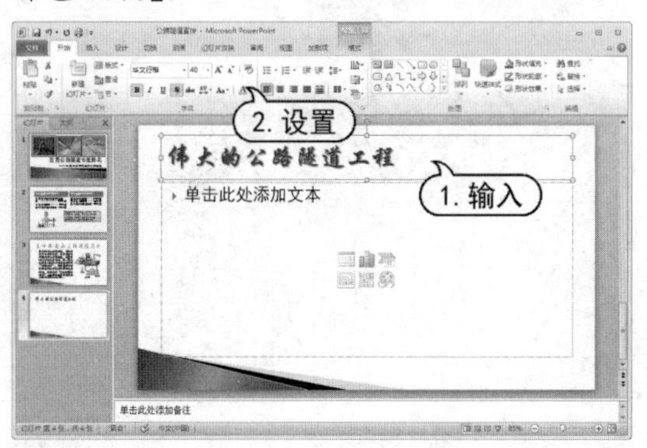

step 28 调节【添加此处添加文本】文本占位符大小，在其中输入文本。设置“隧道中的人性化理念:”文字的【字体颜色】为【蓝色】，并分别单击【加粗】和【文字阴影】按钮。

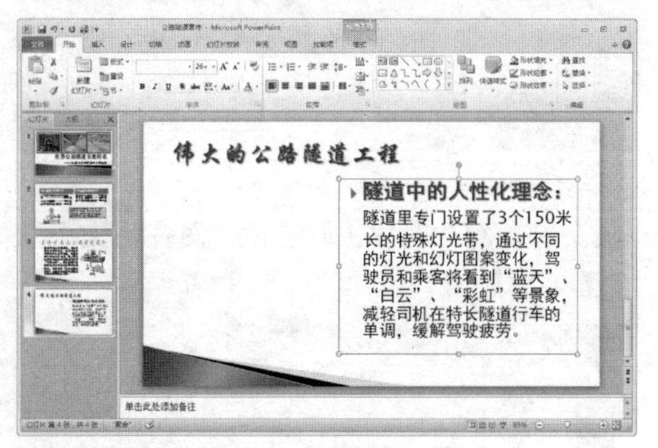

step 29 参照步骤 20~22 的操作方法，在幻灯片中创建一个横排文本框，并输入文本内容。然后打开【格式】选项卡，设置文本框的形状样式。

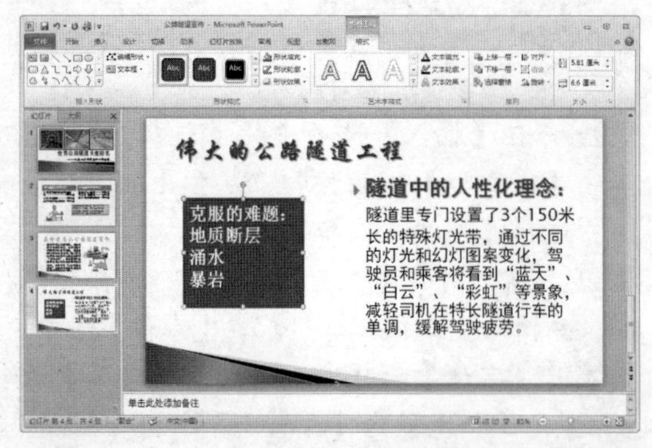

step 30 选中文本框的后 3 行文字，在【开始】

选项卡的【段落】组中单击【项目符号】按钮右侧的箭头，在弹出的菜单中选择【项目符号和编号】命令。

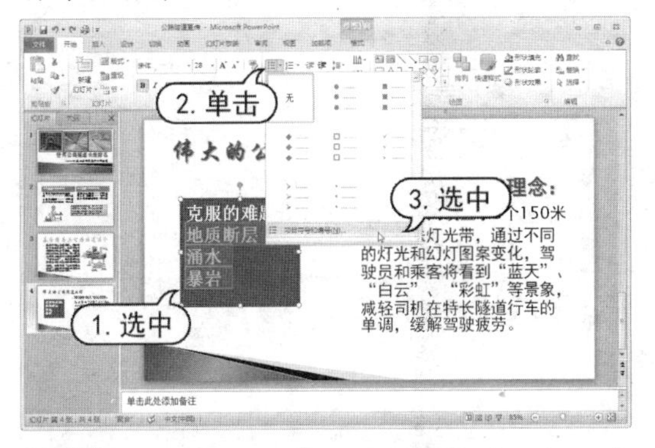

step31 打开【项目符号和编号】对话框，选择一种项目符号样式，单击【颜色】下拉按钮，从弹出列表框中选择【橙色】选项，然后单击【确定】按钮。

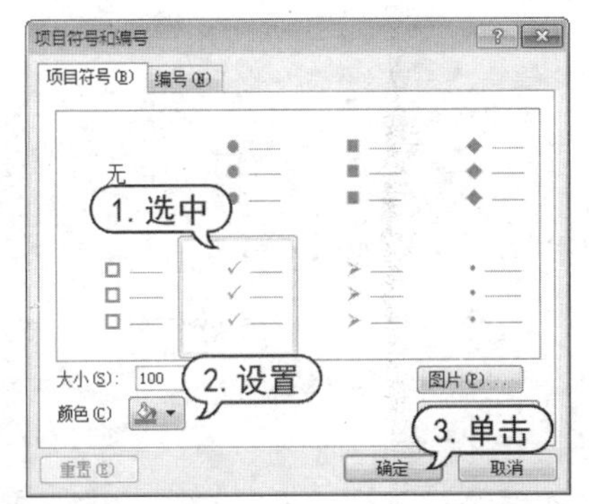

step32 此时，即可在文本框中显示添加的橙色打勾项目符号。

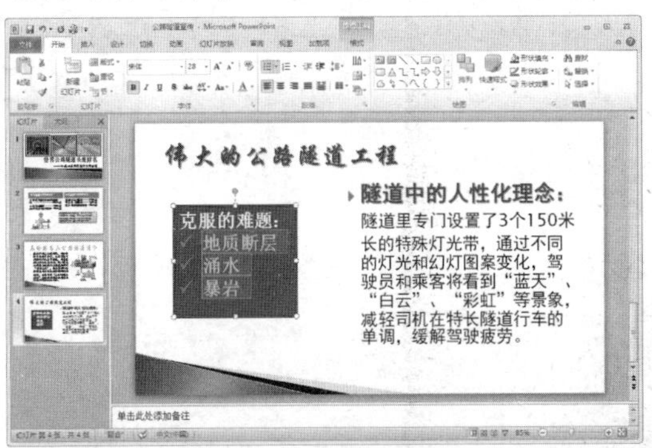

step33 在【开始】选项卡的【幻灯片】选项组中单击【新建幻灯片】下拉按钮，从弹出的幻灯片样式列表中选择【空白】选项，新建一张幻灯片。

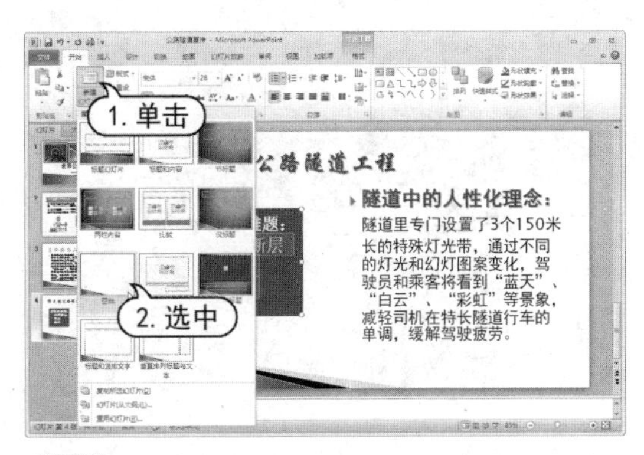

step34 打开【设计】选项卡，单击【背景】选项组的【背景样式】按钮，从弹出的菜单中选择【设置背景格式】命令。

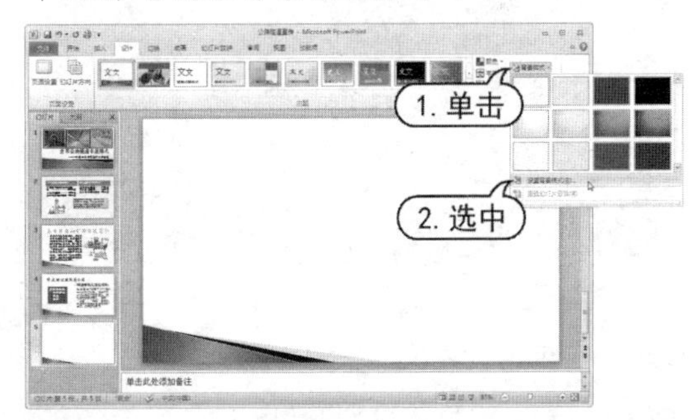

step35 打开【设置背景格式】对话框，选中【图片或纹理填充】单选按钮，然后单击【文件】按钮，打开【插入图片】对话框。在其中选择一张背景图片，单击【插入】按钮。

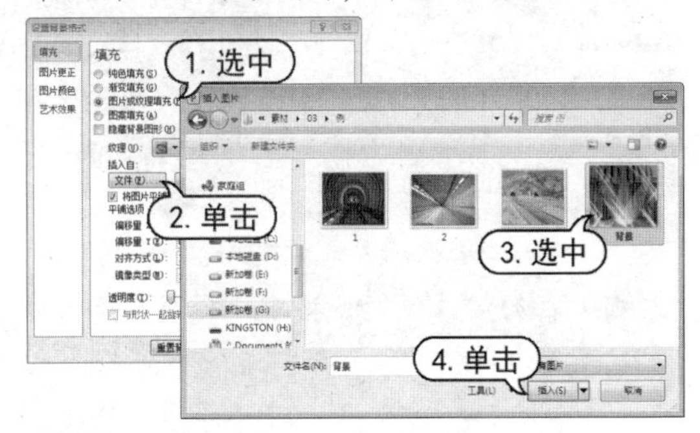

step36 返回至【设置背景格式】对话框，单击【关闭】按钮，即可返回至演示文稿，其中将显示幻灯片的背景。在【背景】组中，选中【隐藏背景图形】复选框。

step37 打开【插入】选项卡，在【文本】选项组中单击【艺术字】按钮，从弹出的艺术字列表框中选择第 5 行第 4 列的样式，将其插入到幻灯片中。

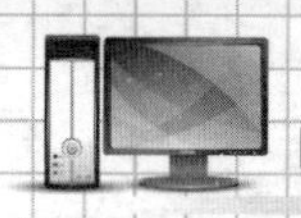

step 38 在艺术字文本框中修改文本内容，并将艺术字拖动到合适的位置。

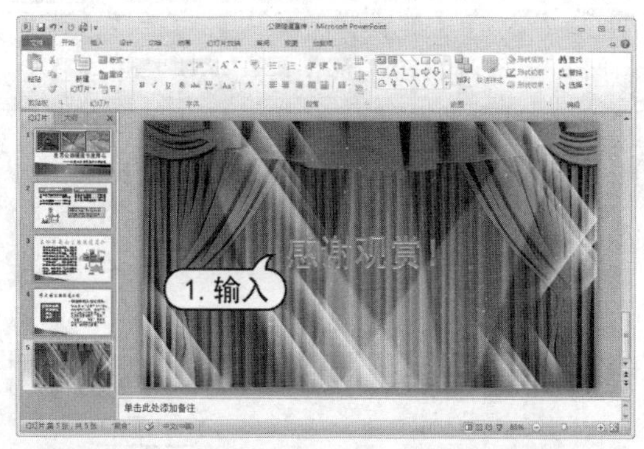

step 39 在幻灯片预览窗格中选择第1张幻灯片缩略图，将其显示在幻灯片编辑窗格中。打开【切换】选项卡，在【切换到此幻灯片】组中单击【其他】按钮，在弹出的列表框中选择【揭开】选项；在【计时】组中单击【全部应用】按钮。

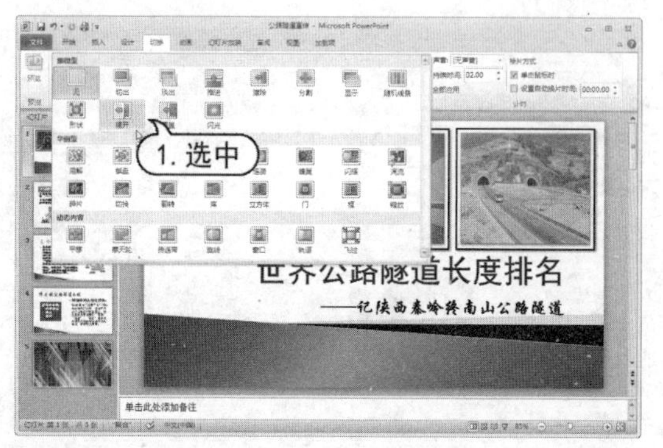

step 40 在【计时】组中的【声音】下拉列表中选择【推动】选项，然后单击【全部应用】按钮，将该幻灯片切换效果应用到其他4张幻灯片中。

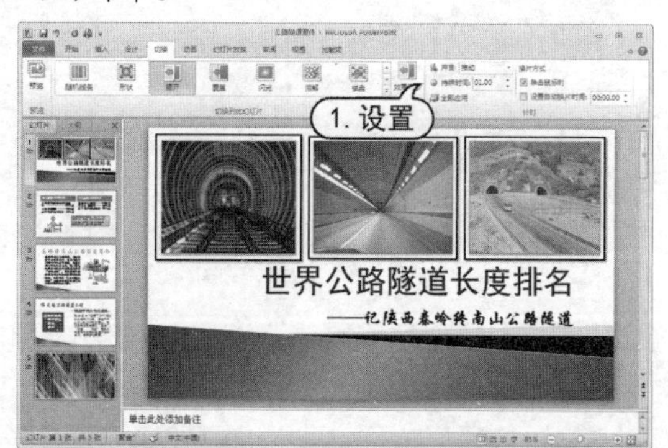

step 41 在快速访问工具栏中单击【保存】按钮，将制作完成的“公路隧道宣传”演示文稿进行保存。

第4章 在幻灯片中添加图形图像

在 PowerPoint 2010 中，用户可以使用剪贴画或是从本地磁盘插入图片到幻灯片中，以丰富幻灯片的版面效果。此外，用户还可以使用 PowerPoint 2010 的绘图工具和 Smart 图形工具绘制各种简单的基本图形和复杂多样的结构图。

对应光盘视频

例 4-1 插入图片
例 4-2 设置插入图片格式
例 4-3 绘制形状
例 4-4 编辑形状外观效果
例 4-5 组合形状
例 4-6 插入 SmartArt 图形
例 4-7 为 SmartArt 图形添加形状
例 4-8 更改 SmartArt 图形的布局
例 4-9 格式化 SmartArt 图形
例 4-10 制作相册
例 4-11 重新设置相册格式
其他视频文件参见配套光盘

4.1 在幻灯片中使用图片

为了更生动形象地阐述演示文稿的主题和所需表达的思想，可以在演示文稿中插入图片和绘制形状。在应用形状与图片时，要充分考虑幻灯片的主题，使图片、图形和主题和谐统一。在演示文稿中插入的图片可以是剪贴画，也可以是来自文件的图片，还可以是屏幕截图。

4.1.1 插入剪贴画

PowerPoint 2010 附带的剪贴画库内容非常丰富，所有的图片都经过专业设计，它们能够表达不同的主题，适合于制作各种不同风格的演示文稿。

打开【插入】选项卡，在【图像】组中单击【剪贴画】按钮，打开【剪贴画】任务窗格。

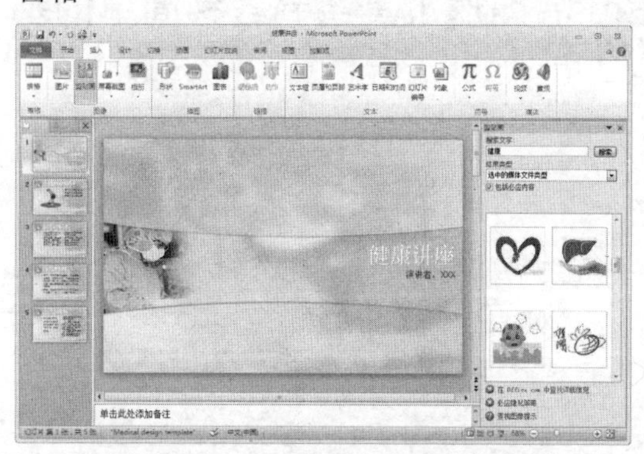

在【搜索文字】文本框中输入剪贴画的名称，单击【搜索】按钮即可查找与之相对应的剪贴画；在【结果类型】下拉列表框中可以将搜索的结果限制为特定的媒体文件类型。

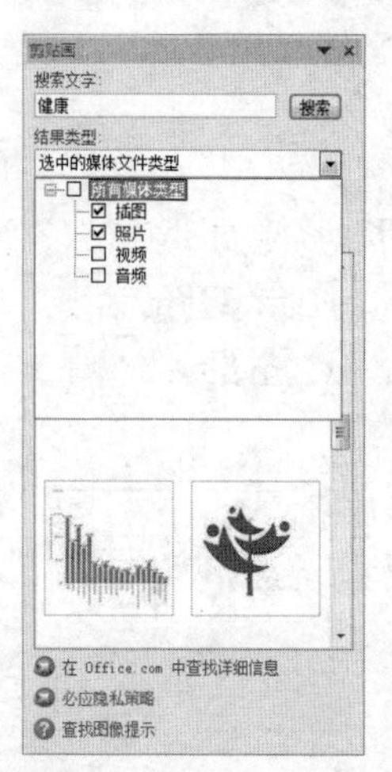

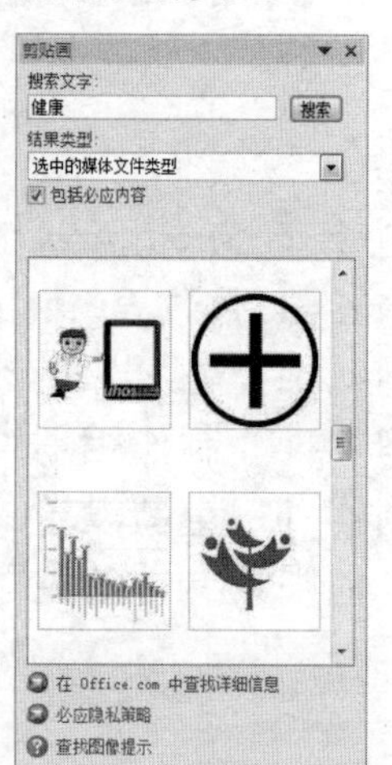

在【剪贴画】任务窗格中单击所需要的图片，即可将其插入到幻灯片中。

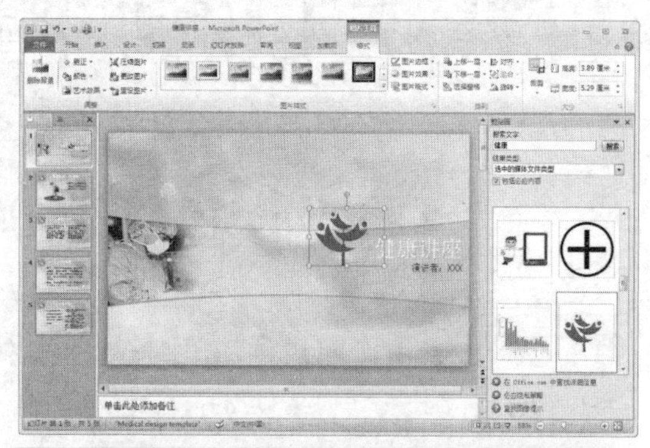

知识点滴

在搜索剪贴画时，可以使用通配符代替一个或多个字符来进行搜索。在【搜索文字】文本框中输入字符“*”，代替文件名中的多个字符；输入字符“? ”，代替文件名中的单个字符。

4.1.2 插入来自文件的图片

在幻灯片中可以插入本地磁盘中的图片。这些图片可以是 BMP 位图，也可以是由其他应用程序创建的图片，从因特网下载的或通过扫描仪及数码相机输入的图片等。

打开【插入】选项卡，在【图像】组中单击【图片】按钮，打开【插入图片】对话框。在该对话框中，选择需要的图片后，单击【插入】按钮即可。

【例 4-1】创建【健康讲座】演示文稿，在其中插入相关图片。

视频+素材 (光盘素材\第 04 章\例 4-1)

step 1 启动PowerPoint 2010 应用程序，打开一个空白演示文稿。

step 2 单击【文件】按钮，从弹出的【文件】菜单中选择【新建】命令，并在中间的窗格中选择【我的模板】选项。打开【新建演示文稿】对话框，选择【医疗健康】模板，单击【确定】按钮。

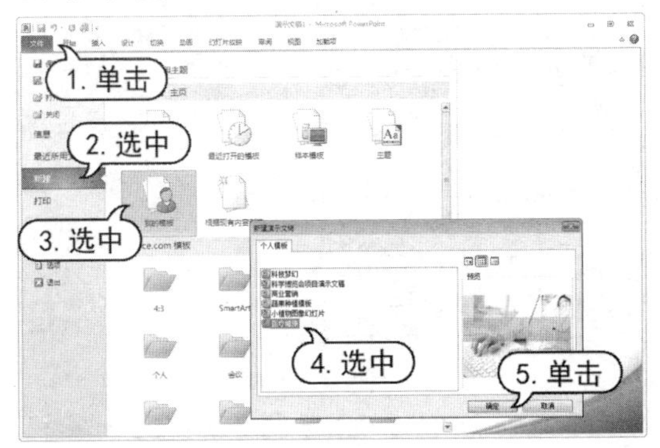

step 3 此时，即可新建一个基于模板的新演示文稿，将其以“健康讲座”为名保存。

step 4 在【单击此处添加标题】文本占位符中输入“健康讲座”；在【开始】选项卡的【字体】组中，设置【字体】为【方正粗圆_GBK】，【字号】为96；单击【字体颜色】下拉按钮，在弹出的列表中选择【白色】选项，单击【文字阴影】按钮；单击【字符间距】下拉按钮，从弹出列表中选择【很松】选项。

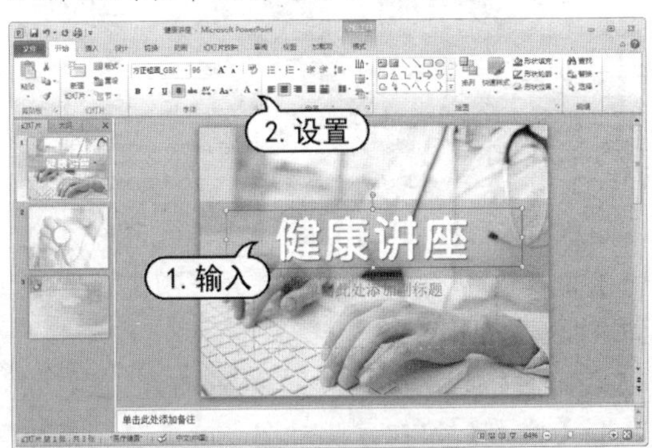

step 5 在【单击此处添加副标题】文本占位符中输入文本；在【字体】组中，设置【字体】为【方正黑体简体】，【字号】为24；单击【字体颜色】下拉按钮，在弹出的列表中选择【黑色】选项。

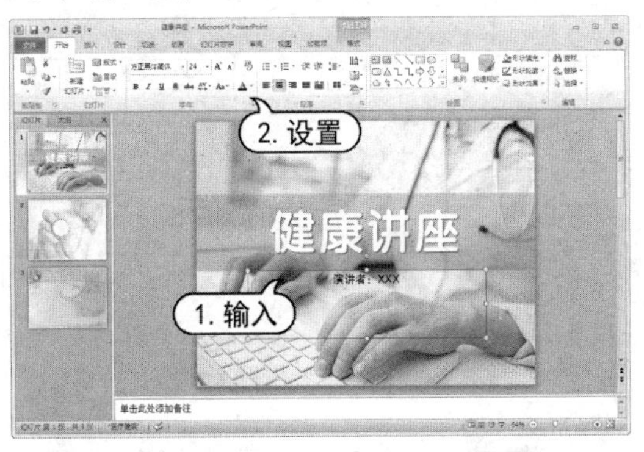

step 6 在幻灯片浏览窗格中，选中第2张幻灯片，将其显示在幻灯片编辑窗口中。

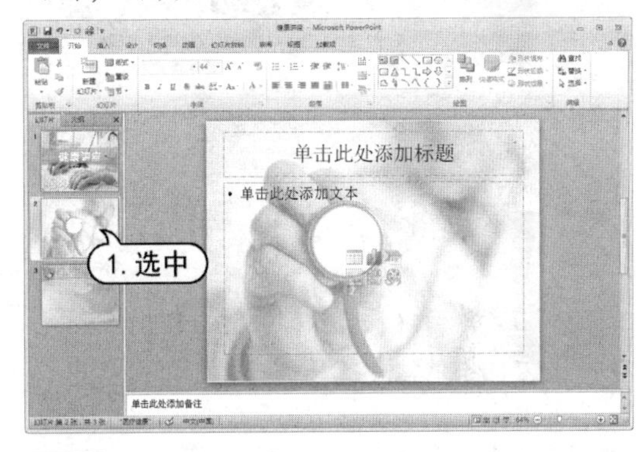

step 7 在幻灯片中，分别在标题和内容占位符中输入标题和内容文本，并设置字体格式。

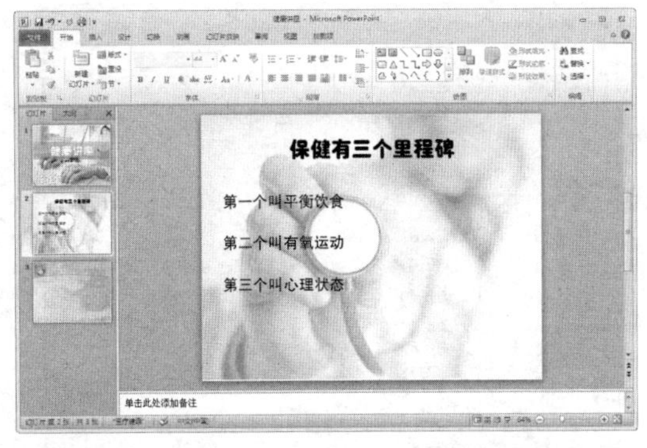

step 8 选中标题占位符，打开【绘图工具】的【格式】选项卡，在【大小】组中设置【形状高度】为2.8厘米，【形状宽度】为25.4厘米。

step 9 在【形状样式】组中，单击【形状填充】下拉按钮，从弹出的列表中选择【渐变】选项，再从弹出的列表中选择【其他渐变】

命令。

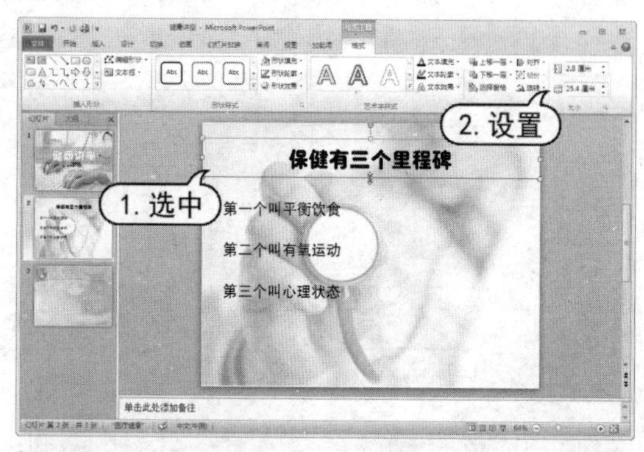

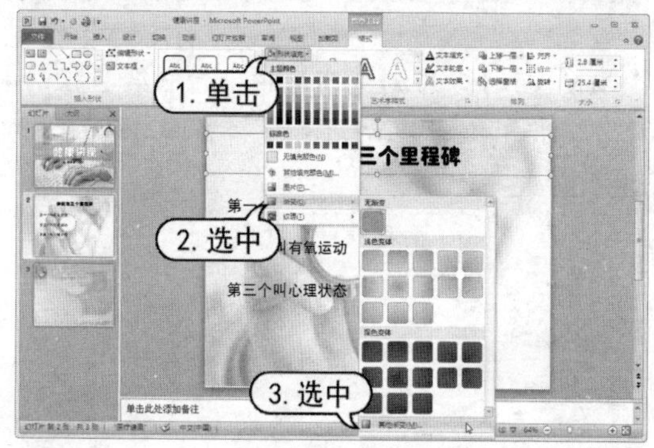

step 10 在打开的【设置形状格式】对话框中，单击【方向】下拉按钮，从弹出的列表中选择【线性向左】选项；在【渐变光圈】滑动条上，设置【停止点 3】色标滑块的【透明度】为 100%，然后单击【关闭】按钮。

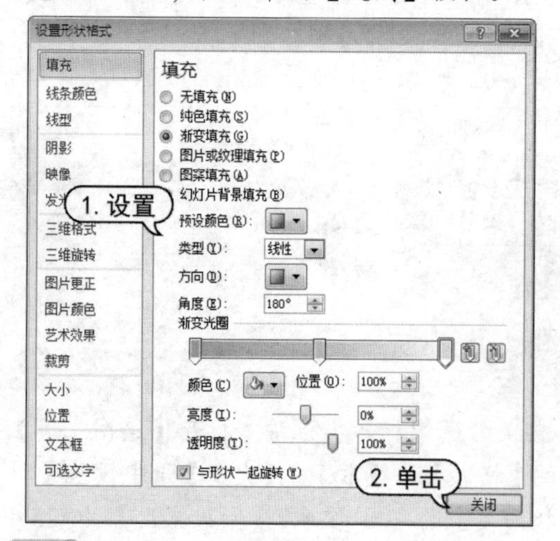

step 11 在幻灯片中，选中内容文本。打开【开始】选项卡，单击【段落】组中的【项目符号】下拉按钮，从弹出的列表框中选择【项目符号和编号】命令。

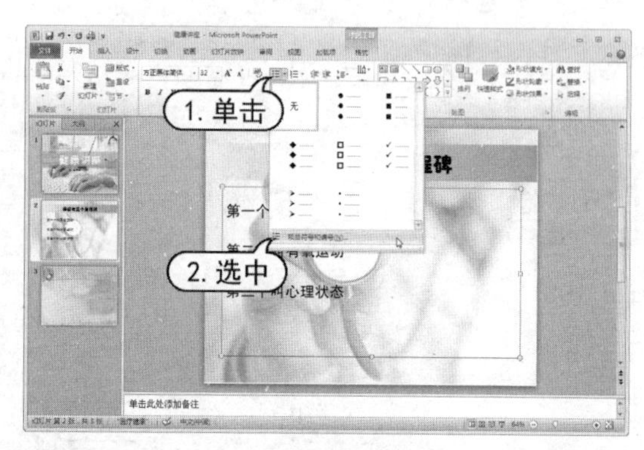

step 12 在打开的【项目符号和编号】对话框中，选择一种项目符号样式，单击【颜色】下拉按钮，从弹出的列表中选择【深红】选项，然后单击【确定】按钮。

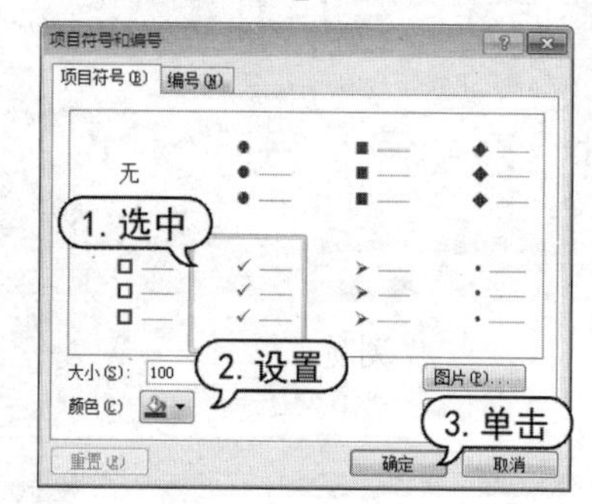

step 13 在幻灯片中，调整内容占位符的大小及位置。

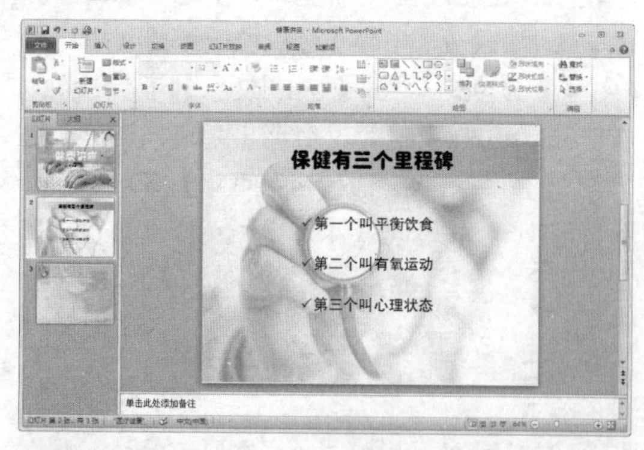

step 14 打开【插入】选项卡，在【图像】组中单击【剪贴画】按钮，打开【剪贴画】任务窗格。

step 15 在【搜索文字】文本框中输入“医疗”，单击【搜索】按钮，此时即可在其下列表中显示搜索结果。单击需要插入的剪贴画，将其插入到第 2 张幻灯片中。并调整插入的剪贴画大小及位置。

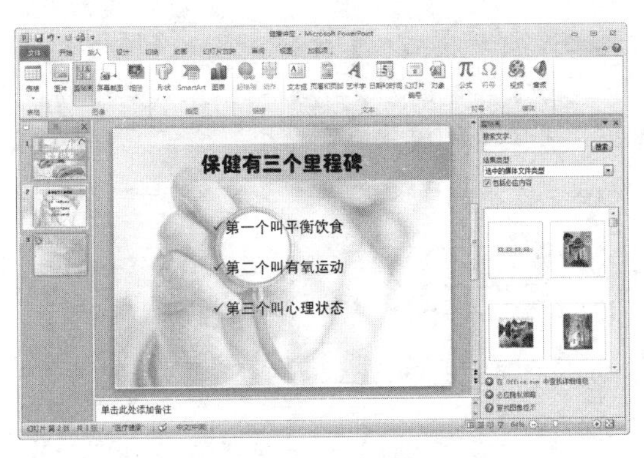

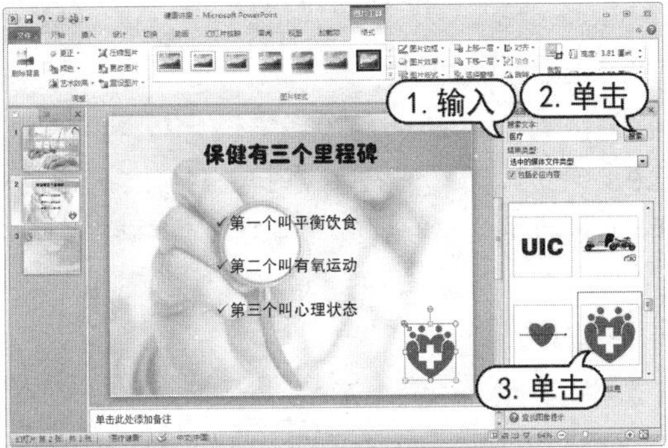

step 16 在幻灯片浏览窗格中，选中第 3 张幻灯片，右击，从弹出的菜单中选择【新建幻灯片】命令，新建两张幻灯片。

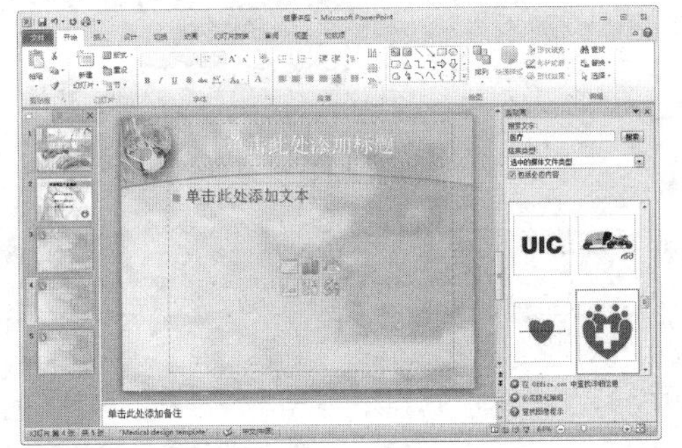

step 17 在新建的幻灯片中，分别输入并设置标题和内容文本。

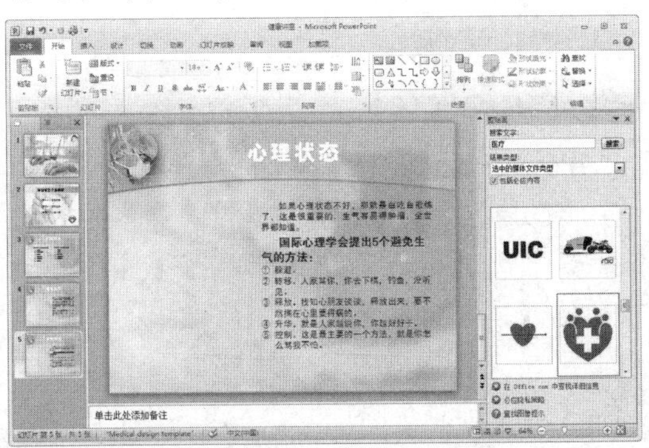

step 18 在幻灯片浏览窗格中，选中第 3 张幻灯片，将其显示在编辑窗口中。

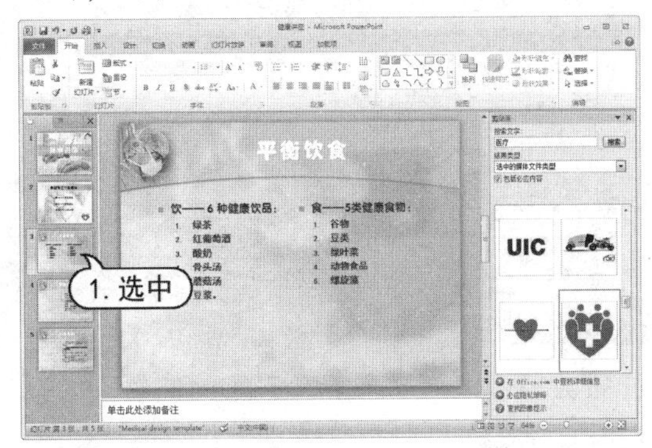

step 19 打开【插入】选项卡，在【图像】组中单击【图片】按钮，打开【插入图片】对话框。在该对话框中，选择所需要的图片，然后单击【插入】按钮。

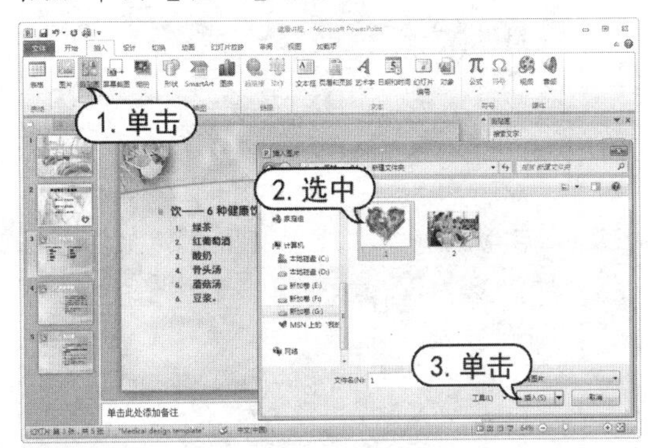

step 20 在幻灯片中，调整插入图片的大小，并将其移动至右下角。

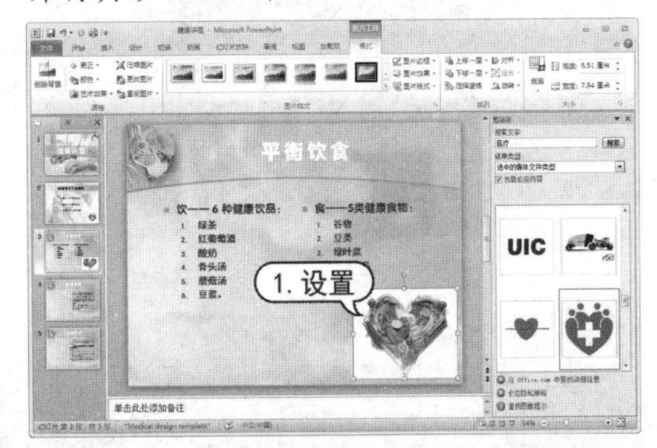

step 21 在幻灯片浏览窗格中，选中第 4 张幻灯片，将其显示在编辑窗口中。打开【插入】选项卡，在【图像】组中单击【图片】按钮，打开【插入图片】对话框。在该对话框中，选择所需要的图片，然后单击【插入】按钮。

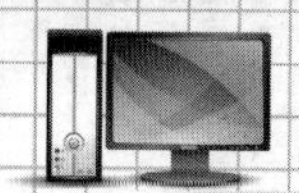

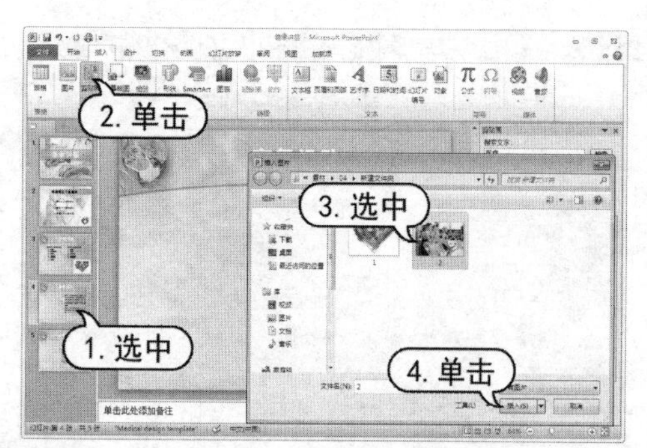

step 22 在幻灯片中，调整插入图片的大小，并将其移动至内容文本左侧。

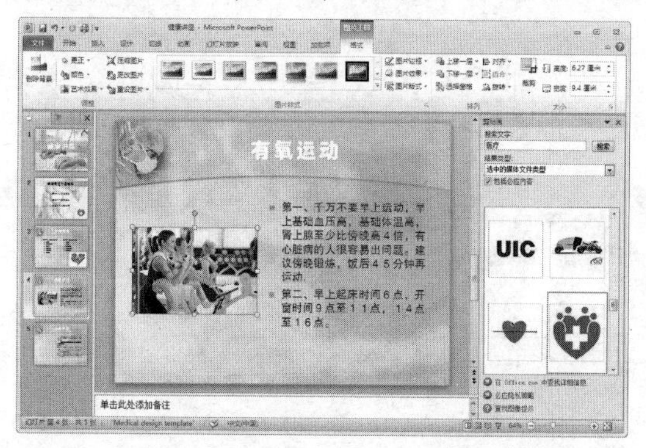

step 23 启动浏览器，搜索一张素材图片。

step 24 在幻灯片浏览窗格中，选中第 5 张幻灯片，将其显示在编辑窗口中。

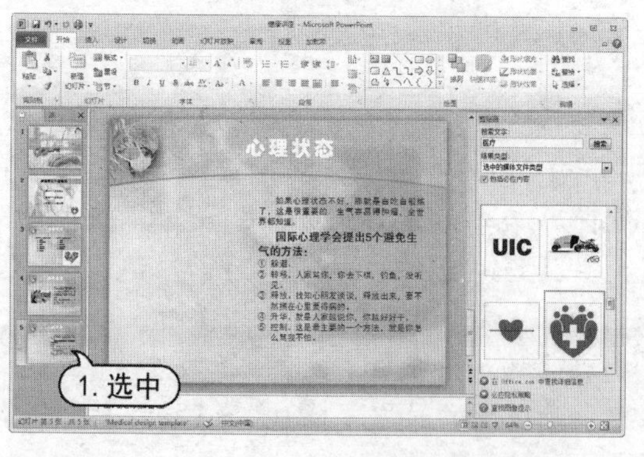

step 25 打开【插入】选项卡，在【图像】组中单击【屏幕截图】下拉按钮，从弹出的列表中选择【屏幕剪辑】命令。

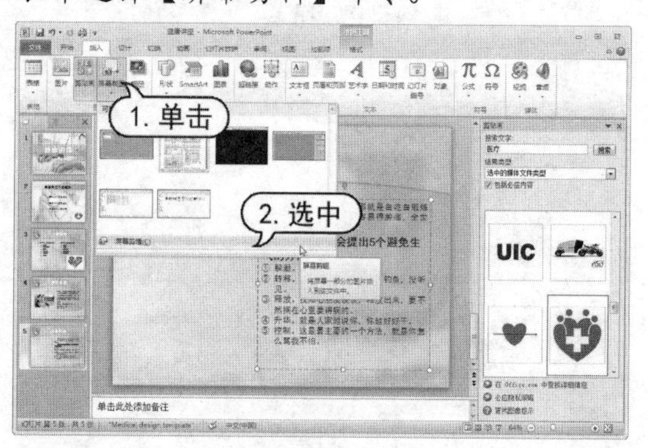

step 26 进入屏幕截图状态，拖到鼠标指针截取所需的图片区域，返回至幻灯片编辑窗口，查看插入的屏幕截图，并调整截取图像的大小及位置。

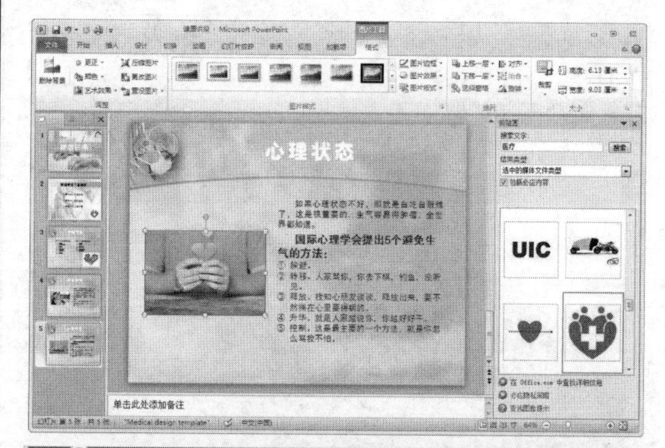

知识点滴

在计算机中浏览图片时，按住鼠标左键不放，将某张图片拖至 Windows 7 任务栏中的 PowerPoint 2010 文档窗口标题栏上，再拖至幻灯片编辑窗口，然后释放鼠标，即可将图片插入到该张幻灯片中。

step 27 在快速访问工具栏中单击【保存】按钮，保存“健康讲座”演示文稿。

4.1.3 插入屏幕截图

PowerPoint 2010 新增了屏幕截图功能，使用该功能可以在幻灯片中插入屏幕截取的图片。打开【插入】选项卡，在【插图】组中单击【屏幕截图】按钮，从弹出的列表中可以直接选择当前打开的程序界面，也可以选择【屏幕剪辑】选项，进入屏幕截图状态，拖到鼠标指针截取所需的图片区域。

4.1.4 设置图片格式

在演示文稿中插入图片后，PowerPoint 会自动打开【图像工具】的【格式】选项卡。使用其中相应的功能按钮，可以调整图片位置和大小、裁剪图片、调整图片对比度和亮度、设置图片样式等。

1. 更正图片效果

插入图片后，如果用户对原图片的效果不太满意，可以手动调整图片的效果。选中图片后，在【格式】选项卡的【调整】组中，单击【更正】下拉按钮，用户可以从弹出的列表框中选择预设的【锐化和柔化】和【亮度和对比度】效果。

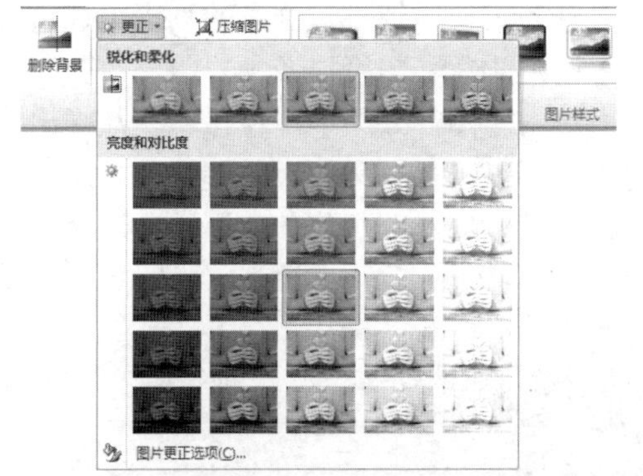

如果预设效果不能满足用户需求，可以选择列表框底部的【图片更正选项】命令，打开【设置图片格式】对话框。在该对话框中，用户可以选择预设的选项，也可以自定义调整数值。设置完成后，单击【关闭】按钮即可实现对图片的调整。

2. 调整图片颜色

在 PowerPoint 中，还可以设置插入图片的颜色效果。选中图片后，在【格式】选项卡的【调整】组中，单击【颜色】下拉按钮，用户可以从弹出的列表框中选择预设的颜色效果。

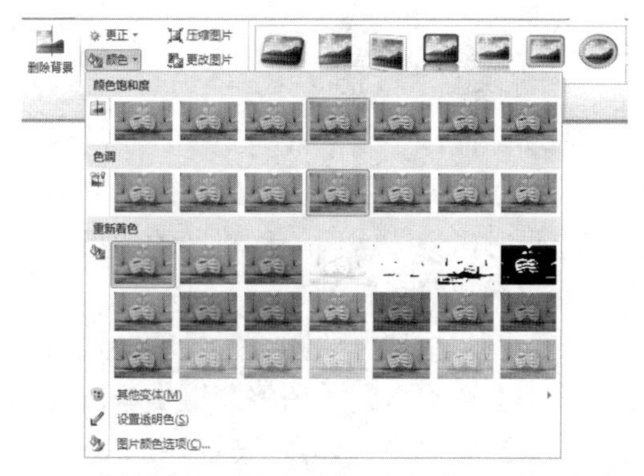

用户也可以选择【图片颜色选项】命令，打开【设置图片格式】对话框，在其中自定义图片颜色效果。

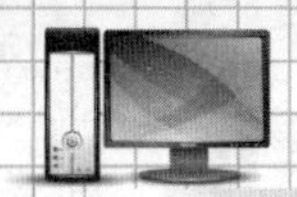

3. 应用图片艺术效果

用户还可以为图片应用艺术效果，使其产生素描、绘画或油画效果。选中图片后，单击【调整】组中的【艺术效果】下拉按钮，从弹出的列表框中选择一种艺术效果即可。

但是一次只能应用一种艺术效果。如果选择下一种艺术效果，则将替换以前应用的艺术效果。

4. 删除图片背景

在实际操作中，插入到幻灯片中的图片都带有背景，如果图片的背景与幻灯片的背景有差异时，为了实现一种和谐的效果，通常需要将图片背景删除。

在幻灯片中选择要删除背景的图片后，在【格式】选项卡的【调整】组中单击【删除背景】按钮，系统会自动标识出要删除的区域，拖动四周的控制点可以调整删除区域的范围。

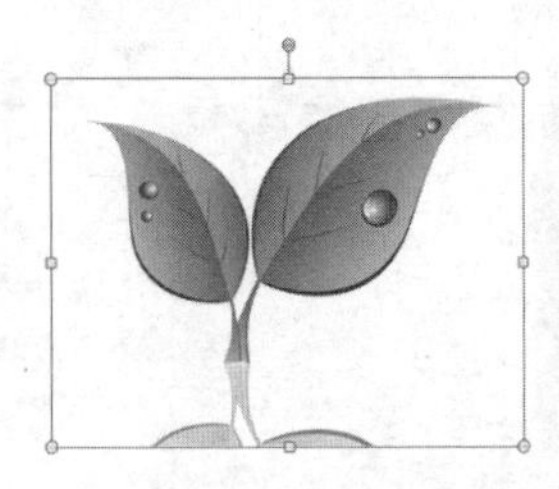

如果有一些区域未被标识出来，则可以打开【背景消除】选项卡，在【优化】组中单击【标记要保留的区域】按钮。此时，鼠标指针变为铅笔形状，用户可以手动标识出需要保留的区域。标识好所有区域后，单击【保留更改】按钮，即可得到删除图片背景后的效果。

5. 使用图片样式

用户可以通过使用图片样式来进一步美化幻灯片中的图片，比如对图片应用预置的图片样式、更改图片边框，设置图片效果、更改图片版式等。

在【图片工具】的【格式】选项卡的图片样式组中，可以快速地应用 PowerPoint 内置的图片样式更改幻灯片中图片的整体外观。

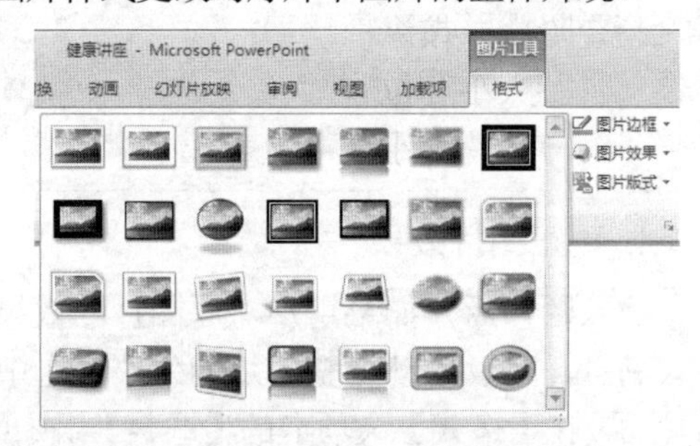

如果内置的图片样式不能满足用户的需求，还可以自定义图片的边框，或图片效果。在选中图片后，单击【图片样式】组中的【图片边框】下拉按钮，从弹出的列表中选可以设置边框颜色、粗细以及样式等。

单击【图片效果】下拉按钮，从弹出的列表中可以选择各种预设的图片效果。单击一种预设效果，即可将其应用于所选择的图片上。

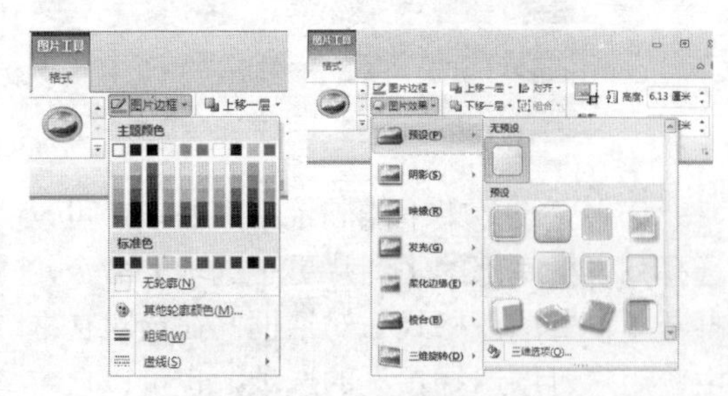

单击【图片版式】下拉按钮，从弹出的列表中选择一种版式，即可将插入的图片变为图文结合的 SmartArt 图形。用户可以根据需要修改图文效果。

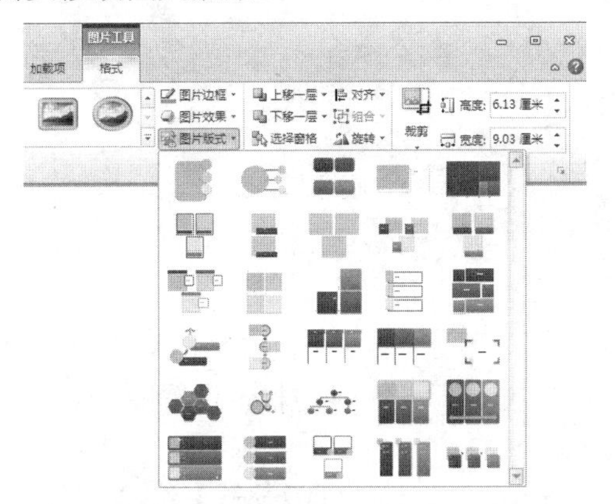

6. 裁剪、调整图片大小

用户可以对图片进行裁剪，如将图片裁剪为指定形状、按纵横比裁剪图片，还可以对图片进行大小和位置的调整，也可以压缩图片以减小图片大小。

▶ 选中图片后，在【大小】组中单击【裁剪】下拉按钮，从弹出的列表中选择【裁剪为形状】选项，从弹出的列表框中选择一种形状，即可将图片裁剪为指定的形状。

▶ 选中图片后，在【大小】组中单击【裁剪】下拉按钮，从弹出的列表中选择【纵横比】选项，从弹出的列表中，可以选择按照一定的比例尺寸来裁剪图片。

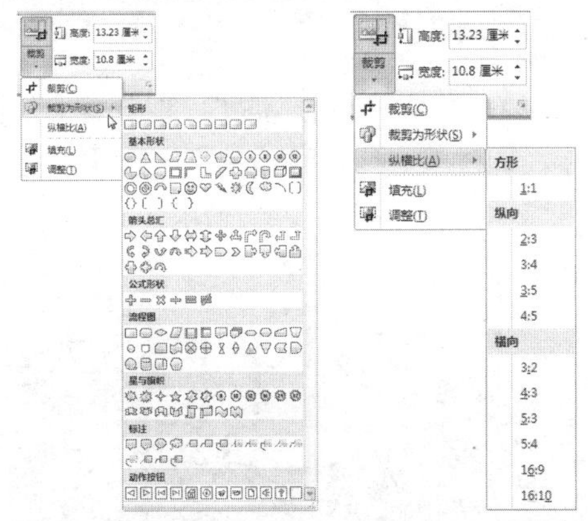

▶ 插入到幻灯片中的图片可以任意调整其大小。选中图片后，在【大小】组中单击【裁剪】按钮，将鼠标指针分别指向图片四周各个黑色控制点，按住鼠标左键不放，剪裁多余的图像，单击裁剪区域外任意位置完成裁剪。

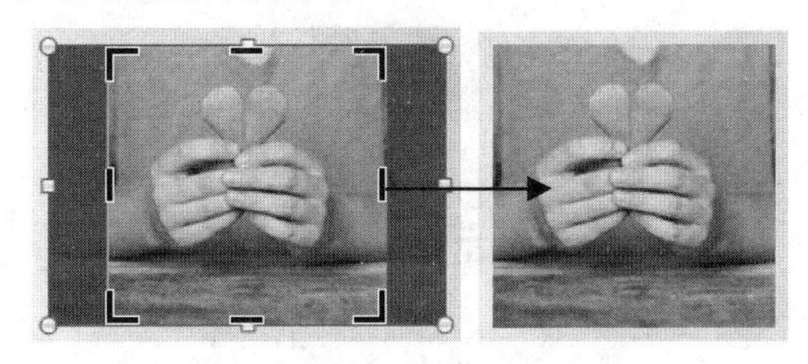

▶ 当插入幻灯片的图片过多时，会增加演示文稿的占用空间，用户可以通过压缩图片来减小图片大小，方便演示文稿的分享。选中要压缩的图片后，在【调整】组中单击【压缩图片】按钮，打开【压缩图片】对话框。在该对话框中，设置压缩选项后，单击【确定】按钮即可。

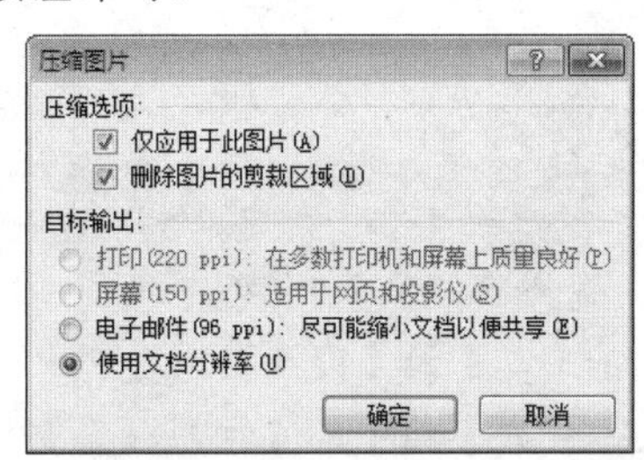

【例 4-2】创建“健康讲座”演示文稿，在其中设置插入图片的格式。
视频+素材 (光盘素材\第 04 章\例 4-2)

step 1 启动PowerPoint 2010 应用程序，打开“健康讲座”演示文稿。

step 2 在幻灯片浏览窗格中，选中第 3 张幻灯片，将其显示在编辑窗口中。并在幻灯片中选中插入的图片。

step 3 单击打开【图片工具】的【格式】选

项卡，单击【图片版式】下拉按钮，从弹出的列表框中选中【气泡图片列表】。

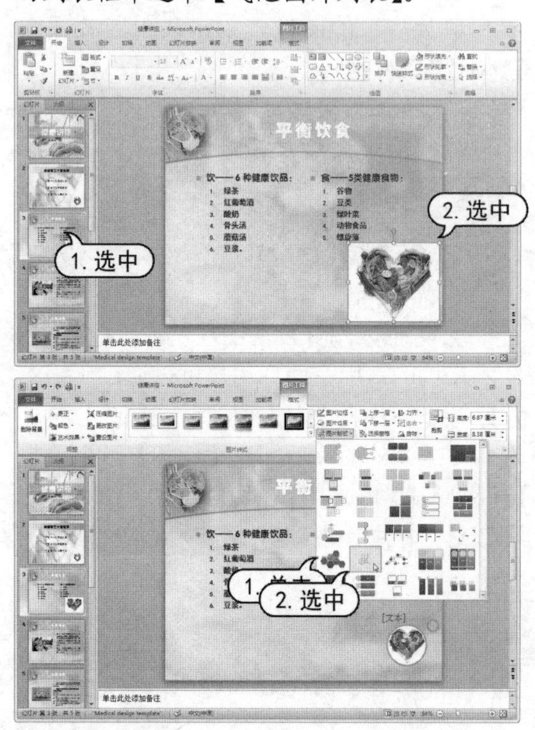

step 4 调整编辑后的图片大小，并在【SmartArt工具】的【设计】选项卡中，单击【SmartArt样式】组中的【细微效果】样式。

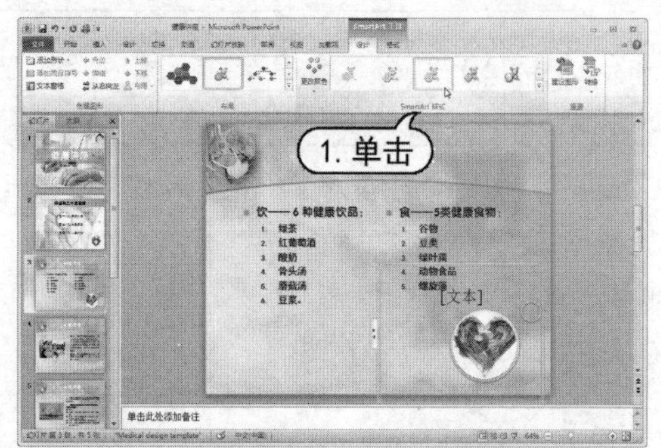

step 5 单击【文本】占位符，在其中输入文字内容。打开【开始】选项卡，在【字体】组中设置【字体】为【方正粗圆_GBK】，在【段落】组中单击【居中对齐】按钮，然后调整文本框的位置。

step 6 打开【格式】选项卡，在【艺术字样式】组中，单击【文本效果】下拉按钮，从弹出的列表中选择【转换】选项，然后从弹出的列表中选择【倒三角】选项。

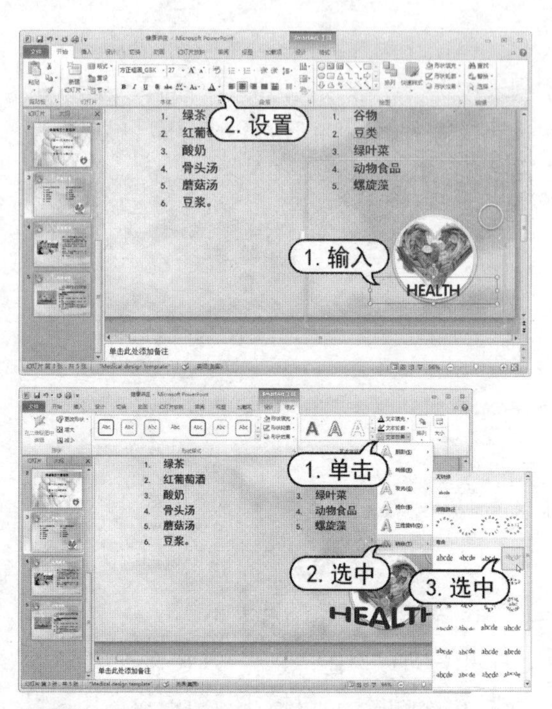

step 7 在【艺术字样式】组中，单击艺术字外观组中的【其他】按钮，从弹出的列表中选择一种艺术字样式。

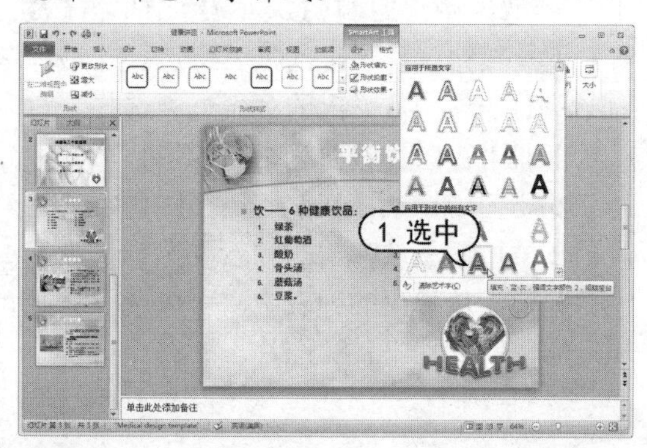

step 8 在幻灯片浏览窗格中，选中第4张幻灯片，将其显示在编辑窗口中。并在幻灯片中选中插入的图片。

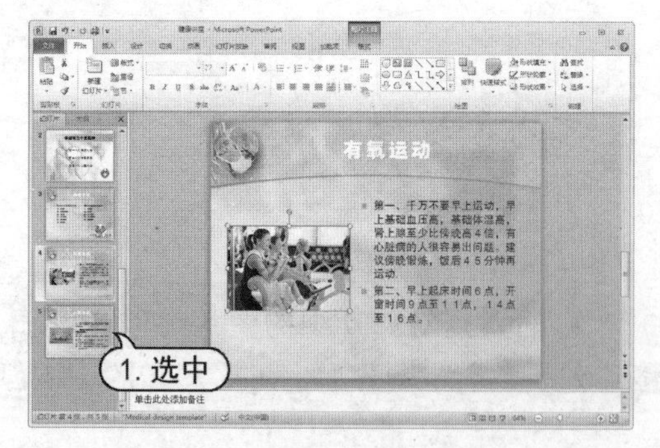

知识点滴

要精确设置图片在幻灯片中的位置，可以右击图片，从弹出的菜单中选择【设置图片格式】命令，打开【设置图片格式】对话框。切换至【位置】选项卡，可以设置位置的具体数值。其中，【水平】属性用于设置水平方向与参考坐标的距离，其后【自】属性用于设置水平参考坐标点的位置；【垂直】属性用于设置垂直方向与参考坐标的距离，其后【自】属性用于设置垂直参考坐标点的位置。另外，在【设置图片格式】对话框中同样可以设置图片的尺寸、旋转角度等属性。

step 9 打开【图片工具】的【格式】选项卡，单击图片总体外观样式组中的【其他】按钮，从弹出的列表框中选择【圆形对角，白色】样式。

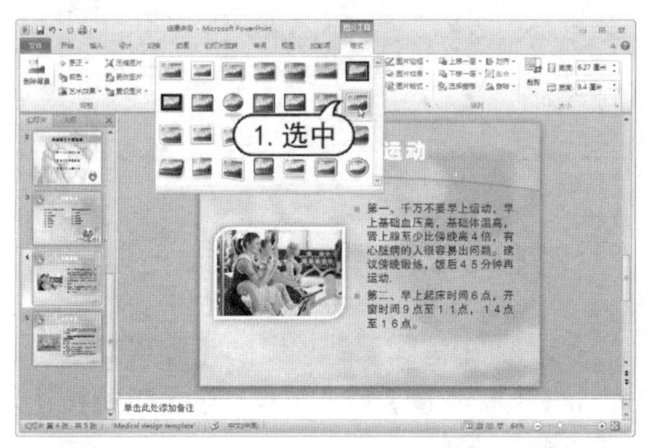

step 10 在【图片样式】组中单击【图片效果】下拉按钮，从弹出的列表中选择【阴影】选项，再从弹出的列表框中选择【左下斜偏移】效果。

step 11 单击【图片效果】下拉按钮，从弹出的列表中选择【映像】选项，然后从弹出的列表框中选择【半映像，4pt偏移量】效果。

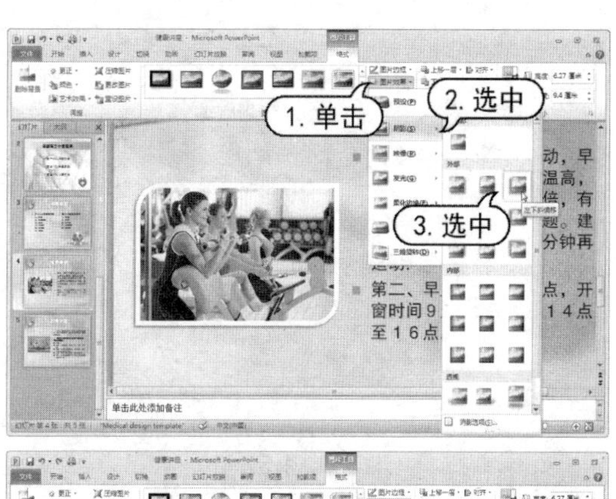

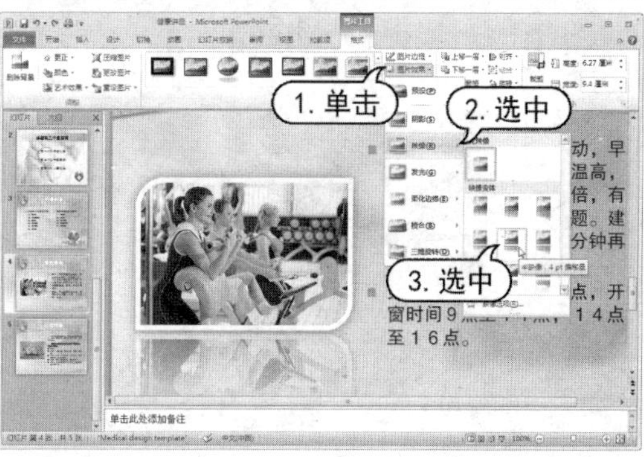

step 12 在幻灯片浏览窗格中，选中第 5 张幻灯片，将其显示在编辑窗口中。在幻灯片中，选中插入的图片，并打开【图片】工具的格式选项卡。

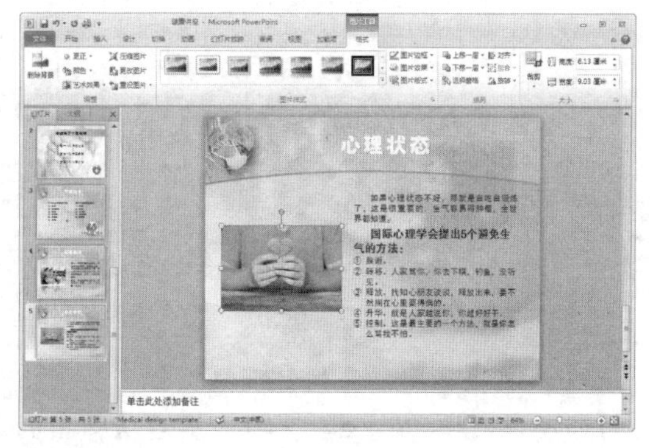

step 13 在【大小】组中单击【裁剪】下拉按钮，从弹出的列表中选择【裁剪为形状】选项，然后从弹出的列表中选择【圆角矩形】选项。

step 14 单击【图片边框】下拉按钮，从弹出的列表中选择【白色】选项，再单击【图片边框】下拉按钮，从弹出的列表中选择【粗细】选项，从弹出的列表中选择【6 磅】选项。

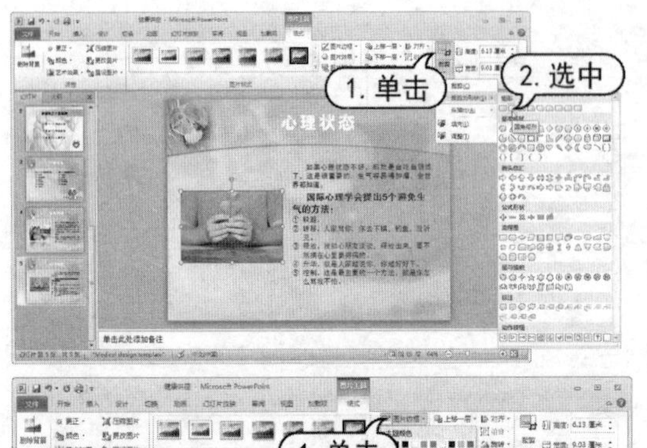

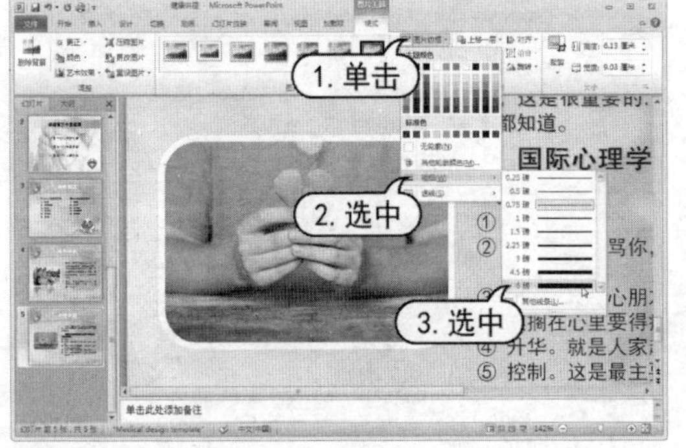

step 15 在【图片样式】组中，单击【图片效果】下拉按钮，从弹出的列表中选择【阴影】选项，再从弹出的列表框中选择【左下斜偏移】效果。

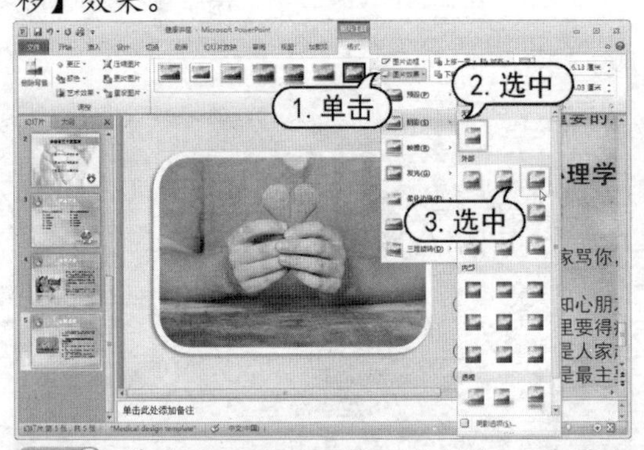

step 16 单击【图片效果】下拉按钮，从弹出的列表中选择【映像】选项，然后从弹出的列表框中选择【半映像，4pt偏移量】效果。

step 17 在快速访问工具栏中单击【保存】按钮，保存“健康讲座”演示文稿。

4.1.5 调整图片排列方式

在创建演示文稿时，无论是单张幻灯片还是整个演示文稿，都需要将图片排列整齐，这样才能提升演示文稿的整体美观性。用户可以对幻灯片中的图片排列方式进行调整，让图片的显示满足制作幻灯片的需求，如调整图片的叠放层次、对齐方式和旋转角度。

1. 调整图片叠放层次

当幻灯片中多张图片有重叠时，就需要调整图片的上下层次，将需要完全显示的图片放置在最上面。在默认情况下，系统按插入图片的先后顺序来放置图片，最先插入的图片位于最底层，最后插入的图片位于顶层。但是用户也可以根据需要重新调整图片的叠放层次。

要调整图片的叠放顺序，可以选中图片后，通过以下三种方法实现。

- 在【开始】选项卡中，单击【绘图】组中的【排列】下拉按钮，从弹出的列表中选择【排列对象】选项下的各个选项。

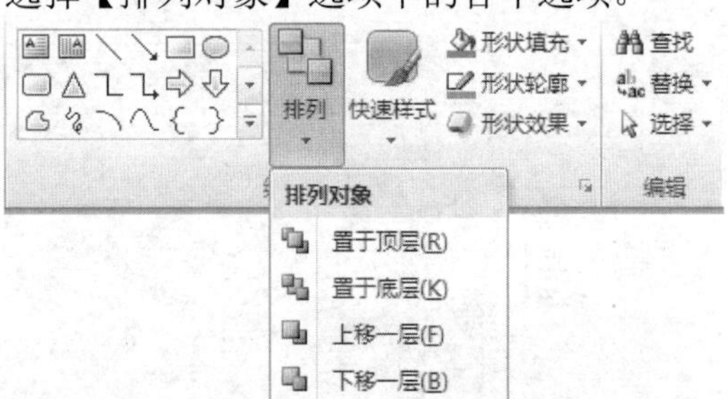

- 在【格式】选项卡的【排列】组中，单击【上移一层】或【下移一层】下拉按钮，选择相关选项。

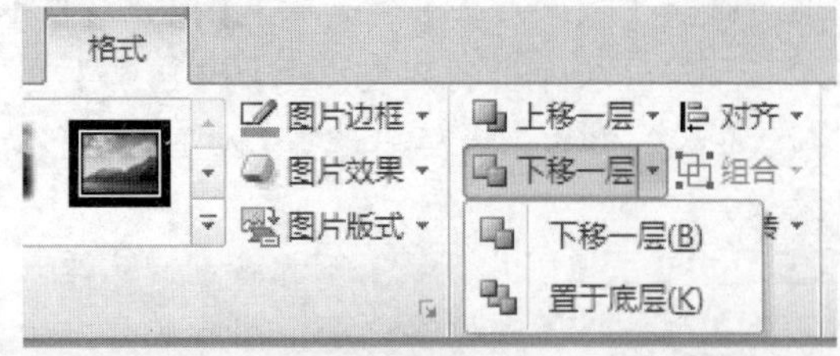

- 在需要调整的图片上，右击鼠标，从弹出的菜单中选择【置于顶层】或【置于底

层】命令，从弹出的子菜单中选择所需要的命令即可。

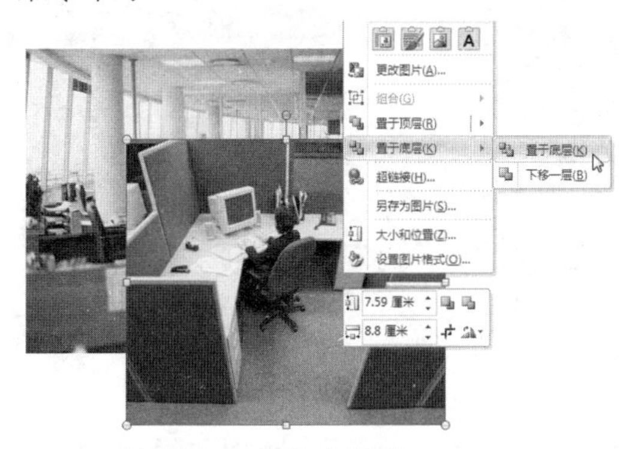

2. 快速对齐和分布图片

使用 PowerPoint 2010 中的对齐按钮可以快速对齐一页幻灯片中的多张图片。

在幻灯片中选择所有需要对齐的图片，在【开始】选项卡的【绘图】组中，单击【排列】下拉按钮，从弹出的列表中选择【对齐】选项，再从弹出的列表中选择相关选项即可；也可以打开【格式】选项卡，在【排列】组中单击【对齐】下拉按钮，从弹出的列表中选择相关选项即可对齐分布所选图片。

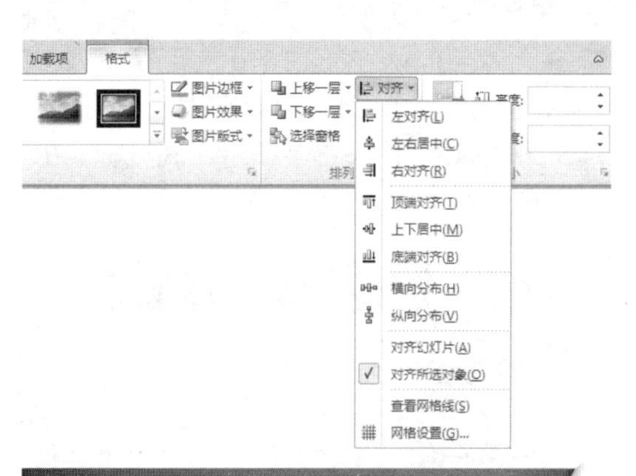

4.1.6 旋转和翻转图片

旋转图片与旋转文本框、文本占位符的操作方法相同，只要拖动其上方的旋转控制点任意旋转图形即可。也可以在【格式】选项卡的【排列】组中单击【旋转】按钮，在弹出的菜单中选择【向左旋转 90°】、【向右旋转 90°】等命令。

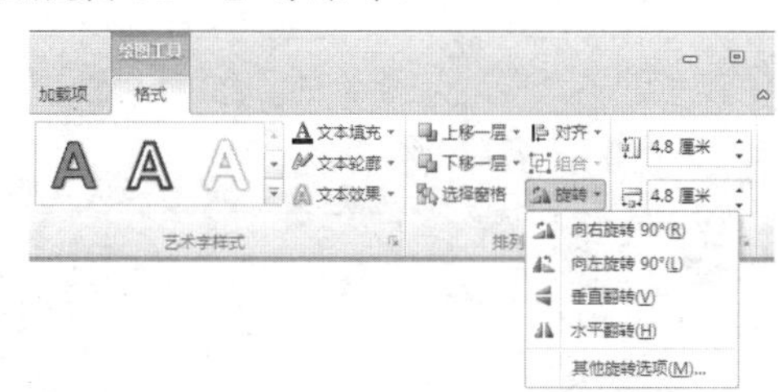

4.2　绘制与设定自选图形

使用 PowerPoint 2010 中的绘制功能可以绘制各种简单的图形，例如各种线条、几何图形、箭头图形、公式图形、标注图形等图形，还可以将这些图形组合成复杂多样的图案效果。

4.2.1 绘制常用的自选图形

PowerPoint 2010 提供了功能强大的绘图工具，利用它们可以在幻灯片中绘制各种线条、连接符、几何图形、星形以及箭头等复杂的图形。

打开【插入】选项卡，在【插图】组中单击【形状】按钮，在弹出的菜单中选择需要的形状，然后拖动鼠标在幻灯片中绘制需要的图形即可。

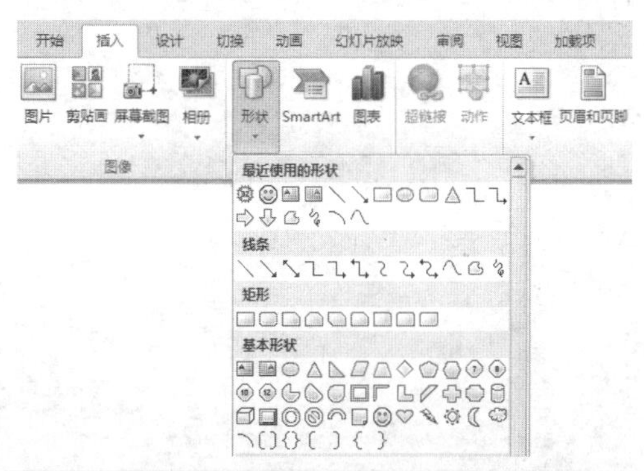

【例 4-3】在“服务指南”演示文稿中绘制形状。

视频+素材 (光盘素材\第 04 章\例 4-3)

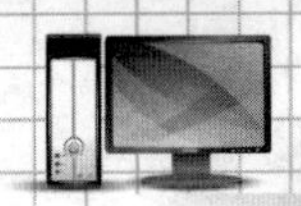

step 1 启动PowerPoint 2010 应用程序，打开“服务指南”演示文稿，在幻灯片浏览窗格中选中第 2 张幻灯片，将其显示在编辑窗口中。

step 2 在第 2 张幻灯片中，删除【单击此处添加文本】占位符。打开【插入】选项卡，单击【插入】组中的【形状】下拉按钮，在弹出的列表中选中【箭头总汇】组中的【右弧形箭头】图标。

step 3 使用鼠标在幻灯片中拖动绘制箭头形状。

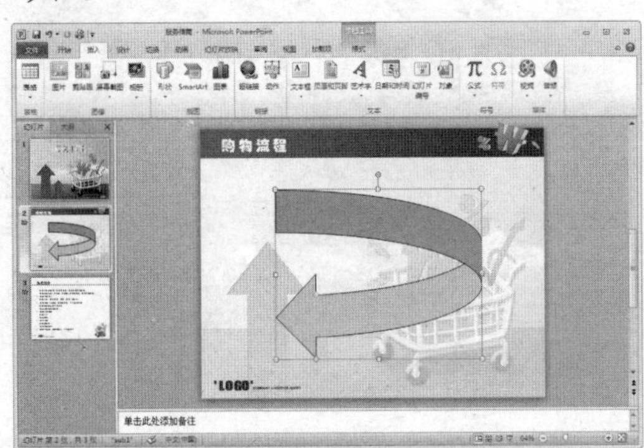

step 4 单击【插入】组中的【形状】下拉按钮，在弹出的列表中选中【基本形状】组中的【椭圆】图标。

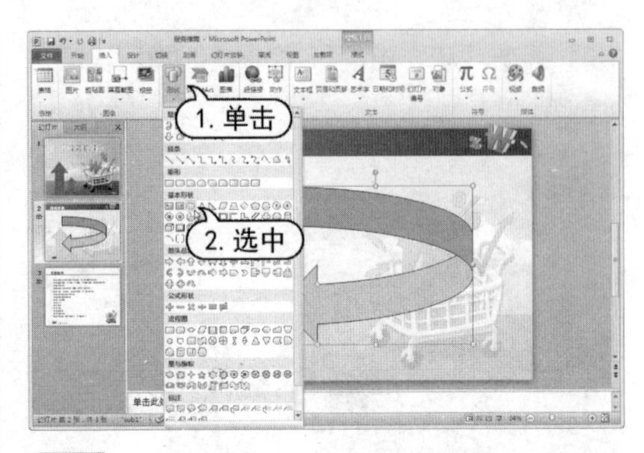

step 5 按住Shift键，使用鼠标在幻灯片中拖动绘制圆形形状。

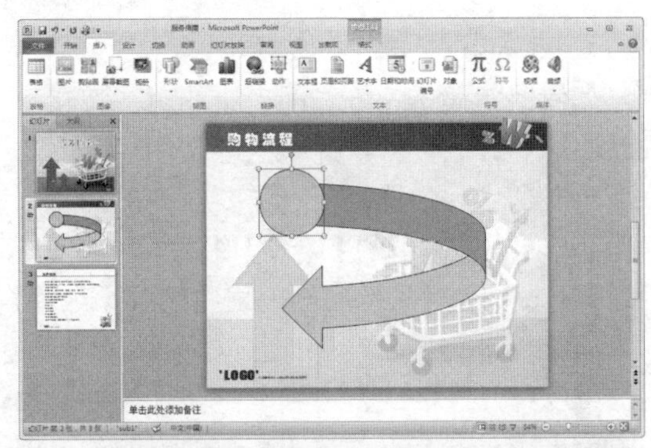

知识点滴

在绘制自选图形时，单击鼠标可插入固定大小的图形；拖动鼠标则可绘制出任意大小的自选形状。绘制完成后，也可以在【格式】选项卡的【大小】组中精确设置插入图形的大小。

step 6 按住Ctrl+Alt键，拖动并复制绘制的圆形。

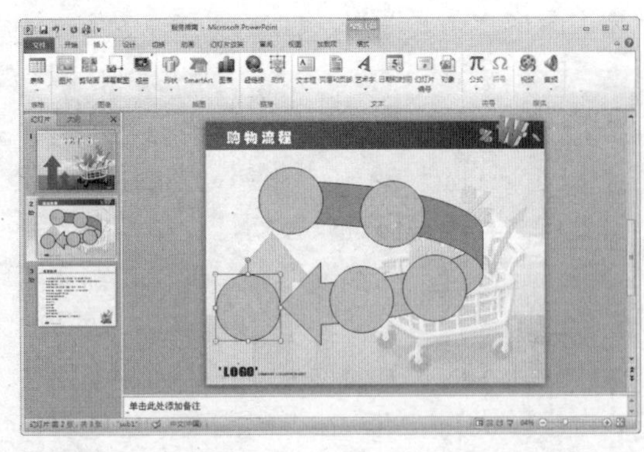

step 7 在幻灯片中，分别选中插入的图形，调整其位置和大小。

step 8 选中插入的图形，打开【绘图工具】的【格式】选项卡，单击【插入形状】组中的【文本框】下拉按钮，从列表中选择【横排文本框】选项。

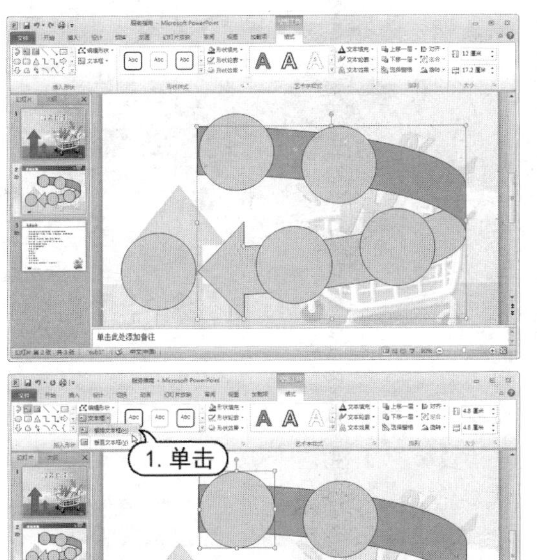

step 9 将鼠标光标移至插入形状内，当光标变为插入文本框形状时，单击并输入文字内容。

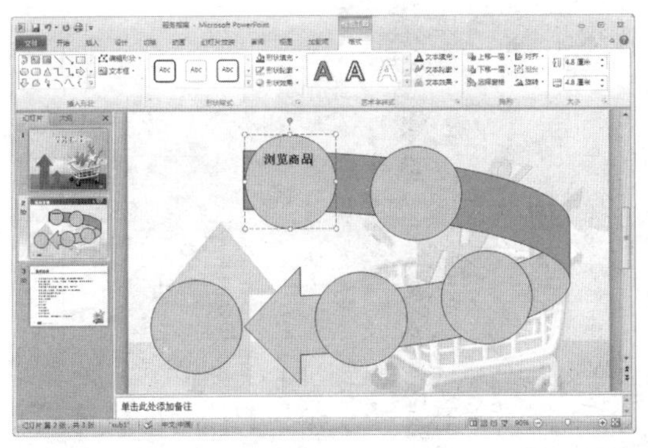

step 10 选中插入文本的形状，打开【开始】选项卡。在【字体】组中设置【字体】为【汉真广标】；在【段落】组中单击【居中】按钮，再单击【对齐文本】下拉按钮，从弹出的列表中选择【中部对齐】选项。

step 11 使用与步骤 8~10 的相同操作方法，在其他的圆形中输入文本。

step 12 在快速访问工具栏中单击【保存】按钮，保存“服务指南”演示文稿。

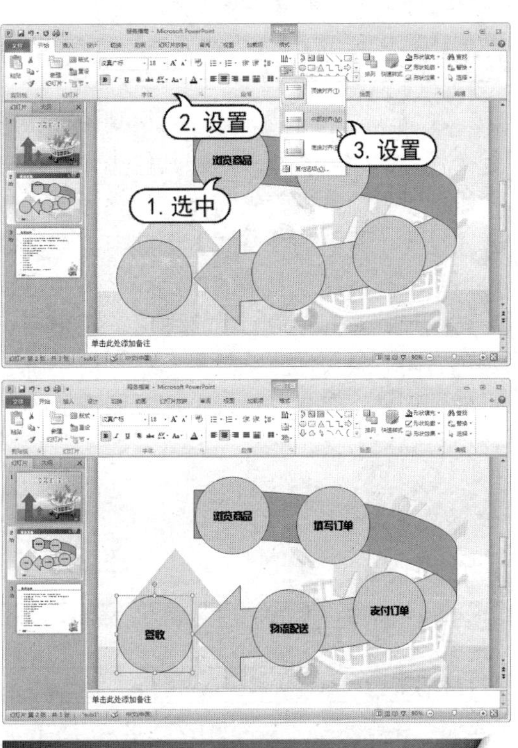

4.2.2 编辑形状

绘制形状后，打开【格式】选项卡，单击【插入形状】组中的【编辑形状】按钮，在弹出的列表中选择【更改形状】命令，可以重新选择插入的形状。

选择【编辑顶点】命令，可以在绘制的形状上显示锚点。当选中其中一个锚点时，系统会显示出该锚点的控制柄，拖动控制柄，可以改变插入形状外观。按住 Alt 键可以拖动一侧的控制柄。

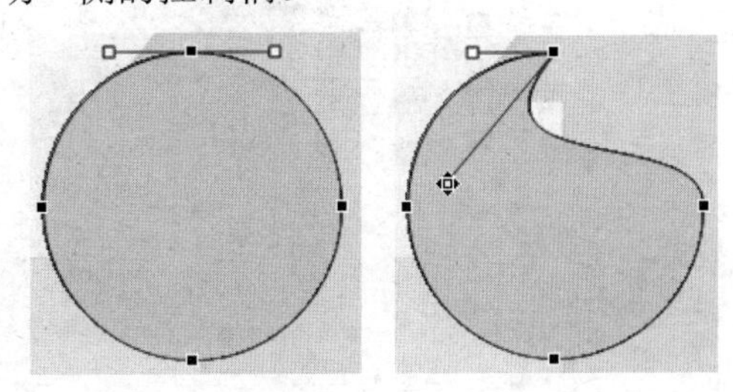

4.2.3 设置形状样式

在 PowerPoint 中，可以对绘制的形状进行个性化的编辑和修改。和其他操作一样，在进行设置前，应首先需要选中该图形，打开【绘图工具】的【格式】选项卡，在其中可以对图形进行最基本的编辑和设置，包括旋转图形、对齐图形、组合图形、设置填充颜色、阴影效果和三维效果等。利用系统提供的图形设置工具，可以使配有图形的幻灯片更容易理解。

【例 4-4】在“服务指南”演示文稿中，编辑绘制的形状外观效果。

视频+素材 (光盘素材\第 04 章\例 4-4)

step 1 启动PowerPoint 2010 应用程序，打开“消费指南”演示文稿。在幻灯片浏览窗格中选中第 2 张幻灯片，将其显示在编辑窗口中。

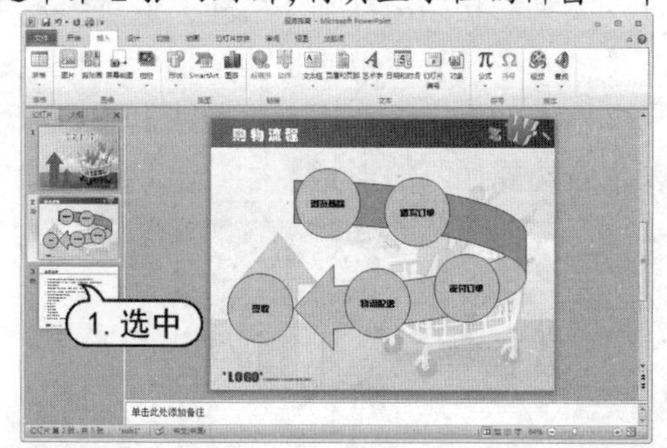

step 2 选中右弧形箭头图形，打开【绘图工具】的【格式】选项卡，在【形状样式】组中单击形状外观样式组的【其他】按钮，从弹出的列表中选择【中等效果-白色，强调颜色 3】样式。

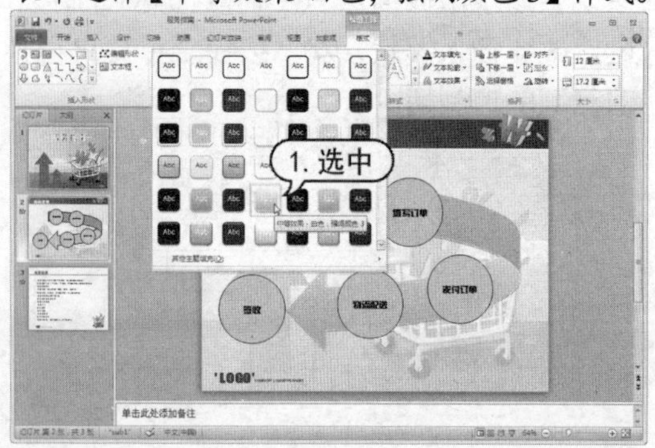

step 3 单击【形状填充】下拉按钮，从弹出的列表中选择【渐变】选项，然后从弹出的列表框中选择【其他渐变】命令。

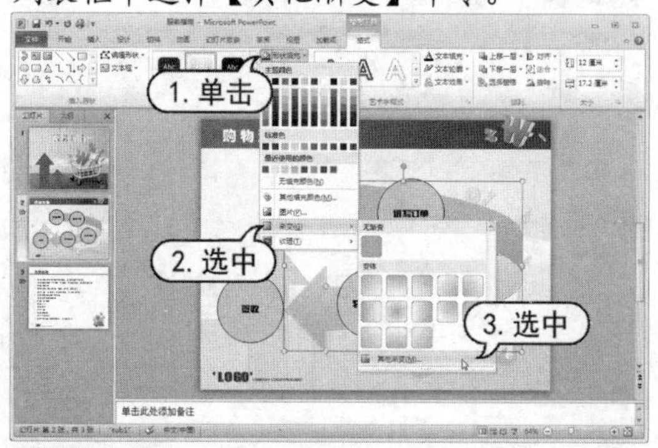

step 4 在打开的【设置形状格式】对话框中，单击【方向】下拉按钮，从列表中选择【线性对角-左下到右上】样式，在【渐变光圈】滑动条上分别设置【停止点 1】、【停止点 2】和【停止点 3】颜色分别为RGB=255、109、75，RGB=255、47、0，RGB=209、39、0，然后单击【关闭】按钮。

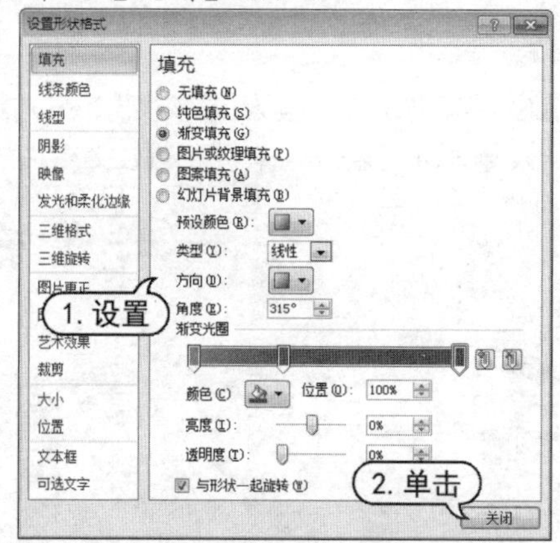

step 5 单击【形状轮廓】下拉按钮，从弹出的下拉列表中选择【粗细】选项，然后从弹出的列表中选择 2.25 磅。

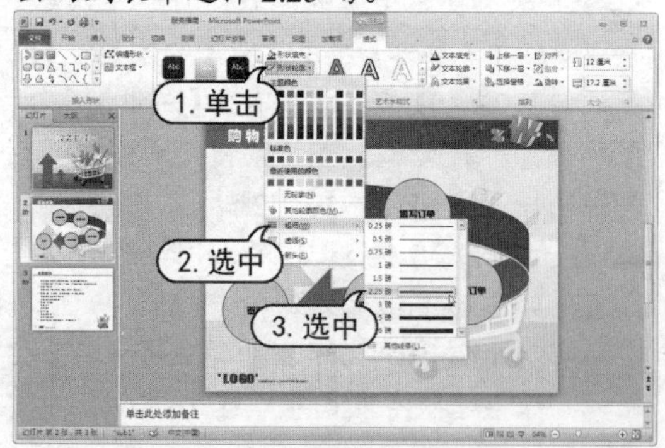

step 6 在幻灯片中，选中所有圆形对象。

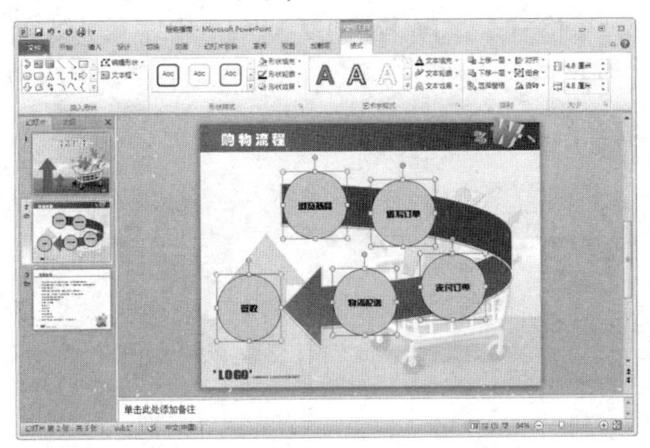

step 7 在【形状样式】组中，单击【形状轮廓】下拉按钮，从弹出的列表中选择【深红】选项。单击【形状轮廓】下拉按钮，从弹出的列表中选择【粗细】选项，从弹出的列表中选择【4.5 磅】选项。

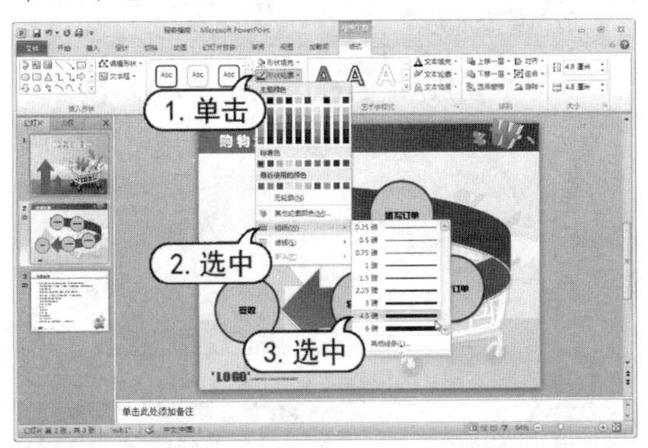

step 8 在【形状样式】组中，单击【形状填充】下拉按钮，从弹出的列表中选择【渐变】选项，然后从弹出的列表中选择【线性向上】选项。

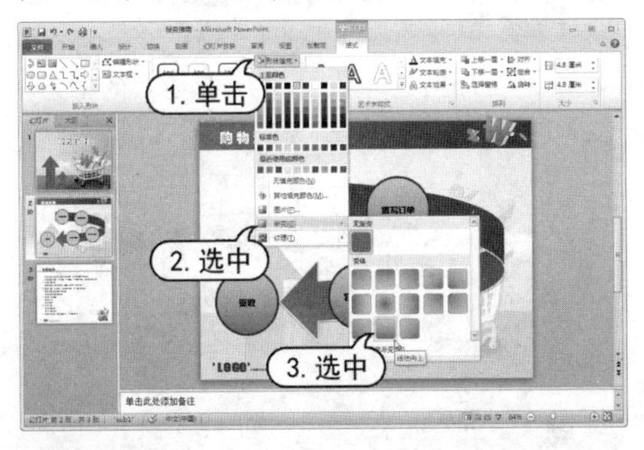

step 9 再次单击【形状填充】下拉按钮，从弹出的列表中选择【渐变】选项，从弹出的列表中选择【其他渐变】命令，打开【设置形状格式】对话框。在【设置形状格式】对话框中，设置【渐变光圈】滑动条上【停止点 2】色标滑块颜色为【白色】，【停止点 1】色标滑块颜色为【浅灰色】，删除【停止点 3】色标滑块，然后单击【关闭】按钮。

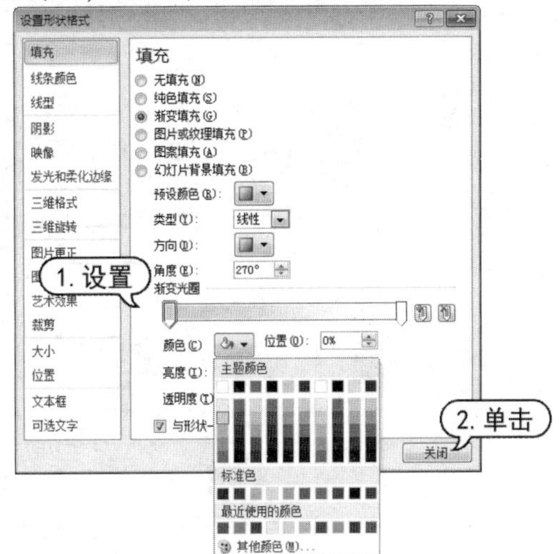

step 10 在【形状样式】组中，单击【形状效果】下拉按钮，从弹出的列表中选择【阴影】选项，然后从弹出的列表框中选择【内部右上角】效果。

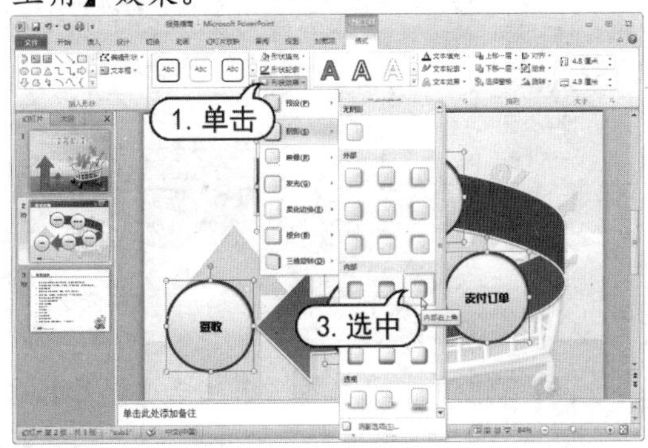

step 11 再次单击【形状效果】下拉按钮，从弹出的列表中选择【阴影】选项，再从弹出的列表框中选择【阴影选项】命令。

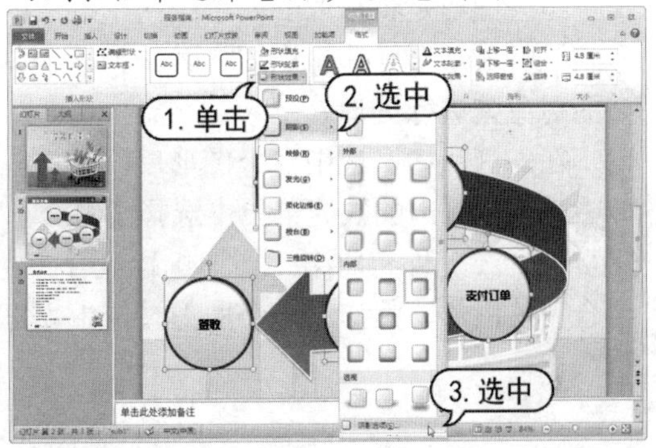

step 12 在打开的【设置形状格式】对话框中，设置【虚化】为8磅，【距离】为7磅，然后单击【关闭】按钮。

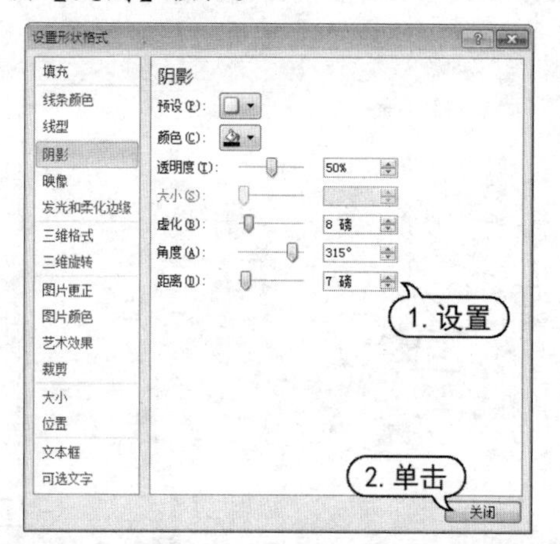

step 13 在【艺术字样式】组中单击【文本效果】下拉按钮，从弹出的列表中选择【映像】选项，再从弹出的列表中选择【全映像，4pt 偏移量】效果。

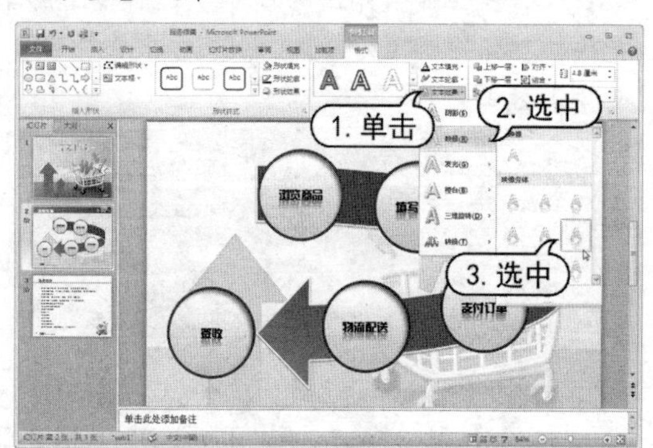

step 14 在快速访问工具栏中单击【保存】按钮，保存“服务指南”演示文稿。

4.2.4 组合图形

组合图形是将选取的两个或两个以上的形状组合成一个整体，以便将其作为一个单一的对象来进行处理。

在幻灯片中，选中多个图形后，单击鼠标右键，从弹出的快捷菜单中选择【组合】|【组合】命令，即可将多个图形进行组合。被组合后的图形，将作为一个图形被选中、复制或移动。

用户也可以在选中多个图形对象后，打开【格式】选项卡，在【排列】组中单击【组合】下拉按钮，从弹出的列表中选择【组合】命令。

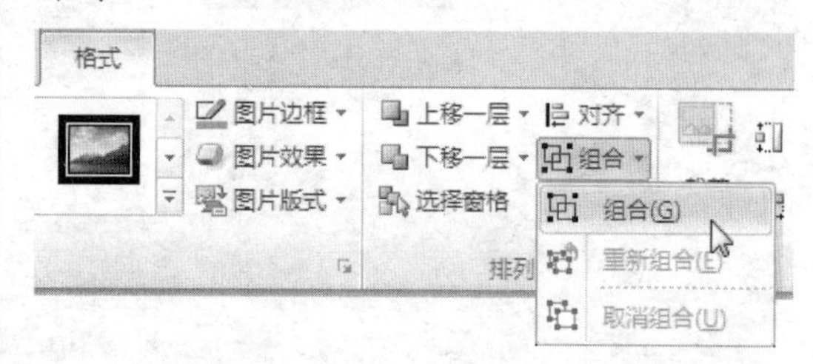

当形状组合后，【组合】下拉列表中的【取消形状】选项将变亮，如果要取消组合后的形状，则选择组合后的形状，然后在【组合】下拉列表中选择【取消组合】选项即可。

【例4-5】在“服务指南”演示文稿中，组合形状。
视频+素材 (光盘素材\第04章\例4-5)

step 1 启动PowerPoint 2010应用程序，打开“消费指南”演示文稿，并在幻灯片浏览窗格中选中第2张幻灯片。

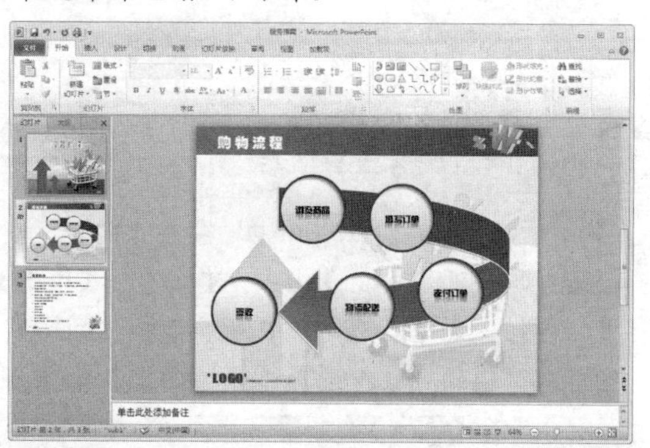

step 2 在幻灯片中，选中所有插入的圆形。

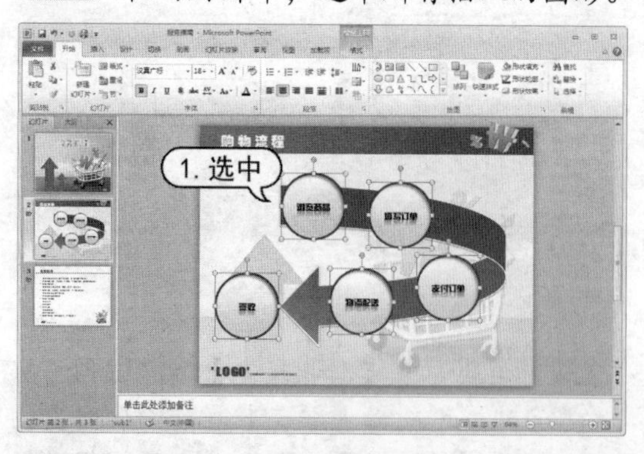

step 3 打开【绘图工具】的【格式】选项卡，

单击【排列】组中的【组合】下拉按钮，从弹出的列表中选择【组合】选项。

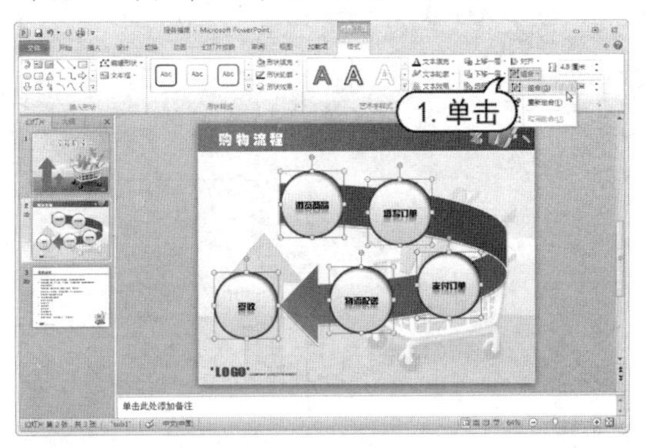

step 4 在快速访问工具栏中单击【保存】按钮，保存“服务指南”演示文稿。

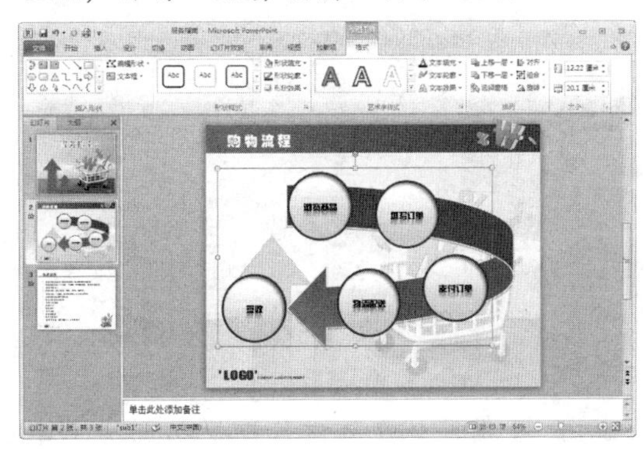

4.3 创建与编辑 SmartArt 图形

使用 SmartArt 图形可以非常直观地说明层级关系、附属关系、并列关系以及循环关系等各种常见的逻辑关系，而且所制作的图形漂亮精美，具有很强的立体感和画面感。

4.3.1 创建 SmartArt 图形

PowerPoint 2010 提供了多种 SmartArt 图形类型，如流程、层次结构等。

打开【插入】选项卡，在【插图】选项组中单击 SmartArt 按钮，打开【选择 SmartArt 图形】对话框。

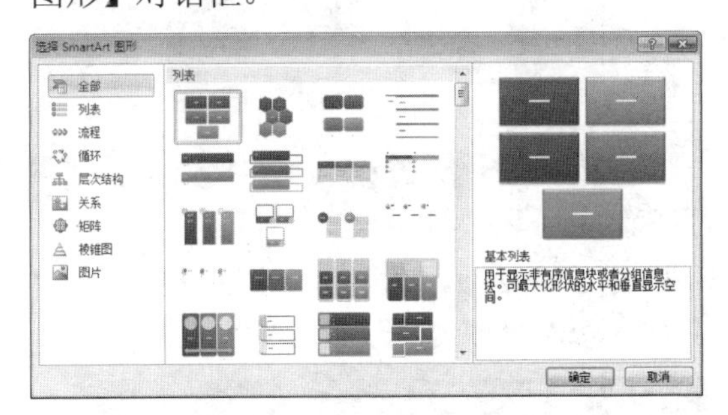

在该对话框中，用户可以根据需要选择合适的类型，然后单击【确定】按钮，即可在幻灯片中插入 SmartArt 图形。

实用技巧

在幻灯片的内容占位符中，单击【插入 SmartArt 图形】按钮，同样可以打开【选择 SmartArt 图形】对话框。

【例 4-6】在“年度总结报告”演示文稿中，插入 SmartArt 图形。

视频+素材 (光盘素材\第 04 章\例 4-6)

step 1 启动PowerPoint 2010 应用程序，打开“年度总结报告”演示文稿。

step 2 在幻灯片浏览窗格中，选中第 3 张幻灯片，将其显示在幻灯片编辑窗口中。

step 3 打开【插入】选项卡，单击【文本】组中的【文本框】下拉按钮，从弹出的列表

中选择【横排文本框】选项。

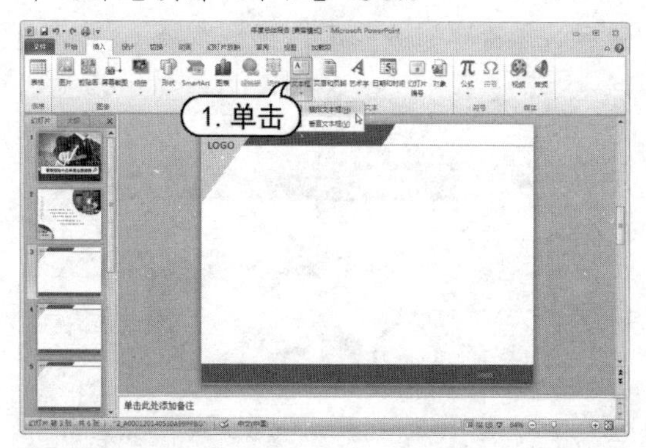

step 4 使用鼠标在幻灯片中拖动创建文本框，打开【开始】选项卡，在【字体】组中设置【字体】为【方正大黑简体】，【字号】为 28，【字体颜色】为【白色】，然后输入标题文字。

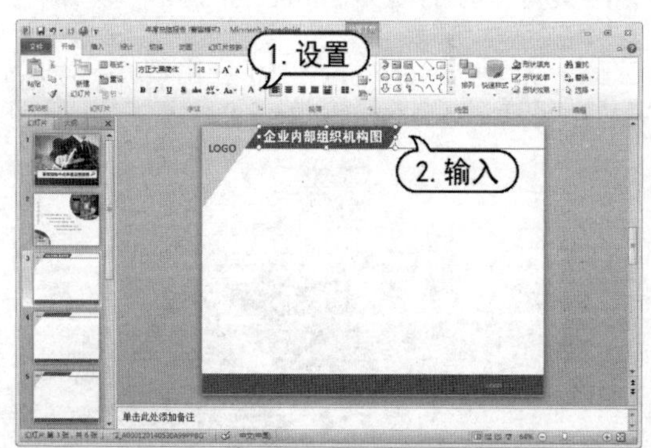

step 5 打开【插入】选项卡，在【插图】选项组中单击SmartArt按钮，打开【选择SmartArt图形】对话框。

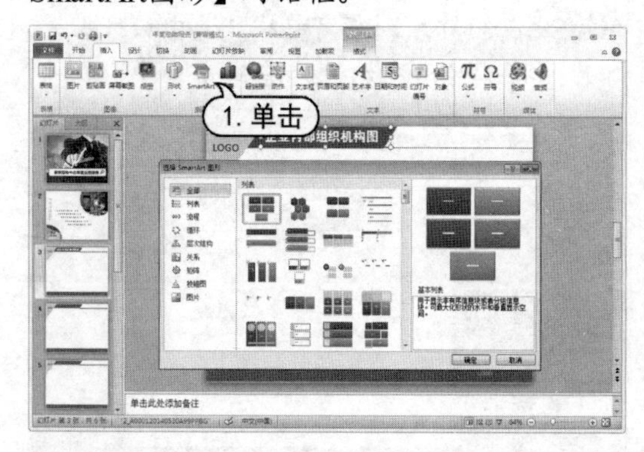

step 6 打开【层次结构】选项卡，在中间的列表框主中选择【水平层次结构】选项，单击【确定】按钮，即可在幻灯片中插入该SmartArt图形。

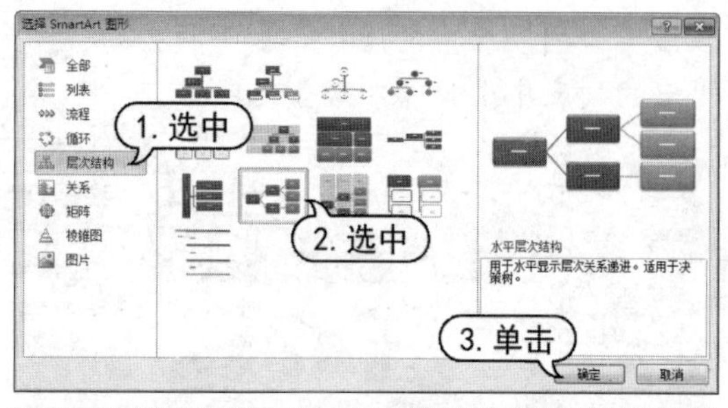

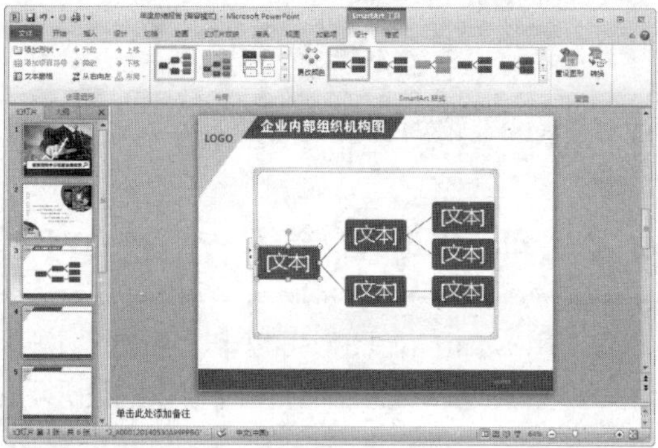

step 7 在【文本】框中输入文本，并拖动鼠标调节图形的大小和位置。

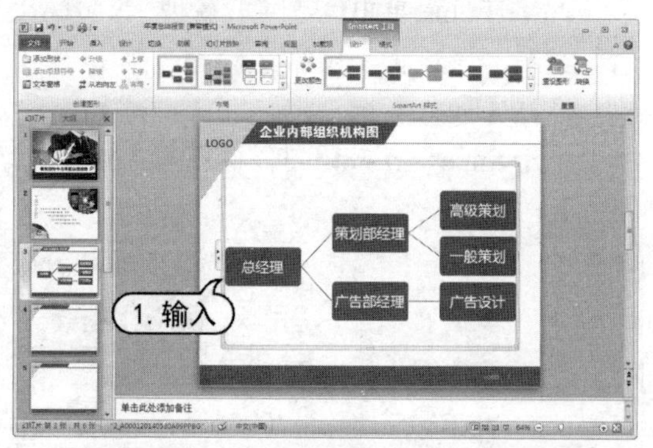

step 8 在快速访问工具栏中单击【保存】按钮，保存“年度总结报告”演示文稿。

4.3.2 编辑 SmartArt 图形

新建 SmartArt 图形后，用户可以对其进行各种编辑，如插入或删除、调整形状以及更改布局等操作。

1. 添加、删除形状

默认情况插入的SmartArt图形的形状较少，用户可以根据需要在相应的位置添加，如果形状过多，也可以对其进行删除。

【例 4-7】在“年度总结报告”演示文稿中，为 SmartArt 图形添加形状。
视频+素材 (光盘素材\第 04 章\例 4-7)

step 1 启动PowerPoint 2010 应用程序，打开“年度总结报告”演示文稿。在幻灯片浏览窗格中选中第 3 张幻灯片，将其显示在幻灯片编辑窗口中。

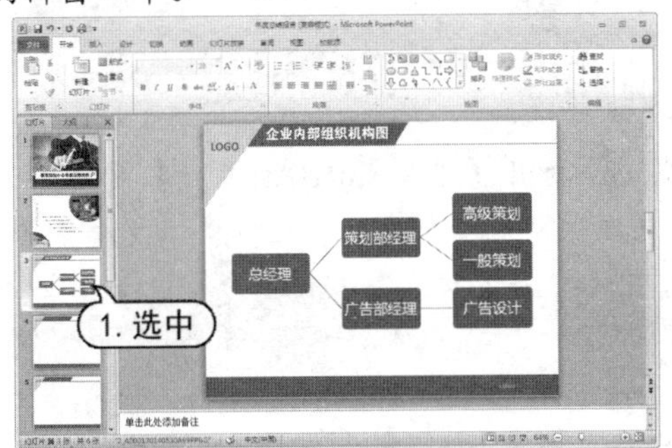

step 2 选中最左侧的“总经理”形状，打开【SmartArt工具】的【设计】选项卡，在【创建图形】组中单击【添加形状】下拉按钮，从弹出的下拉菜单中选择【在上方添加形状】命令。

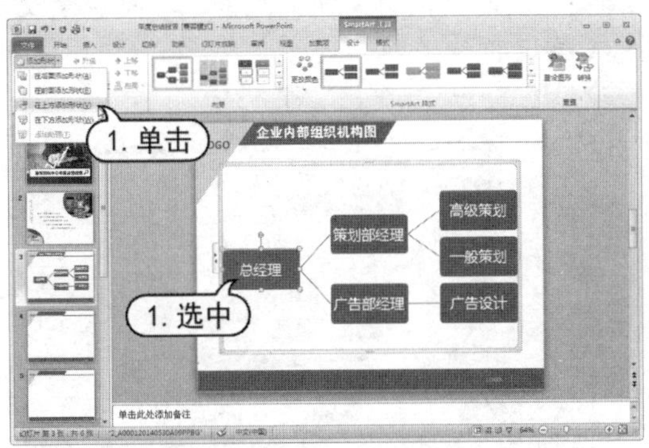

step 3 此时，即可在“总经理”形状左侧添加一个形状。

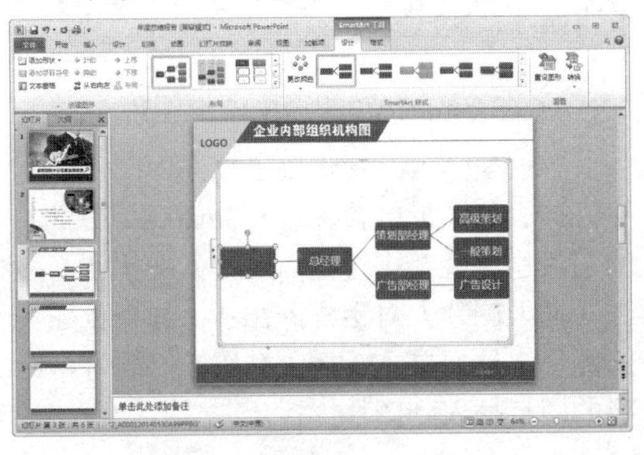

step 4 使用同样的方法，在【创建图形】组中单击【添加形状】下拉按钮，从弹出的下拉菜单中选择【在下方添加形状】命令。在“总经理”形状下方添加一个形状，该形状与“策划部经理”和“广告部经理”形状属同一级别。

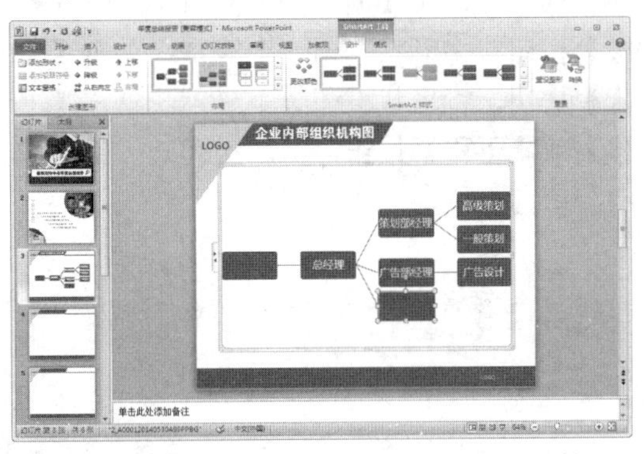

step 5 使用同样的方法，在“广告部经理”形状下侧刚创建的形状下方添加两个形状。

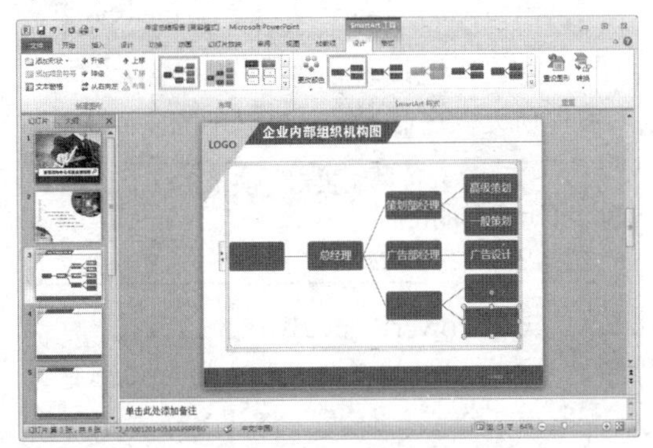

step 6 在新建的形状【文本】框中，输入文本内容。

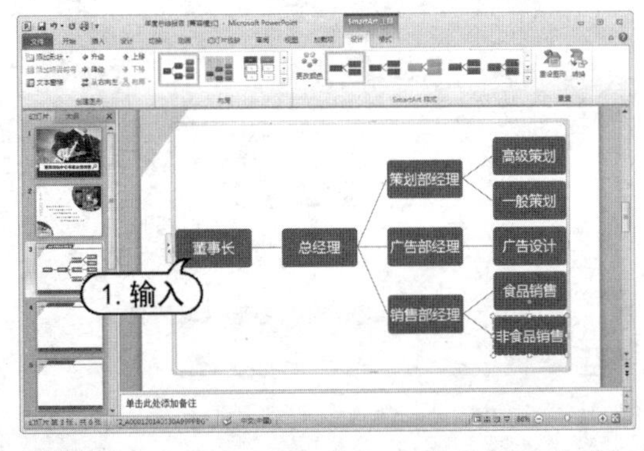

step 7 在快速访问工具栏中单击【保存】按钮，保存“年度总结报告”演示文稿。

2. 调整形状顺序

在制作 SmartArt 图形的过程中，用户可以根据自己的需求调整图形间各形状的顺序，如将上一级的形状调整到下一级等。

选中形状，打开【SmartArt 工具】的【设计】选项卡，在【创建图形】组中单击【升级】按钮，将形状上调一个级别；单击【下降】按钮，将形状下调一个级别；单击【上移】或【下移】按钮，将形状在同一级别中向上或向下移动。

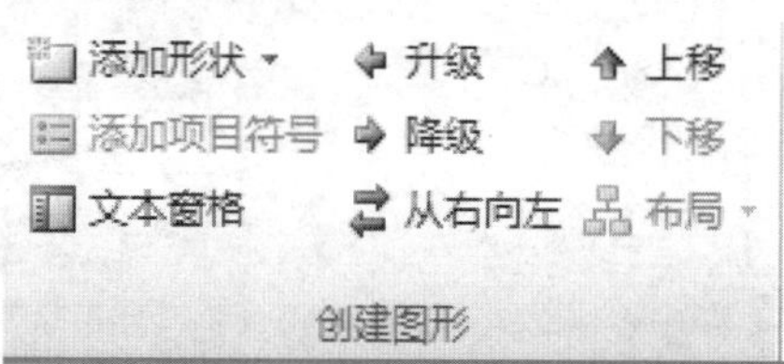

3. 更改布局

当用户编辑完关系图后，如果发现该关系图不能很好地反映各个数据、内容之间的关系，则可以更改 SmartArt 图形的布局。

【例 4-8】在“年度总结报告”演示文稿中，更改 SmartArt 图形的布局。
视频+素材 (光盘素材\第 04 章\例 4-8)

step 1 启动PowerPoint 2010 应用程序，打开“年度总结报告”演示文稿。在幻灯片浏览窗格中选中第 3 张幻灯片，将其显示在幻灯片编辑窗口中。

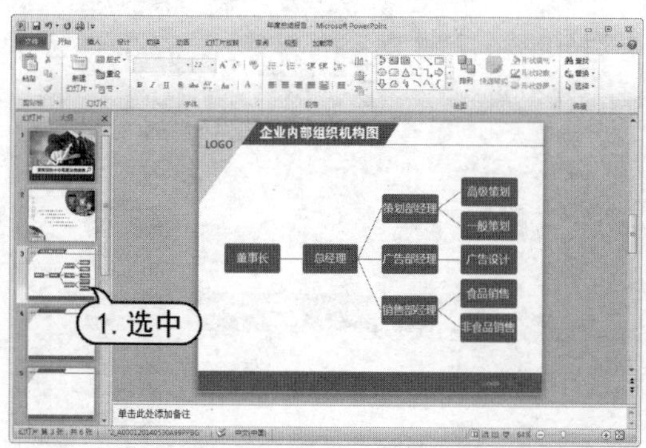

step 2 选中SmartArt图形，打开【SmartArt 工具】的【设计】选项卡，在【布局】组中单击【其他】按钮，从弹出的列表中选择【其他布局】命令。

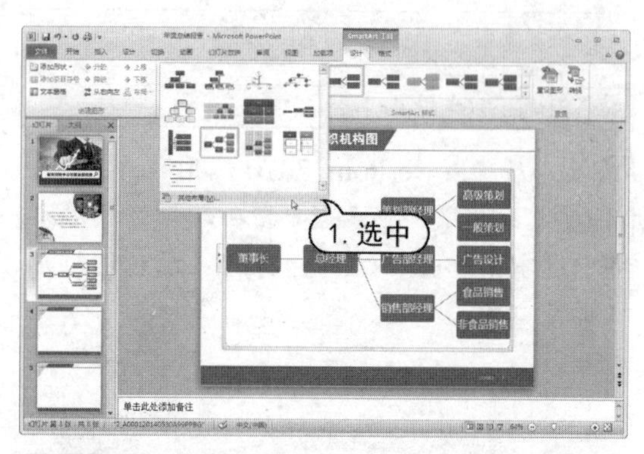

step 3 打开【选择SmartArt图形】对话框，在【层次结构】列表框中选择【组织结构图】选项，单击【确定】按钮。

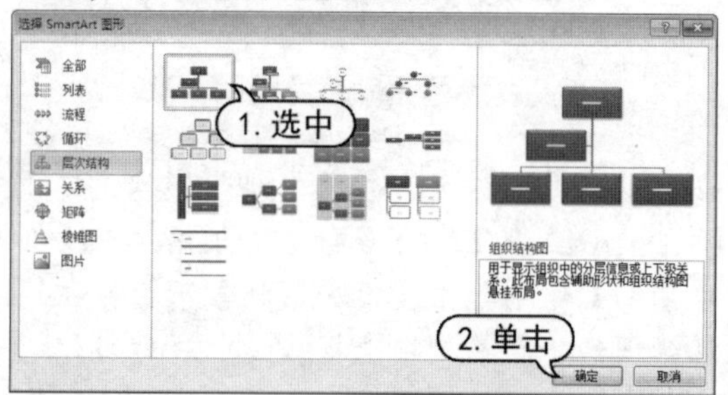

step 4 返回到幻灯片编辑窗口，即可查看更改布局后的效果。

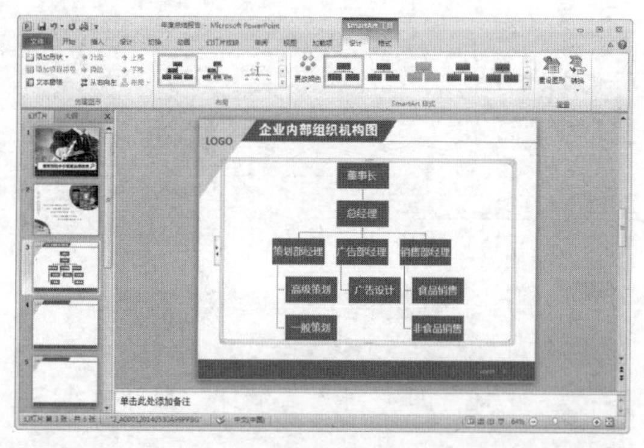

step 5 在快速访问工具栏中单击【保存】按钮，保存“年度总结报告”演示文稿。

4. 在 SmartArt 图形中添加图片

有的SmartArt图形中可以插入图片以便更好地表达图形的含义。在 SmartArt 图形中的图片位置处单击【插入图片】按钮，打开【插入图片】对话框，在其中选择要插入的图片，然后单击【插入】按钮，即可将选择的图片插入到图片位置。

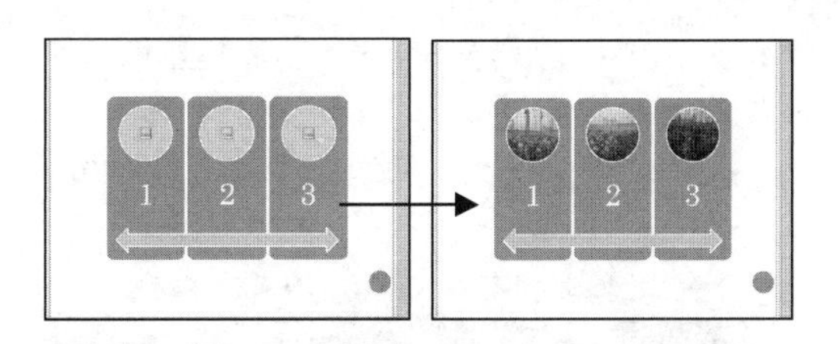

4.3.3 格式化 SmartArt 图形

格式化 SmartArt 图形包括两个方面：一是修改 SmartArt 图形中的形状；二是更改 SmartArt 图形中形状样式。经过设计，使 SmartArt 图形更加美观。

选中 SmartArt 图形中的形状后，打开【格式】选项卡，在【形状】组中单击【更改形状】下拉按钮，从弹出的列表中选择一种形状即可更改选中图形形状。单击【形状】组中的【增大】或【减小】按钮，可以调整形状的大小。

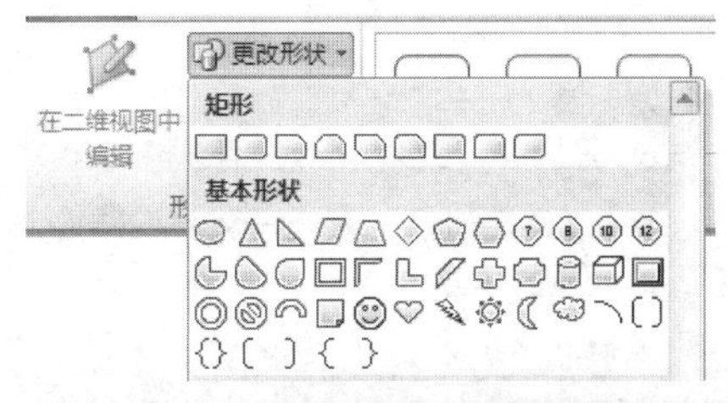

实用技巧

打开【SmartArt 工具】的【格式】选项卡，在【形状样式】组中单击【形状效果】和【形状轮廓】按钮，可以为指定形状设置形状效果和形状轮廓。

打开【设计】选项卡，在【SmartArt 样式】组中，可以设置 SmartArt 图形的总体外观效果。

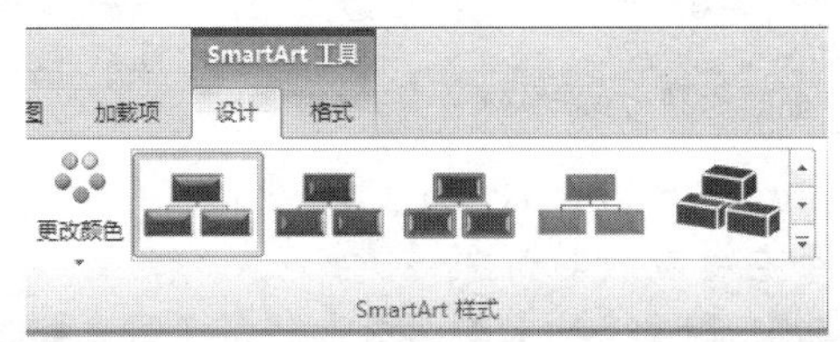

【例 4-9】在"年度总结报告"演示文稿中，格式化 SmartArt 图形。

视频+素材 (光盘素材\第 04 章\例 4-9)

step 1 启动PowerPoint 2010 应用程序，打开"年度总结报告"演示文稿。在幻灯片浏览窗格中选中第 3 张幻灯片，将其显示在幻灯片编辑窗口中。

step 2 选中SmartArt图形的所有形状，打开【SmartArt工具】的【格式】选项卡，在【大小】组的【宽度】微调框中输入"5.2 厘米"，调节形状的宽度。

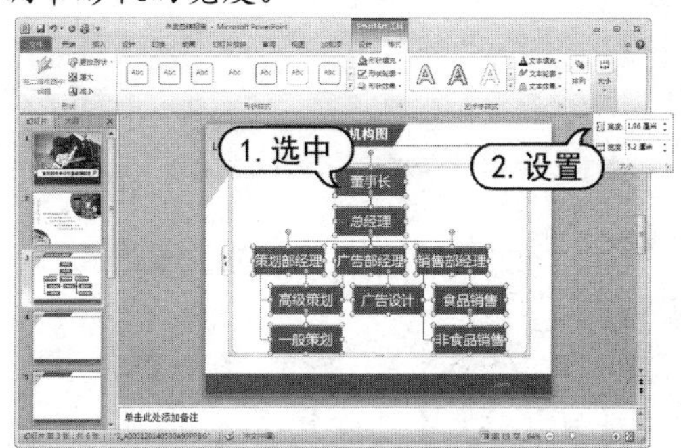

step 3 选中"董事长"形状，在【格式】选项卡的【形状】组中单击【更改形状】按钮，从弹出的菜单中选择【棱形】选项。

step 4 选中SmartArt图形，打开【SmartArt工具】的【设计】选项卡，在【SmartArt样式】组中单击【更改颜色】按钮，在弹出的下拉列表中选择【强调文字颜色 1】栏中的【渐变循环-强调文字颜色 1】选项。

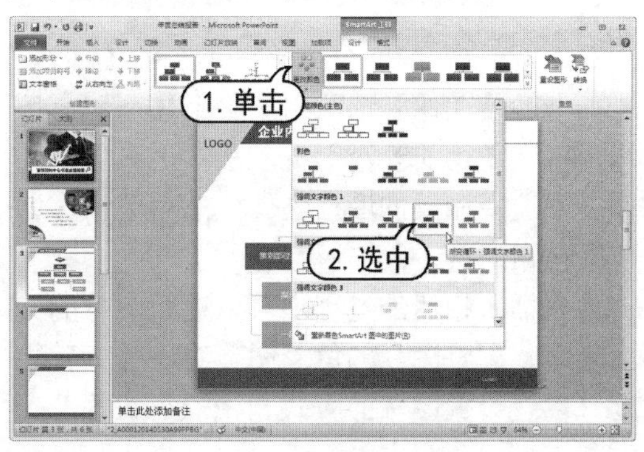

step 5 在【SmartArt样式】组中单击【其他】按钮，从弹出的列表中选择【三维】栏中的【优雅】选项。

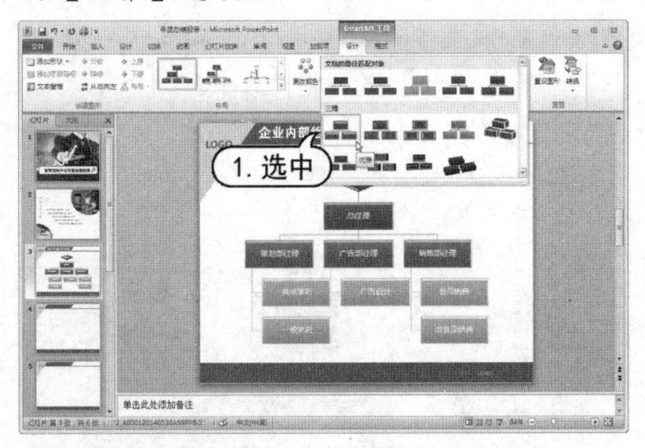

step 6 选中“董事长”形状，打开【SmartArt工具】的【格式】选项卡。

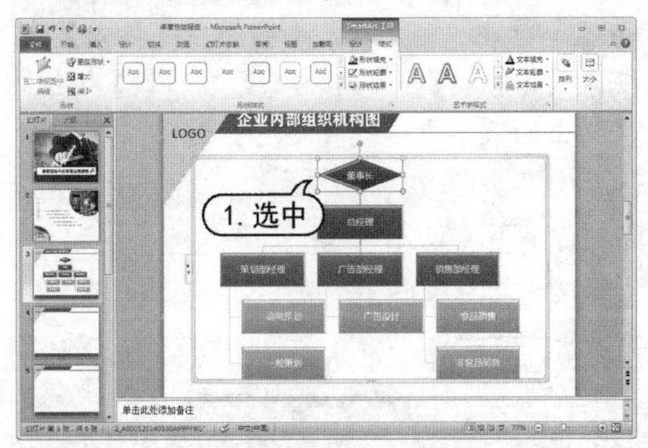

step 7 在【形状样式】组中单击【形状填充】按钮，在弹出的列表中选择【深红】色块，快速为形状应用【深红】填充色。

step 8 使用同样的方法，为“总经理”形状应用【紫色】填充色。

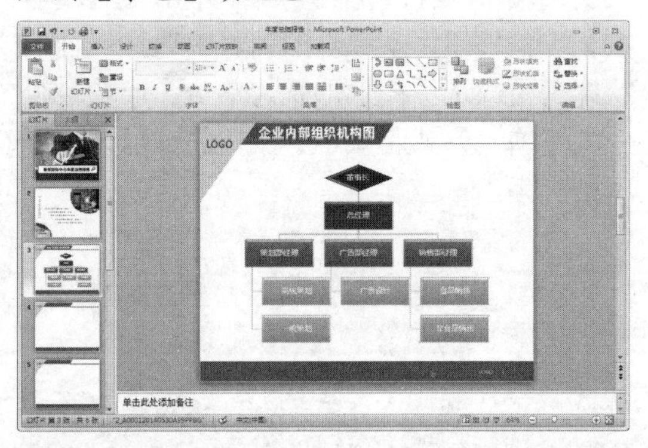

step 9 在快速访问工具栏中单击【保存】按钮，保存“年度总结报告”演示文稿。

4.4 插入相册

随着数码相机的普及，使用计算机制作电子相册的用户越来越多，当没有安装制作电子相册的专门软件时，使用 PowerPoint 也能轻松制作出漂亮的电子相册。在商务应用中，电子相册同样适用于介绍公司的产品目录，或者分享图像数据及研究成果。

4.4.1 新建电子相册

在幻灯片中新建相册时，只要在【插入】选项卡的【图像】选项组中单击【相册】按钮，打开【相册】对话框，从本地磁盘的文件夹中选择相关的图片文件，然后单击【创建】按钮即可。

在插入相册的过程中可以更改图片的先后顺序、调整图片的色彩明暗对比与旋转角度，以及设置图片的版式和相框形状等。

【例 4-10】在幻灯片中创建相册，制作“郁金香展示相册”相册。
视频+素材 (光盘素材\第 04 章\例 4-10)

step 1 启动PowerPoint 2010 应用程序，新建一个空白演示文稿。

step 2 打开【插入】选项卡，在【图像】选项组中单击【相册】按钮，打开【相册】对话框。

step 3 在【相册】对话框中，单击【文件/磁盘】按钮。打开【插入新图片】对话框，在图片列表中选中需要的图片，然后单击【插

入】按钮。

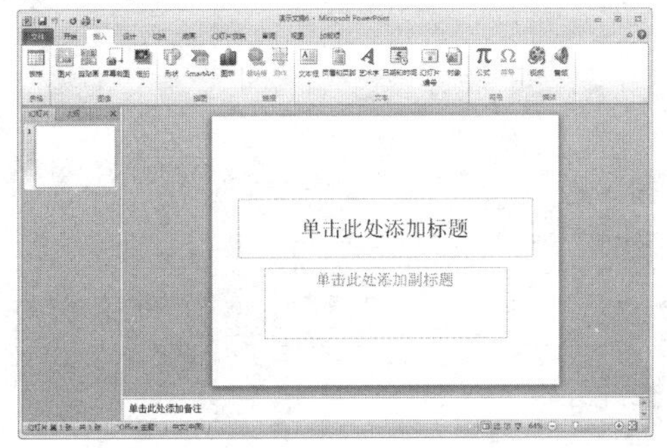

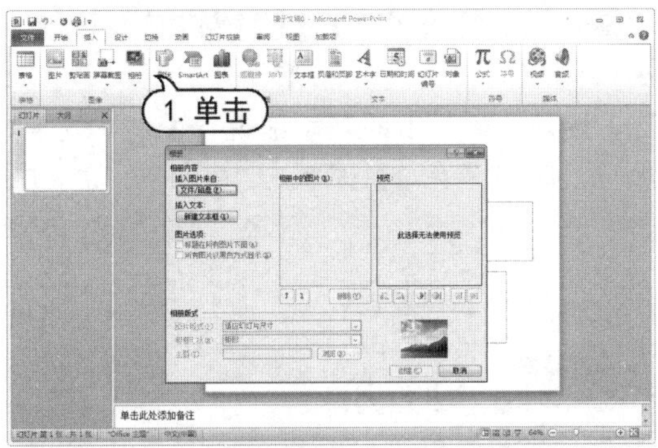

step 4 返回到【相册】对话框，在【相册中的图片】列表中选择图片，单击 按钮，将该图片向上移动到合适的位置。

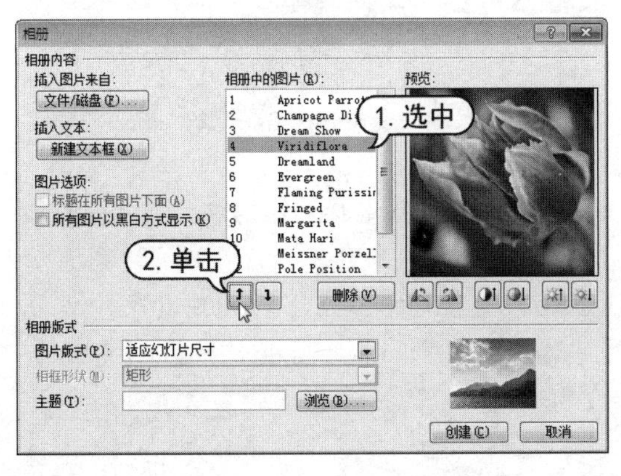

step 5 在【相册版式】选项区域的【图片版式】下拉列表中选择【2 张图片】选项，在【相框形状】下拉列表中选择【简单框架，白色】选项，然后单击【创建】按钮。

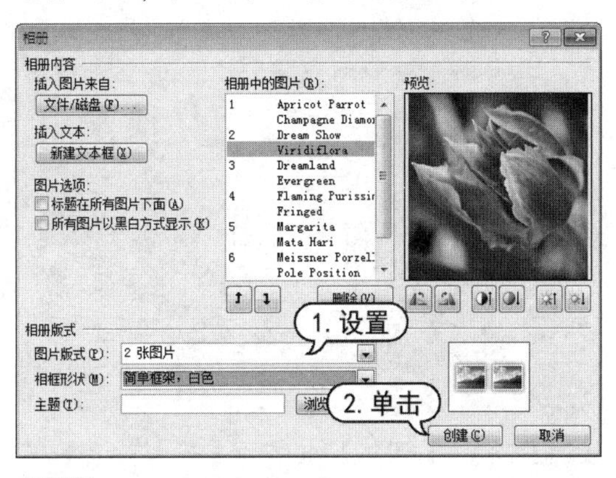

step 6 创建包含 8 张幻灯片的电子相册。单击【文件】按钮，在弹出的菜单中选择【另存为】命令，将该演示文稿以文件名“郁金香展示相册”进行保存。

step 7 打开【插入】选项卡，在【图像】选项组中单击【图片】按钮，打开【插入图片】对话框。在该对话框中选择所需要的图片，然后单击【插入】按钮。

step 8 调整插入图像的大小，并在【图片工具】的【格式】选项卡中单击【排列】组的【下移一层】按钮，从弹出的列表中选择【置于底层】选项。

step 9 单击【调整】组中的【艺术效果】下拉按钮，从弹出的列表中选择【十字图案蚀刻】。

step 10 在幻灯片中，删除文本占位符。打开【插入】选项卡，单击【插图】组中的【形状】按钮，从下拉列表中选择【前凸弯带形】选项。

step 11 在幻灯片中，单击并拖动鼠标绘制所选的形状。

step 12 打开【绘图工具】的【格式】选项卡，在【形状样式】组中单击形状外观样式的【其他】按钮，从弹出的列表中选择【中等效果-红色，强调颜色 2】选项。

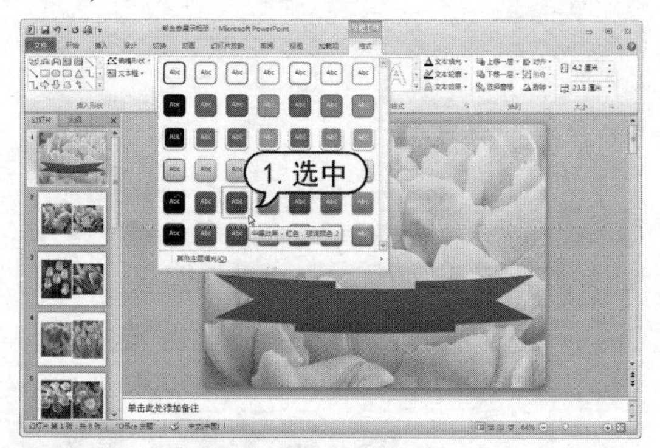

step 13 单击【插入形状】组中的【文本框】下拉按钮，从弹出的列表中选择【横排文本框】选项。

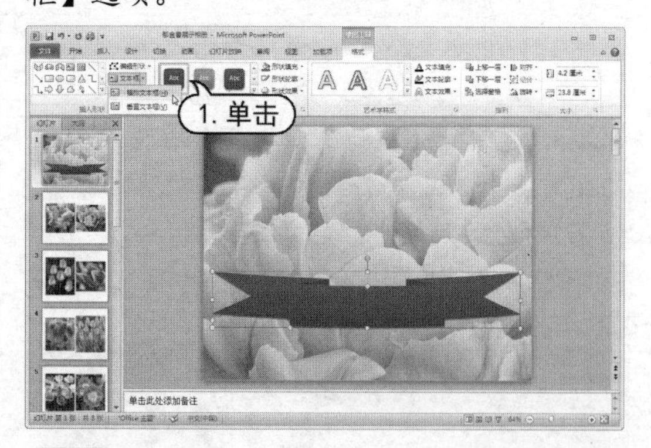

step 14 将光标移至插入的形状内单击，并输入文字内容。

step 15 选中文字，在浮动的工具条中设置【字体】为【Lucida Handwriting】，【字号】为 36。

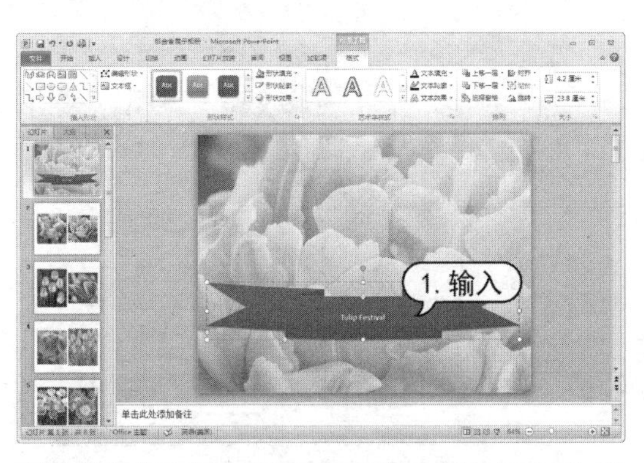

step 16 在幻灯片浏览窗格中，选中第2至第8张幻灯片。

step 17 打开【设计】选项卡，单击【背景样式】下拉按钮，从弹出的列表中选择【设置背景格式】命令。

step 18 在【设置背景格式】对话框中，选中【图片或纹理填充】单选按钮，单击【文件】按钮，打开【插入图片】对话框，在其中选中所需要的图片，然后单击【插入】按钮。

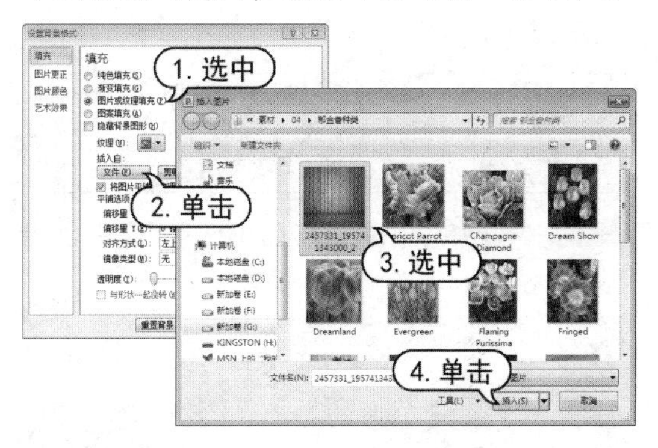

step 19 返回【设置背景格式】对话框，设置【透明度】为15%，然后单击【关闭】按钮。

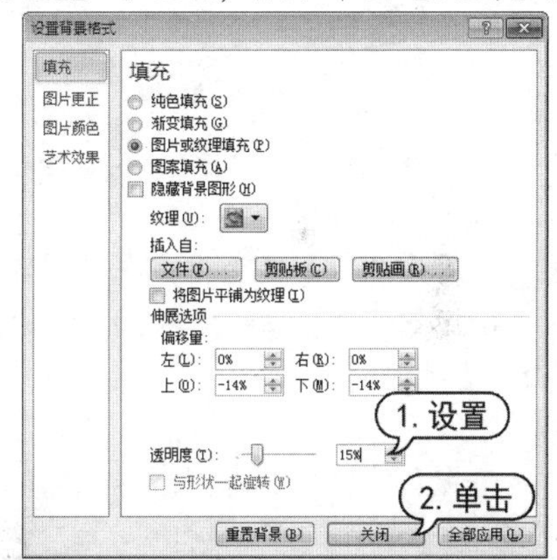

step 20 在快速访问工具栏中单击【保存】按钮，保存“郁金香展示相册”演示文稿。

4.4.2 编辑电子相册

对于建立的相册，如果用户对它所呈现的效果不满意，可以在【插入】选项卡的【图像】选项组中单击【相册】按钮，在弹出的菜单中选择【编辑相册】命令，打开【编辑相册】对话框重新修改相册顺序、图片版式、相框形状以及演示文稿设计模板等相关属性。

【例 4-11】在“郁金香展示相册”相册，重新设置相册格式，并修改文本。
视频+素材 (光盘素材\第 04 章\例 4-11)

step 1 启动PowerPoint 2010 应用程序，打开“郁金香展示相册”演示文稿。

step 2 打开【插入】选项卡，在【图像】选项组中单击【相册】按钮，从弹出的菜单中选择【编辑相册】命令。

step 3 打开【编辑相册】对话框，在【相册版式】选项区域中设置【图片版式】属性为【4 张图片(带标题)】，单击【主题】选项右侧的【浏览】按钮。

step 4 在打开的【选择主题】对话框中，单击【Apex】主题，然后单击【选择】按钮。

step 5 单击【编辑相册】对话框中的【更新】按钮，此时即可在演示文稿中显示更新后的图片效果。

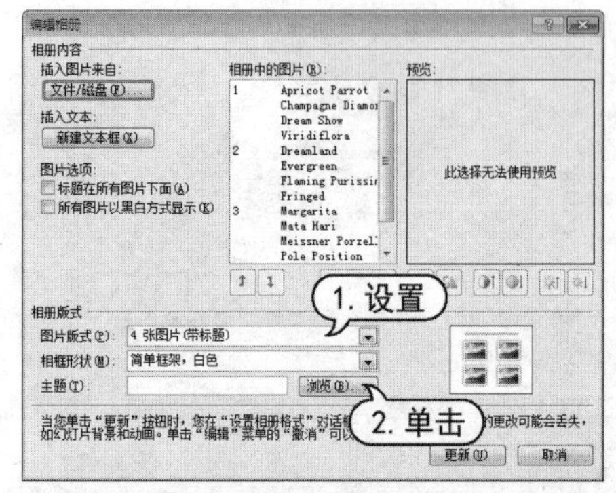

step 6 在幻灯片浏览窗格中，选中第 2 张幻灯片，将其显示在编辑窗口中。单击【单击此处添加标题】文本占位符，然后输入标题文本。

step 7 使用相同的方法，在其他幻灯片中输入标题文字。

step 8 在快速访问工具栏中单击【保存】按钮，保存“郁金香展示相册”演示文稿。

4.5 案例演练

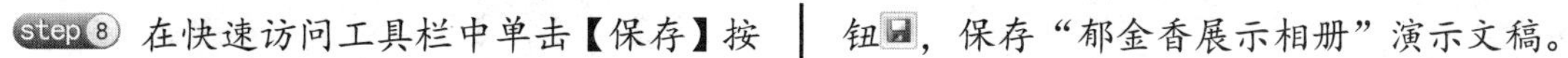

本章的案例演练部分包括制作“幼儿英语教学”课件和“台湾精品8日游”演示文稿两个综合实例操作，使用户通过练习从而巩固本章所学知识。

4.5.1 制作“幼儿英语教学”课件

【例4-12】在PowerPoint 2010中，制作“幼儿英语教学”课件。
视频+素材 (光盘素材\第04章\例4-12)

step 1 启动PowerPoint 2010应用程序，新建一个空白演示文稿。

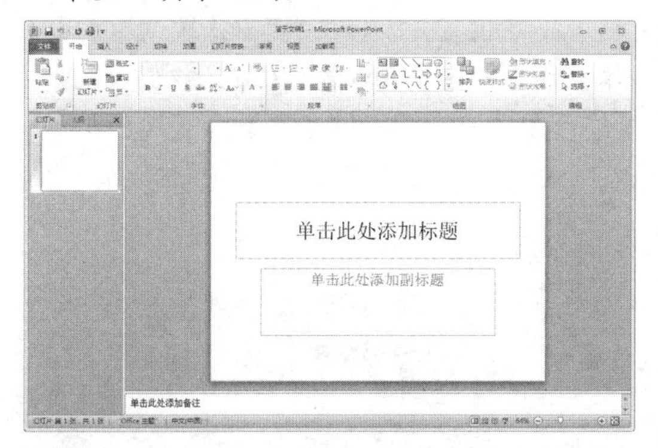

step 2 打开【插入】选项卡，在【图像】选项组中单击【相册】按钮。

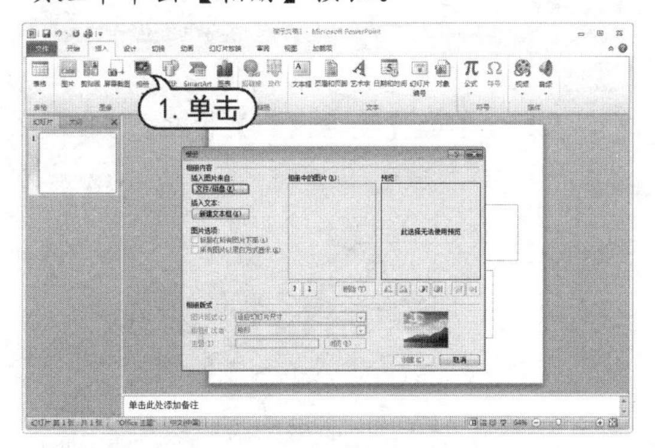

step 3 打开【相册】对话框，单击【文件/磁盘】按钮，打开【插入新图片】对话框。在图片列表中选中需要的图片，单击【插入】按钮。

step 4 返回到【相册】对话框，在【相册中的图片】列表中选择图片，单击按钮，将该图片向上移动到合适的位置。

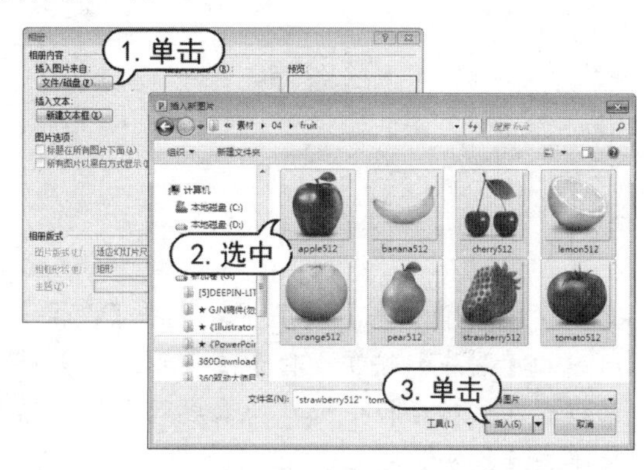

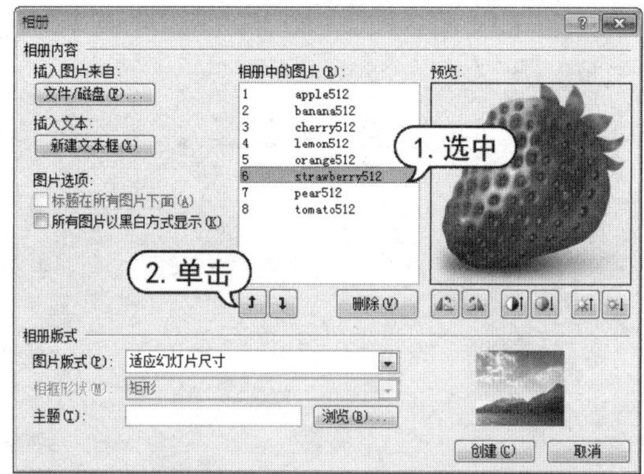

step 5 在【相册版式】选项区域的【图片版式】下拉列表中选择【2张图片】选项，然后单击【创建】按钮。

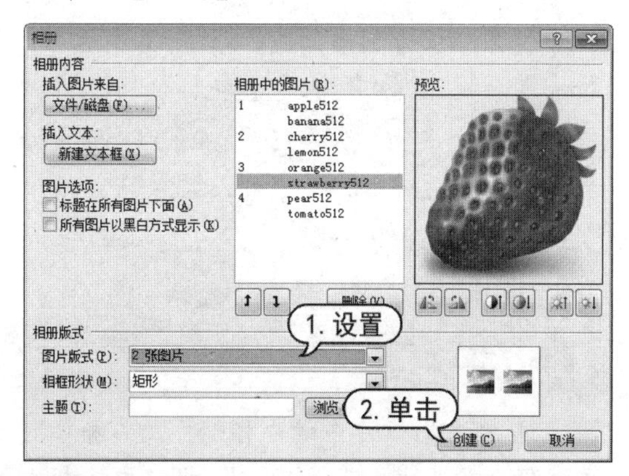

step 6 创建包含5张幻灯片的电子相册。单击【文件】按钮，在弹出的菜单中选择【另

存为】命令，将该演示文稿以文件名“幼儿英语教学”进行保存。

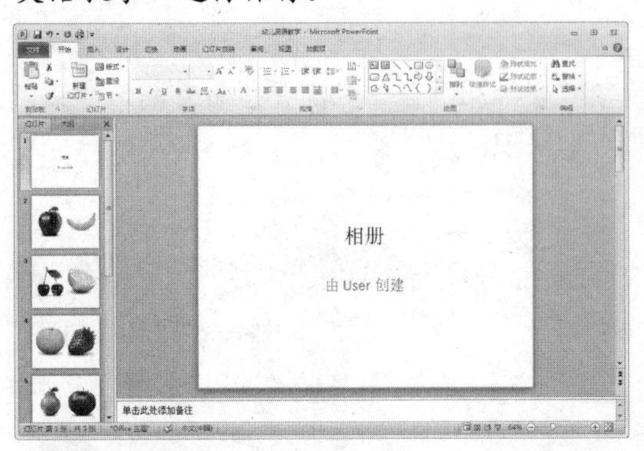

step 7 打开【插入】选项卡，单击【图像】组中的【图片】按钮，打开【插入图片】对话框。在该对话框中选择所需要的图像，然后单击【插入】按钮。

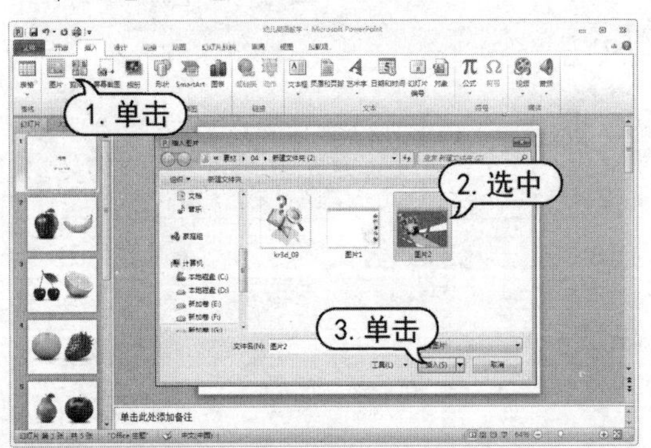

step 8 单击【排列】组中的【下移一层】下拉按钮，从弹出的列表中选择【置于底层】选项。

step 9 单击幻灯片中的“相册”文本框，将文字修改为“幼儿英语教学”。调整文本框的大小及位置，然后在【开始】选项卡的【字体】组中设置【字体】为【方正粗圆_GBK】，【字号】为54，【字体颜色】为【白色】。

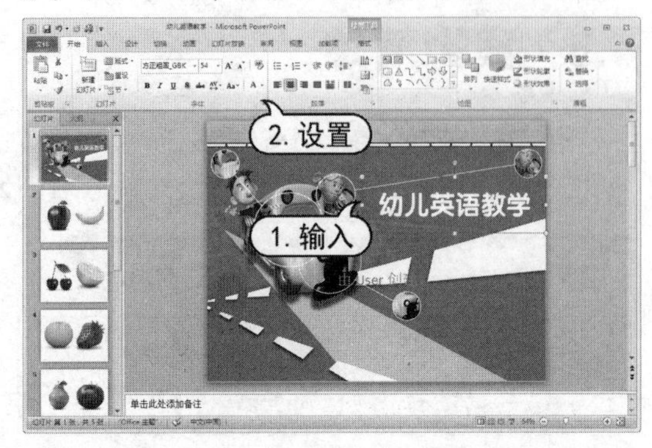

step 10 单击幻灯片中的“由User创建”文本框，将文字修改为“——水果篇”。调整文本框大小及位置，然后在【开始】选项卡的【字体】组中设置【字体】为【方正粗圆_GBK】，【字号】为32，【字体颜色】为【橙色】。

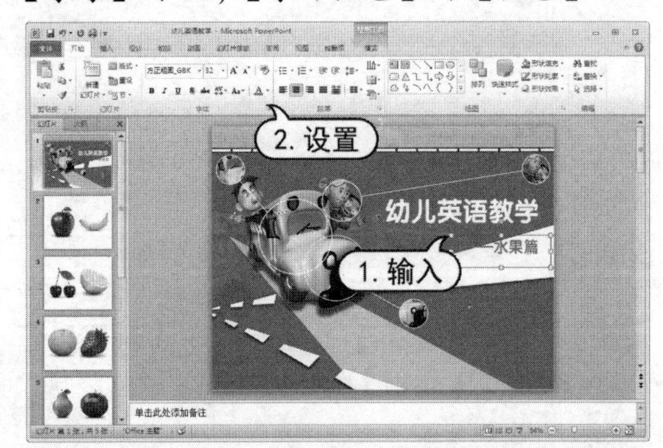

step 11 选中标题文字和副标题文字，单击【字体】组中的【文字阴影】按钮。

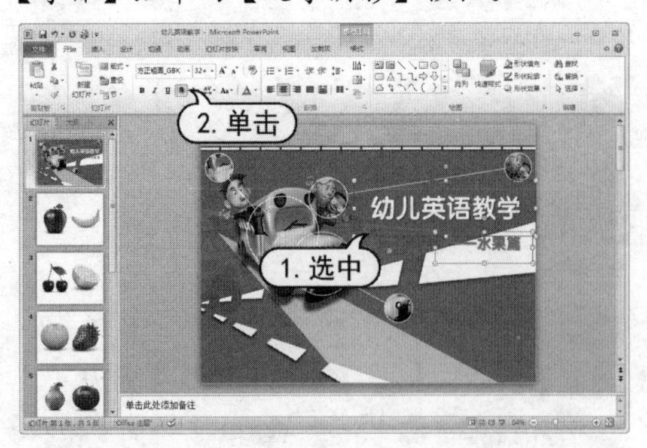

step 12 在幻灯片浏览窗格中，选中第2至第5张幻灯片。

step 13 打开【设计】选项卡，单击【背景】组中的【背景样式】下拉按钮，从弹出的列表中选择【设置背景样式】选项。

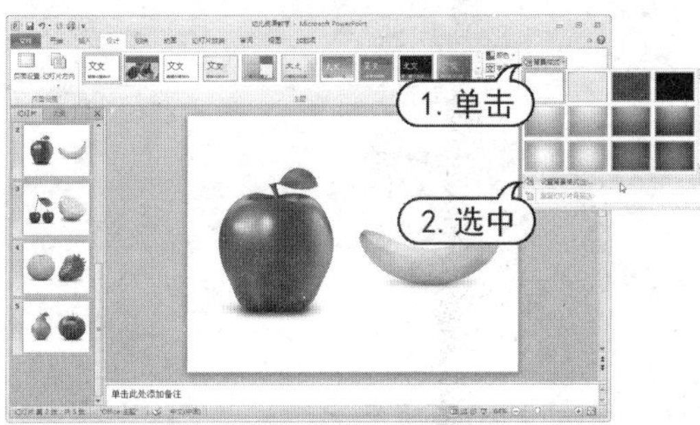

step 14　在打开的【设置背景格式】对话框中，选中【图片或纹理填充】单选按钮，然后单击【文件】按钮，打开【插入图片】对话框。在该对话框中选中需要的图像文件，并单击【插入】按钮。

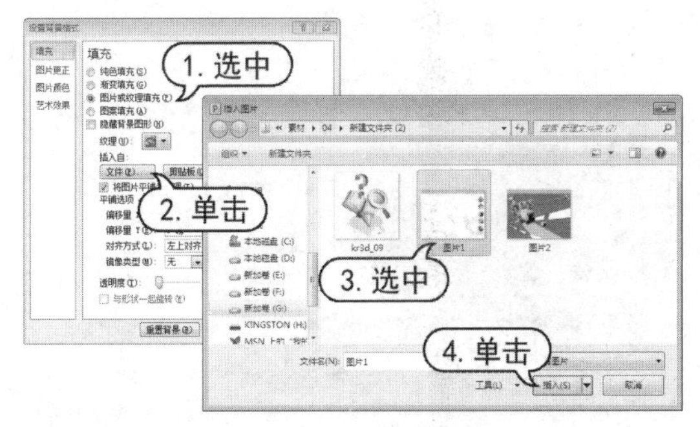

step 15　单击【关闭】按钮关闭【设置背景格式】对话框。

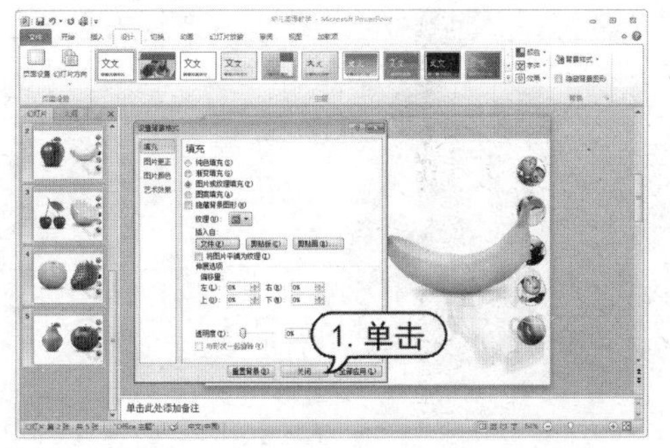

step 16　在幻灯片浏览窗格中，选中第 2 张幻灯片。打开【插入】选项卡。单击【图像】组中的【图片】按钮，在打开的【插入图片】对话框中选择所需要的图像文件，单击【插入】按钮。

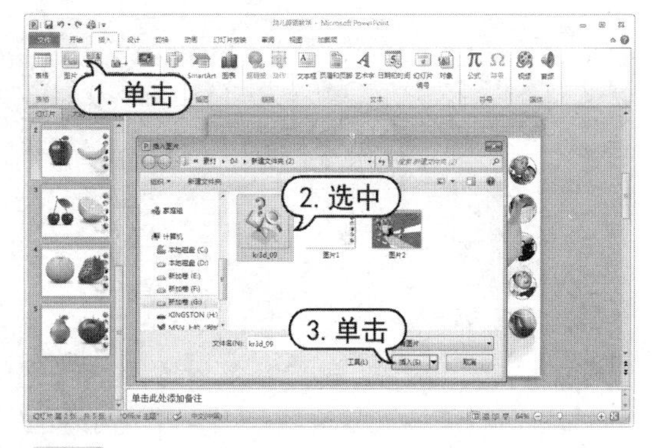

step 17　在幻灯片中，调整插入图像的大小及位置。

step 18　打开【插入】选项卡，在【文本】组中单击【文本框】下拉按钮，从弹出的列表中选择【横排文本框】选项。

step 19　将光标移动至幻灯片中，单击并拖动创建文本框。在文本框内输入文字内容，然后在【开始】选项卡的【字体】组中设置【字

体】为【方正粗圆_GBK】,【字号】为 32,【字体颜色】为【浅蓝】,最后单击【文字阴影】按钮。

step 20 在幻灯片中,选中水果图像。打开【图片工具】的【格式】选项卡,在【大小】组中设置【高度】为 9 厘米。

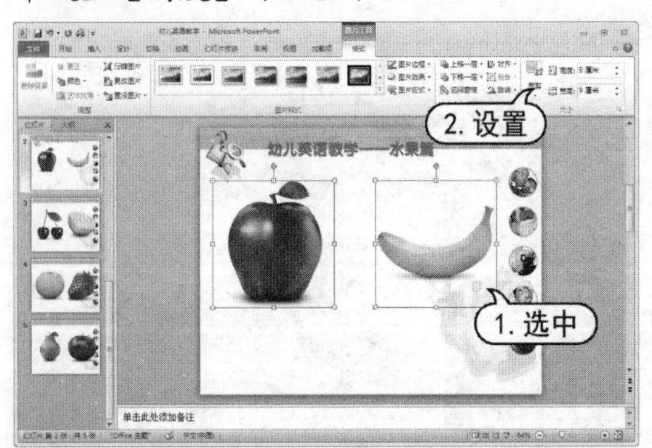

step 21 单击【排列】组中的【对齐】下拉按钮,从弹出的列表中选择【对齐幻灯片】选项。

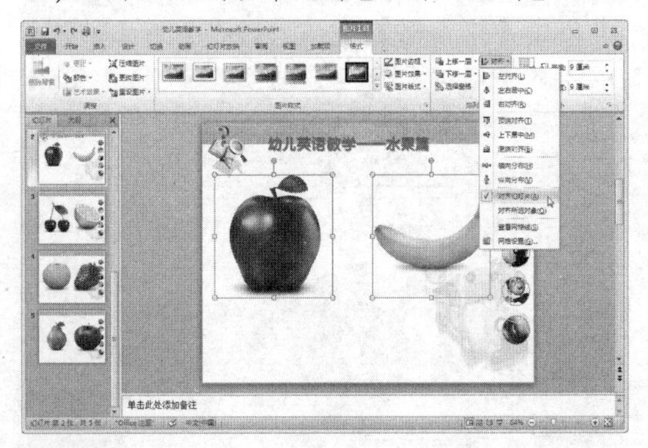

step 22 再次单击【对齐】下拉按钮,从弹出的列表中选择【上下居中】选项。

step 23 打开【插入】选项卡,在【文本】组中单击【文本框】下拉按钮,从弹出的列表中选择【横排文本框】选项。

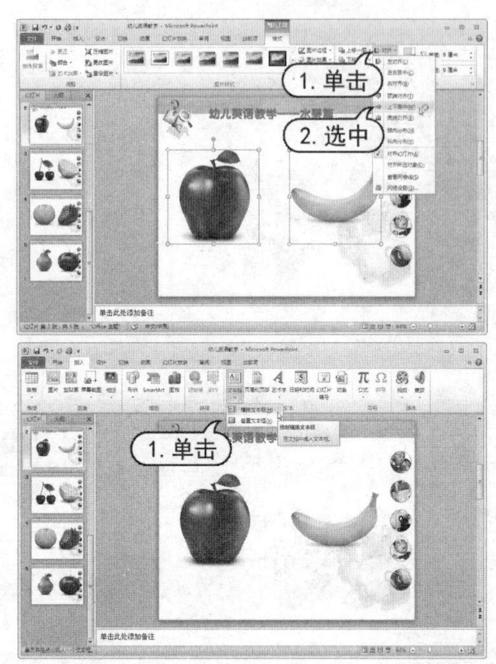

step 24 将光标移动至幻灯片中,单击并拖动创建文本框。在文本框内输入文字内容。然后在【开始】选项卡的【字体】组中设置【字体】为【方正粗圆_GBK】,【字号】为 32,【字体颜色】为【深红】;在【段落】组中单击【居中】按钮。

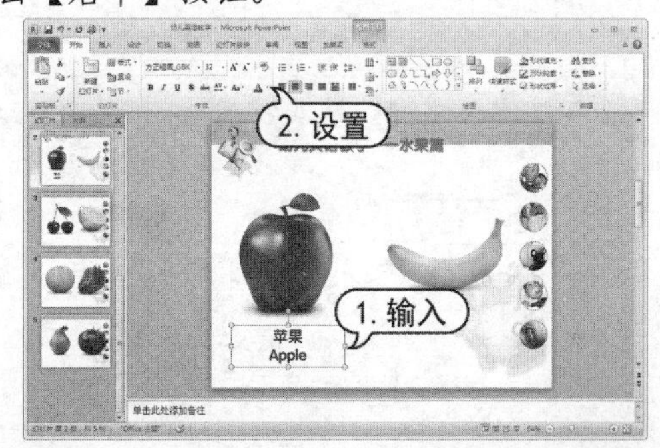

step 25 按Ctrl+Alt键移动并复制刚创建的文本框至合适的位置,并修改其中的文字内容。

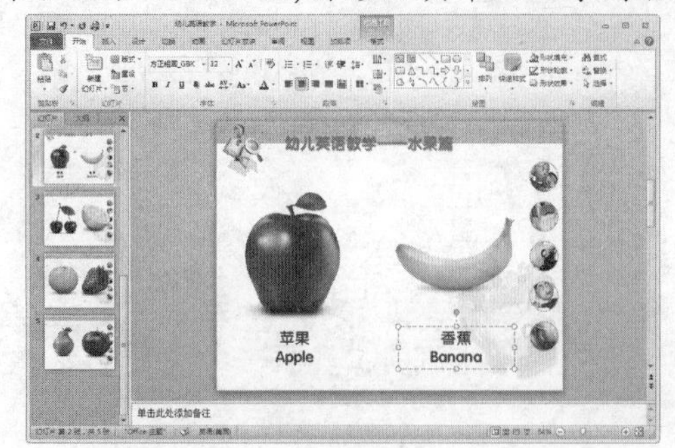

step 26 使用步骤 20~22 的相同操作，设置其他幻灯片中图片的格式。

step 27 在幻灯片浏览窗格中，选中第 2 张幻灯片，将其显示在编辑窗口中。选中插入的图片和文本，按Ctrl+C键进行复制。

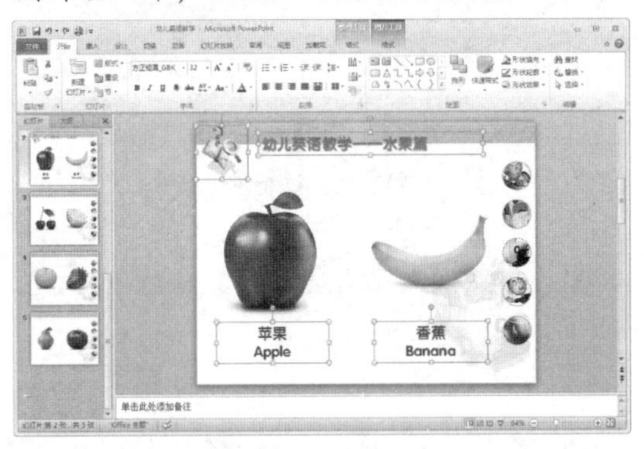

step 28 在幻灯片浏览窗格中，选中第 5 张幻灯片，将其显示在编辑窗口中。按钮Ctrl+V键粘贴刚复制的图片和文本，并根据幻灯片内容修改文字内容。

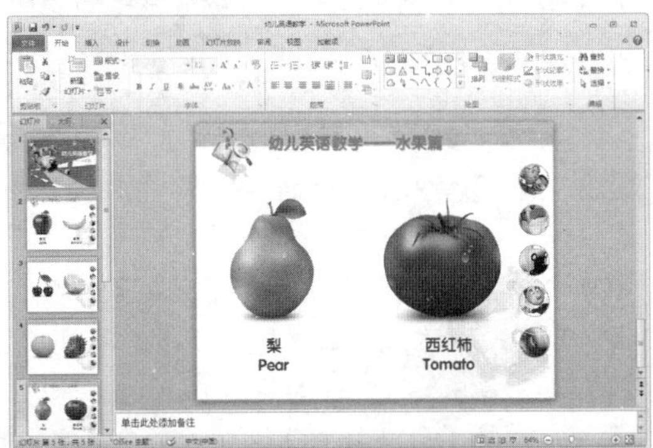

step 29 使用步骤 28 相同的操作方法，编辑第 3 至第 4 张幻灯片内容。

step 30 在快速访问工具栏中单击【保存】按钮，保存“幼儿英语教学”演示文稿。

4.5.2 制作旅游公司演示文稿

【例 4-13】在 PowerPoint 2010 中，制作“旅游公司演示文稿”演示文稿。

视频+素材 (光盘素材\第 04 章\例 4-13)

step 1 启动PowerPoint 2010 应用程序，新建一个空白演示文稿。

step 2 打开【插入】选项卡，单击【图像】组中的【图片】按钮，打开【插入图片】对话框。在对话框中选择所需要的图像文件，单击【插入】按钮。

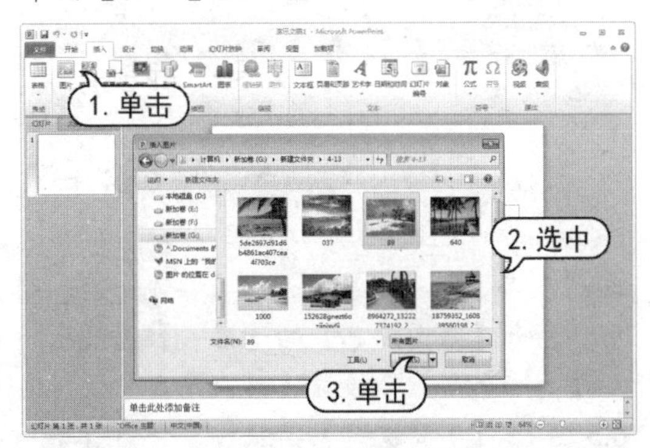

step 3 在【图片工具】的【格式】选项卡中，单击【排列】组中的【下移一层】按钮，从

弹出的列表中选择【置于底层】选项，并调整图像大小。

step 4 打开【设计】选项卡，单击【背景】组中的【背景样式】按钮，从弹出的列表中选择【样式 11】。

step 5 删除幻灯片中的占位符，打开【插入】选项卡。在【插图】组中，单击【形状】下拉按钮，从弹出的列表中选择【矩形】。

step 6 将光标移动至幻灯片中，拖动绘制矩形。打开【绘图工具】的【格式】选项卡，在【大小】组中，设置【形状高度】数值为 6.5 厘米，【形状宽度】数值为 11.5 厘米。

step 7 在【形状样式】组中，单击【形状填充】下拉按钮，从弹出的列表中选择【无填充颜色】选项。

step 8 单击【形状轮廓】下拉按钮，从弹出的下拉列表中选择白色。

step 9 在【插入形状】组中，单击形状列表框中的【矩形】按钮，然后将光标移动至幻灯片中单击插入形状，并在【大小】组中，设置【形状高度】数值为 7 厘米，【形状宽度】数值为 7 厘米。

step 10 单击【形状样式】组中的【形状轮廓】下拉按钮，从弹出的列表中选中【白色】。再次单击【形状轮廓】下拉按钮，从弹出的列表中选择【粗细】选项，从弹出的列表中选择【4.5 磅】选项。

step 11　单击【形状填充】下拉按钮，从弹出的列表中选择填充颜色。

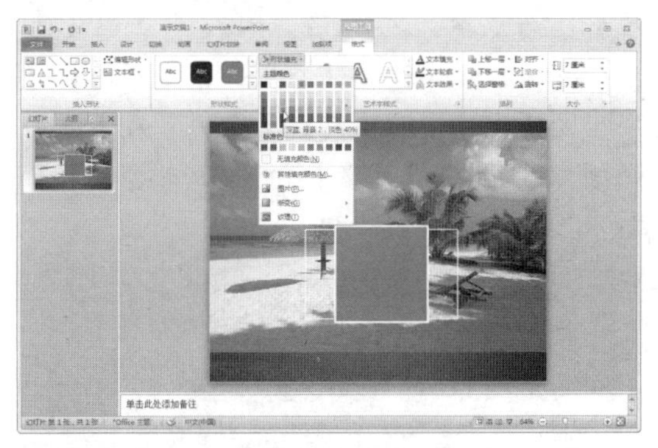

step 12　单击【排列】组中的【旋转】按钮，从弹出的列表中选择【其他旋转选项】命令。

step 13　在打开的【设置形状格式】对话框中，设置【旋转】数值为 45°，然后单击【关闭】按钮。

step 14　使用步骤 9 的操作方法插入矩形，在【大小】组中，设置【形状高度】数值为 6 厘米，【形状宽度】数值为 11 厘米；在【形状样式】组中，单击【形状轮廓】下拉按钮，从弹出的列表中选择【无轮廓】选项；单击【形状填充】下拉按钮，从弹出的列表中选择【橙色】。

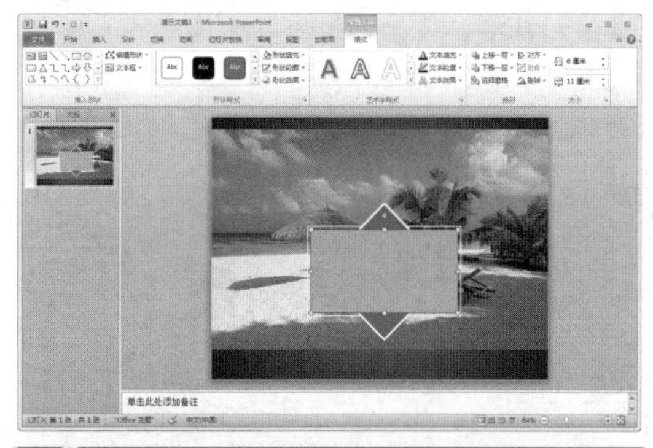

知识点滴

选择任一插入的形状，在【绘图工具】的【格式】选项卡中，单击【排列】组中的【选择窗格】按钮，打开【选择和可见性】窗格，其中显示出当前幻灯片中的所有形状，单击要隐藏的形状右侧的眼睛图标，即可隐藏当前形状。

step 15　在【形状样式】组中，单击【形状效果】下拉按钮，从弹出的列表中选择【阴影】选项，再从弹出的列表中选择【向下偏移】选项。

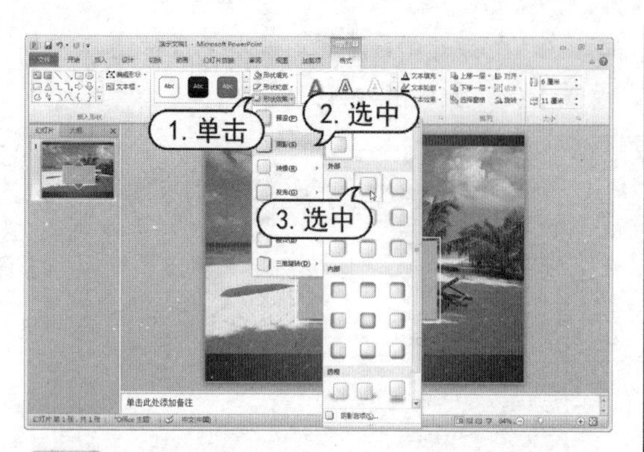

step 16 选中插入的形状，单击【排列】组中的【对齐】下拉按钮，从弹出的列表中选择【对齐幻灯片】选项。

step 17 再单击【排列】组中的【对齐】下拉按钮，从弹出的列表中选择【左右居中】和【上下居中】选项。

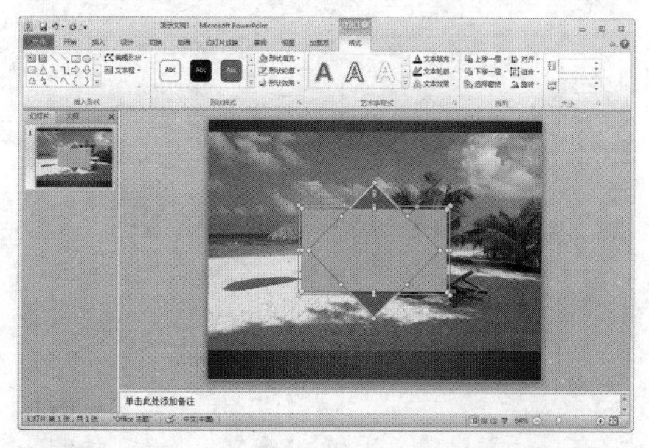

step 18 单击【插入形状】组中的【文本框】下拉按钮，从弹出的列表中选择【横排文本框】选项。将光标移至步骤 14 插入的形状内单击，输入文字内容。

step 19 选中输入的文字，在浮动工具栏中设置【字体】为【方正大黑简体】，【字号】为 66。

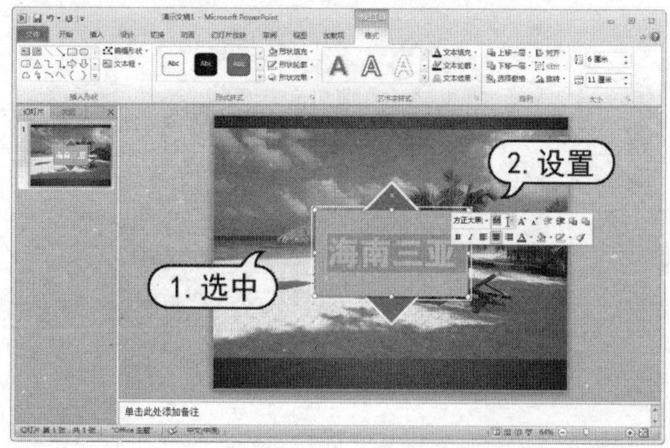

step 20 单击【插入形状】组中的【文本框】下拉按钮，从弹出的列表中选择【横排文本框】选项。将光标移至幻灯片中，创建文本框，并输入文字内容。在打开的【开始】选项卡的【字体】组中设置【字体】为【方正细珊瑚_GBK】，【字号】为 60。在【段落】组中单击【居中】按钮。

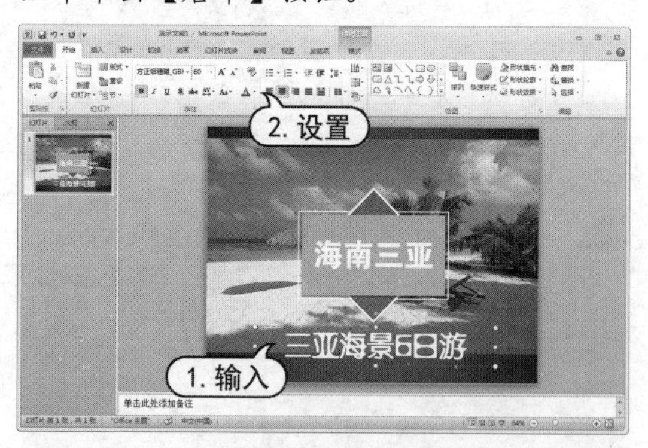

step 21 打开【绘图工具】的【格式】选项卡，单击【文本效果】下拉按钮，从弹出的列表中选择【发光】选项，从弹出的列表中选择【红色，11pt发光，强调文字颜色 2】选项。

step 22 在幻灯片中，选中刚编辑完的标题文字，调整文字位置。

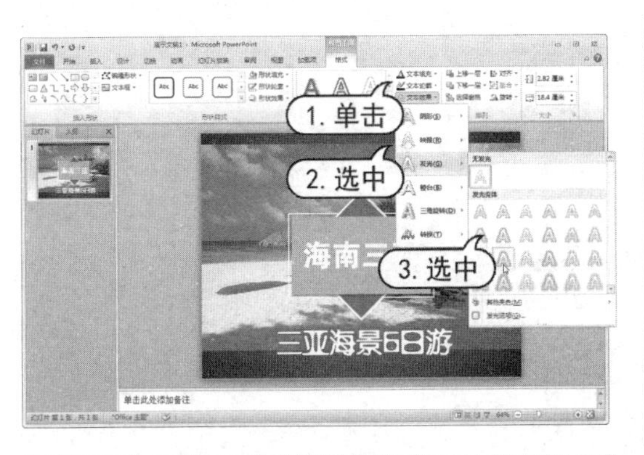

step 23 打开【开始】选项卡，单击【幻灯片】组中的【新建幻灯片】按钮，新建一张空白幻灯片。

step 24 打开【设计】选项卡，在【背景】组中单击【背景样式】下拉按钮，从弹出的列表中选择【设置背景格式】命令。

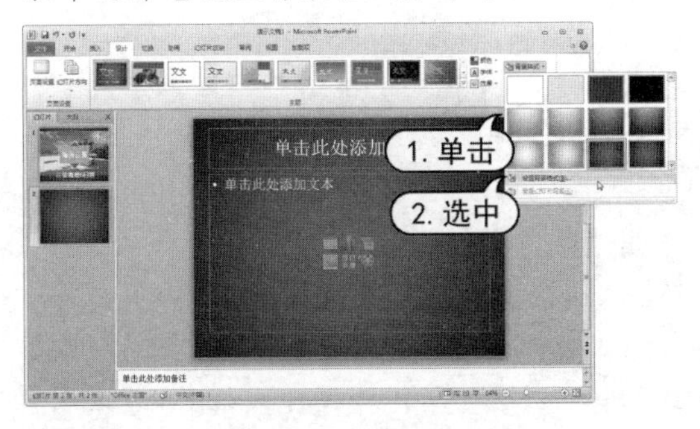

step 25 在打开的【设置背景格式】对话框中，选中【图片或纹理填充】单选按钮，单击【文件】按钮，从弹出的【插入图片】对话框中选中所需要的图片，然后单击【插入】按钮。

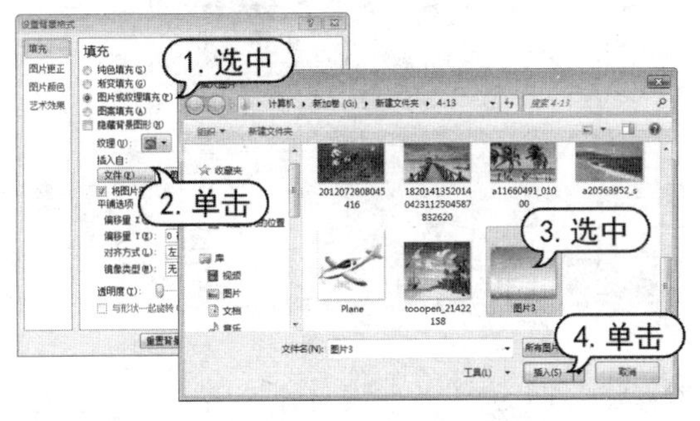

step 26 在【设置背景格式】对话框中，设置【透明度】数值为 50%，然后单击【关闭】按钮。

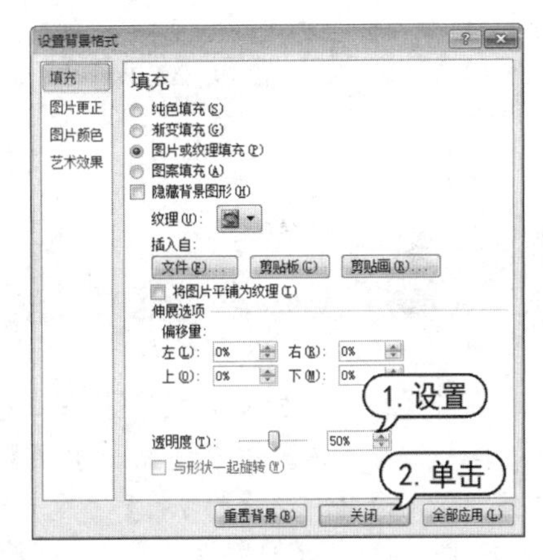

step 27 单击【单击此处添加标题】占位符，输入标题内容。打开【开始】选项卡，在【字体】组中设置字体为【方正粗圆_GBK】，在【段落】组中单击【文本左对齐】按钮。

step 28 选中标题文本占位符，在【绘图】组

中单击【形状填充】下拉按钮，从弹出的列表中选择【渐变】选项，再从弹出的列表框中选择【变体】选项中的【线性向右】。

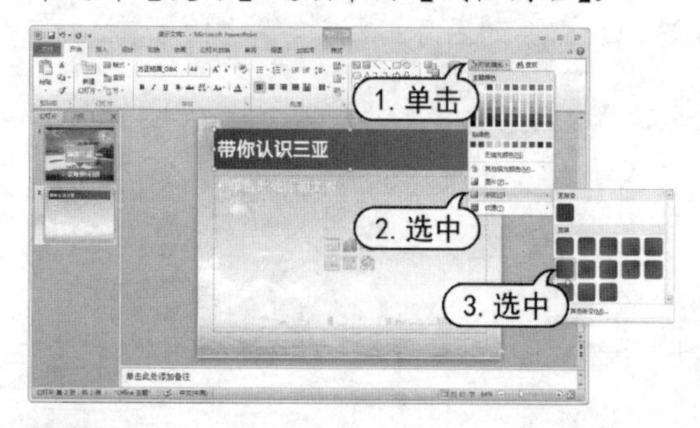

step 29 在幻灯片中，调整标题文本占位符形状大小。

step 30 单击【单击此处添加文本】占位符，输入文本，在【字体】组中设置【字体】为【方正黑体简体】，【字号】为24，【字体颜色】为【深蓝】，并取消项目符号。

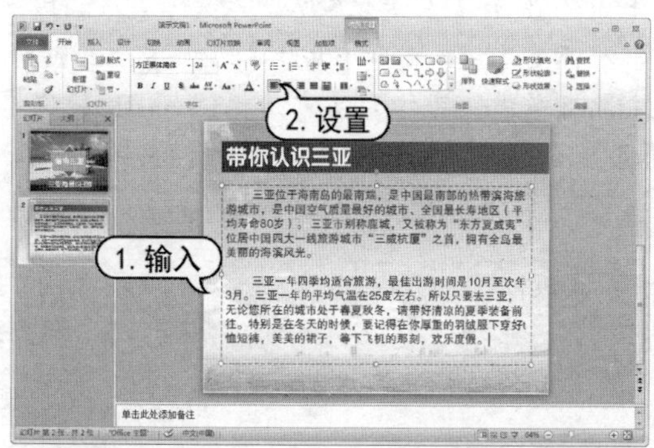

step 31 在幻灯片浏览窗格中的第2张幻灯片上右击鼠标，从弹出的菜单中选择【复制幻灯片】命令。

step 32 在复制的幻灯片中，分别更改标题和内容文字。

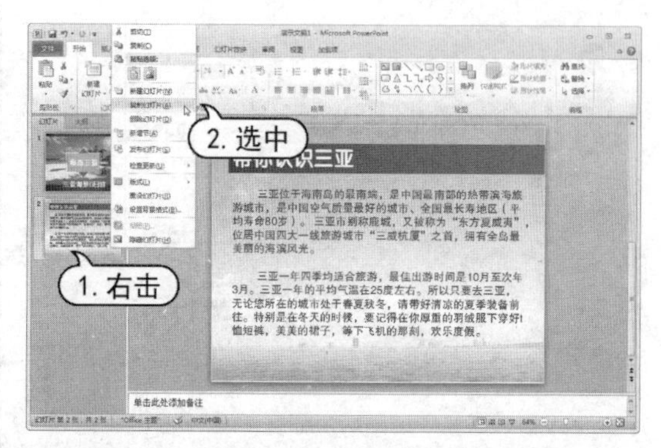

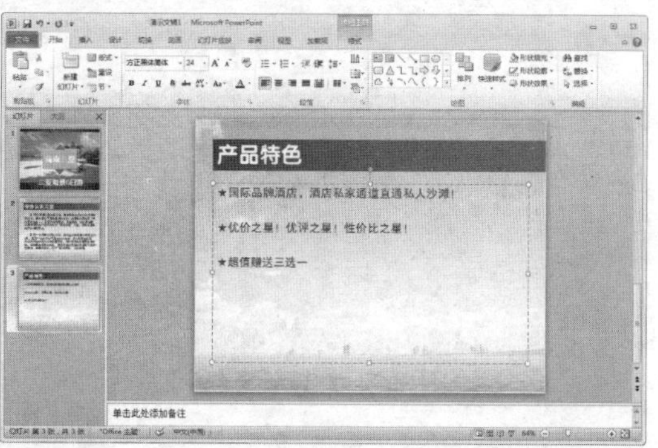

step 33 打开【插入】选项卡，单击【图像】组中的【图片】按钮，打开【插入图片】对话框。在对话框中选择所需要的图片，然后单击【插入】按钮。

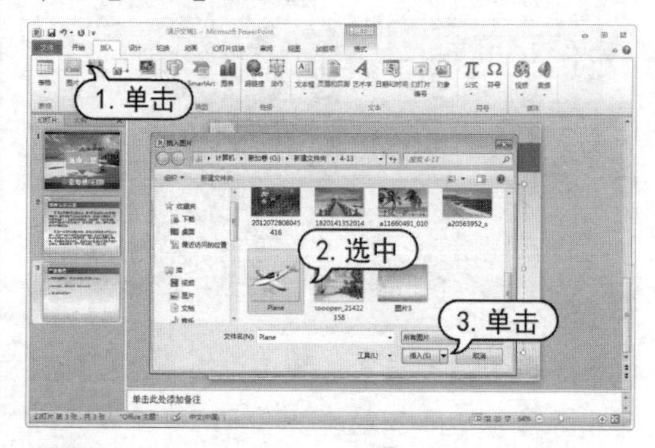

step 34 在幻灯片中，调整插入图片的大小及位置。

step 35 打开【插入】选项卡，单击【图像】组中的【图片】按钮，打开【插入图片】对话框。在对话框中选择所需要的图片，然后单击【插入】按钮。

step 36 在幻灯片中，调整插入图片的大小及位置。打开【格式】选项卡，在【图片样式】组中，单击图片总体外观样式组中的【其它】

按钮，从弹出的下拉列表框中选择【旋转，白色】选项。

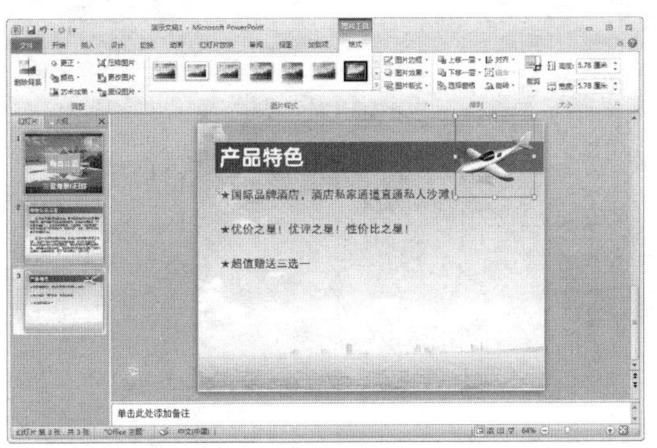

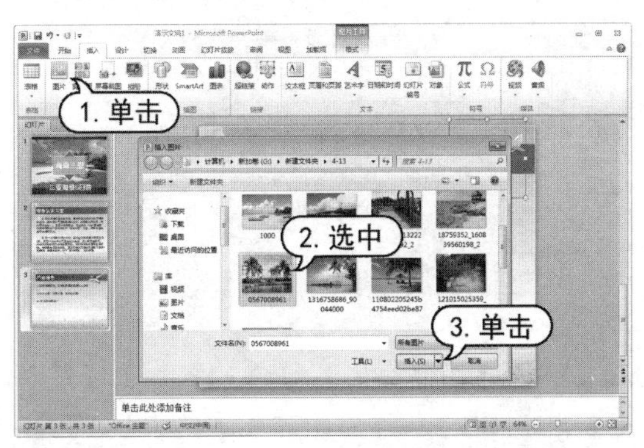

step 37　使用步骤 35~36 的操作方法，插入另外两张图片，并设置图片外观样式。

step 38　选中插入的图片，在【图片样式】组中单击【图片边框】下拉按钮，从弹出的列表中选择【粗细】选项，再从弹出的列表中选择【4.5 磅】。

step 39　在幻灯片浏览窗格中，在第 3 张幻灯片上右击鼠标，从弹出的菜单中选择【复制幻灯片】命令。在复制的第 4 张幻灯片中删除文字和图片，并修改标题内容。

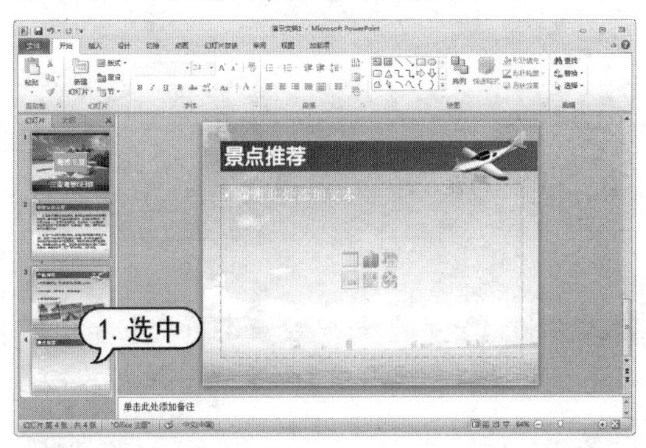

step 40　打开【插入】选项卡，在【图像】组中单击【图片】按钮，打开【插入图片】对话框。在对话框中选择所需要的图片，然后单击【插入】按钮。

step 41　打开【格式】选项卡，在【大小】组

中单击【裁剪】下拉按钮，从弹出的列表中选择【纵横比】选项，从弹出的列表中选择【1：1】选项。

step 42 调整图片裁剪框的范围，然后在幻灯片空白处单击，裁剪图像。

step 43 在【大小】组中设置【高度】和【宽度】数值为4.5厘米，并调整图片的位置。

step 44 使用步骤40~42相同的操作方法，插入其他图片。

step 45 在幻灯片中选中所有插入的风景图片，打开【格式】选项卡。在【大小】组中，单击【裁剪】下拉按钮，从弹出的列表中选择【裁剪为形状】选项，再从弹出的列表中选择【椭圆】选项。

step 46 在【图片样式】组中，单击【图片边框】下拉按钮，从弹出的列表中选中【白色】；再单击【图片边框】下拉按钮，从弹出的列表中选择【粗细】选项，再从弹出的列表中选择【6磅】。

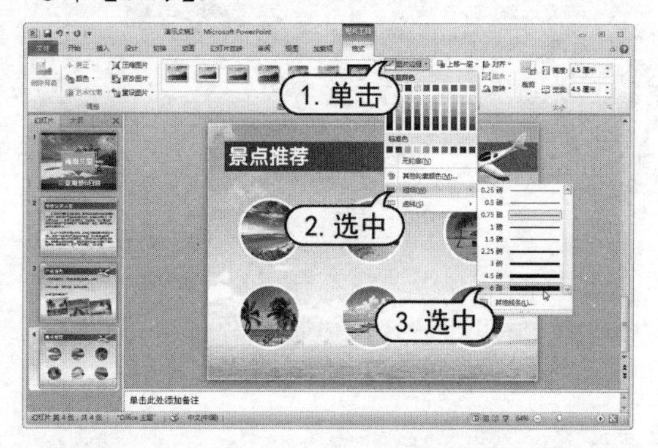

step 47 在【图片样式】组中单击【图片效果】下拉按钮，从弹出的列表中选择【阴影】选项，从弹出的列表中选择【左下斜偏移】。

step 48 打开【插入】选项卡，在【文本】组中单击【文本框】下拉按钮，从弹出的列表中选择【横排文本框】选项。

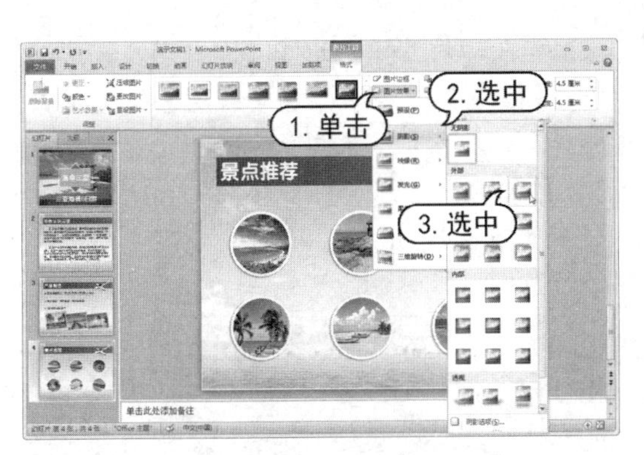

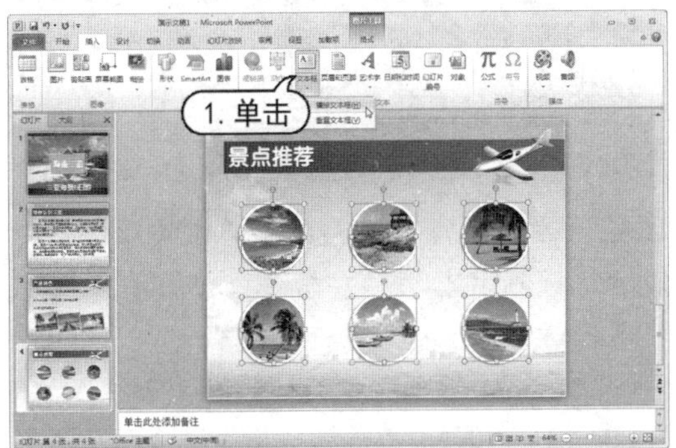

step 49 将光标移动至幻灯片中，单击并拖动鼠标创建文本框，并在文本框中输入文本内容。打开【开始】选项卡，在【字体】组中设置【字体】为【方正粗圆_GBK】，【字号】为 14，【字体颜色】为【深蓝】；在【段落】组中单击【居中】按钮。

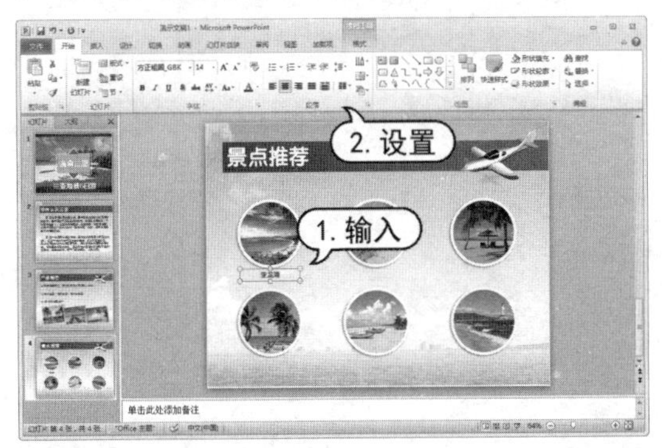

step 50 选中刚创建的文本框，按Ctrl+Alt键移动并复制文本框，然后分别修改文本框中的文字内容。

step 51 打开【插入】选项卡，单击【插图】组中的【形状】下拉按钮，从弹出的列表框中选中【右箭头】选项。

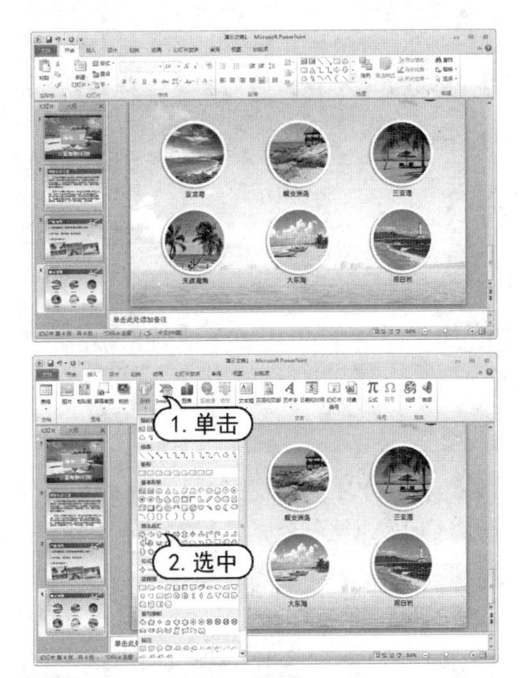

step 52 将光标移动至幻灯片中，单击并拖动鼠标绘制右箭头。

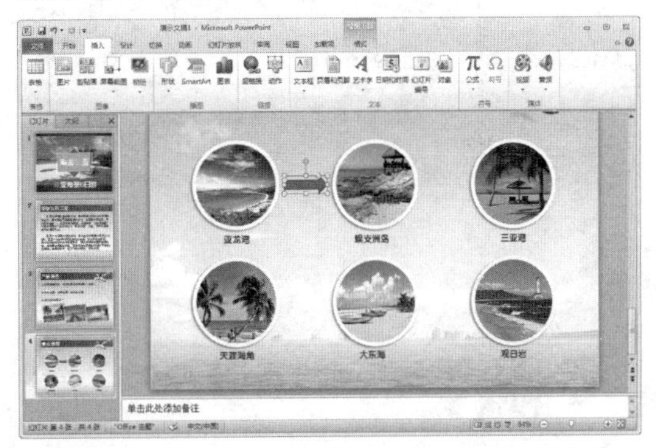

step 53 打开【格式】选项卡，在【形状样式】组中，单击【形状效果】下拉按钮，从弹出的列表中选择【预设】选项，再从弹出的列表框中选择【预设 2】选项。

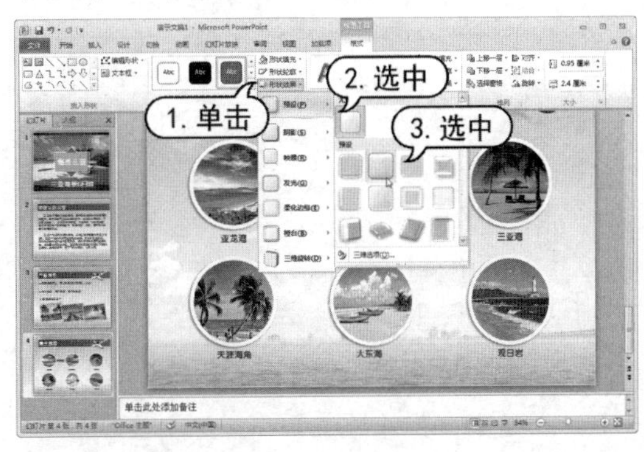

step 54 在【形状样式】组中，单击【形状填充】下拉按钮，从弹出的列表中选择【橙色】。

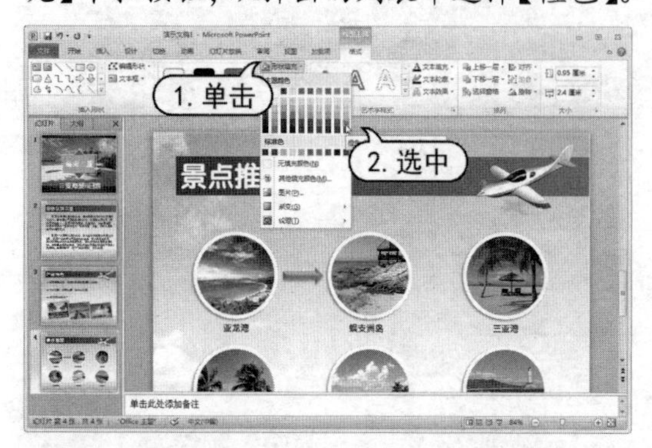

step 55 在幻灯片中，选中编辑后的右箭头形状，按Ctrl+Alt键移动并复制右箭头形状。

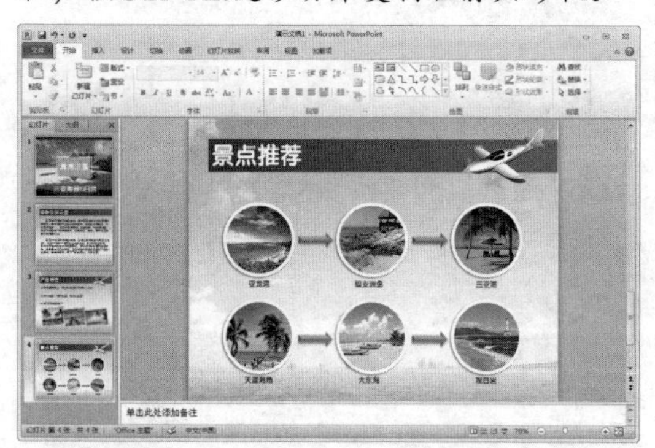

step 56 在幻灯片中，选中第二排箭头形状。打开【格式】选项卡，在【排列】组中单击【旋转】下拉按钮，从弹出列表中选择【水平翻转】选项。

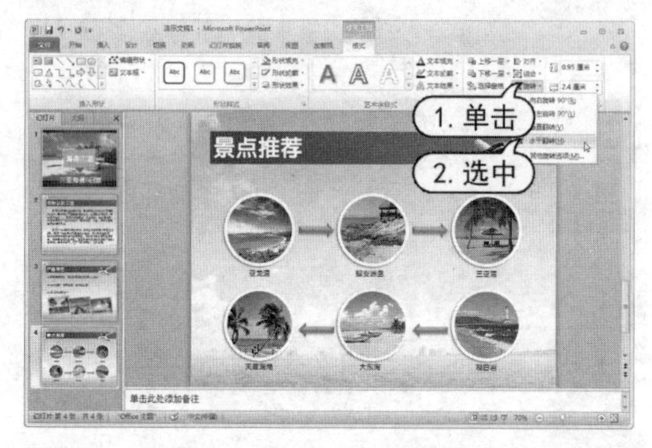

step 57 在快速访问工具栏中单击【保存】按钮，将演示文稿以“旅游公司演示文稿”为名进行保存。

第5章

在幻灯片中添加表格和图表

表格是组织数据最有用的工具之一，它能够以易于理解的方式显示数字或文本。而图表是一种将数据变为可视化图形的表达形式，具有较强的说服力，能够正确、直观地表现数据，主要用于演示数据和比较数据。

对应光盘视频

例 5-1 创建表格
例 5-2 添加表格文本信息
例 5-3 设置表格文本样式
例 5-4 设置表格样式
例 5-5 插入图表
例 5-6 设置图表外观
例 5-7 制作调查分析演示文稿
例 5-8 制作电子月历

5.1 在幻灯片中插入表格

在演示文稿中，有些信息内容无法通过文字、图片或图形很好地表达，如各种报表、财务预算。而这些数据化的信息用表格来表达则可以让观众一目了然。PowerPoint 2010 为用户提供了表格处理工具，可以方便地在幻灯片中插入表格，并输入数据。

5.1.1 快速插入表格

将不同颜色的数据项插入到表格中显示出来，能够使观众更好地理解它们之间的关系。因此，学习在幻灯片中快速插入表格是十分必要的。

1. 通过占位符插入表格

当幻灯片的版式为内容版式或文字和内容版式时，可以通过幻灯片的项目占位符中的【插入表格】按钮来创建。在 PowerPoint 中，单击占位符中的【插入表格】按钮，打开【插入表格】对话框。在对话框的【列数】和【行数】文本框中输入列数和行数，然后单击【确定】按钮，即可在幻灯片中插入表格。

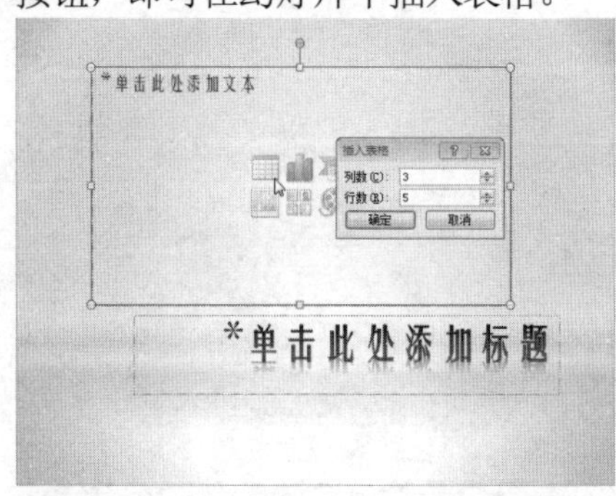

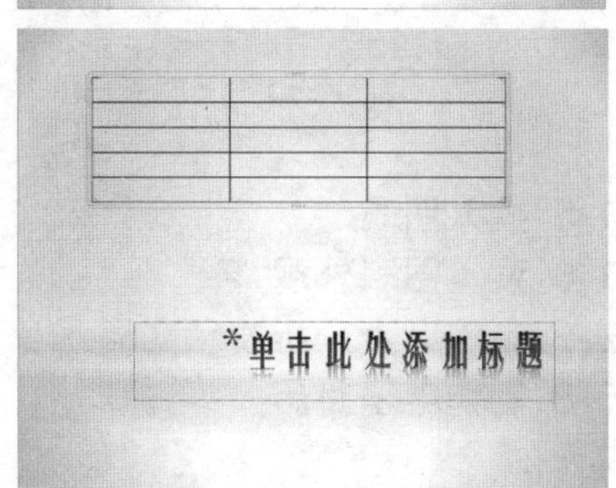

2. 通过【表格】组插入表格

除了可以通过占位符插入表格外，还可以通过【表格】组插入，方法有以下三种。

- 打开【插入】选项卡，在【表格】组中单击【表格】下拉按钮，从弹出的列表中选择列数和行数，即可在幻灯片中插入表格。

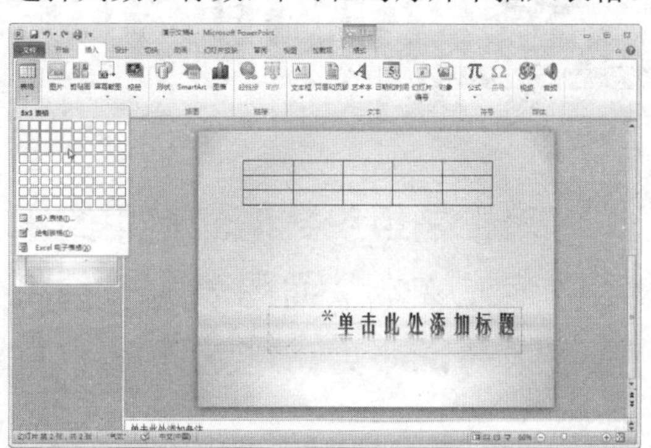

- 打开【插入】选项卡，在【表格】组中单击【表格】下拉按钮，从弹出的下拉列表中选择【插入表格】命令，打开【插入表格】对话框。在该对话框的【列数】和【行数】文本框中分别输入列数和行数，然后单击【确定】按钮，即可在幻灯片中插入表格。
- 打开【插入】选项卡，在【表格】组中单击【表格】下拉按钮，从弹出的列表中选择【Excel 电子表格】命令，即可在幻灯片中插入一个 Excel 电子表格。

> **知识点滴**
>
> 在幻灯片中插入的 Excel 电子表格与普通表格的区别是：Excel 电子表格可以进行排序、计算以及使用公式等操作，而普通表格却无法进行这些操作。另外，使用【复制】和【粘贴】命令，可将 Word 创建的表格粘贴至幻灯片中使用。

5.1.2 手动绘制表格

如果 PowerPoint 所提供的插入表格功能不能满足用户的需求，那么用户可以通过绘制表格功能来解决一些实际问题。

【例 5-1】新建"住房市场调研报告"演示文稿，并创建表格。
视频+素材 (光盘素材\第 05 章\例 5-1)

step 1 启动PowerPoint 2010 应用程序，打开演示文稿。单击【文件】按钮，从打开的菜单中选择【新建】命令，在【可用模板和主题】窗格中，单击【我的模板】按钮，打开【新建演示文稿】对话框。在该对话框中选择【商业营销-1】选项，然后单击【确定】按钮。

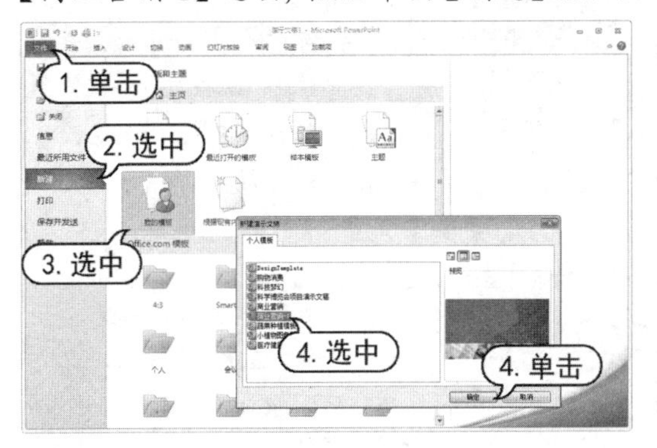

step 2 在第 1 张幻灯片中，单击【单击此处添加标题】占位符，在其中输标题内容。在【开始】选项卡的【字体】组中设置【字体】为【方正魏碑_GBK】，【字号】为 24，字体颜色为白色，单击【文字阴影】按钮。

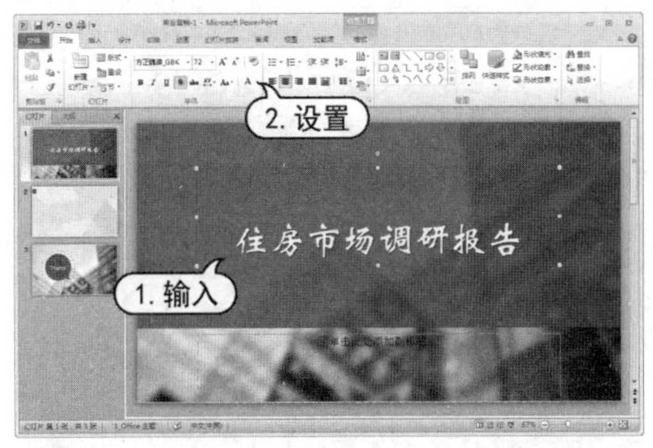

step 3 单击【单击此处添加副标题】占位符，在其中输入副标题内容。在【开始】选项卡的【字体】组中设置字体为【方正黑体简体】，字号为 72，单击【文字阴影】按钮。

step 4 在幻灯片浏览窗格中，选中第 2 张幻灯片。单击【单击此处添加标题】占位符，在其中输入“上半年住宅与非住宅销售套数”。在【开始】选项卡的【字体】组中设置字体为【方正魏碑_GBK】，字号为 32，字体颜色为蓝色，单击【字符间距】下拉按钮，从弹出列表中选择【很紧】选项。

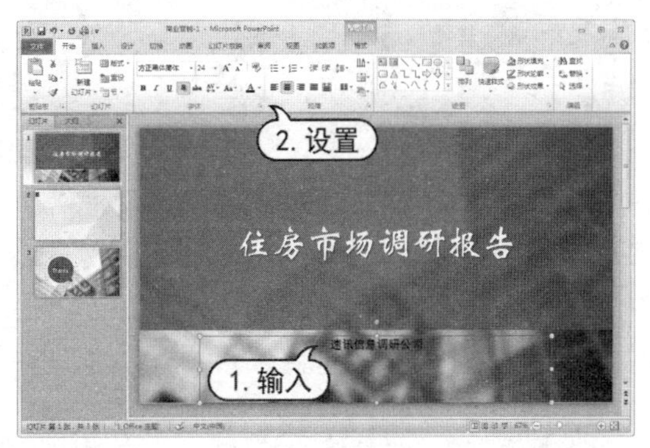

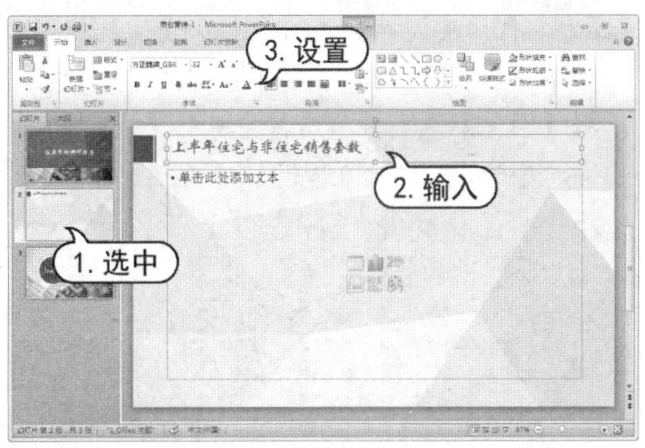

step 5 在【插入】选项卡中单击【表格】组中的【表格】下拉按钮，从弹出的下拉菜单中选择【插入表格】选项。

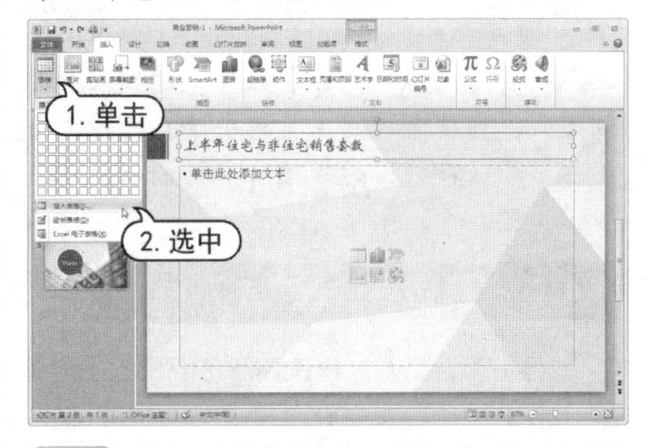

step 6 在打开的【插入表格】对话框中，设置【列数】为 7，【行数】为 3，然后单击【确定】按钮。

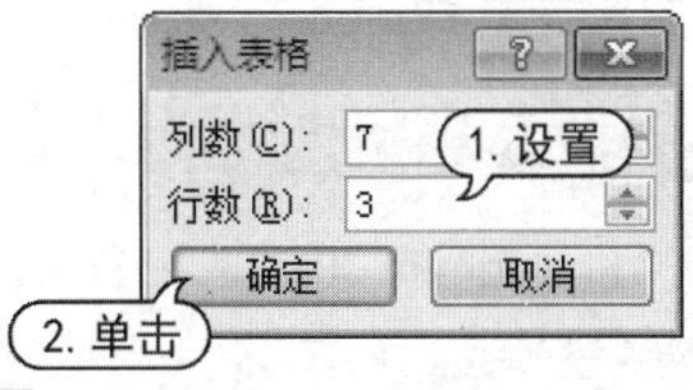

step 7 在幻灯片中，拖动插入表格外框，可以改变表格大小。

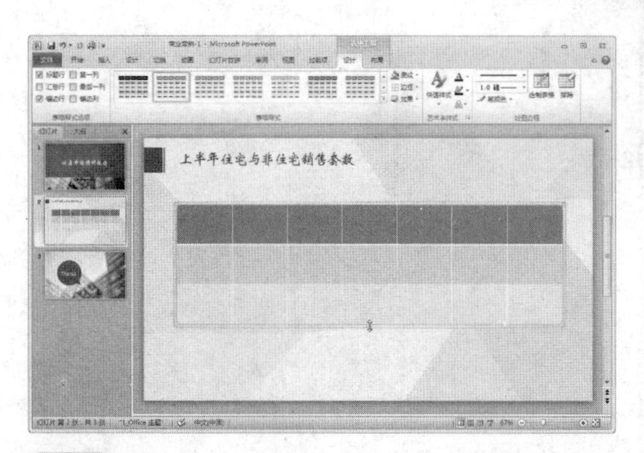

step 8 打开【设计】选项卡，在【绘制边框】组中单击【笔颜色】下拉按钮，从弹出的列表中选择【白色】选项，然后将光标移至表格内部，当光标变为✎形状时，拖动鼠标绘制表格线。

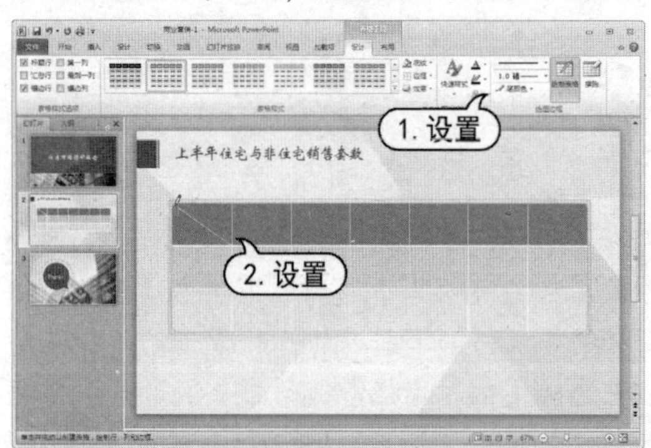

step 9 单击【绘制表格】按钮，退出表格绘制模式。在快速访问工具栏中单击【保存】按钮，保存创建的“住房市场调研报告”演示文稿。

5.1.3 在表格中输入文本

创建完表格后，光标将停留在任意一个单元格中，用户可以在其中输入文本。输入完一个单元格内容后可以按 Tab 键或者键盘上的↑、↓、←、→方向键切换到其他单元格中继续输入文本。

【例 5-2】在“住房市场调研报告”演示文稿的表格中，添加文本信息。
视频+素材 (光盘素材\第 05 章\例 5-2)

step 1 启动PowerPoint 2010 应用程序，打开“住房市场调研报告”演示文稿。在幻灯片浏览窗格中，选中第 2 张幻灯片，将其显示在编辑窗口中。

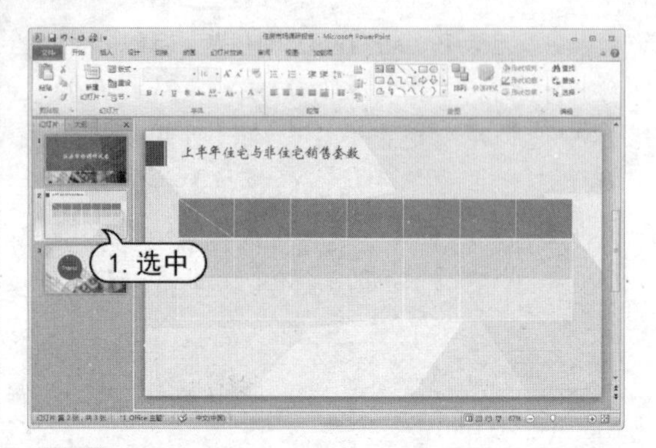

step 2 将鼠标光标移至表格内单击，此时光标自动定位在第 1 行第 1 列的单元格中，在单元格中输入文字内容。

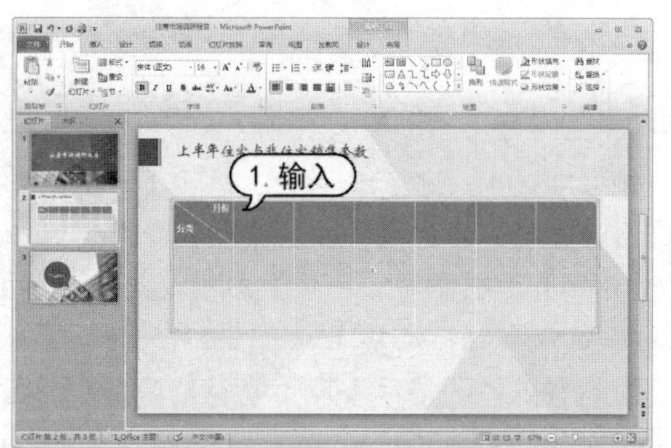

step 3 按Tab键或键盘上的↑、↓、←、→键切换到其他单元格中继续输入文本。

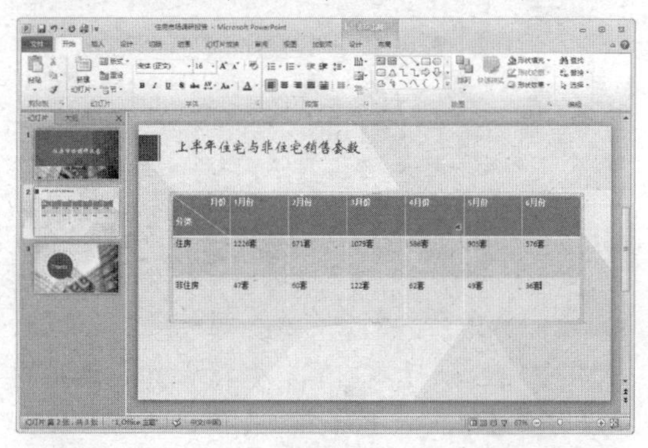

step 4 在快速访问工具栏中单击【保存】按钮，保存“住房市场调研报告”演示文稿。

5.1.4 链接其他软件创建的表格

PowerPoint 2010 的功能强大，可以直接从外部导入制作好的表格大幻灯片中。选择要导入表格的幻灯片，打开【插入】选项卡，在【文本】组中单击【对象】按钮，打开

【插入对象】对话框，选中【由文件创建】单选按钮，然后单击【浏览】按钮，在打开的【浏览】对话框中选择包含表格的 Excel 或 Word 文档，单击【打开】按钮，返回到【插入对象】对话框，单击【确定】按钮，即可导入其他软件中的表格。

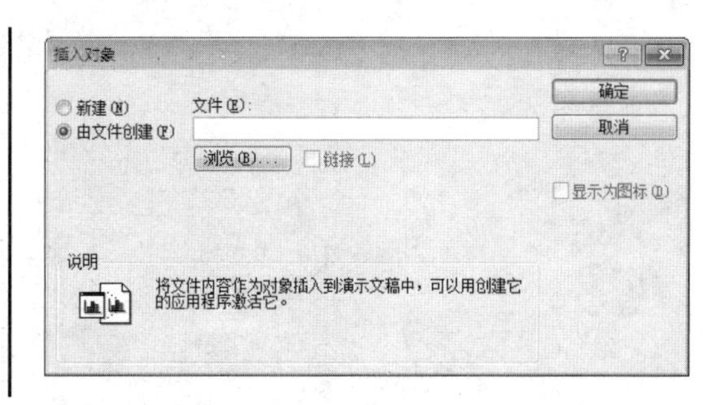

5.2　设置表格外观

当创建完表格后，为了增强表格的美观性，还需要完善表格的视觉效果。在 PowerPoint 中，可以对表格的样式，表格中的文本、数据样式进行设置。

5.2.1 设置表格文本对齐方式

设置文本对齐方式，可以规范表格中的文本，使表格整齐、美观。在表格中，文本默认是左上侧对齐。如果要设置对齐方式，可以通过【布局】选项卡的【对齐方式】组来完成文本对齐方式的设置。

【例 5-3】在"住房市场调研报告"演示文稿的表格中，设置文本样式。
视频+素材 (光盘素材\第 05 章\例 5-3)

step 1 启动PowerPoint 2010 应用程序，打开"住房市场调查"演示文稿，并在幻灯片浏览窗格中，选中第 2 张幻灯片，将其显示在编辑窗格中。

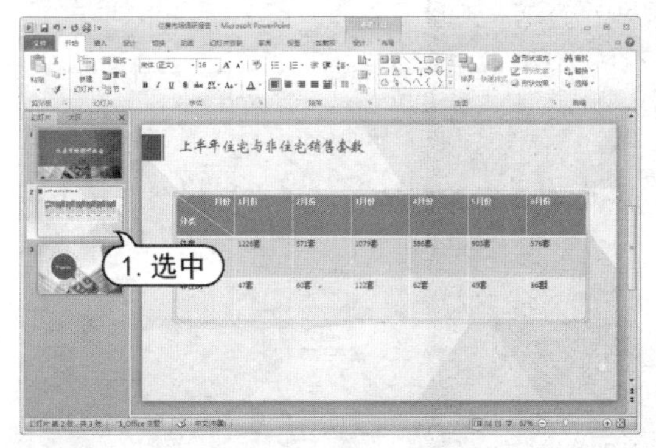

step 2 选中表格第 1 行，在【开始】选项卡的【字体】组中，设置字体为【方正大黑简体】，字号为 20。

step 3 打开【表格工具】的【布局】选项卡，在【对齐方式】组中分别单击【居中】按钮和【垂直居中】按钮。此时，表格第 1 行文本居中显示。

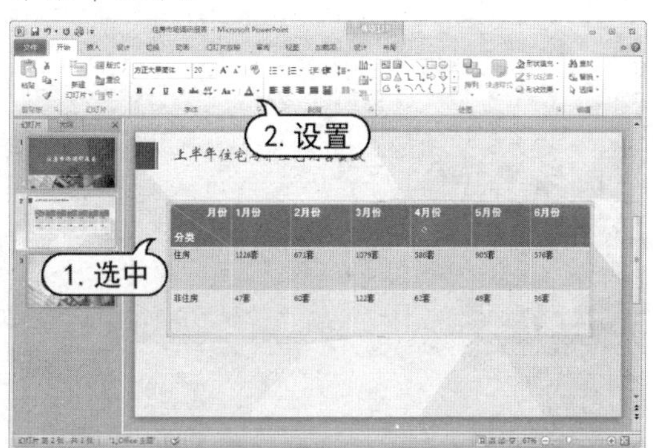

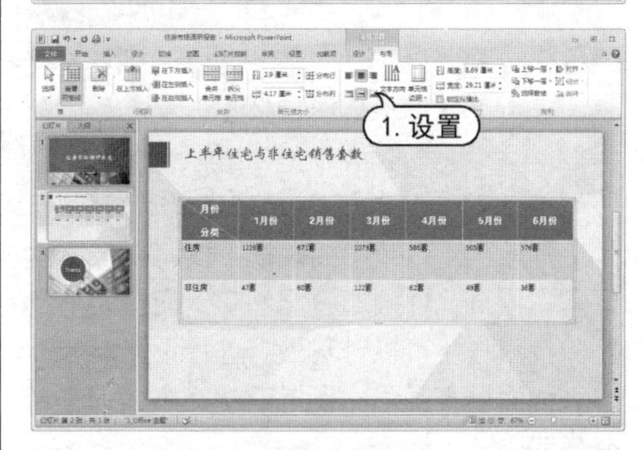

知识点滴

选择表格中的文本后，打开【表格工具】的【布局】选项卡，在【对齐方式】组中，单击【文字方向】下拉按钮，从弹出的下拉列表中选择对应的文字方向，如横排、竖排、所有文字旋转 90°或 270°、堆积等，即可快速地应用系统预设的文字方向。

step 4 选中第 2 行至第 3 行文本，在【对齐方式】组中分别单击【居中】按钮和【垂直

对齐】按钮，此时所有选中的文本将以居中垂直对齐方式显示。

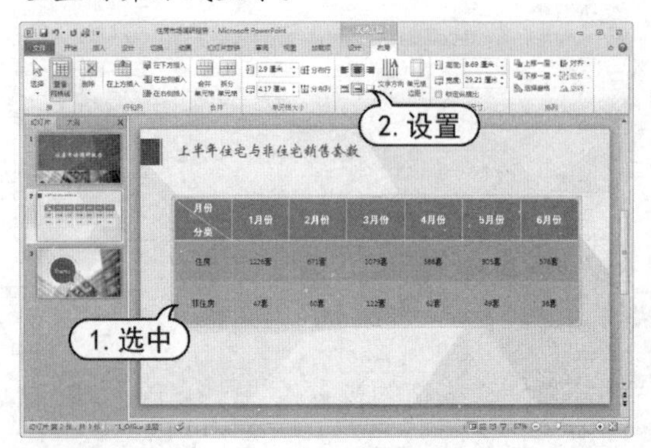

step 5 选中第2行至第3行的第一列文本，打开【开始】选项卡，在【字体】组中设置字体为【方正大黑简体】，字号为18。

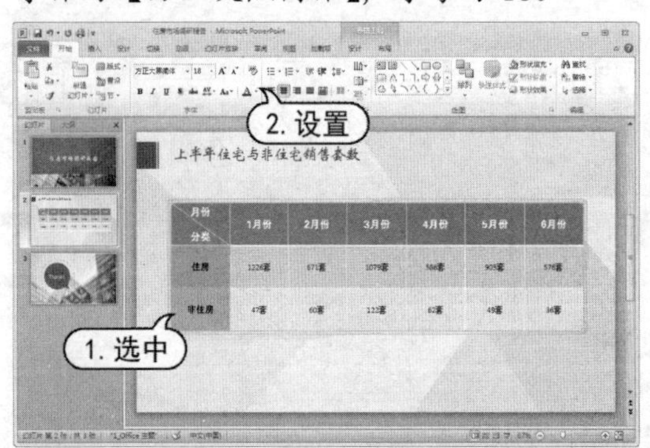

step 6 在快速访问工具栏中单击【保存】按钮，保存“住房市场调研报告”演示文稿。

5.2.2 选择表格样式

插入到幻灯片中的表格不仅可以像文本框和占位符一样被选中、移动、调整大小及删除，用户还可以对其外观进行设置，如设置表格的填充颜色、设置表格字体、更改表格样式等。

选中表格，自动打开【表格工具】的【设计】和【布局】选项卡，在其中可以进行相关设置。

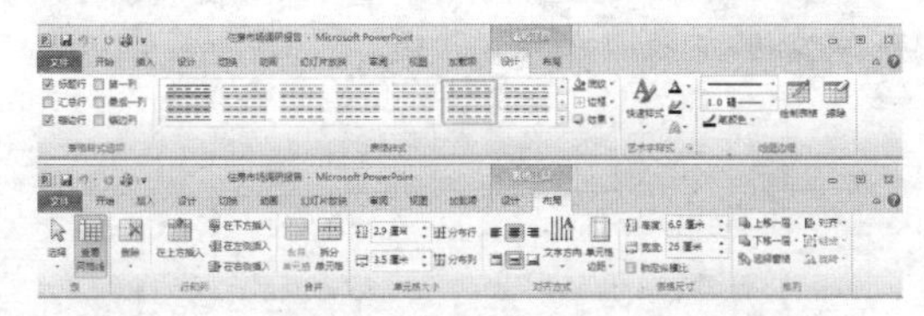

【例 5-4】在“住房市场调研报告”演示文稿中，设置表格样式。

视频+素材 (光盘素材\第 05 章\例 5-4)

step 1 启动PowerPoint 2010 应用程序，打开“住房市场调查”演示文稿，并在幻灯片浏览窗格中，选中第2张幻灯片，将其显示在编辑窗格中。

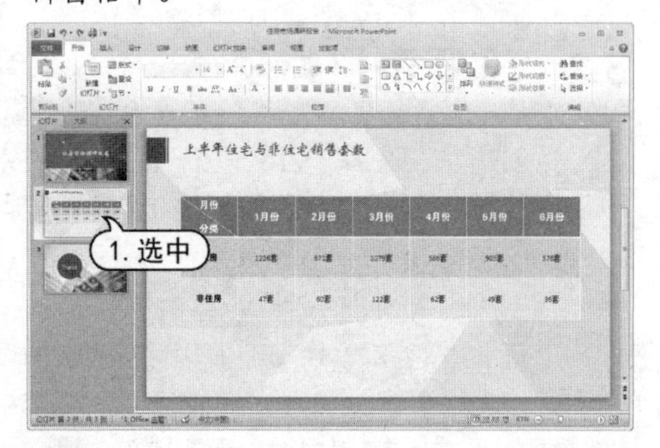

step 2 选中表格的第2至第3行，打开【表格工具】的【布局】选项卡，在【单元格大小】组中的【表格行高】数值框中输入2厘米。

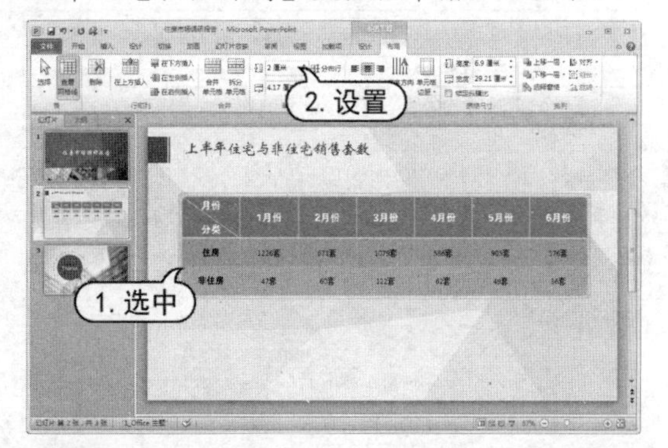

step 3 选中表格第1列，在【单元格大小】组中的【表格列宽】数值框中输入5厘米。

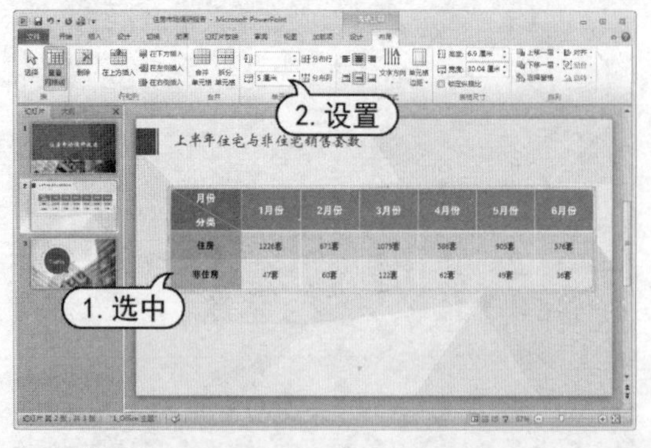

step 4 选中第2至第7列，在【单元格大小】

组中【表格列宽】数值框中输入 3.5 厘米。

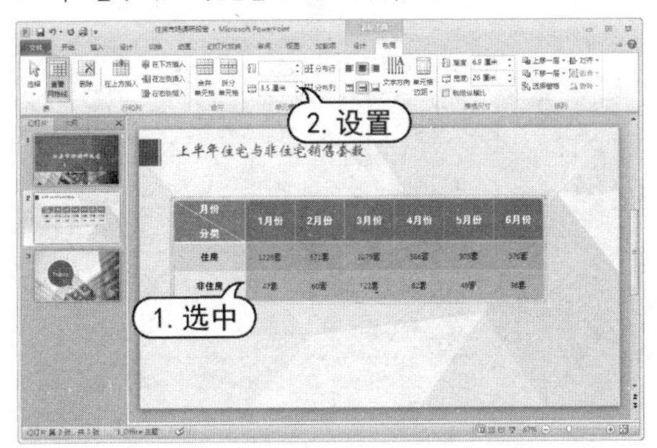

知识点滴

使用鼠标拖动调整行高和列宽是最常用的方法，将光标移至表格的行或列边界上，当光标变为双向箭头形状 或 时，即可拖动鼠标调整列或宽行高。

step 5 选中表格，单击【排列】组中的【对齐】下拉按钮，从弹出的菜单中选择【对齐幻灯片】选项。再次单击【对齐】下拉按钮，分别选择【左右居中】和【上下居中】选项。

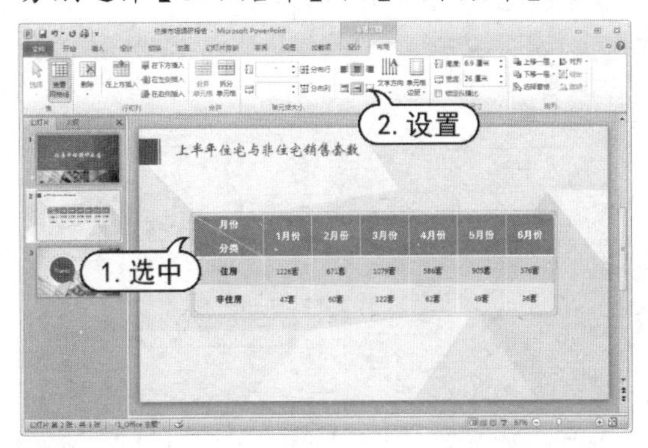

step 6 打开【设计】选项卡，单击【表格样式】组中的表外观样式的【其他】按钮，从弹出的列表中选择【浅色样式 1-强调 5】选项。

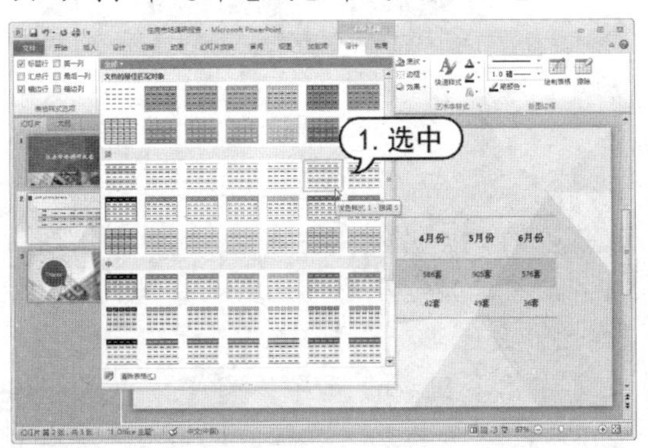

step 7 在【绘制边框】组中单击【笔颜色】下拉按钮，从弹出的列表中选择【蓝色】选项，然后将光标移至表格内部，当光标变为 形状时，拖动鼠标，绘制表格线。

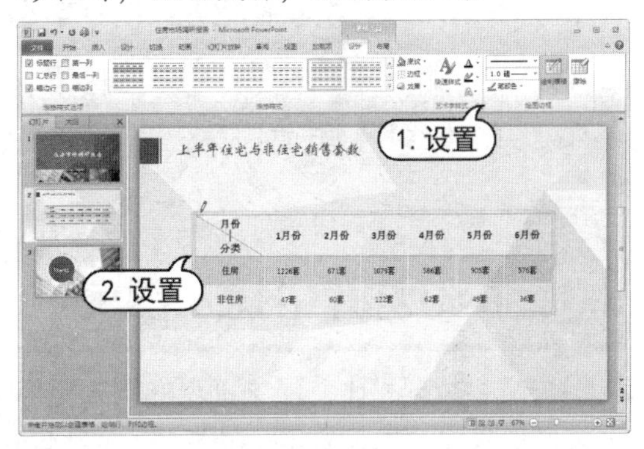

step 8 单击【绘制表格】按钮，退出表格绘制模式。单击【表格样式】组中的【效果】下拉按钮，从弹出的列表中选择【阴影】选项，从弹出的列表中选择【向左偏移】选项。

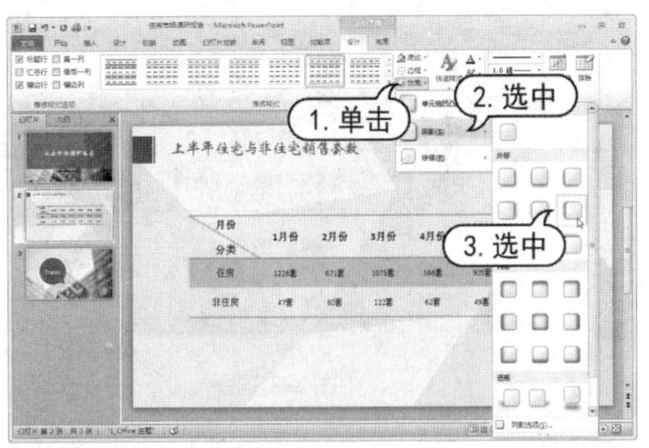

step 9 在【绘制边框】组中单击【笔画粗细】下拉列表，从弹出的列表中选择【4.5 磅】选项，然后将光标移至表格内部，当光标变为 形状时，拖动鼠标绘制表格线。

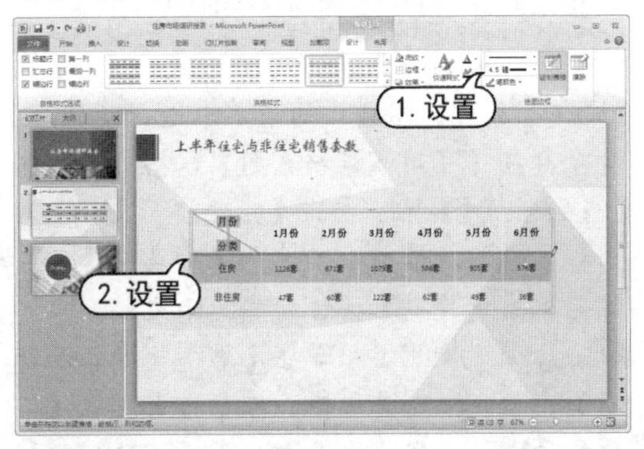

step 10 单击【绘制表格】按钮，退出表格绘

制模式。在快速访问工具栏中单击【保存】按钮，保存“住房市场调查”演示文稿。

知识点滴

通常情况下，用户可以通过【布局】选项卡中的【行和列】组来插入行或列。在表格中插入行或列，可以分为在上方插入行或下方插入行，在左侧插入列或在右侧插入列 4 种情况。将光标移至插入位置，在【行和列】组中单击相应的按钮即可。

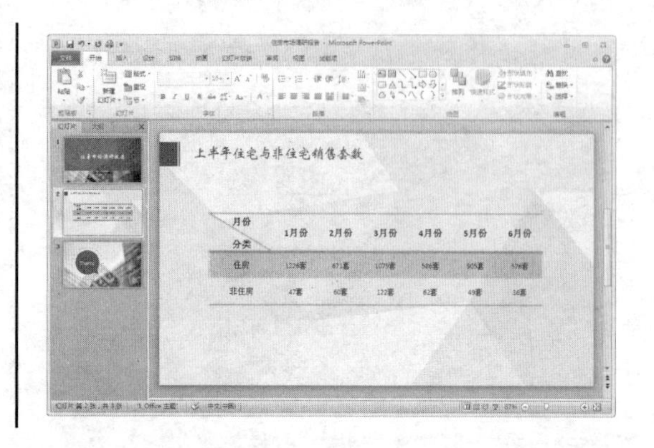

5.3 在幻灯片中插入图表

与文字数据相比，形象直观的图表更容易让人理解，它以简单易懂的方式反映了各种数据之间的关系。PowerPoint 附带了一种 Microsoft Graph 的图表生成工具，它能提供多种不同的图表以满足用户的需要。

打开【插入】选项卡，在【插图】组中单击【图表】按钮，打开【插入图表】对话框，其中提供了 11 种图表类型，每种类型可以分别用来表示不同的数据关系。

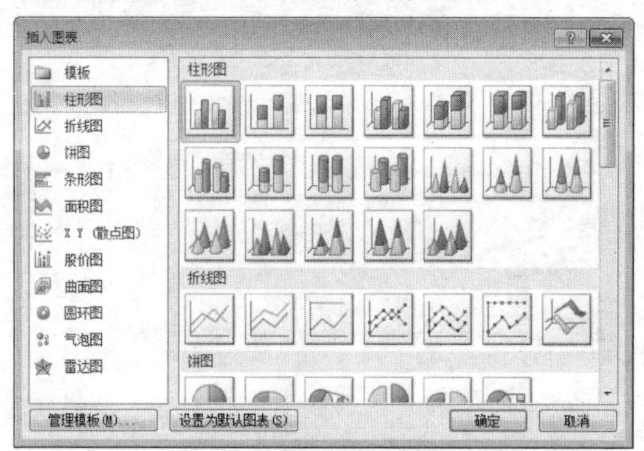

【例 5-5】在“易购销售业绩报告”演示文稿中插入图表。

视频+素材 (光盘素材\第 05 章\例 5-5)

step 1 启动PowerPoint 2010 应用程序，单击【文件】按钮，从弹出的菜单中选择【新建】命令，在【可用模板和主题】窗格中，单击【我的模板】按钮，打开【新建演示文稿】对话框。在该对话框中，选中【购物消费-1】，然后单击【确定】按钮新建演示文稿。

step 2 在幻灯片中，单击【单击此处添加标题】占位符，在其中输入标题文本。在【字体】组中设置字体为【方正琥珀_GBK】，字号为 54，字体颜色为白色，然后单击【文字阴影】按钮。

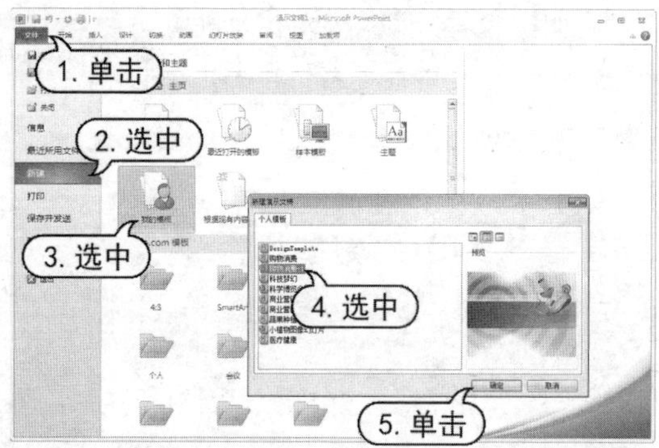

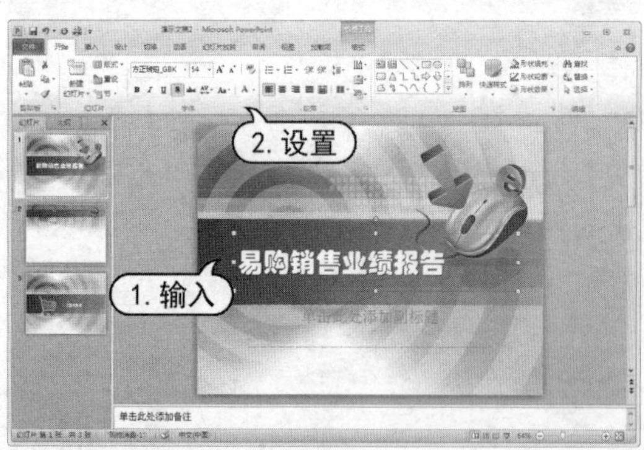

step 3 在幻灯片浏览窗格中，选中第 2 张幻灯片，将其显示在幻灯片编辑窗口中。单击【单击此处添加标题】占位符，输入标题文本。在【字体】组中设置字体为【方正新舒体_GBK】，字号为 28，字体颜色为白色，单击

【字符间距】下拉按钮，从弹出的列表中选择【很紧】选项。

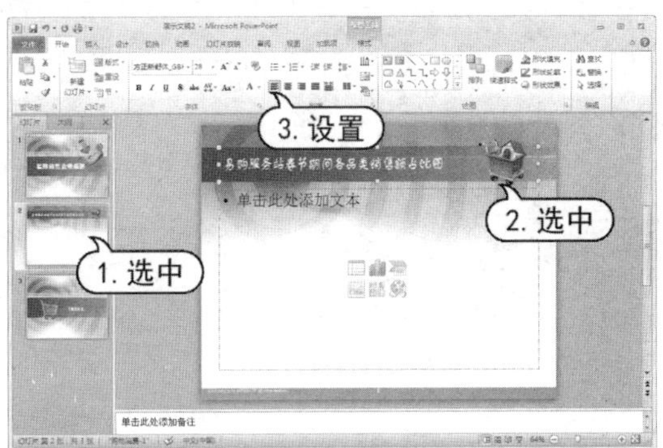

step 4 打开【插入】选项卡，在【插图】组中单击【图表】按钮，打开【插入图表】对话框。在【插入图表】对话框中，单击【饼图】选项，在右侧【饼图】选项区域中选择【分离型饼图】样式，然后单击【确定】按钮。

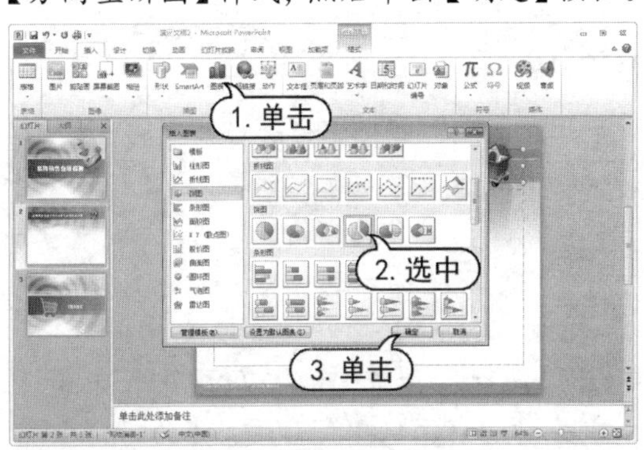

step 5 此时，系统启动Excel 2010 应用程序，在Excel 2010 中输入需要在图表中表现的数据，并拖动蓝色框线调节显示区域。

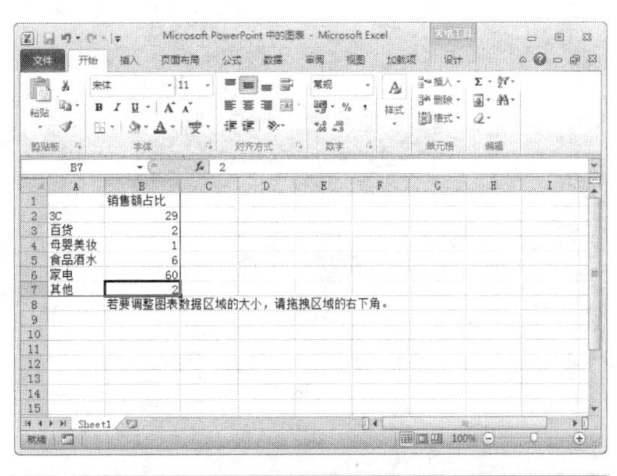

实用技巧

在占位符中单击【图表】按钮，同样可以打开【插入图表】对话框。

step 6 关闭Excel 2010 应用程序，返回到幻灯片编辑窗口，可以查看编辑数据后的图表。

step 7 在快速访问工具栏中单击【保存】按钮，将演示文稿以“易购销售业绩报告”为名进行保存。

5.4 设置图表外观

为了达到更好的视觉效果，用户可以对图表进行编辑和美化操作，如改变图表位置和大小、设置图表区的背景演示、数据系列格式、网格线样式以及图例显示格式等。

插入图表后，系统自动打开【图表工具】的【设计】、【布局】和【格式】选项卡，在其中可以对图表格式、外观进行相关设置。

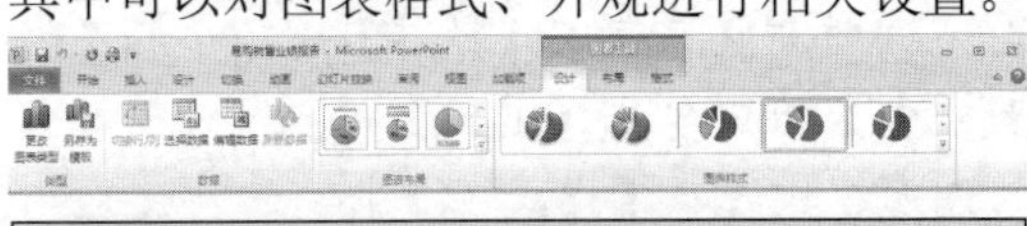

【例 5-6】在“易购销售业绩报告”演示文稿中，设置图表外观。
视频+素材 (光盘素材\第 05 章\例 5-6)

step 1 启动PowerPoint 2010 应用程序，打开“易购销售业绩报告”演示文稿。在幻灯片浏览窗格中，选中第 2 张幻灯片，将其显示在幻灯片编辑窗口中。

step 2 在幻灯片缩略图上，右击，从弹出的菜单中选择【复制幻灯片】命令。

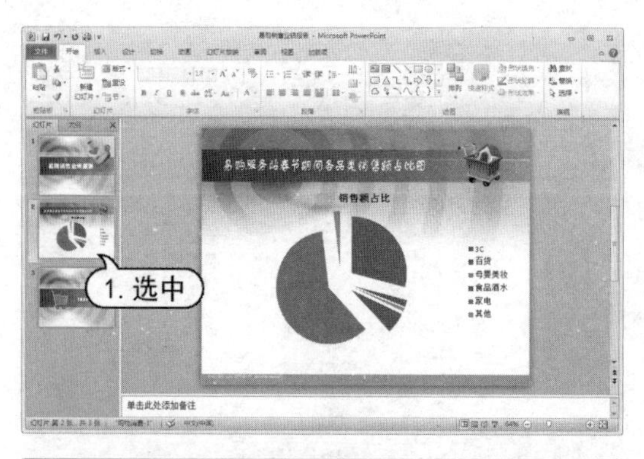

step 3 在复制的第 3 张幻灯片中，单击标题文字占位符，并修改文字内容。

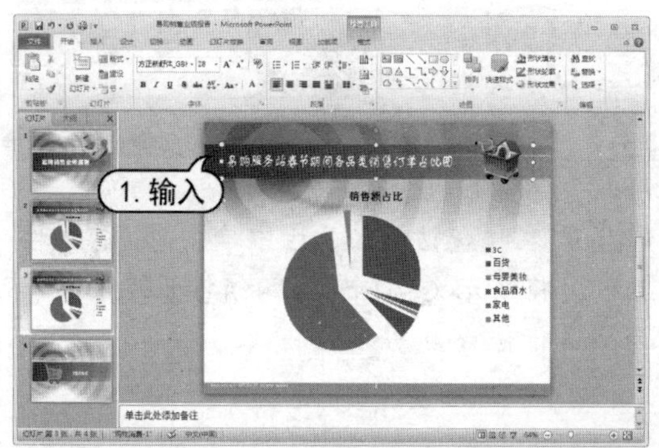

step 4 选中图表，打开【图表工具】的【设计】选项卡，单击【数据】组中的【编辑数据】按钮。

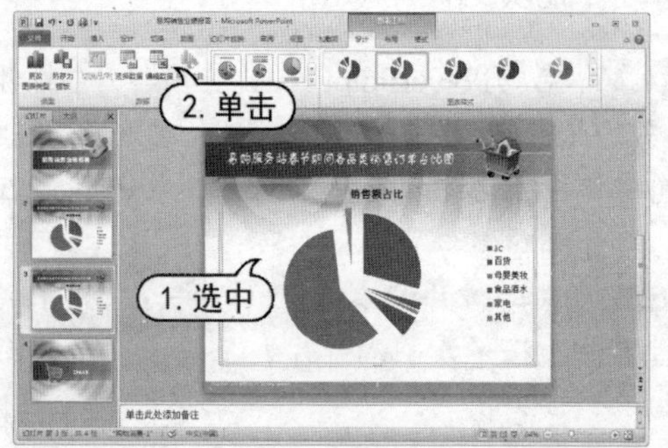

step 5 在打开的Excel 2010 应用程序中，重新输入数据，然后关闭Excel 2010 应用程序。

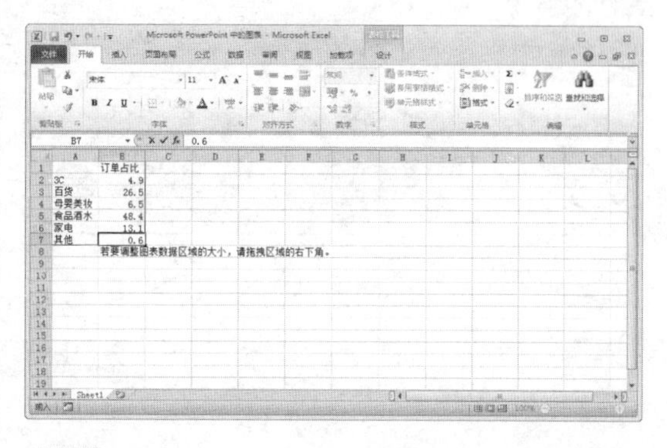

step 6 打开【图表工具】的【设计】选项卡，在【图表布局】组中单击【其他】按钮，在弹出的列表框中选择【布局 6】选项。

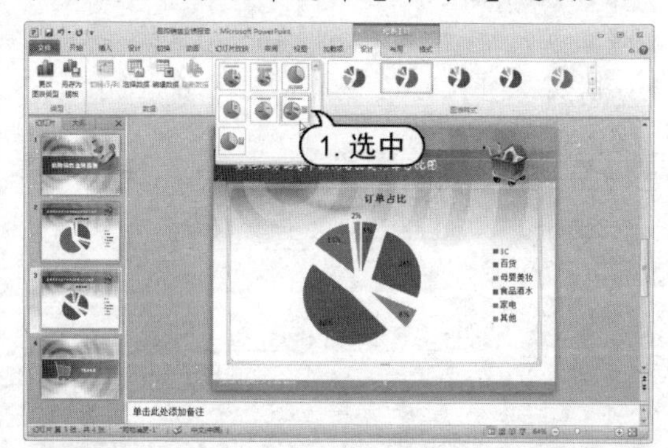

step 7 此时，图表自动应用该图表布局样式，拖动图表区域中百分比文本框，调节其至合适的位置。

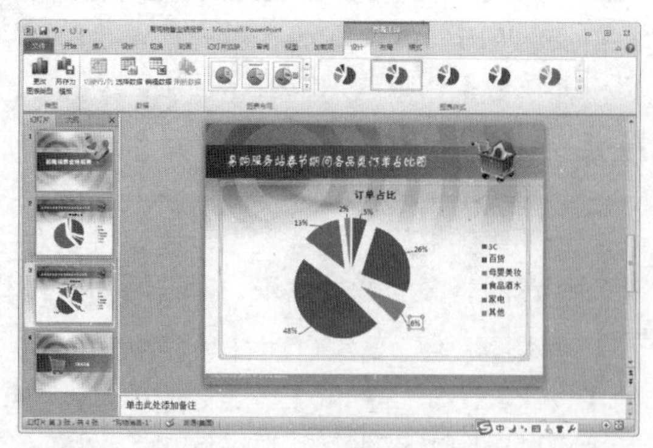

step 8 选中图表，在【设计】选项卡的【图表样式】组中单击【其他】按钮，在弹出的列表框中选择【样式 34】样式，快速应用样式。

step 9 打开【布局】选项卡，单击【标签】

组中的【图表标题】下拉按钮，从弹出的列表中选择【无】选项。

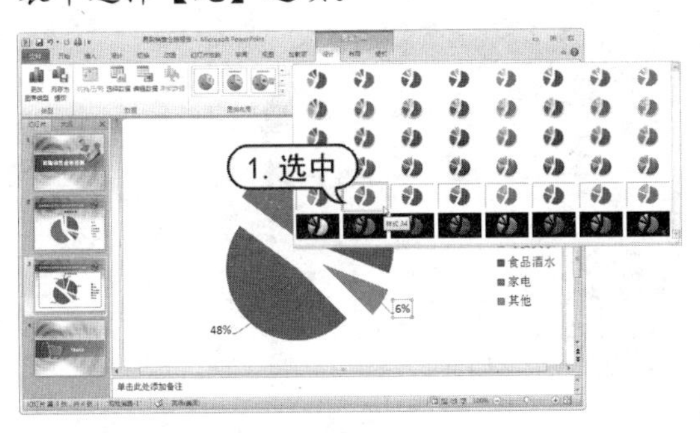

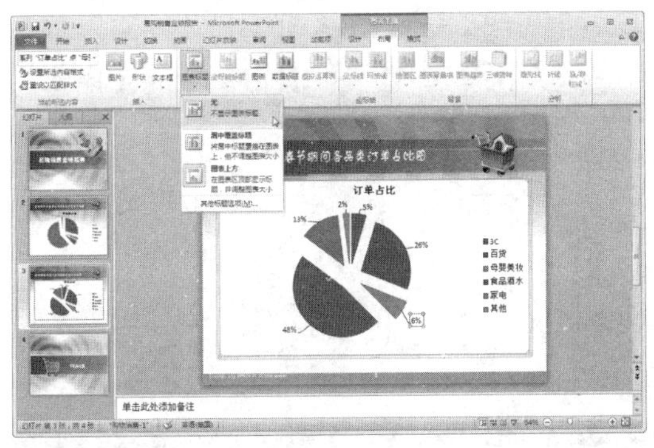

step 10 单击【标签】组中的【图例】下拉按钮，从弹出的列表中选择【在底部显示图例】选项。

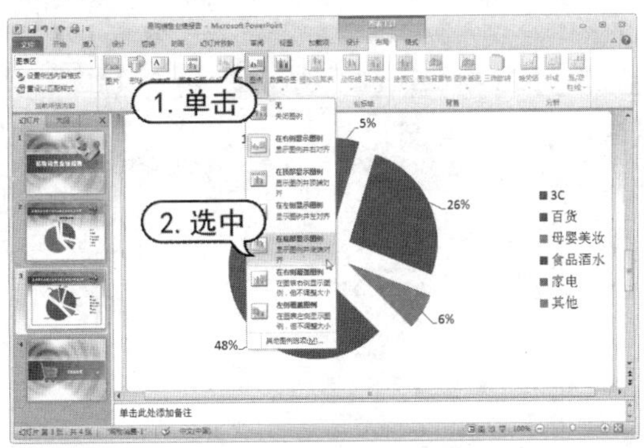

step 11 打开【格式】选项卡，在【形状样式】组中，单击【形状轮廓】下拉按钮，从弹出的列表中选择【无轮廓】选项。

step 12 单击【形状填充】下拉按钮，从弹出的列表中选择【其他填充颜色】命令。

step 13 在打开的【颜色】对话框中，选中【白色】选项，设置【透明度】为60%，然后单击【确定】按钮。

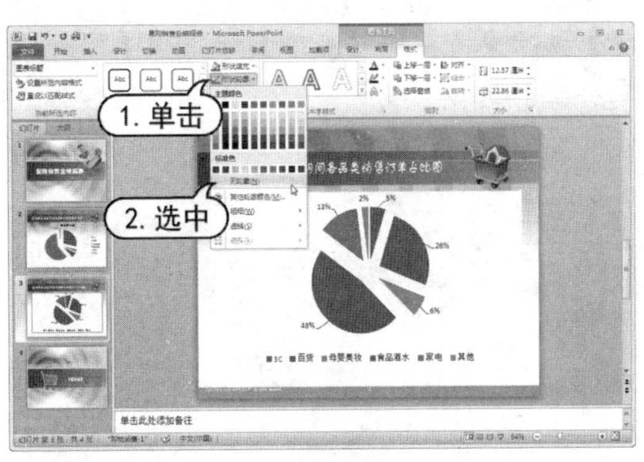

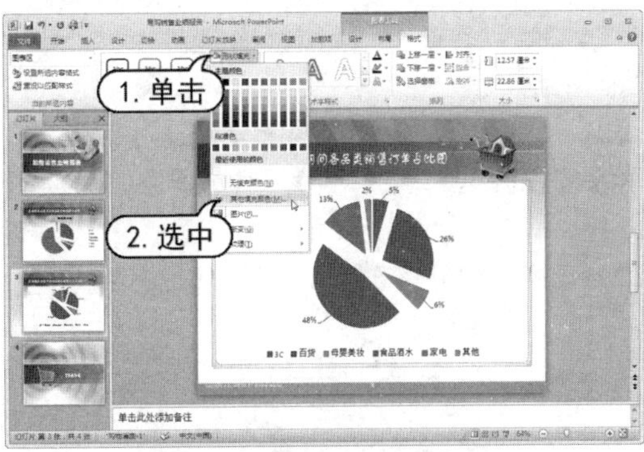

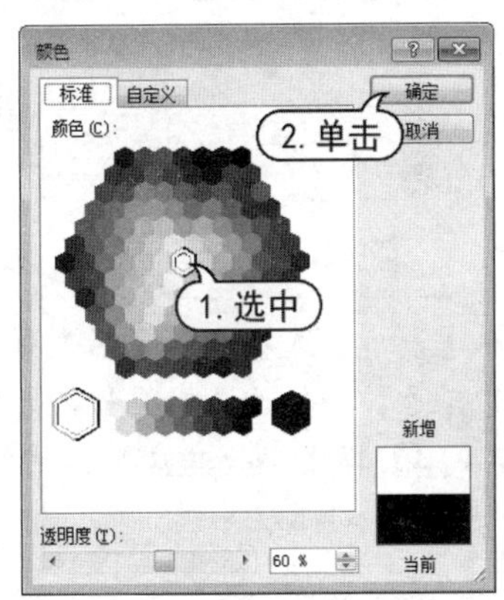

step 14 在幻灯片浏览窗格中，选中第2张幻灯片，将其显示在幻灯片编辑窗口中。

step 15 选中图表，打开【图表工具】的【设

计】选项卡，单击【类型】组中的【更改图表类型】按钮。

step 16 在打开的【更改图表类型】对话框中，单击【三维堆积柱形图】，然后单击【确定】按钮。

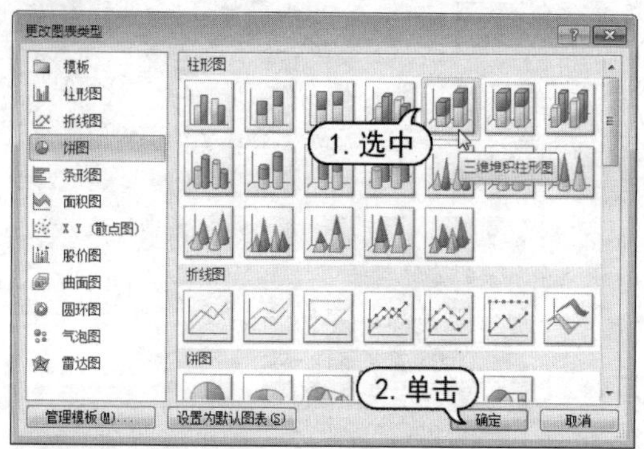

step 17 在【设计】选项卡的【图表样式】组中单击【其他】按钮，在弹出的列表框中选择【样式 4】样式，快速应用样式。

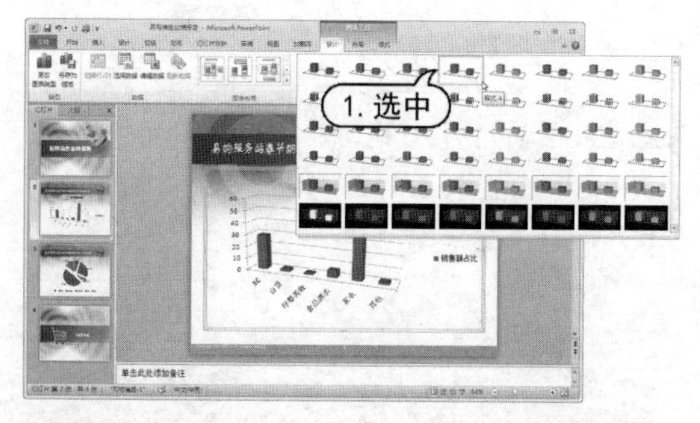

step 18 选中图表中的柱状图，打开【图表工具】的【格式】选项卡。

step 19 单击【形状样式】组中的【形状填充】下拉按钮，从弹出的列表中选择【渐变】选项，从弹出的列表中选择【其他渐变】命令。

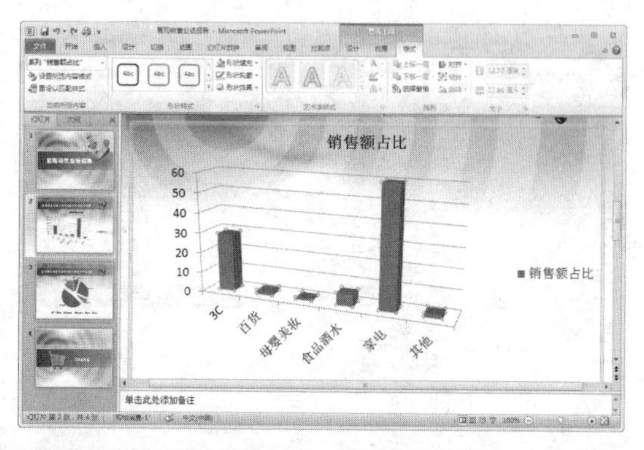

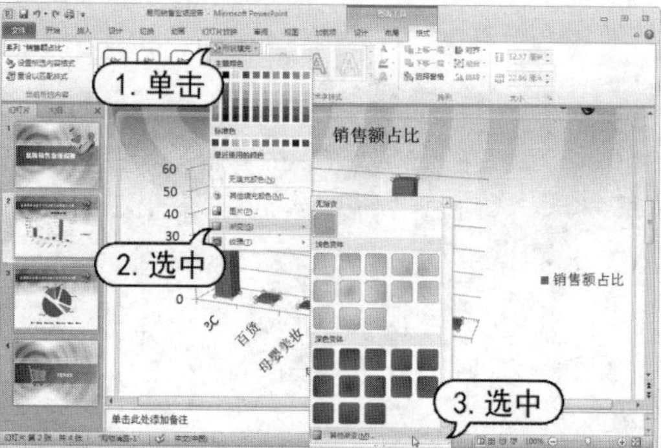

step 20 在打开的【设置数据系列格式】对话框中，选中【渐变填充】单选按钮；单击【方向】下拉按钮，从弹出的列表中选择【线性向上】选项；在【渐变光圈】滑动条上，设置【停止点 1】滑动色标颜色为【深红】，【停止点 2】滑动色标颜色为【橙色】，然后单击【关闭】按钮应用设置。

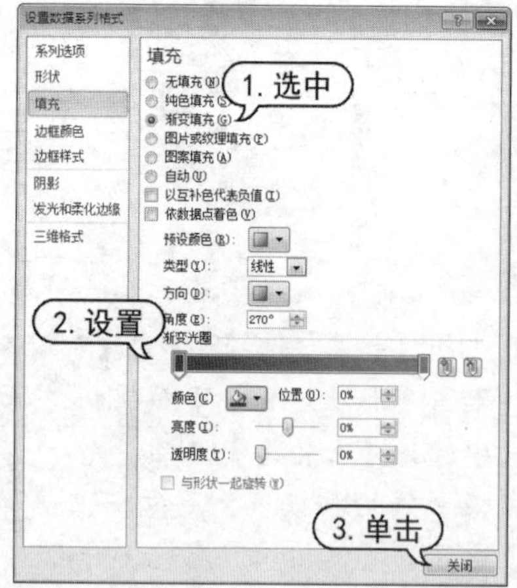

step 21 打开【布局】选项卡，单击【标签】组中的【图表标题】下拉按钮，从弹出的列表中选择【无】选项。

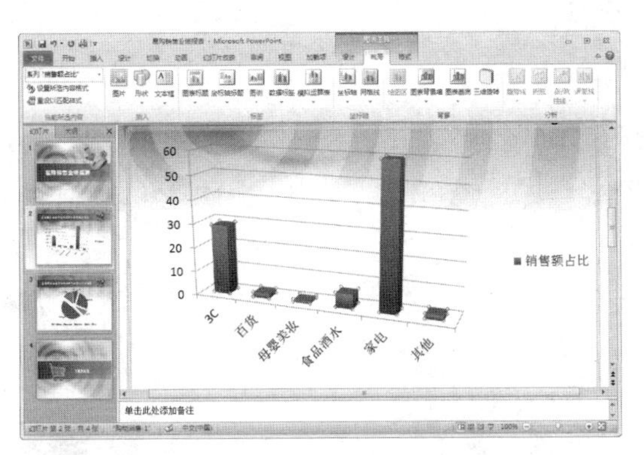

step 22 选中类别轴文字，打开【开始】选项卡，在【字体】组中设置字体为【方正黑体简体】，字号为16。

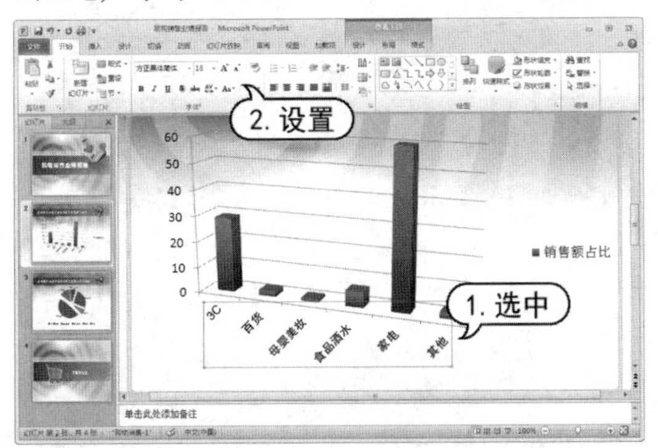

step 23 使用相同的方法，设置数值轴和图例文字字体为【方正黑体简体】，字号为14。

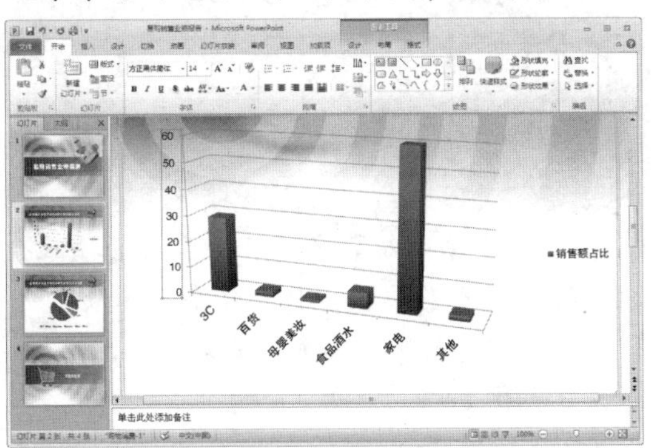

step 24 选中图表，图表四周将出现8个控制点，将鼠标光标移动到其中一个控制点上并进行拖动缩放图表，调节图表的大小。当鼠标光标变成形状时，按住鼠标左键不放进行拖动，移动到合适位置后释放鼠标即可调节图表位置。

step 25 打开【图表工具】的【布局】选项卡，单击【标签】组中的【数据标签】下拉按钮，从弹出的列表中选择【显示】选项。

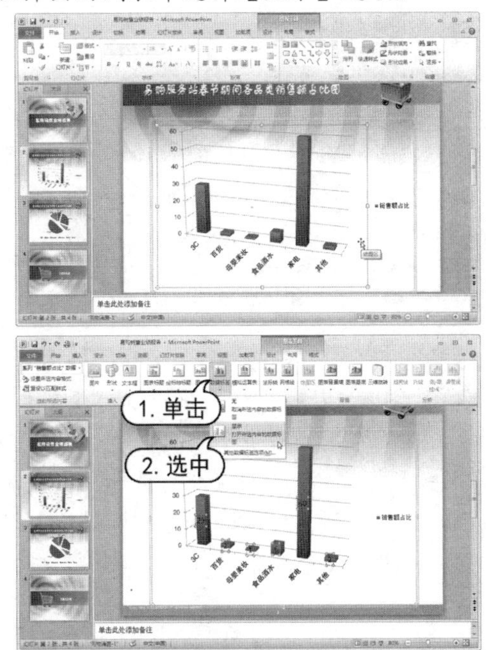

step 26 选中数据标签，打开【格式】选项卡，在【艺术字样式】组中，单击艺术字外观选项的【其他】按钮，从弹出的列表中选择【渐变填充-橙色，强调文字颜色6，内部阴影】样式。

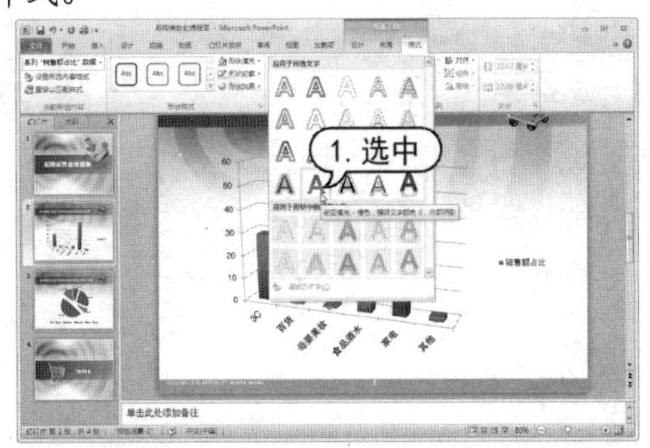

step 27 拖动图表区域中数据标签，调节其至合适的位置。

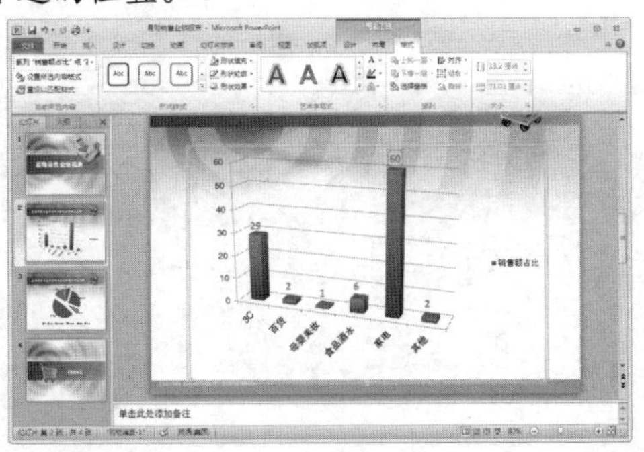

step 28 在快速访问工具栏中单击【保存】按钮，保存“易购销售业绩报告”演示文稿。

5.5 案例演练

本章的案例演练部分通过制作“手机流量调查分析”演示文稿和制作电子月历两个综合实例，使用户通过练习从而巩固本章所学知识。

5.5.1 制作调查分析演示文稿

【例 5-7】制作“手机流量调查分析”演示文稿。
视频+素材 (光盘素材\第 05 章\例 5-7)

step 1 启动PowerPoint 2010 应用程序，单击【文件】按钮，从弹出的菜单中选择【新建】命令，在【可用的模板和主题】窗格中单击【我的模板】选项，打开【新建演示文稿】对话框。在该对话框中，选择【通讯科技】选项，然后单击【确定】按钮新建演示文稿。

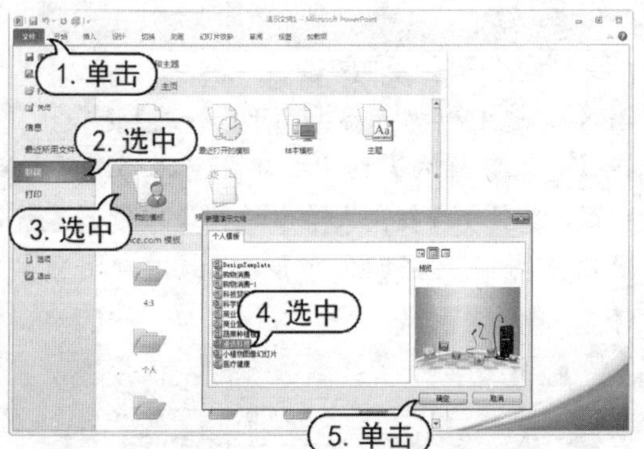

step 2 单击【单击此处添加标题】占位符，输入标题内容。在【开始】选项卡的【字体】选项组中，设置【字体】为【汉真广标】。

step 3 单击【单击此处添加副标题】占位符，输入副标题内容。在【开始】选项卡的【字体】组中，设置【字体】为【方正黑体简体】，【字号】为 18。

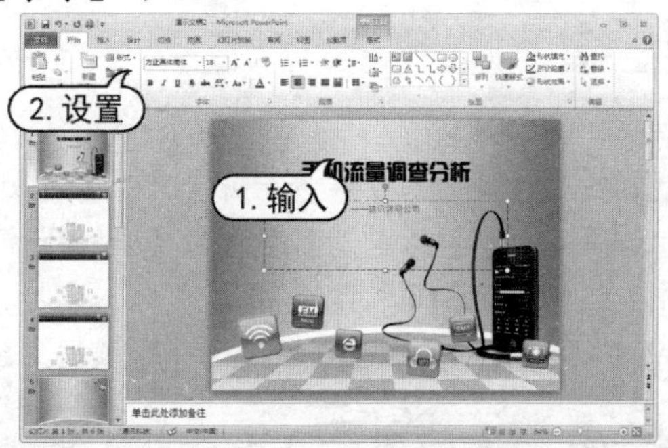

step 4 在幻灯片浏览窗格中，选中第 2 张幻灯片，将其显示在幻灯片编辑窗口中。单击【单击此处添加标题】占位符，输入标题内容。在【开始】选项卡的【字体】组中，设置【字体】为【方正大黑简体】，【字号】为 28。

step 5 打开【插入】选项卡，单击【插入】组中的【图表】按钮，打开【插入图表】对话框。在该对话框中，选中【圆环图】，然后单击【确定】按钮。

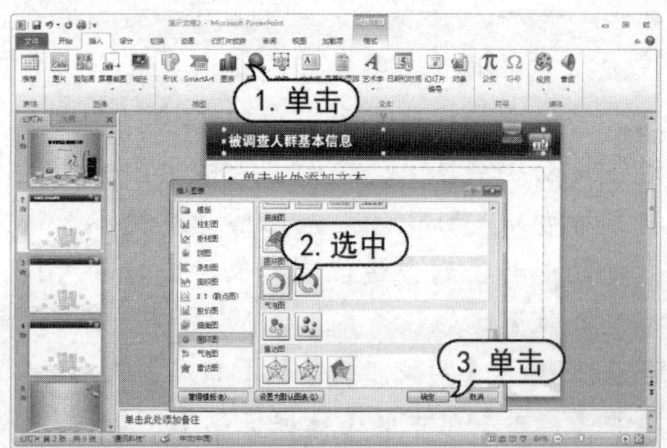

step 6 在启动的Excel 2010应用程序中，输入图表数据，然后关闭Excel应用程序。

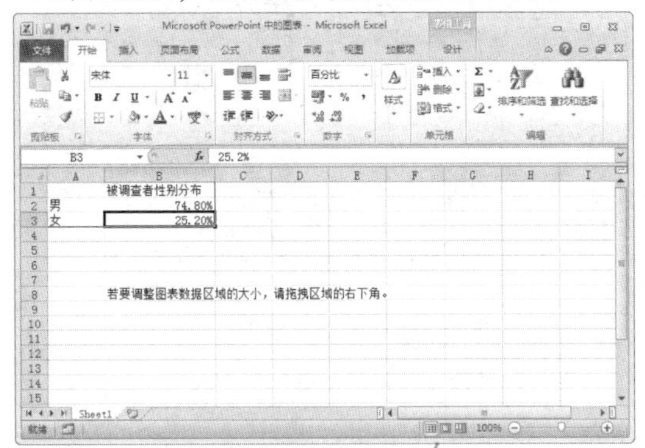

step 7 在幻灯片中，将鼠标光标移动至图表区外框上，拖动鼠标调整图表区域大小。

step 8 在【图表布局】组中，在图表整体布局选项中，单击【布局2】。

step 9 在【图表样式】组中，单击图表样式的【其他】按钮，从弹出的列表中选择【样式10】。

step 10 打开【格式】选项卡，单击【形状样式】组中的【形状填充】下拉按钮，从弹出的列表中选择【渐变】选项，再从弹出的列表中选择【其他渐变】命令。

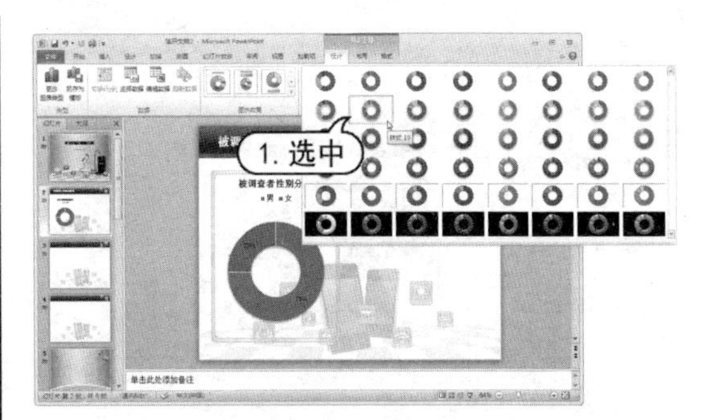

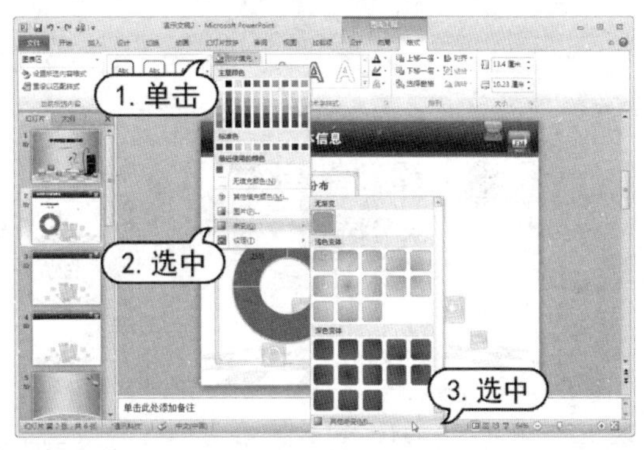

step 11 在打开的【设置图表区格式】对话框中，选中【渐变填充】单选按钮，在【渐变光圈】滑动条上设置【停止点 1】颜色为浅灰色，【停止点 2】为白色，【透明度】为100，然后单击【关闭】按钮。

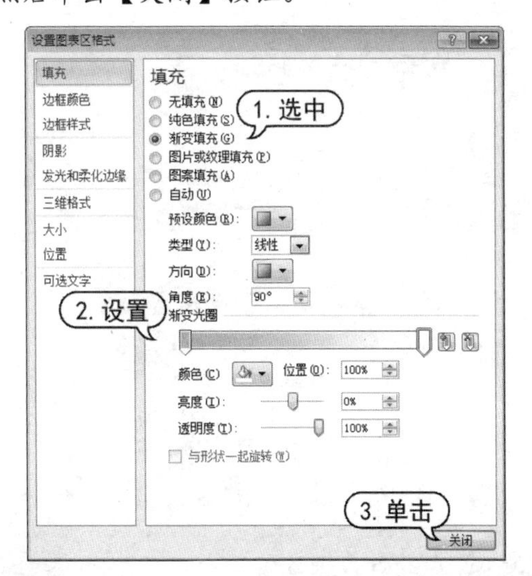

step 12 在幻灯片中，选中插入的图表，按住Ctrl+Alt键拖动并复制图表。

step 13 打开【设计】选项卡，单击【数据】组中的【编辑数据】按钮。

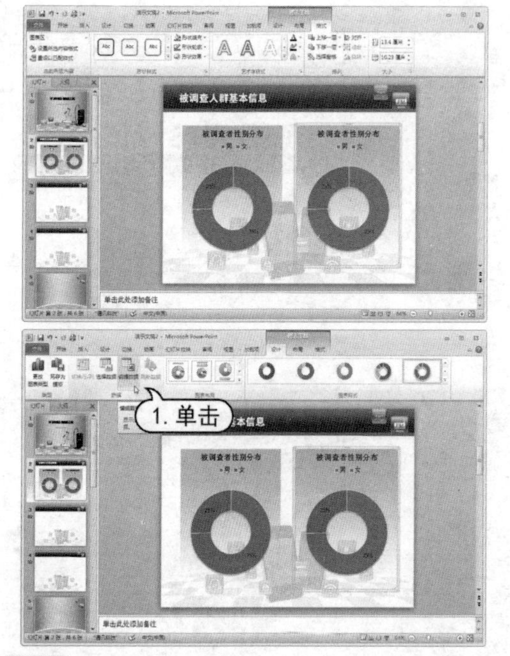

step 14 在打开的Excel应用程序中，修改图表数据。输入完成后，关闭Excel应用程序。

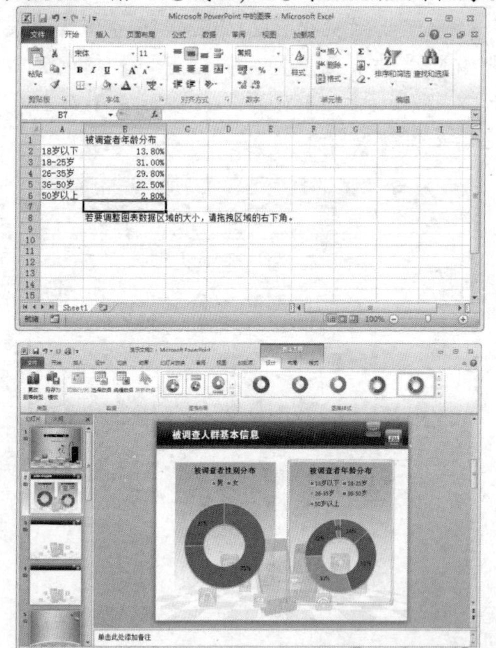

step 15 在幻灯片浏览窗格中，选中第 3 张幻灯片，将其显示在幻灯片编辑窗口中。单击【单击此处添加标题】占位符，输入标题内容。在【开始】选项卡的【字体】组中，设置字体为【方正大黑简体】，字号为 28。

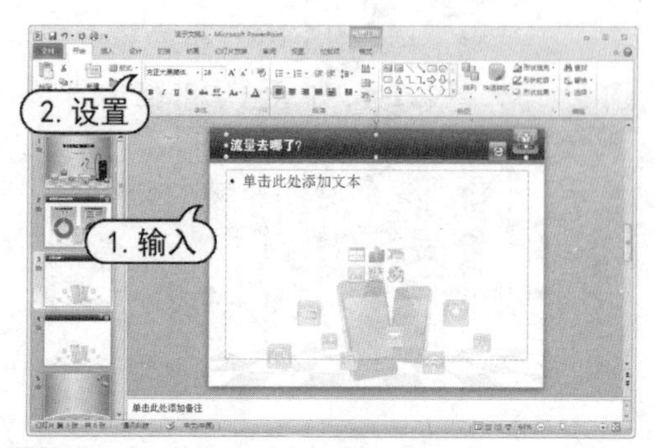

step 16 打开【插入】选项卡，单击【插入】组中的【图表】按钮，打开【插入图表】对话框。在该对话框中，选中【三维饼图】选项，然后单击【确定】按钮。

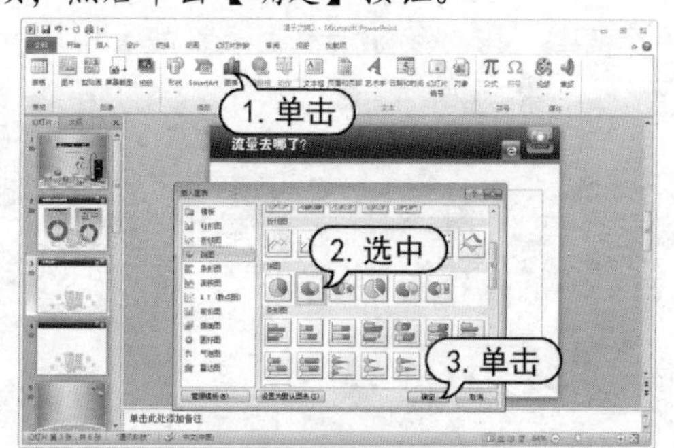

step 17 在打开的Excel应用程序中，输入图表数据。输入完成后，关闭Excel应用程序。

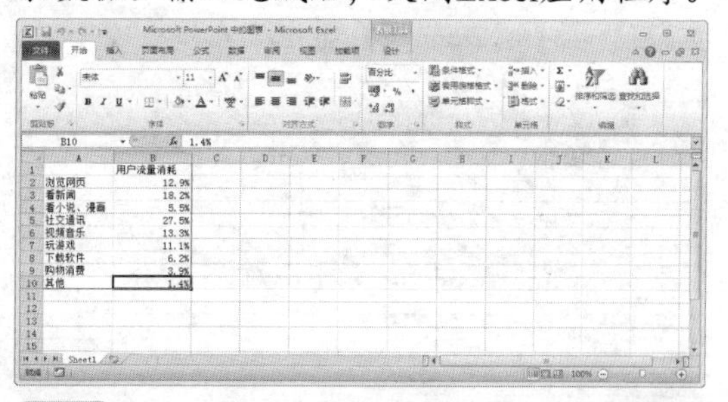

step 18 在【图表布局】组中单击【其他】按钮，从弹出的列表框中选择【布局 6】选项。

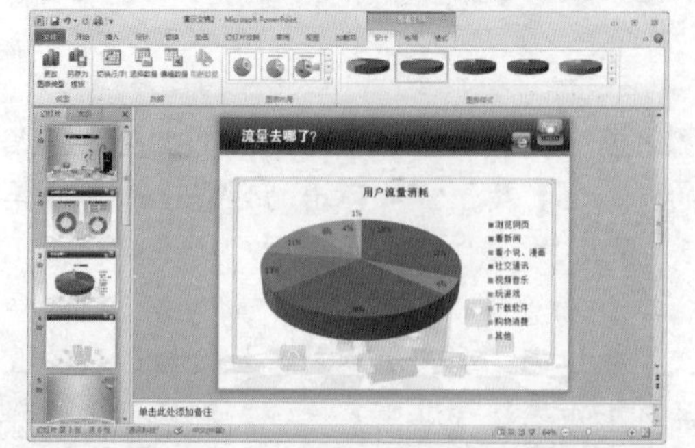

step 19 打开【布局】选项卡，【当前所选内

容】组中单击【图表元素】下拉按钮，从弹出的列表中选择【系列“用户流量消耗”数据标签】。

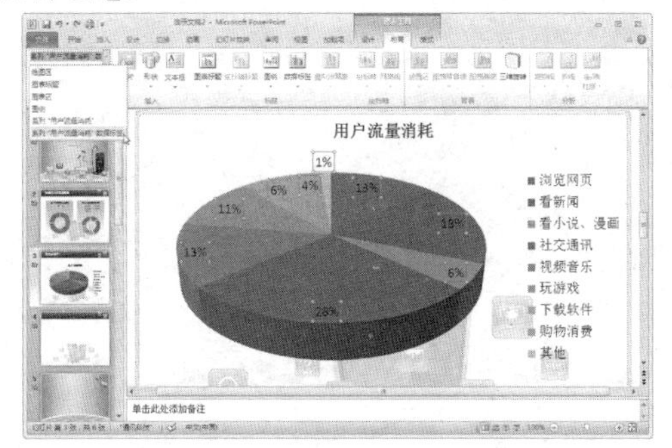

step 20 单击【标签】组中的【数据标签】下拉按钮，从弹出的列表中选择【数据标签外】选项。

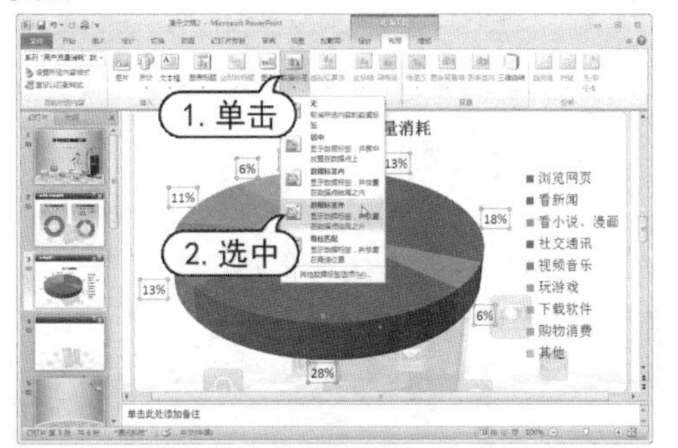

step 21 打开【格式】选项卡，单击【艺术字样式】组中的文本外观样式选项的【其他】下拉按钮，从弹出的列表中选择艺术字样式。

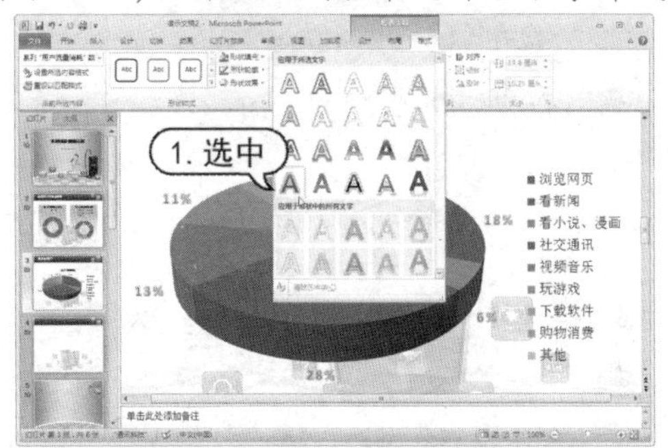

step 22 选中图例，打开【开始】选项卡，在【字体】组中设置【字体】为【方正黑体简体】，【字号】为14。

step 23 在幻灯片浏览窗格中选中第4张幻灯片，将其显示在幻灯片编辑窗口中。单击【单击此处添加标题】占位符，输入标题内容。在【开始】选项卡的【字体】组中，设置字体为【方正大黑简体】，【字号】为28。

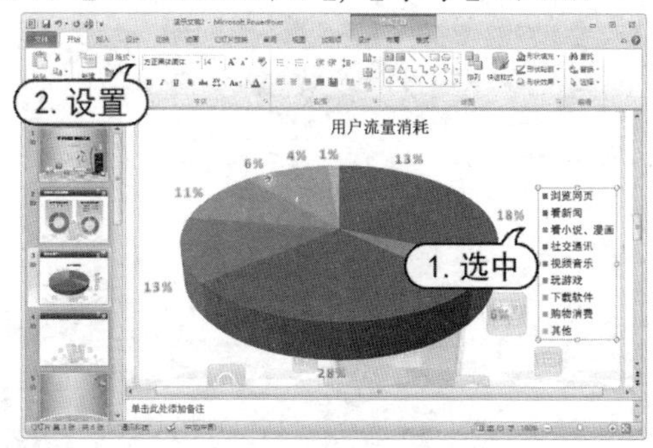

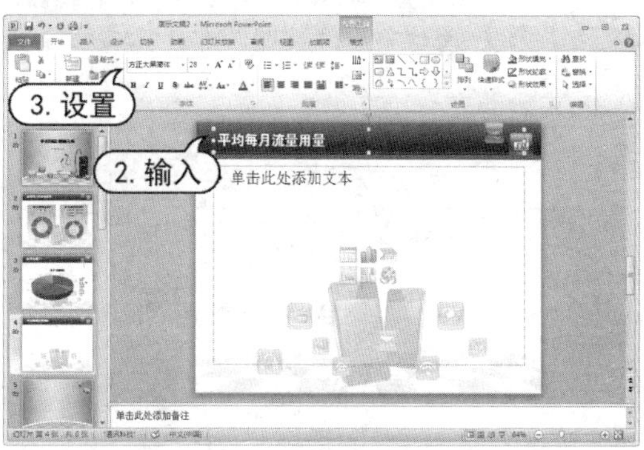

step 24 打开【插入】选项卡，单击【插入】组中的【图表】按钮，打开【插入图表】对话框。在对话框中，选择【簇状柱形图】选项，然后单击【确定】按钮。

step 25 在打开的Excel应用程序中，输入图表数据。输入完成后，关闭Excel应用程序。

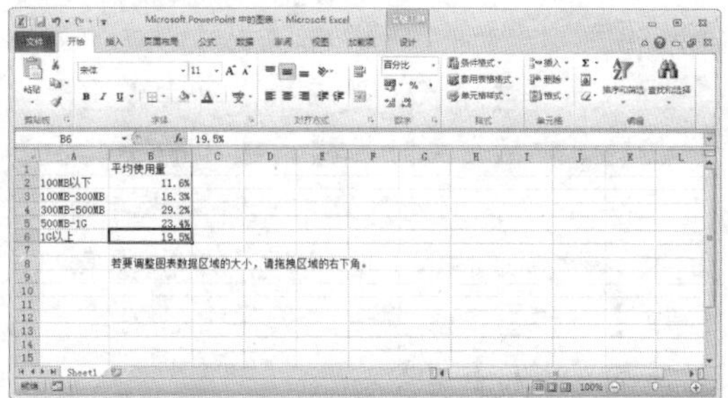

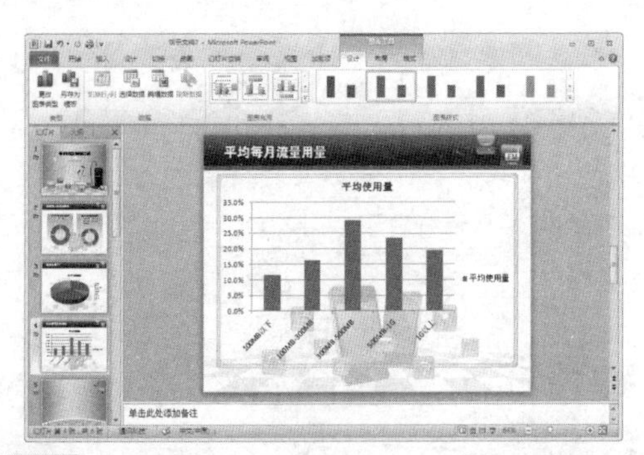

step 26 在【图表样式】组中，单击图表样式的【其他】按钮，从弹出的列表中选择【样式 31】。

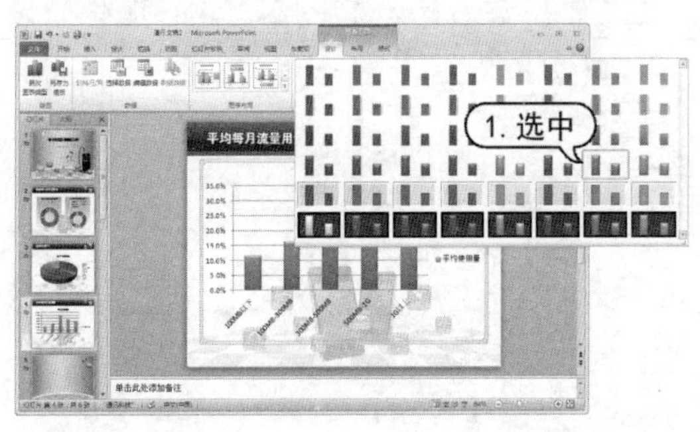

step 27 在幻灯片浏览窗格中，选中第 5 张幻灯片，将其显示在幻灯片编辑窗口中。单击【单击此处添加标题】占位符，输入标题内容。在【开始】选项卡的【字体】组中，设置字体为【方正大黑简体】，【字号】为 32；在【段落】组中单击【文本左对齐】按钮。

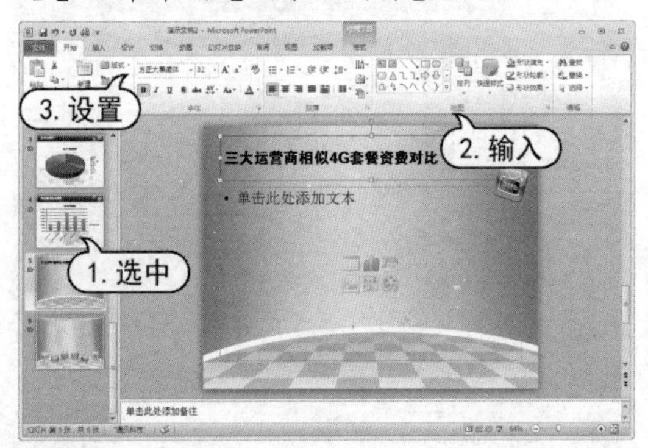

step 28 打开【格式】选项卡，单击【艺术字样式】组中的文本外观样式选项的【其他】下拉按钮，从弹出的列表中选择艺术字样式。

step 29 打开【插入】选项卡，单击【表格】组中【表格】下拉按钮，从弹出的菜单中选择【插入表格】命令。

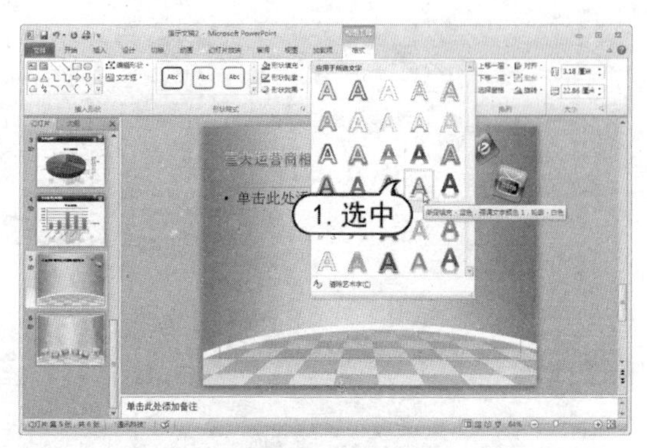

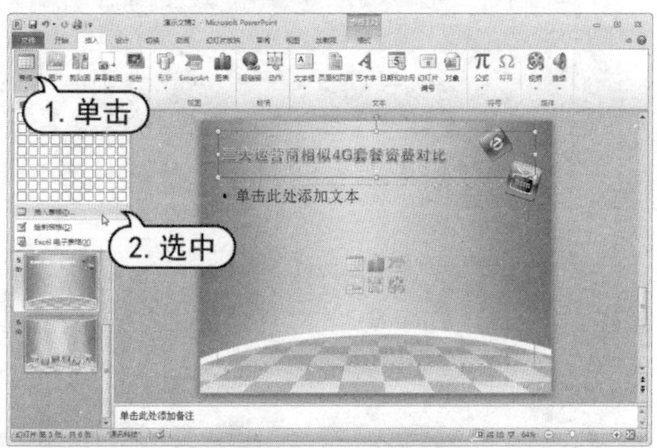

step 30 在打开的【插入表格】对话框中，设置【列数】数值为 7，【行数】数值为 4，然后单击【确定】按钮创建表格。

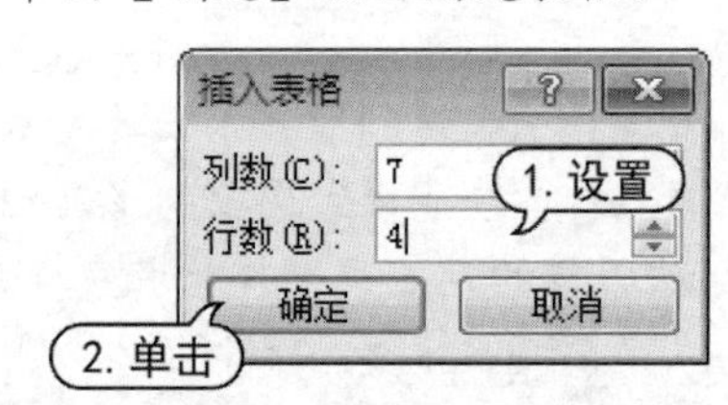

step 31 在创建的表格中，输入表格相关的文字内容。

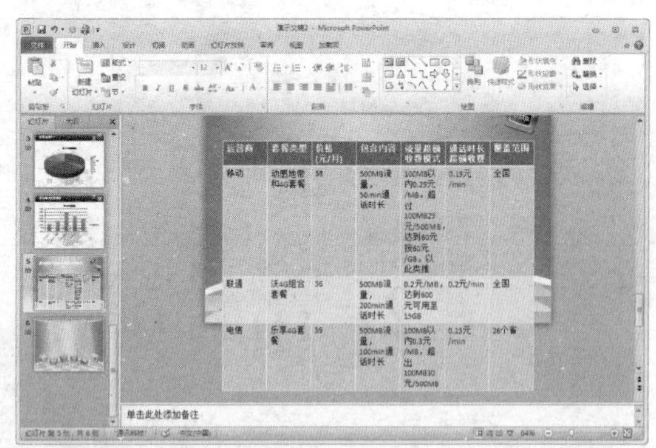

step 32 在创建表格中，选中第 1 行。打开【开始】选项卡，在【字体】组中设置字体为【方正黑体简体】，字号为 16。

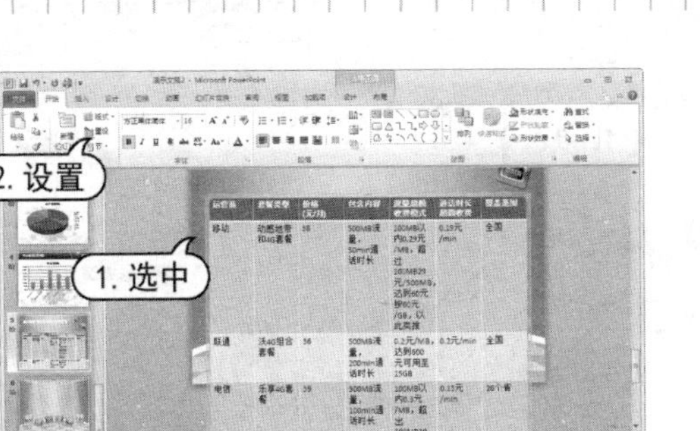

step 33 在创建的表格中，选中第2至第4行。在【字体】组中，设置字体为【楷体】，字号为14。

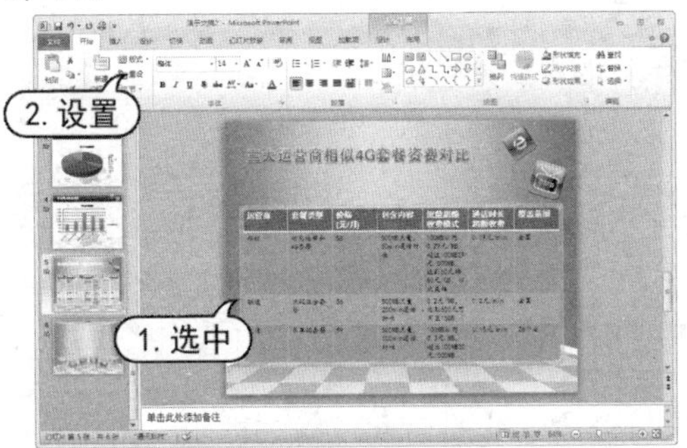

step 34 打开【表格工具】的【布局】选项卡，单击【对齐方式】组中的【垂直居中】按钮。

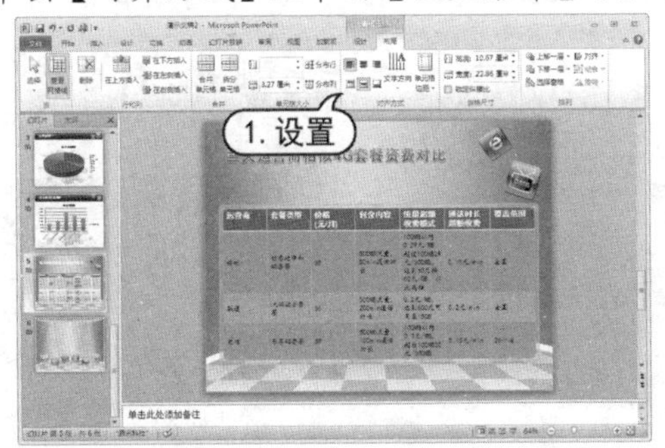

step 35 在创建的表格中，选中第1行。分别单击【对齐方式】组中的【居中】按钮和【垂直居中】按钮。

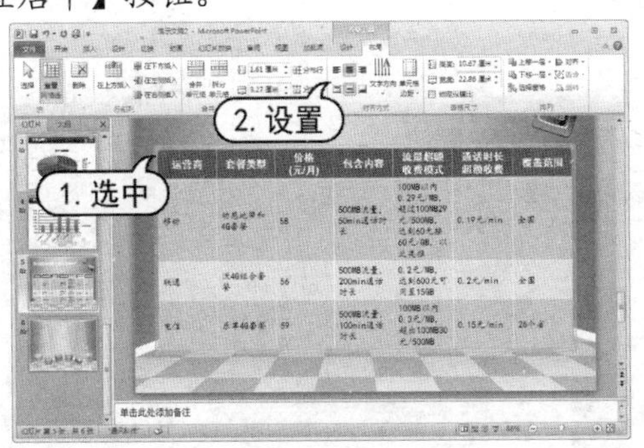

step 36 在创建的表格中，选中第1列。在【单元格大小】组中设置【表格列宽】为2.5厘米；单击【对齐方式】组中的【居中】按钮。

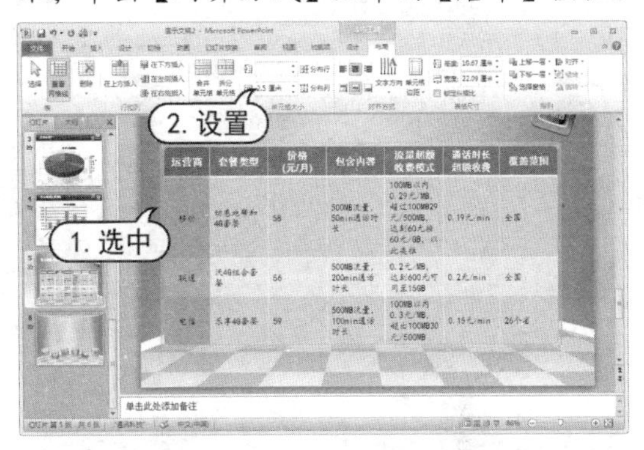

step 37 使用相同的方法，调整表格其他列中文本的对齐格式。

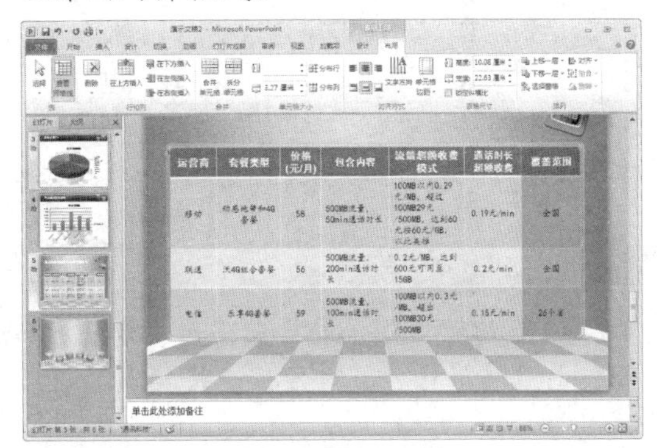

step 38 打开【设计】选项卡，选中表格第1行，在【表格样式】组，单击【效果】下拉按钮，从弹出的列表中选择【单元格凹凸效果】选项，从弹出的列表中选择效果样式。

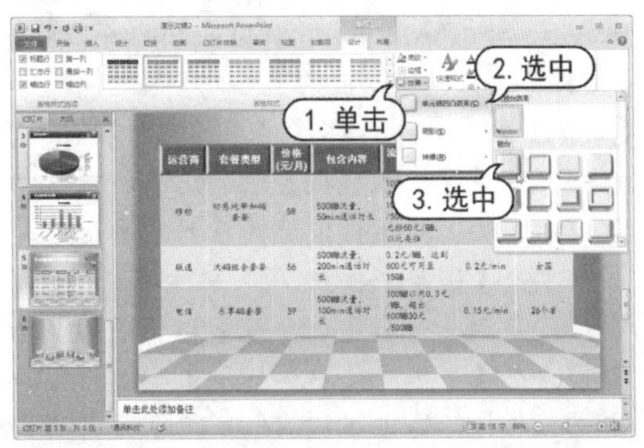

step 39 单击【底纹】下拉按钮，从弹出的列表中选择【浅蓝】选项。

step 40 打开【设计】选项卡，选中表格第1行，在【表格样式】组单击【效果】下拉按钮，从弹出的列表中选择【单元格凹凸效果】选项，从弹出的列表中选择效果样式。

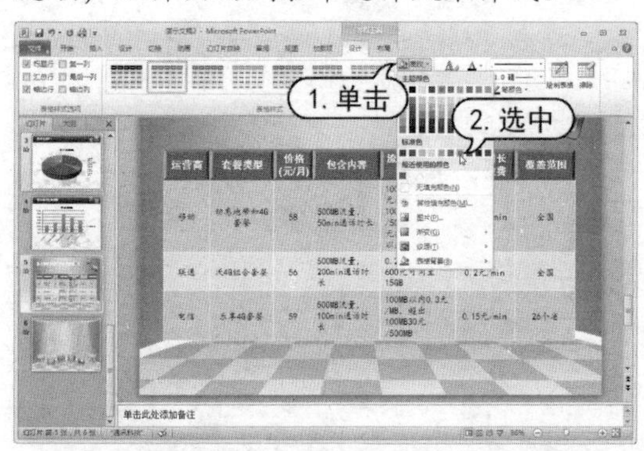

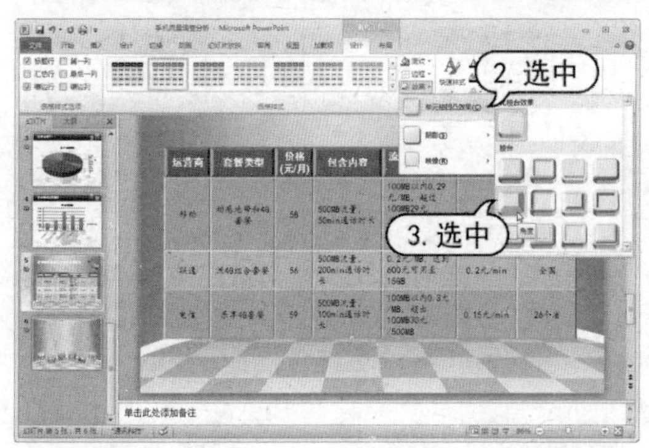

step 41 在快速访问工具栏中单击【保存】按钮，打开【另存为】对话框，将其以“手机流量分析报告”为名进行保存。

5.5.2 制作电子月历

【例 5-8】制作电子月历演示文稿。
视频+素材 (光盘素材\第 05 章\例 5-8)

step 1 启动PowerPoint 2010 应用程序，单击【文件】按钮，从弹出的【文件】菜单中选择【新建】命令，然后在【可用的模板和主题】窗格中选择【我的模板】选项。在打开【新建演示文稿】对话框中选择【日历】选项，然后单击【确定】按钮。

step 2 此时，将新建一个基于该模板的演示文稿。在【单击此处添加标题】文本占位符中输入两行标题文字“2016 年 12 个月月历”。在【段落】组中，单击【文本左对齐】按钮；在【字体】组中，设置文字【字体】为【华文彩云】，【字号】为 66，分别单击【加粗】和【倾斜】按钮。

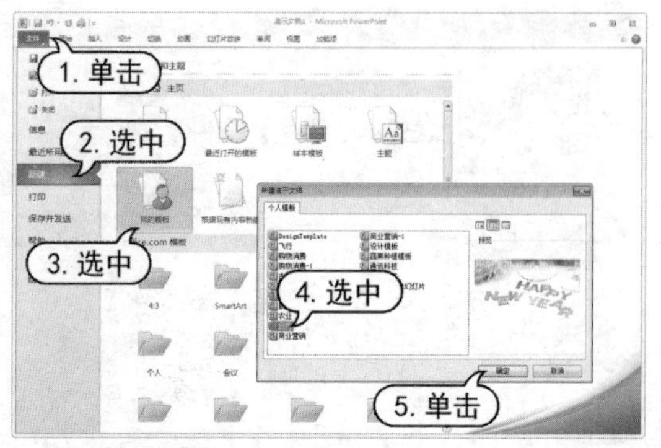

step 3 选中【单击此处添加副标题】文本占位符，然后按下Delete键将其删除。

step 4 在幻灯片浏览窗格中选择第 2 张幻灯片缩略图，将其显示在幻灯片编辑窗格中。

step 5　在【单击此处添加标题】文本占位符中，输入标题文字。在【字体】组中，设置【字体】为【方正黑体简体】，分别单击【加粗】和【文字阴影】按钮，然后单击【字符颜色】下拉按钮，从弹出的列表框中选择【蓝色】选项。

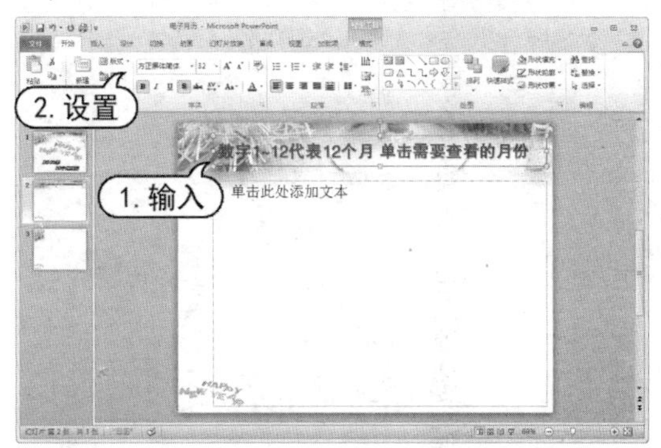

step 6　选中【单击此处添加文本】文本占位符，按下Delete键将其删除。打开【插入】选项卡，单击【插图】组中单击SmartArt按钮，打开【选择SmartArt图形】对话框。

step 7　在对话框的左侧列表中选择【循环】选项，然后在SmartArt图形列表中选择【基本射线图】选项，单击【确定】按钮。

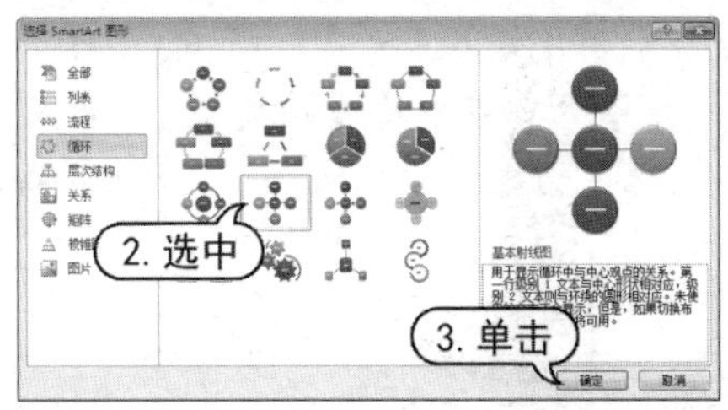

step 8　此时，即可在幻灯片中插入SmartArt图形。

step 9　选中最上方的图形，打开【SmartArt工具】的【设计】选项卡，在【创建图形】组中单击【添加形状】按钮，为SmartArt图形添加一个形状。

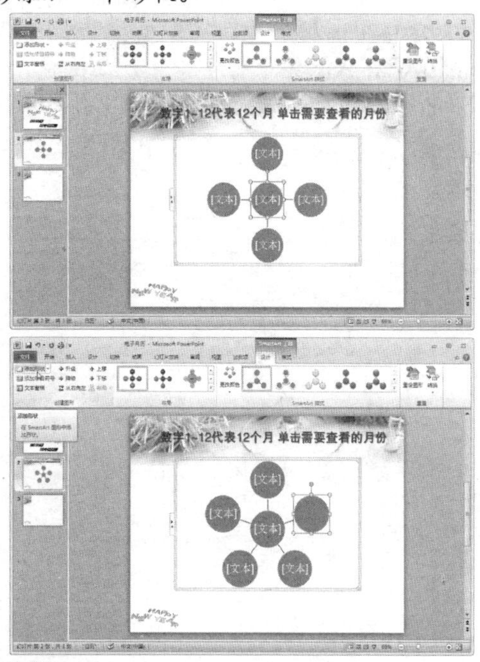

step 10　使用同样的方法，再为SmartArt图形添加 7 个形状，至此该SmartArt图形共有 13 个形状组成。

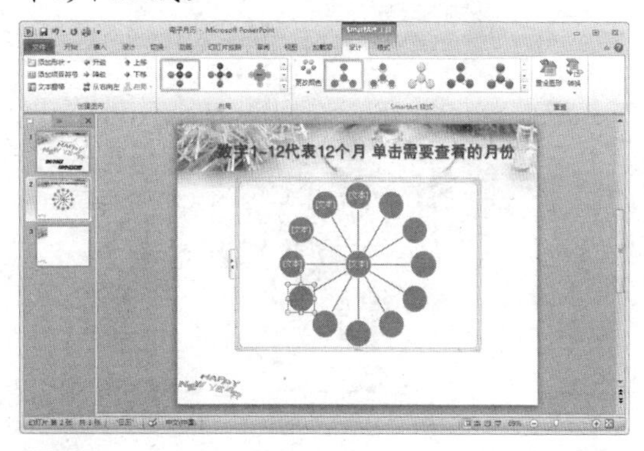

step 11　在SmartArt图形的 13 个形状中输入数字，并拖动鼠标调节其大小和位置。

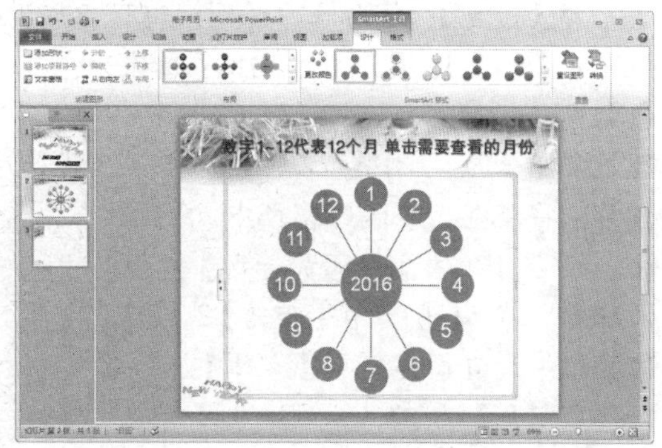

step 12 选中幻灯片中的SmartArt图形，打开【SmartArt工具】的【设计】选项卡，单击【SmartArt样式】组中的【其他】按钮，在弹出的列表中选择【三维】选项区域的【优雅】选项。此时，即可将SmartArt图形应用三维样式。

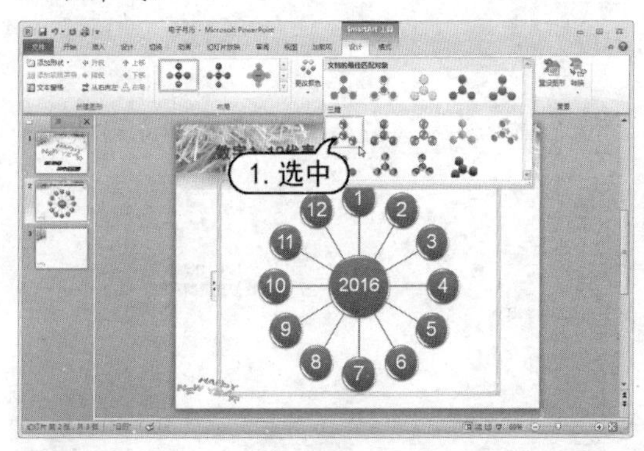

step 13 选中形状“1”、“2”、“3”，打开【SmartArt工具】的【格式】选项卡，在【形状样式】组中单击【形状填充】下拉按钮，从弹出的列表框中选择【绿色】选项，此时选中的形状将填充为【绿色】。

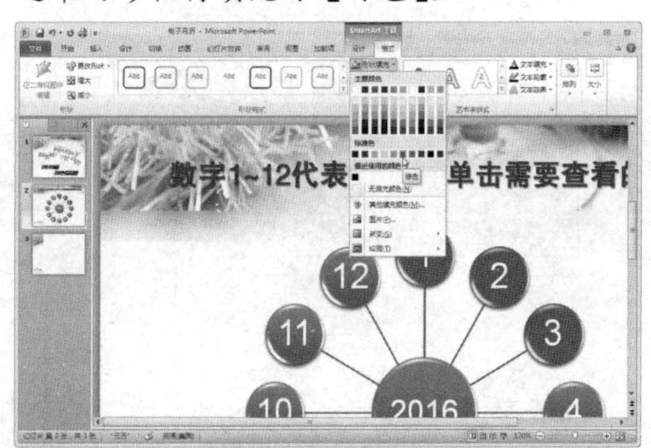

step 14 使用同样的方法。将形状“4”、“5”、“6”填充为【蓝色】；将形状“7”、“8”、“9”填充为【橙色】；将形状“10”、“11”、“12”填充为【红色】；将形状“2016”填充为【紫色】。

step 15 在幻灯片浏览窗格中，选中第3张幻灯片，将其显示在编辑窗口中。

step 16 在【单击此处添加标题】占位符中输入标题文字“1月”，在【开始】选项卡的【字体】组中设置标题文字【字体】为【华文彩云】，【字号】为54，分别单击【加粗】、【倾斜】和【文字阴影】按钮；在【单击此处添加文本】占位符中单击按钮。

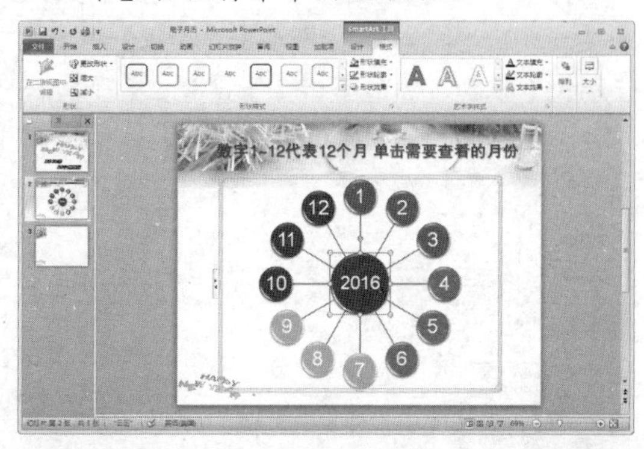

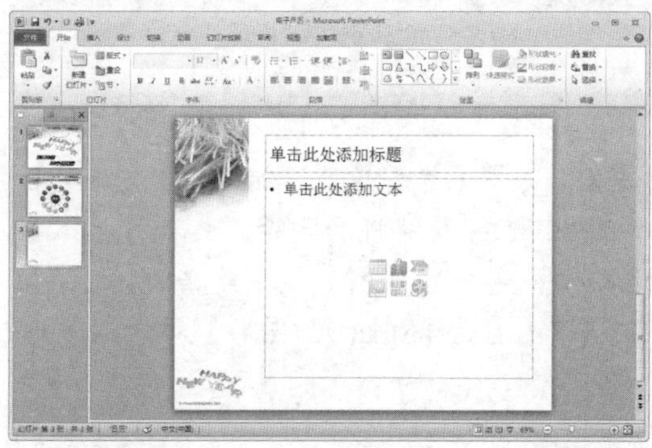

step 17 打开【插入表格】对话框，在【列数】和【行数】文本框中均输入数字7，单击【确定】按钮在幻灯片中插入一个7×7表格。

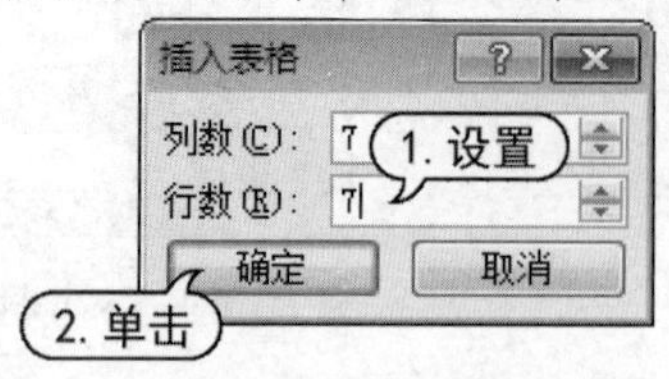

step 18 在【表格工具】的【设计】选项卡中，单击【表格样式】组中的表格外观样式组的【其他】按钮，从弹出的列表框中选择一种样式。

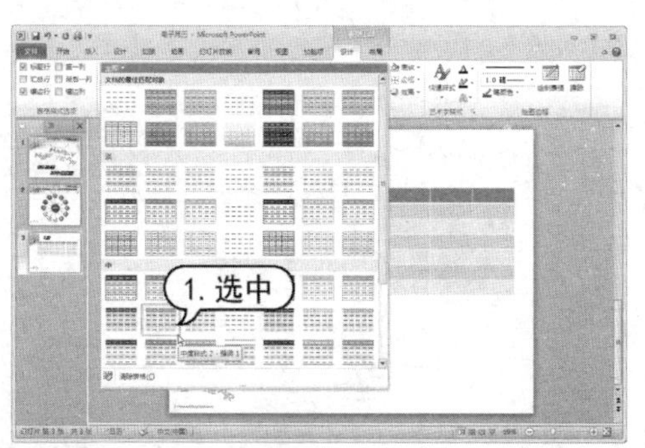

step 19 选中表格第 1 行，在【表格工具】的【设计】选项卡，单击【表格样式】组中的【底纹】下拉按钮，从弹出的下拉列表框中选择【橙色】选项，将该行底纹填充为橙色。

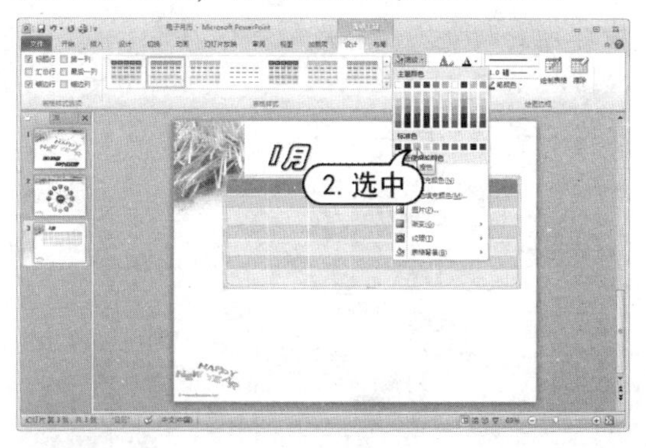

step 20 选中表格第 2、4、6 行，将其底纹均填充为【黄色】。

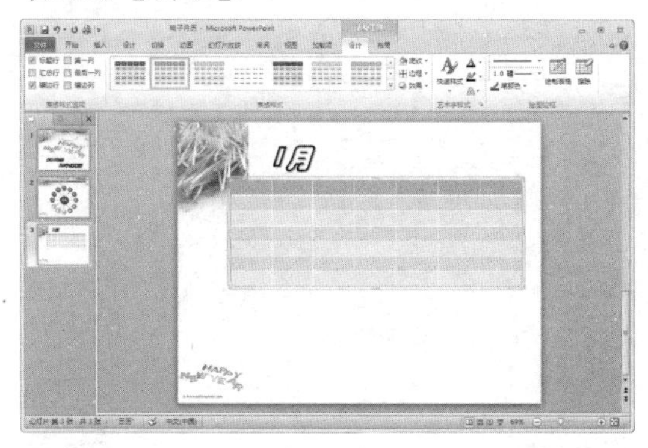

step 21 在单元格内输入文本内容，然后选中整个表格，打开【表格工具】的【布局】选项卡，在【对齐方式】组中分别单击【居中】按钮和【垂直居中】按钮，设置文本中部居中对齐。

step 22 在【布局】选项卡的【单元格大小】组中，设置【表格列宽】为 1.6 厘米。然后使用鼠标拖动，调节表格至合适的位置。

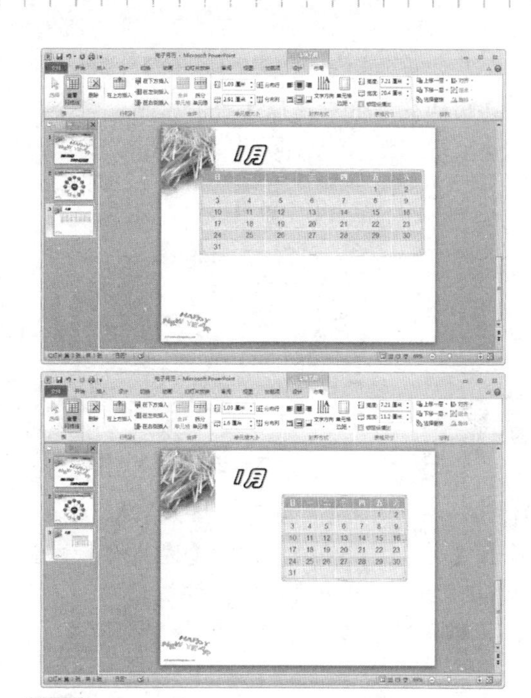

step 23 打开【插入】选项卡，在【图片】组中单击【图片】命令，打开【插入图片】对话框。在对话框中选中需要插入的图片，然后单击【插入】按钮。

step 24 将图片插入的幻灯片中，并在幻灯片中调整其大小位置。

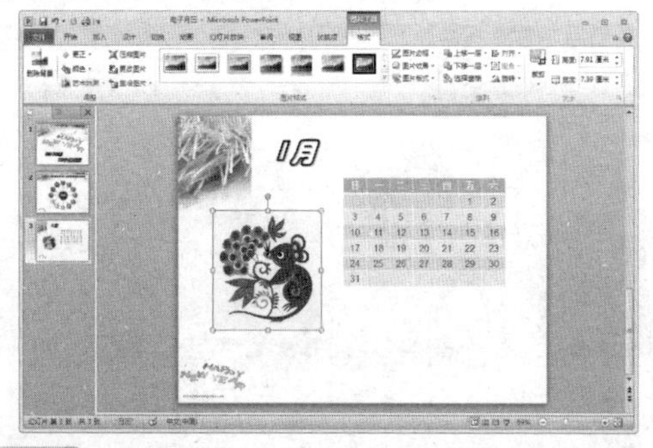

step 25 在【图片工具】的【格式】选项卡中，单击【图片样式】组中【图片效果】下拉按

钮，从弹出的列表中选择【映像】选项，再从弹出的列表框中选择【映像选项】命令。

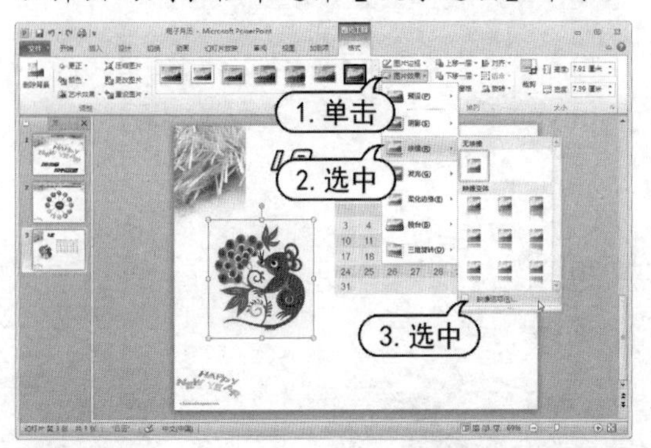

step 26 在打开的【设置图片格式】对话框中，设置【大小】数值为 40%，【透明度】数值为 60%，然后单击【关闭】按钮。

step 27 打开【插入】选项卡，单击【文本】组的【文本框】下拉按钮，在弹出的菜单中选择【横排文本框】命令。

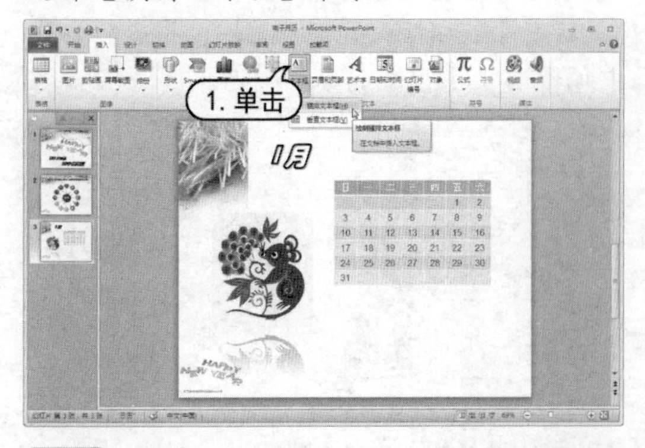

step 28 在幻灯片中按住鼠标左键拖动，绘制一个横排文本框，并输入文字。设置文字的字体为【楷体】，【字号】为 20，单击【加粗】按钮。

step 29 在幻灯片浏览窗格中的第 3 张幻灯片上，右击，从弹出的快捷菜单中选择【复制幻灯片】命令复制一张幻灯片。

step 30 在复制的幻灯片中，修改标题文字、表格文字以及内容文本。

step 31 在复制的幻灯片中，选中插入的图片。打开【图片工具】的【格式】选项卡，在【调整】组中单击【更改图片】按钮。在打开的【插入图片】对话框中，重新选择所需要的图片，然后单击【插入】按钮。

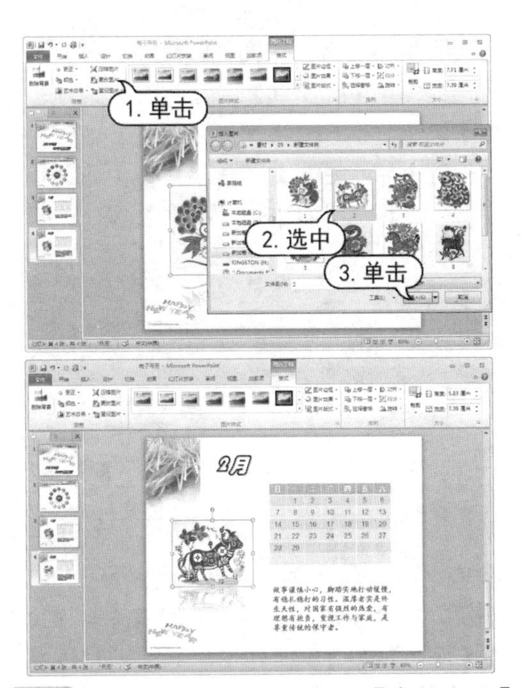

step 32 选中表格第 1 行，打开【表格工具】的【设计】选项卡，在【表格样式】组中单击【底纹】下拉按钮，从弹出的列表框中选择【绿色】选项。

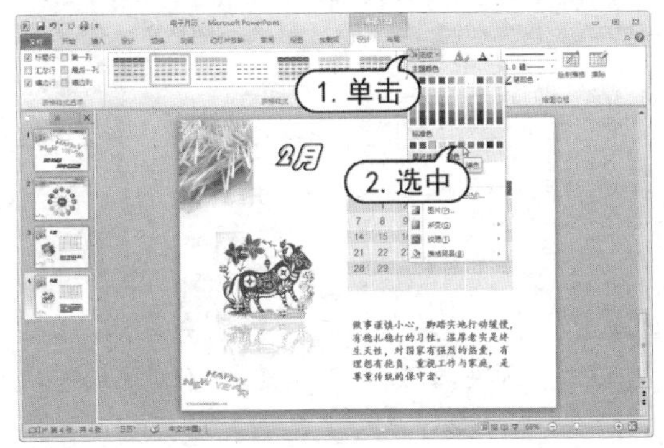

step 33 选中表格第 2、4、6 行，将其底纹均填充为【浅绿】。

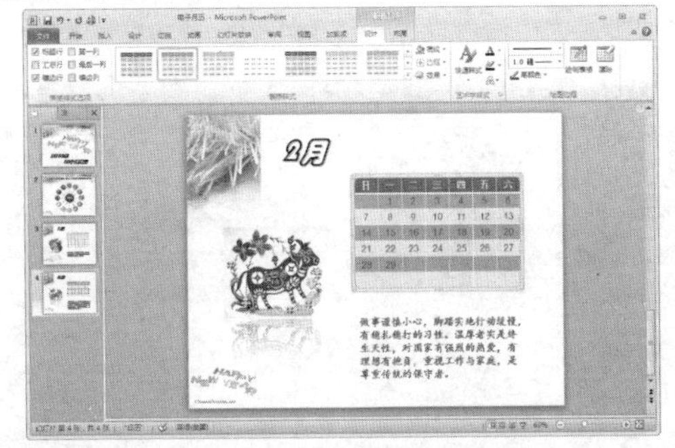

step 34 在幻灯片浏览窗格中的第 4 张幻灯片上，右击，从弹出的快捷菜单中选择【复制幻灯片】命令复制一张幻灯片。

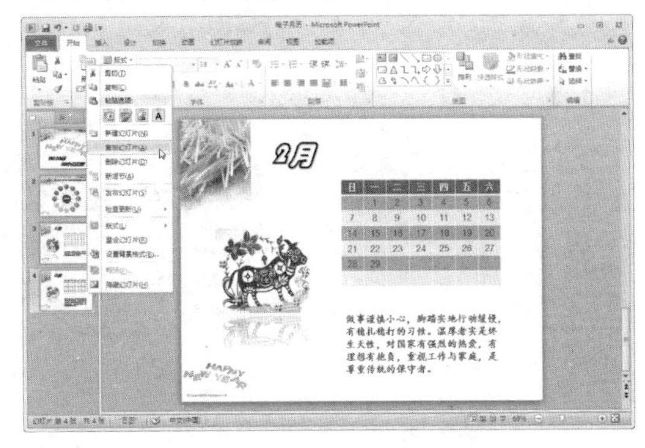

step 35 在复制的幻灯片中，修改标题文字、表格文字以及内容文本。

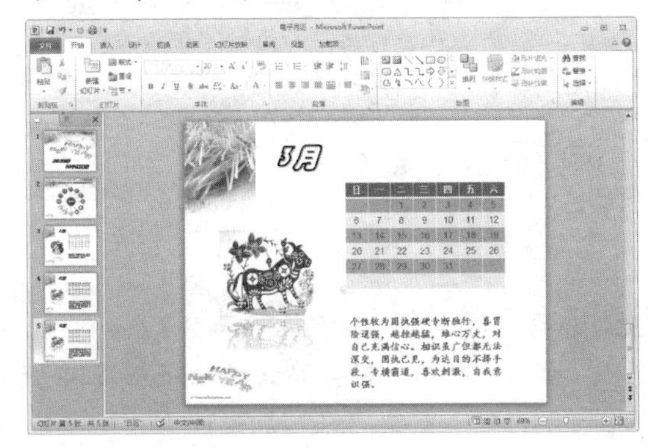

step 36 在复制的幻灯片中，选中插入的图片。打开【图片工具】的【格式】选项卡，在【调整】组中单击【更改图片】按钮。在打开的【插入图片】对话框中，重新选择所需要的图片，然后单击【插入】按钮。

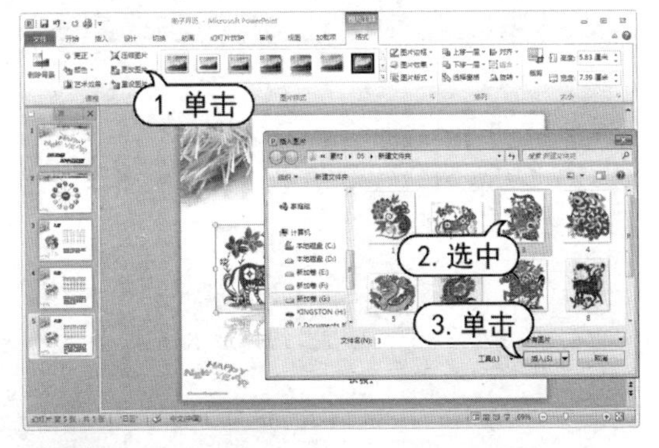

step 37 选中表格第 1 行，打开【表格工具】的【设计】选项卡，在【表格样式】组中单击【底纹】下拉按钮，从弹出的列表框中选择【蓝色】选项。

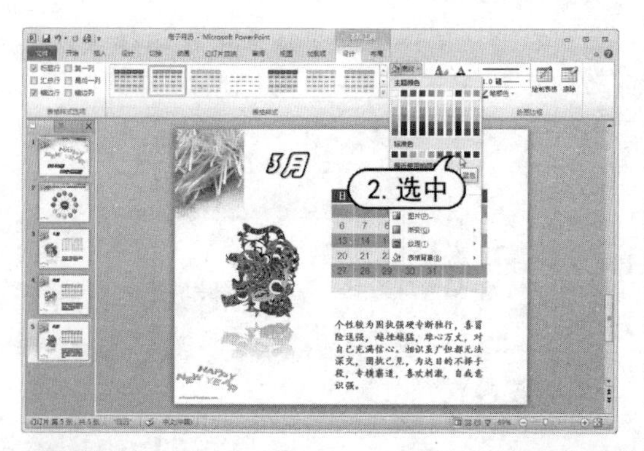

step 38 选中表格第2、4、6行，将其底纹均填充为【浅蓝】。

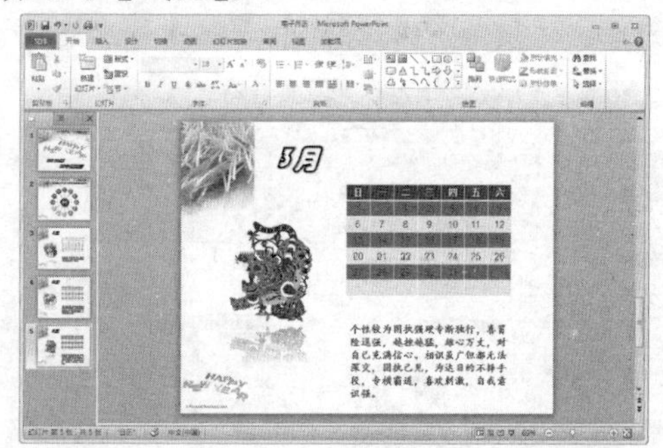

step 39 在幻灯片浏览窗格中的第5张幻灯片上，右击，从弹出的快捷菜单中选择【复制幻灯片】命令复制一张幻灯片。

step 40 在复制的幻灯片中，修改标题文字、表格文字以及内容文本。

step 41 在复制的幻灯片中，选中插入的图片。打开【图片工具】的【格式】选项卡，在【调整】组中单击【更改图片】按钮。在打开的【插入图片】对话框中，重新选择所需要的图片，然后单击【插入】按钮。

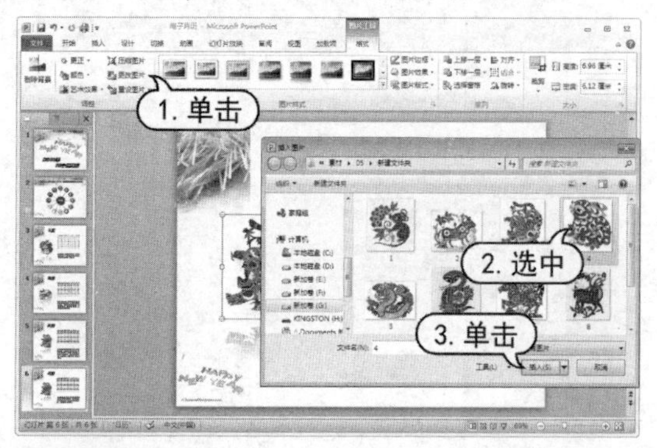

step 42 选中表格第1行，打开【表格工具】的【设计】选项卡，在【表格样式】组中单击【底纹】下拉按钮，从弹出的列表框中选择【红色】选项。

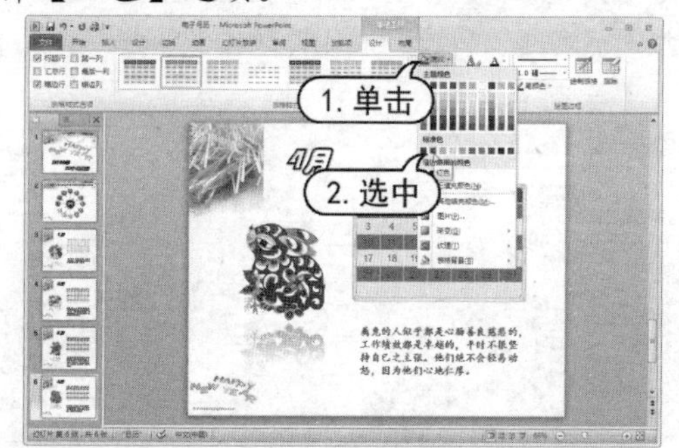

step 43 选中表格第2行，单击【底纹】下拉按钮，从弹出的列表框中选择【其他填充颜色】命令。在打开的【颜色】对话框中，打开【标准】选项卡，选中【玫瑰红】选项，然后单击【确定】按钮。

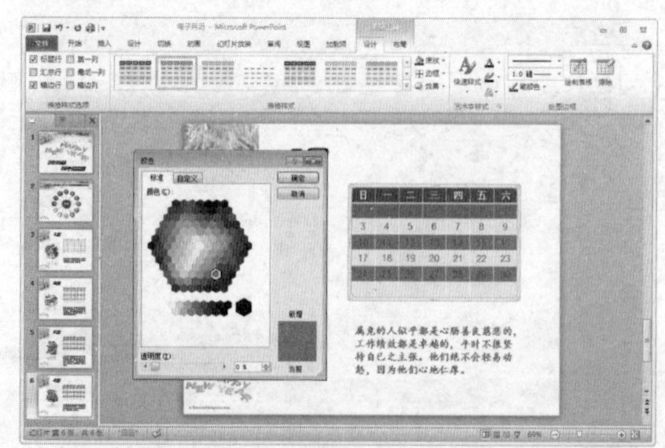

step 44 分别选中表格第 4、6 行，然后单击【底纹】按钮应用【玫瑰红】。

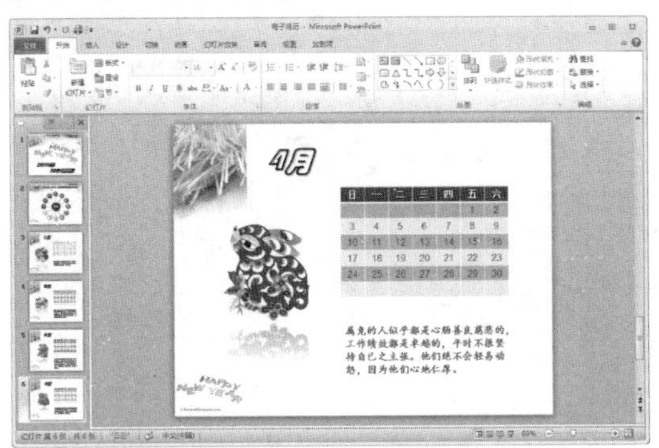

step 45 在幻灯片浏览窗格中，选中第 3~6 张幻灯片，右击鼠标，从弹出的菜单中选择【复制幻灯片】命令。

step 46 参照以上步骤制作 5 月~12 月的 8 张幻灯片，要求 5、9 月历应用第 3 张幻灯片中的表格样式，6、10 月历应用第 4 张幻灯片中的表格样式，7、11 月历应用第 5 张幻灯片中的表格样式，8、12 月历应用第 6 张幻灯片中的表格样式。

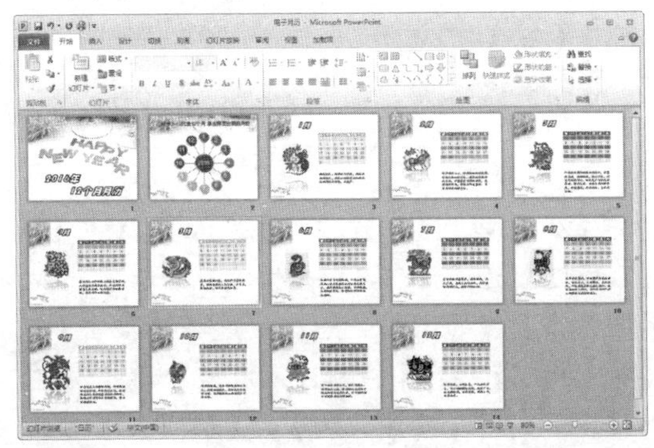

step 47 在幻灯片浏览窗格中选择第 2 张幻灯片缩略图，将其显示在幻灯片编辑窗口中。

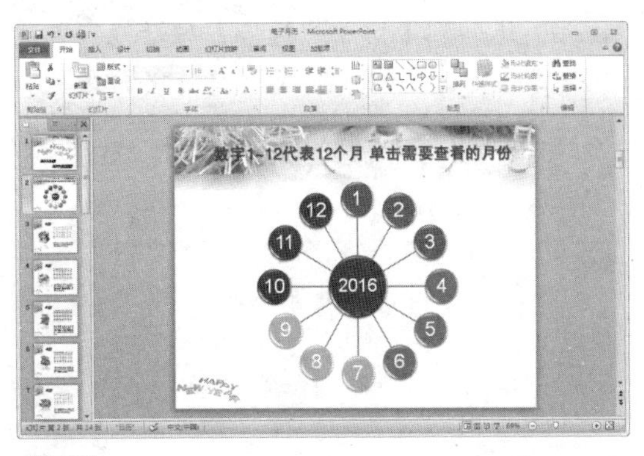

step 48 在形状中选中文字 1，打开【插入】选项卡，单击【链接】组的【超链接】按钮，打开【插入超链接】对话框。

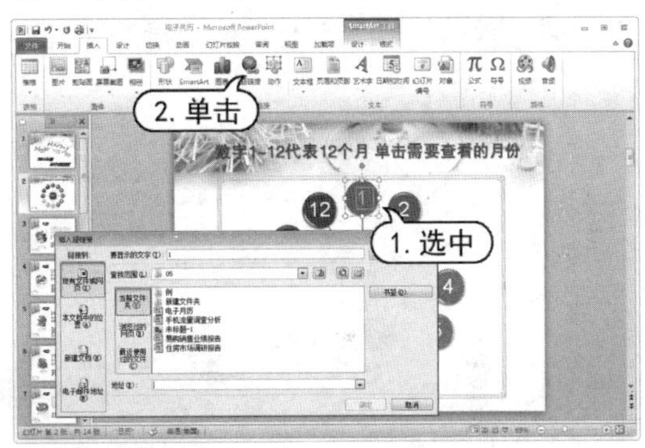

step 49 在【链接到】列表中单击【本文档中的位置】按钮，在【请选择文档中的位置】列表框中选择【1 月】选项，然后单击【屏幕提示】按钮。

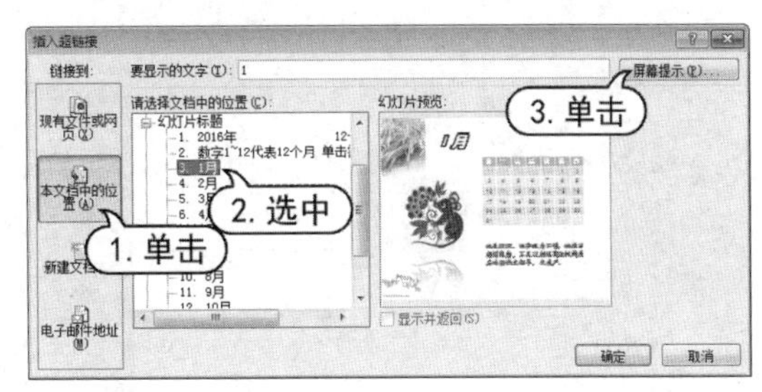

step 50 打开【设置超链接屏幕提示】对话框，在【屏幕提示文字】文本框中输入提示文字“显示 1 月月历”，然后单击【确定】按钮。

step 51 返回到【插入超链接】对话框，再次单击【确定】按钮，完成该超链接的设置。

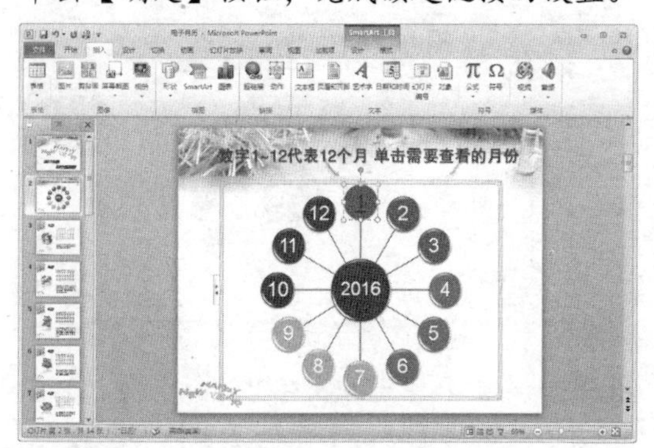

step 52 使用同样的方法，分别将第 2 张幻灯片形状中的数字链接到对应的幻灯片中。

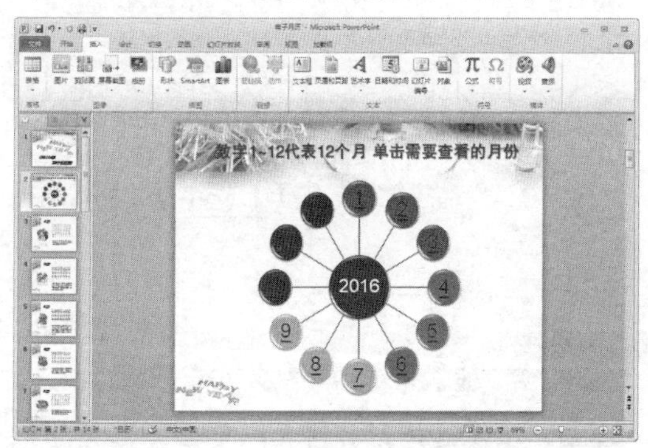

step 53 在幻灯片浏览窗格中选择第 3 张幻灯片缩略图，将其显示在幻灯片编辑窗口中。

step 54 在【插入】选项卡的【插图】组中单击【形状】下拉按钮，在弹出的列表框中选择【动作按钮】选项区域中的【后退或前一项】选项◁。

step 55 在第 3 张幻灯片的右下角拖动鼠标绘制该图形，打开【动作设置】对话框。

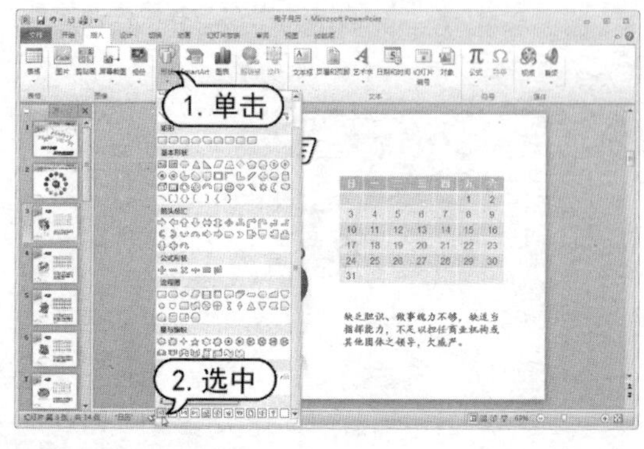

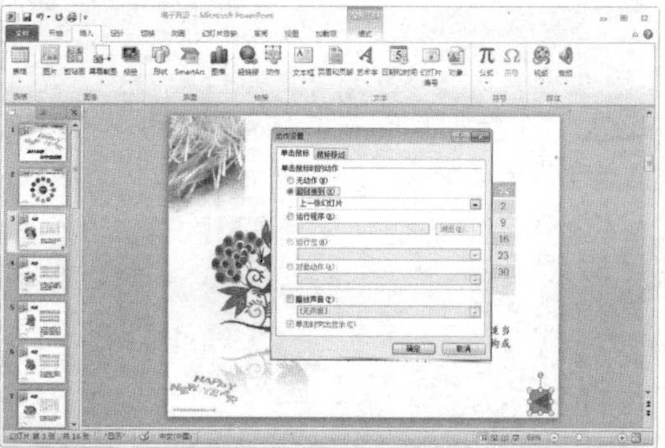

step 56 在【动作设置】对话框的【单击鼠标时的动作】选项区域中选中【超链接到】单选按钮，在【超链接到】下拉列表框中选择【幻灯片】选项。打开【超链接到幻灯片】对话框，在对话框中选择第 2 张幻灯片的名称，然后单击【确定】按钮。

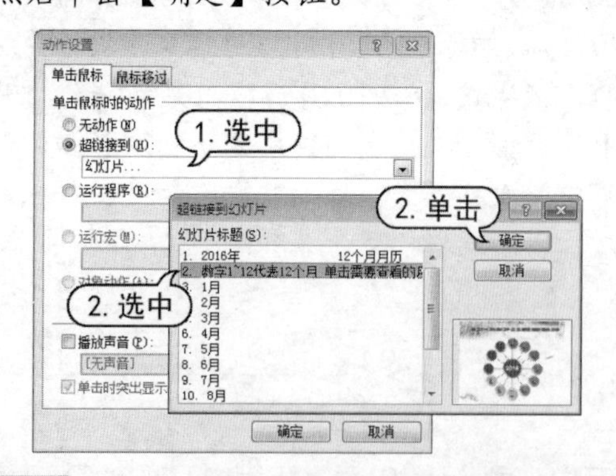

step 57 返回到【动作设置】对话框。打开【鼠标移过】选项卡，选中【播放声音】复选框，并在其下方的下拉列表框中选择【单击】选项，单击【确定】按钮，完成该动作的设置。

step 58 打开【绘图工具】的【格式】选项卡，在【形状样式】组中单击【其他】按钮▾，从弹出的列表框中选择一种形状样式，快速应用该样式。

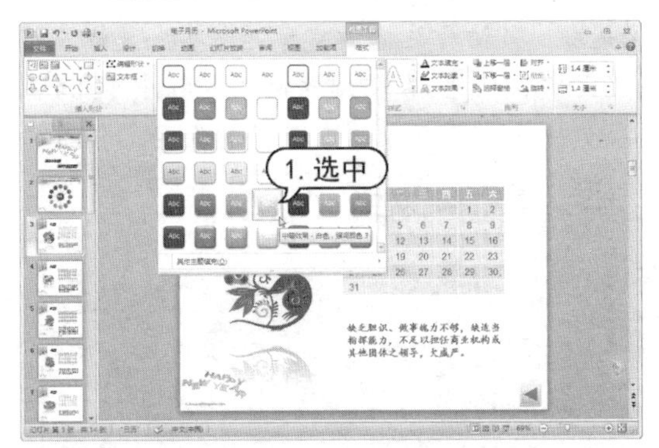

step 59 按Ctrl+C键复制该动作按钮，按Ctrl+V键将该动作粘贴到第 4~14 张幻灯片中。

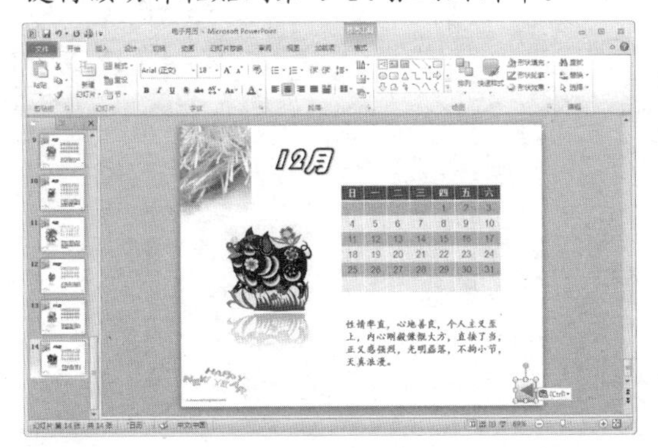

step 60 在幻灯片浏览窗格中，选中第 1 张幻灯片，将其显示在编辑窗口中。打开【切换】选项卡，在【切换到此幻灯片】组中单击【其他】按钮，在弹出的列表框中选择【涟漪】选项。

step 61 此时，即可在幻灯片编辑窗口查看切换效果。在【切换】选项卡的【计时】组中，单击【全部应用】按钮，将该动画应用到所有幻灯片中。

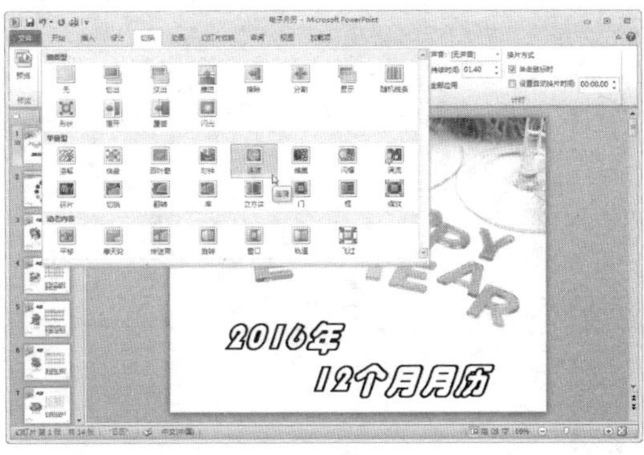

step 62 在第 1 张幻灯片中，选中标题占位符，打开【动画】选项卡，在【动画】组中单击【其他】按钮，在弹出的菜单的【进入】列表框中选择【轮子】选项，为标题应用该进入动画效果。

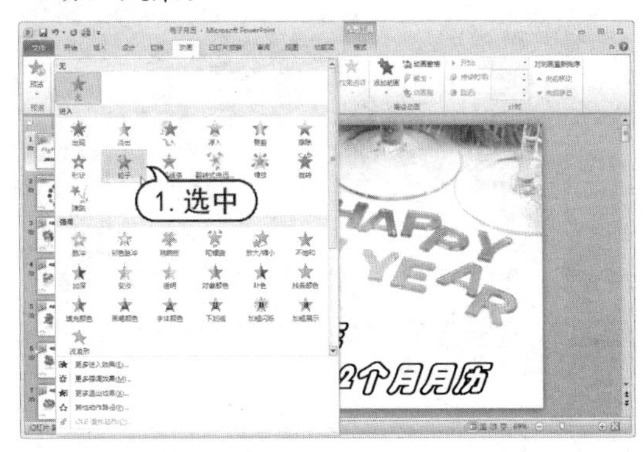

step 63 在第 3 张幻灯片中选中图片，在【动画】选项卡的【动画】组中单击【其他】按钮，在弹出的菜单的【进入】列表框中选择【飞入】选项，为对象应用该进入动画效果。

step 64 在第 3 张幻灯片中选中文本框，在【动画】组中单击【其他】按钮，在弹出的菜单的【强调】列表框中选择【下划线】选项，为对象应用该强调动画效果。

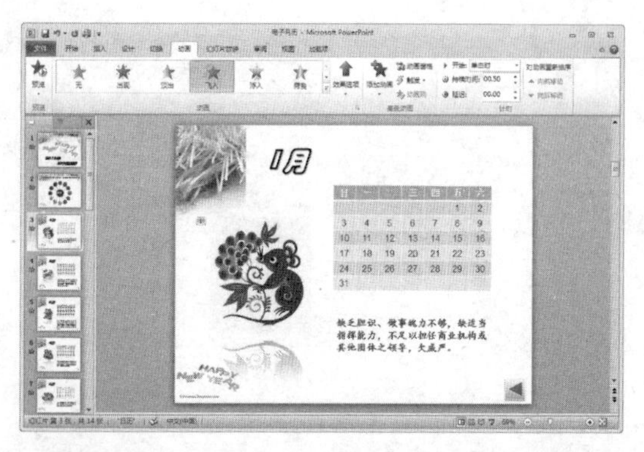

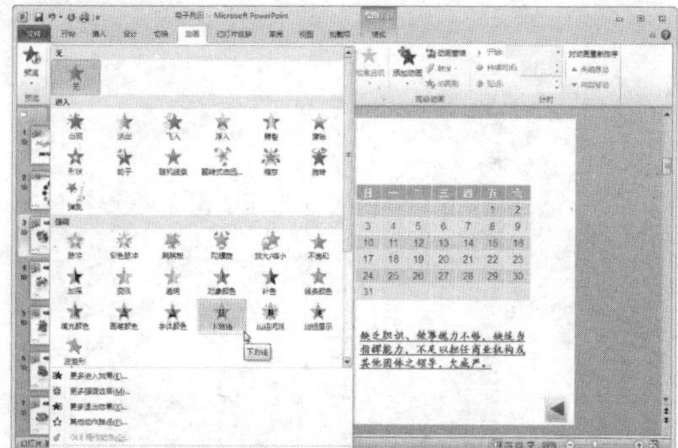

step 65 使用同样的方法，为 4~14 张幻灯片中的对象设置同样的动画效果。

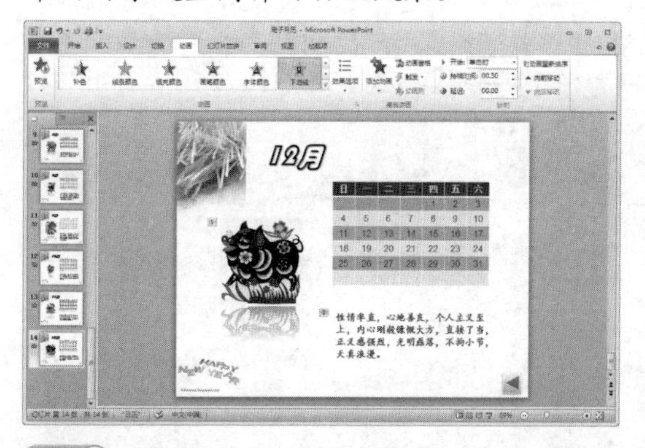

step 66 打开【幻灯片放映】选项卡，在【开始放映幻灯片】组中单击【从头开始】按钮，开始放映制作好的幻灯片。

step 67 当幻灯片播放完毕后，单击鼠标左键退出放映状态。在快速访问工具栏中单击【保存】按钮，将其以“电子月历”为名保存。

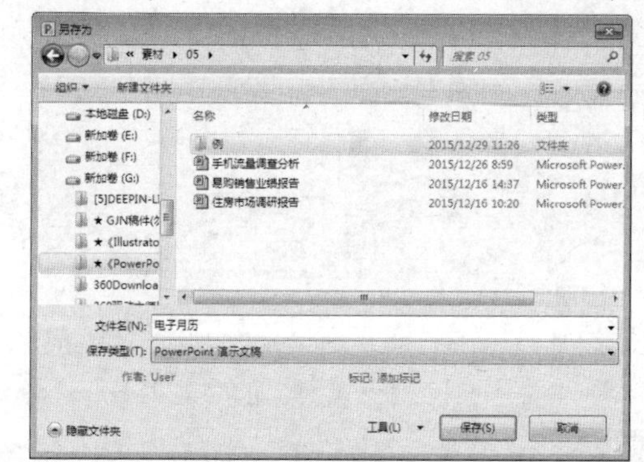

第 6 章

幻灯片母版设计

PowerPoint 2010 提供了大量的模板预设格式。应用这些格式，用户可以轻松地设计出与众不同的幻灯片演示文稿，以及备注和讲义演示文稿。这些预设格式包括设计模板、主题颜色、幻灯片版式以及背景样式等内容。

对应光盘视频

例 6-1 复制、粘贴占位符
例 6-2 设置占位符属性
例 6-3 添加页眉和页脚
例 6-4 自定义主题颜色和字体
例 6-5 设置幻灯片背景
例 6-6 制作讲义母版
例 6-7 制作备注母版
例 6-8 制作“食谱”演示文稿母版
例 6-9 制作小学语文课件

6.1 幻灯片母版介绍

为了使演示文稿中的每一张幻灯片都具有统一的版式和格式，PowerPoint 2010 通过母版来控制幻灯片中不同部分的表现形式。PowerPoint 2010 提供了 3 种母版，即幻灯片母版、讲义母版和备注母版。当需要设置幻灯片风格时，可以在幻灯片母版视图中进行设置；当需要将演示文稿以讲义形式打印输出时，可以在讲义母版中进行设置；当需要在演示文稿中插入备注内容时，则可以在备注母版中进行设置。

6.1.1 幻灯片母版

幻灯片母版是存储幻灯片设计元素信息的模板。幻灯片母版中的信息包括占位符大小和位置、文本格式、背景设计和配色方案等内容。用户通过更改这些信息，就可以更改整个演示文稿中幻灯片的外观效果。

打开【视图】选项卡，在【母版视图】组中单击【幻灯片母版】按钮，即可打开幻灯片母版视图，查看幻灯片母版。

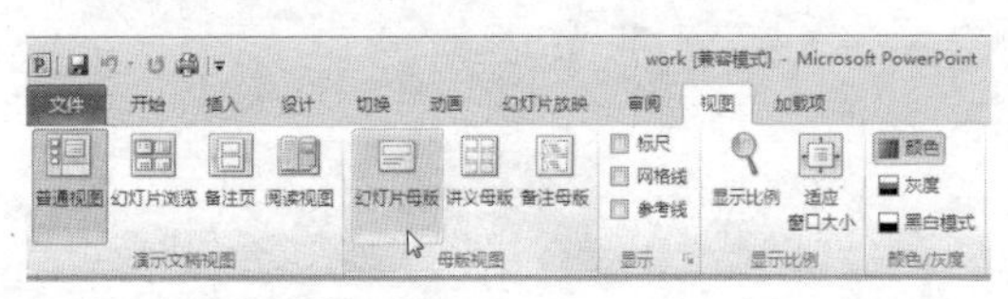

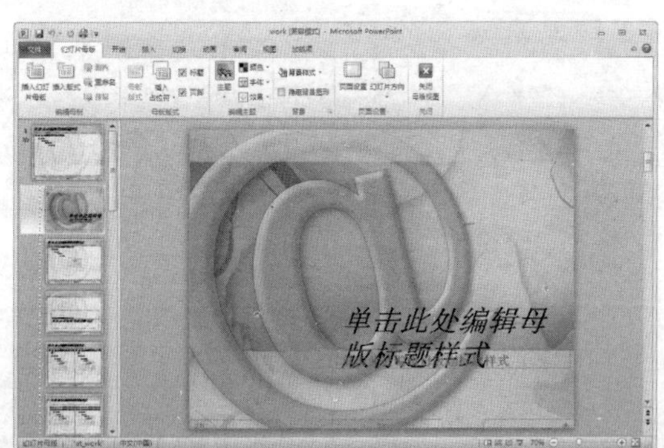

在幻灯片母版视图下，可以看到所有可编辑的区域，如标题占位符、副标题占位符、页脚占位符、图表占位符以及图片或音视频占位符等。这些占位符的位置及属性，决定了应用该母版的幻灯片时的外观属性。当改变了这些属性后，所有应用该母版的幻灯片的属性也将随之改变。

当用户将幻灯片切换到幻灯片母版视图时，功能区将自动打开【幻灯片母版】选项卡。在该选项卡中单击功能组中的按钮，可以对母版进行编辑或更改操作。

【幻灯片母版】选项卡中【编组母版】组中 5 个按钮的功能如下。

- 【插入幻灯片母版】按钮：单击该按钮，可以在幻灯片母版视图中插入一个新的幻灯片母版。一般情况下，幻灯片母版中包含幻灯片内容母版和幻灯片标题母版。
- 【插入版式】按钮：单击该按钮，可以在幻灯片母版中添加自定义版式。
- 【删除】按钮：单击该按钮，可以删除当前母版。
- 【重命名】按钮：单击该按钮，打开【重命名版式】对话框，允许用户更改当前的母版名称。
- 【保留】按钮：单击该按钮，可以使当前选中的幻灯片在未被使用的情况下保留在演示文稿中。

实用技巧

母版区别于平时所提及的“模板”概念，母版是一个更精准的概念，它是存储应用的设计模板所包含信息的幻灯片，包括字形、占位符设置、背景设计和配色方案。幻灯片母版、讲义母版和备注母版统称为母版。“模板”的概念在“幻灯片母版”之上，模板是创建的.poxt文件，该文件记录了对幻灯片母版、版式(幻灯片上标题和副标题文本、列表、图片、表格、图表、自选图形和视频等元素的排列方式)和主题(一组统一的设计元素，使用颜色、字体和图形设置文档的外观)组合所做的任何自定义修改。

6.1.2 讲义母版

讲义母版是为制作讲义而准备的，通常需要打印输出。因此，讲义母版的设置大多和打印页面有关。它允许设置一页讲义中包含几张幻灯片，设置页眉、页脚、页码等基本信息。在讲义母版中插入新的对象或者更改版式时，新的页面效果不会反映在其他母版视图中。

打开【视图】选项卡，在【母版视图】组中单击【讲义母版】按钮，打开讲义母版视图。此时功能区自动切换到【讲义母版】选项卡。

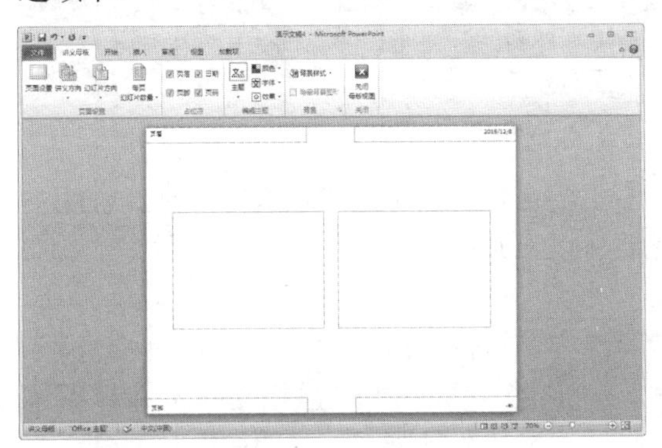

在讲义母版视图中，包含 4 个占位符，即页面区、页脚区、日期区以及页码区。另外，页面中央还包含几个虚线框，这些虚线框表示的是每页所包含的幻灯片浏览窗格的数目。用户可以在【讲义母版】选项卡中，单击【页面设置】组的【每页幻灯片数量】下拉按钮，从弹出的菜单中选择显示幻灯片数目的选项。

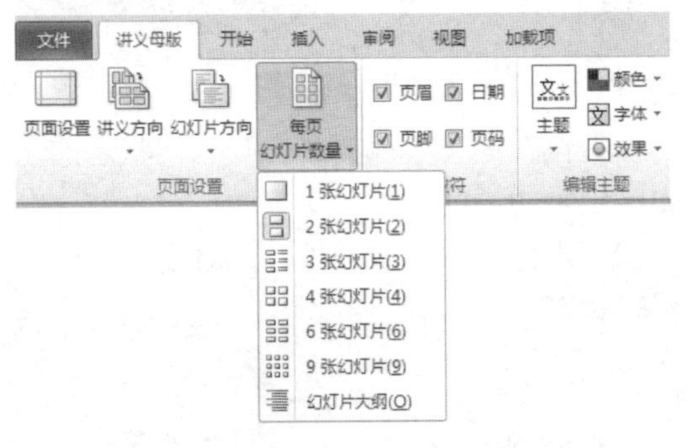

6.1.3 备注母版

备注相当于讲义，尤其在对某个幻灯片需要提供补充信息时。使用备注对演讲者创建演讲注意事项很重要。备注母版主要用来设置幻灯片的备注格式，一般也是用来打印输出的，因此备注母版的设置大多也和打印页面有关。

打开【视图】选项卡，在【母版视图】组中单击【备注母版】按钮，打开备注母版视图。备注母版视图由单个幻灯片的缩略图像和下方所属文本区域组成。

在备注母版视图中，用户可以设置或修改幻灯片内容、备注内容及页眉页脚内容在页面中的位置、比例及外观等属性。

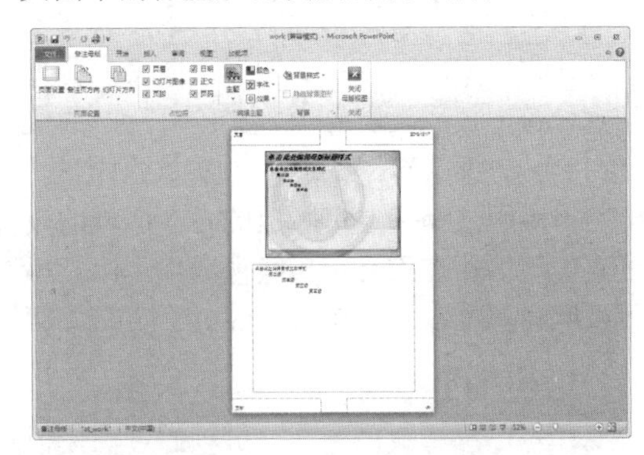

单击备注母版上方的幻灯片浏览窗格，其周围将出现 8 个白色的控制点，此时可以通过拖动鼠标调整幻灯片浏览窗格在备注页中的位置或大小；单击备注文本框边框，此时该文本框周围也将出现 8 个白色的控制点，同样通过拖动该占位符可以调整备注文本在页面中的位置或大小。

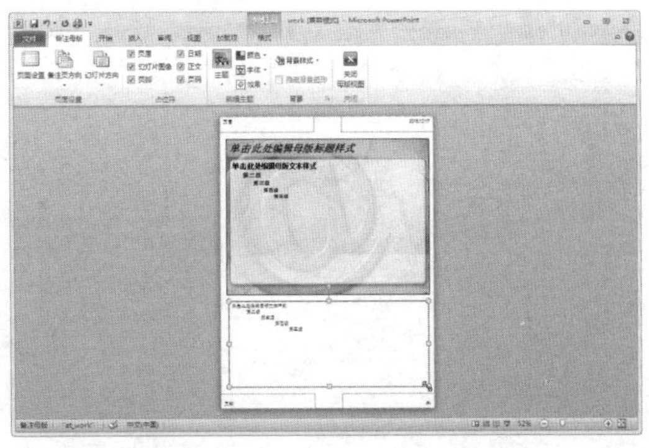

当用户退出备注母版视图时，对备注母版所做的修改将应用到演示文稿中的所有备注页上。只有在备注视图下，对备注母版所做的修改才能表现出来。

> **实用技巧**
> 无论在幻灯片母版视图、讲义母版视图还是备注母版视图中，如果要返回到普通模式，只需要在默认打开的功能区中单击【关闭母版视图】按钮即可。

6.2 设置幻灯片母版

幻灯片母版决定着幻灯片的外观，用于设置幻灯片的标题、正文文字等样式，包括字体、字号、字体颜色以及阴影等效果；也可以设置幻灯片的背景、页眉页脚等内容。简而言之，幻灯片母版可以为所有幻灯片设置默认的版式。

6.2.1 修改母版版式

版式用来定义幻灯片显示内容的位置与格式信息，是幻灯片母版重要的组成部分，主要包括占位符。在 PowerPoint 2010 中创建的演示文稿都带有默认的版式，这些版式一方面决定了文本、图片、图形、图表、音视频占位符，页眉页脚等内容在幻灯片中的位置，另一方面决定了幻灯片中文本的样式。

母版版式是通过母版上的各个区域的设置来实现的。在幻灯片母版视图中，用户可以按照自己的需求修改母版版式。

1. 插入占位符

在幻灯片母版视图中，可以通过在模板中插入占位符来快速实现版式设计。

要在幻灯片母版中插入占位符，可以在【幻灯片母板】选项卡的【母版版式】组中，单击【插入占位符】下拉按钮，从弹出的列表中选择相应的内容即可。

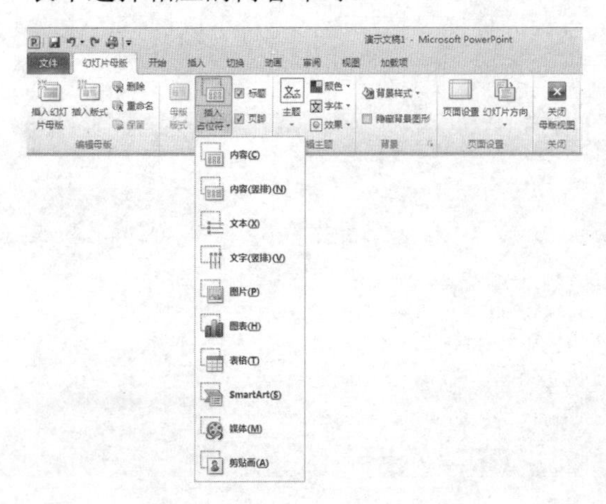

> **知识点滴**
> 占位符是包含文字、图片、图形、图表或音视频文件等对象的容器，其本身是构成幻灯片内容的基本对象，具有自己的属性。用户可以在其中的添加文本、图片、图形、图表或音视频文件等内容，也可以对占位符本身进行移动、复制和删除等操作。

2. 选择占位符

要在幻灯片中选中占位符，具体方法主要有以下几种：

- 在文本编辑状态下，单击其边框，即可选中该占位符；
- 在幻灯片中可以拖动鼠标选择占位符。当鼠标指针处在幻灯片的空白处时，按下鼠标左键并拖动，此时将出现一个虚线框，当释放鼠标时，处在虚线框内的占位符都会被选中；
- 在按住键盘上的 Shift 键或 Ctrl 键时依次单击多个占位符，可同时选中它们。

> **实用技巧**
> 按住 Shift 键和按住 Ctrl 键的不同之处在于，按住前者只能选择一个或多个占位符；而按住后者，除了可以同时选中多个占位符外，还可拖动选中的占位符，实现对所选占位符的复制操作。

占位符的文本编辑状态与选中状态的主要区别是边框的形状。单击占位符内部，在占位符内部出现一个光标，此时占位符处于编辑状态。

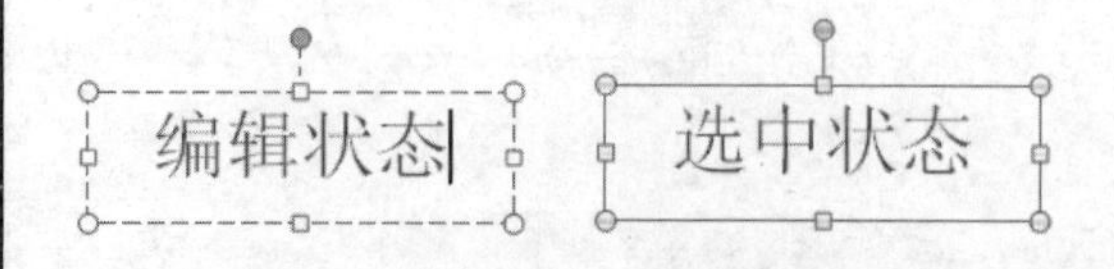

3. 移动占位符

在幻灯片中移动占位符，主要有以下两种方法。

- 当占位符处于被选中状态时，将鼠标指针移动到占位符的边框时将显示形状，此时按住鼠标左键并拖动文本框到目标位置，然后释放鼠标即可。
- 当占位符处于被选中状态时，可以通过键盘方向键来移动占位符的位置。使用方向键移动的同时按住 Ctrl 键，可以实现微移。

4. 缩放占位符

在选中占位符后，PowerPoint 会将占位符的边框突出显示，并显示 9 个相关的控制柄，以供用户调整占位符。调整占位符主要是指调整其大小，调整占位符大小的方法主要有以下两种。

- 当占位符处于选中状态时，将鼠标指针移动到占位符右下角的控制点上，此时鼠标指针变为双向箭头形状时，按住鼠标左键并向内拖动，调整至合适大小时释放鼠标即可调整占位符。

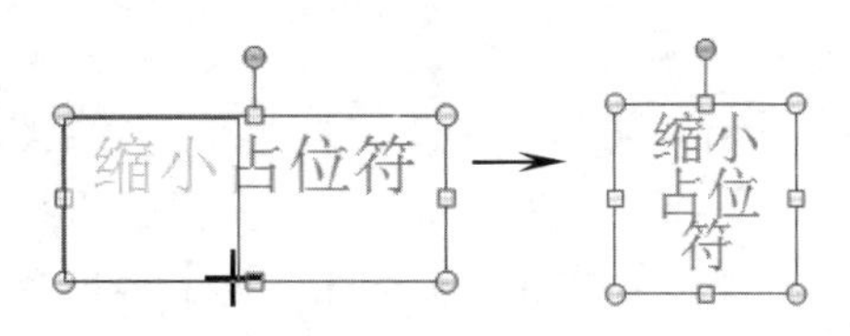

- 在占位符处于选中状态时，选择【格式】选项卡，在【大小】功能组中设置【形状高度】和【形状宽度】文本框中的数值可以精确设置占位符大小。

5. 旋转占位符

在设置演示文稿时，占位符可以任意角度旋转。选中占位符，在【绘图工具】的【格式】选项卡的【排列】组中单击【旋转】按钮，在弹出的列表中选择相应命令即可实现指定角度的旋转。

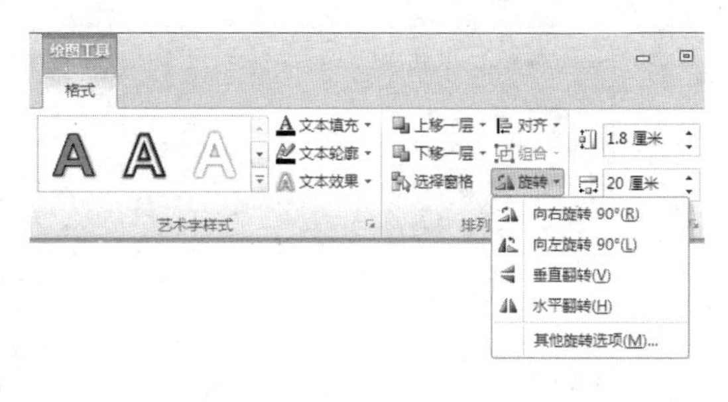

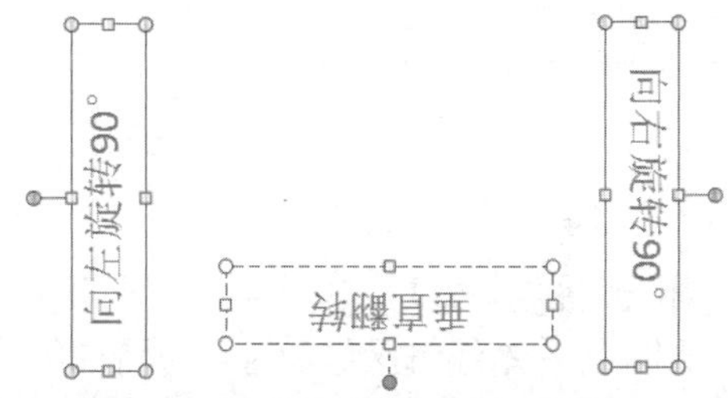

知识点滴

要精确设置占位符的旋转角度，单击【旋转】按钮，在弹出的菜单中选择【其他旋转选项】命令，系统将打开【设置形状格式】对话框的【大小】选项卡。在【尺寸和旋转】选项区域的【旋转】角度中设置其他角度值即可。

6. 对齐占位符

如果一张幻灯片中包含两个或两个以上占位符，用户可以通过选择相应命令来左对齐、右对齐、左右居中或横向分布占位符。选中多个占位符，在【格式】选项卡的【排列】组中单击【对齐】按钮，此时在弹出的列表中选择相应的命令，即可快速设置其对齐方式。

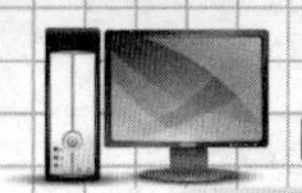

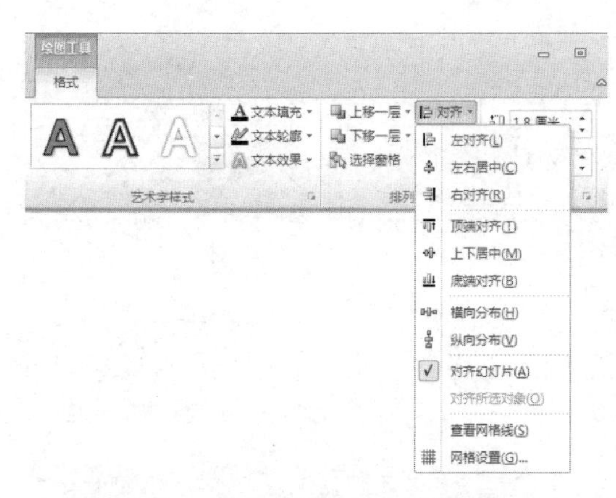

7. 复制、剪切与删除占位符

用户可以对占位符进行复制、剪切、粘贴及删除等基本编辑操作。对占位符的编辑操作与对其他对象的操作相同。选中占位符后，在【开始】选项卡的【剪贴板】组中选择【复制】、【粘贴】及【剪切】等相应按钮即可。

- 在复制或剪切占位符时，会同时复制或剪切占位符中的所有内容和格式，以及占位符的大小及其他属性。
- 当把复制的占位符粘贴到当前幻灯片时，被粘贴的占位符将位于原占位符的附近；当把复制的占位符粘贴到其他幻灯片时，则被粘贴的占位符位置将与原占位符在幻灯片中的位置完全相同。
- 占位符的剪切操作常用来在不同幻灯片之间移动内容。
- 选中占位符，按 Delete 键，可以把占位符及其内部的所有内容删除。

知识点滴

选中占位符，按 Ctrl+C 或 Ctrl+X 快捷键，复制或剪切占位符，然后按 Ctrl+V 快捷键，粘贴占位符至目标位置。

【例 6-1】在幻灯片中，插入占位符，并对占位符进行复制、粘贴操作。

视频+素材 (光盘素材\第 06 章\例 6-1)

step① 启动PowerPoint 2010 应用程序，单击【文件】按钮，在弹出的菜单中选择【新建】命令，在【可用的模板和主题】窗格中，选择【我的模板】选项。在打开的【新建演示文稿】对话框中，选择【网络科技】选项，然后单击【确定】按钮，新建演示文稿。

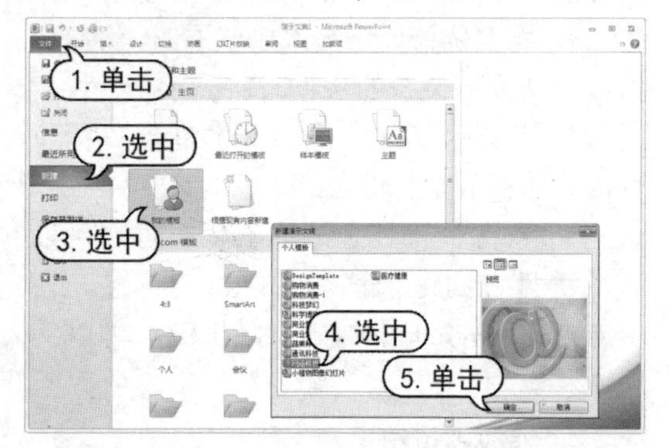

step② 打开【视图】选项卡，在【母版视图】组中单击【幻灯片母版】按钮，打开幻灯片母版视图。

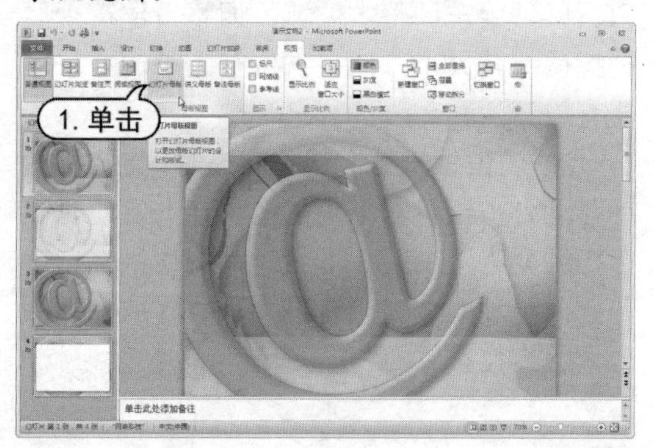

step③ 打开【幻灯片母版】选项卡，在【母版版式】组中，单击【插入占位符】下拉按钮，从弹出的列表中选择【文本】选项。

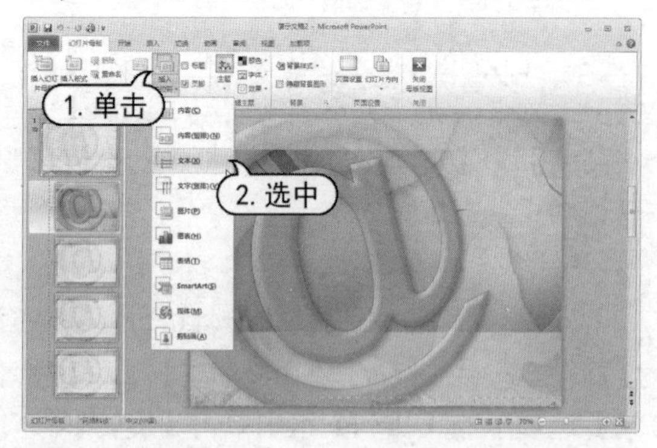

step④ 将光标移动至幻灯片中单击并拖动创建文本占位符。

step⑤ 修改文本占位符中的文字内容，并将文字选中，在显示的浮动工具条中调整标题

文字大小。

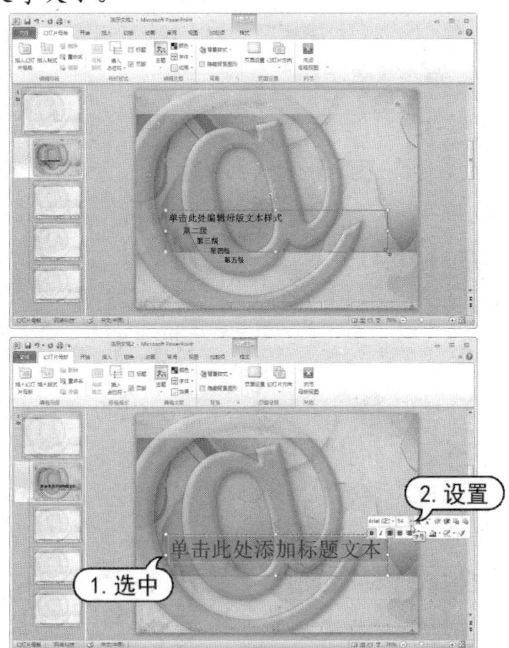

step 6　选中标题文本占位符，按住Ctrl+Alt键拖动并复制。

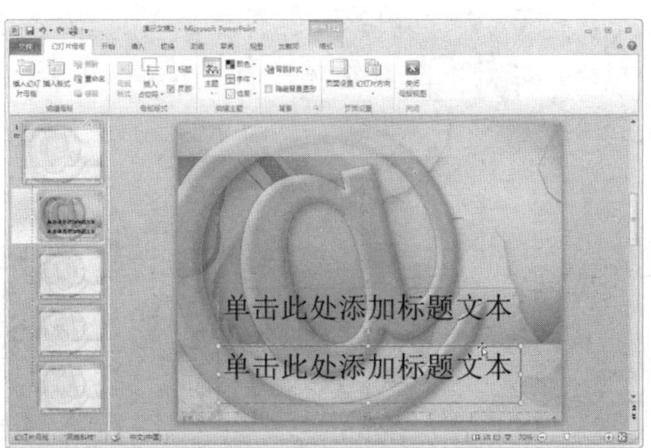

step 7　修改复制的文本占位符中的文字内容，并将文字选中，在显示的浮动工具条中调整文字大小和对齐方式。

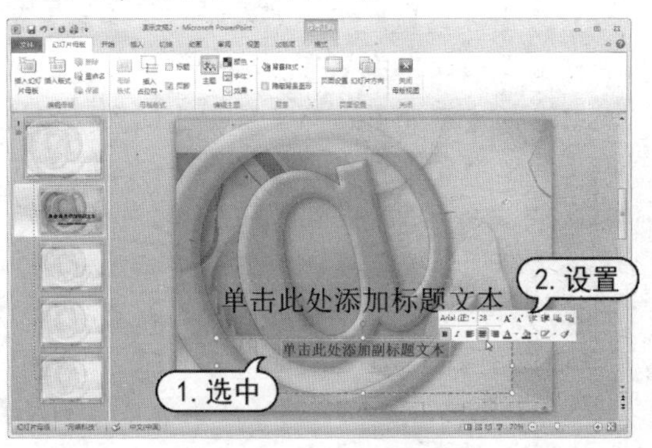

step 8　选中标题文本占位符，按Ctrl+C键复制。在幻灯片浏览窗格中选中下一张幻灯片，按Ctrl+V键粘贴。

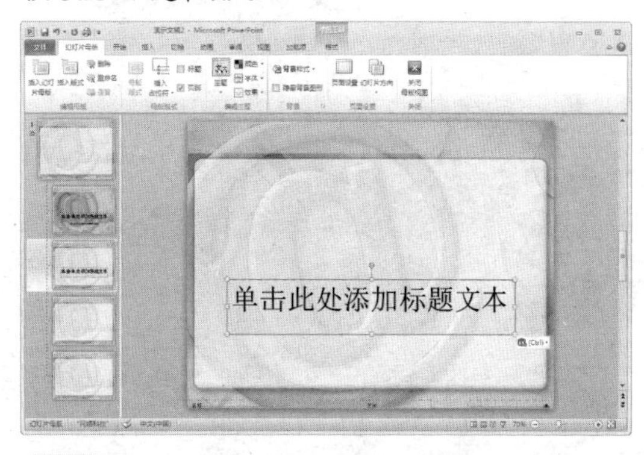

step 9　拖动标题文本占位符至合适的位置，然后选中文字内容，在显示的浮动工具条中调整文字大小。

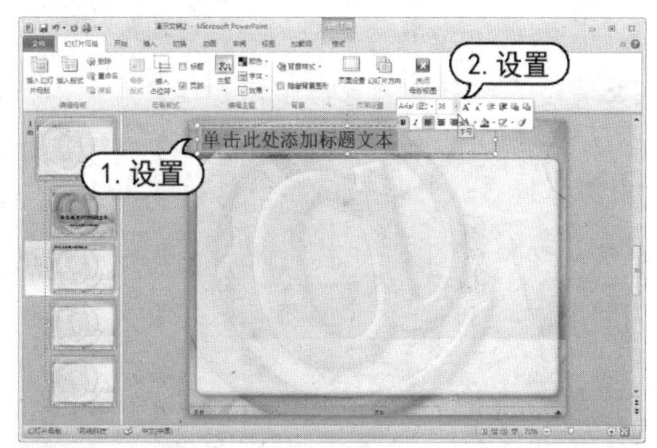

step 10　在【母版版式】组中，单击【插入占位符】下拉按钮，从弹出的列表中选择【内容】选项。

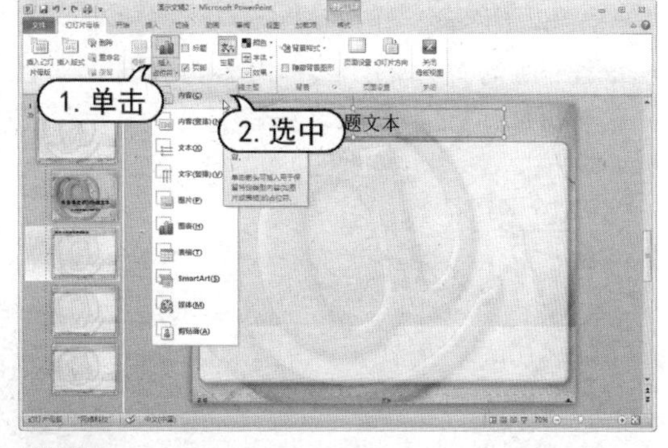

step 11　将鼠标光标移动至幻灯片中，单击并拖动创建内容占位符。

step 12　选中标题占位符和内容占位符，按Ctrl+C键进行复制。

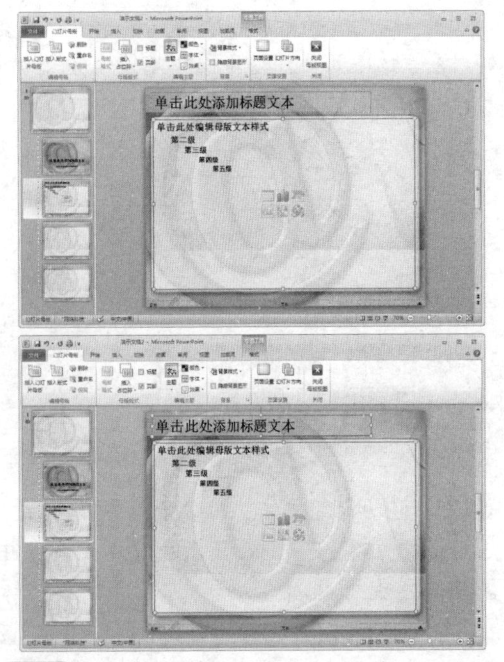

step 13 在幻灯片浏览窗格中，选中下一张幻灯片，按Ctrl+V键粘贴复制的标题占位符和内容占位符，并调整内容占位符的大小。

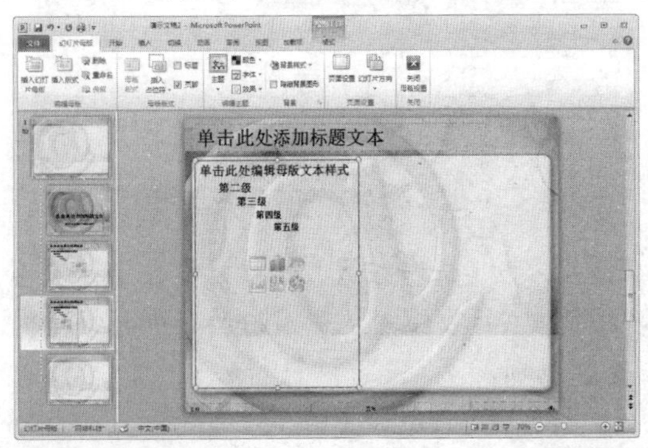

step 14 在幻灯片中，选中内容占位符，按住Ctrl+Alt键拖动并复制占位符。

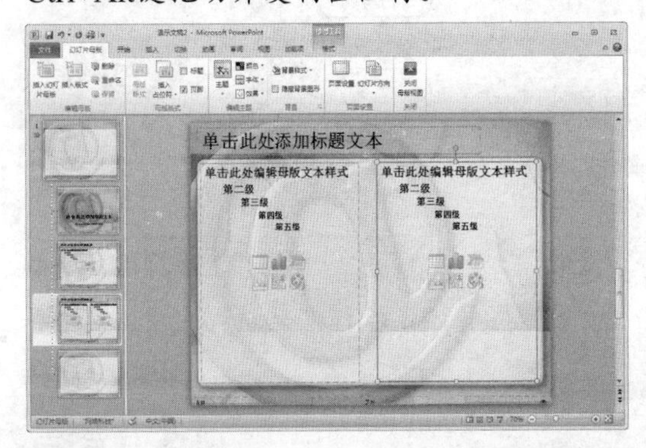

step 15 在快速访问工具栏中单击【保存】按钮，在打开的【另存为】对话框中将演示文稿以“占位符操作”为名进行保存。

8. 设置占位符属性

在幻灯片中选中占位符时，功能区将出现【绘图工具】的【格式】选项卡。通过该选项卡中的各个按钮和命令，即可设置占位符的各种属性。

占位符的属性设置包括形状设置、形状填充、形状轮廓和形状效果的设置。通过设置占位符属性，可以自定义内部纹理、渐变样式、边框颜色、粗细以及效果等。

【例 6-2】设置幻灯片的版式和文本格式。
视频+素材 (光盘素材\第 06 章\例 6-2)

step 1 启动PowerPoint 2010 应用程序，打开“占位符操作”演示文稿。打开【视图】选项卡，在【母版视图】组中单击【幻灯片母版】按钮，打开幻灯片母版视图。

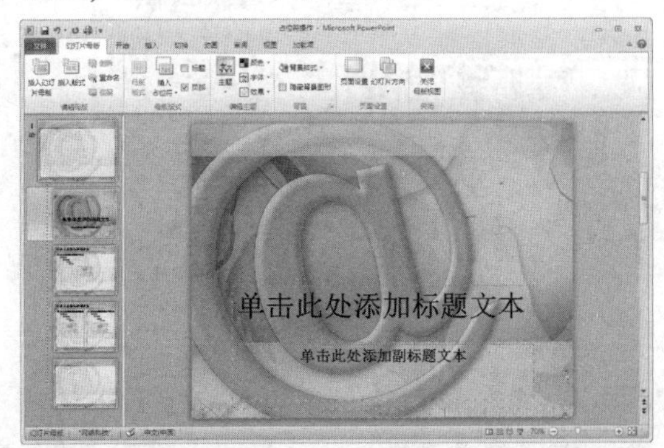

step 2 选中标题文本占位符，打开【绘图工具】的【格式】选项卡，在【形状样式】组中单击【形状填充】下拉按钮，从弹出的列表中选择【渐变】选项，从弹出的列表中选择【其他渐变】命令。

step 3 在打开的【设置形状格式】对话框中，选中【渐变填充】单选按钮；单击【方向】下拉列表，从中选择【线性向左】选项；在【渐变光圈】选项区的渐变滑动条上，设置【停止点 1】色标滑块颜色为【白色】,【透明度】

为 80%,【停止点 2】色标滑块颜色为RGB=0、128、0。

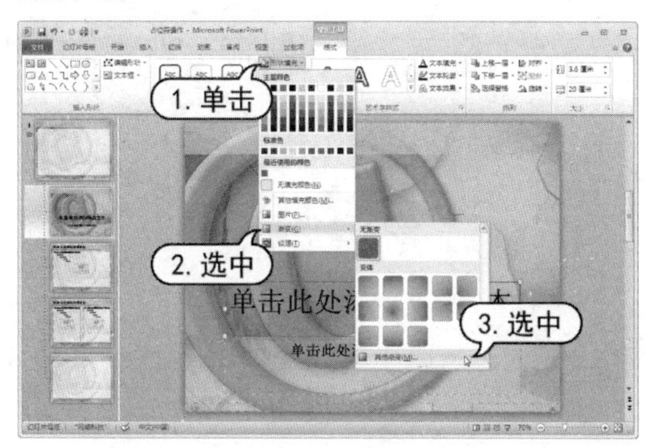

step 4 设置完成后，单击【关闭】按钮关闭【设置形状格式】对话框。在幻灯片中，调整文本占位符的大小。

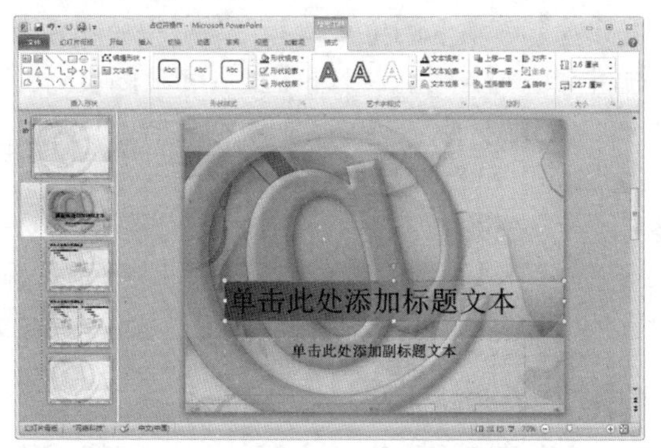

step 5 在【艺术字样式】组中，单击艺术字外观选项的【其他】按钮，从弹出的列表中选择一种外观样式。

step 6 选中文本占位符中的文字内容，在显示的浮动工具条中，设置字体为【方正粗圆_GBK】。

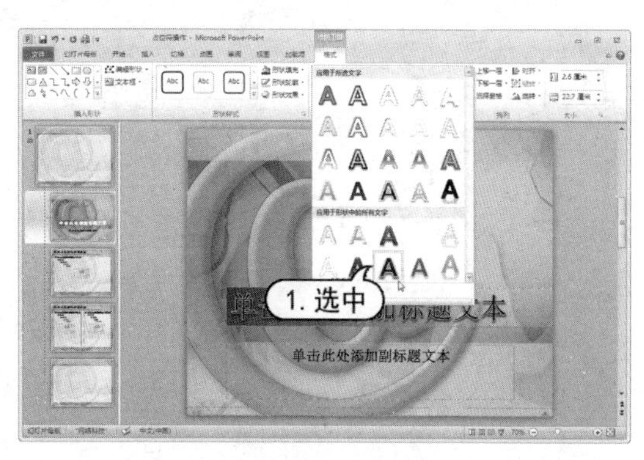

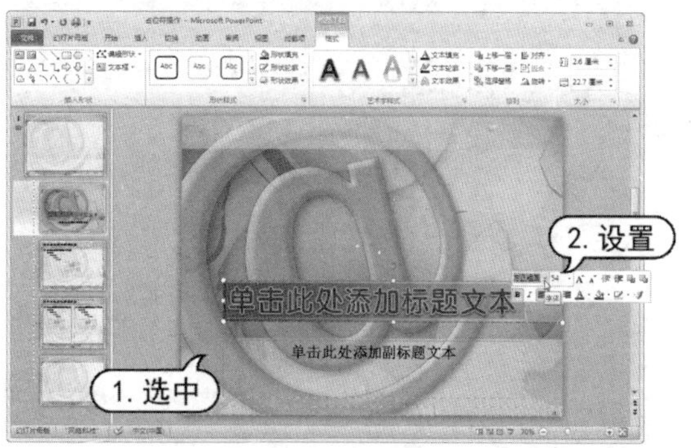

step 7 在幻灯片中，选中副标题文本，在显示的浮动工具条中，设置字体为【方正黑体简体】，字号为 20。

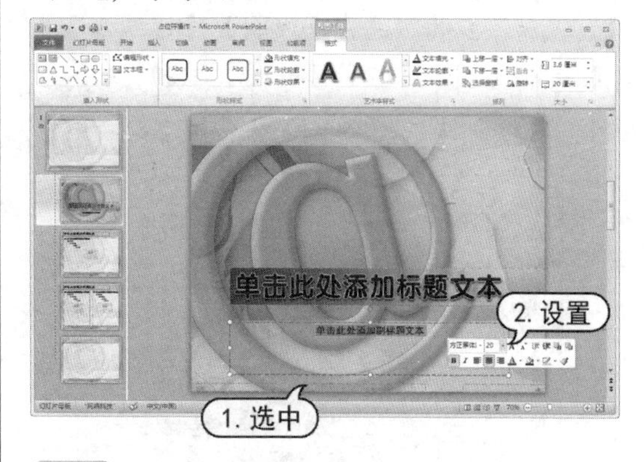

step 8 在幻灯片浏览窗格中，选中第 2 张幻灯片，将其显示在编辑窗口中。选中标题文本占位符，在【格式】选项卡中，单击【插入形状】组中的【编辑形状】下拉按钮，从弹出的列表中选择【更改形状】选项，从弹出的列表中选择【五边形】选项。

step 9 在【形状样式】组中，单击【形状填充】下拉按钮，从弹出的列表中选择【渐变】选项，然后从弹出的列表中选择【其他渐变】命令。

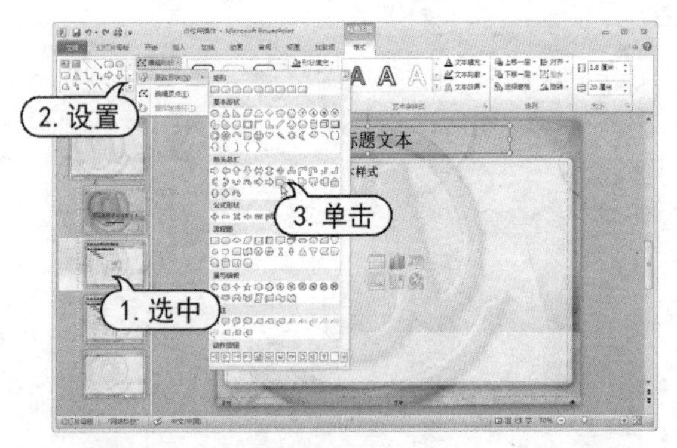

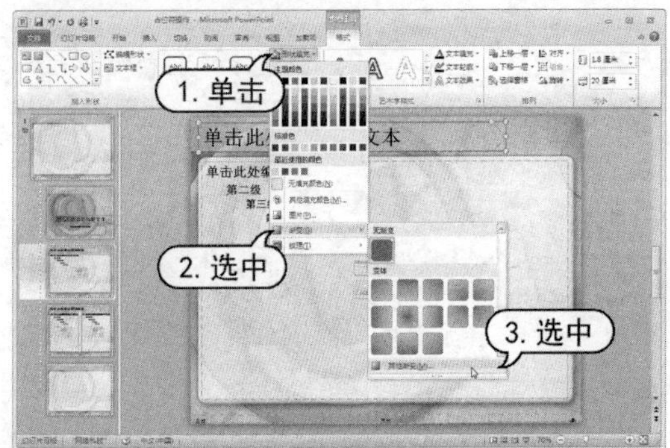

step 10 在打开的【设置形状格式】对话框中，选中【渐变填充】单选按钮，在【渐变光圈】滑动条上设置【停止点 2】的颜色为【深蓝】，【停止点 1】的颜色为【浅蓝】，【透明度】数值为 80%，然后单击【关闭】按钮。

step 11 打开【开始】选项卡，在【字体】组中设置字体为【方正准圆简体】，字体颜色为【白色】，单击【字符间距】下拉按钮，从弹出的列表中选择【稀疏】选项。

step 12 按Ctrl+C键复制标题文本占位符，在幻灯片浏览窗格中，选中打开第 3 张幻灯片。

在幻灯片中删除标题文本占位符，按Ctrl+V键粘贴标题文本占位符。

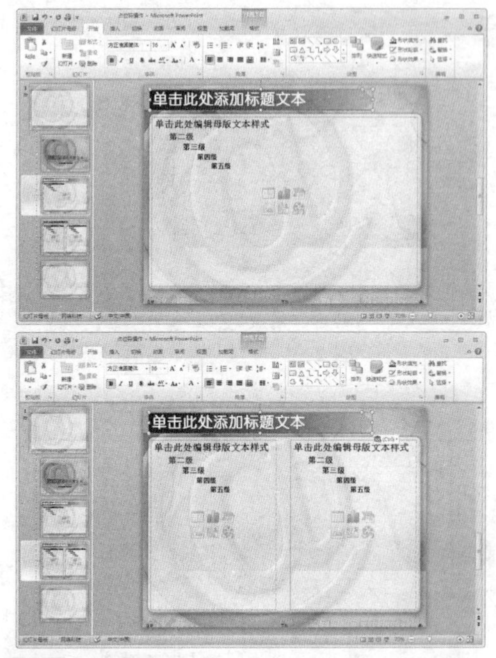

step 13 在快速访问工具栏中单击【保存】按钮，保存“占位符操作”演示文稿。

6.2.2 设置页眉和页脚

在制作幻灯片时，使用 PowerPoint 提供的页眉页脚功能，可以为每张幻灯片添加相对固定的信息。要插入页眉和页脚，只需在【插入】选项卡的【文本】选项组中单击【页眉和页脚】按钮，打开【页眉和页脚】对话框，在其中进行相关操作即可。插入页眉和页脚后，可以在幻灯片母版视图中对其格式进行统一设置。

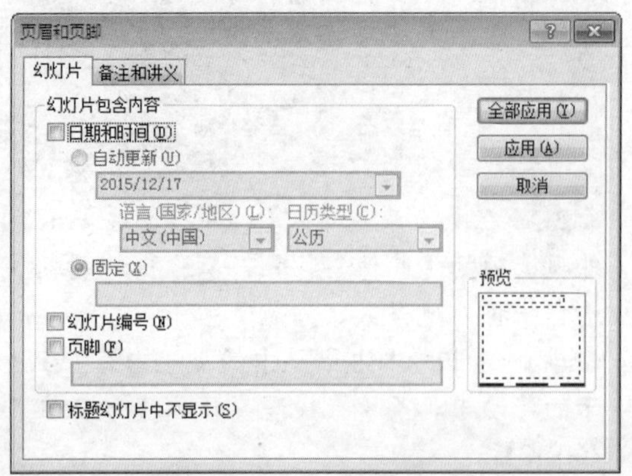

【例 6-3】在幻灯片母版视图中，添加页眉和页脚。
视频+素材 (光盘素材\第 06 章\例 6-3)

step 1 启动PowerPoint 2010 应用程序，打开“设计模板”演示文稿。

step 2 打开【插入】选项卡，在【文本】选项组中单击【页眉和页脚】按钮，打开【页眉和页脚】对话框。

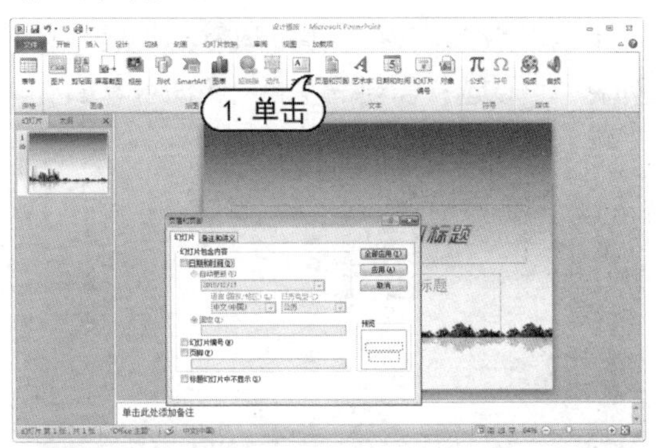

step 3 分别选中【日期和时间】、【幻灯片编号】、【页脚】、【标题幻灯片中不显示】复选框，并在【页脚】文本框中输入“company name”，然后单击【全部应用】按钮，为除第 1 张幻灯片以外的所有幻灯片添加页脚。

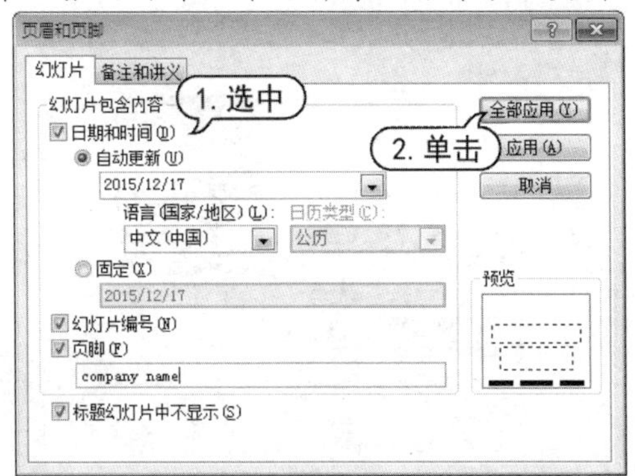

step 4 打开【视图】选项卡，在【母版视图】组中单击【幻灯片母版】按钮，切换到幻灯片母版视图。在左侧预览窗格中选择第 1 张幻灯片，将该幻灯片母版显示在编辑区域。

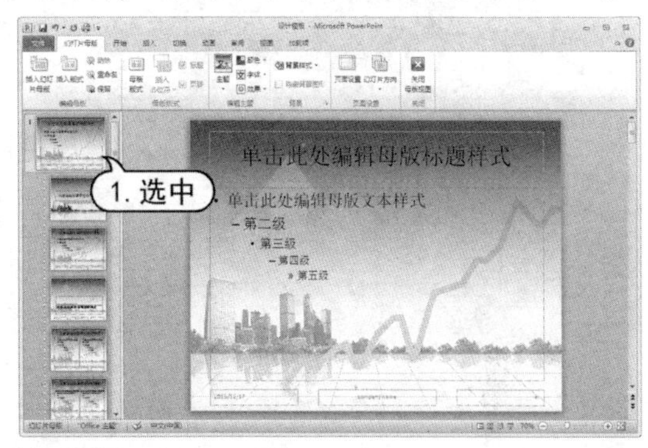

step 5 选中所有的页脚文本框，然后打开【开始】选项卡，在【字体】组中设置字体为【幼圆】，并单击【加粗】按钮。

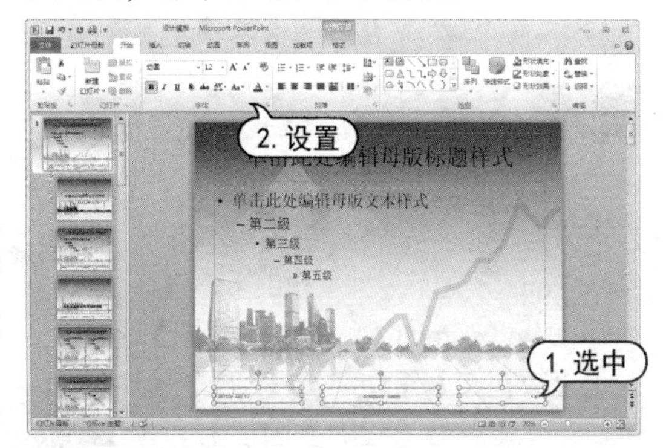

step 6 打开【幻灯片母版】选项卡，在【关闭】选项组中单击【关闭母版视图】按钮，返回到普通视图模式。

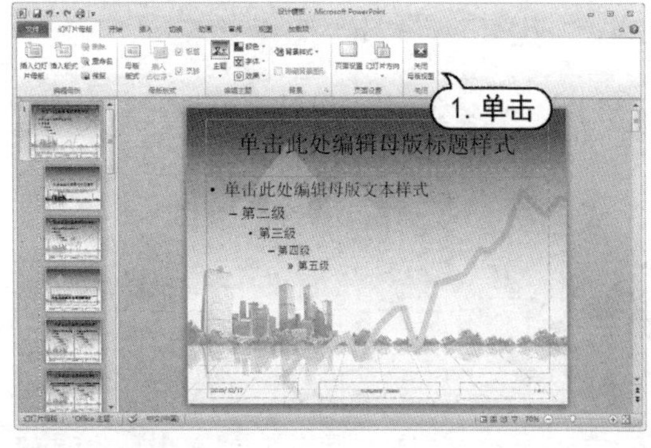

step 7 在【开始】选项卡中，单击【幻灯片】组中的【新建幻灯片】按钮，新建一张幻灯片，即可看到添加的页脚效果。

step 8 在快速访问工具栏中单击【保存】按

钮💾，保存“设计模板”演示文稿。

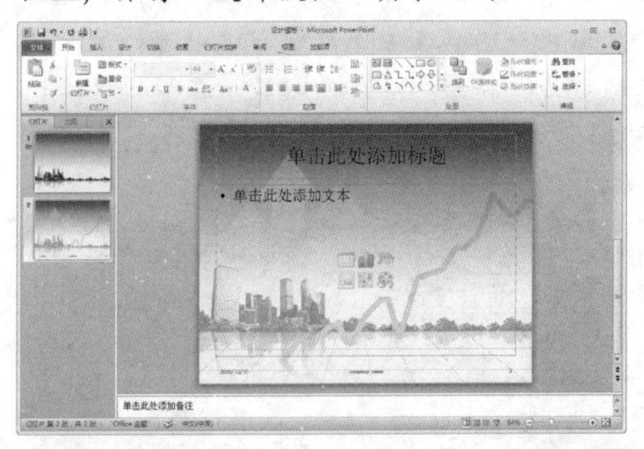

实用技巧

除了可以给幻灯片添加页眉和页脚外，还可以给幻灯片备注页添加页眉和页脚，在【页眉和页脚】对话框中切换到【备注和讲义】选项卡进行设置即可。

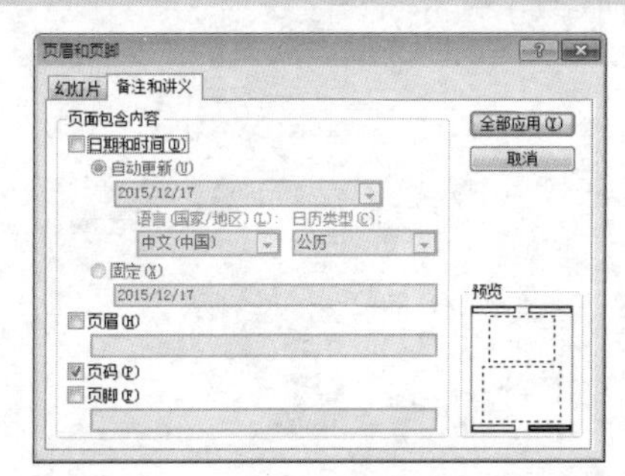

6.3 设置幻灯片母版主题和背景

PowerPoint 2010 提供了多种主题和背景样式，使用这些主题和背景样式，可以使幻灯片具有丰富的色彩和良好的视觉效果。本节将介绍幻灯片主题和背景的设置方法。

6.3.1 设置母版主题

幻灯片主题是应用于整个演示文稿的各种样式的集合，包括颜色、字体和效果 3 大类。PowerPoint 预置了多种主题供用户选择。

在 PowerPoint 中，打开【视图】选项卡，在【母版视图】组中单击【幻灯片母版】按钮，打开【幻灯片母版】选项卡。在【幻灯片母版】选项卡的【编辑主题】组中，单击【主题】下拉按钮，从弹出的列表框中即可选择预置的主题。

1. 更改主题颜色

PowerPoint 2010 提供了多种预置的主题颜色。在【幻灯片母版】选项卡的【编辑主题】组中单击【颜色】下拉按钮▇颜色▾，从弹出的列表中可以选择需要的主题颜色即可。

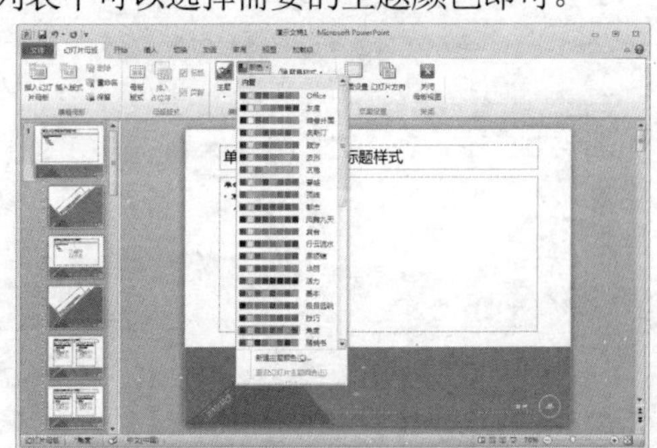

若在弹出的列表中，选择【新建主题颜色】命令，可以打开【新建主题颜色】对话框。在该对话框中，用户可以根据个人需要设置幻灯片的主题颜色。

关闭母版视图后，用户同样可以在【设计】选项卡中更改幻灯片的主题和背景设置。

2. 更改主题字体

字体也是主题中的一种重要元素。在【设计】选项卡的【主题】组单击【字体】下拉按钮 字体，从弹出的列表中选择预置的主题字体。若选择【新建主题字体】命令，打开【新建主题字体】对话框，在其中可以设置标题字体、正文字体等。

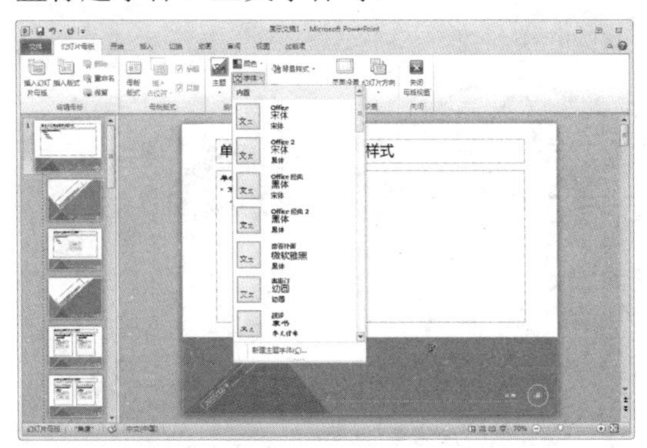

3. 更改主题效果

主题效果是 PowerPoint 预置的一些图形元素以及特效。在【设计】选项卡的【主题】组单击【效果】下拉按钮 效果，从弹出的列表框中选择预置的主题效果样式。

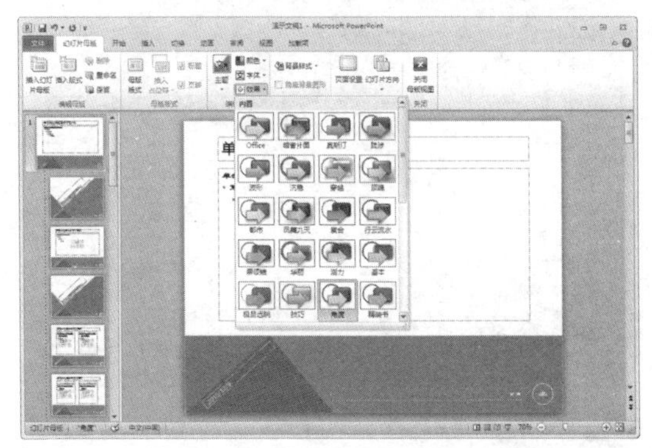

【例 6-4】在幻灯片中应用主题效果，并自定义主题颜色和字体。

视频+素材 (光盘素材\第 06 章\例 6-4)

step 1 启动PowerPoint 2010 应用程序，新建一个空白演示文稿，并将其以“自定义主题”为名进行保存。

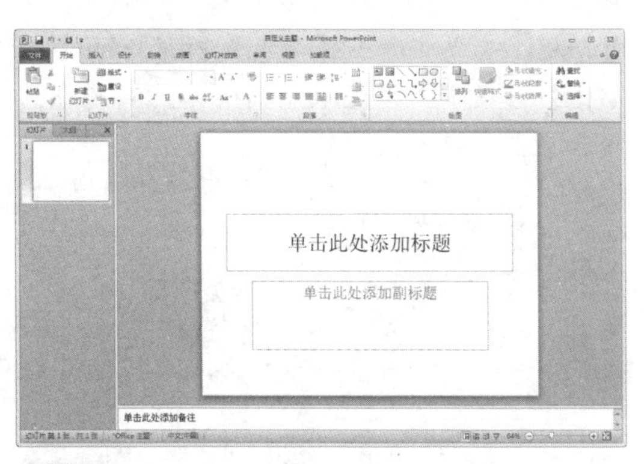

step 2 打开【视图】选项卡，在【母版视图】组中单击【幻灯片母版】按钮，打开【幻灯片母版】选项卡。

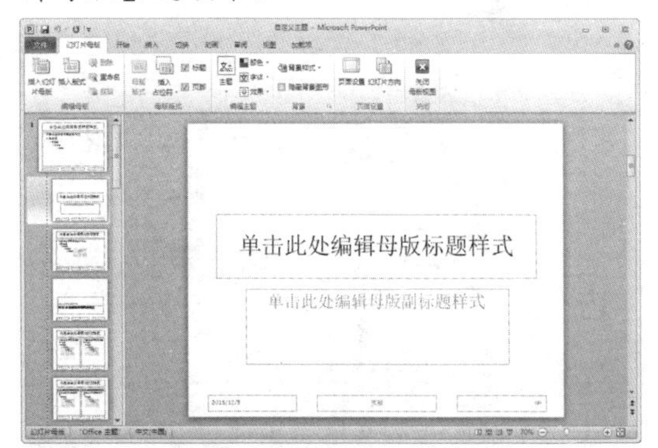

step 3 打开【幻灯片母版】选项卡，在【编辑主题】组中单击【主题】按钮，从弹出的下拉列表中选择【奥斯汀】主题样式。此时，自动为幻灯片应用所选的主题。

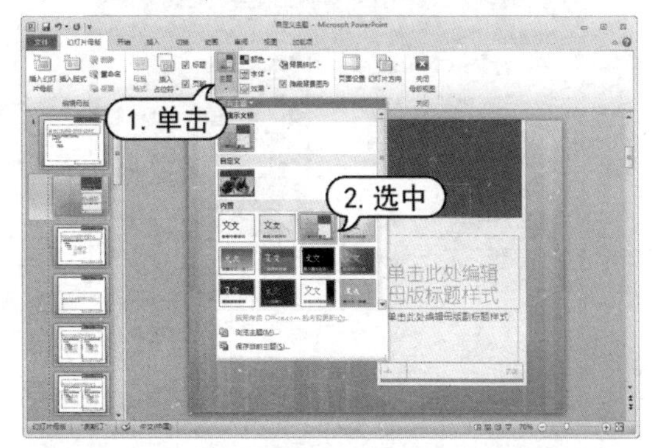

step 4 在【编辑主题】组中单击【颜色】按钮，从弹出的列表中选择【新建主题颜色】命令，打开【新建主题颜色】对话框。

step 5 在【新建主题颜色】对话框中，单击【文字/背景-浅色 2】下拉按钮，在弹出的面板中选择【其他颜色】命令，打开【颜色】

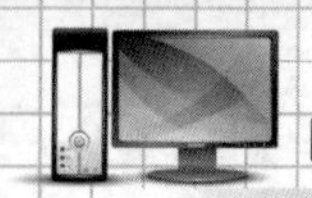

对话框。在其中打开【颜色】对话框的【自定义】选项卡，设置RGB=160、195、216，然后单击【确定】按钮。

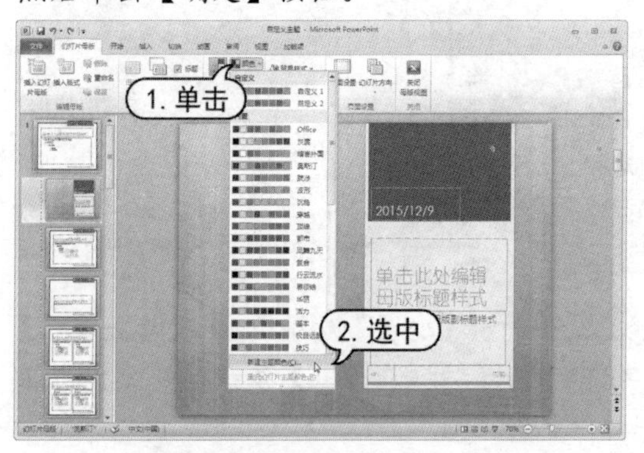

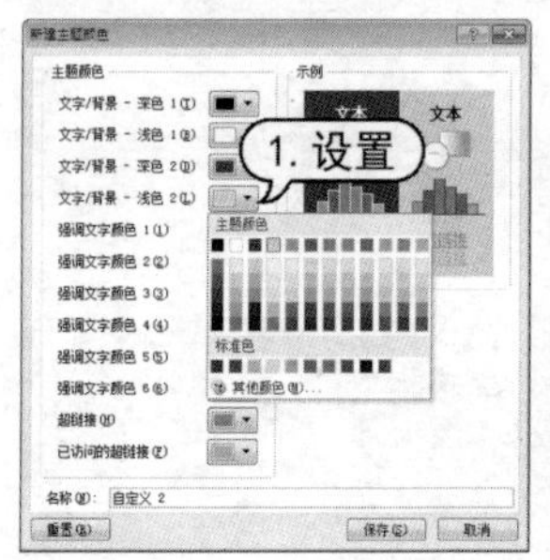

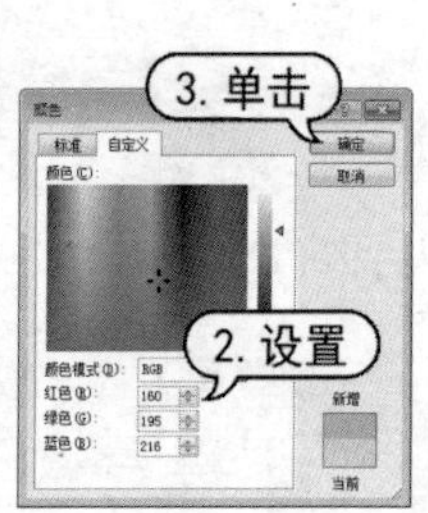

step⑥ 使用与步骤5相同操作方法，设置【强调文字颜色 2(2)】的颜色为RGB=247、3、108。然后在【名称】文本框中输入“用户自定义主题颜色”。

step⑦ 设置完成后，单击【保存】按钮。此时，即可显示自定义主题后的幻灯片效果。

step⑧ 在【主题】组单击【字体】按钮，从弹出的列表中选择【新建主题字体】命令，打开【新建主题字体】对话框。

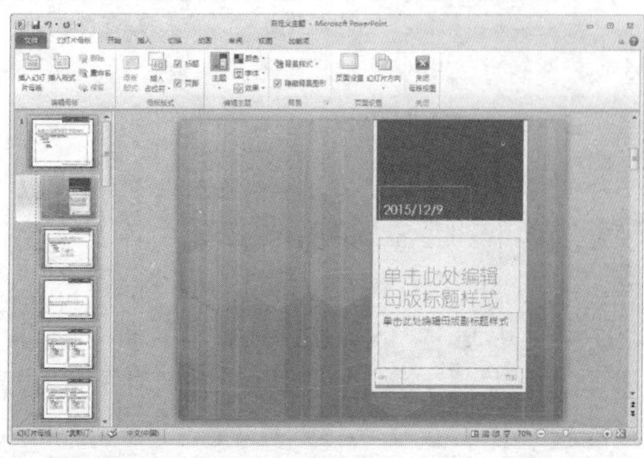

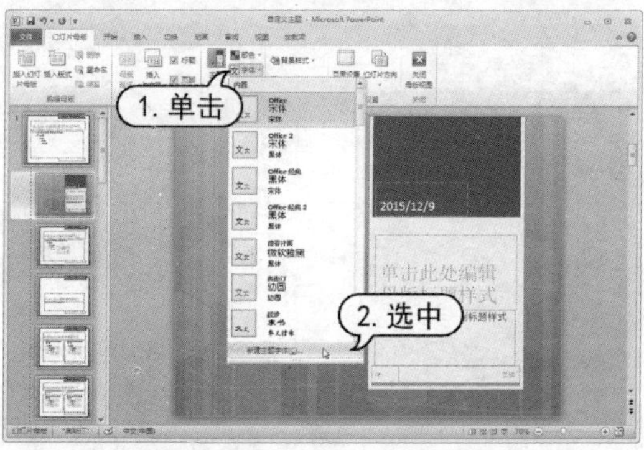

step⑨ 在【编辑主题字体】对话框中，在【中文】选项区域的【标题字体(中文)】下拉列表中选择【汉真广标】选项，【正文字体(中文)】下拉列表中选择【黑体】选项，在【名称】文本框中输入“用户主题字体”。

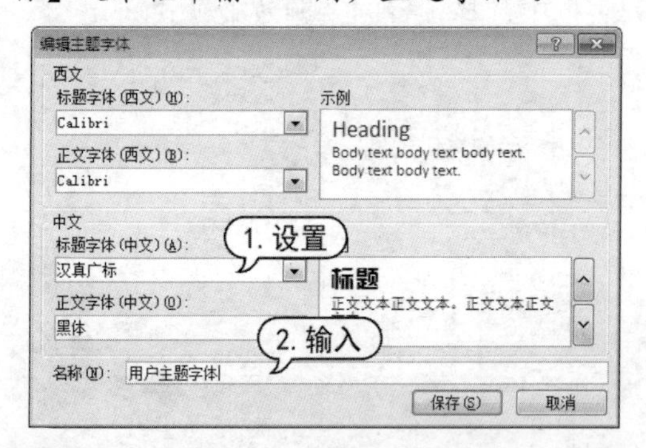

step⑩ 单击【保存】按钮关闭【编辑主题字体】对话框，完成主题字体的设置。返回至幻灯片中显示设置后的主题字体。

step⑪ 在【主题】组单击【效果】按钮，从弹出的菜单中选择【华丽】主题效果样式，此时快速应用该样式至幻灯片中。

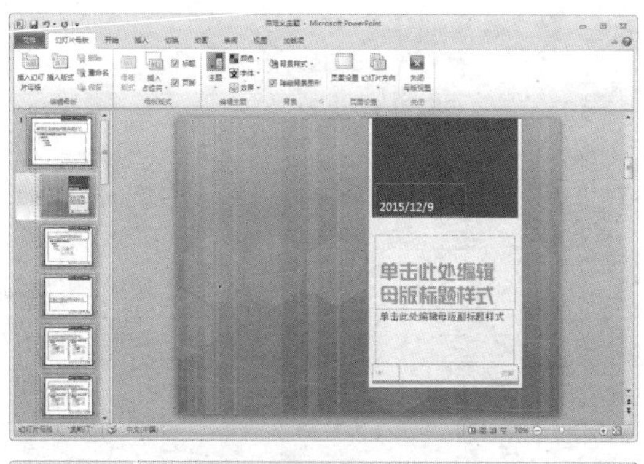

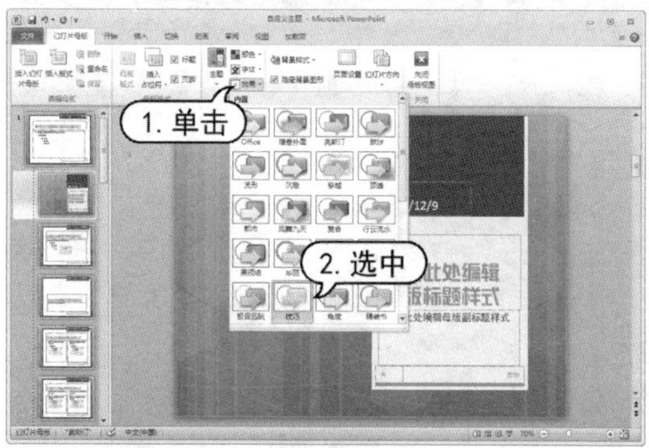

step 12　再次在【编辑主题】组中单击【颜色】按钮，在弹出的下拉列表中右击【用户自定义主题】选项，从弹出的菜单中选择【编辑】命令，打开【编辑主题颜色】对话框。

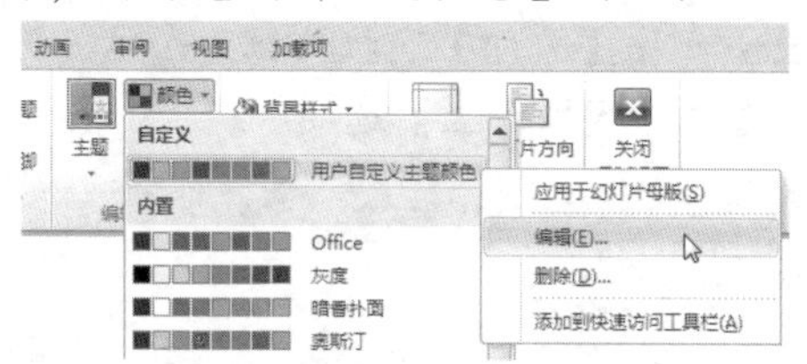

step 13　在【编辑主题颜色】对话框中，单击【强调文字颜色 1(1)】下拉按钮，在弹出的面板中单击选中需要的颜色，然后单击【保存】按钮。

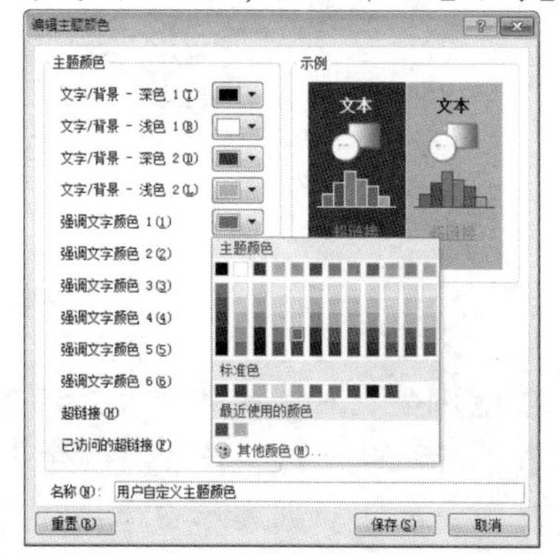

step 14　设置完成后，单击【关闭母版视图】按钮，然后在快速访问工具栏中单击【保存】按钮，保存“自定义主题”演示文稿。

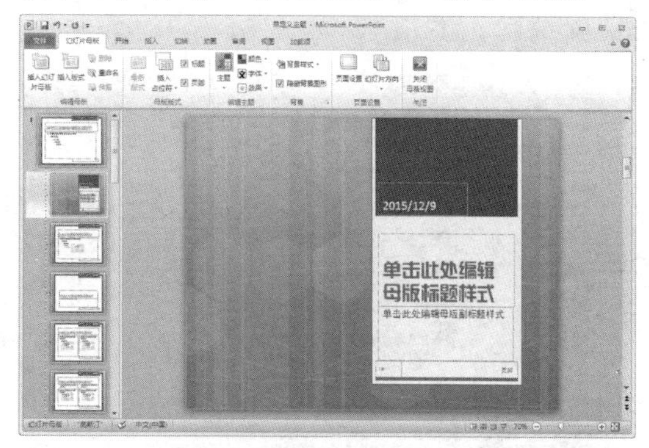

知识点滴

由于主题效果的设置非常复杂，因此 PowerPoint 2010 未提供用户自定义主题效果的选项，在此，用户只能使用预置的 44 种主题效果。

6.3.2 设置母版背景

在设计演示文稿时，用户除了可以在应用模板或改变主题颜色时更改幻灯片的背景外，还可以根据需要任意更改幻灯片的背景颜色和背景设计，如添加底纹、图案、纹理或图片等。

打开【幻灯片母版】选项卡，在【背景】组中单击【背景样式】按钮，在弹出的菜单中选择需要的背景样式，即可快速应用 PowerPoint 自带的背景样式。

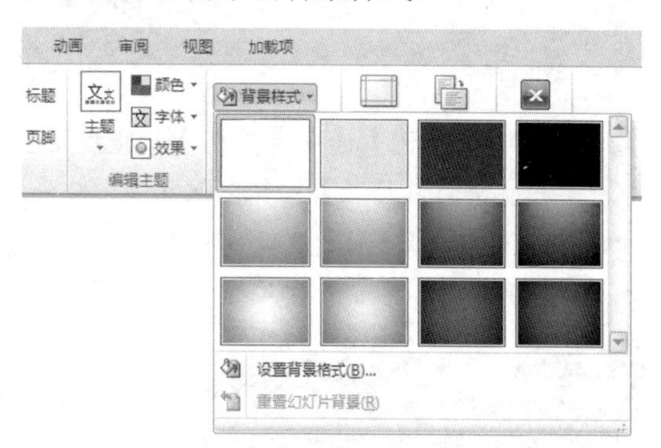

当 PowerPoint 提供的背景样式不能满足需要时，用户可以在背景样式列表中选择【设置背景格式】命令，打开【设置背景格式】对话框。在该对话框中可以设置背景的填充样式、渐变以及纹理、图案填充背景等。

在设置图案背景时，用户可以设置图案的前景色和背景色，以使图案更加丰富多彩。

【例 6-5】在"自定义主题"演示文稿中，设置幻灯片背景。

视频+素材 (光盘素材\第 06 章\例 6-5)

step 1 启动PowerPoint 2010 应用程序，打开"自定义主题"演示文稿，并按Enter键新建一张幻灯片。

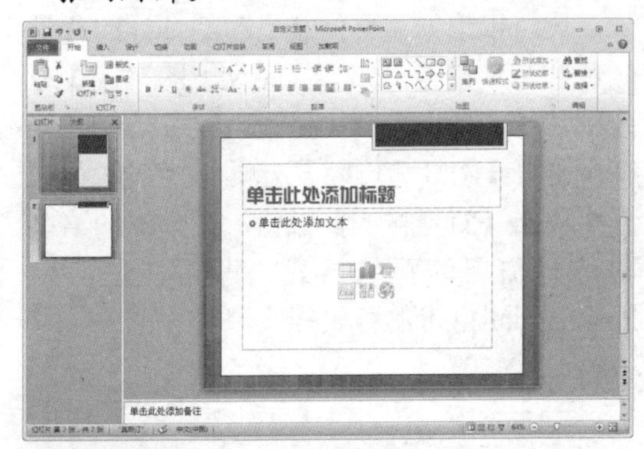

step 2 打开【视图】选项卡，在【母版视图】组中单击【幻灯片母版】按钮，打开【幻灯片母版】选项卡。在【背景】组中单击【背景样式】按钮，在弹出的菜单中选择【设置背景格式】命令，打开【设置背景格式】对话框。

知识点滴

【隐藏背景图形】复选框只适用于当前幻灯片，当添加新幻灯片时，将仍然显示背景图片。如果不需要背景图片在当前演示文稿中显示，可以在幻灯片母版视图中将图片删除。

step 3 在【设置背景格式】对话框中，单击【预设颜色】下拉按钮，在弹出的面板中选择颜色【雨后初晴】。

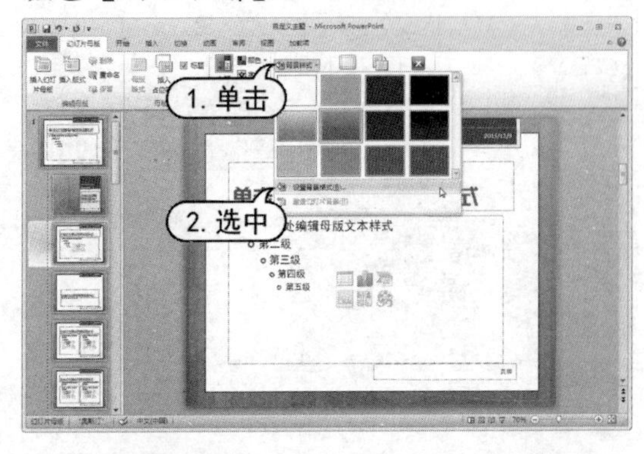

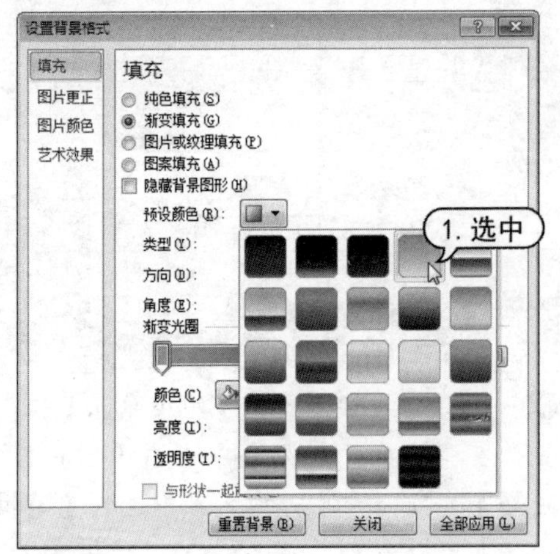

step 4 单击【方向】下拉按钮，在弹出的面板中选择【线性向上】选项。

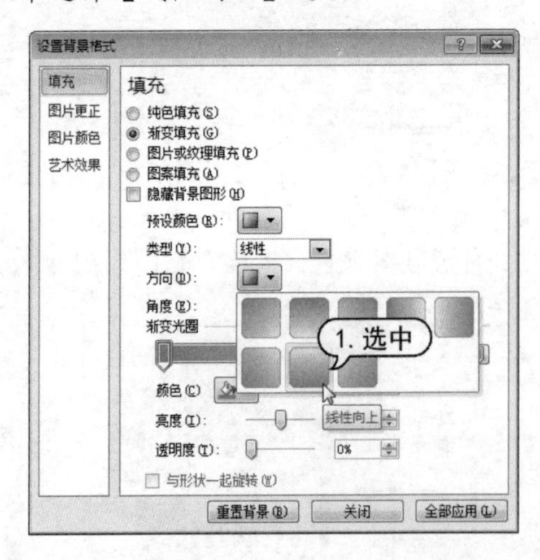

step 5 在【渐变光圈】滑动条上，选中【停止点 1】色标滑块，然后单击【颜色】下拉按钮，在弹出的下拉列表框中单击选中所需要的颜色。

实用技巧

如果要选择纹理背景，用户可以直接单击【纹理】右侧的下拉按钮，从弹出的列表框中选择相应的纹理效果。

step 6　单击【关闭】按钮，关闭【设置背景格式】对话框。此时，将根据设置创建幻灯片的背景。

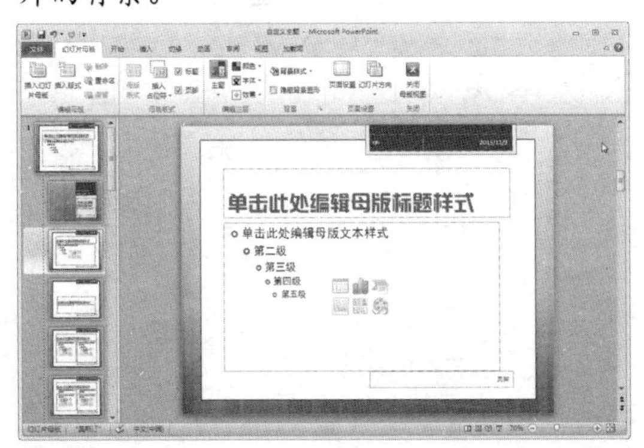

step 7　设置完成后，单击【关闭母版视图】按钮。在快速访问工具栏中单击【保存】按钮，保存"自定义主题"演示文稿。

知识点滴

在【背景】组中单击【背景样式】按钮，从弹出的菜单中选择【重置幻灯片背景】命令，可以重新设置幻灯片背景。

6.3.3 保留母版

当一个演示文稿中有两个或两个以上的幻灯片母版时，演示文稿只能应用一个幻灯片母版。用户可以在 PowerPoint 中同时保留未应用的母版。在 PowerPoint 2010 中有两种保留母版的方法，具体操作如下。

- 选中要保留的幻灯片母版，然后在【幻灯片母版】选项卡中单击【保留】按钮，使其呈现选中状态，即可保留该幻灯片母版设置。
- 选中要保留的幻灯片母版，然后右击该幻灯片母版，在弹出的菜单中选择【保留母版】命令，使其呈选中状态，即可保留该幻灯片母版设置。

实用技巧

在幻灯片母版视图中同样可以设置幻灯片背景。选中第 2 张幻灯片，在【幻灯片母版】选项卡的【背景】选项卡中，选中【隐藏背景图形】复选框，隐藏图形，单击【背景样式】下拉按钮，从弹出的列表中选择【设置背景格式】命令，打开【设置背景格式】对话框，参照实例中的步骤同样可以设置其他背景效果。完成所有设置后，单击【关闭母版视图】按钮，返回到普通视图模式，也可显示最终效果。

6.4 设置其他母版

讲义母版和备注母版与一般的幻灯片有很多区别，它们在播放幻灯片时不能直接被看到，只能通过打印输出才能看到其内容。相对于幻灯片母版而言，讲义和备注的应用范围也不同，前者是为了方便演讲者在会议时使用；而后者则是为了演讲者在演示幻灯片时使用，其制作方法类似。

6.4.1 制作讲义母版

讲义母版主要以讲义的方式来展示演示文稿的内容，可以使用户更容易理解演示文稿的内容。它是为了制作讲义而准备的，需要将其打印出来。因此，讲义母版的设置与打印页面有关，它允许一页讲义中包含几张幻灯片，并且可以设置页眉、页脚以及页码等基本元素。

【例 6-6】在演示文稿中制作讲义母版。
视频+素材 (光盘素材\第 06 章\例 6-6)

step 1 启动PowerPoint 2010 应用程序，打开【设计模板】演示文稿。

step 2 打开【视图】选项卡，在【母版视图】组中单击【讲义母版】按钮，进入讲义母版的编辑状态。

step 3 在【讲义母版】选项卡的【页面设置】组中，单击【每页幻灯片数量】下拉按钮，从弹出的列表中选择【2 张幻灯片】命令，即可设置每页显示 2 张幻灯片。

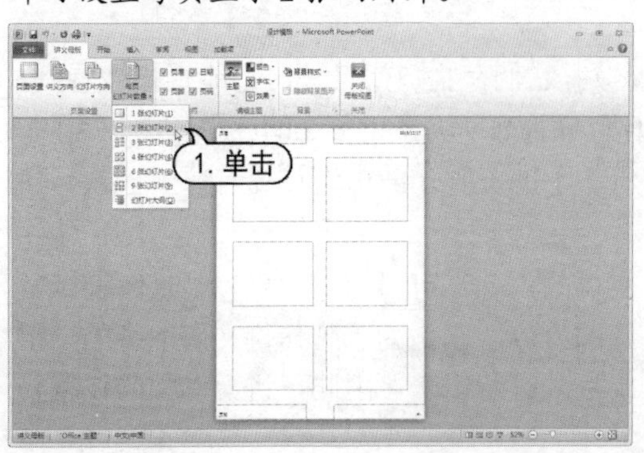

step 4 在【占位符】组中，取消选中【日期】复选框，即可隐藏页面右上角的日期文本占位符。

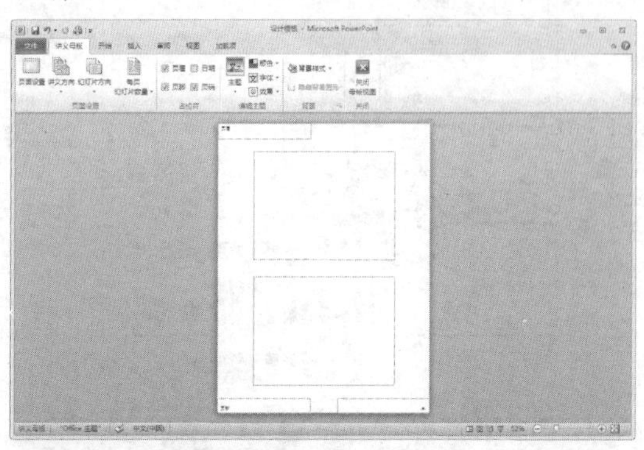

step 5 选中【页眉】、【页脚】和【页码】文本占位符，打开【开始】选项卡。在【字体】组中，设置字体为【黑体】，字号为 16，字体颜色为【红色】；在【段落】组中，单击【居中】按钮。

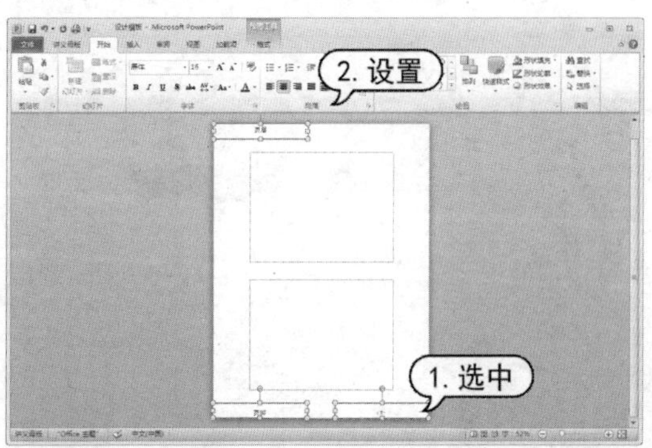

step 6 打开【讲义母版】选项卡，在【背景】组中单击【背景样式】按钮，从弹出的列表中选择【设置背景格式】命令。

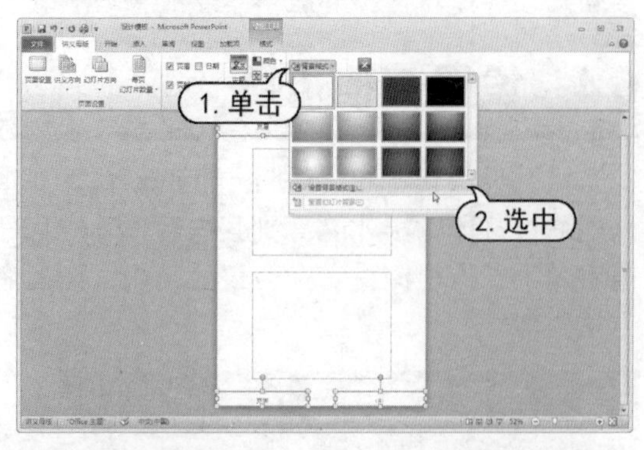

step 7 在打开的【设置背景格式】对话框中，选中【图案填充】单选按钮，在【图案】列

表框中选择一种图案样式；单击【前景色】下拉按钮，从弹出的列表中选择浅灰色，然后单击【关闭】按钮。

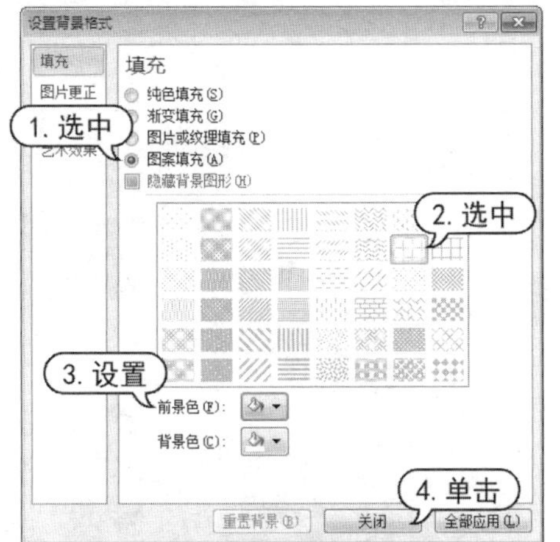

step 8 此时，返回讲义母版编辑窗口中，显示讲义母版背景样式效果。在【讲义母版】选项卡中，单击【关闭母版视图】按钮。

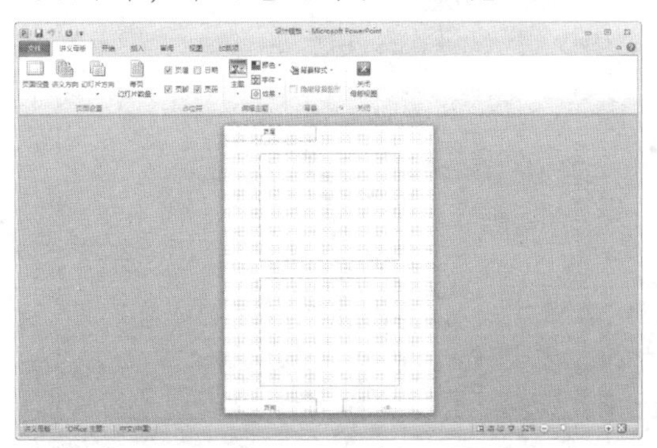

step 9 在快速访问工具栏中单击【保存】按钮，保存"设计模板"演示文稿。

6.4.2 制作备注母版

备注母版主要用于设置幻灯片的备注格式，当需要将备注信息输出显示在打印纸张上时，就需要设置备注母版。

在备注母版中主要包括一个幻灯片占位符与一个备注占位符。用户可以对所有备注页中的文本进行格式编排。设置备注母版与设置讲义母版大体一致，无需设置母版主题，只需设置幻灯片方向、备注页方向、占位符与背景样式等。

【例 6-7】在演示文稿中制作备注母版。
视频+素材 (光盘素材\第 06 章\例 6-7)

step 1 启动PowerPoint 2010 应用程序，打开【设计模板】演示文稿。打开【视图】选项卡，在【母版视图】组中单击【备注母版】按钮，进入讲义母版编辑状态。

step 2 在【备注母版】选项卡的【占位符】组中，分别取消选中【页眉】、【日期】和【页脚】复选框，即可隐藏这些占位符。

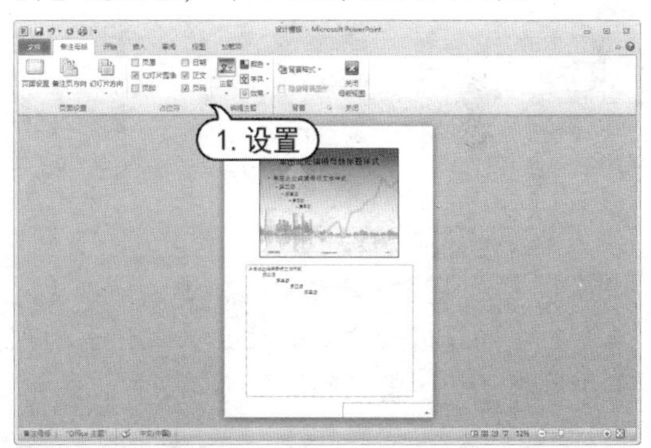

step 3 调整【幻灯片图像】占位符和【正文】占位符的大小。

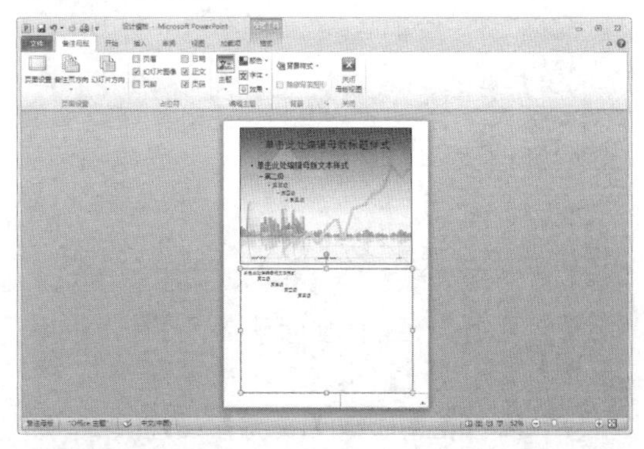

step 4 选中正文占位符中的第一行文字，打开【开始】选项卡，在【字体】组中设置字

体为【华文新魏】，字号为 28，字体颜色为【红色】。

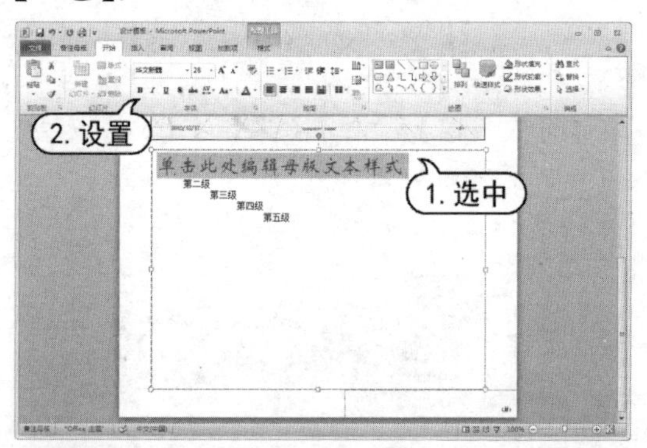

step 5 选中第二至第五级文本，在【字体】组中设置字体为【黑体】，字号为 18；在【段落】组中单击【项目符号】按钮。

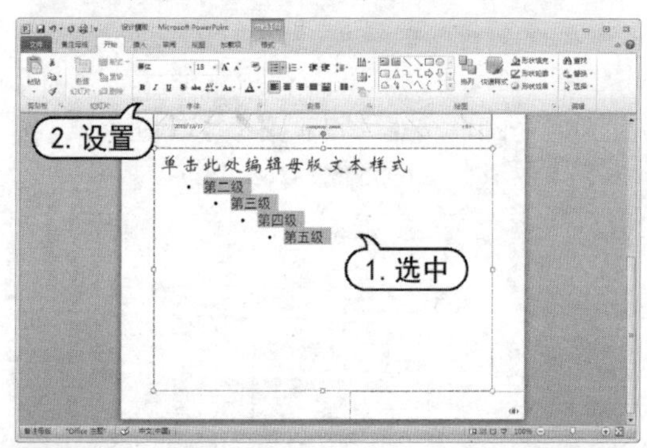

step 6 打开【备注母版】选项卡，单击【背景】组中的【背景样式】按钮，从弹出的列表中选择【设置背景格式】命令。

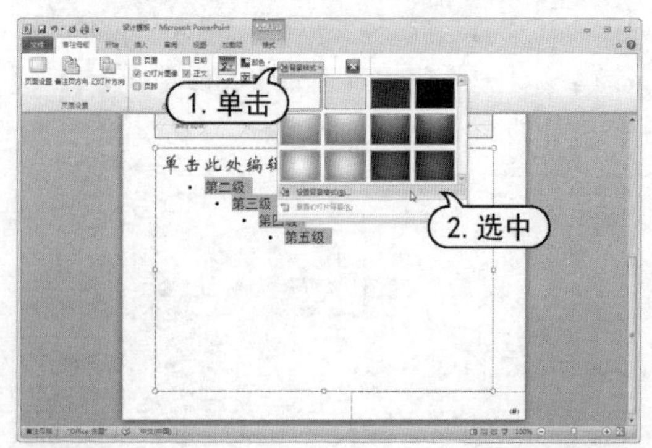

step 7 在打开的【设置背景格式】对话框中，选中【图片或纹理填充】单选按钮，在【纹理】下拉列表中选择【水滴】纹理。

step 8 设置【透明度】为 45%，然后单击【关闭】按钮，返回至备注母版编辑窗口，显示设置的备注母版背景效果。

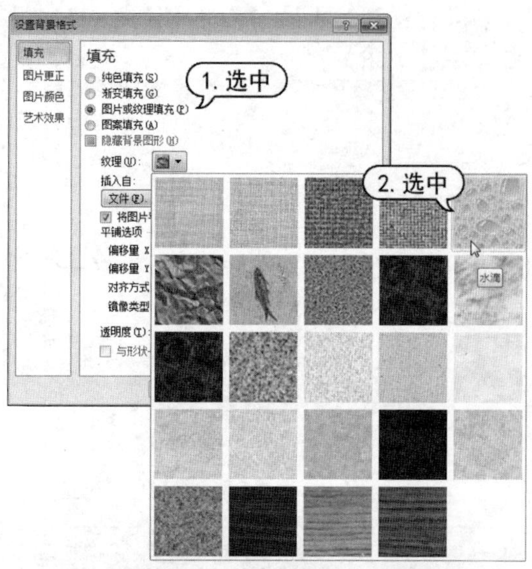

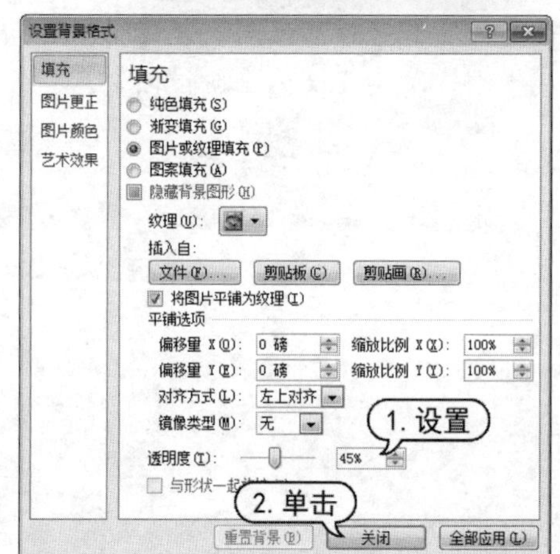

step 9 在【备注母版】选项卡中，单击【关闭母版视图】按钮。在快速访问工具栏中单击【保存】按钮，保存“设计模板”演示文稿。

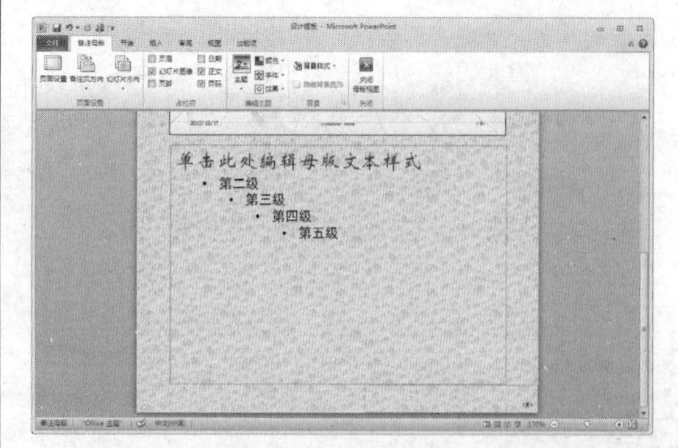

6.5　案例演练

本章的案例演练部分通过制作“食谱”演示文稿母版和制作小学语文课件的两个综合实例操作，使用户通过练习从而巩固本章所学知识。

6.5.1 制作“食谱”演示文稿母版

【例 6-8】制作“食谱”演示文稿母版。
视频+素材 (光盘素材\第 06 章\例 6-8)

step 1　启动PowerPoint 2010 应用程序，打开一个空白演示文稿，并将其以“食谱”为名进行保存。

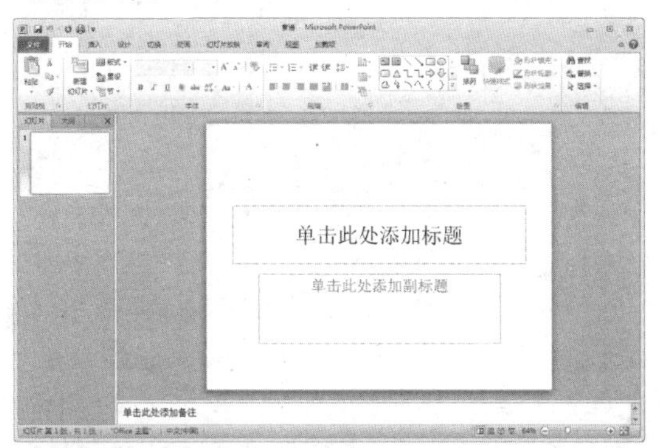

step 2　打开【视图】选项卡，单击【母版视图】组中的【幻灯片母版】按钮，打开幻灯片母版视图。

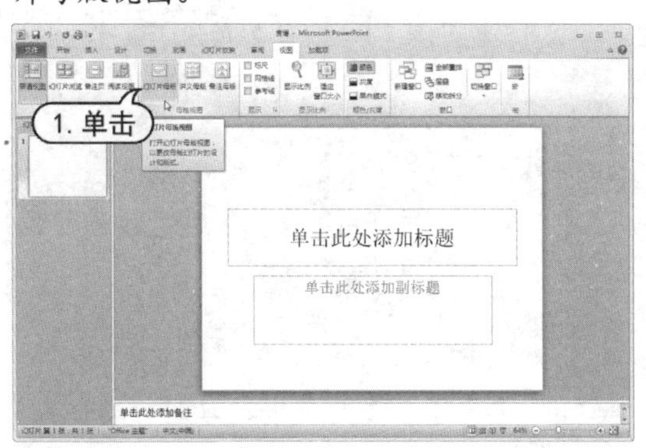

step 3　在幻灯片浏览窗格中选中标题幻灯片，将其显示在编辑窗口中。

step 4　在【幻灯片母版】选项卡的【母版版式】组中，取消选中【页脚】复选框。单击【背景】组中的【背景样式】下拉按钮，从弹出的列表中选择【设置背景格式】选项。

step 5　在打开的【设置背景格式】对话框中，选中【图片或纹理填充】单选按钮，然后单击【文件】按钮，在打开的【插入图片】对话框中，选择所需要的图片，然后单击【插入】按钮。

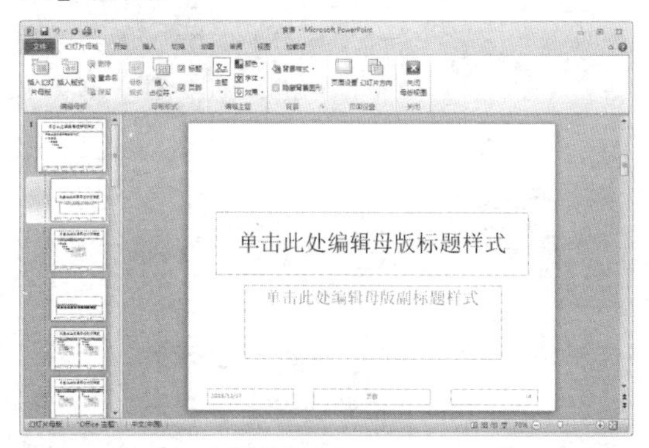

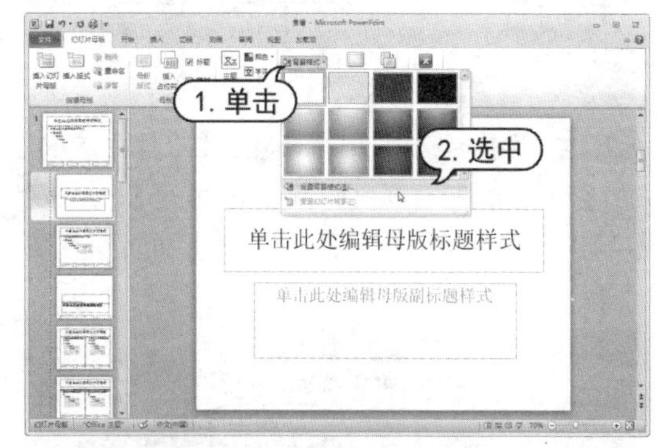

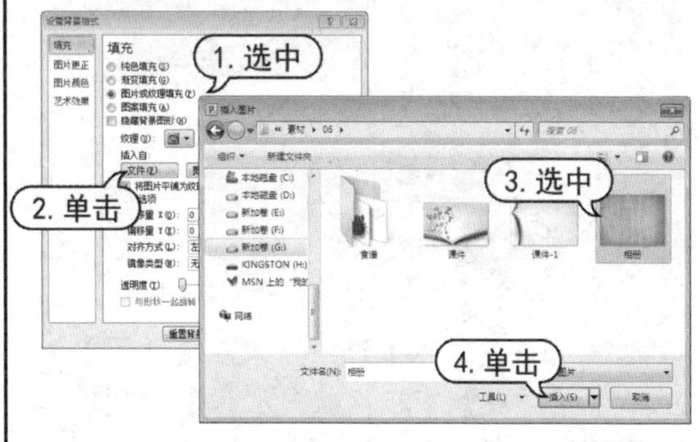

step 6　单击【设置背景格式】对话框中的【全部应用】按钮，然后单击【关闭】按钮关闭【设置背景格式】对话框。

step 7　打开【插入】选项卡，在【图像】组中单击【图片】按钮，打开【插入图片】对话框。在该对话框中选中所需要的图片，然后单击【插入】按钮。

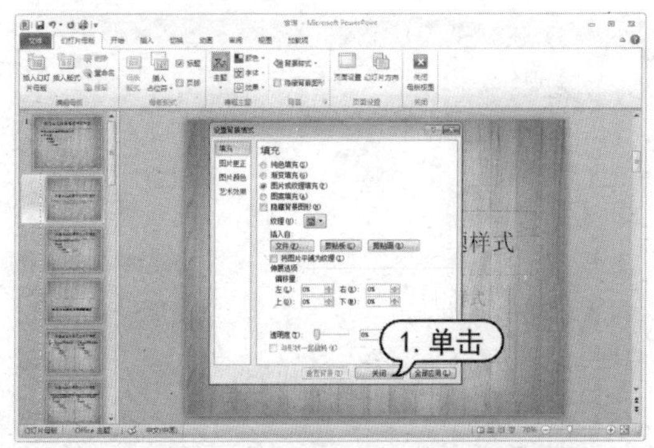

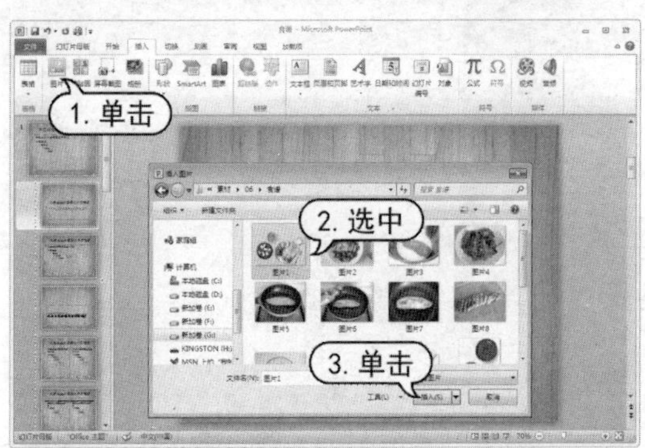

step 8 调整插入图片的位置，在【图片工具】的【格式】选项卡中，单击【排列】组中的【下移一层】按钮，从弹出的列表中选择【置于底层】选项。

step 9 打开【插入】选项卡，在【插图】组中单击【形状】下拉按钮，从弹出的列表框中选择【矩形】选项。

step 10 在幻灯片中拖动绘制矩形，打开【绘图工具】的【格式】选项卡，在【形状样式】组中单击【形状轮廓】下拉按钮，从弹出的列表中选择【无轮廓】选项；单击【形状填充】下拉按钮，从弹出的列表中选择【白色】选项。

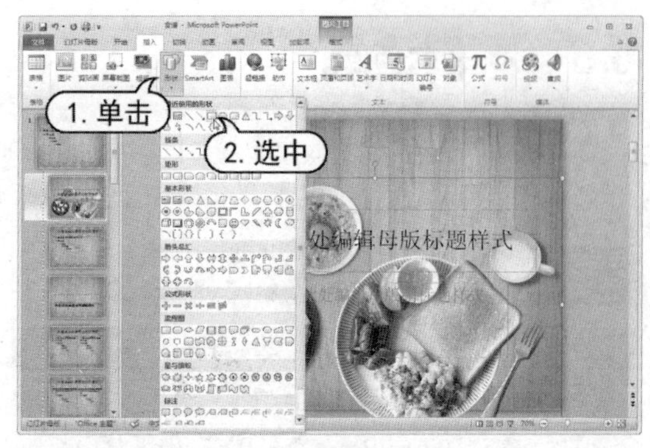

step 11 在幻灯片中，选中文本占位符，并在【格式】选项卡的【排列】组中单击【上移一层】下拉按钮，从弹出的列表中选择【置于顶层】选项，然后调整占位符的位置。

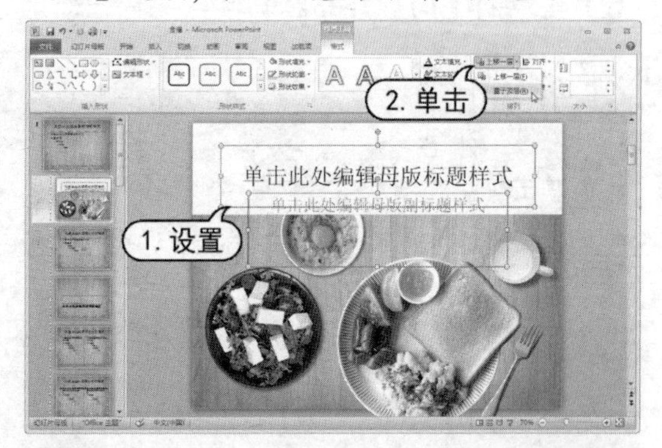

step 12 单击【单击此处编辑母版标题样式】文本占位符，输入文字内容。打开【开始】选项卡，在【字体】组中设置字体为【方正大标宋简体】，单击【字符间距】下拉按钮，从弹出的列表中选择【稀疏】选项。

step 13 单击【单击此处编辑母版副标题样式】文本占位符，输入文字内容。在【字体】组中设置字体为【黑体】，字号为 18。

step 14 打开【幻灯片母版】选项卡，在【编辑母版】组中，单击【插入版式】按钮，新建一张幻灯片。

step 15 在【母版版式】组中，分别取消选中【标题】和【页脚】复选框。

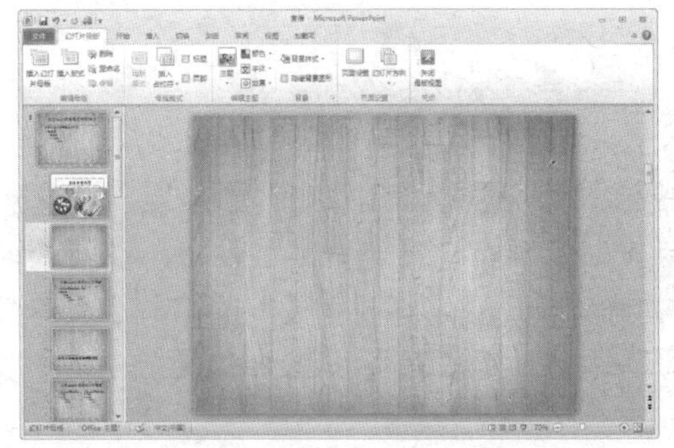

step 16 打开【插入】选项卡，在【图像】组中，单击【图片】按钮，打开【插入图片】对话框。在该对话框中，选择所需要的图片，然后单击【插入】按钮。

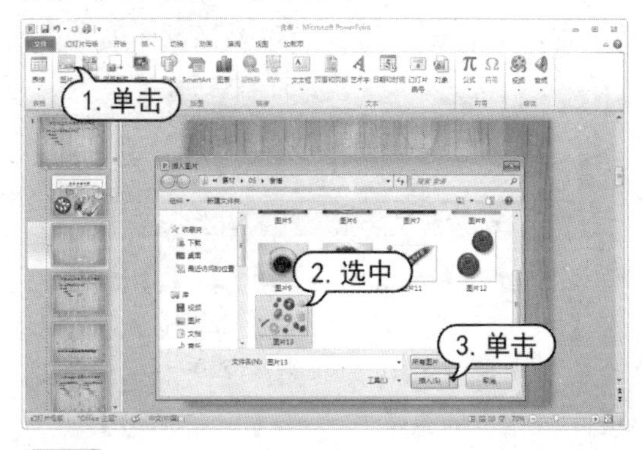

step 17 在幻灯片中，调整插入图片的大小及位置。

step 18 打开【幻灯片母版】选项卡，在【母版版式】组中单击【插入占位符】下拉按钮，从弹出的列表中选择【文本】选项。

step 19 在幻灯片中拖动创建文本占位符，并输入文字内容。打开【开始】选项卡，在【字体】组中设置字体为【方正准圆简体】，字号为 24。

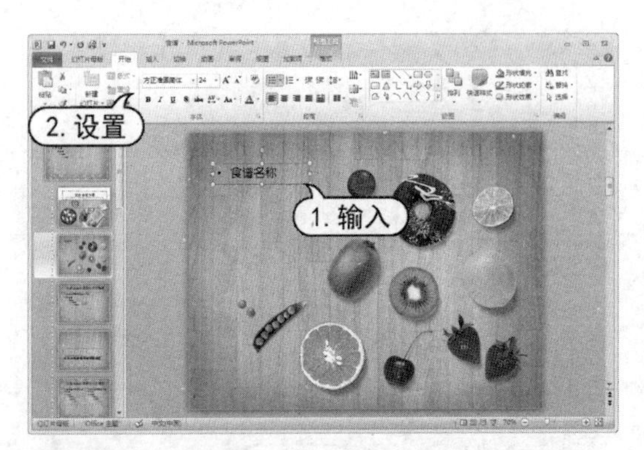

step 20 打开【绘图工具】的【格式】选项卡，在【插入形状】组中单击【编辑形状】下拉按钮，从弹出的列表中选择【更改形状】选项，从弹出的列表中选择【圆角矩形】。

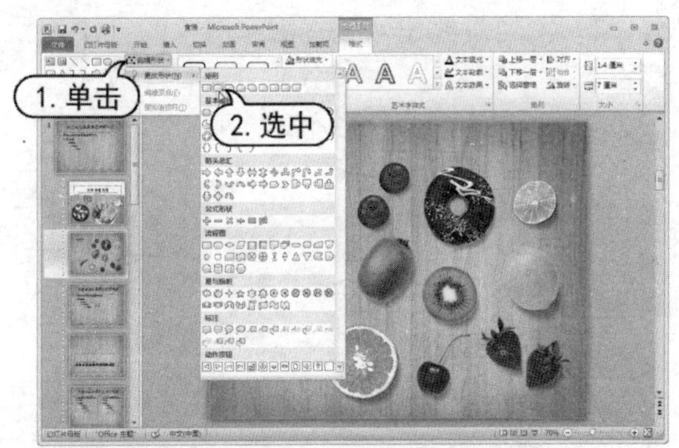

step 21 在【形状样式】组中，单击【形状填充】下拉按钮，从弹出的列表中选择【纹理】选项，然后从弹出的列表中选择【其他纹理】选项。

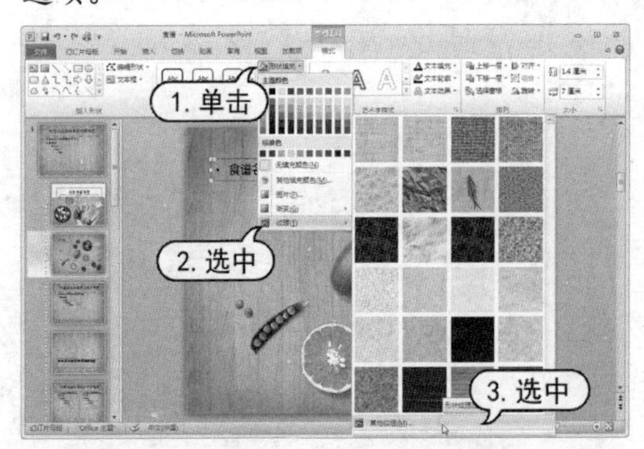

step 22 在打开的【设置图片格式】对话框中，选中【图片或纹理填充】单选按钮，单击【文件】按钮，打开【插入图片】对话框。在该对话框中选中所需要的图片，然后单击【插入】按钮。

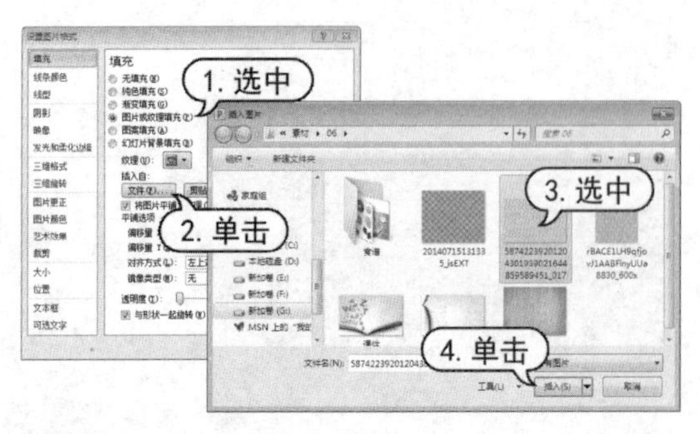

step 23 选中【将图片平铺为纹理】复选框，然后单击【关闭】按钮关闭【设置图片格式】对话框。

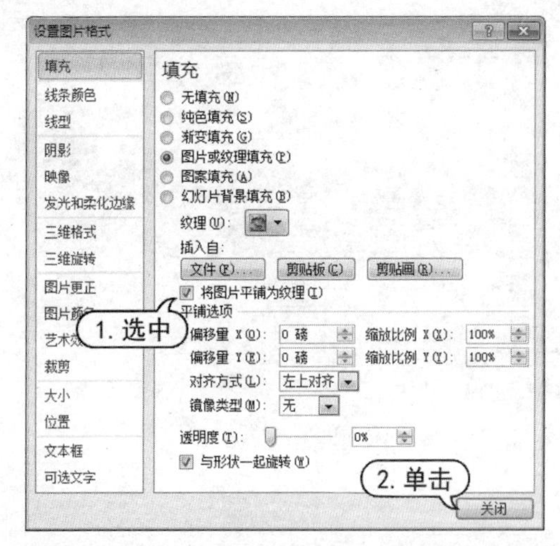

step 24 按Ctrl+Alt键拖动复制文本占位符，并使用步骤21~23的操作方法设置文本占位符填充。

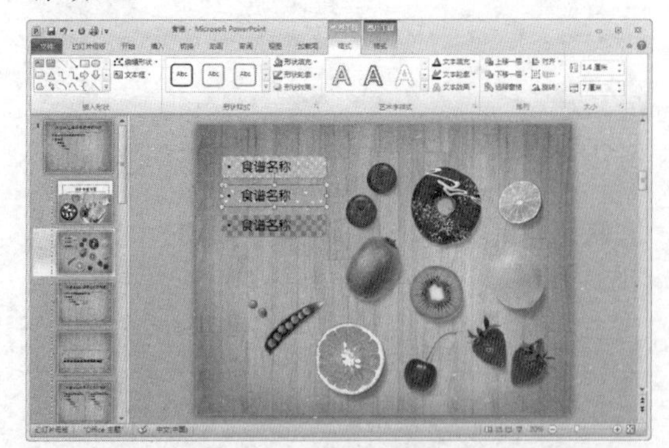

step 25 打开【幻灯片母版】选项卡，单击【编辑母版】组中的【重命名】按钮。在打开的【重命名版式】对话框的【版式名称】文本框中输入“目录版式”，然后单击【重命名】按钮重命名幻灯片。

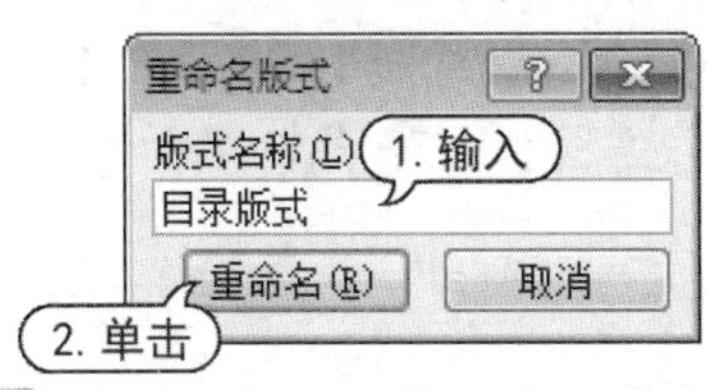

step 26 在【编辑母版】组中，单击【插入版式】按钮，并在标题文本占位符中输入文字内容。打开【开始】选项卡，在【字体】组中设置字体为【方正准圆简体】，单击【倾斜】按钮，单击【字符间距】下拉按钮，从弹出的列表中选择【很松】选项。

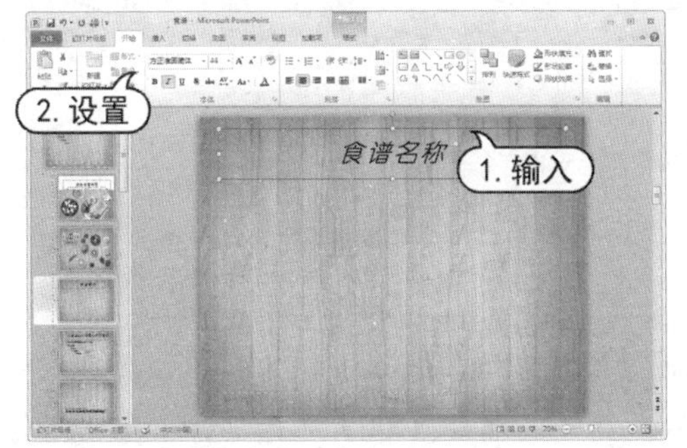

step 27 打开【幻灯片母版】选项卡，在【母版版式】组中单击【插入占位符】下拉按钮，从弹出的菜单中选择【图片】选项。

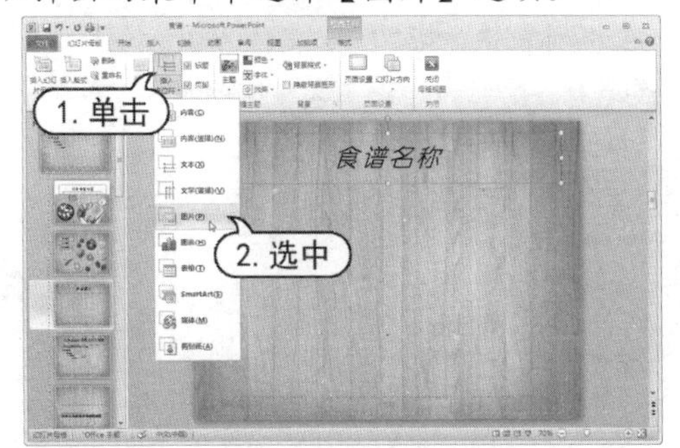

step 28 将光标移动至幻灯片内，单击并拖动创建图片占位符。

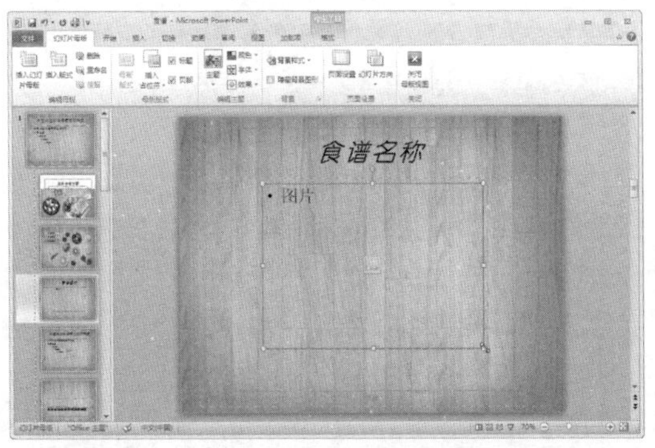

step 29 在幻灯片浏览窗格中，选中【目录版式】幻灯片，选中一个文本占位符，按Ctrl+C键复制。

step 30 在幻灯片浏览窗格中，选中新创建的幻灯，按Ctrl+V键粘贴文本占位符。并移动文本符位置，并对其进行旋转。

step 31 选中图片占位符，打开【格式】选项卡，在【形状样式】组中单击【形状填充】下拉按钮，从弹出的列表中选择【白色】选项。

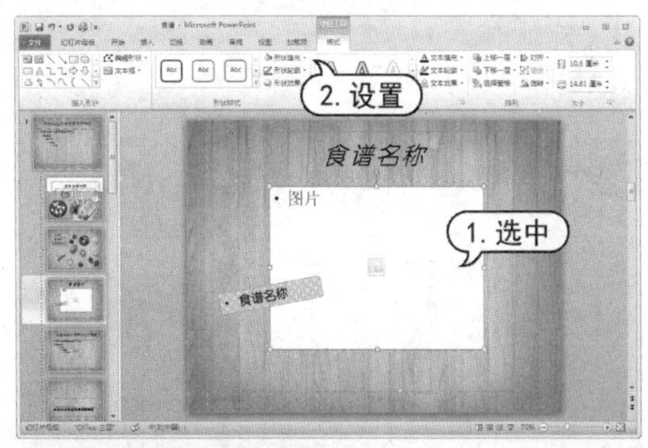

step 32 单击【形状效果】下拉按钮，从弹出的列表中选择【阴影】选项，从弹出的列表中选择【阴影选项】选项。

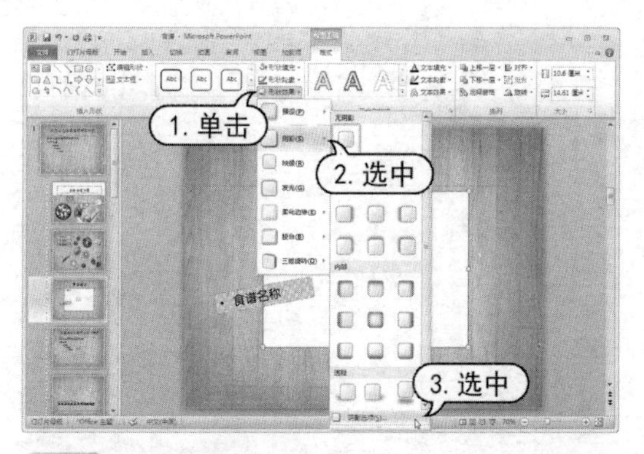

step 33 打开【设置形状格式】对话框，单击【预设】下拉按钮，从弹出的菜单中选择【向下偏移】选项，设置【虚化】为 14 磅，【距离】为 8 磅，然后单击【关闭】按钮。

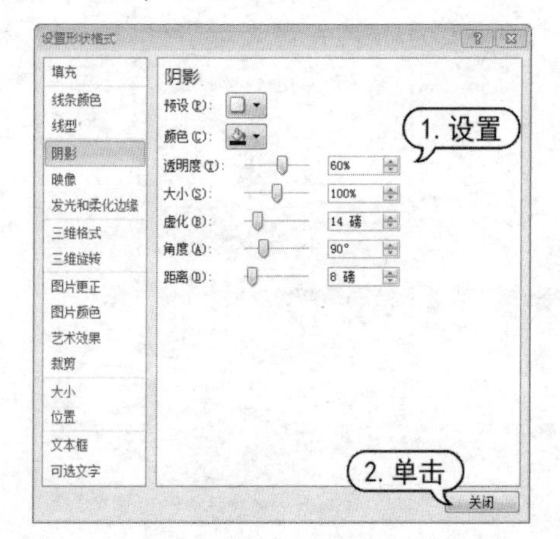

step 34 打开【插入】选项卡，在【图像】组中单击【图片】按钮，打开【插入图片】对话框。在该对话框中选中所需要的图片，然后单击【插入】按钮。

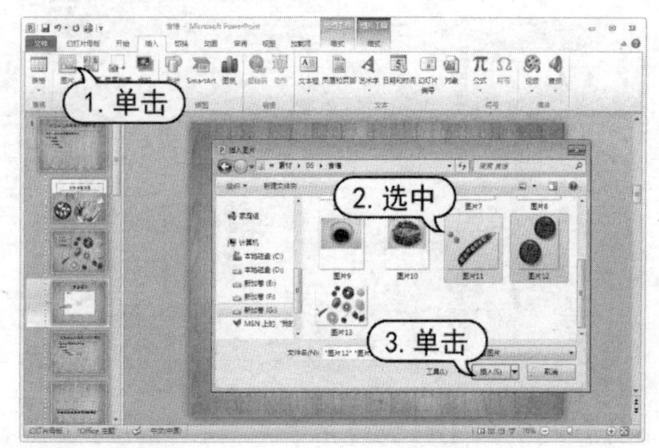

step 35 在幻灯片中，调整插入图片的位置。

step 36 打开【幻灯片母版】选项卡，单击【编辑母版】组中的【重命名】按钮。在打开的【重命名版式】对话框的【版式名称】文本框中输入“效果图版式”，然后单击【重命名】按钮。

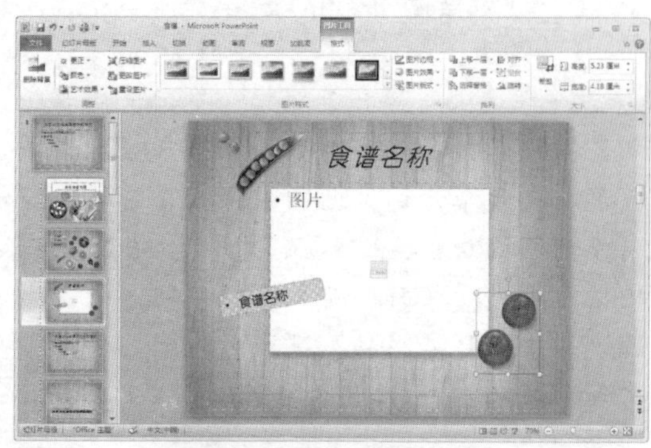

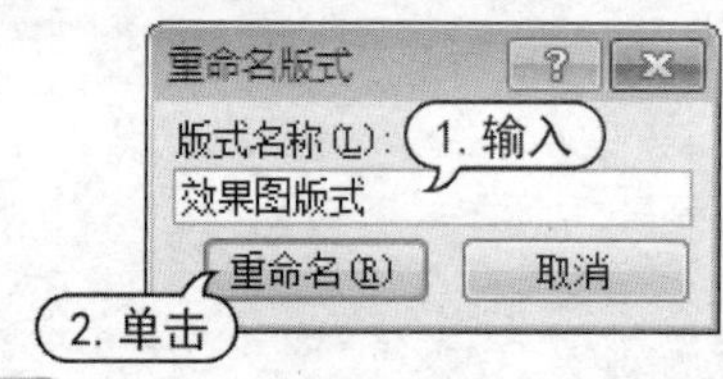

step 37 在【编辑母版】组中，单击【插入版式】按钮，并在标题文本占位符中输入文字内容。打开【开始】选项卡，在【字体】组中设置字体为【方正准圆简体】，单击【倾斜】按钮，然后单击【字符间距】下拉按钮，从弹出的列表中选择【很松】选项。

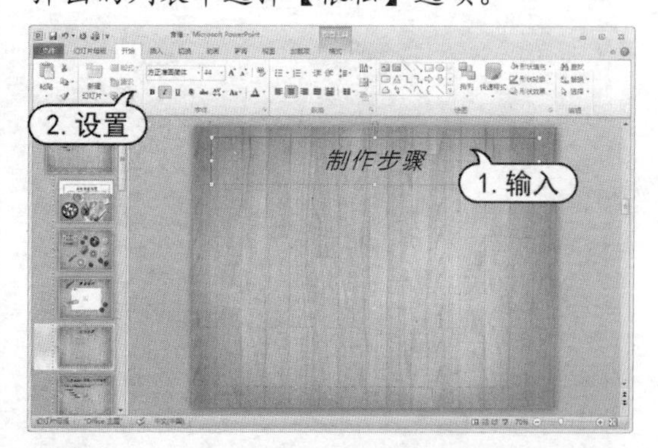

step 38 打开【幻灯片母版】选项卡，在【母版版式】组中单击【插入占位符】下拉按钮，从弹出的菜单中选择【图片】选项。将光标移至幻灯片内，单击创建图片占位符。打开【绘图工具】的【格式】选项卡，在【大小】组中设置【形状高度】为 5.8 厘米，【形状宽度】为 5 厘米；在【形状样式】组中，单击【形状填充】下拉按钮，从弹出的列表中选择【白色】选项。

step 39 打开【插入】选项卡，单击【形状】下拉按钮，从弹出的列表中选择【椭圆】选项。

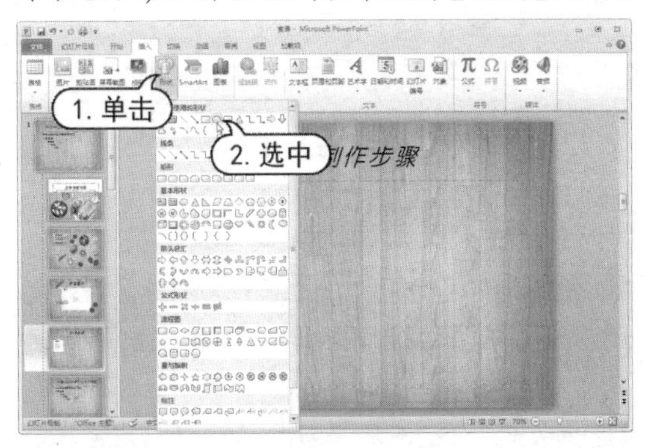

step 40 在幻灯片中单击，插入图形。打开【格式】选项卡，在【大小】组中设置【形状高度】和【形状宽度】均为 1 厘米；在【形状样式】组中单击【形状轮廓】下拉按钮，从弹出的列表中选择【无轮廓】选项。拖动其至图片占位符的左上角。

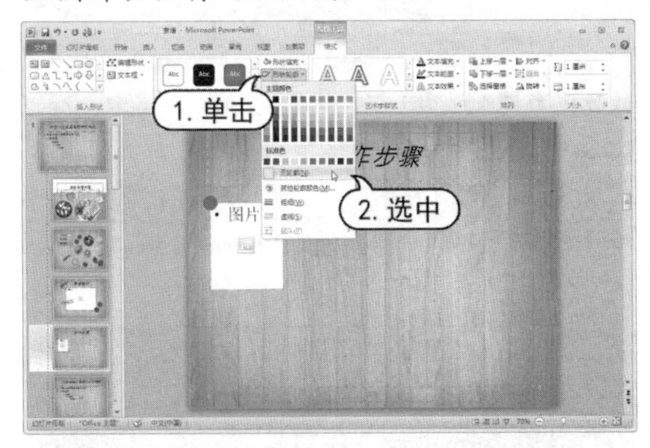

step 41 单击【形状填充】按钮，从弹出的列表中选择【其他填充颜色】命令，打开【颜色】对话框。在对话框中，设置【红色】为 148，【绿色】为 138，【蓝色】为 84，【透明度】为 15%，然后单击【确定】按钮。

step 42 在【插入形状】组中，单击【文本框】下拉按钮，从弹出的列表中选择【横排文本框】选项。将光标移动至幻灯片中单击并拖动创建文本框，然后输入文字内容。打开【开始】选项卡，在【字体】组中设置字号为 12，字体颜色为【白色】；在【段落】组中单击【居中】按钮。

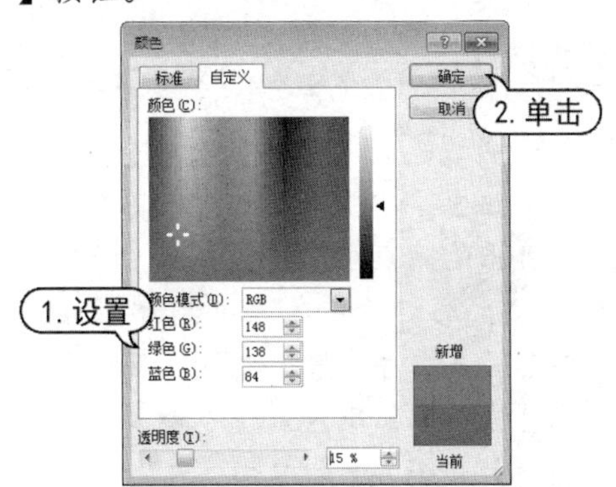

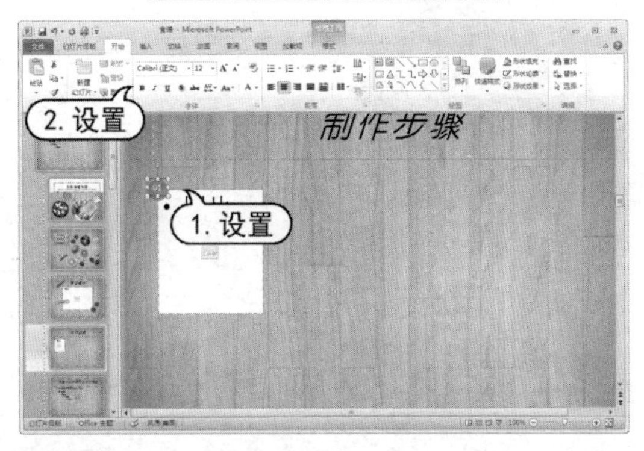

step 43 选中插入的圆形和文本，打开【绘图工具】的【格式】选项卡，在【排列】组中单击【对齐】下拉按钮，从弹出的列表中选择【上下居中】选项。

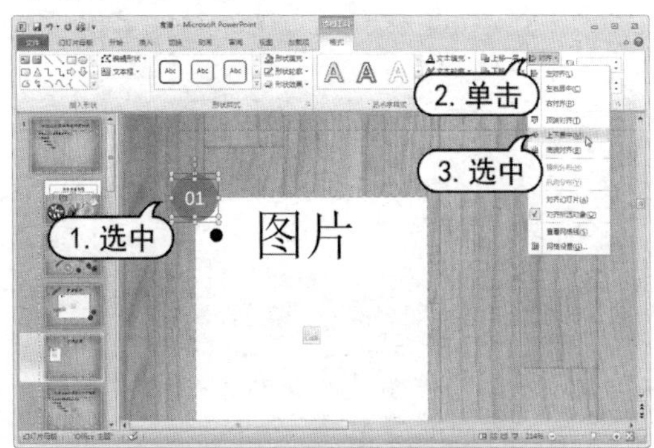

step 44 在【排列】组中单击【组合】按钮，从弹出的列表中选择【组合】选项。

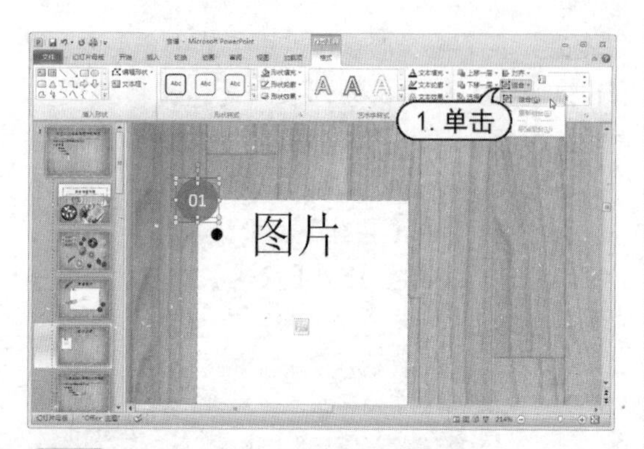

step 45 打开【幻灯片母版】选项卡，在【母版版式】组中，单击【插入占位符】下拉按钮，从弹出的列表中选择【文本】选项。将光标移动至幻灯片中单击并拖动创建文本框，然后输入文字内容。打开【开始】选项卡，在【字体】组中设置【字体】为【方正准圆简体】，【字号】为 9。

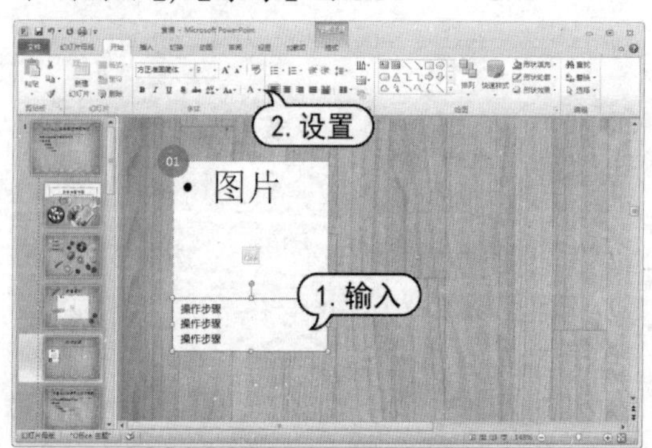

step 46 选中组合后的图文对象和图片占位符，按Ctrl+Alt+Shift键拖动并复制。

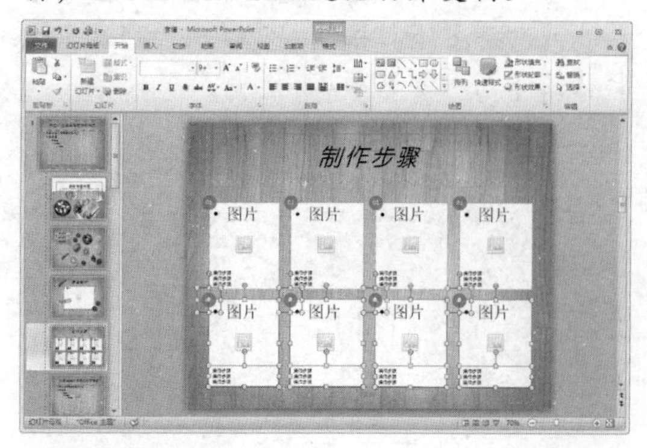

step 47 分别单击图文组合对象中的文本框，修改其中的文字内容。

step 48 打开【幻灯片母版】选项卡，单击【编辑母版】组中的【重命名】按钮。在打开的【重命名版式】对话框的【版式名称】文本框中输入“制作步骤图版式”，然后单击【重命名】按钮。

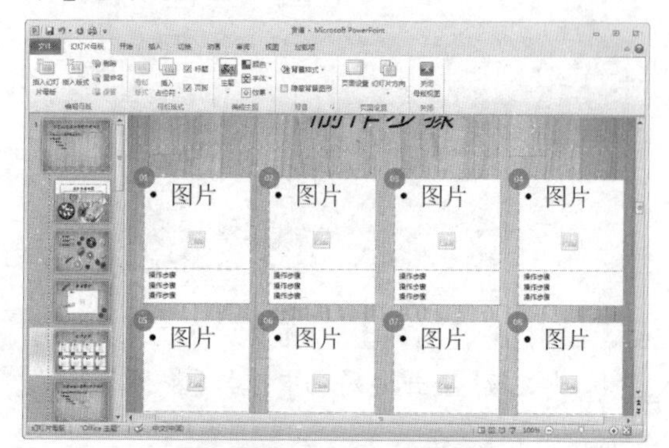

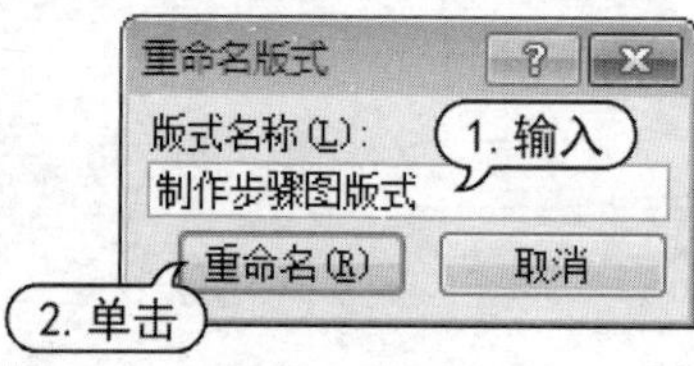

step 49 打开【幻灯片母版】选项卡，单击【关闭母版视图】按钮退出幻灯片母版视图，打开普通视图。

step 50 在【开始】选项卡的【幻灯片】组中，单击【新建幻灯片】下拉按钮，从弹出的列表框中选择【目录版式】选项，即可新建一张幻灯片。

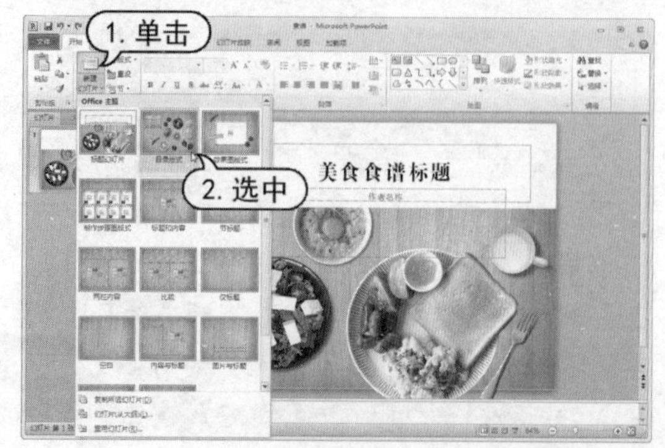

step 51　在快速访问工具栏中单击【保存】按钮，保存“食谱”演示文稿。

6.5.2　制作小学语文课件

【例 6-9】制作小学语文课件。
视频+素材 (光盘素材\第 06 章\例 6-9)

step 1　启动PowerPoint 2010 应用程序，打开一个空白演示文稿。单击快速访问工具栏中的【保存】按钮，打开【另存为】对话框。在该对话框中，将其以“小学语文课件”为名进行保存。

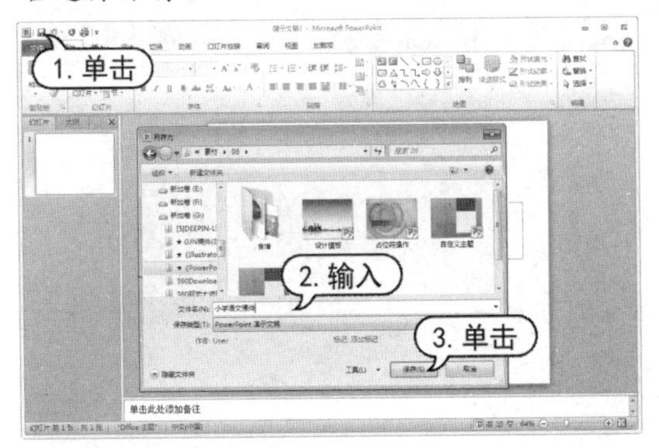

step 2　打开【设计】选项卡，在【页面设置】组中单击【页面设置】按钮，打开【页面设置】对话框。

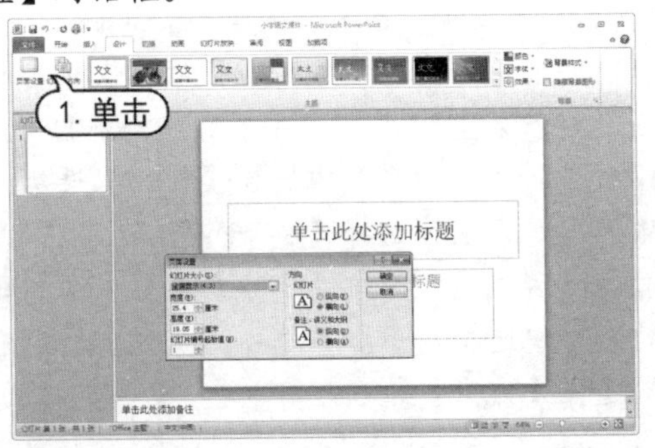

step 3　在该对话框中，设置【宽度】为 29 厘米，【高度】为 20 厘米，然后单击【确定】按钮。

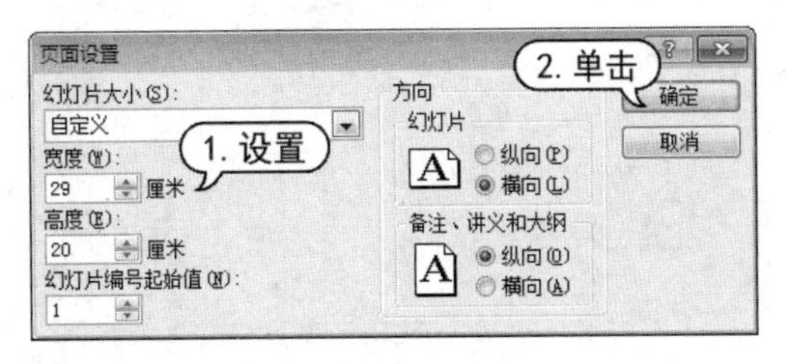

step 4　打开【视图】选项卡，在【母版视图】组中单击【幻灯片母版】按钮，打开幻灯片母版视图。

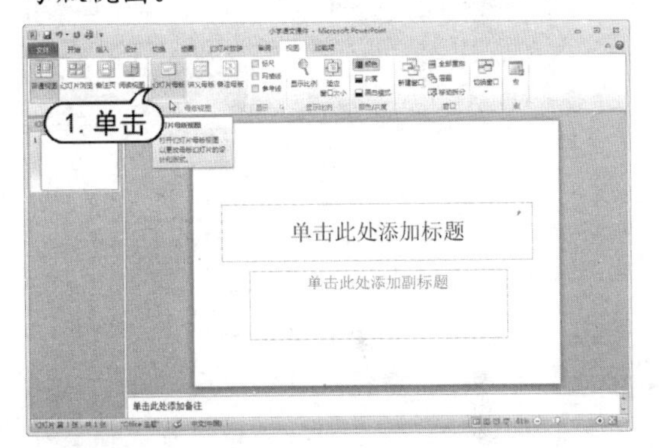

step 5　在编辑窗口中，默认显示【标题幻灯片】版式。在【母版版式】组中，取消选中【页脚】复选框。

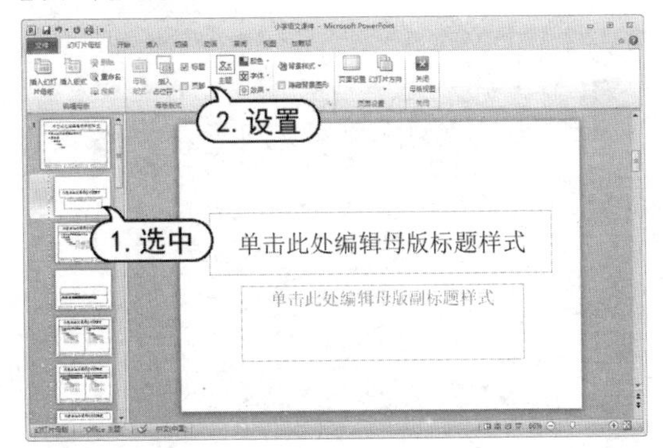

step 6　在【背景】组中，单击【背景样式】下拉按钮，从弹出的列表中选择【设置背景格式】命令。

step 7　在打开的【设置背景格式】对话框中，选中【图片或纹理填充】单选按钮，单击【文件】按钮。在打开的【插入图片】对话框中，选中所需要的图片，然后单击【插入】按钮。

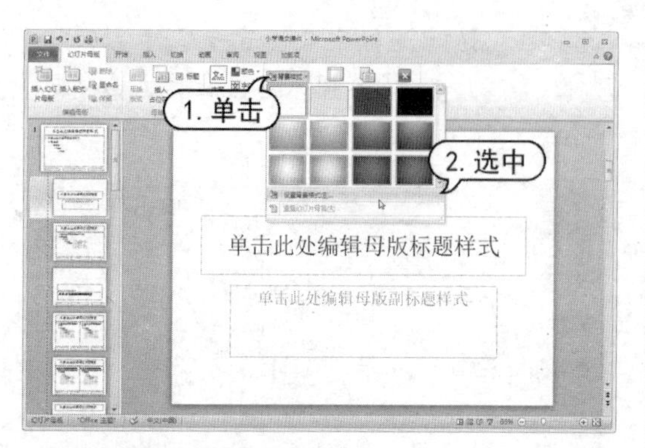

step 8 单击【关闭】按钮，关闭【设置背景格式】对话框。在幻灯片中，选中【单击此处编辑母版标题样式】文本占位符，输入标题文字，打开【开始】选项卡，在【字体】组中设置【字体】为【方正粗圆_GBK】,【字号】为 60。

step 9 单击【单击此处编辑母版副标题样式】文本占位符，输入副标题文字；在【开始】选项卡的【字体】组中设置【字体】为【方正黑体简体】,【字号】为 24,【字体颜色】为【深蓝】；在【段落】组中单击【文本左对齐】按钮。

step 10 调整标题和副标题文本占位符大小及位置。

step 11 打开【插入】选项卡，单击【形状】下拉按钮，从弹出的列表中选择【直线】选项。

step 12 拖动绘制直线，打开【绘图工具】的【格式】选项卡，在【形状样式】组中，单击【形状轮廓】下拉按钮，从弹出的列表中选择颜色为【深蓝】；再次单击【形状轮廓】下拉按钮，从弹出的列表中选择【粗细】选项，从弹出的列表中选择【3 磅】选项。

step 13 单击【形状轮廓】下拉按钮，从弹出的列表中选择【虚线】选项，从弹出的列表中选择【方点】选项。

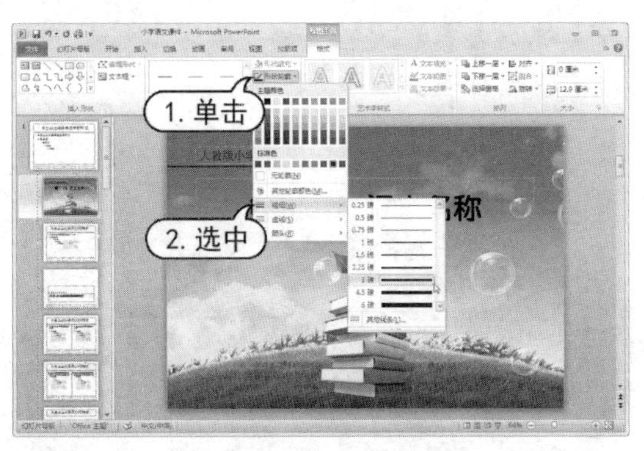

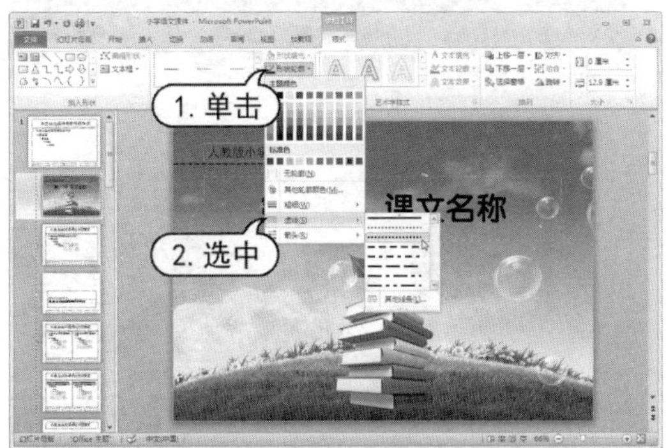

step 14 在幻灯片浏览窗格中，选中【空白】版式，将其显示在编辑窗口中。在【背景】组中，单击【背景样式】下拉按钮，从弹出的列表中选择【设置背景格式】命令。

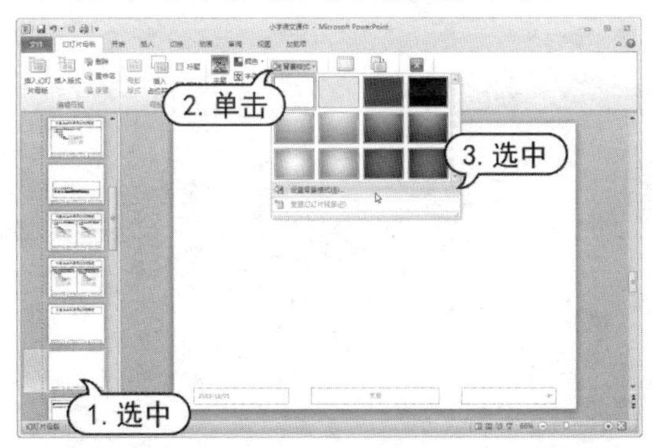

step 15 在打开的【设置背景格式】对话框中，选中【图片或纹理填充】单选按钮，单击【文件】按钮。在打开的【插入图片】对话框中，选中所需要的图片，然后单击【插入】按钮。单击【关闭】按钮，关闭【设置背景格式】对话框。

step 16 在幻灯片浏览窗格中，将【空白】版式，移动至【标题幻灯片】版式下方，然后选中【标题和内容】版式。在【背景】组中，单击【背景样式】下拉按钮，从弹出的列表中选择【设置背景格式】命令。

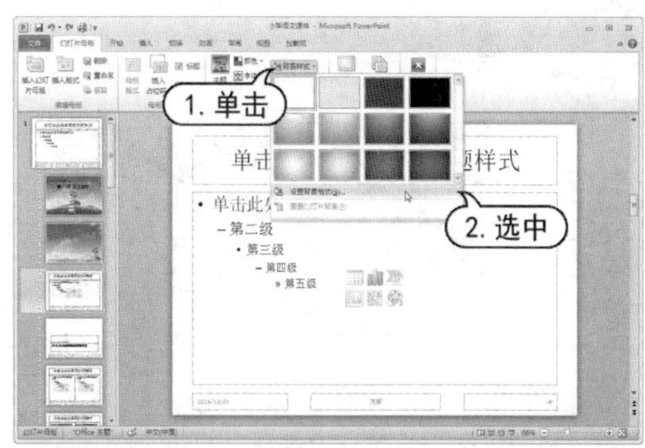

step 17 在打开的【设置背景格式】对话框中，选中【图片或纹理填充】单选按钮，单击【文件】按钮。在打开的【插入图片】对话框中，选中所需要的图片，然后单击【插入】按钮。单击【关闭】按钮，关闭【设置背景格式】对话框。

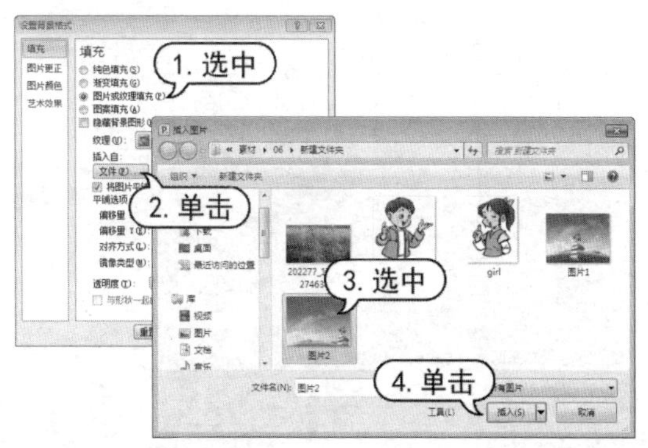

step 18 打开【插入】选项卡，在【图像】组中单击【图片】按钮，打开【插入图片】对话框。在该对话框中，选中所需要的图片，然后单击【插入】按钮。

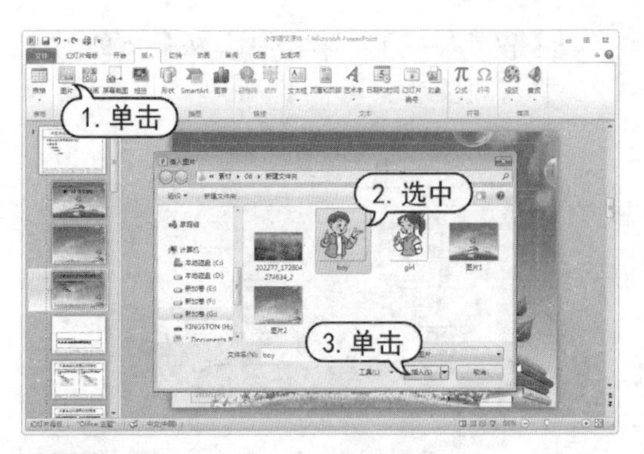

step 19 在幻灯片中，调整插入图片的大小，并将其置于左上角。

step 20 在幻灯片中，选中【单击此处编辑母版标题样式】文本占位符，打开【绘图工具】的【格式】选项卡，在【插入形状】组中，单击【编辑形状】下拉按钮，从弹出的列表中选择【更改形状】选项，从弹出的列表框中选择【椭圆形标注】选择。

step 21 调整改变形状后的标题占位符，并在【形状样式】组中选中【彩色轮廓-红色，强调颜色 2】形状外观样式。

step 22 修改标题文本占位符中的文字内容，打开【开始】选项卡，在【段落】组中，单击【对齐文本】下拉按钮，从弹出列表中选择【顶端对齐】选项。

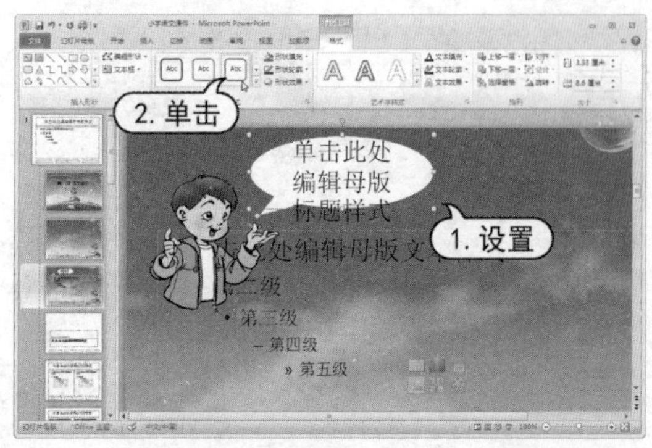

step 23 在幻灯片浏览窗格中，右击当前幻灯片版式，从弹出的菜单中选择【复制版式】命令。

step 24 在复制的幻灯片版式中，选中插入的卡通人物图片。打开【图片工具】的【格式】选项卡，在【调整】组中单击【更改图片】按钮。在打开的【插入图片】对话框中，选择所需要的图片，然后单击【插入】按钮。

step 25 在【排列】组中，单击【旋转】下拉按钮，从弹出的列表中选择【水平翻转】选项。

step 26 打开【幻灯片母版】选项卡，单击【关闭母版视图】按钮关闭母版视图，返回普通视图。

step 27 单击标题和副标题文本占位符，输入文字内容。选中标题文本框，打开【绘图工具】的【格式】选项卡。在【艺术字样式】组中，单击文本外观样式组中的【其他】按钮，从弹出的列表框中选择一种文本样式。

step 28 单击【文本效果】下拉按钮，从弹出的列表中选择【映像】选项，从弹出的列表框中选择一种效果样式。

step 29 打开【开始】选项卡，在【幻灯片】组中单击【新建幻灯片】下拉按钮，从弹出的列表框中选择【空白】选项。

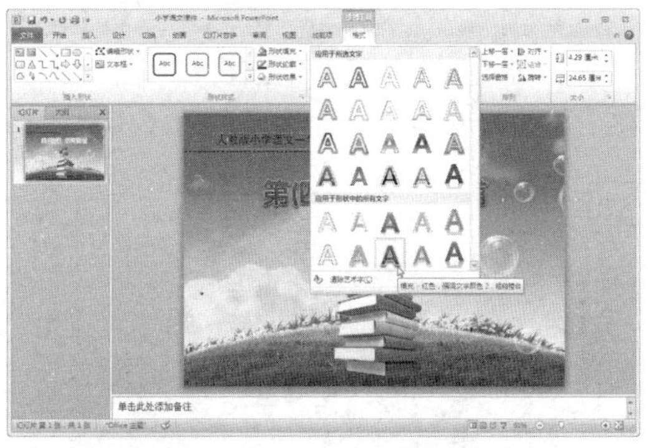

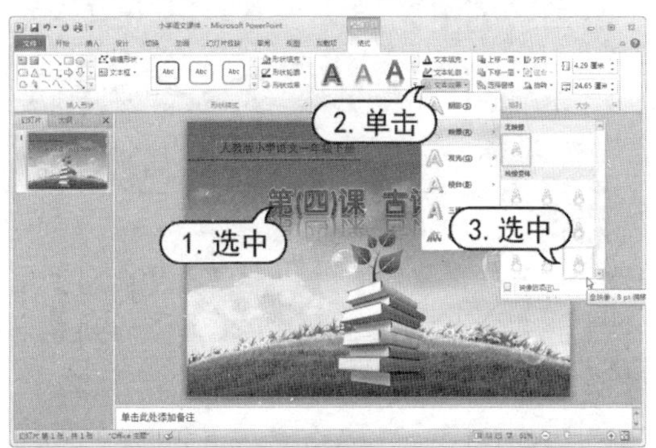

step 30 打开【插入】选项卡，在【图像】组中单击【图片】按钮，打开【插入图片】对话框。在该对话框中，选择所需要的图片，然后单击【插入】按钮。

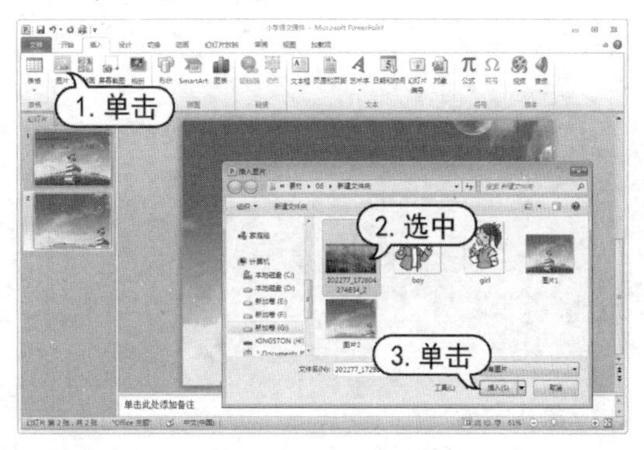

step 31 调整插入图片的大小，打开的【图片工具】的【格式】选项卡，在【图片样式】组中单击图片总体外观选项中的【其他】按钮，从弹出的列表框中选择【旋转，白色】样式。

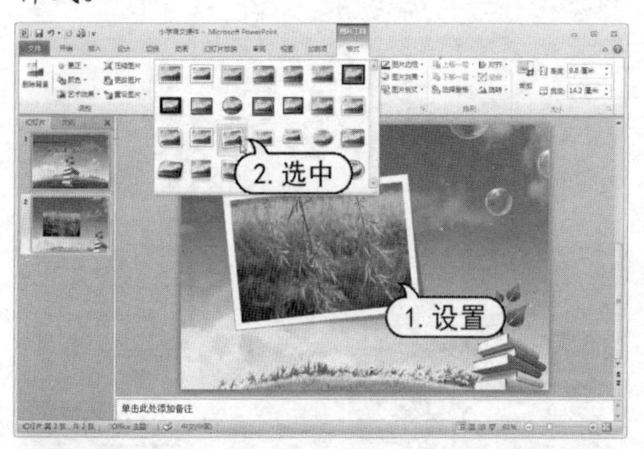

step 32 打开【插入】选项卡，在【插图】组中单击【形状】下拉按钮，从弹出的列表框中选择【云形标注】选项。

step 33 在幻灯片中，拖动鼠标绘制形状，并拖动形状上黄色控制点调整形状。打开【绘图工具】的【格式】选项卡，在【形状样式】组中，选择【彩色轮廓-橙色，强调颜色 6】形状外观样式。

step 34 在插入的形状内，输入文字内容。打开【开始】选项卡，在【字体】组中设置【字体】为【方正少儿_GBK】,【字号】为 28；在【段落】组中单击【文本左对齐】按钮。

step 35 在幻灯片浏览窗格中，按Enter键新建一张空白版式幻灯片。打开【插入】选项卡，在【文本】组中单击【文本框】下拉按钮，从弹出的列表中选择【横排文本框】选项。

step 36 将鼠标光标移至幻灯片中，单击并拖动创建文本框。在文本框中输入文字内容。打开【开始】选项卡，在【字体】组中，设置【字体】为【方正仿宋_GBK】,【字号】为 54，单击【加粗】按钮；在【段落】组中，单击【居中】按钮。

step 37 在文本框中，选中第 2 行作者名称，

在【字体】组中设置【字号】为24；在【段落】组中单击对话框启动器按钮，打开【段落】对话框。

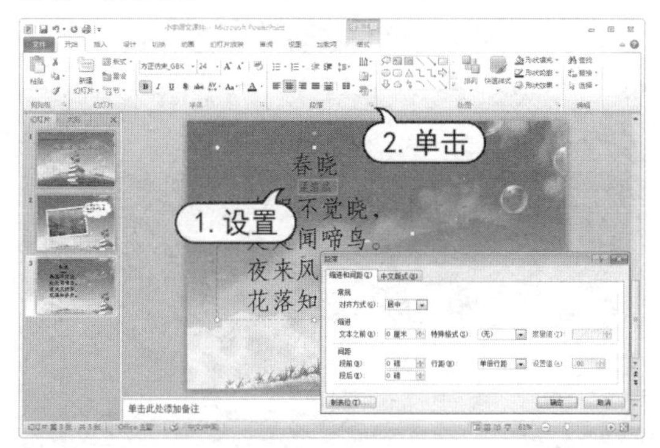

step 38 在【段落】对话框的【间距】选项区中，设置【段前】为12磅，【段后】为18磅，然后单击【确定】按钮。

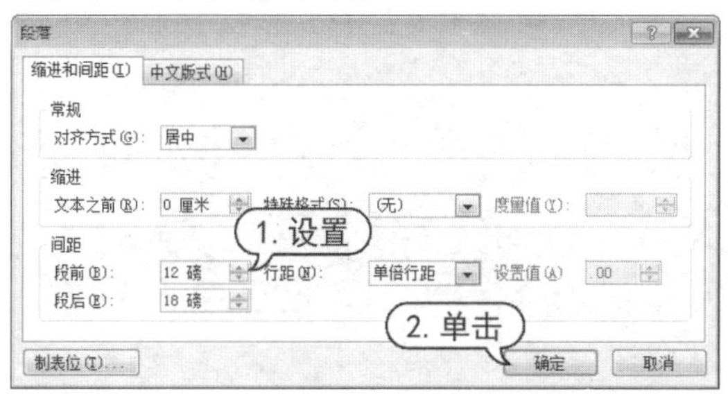

step 39 单击【绘图】组中的【快速样式】下拉按钮，从弹出的列表框中选择【细微效果-水绿色，强调颜色5】外观样式。

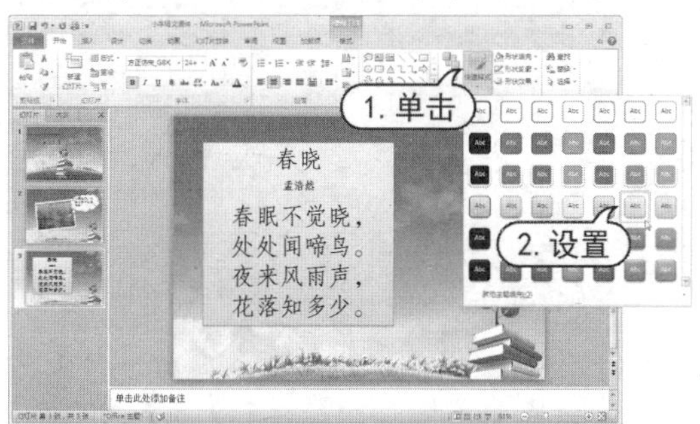

step 40 在【绘图】组中，单击【插入现成形状】选项组中的【其他】按钮，从弹出的列表框中选择【云形标注】选项，然后在幻灯片中插入，并调整形状。

step 41 单击【绘图】组中的【快速样式】下拉按钮，从弹出的列表框中选择【彩色轮廓-橙色，强调颜色6】形状外观样式。

step 42 在插入的形状中，输入提示文字内容。在【字体】组中设置【字号】为24，单击【字体颜色】下拉按钮，从弹出的列表中选择【红色】选项；在【段落】组中，单击【对齐文本】下拉按钮，从弹出列表中选择【顶端对齐】选项。

step 43 在【段落】组中，单击对话框启动器按钮，打开【段落】对话框。在对话框的【对齐方式】下拉列表中选择【两端对齐】选项，在【特殊格式】下拉列表中选择【首行缩进】选项，设置【度量值】为1.5厘米，然后单击【确定】按钮。

step 44 在幻灯片浏览窗格中的第3张幻灯片上，右击，从弹出的菜单中选择【复制幻灯

片】命令。

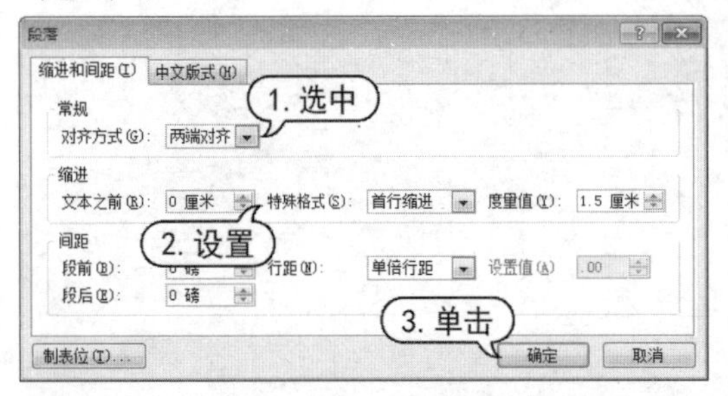

step 45 在复制的第 4 张幻灯片中，修改文本框内的文本内容。

step 46 在【幻灯片】组中单击【新建幻灯片】下拉按钮，从弹出的列表框选择【标题和内容】版式选项。

step 47 在【测试项目】文本占位符，输入文字内容。在【字体】组中设置【字体】为【方正粗圆_GBK】,单击【字符间距】下拉按钮，从弹出的列表中选择【很松】选项。

step 48 在幻灯片的内容占位符中，单击【插入表格】按钮，打开【插入表格】对话框。

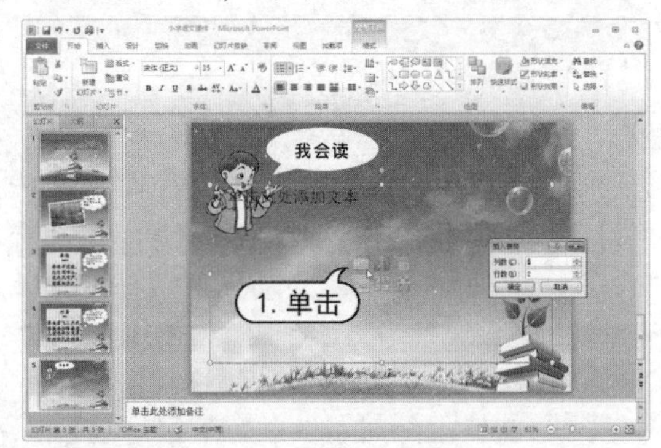

step 49 在【插入表格】对话框中，设置【行数】为 3，然后单击【确定】按钮。

step 50 在幻灯片中，调整插入表格框大小及位置。打开【表格工具】的【设计】选项卡，在【表格样式】组的表格外观样式选项组中选择【中度样式 2-强调 6】选项。

step 51 在表格中，输入文字内容。选中表格框，打开【开始】选项卡，在【字体】组中设置【字体】为【方正仿宋_GBK】,【字号】为 44,单击【加粗】按钮；在【段落】组中，单击【居中】按钮，单击【对齐文本】下拉按钮，从弹出的列表中选择【中部对齐】选项。

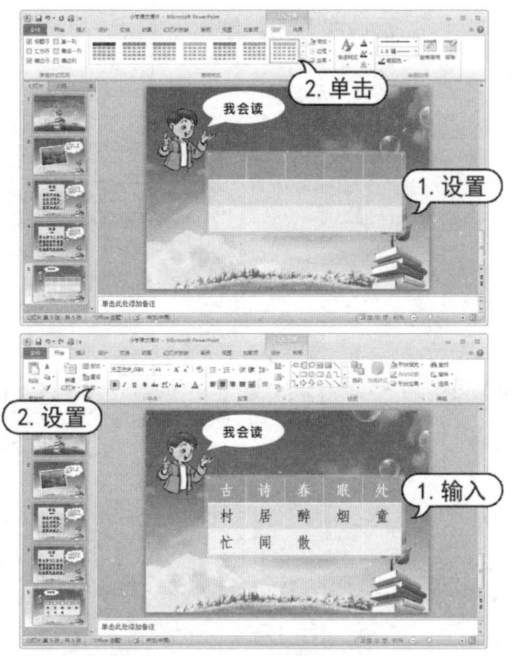

step 52 在幻灯片浏览窗格中的第5张幻灯片上，右击，从弹出的菜单中选择【复制幻灯片】命令。

step 53 在复制的幻灯片中，修改标题项目文字，并删除表格内文字。

step 54 选中表格最后一列，打开【表格工具】的【布局】选项卡，在【行和列】组中，单击【删除】下拉按钮，从弹出的列表中选择【删除列】选项。

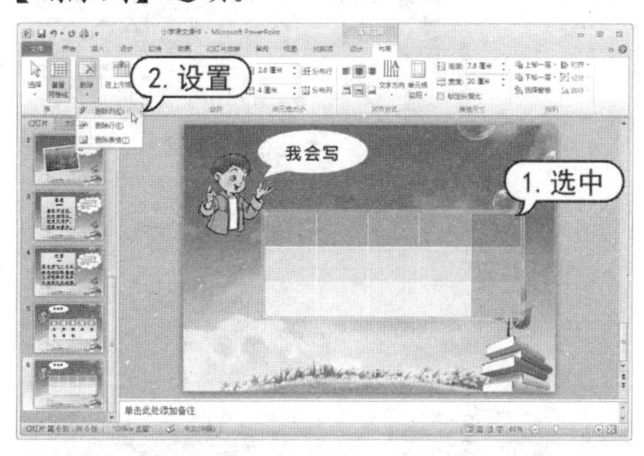

step 55 在表格中，重新输入文字内容。

step 56 打开【开始】选项卡，在【幻灯片】组中单击【新建幻灯片】下拉按钮，从弹出的列表框中选择【1_标题和内容】选项。

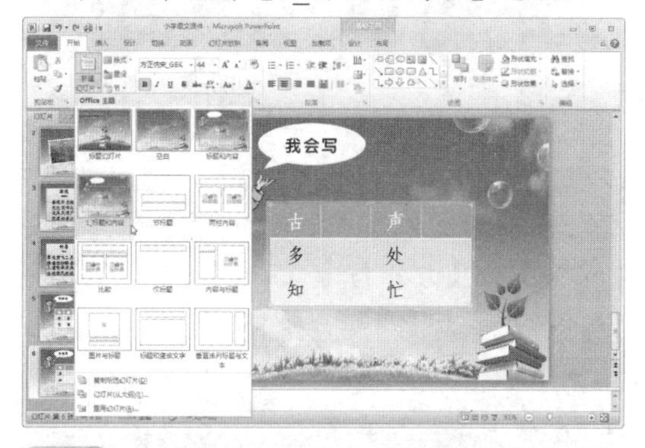

step 57 在【测试项目】文本占位符，输入文字内容。在【字体】组中设置【字体】为【方正粗圆_GBK】，然后单击【字符间距】下拉按钮，从弹出的列表中选择【很松】选项。

step 58 在幻灯片中，调整内容占位符大小及位置，并在其中输入文字内容。

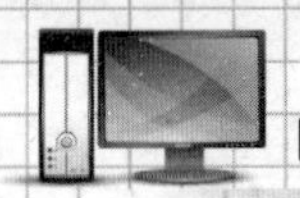

step 59 在输入的文本中，分别选中第2、4、6行，单击【段落】组中的【提高列表级别】按钮。

step 60 选中文本框，在【字体】组中，设置【字体】为【方正仿宋_GBK】，【字号】为36，然后单击【加粗】按钮。

step 61 单击【绘图】组中的【快速样式】下拉按钮，从弹出的列表框中选择【细微效果-橄榄色，强调颜色3】外观样式。

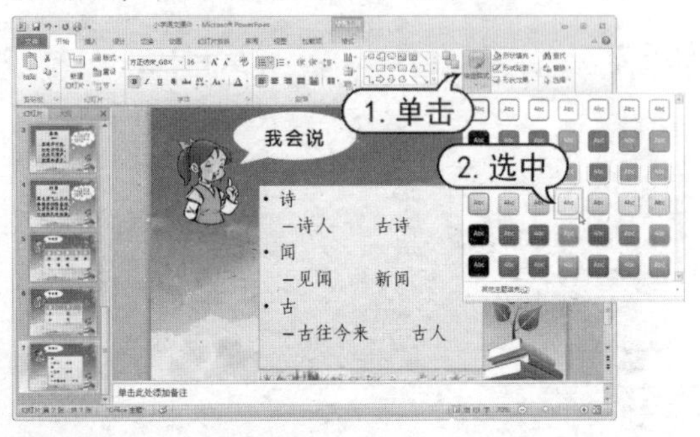

step 62 在幻灯片浏览窗格中的第7张幻灯片上，右击，从弹出的菜单中选择【复制幻灯片】命令。

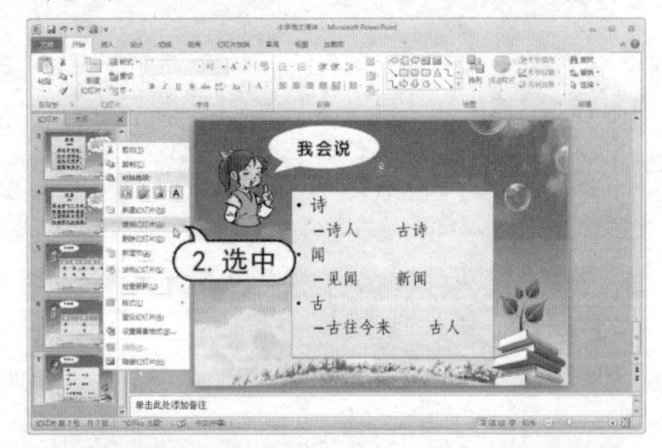

step 63 在复制的幻灯片中，修改标题项目文字，并删除内容占位符中的文本。

step 64 在幻灯片浏览窗格中，选中第3张幻灯片，并选中文本框中的文字内容，然后在【开始】选项卡的【剪贴板】组中单击【复制】按钮。

step 65 在幻灯片浏览窗格中，选中第8张幻灯片，将其显示在编辑窗口中。选中内容占位符，单击【剪贴板】组中的【粘贴】按钮。在【段落】组中单击【项目符号】按钮。

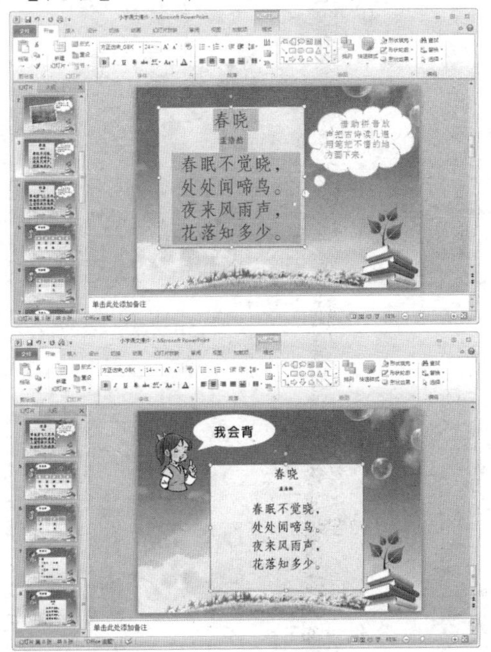

step 66 在内容占位符中修改文字内容，并在【字体】组中，单击【增大字号】按钮。

step 67 在幻灯片浏览窗格中的第 7 张幻灯片上，右击，从弹出的菜单中选择【复制幻灯片】命令。

step 68 在幻灯片浏览窗格中，选中第 4 张幻灯片，并选中文本框中的文字内容，然后在【开始】选项卡的【剪贴板】组中单击【复制】按钮。

step 69 在幻灯片浏览窗格中，选中第 9 张幻灯片，将其显示在编辑窗口中。删除内容占位符中原本的文字内容，单击【剪贴板】组中的【粘贴】按钮。在【段落】组中单击【项目符号】按钮。

step 70 在幻灯片的内容占位符中修改文字内容。

step 71 在【幻灯片】组中单击【新建幻灯片】下拉按钮，从弹出的列表框中选择【空白】

选项。

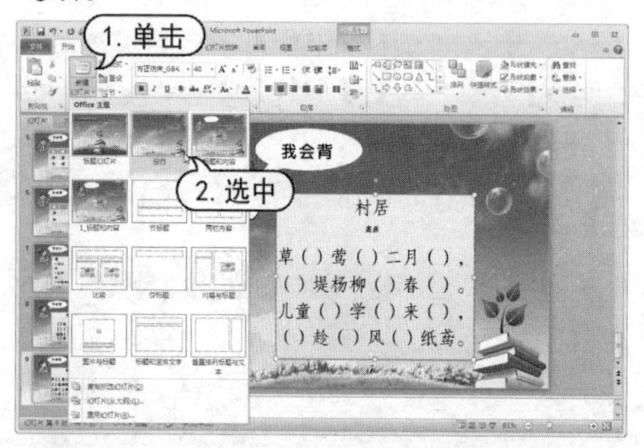

step 72 打开【插入】选项卡，在【图像】组中单击【图片】按钮，打开【插入图片】对话框。在该对话框中，选择所需要的图片，然后单击【插入】按钮。

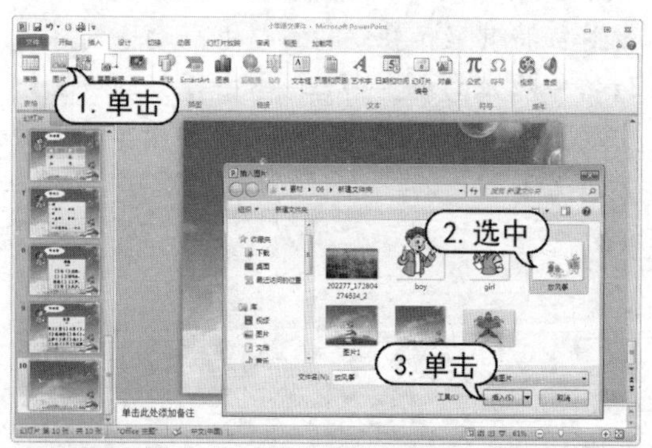

step 73 打开【图片工具】的【格式】选项卡，在【图片样式】组中单击【其他】按钮，从弹出的列表框中选择【松散透视，白色】样式。

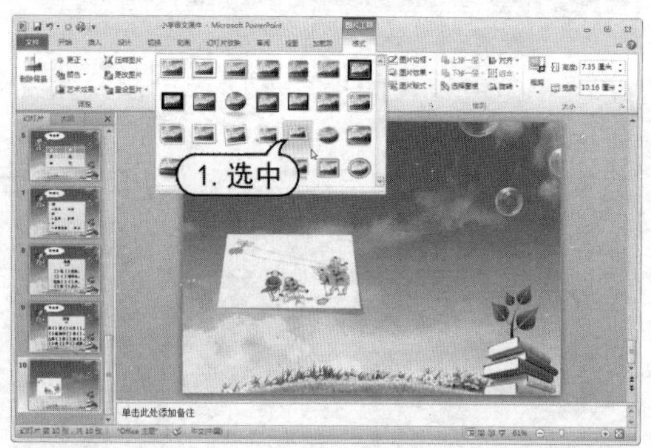

step 74 在幻灯片中，调整插入图片的大小及位置。

step 75 打开【插入】选项卡，在【图像】组中单击【图片】按钮，打开【插入图片】对话框。在该对话框中，选择所需要的图片，然后单击【插入】按钮。

step 76 打开【图片工具】的【格式】选项卡，在【图片样式】组中单击【图片版式】下拉按钮，从弹出的列表框中选择【气泡图片列表】版式。

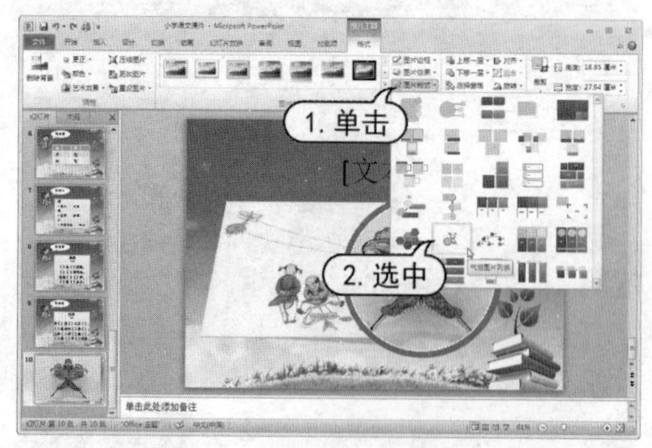

step 77 在幻灯片中，调整图片版式框的大小及位置。

step 78 打开【SmartArt工具】的【设计】选项卡，在【SmartArt样式】组中，单击【更改颜色】下拉按钮，从弹出的列表框中选择【渐变范围-强调文字颜色 2】选项。

step 79 在【SmartArt样式】组中，单击SmartArt图形总体外观样式组中的【其他】

按钮，从弹出的列表框中选择【细微效果】样式。

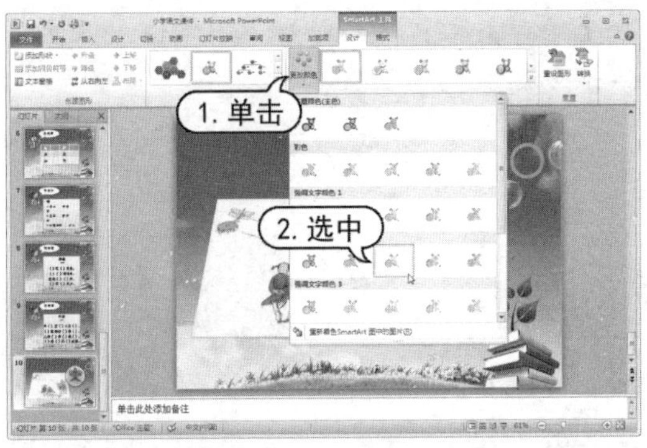

step 80 在SmartArt图形的文本占位符中，单击并输入文字内容。打开【开始】选项卡，在【字体】组中设置【字体】为【方正粗圆_GBK】。

step 81 在SmartArt图形框中，调整图形和文本的大小及位置。

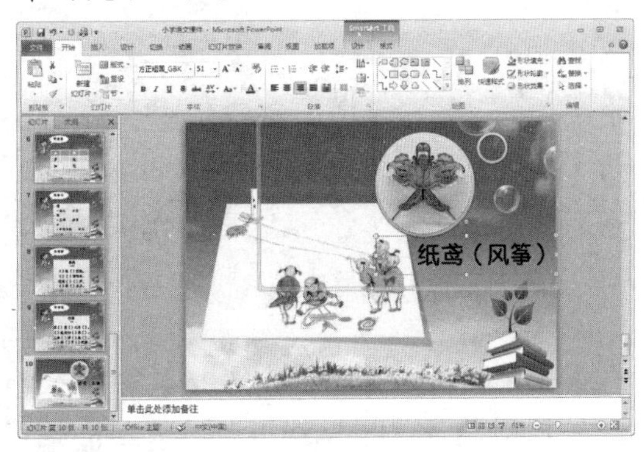

step 82 选中SmartArt图形中的文本，打开【SmartArt工具】的【格式】选项卡，在【艺术字样式】组的文本外观样式组中选择【填充-白色，暖色粗糙棱台】样式。

step 83 打开【切换】选项卡，在【切换到此幻灯片】组中单击【其他】按钮，从弹出的列表框中选择【擦除】选项，然后在【计时】组中，单击【全部应用】按钮。

step 84 选中放风筝的图片，打开【动画】选项卡，在【动画】组中单击【其他】按钮，从弹出的列表框中选择【飞入】选项。

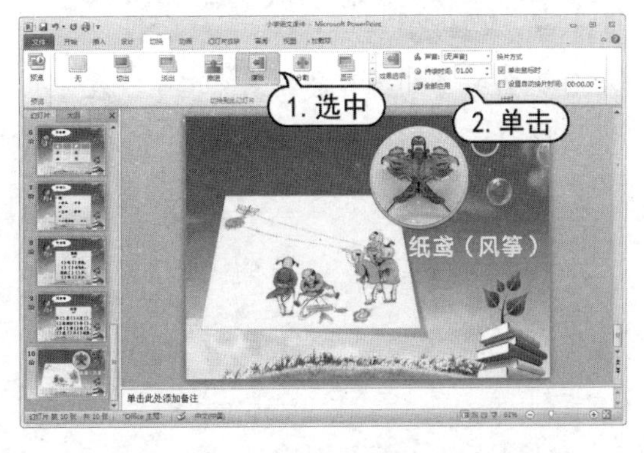

step85 选中SmartArt图形，在【动画】组中单击【其他】按钮，从弹出的列表框中选择【轮子】选项。

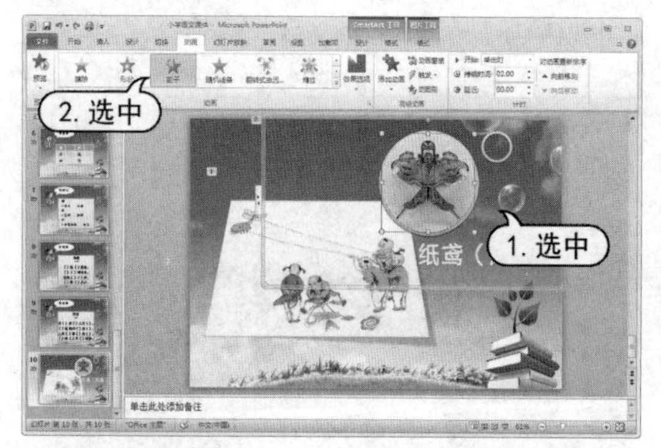

step86 在【动画】组中单击【效果选项】按钮，从弹出的列表框中选择【整批发送】选项。

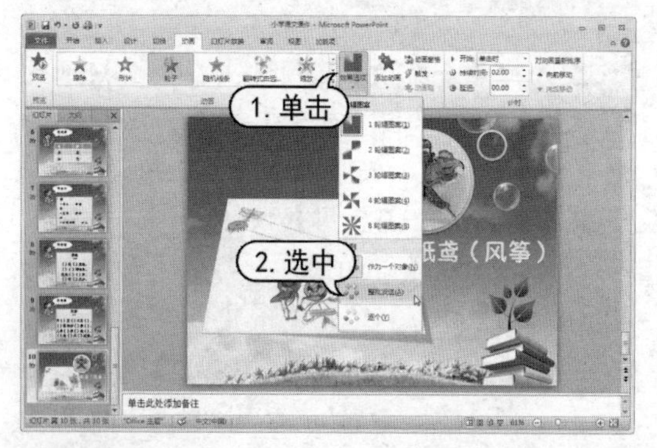

step87 打开【幻灯片放映】选项卡，在【开始放映幻灯片】组中单击【从头开始】按钮，放映幻灯片。

step88 放映结束后，在快速访问工具栏中单击【保存】按钮，保存“小学语文课件”演示文稿。

第7章

在幻灯片中插入多媒体

在 PowerPoint 中可以方便地插入视频和音频等多媒体对象，使用户的演示文稿可以从画面到声音，多方位地向观众传递信息。本章将介绍在幻灯片中插入声音和影片等的方法，以及对插入的多媒体对象设置控制参数的方法。

对应光盘视频

例 7-1 插入来自文件的声音
例 7-2 设置插入声音的属性
例 7-3 插入剪辑管理器中的视频
例 7-4 插入计算机中的视频文件
例 7-5 设置视频的外观效果
例 7-6 制作“科学种植”演示文稿
例 7-7 制作传统风格演示文稿母版

7.1 在幻灯片中插入声音

声音是制作多媒体幻灯片的基本要素。在制作幻灯片时，用户可以根据需要插入声音，从而增加向观众传递信息的通道，增强演示文稿的感染力。插入声音文件时，需要考虑到演讲效果，不能因为插入的声音影响演讲及观众的收听。

7.1.1 使用剪辑管理器中的音频

剪贴管理器中提供了系统自带的几种声音文件，可以像插入图片一样将剪辑管理器中的声音插入演示文稿中。

打开【插入】选项卡，在【媒体】组中单击【音频】按钮下方的下拉按钮，在弹出的列表中选择【剪辑画音频】命令，此时 PowerPoint 将自动打开【剪贴画】窗格，该窗格显示了剪贴管理器中所有的声音。

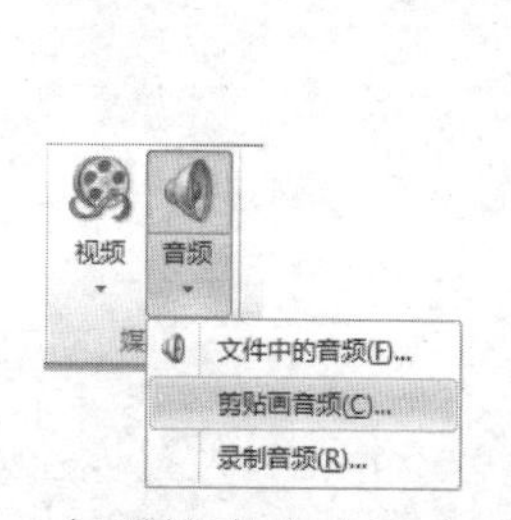

在【搜索文字】文本框中输入文本，并在【结果类型】下拉列表中设置类型，然后单击【搜索】按钮，搜索剪贴画音频。在下方的搜索结果列表框中单击要插入的音频，即可将其插入到幻灯片中。插入声音文件后，PowerPoint 会自动在当前幻灯片中显示声音图标和音频文件的浮动工具条。

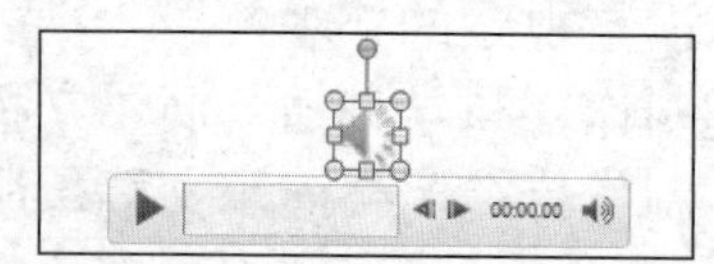

在音频文件浮动工具条中，单击【播放】按钮，即可试听音频文件效果。

7.1.2 插入计算机中的声音文件

PowerPoint 2010 允许用户为演示文稿插入多种类型的声音文件，包括采集的各种模拟声音和数字音频。这些音频类型如下表所示。

音频格式	说　明
AAC	ADTS Audio，Audio Data Transport Stream(用于网络传输的音频数据)
AIFF	音频交换文件格式
AU	UNIX 系统下波形声音文档
MIDI	乐器数字接口数据，一种乐谱文件
MP3	动态影像专家组制定的第三代音频标准，也是互联网中最常用的音频标准
MP4	动态影像专家组制定的第四代视频压缩标准
WAV	Windows 波形声音
WMA	Windows Media Audio，支持证书加密和版权管理的 Windows 媒体音频

从文件中插入声音时，需要在【音频】下拉列表中选择【文件中的音频】命令，打开【插入声音】对话框，从该对话框中选择需要插入的声音文件。

【例 7-1】制作演示文稿“模拟航行”，在幻灯片中插入来自文件的声音。

视频+素材 (光盘素材\第 07 章\例 7-1)

step① 启动PowerPoint 2010 应用程序，单击【文件】按钮，从弹出的菜单中选择【新建】命令，并在【可用的模板和主题】窗格中选择【我的模板】选项，打开【新建演示文稿】对话框。在该对话框中，选择【飞行】选项，单击【确定】按钮。

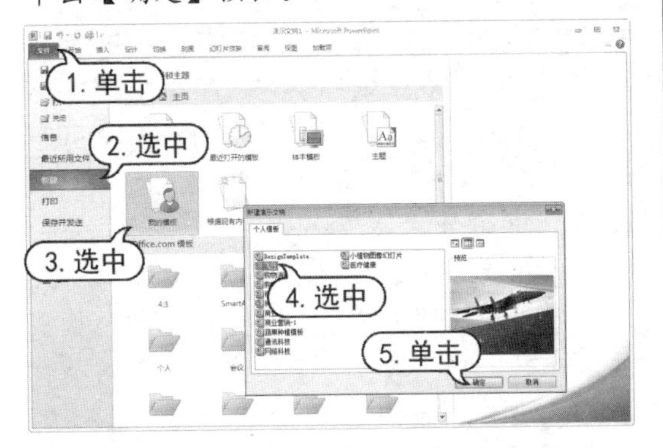

step② 此时，新建一个基于模板的演示文稿，将其以“模拟航行”为名进行保存。

step③ 单击【单击此处添加标题】文本占位符，在其中输入文字“从虚拟到现实”。在【字体】组中设置字体为【方正琥珀_GBK】；在【单击此处添加副标题】文本占位符中单击，输入副标题文字“——计算机模拟航行”。

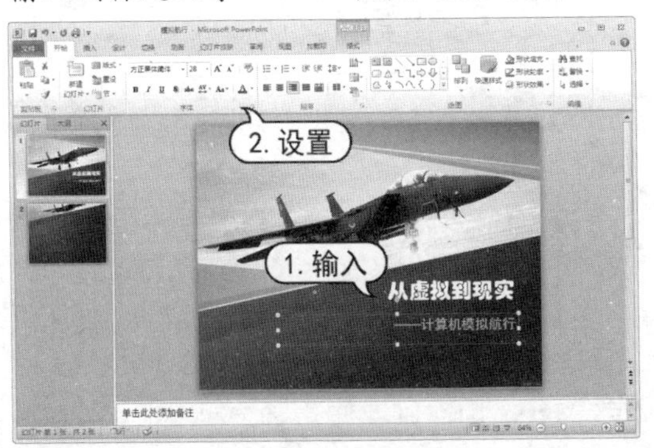

step④ 打开【插入】选项卡，在【媒体】组中单击【音频】下拉按钮，在弹出的命令列表中选择【文件中的音频】命令。

step⑤ 打开【插入声音】对话框，选择一个音频文件，然后单击【插入】按钮。

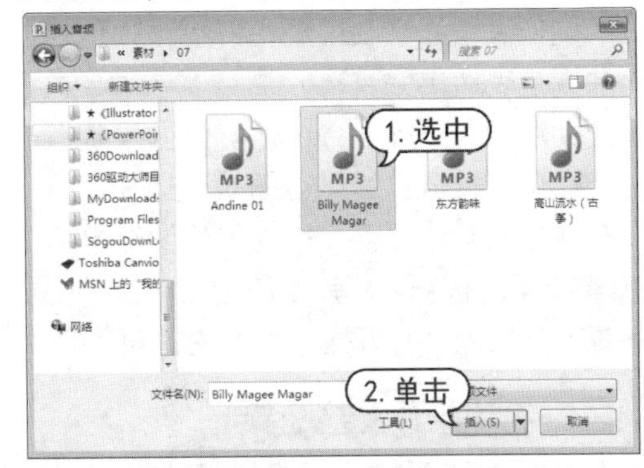

step⑥ 此时，幻灯片中将出现声音图标，使用鼠标将其拖动到幻灯片的左下角。

step⑦ 单击音频文件控制条中的【播放】按钮▶，播放幻灯片中插入的音频，然后单击🔊按钮，调节音频的音量。

step⑧ 在快速访问工具栏中单击【保存】按钮💾，将“模拟航行”演示文稿保存。

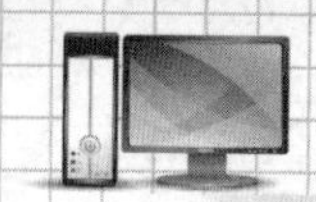

7.1.3 为幻灯片配音

在演示文稿中不仅可以插入既有的各种声音文件，还可以录制声音(即配音)，例如，为幻灯片配解说词等。这样在放映演示文稿时，制作者不必亲临现场也可以很好地将自己的观点表达出来。

使用 PowerPoint 2010 提供的录制声音功能，可以将自己的声音插入到幻灯片中。打开【插入】选项卡，在【媒体】组中单击【音频】下拉按钮，从弹出的列表中选择【录制音频】命令，打开【录音】对话框。

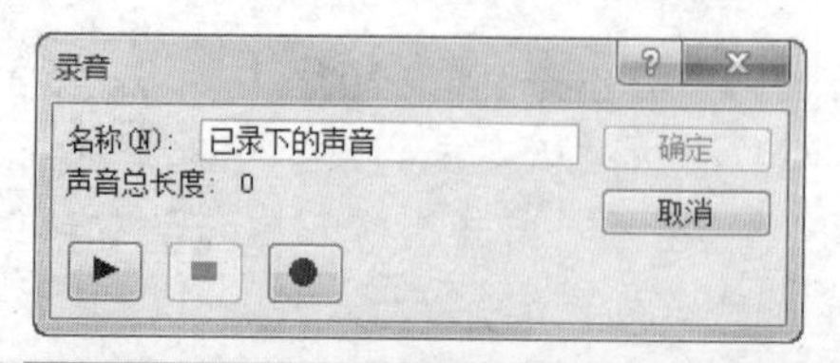

知识点滴

在【录制】对话框的【名称】文本框中可以为录制的声音设置一个名称，在【声音总长度】后面可以显示录制的声音长度。

准备好麦克风后，在【名称】文本框中输入该段录音的名称，然后单击【录音】按钮●，即可开始录音。

单击【停止】按钮■，可以结束该次录音；单击【播放】按钮▶，可以回放录制完毕的声音；单击【确定】按钮，可以将录制完毕的声音插入到当前幻灯片中。

实用技巧

要正常录制声音，电脑中必须要配备声卡和麦克风。当插入录制的声音后，PowerPoint 将在当前幻灯片中自动创建一个声音图标。

7.2 控制音效效果

PowerPoint 不仅允许用户为演示文稿插入音频，还允许用户控制声音播放，并设置音频的各种属性。

7.2.1 设置音效属性

在幻灯片中选中声音图标，功能区将出现【音频工具】的【播放】选项卡。

该选项卡中各选项的含义如下。

- 【播放】按钮：单击该按钮，可以试听声音效果，再次单击该按钮即可停止播放。
- 【剪裁音频】按钮：单击该按钮，打开【剪裁音频】对话框，在其中可以手动拖动进度条中的绿色滑块，调节剪裁的开始时间，同时也可以调节红色滑块，修改剪裁的结束时间。

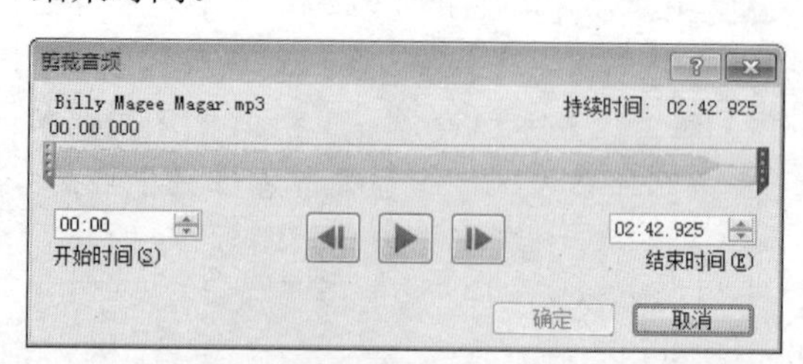

- 【淡入】数值框：为音频添加开始播放时的音量放大特效。
- 【淡出】数值框：为音频添加停止播放时的音量缩小特效。
- 【音量】按钮：单击该按钮，从弹出的下拉菜单中可设置音频的音量大小；选择【静音】选项，则关闭声音。

➢ 【开始】下拉列表框：该列表框中包含【自动】、【在单击时】和【跨幻灯片播放】3 个选项。当选择【跨幻灯片播放】选项时，则该声音文件不仅在插入的幻灯片中有效，而且在演示文稿的所有幻灯片中均有效。

➢ 【放映时隐藏】复选框：选中该复选框，在放映幻灯片的过程中将自动隐藏表示声音的图标。

➢ 【循环播放，直到停止】复选框：选中该复选框，在放映幻灯片的过程中，音频会自动循环播放，直到放映下一张幻灯片或停止放映为止。

➢ 【播放返回开头】复选框：选中该复选框，可以设置音频播放完毕后自动返回幻灯片开头。

【例 7-2】在"模拟航行"演示文稿中，设置插入声音的属性。
视频+素材（光盘素材\第 07 章\例 7-2）

step 1 启动PowerPoint 2010 应用程序，打开"模拟航行"演示文稿。

step 2 在第 1 张幻灯片中，选中声音图标，打开【音频工具】的【播放】选项卡，在【编辑】组中单击【剪裁音频】按钮，打开【剪裁音频】对话框。

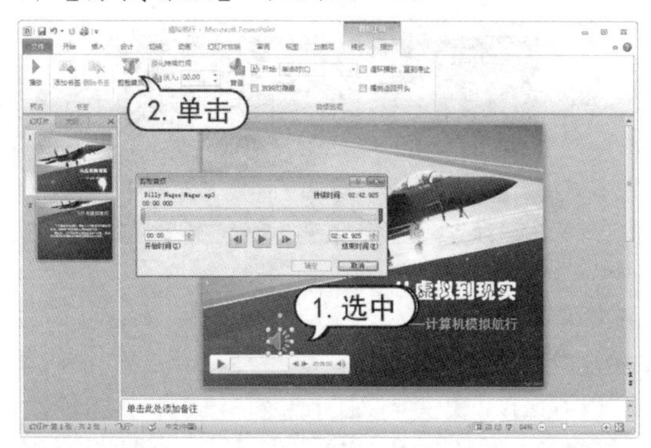

实用技巧

选中的声音图标，用户可以使用鼠标拖动来移动位置，或是拖动其周围的控制点来改变图标大小。

step 3 向右拖动左侧的绿色滑块，调节剪裁的开始时间；向左拖动右侧的红色滑块，调节剪裁的结束时间。

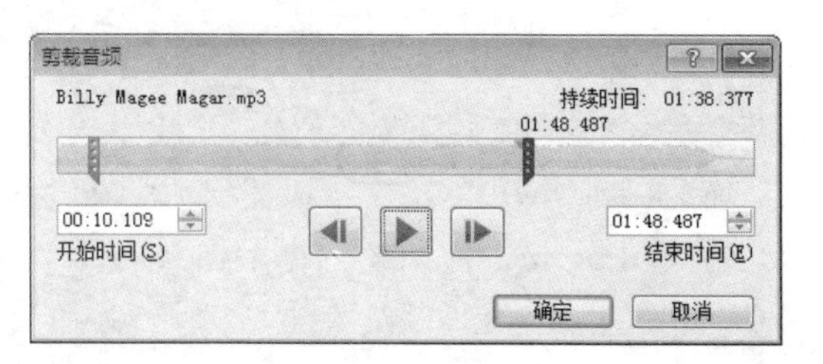

step 4 单击【播放】按钮，试听剪裁后的声音，确定剪裁内容。

step 5 单击【确定】按钮关闭【剪辑音频】对话框，即可完成剪裁工作，自动将剪裁过的音频文件插入到演示文稿中。

step 6 选中剪裁的音频，在【播放】选项卡的【编辑】组中，设置【淡入】值为 05.00，【淡出】值为 10.00。

step 7 在【播放】选项卡的【音频选项】组中，单击【音量】按钮，从弹出的列表中选择【低】选项，设置音频播放音量为低。

step 8 在【音频选项】组中的【开始】下拉列表中选择【自动】选项，设置音频自动开始播放；选中【放映时隐藏】复选框，设置音频图标在幻灯片放映时隐藏。

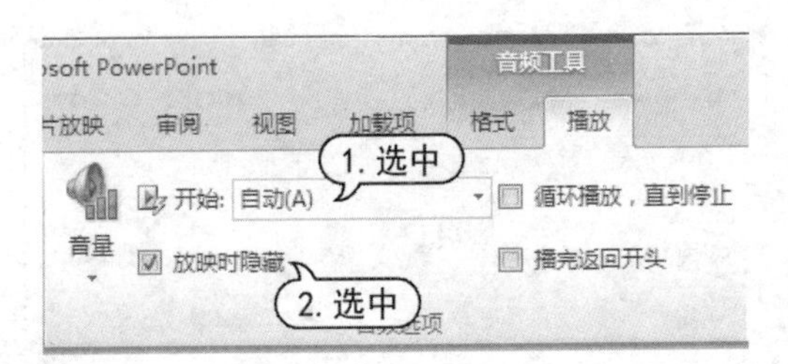

step 9 在快速访问工具栏中单击【保存】按钮，将设置音频属性后的“模拟航行”演示文稿进行保存。

7.2.2 预览剪贴画音频

将剪贴画音频添加到演示文稿之前，可以预览该剪辑。

其具体操作方法为：打开【插入】选项卡，在【媒体】组中单击【音频】下拉按钮，从弹出的下拉菜单中选择【剪贴画音频】命令，打开【剪贴画】任务窗格，将光标移动到需要预览的音频图标上，单击右侧的下拉按钮，从弹出的下拉菜单中选择【预览/属性】命令，打开【预览/属性】对话框，即可预览音频。

7.2.3 试听音效效果

用户可以在设计演示文稿时，试听插入的声音。选中插入的音频，此时系统将自动打开浮动控制条。单击其中的各个按钮，可以控制音频的播放。

- 【播放】按钮：用于播放声音。
- 【向后移动】按钮：可以将声音倒退 0.25 秒。
- 【向前移动】按钮：可以将声音快进 0.25 秒。
- 【音量】按钮：用于音量控制。当单击该按钮时，系统会弹出音量滑块，向上拖动滑块为放大音量，向下拖动滑块为缩小音量。

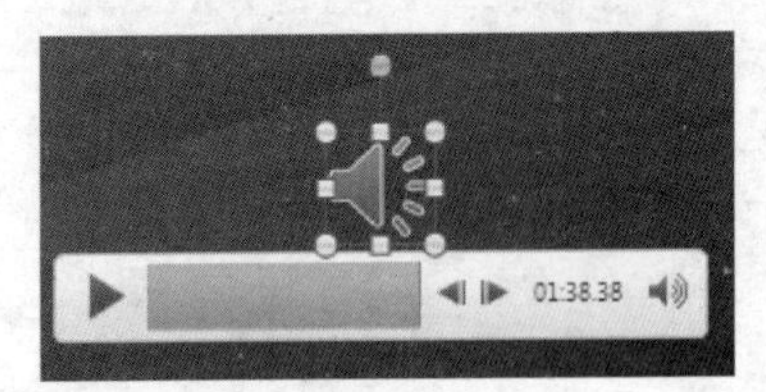

7.3 在幻灯片中插入视频

PowerPoint 中的影片包括视频和动画，用户可以在幻灯片中插入的视频格式有十几种，而可以插入的动画则主要是 GIF 动画。PowerPoint 支持的影片格式会随着媒体播放器的不同而不同。在 PowerPoint 中插入视频及动画的方式主要有从剪辑管理器插入、从文件插入和从网站插入 3 种。

7.3.1 插入剪辑管理器中的影片

打开【插入】选项卡，在【媒体】组中单击【视频】下拉按钮，在弹出的列表中选择【剪贴画视频】命令，此时 PowerPoint 将自动打开【剪贴画】窗格，该窗格显示了剪辑管理器中所有的影片。

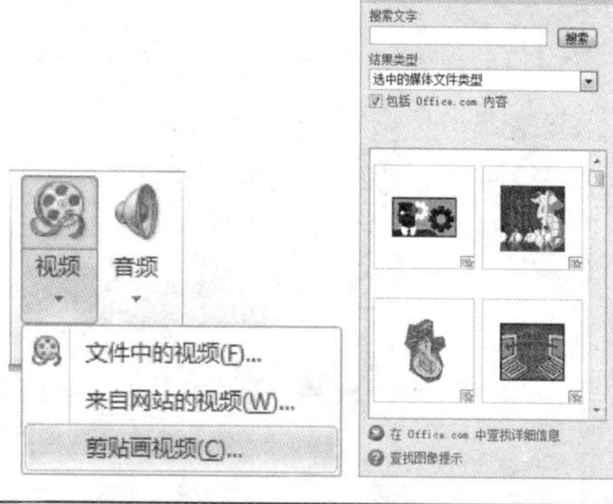

【例 7-3】在“模拟航行”演示文稿中，插入剪辑管理器中视频。

视频+素材 (光盘素材\第 07 章\例 7-3)

step 1 启动PowerPoint 2010 应用程序，打开“模拟航行”演示文稿。在幻灯片浏览窗格中，选中第 2 张幻灯片，将其显示在编辑窗口中。

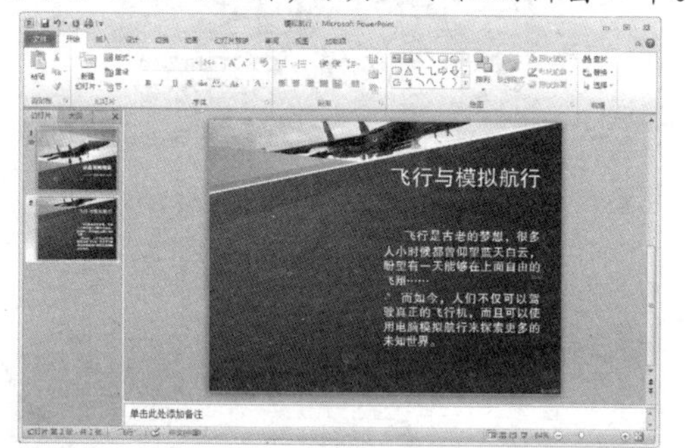

step 2 打开【插入】选项卡，在【媒体】组中单击【视频】下拉按钮，从弹出的下拉列表中选择【剪贴画视频】命令。

step 3 打开【剪贴画】任务窗格，在【搜索文字】文本框中输入文字内容“飞机”，然后单击【搜索】按钮。

step 4 在搜索结果列表框中单击要插入的剪辑，将其添加到幻灯片中。

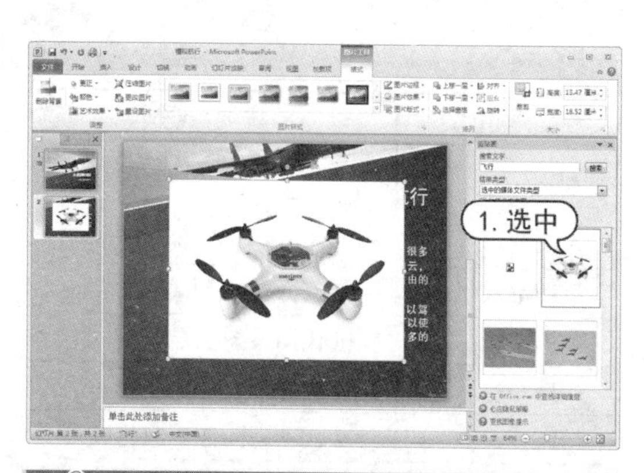

实用技巧

剪辑管理器将 GIF 动画归类为影片，在【结果类型】下拉列表中选择【视频】文件类型即可查找 GIF 动画。

step 5 在添加的影片剪辑周围将出现 8 个白色控制点，使用鼠标拖动控制点，调节该剪辑的大小和位置。

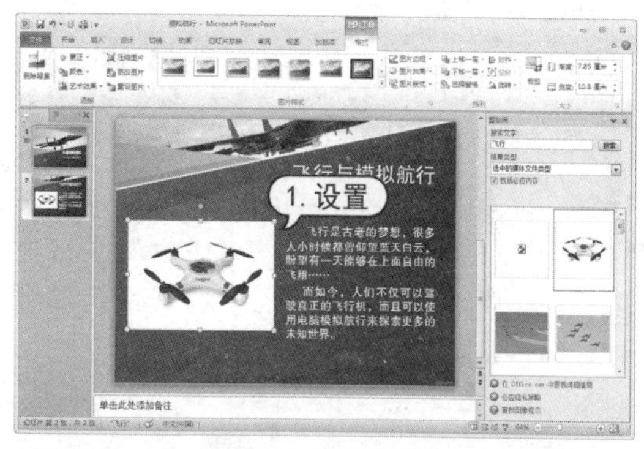

step 6 在快速访问工具栏中单击【保存】按钮，保存插入剪辑视频后的“模拟航行”演示文稿。

实用技巧

虽然 PowerPoint 剪辑管理器将 GIF 动画归类为影片，但要插入外部 GIF 动画时，需要通过单击【图片】按钮来插入，即以图片方式插入。

7.3.2 插入计算机中的视频文件

很多情况下，PowerPoint 剪辑库中提供的影片并不能满足用户的需要，这时可以选择插入来自文件中的视频文档。

PowerPoint 支持多种类型的视频文档格式，允许用户将绝大多数视频文档插入到演示文稿中。常见的 PowerPoint 视频格式如下表所示。

音频格式	说　明
ASF	高级流媒体格式，微软开发的视频格式
AVI	Windows 视频音频交互格式
QT,MOV	QuickTime 视频格式
MP4	第 4 代动态图像专家格式
MPEG	动态图像专家格式
MP2	第 2 代动态图像专家格式
WMV	Windows 媒体视频格式

插入计算机中保存的影片有两种方法，一是通过【插入】选项卡的【媒体】组插入，二是通过单击占位符中的【插入媒体剪辑】按钮插入。但无论采用哪种方法，都能够打开【插入影片】对话框，将所需的影片插入到演示文稿中。

【例 7-4】在“模拟航行”演示文稿中，插入计算机中的视频文件。
视频+素材 (光盘素材\第 07 章\例 7-4)

step 1 启动PowerPoint 2010 应用程序，打开“模拟航行”演示文稿。在幻灯片浏览窗格中选择第 2 张幻灯片浏览窗格，将其显示在幻灯片编辑窗口中。

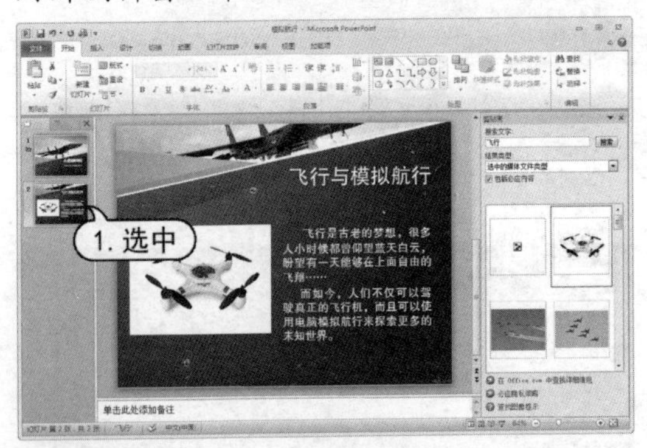

step 2 在【开始】选项卡的【幻灯片】组中，单击【新建幻灯片】下拉按钮，从弹出的列表框中选择【空白】版式。

step 3 选中媒体占位符，打开【插入】选项卡，在【媒体】组单击【视频】下拉按钮，从弹出的下拉列表中选择【文件中的视频】命令。

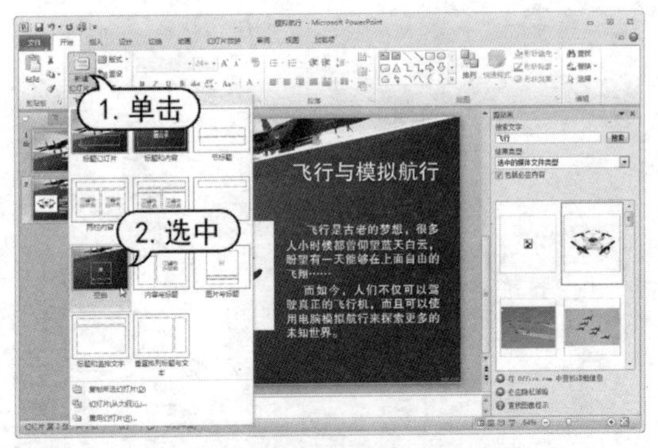

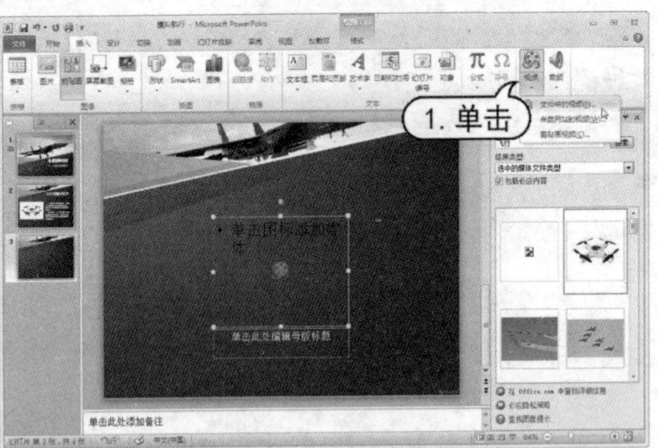

step 4 打开【插入视频文件】对话框，在其中打开文件的保存路径，选择所需要的视频文件，然后单击【插入】按钮。

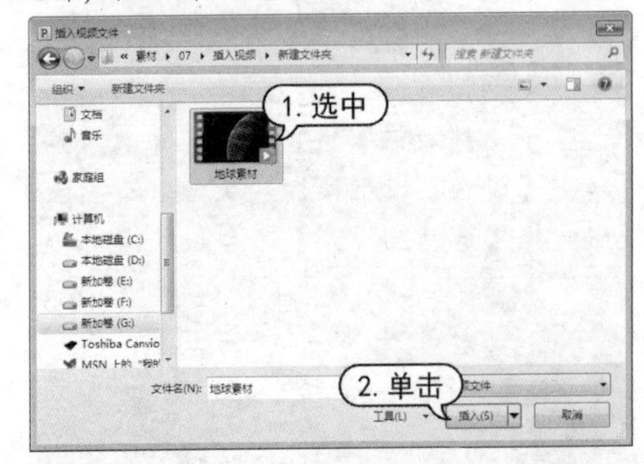

step 5 此时，幻灯片中将显示插入的影片文件。在快速访问工具栏中单击【保存】按钮，将插入视频文件后的“模拟航行”演示文稿保存。

知识点滴

参照插入文件中的视频的方法，同样可以在演示文稿中插入 Flash 文件。在 PowerPoint 中插入的影片都是以链接方式插入的，如果要在另一台计算机上播放该演示文稿，则必须在复制该演示文稿的同时复制它所链接的影片文件。

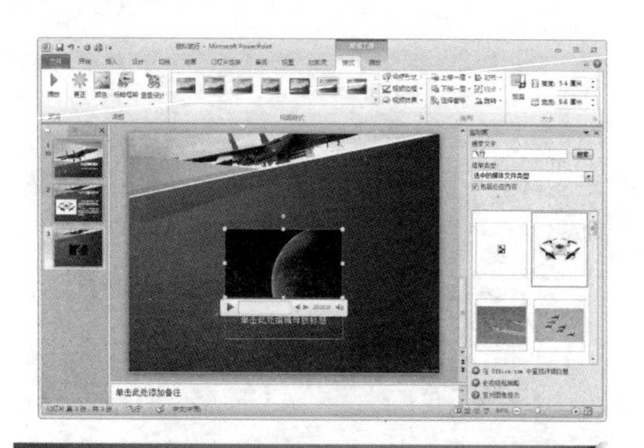

7.3.3 插入网站中的视频文件

除了插入剪贴画视频和文件中的视频外，PowerPoint 还能从一些视频网站中插入在线视频，通过 PowerPoint 调用在线视频播放。

具体操作方法：打开【插入】选项卡，在【媒体】组中单击【视频】下拉按钮，从弹出的下拉列表中选择【来自网站的视频】命令，打开【从网站插入视频】对话框，在文本框中输入视频的网址，然后单击【插入】按钮即可。

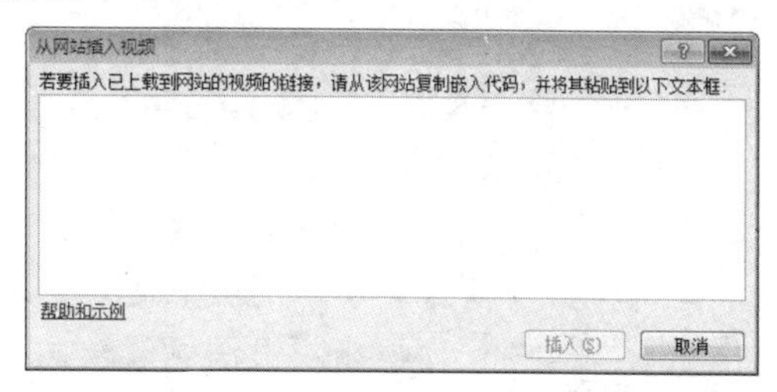

需要注意的是，插入的网站视频格式必须是 Windows Media Player 能够兼容的格式。

7.4 设置视频效果

在 PowerPoint 中插入视频后，用户不仅可以调整其位置、大小、亮度、对比度、旋转等，还可以对它们进行剪裁、设置透明色、重新着色及设置边框线等简单处理，应用各种效果。

在幻灯片中选中插入的影片，功能区将出现【视频工具】的【格式】和【播放】选项卡。使用其中的功能按钮可以对影片格式和播放格式进行简单的设置。

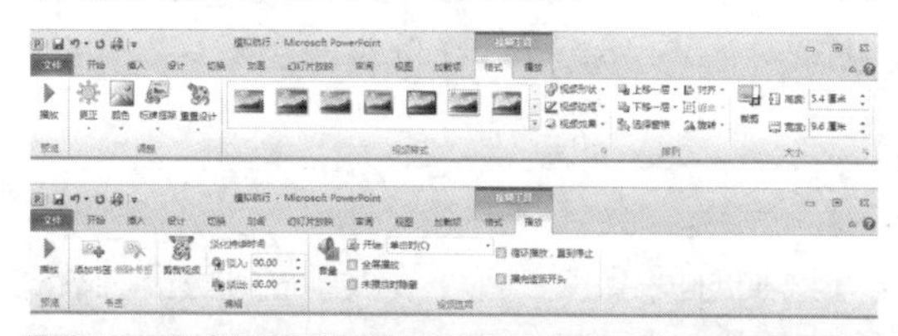

实用技巧

在【格式】选项卡中进行的设置操作与图片设置方法相同；在【播放】选项卡中进行的设置操作与音频设置方法相同。

【例 7-5】在“模拟航行”演示文稿中，设置插入视频的外观效果。
视频+素材 (光盘素材\第 07 章\例 7-5)

step 1 启动PowerPoint 2010 应用程序，打开“模拟航行”演示文稿。在幻灯片浏览窗格中选择第 3 张幻灯片浏览窗格，将其显示在幻灯片编辑窗口中。

step 2 选中影片，打开【视频工具】的【格式】选项卡，在【调整】组中单击【更改】按钮，从弹出的【亮度和对比度】列表中选择【亮度:0%(正常) 对比度:+20%】选项。

知识点滴

对音频和视频图标做了一系列的设置后，如果用户对设置的最终效果不满意，可以重新进行设计。如果需要清除对音频图标的设计操作，则先选中音频图标，然后在【音频工具】的【格式】选项卡中，单击【重设图片】按钮即可；如果需要清除视频图标的设计操作，则首先选中视频图标，然后在【视频工具】的【格式】选项卡中单击【重置设计】按钮即可。

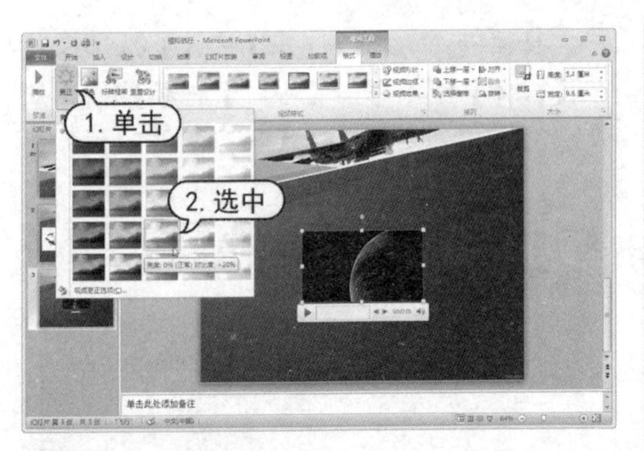

step 3 在【视频样式】组中单击【其他】按钮，从弹出【强烈】菜单列表中选择【映像左透视】选项，为视频应用该视频样式。

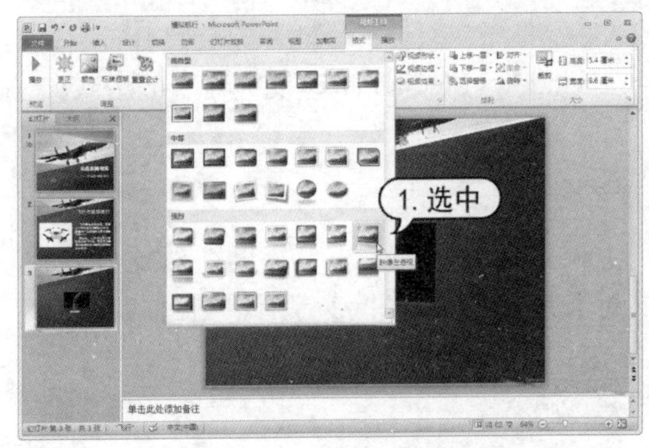

step 4 选中视频，在【视频样式】组中单击【视频边框】按钮，从弹出的列表中选择【白色】选项。

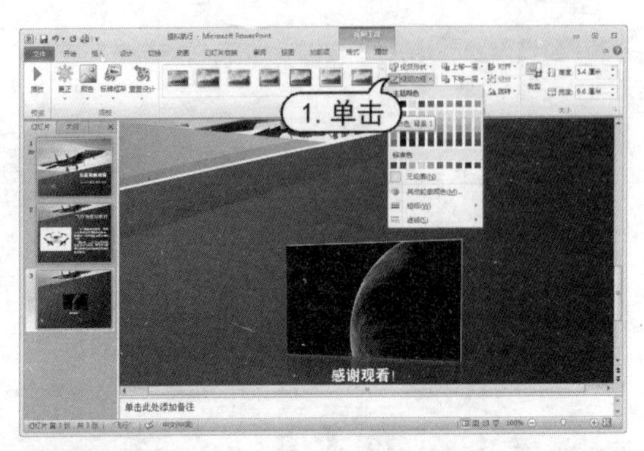

step 5 打开【视频工具】的【播放】选项卡，在【编辑】组中设置【淡入】值为 10.00，【淡出】值为 05.00。在【视频选项】组中的【开始】下拉列表选择【自动】选项，选中【循环播放，直到停止】复选框。

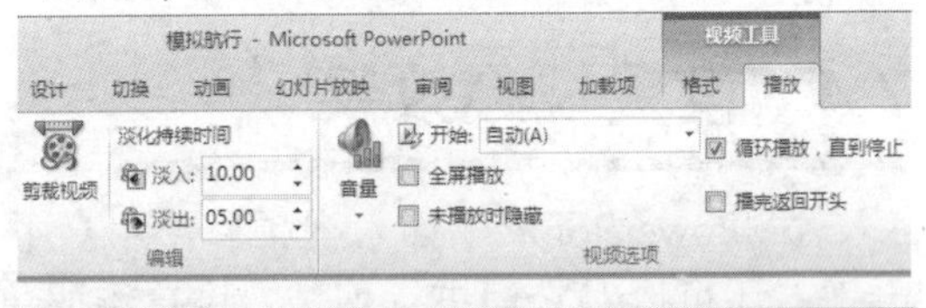

知识点滴

在【影片工具】的【播放】选项卡的【预览】组中，单击【播放】按钮，即可播放幻灯片中的影片；右击幻灯片中的影片，从弹出的快捷菜单中选择【预览】命令，同样可以实现影片的播放。

step 6 在快速访问工具栏中单击【保存】按钮，保存“模拟航行”演示文稿。

7.5 管理音频和视频书签

在 PowerPoint 2010 中，用户可以为音频或视频添加时间节点，通过节点来精确地查找音频或视频的播放时间，以对其进行剪裁。

选中的视频后，用户即可播放视频，然后打开【视频工具】的【播放】选项卡，在【书签】组中单击【添加书签】按钮，即可将当前播放的视频位置设置为书签。

一个视频文件可以添加多个书签。另外，PowerPoint 还允许用户删除音频或视频中已添加的书签。选中视频中的书签，然后打开【视频工具】的【播放】选项卡，在【书签】组中打开【删除书签】按钮，即可将选中的书签删除。

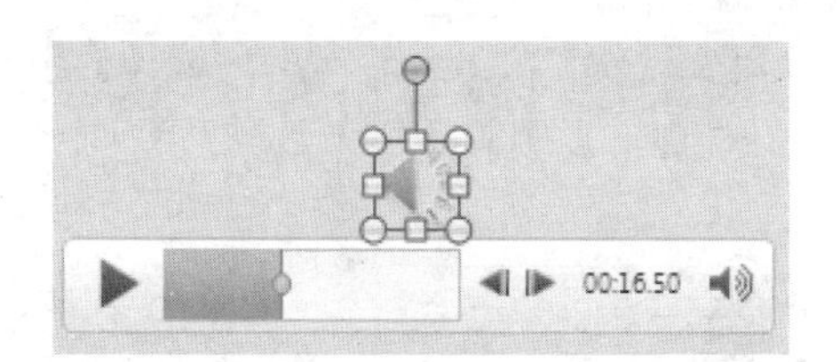

需要注意的是：为音频添加和删除书签的方法与为视频添加和删除书签的方法相同。选中音频后，打开【音频工具】的【播放】选项卡，在【书签】组中单击【添加书签】或【删除书签】按钮，即可执行相应的操作。

7.6　案例演练

本章的案例演练部分包括制作“科学种植”演示文稿和“古诗词赏析”演示文稿两个综合实例操作，使用户通过练习从而巩固本章所学知识。

7.6.1 制作“科学种植”演示文稿

【例 7-6】制作“科学种植”演示文稿。
视频+素材 (光盘素材\第 07 章\例 7-6)

step 1 启动PowerPoint 2010 应用程序，单击【文件】按钮，在弹出的菜单中选择【新建】命令，在【可用的模板和主题】窗格中，选择【我的模板】选项，打开【新建演示文稿】对话框。

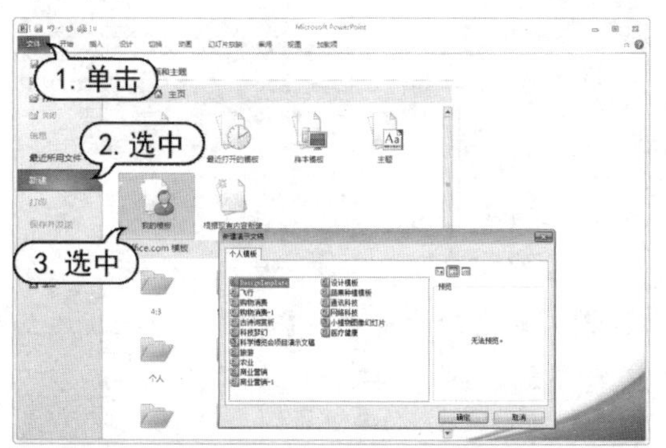

step 2 在【新建演示文稿】对话框中，选择【农业】选项，然后单击【确定】按钮新建基于该模板的演示文稿。

step 3 在幻灯片浏览窗格中，选中第 2 张幻灯片，将其显示在编辑窗口中。

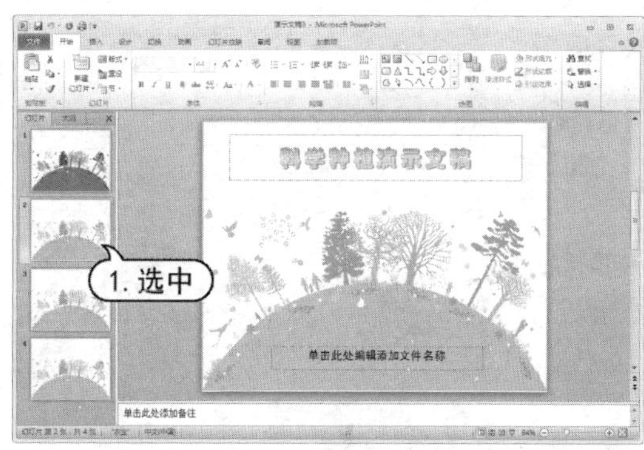

step 4 打开【插入】选项卡，在【媒体】组中单击【视频】下拉按钮，从弹出的列表中选择【文件中的视频】命令。

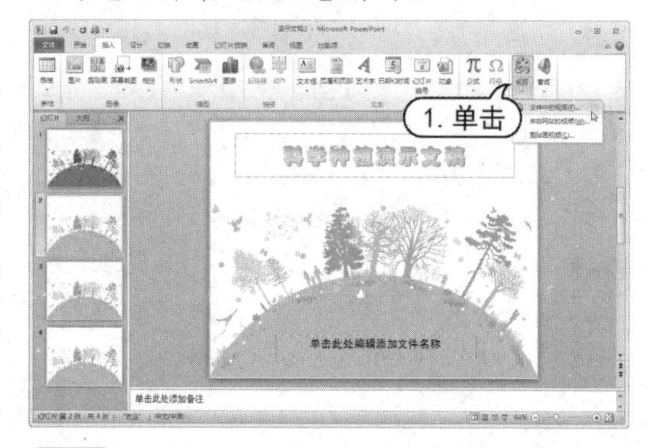

step 5 在打开的【插入视频文件】对话框中，选中所需要的视频文件，然后单击【插入】按钮。

step 6 打开【视频工具】的【格式】选项卡，在【大小】组中，设置视频【高度】为 8 厘米。

step 7 在【排列】组中，单击【对齐】下拉按钮，从弹出的菜单中分别选择【左右对齐】和【上下对齐】选项。

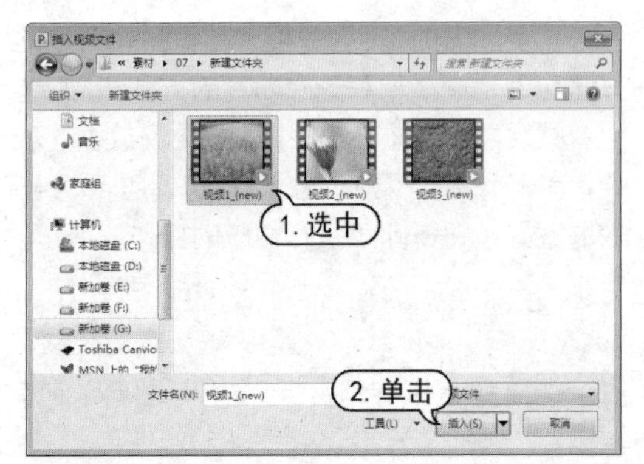

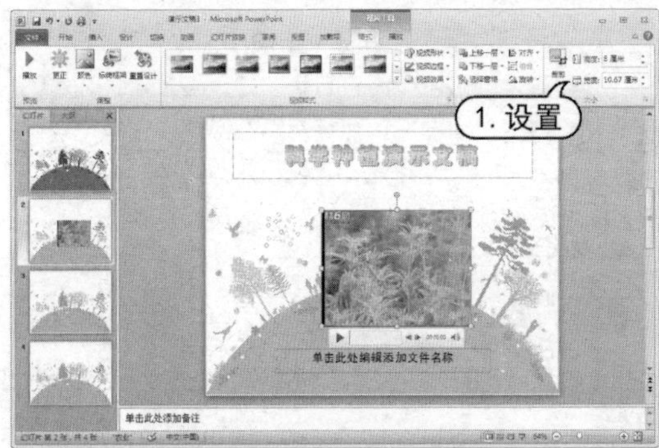

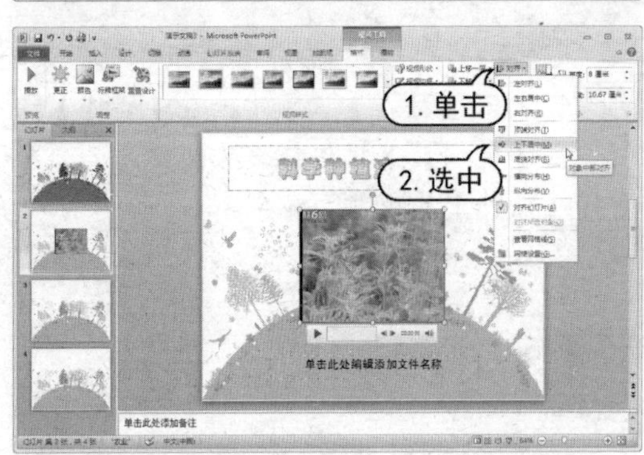

step 8 在【视频样式】组中，单击视频视觉样式组的【其他】按钮，从弹出的下拉列表中选择【映像棱台，白色】选项。

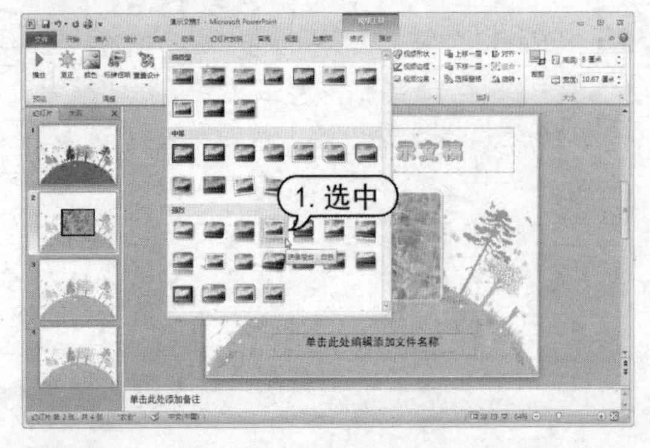

step 9 在【调整】选项组中，单击【更正】下拉列表按钮，在弹出的列表中选择【亮度：-20% 对比度：0%(正常)】选项。

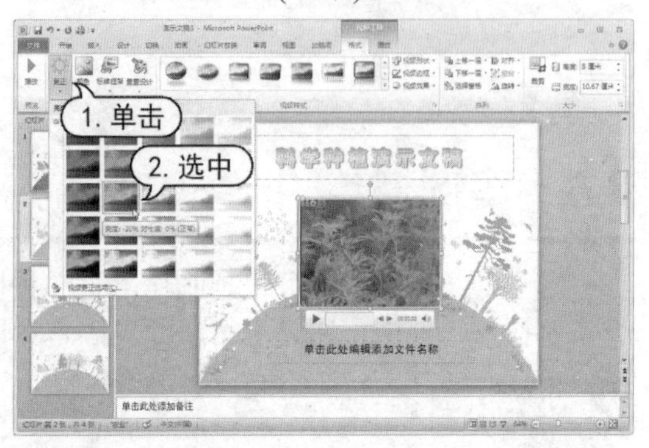

step 10 打开【播放】选项卡，在【视频选项】组中选中【播放完返回开头】复选框，然后单击【音量】下拉按钮，从弹出的列表中选择【中】选项。

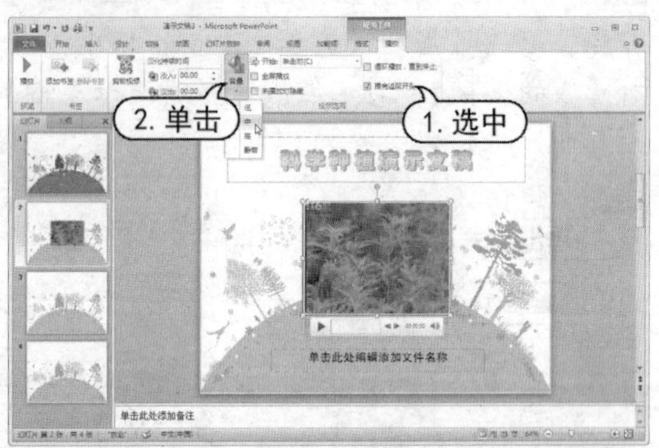

step 11 单击幻灯片中的【单击此处编辑添加文件名】文本占位符，输入文字内容。

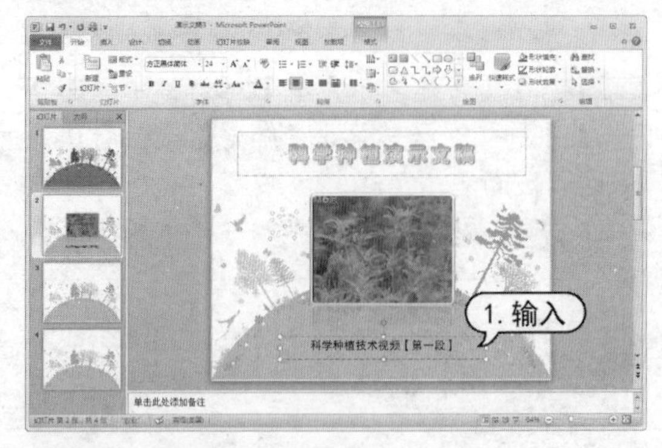

step 12 在幻灯片浏览窗格中，分别选中第 3 张和第 4 张幻灯片，将其显示在编辑窗口中，然后参考以上操作方法，在幻灯片中插入视频和相应的说明文本。

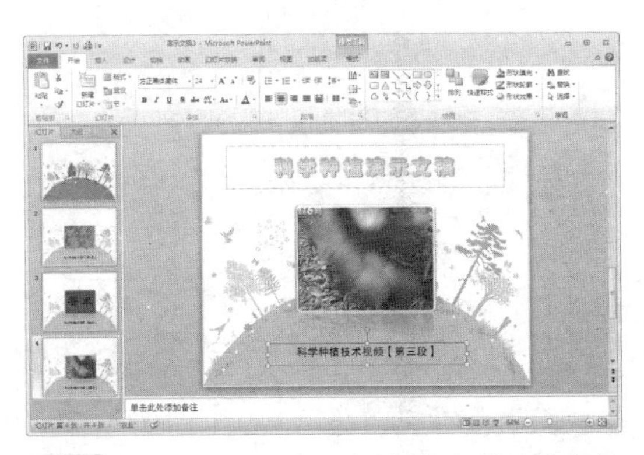

step 13　在快速访问工具栏中单击【保存】按钮，将创建的演示文稿以【科学种植】为名进行保存。

7.6.2 制作传统风格演示文稿母版

【例 7-7】制作“古诗词赏析”演示文稿母板。
视频+素材 (光盘素材\第 07 章\例 7-7)

step 1　启动PowerPoint 2010 应用程序，新建一个空白演示文稿，并以“古诗词赏析”为名进行保存。

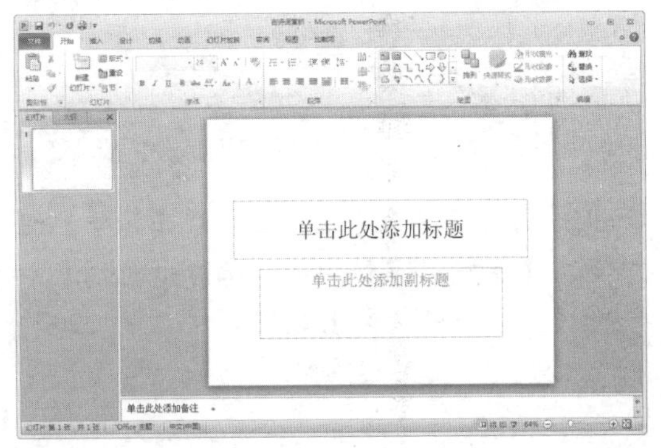

step 2　打开【设计】选项卡，在【页面设置】组中，单击【页面设置】按钮，打开【页面设置】对话框。

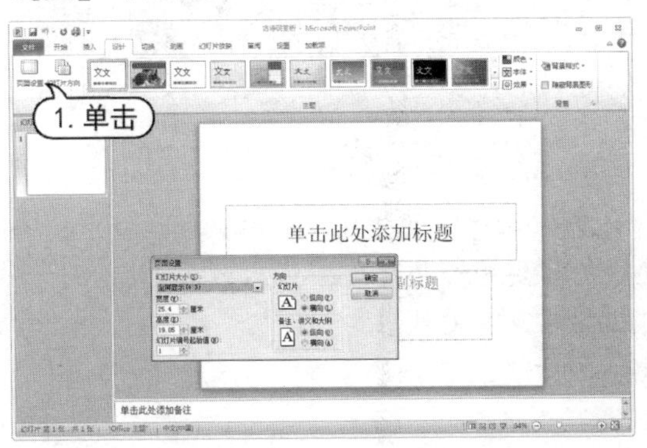

step 3　在【页面设置】对话框中，设置【宽度】为 30 厘米，【高度】为 15 厘米，然后单击【确定】按钮。

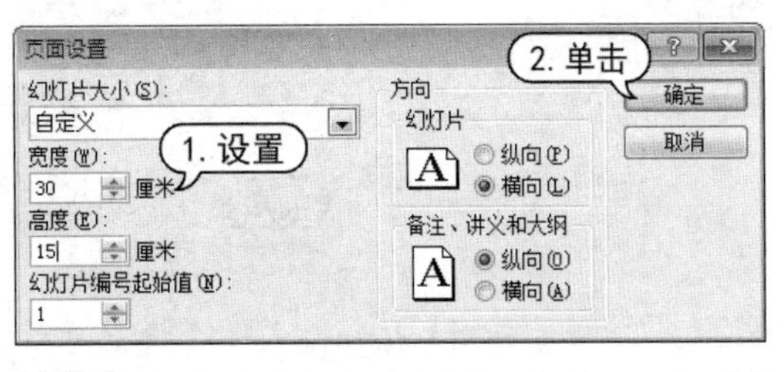

step 4　打开【视图】选项卡，在【母版视图】组中单击【幻灯片母版】按钮。

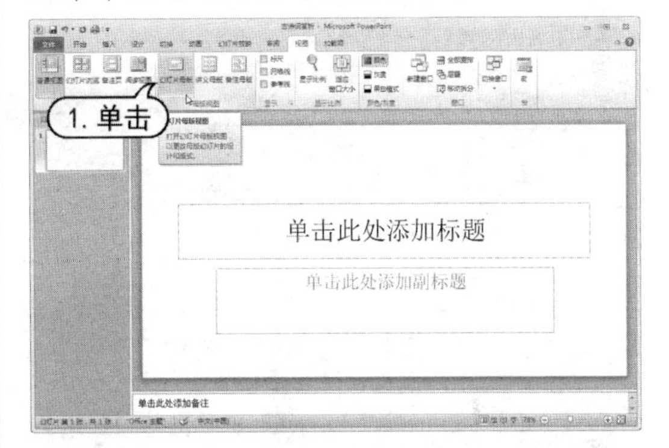

step 5　在幻灯片浏览窗格中，选中标题幻灯片。在【幻灯片母版】选项卡的【母版版式】组中，取消选中【页脚】复选框。在【背景】组中，单击【背景样式】下拉按钮，从弹出的列表中选择【设置背景格式】命令。

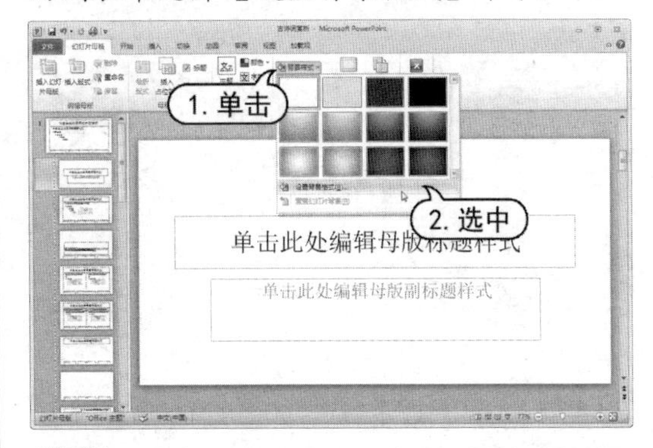

step 6　在打开的【设置背景格式】对话框中，选中【图片或纹理填充】单选按钮，然后单击【文件】按钮，打开【插入图片】对话框。在该对话框中，选择所需要的图片，单击【插入】按钮。

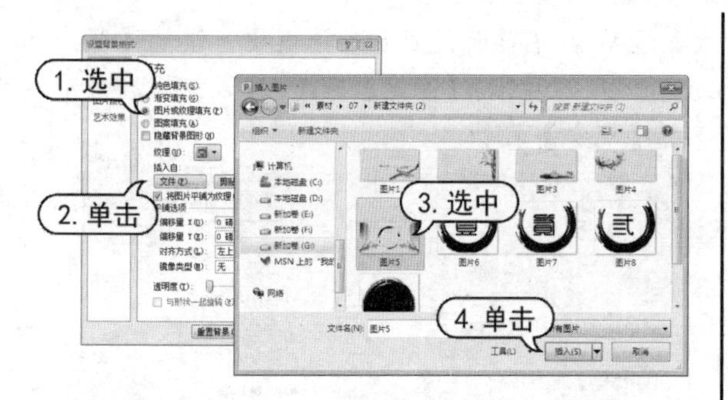

step 7 单击【关闭】按钮，关闭【设置背景格式】对话框，将图片设置为幻灯片背景。

step 8 选中【单击此处编辑母版标题样式】文本占位符，输入文字内容。打开【开始】选项卡，在【字体】组中设置字体为【方正黄草_GBK】，字号为 88，单击【字体颜色】下拉按钮，从弹出的列表中选择【红色】选项。

step 9 选中【单击此处编辑母版副标题样式】文本占位符，输入文字内容。在【字体】组中设置字体为【方正楷体_GBK】，字体颜色为【黑色】，单击【加粗】按钮。在【段落】组中单击【文本右对齐】按钮。调整文本占位符位置。

step 10 在幻灯片中，选中标题文本。打开【绘图工具】的【格式】选项卡。在【艺术字样式】组中，单击文本外观样式组的【其他】按钮，从弹出的列表中选择【填充-红色，强调文字颜色 2，粗糙棱台】样式。

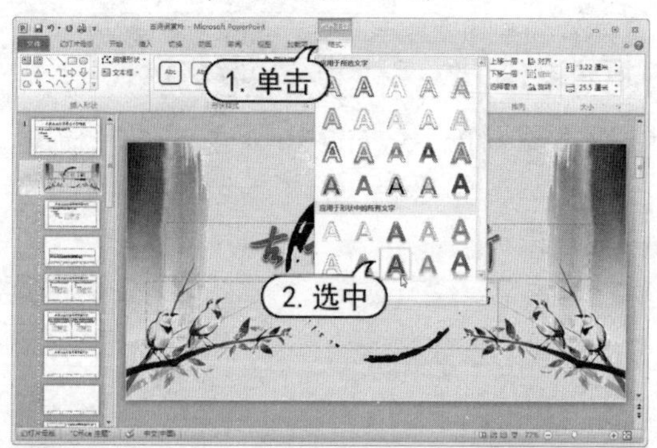

step 11 打开【插入】选项卡，在【媒体】组中单击【音频】下拉按钮，从弹出的列表中选择【文件中的音频】选项。

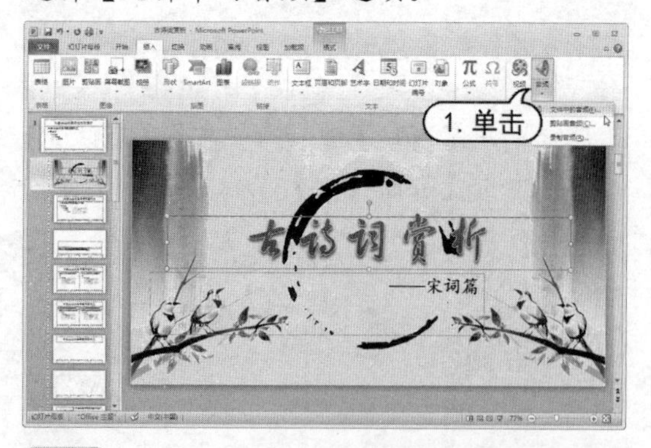

step 12 在打开的【插入音频】对话框中，选中所需要的音频文件，然后单击【插入】按钮插入声音文件。

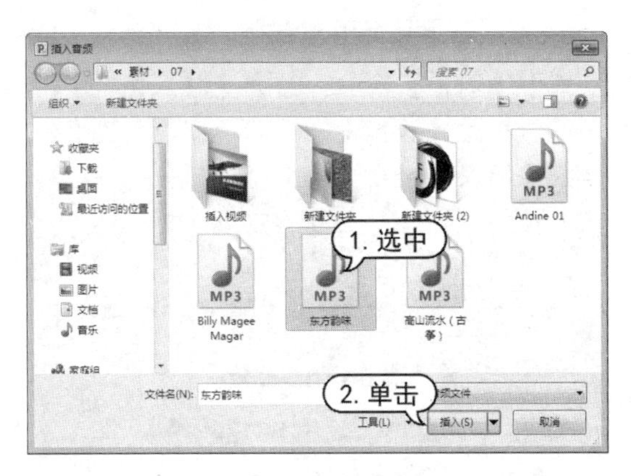

step 13 拖动音频图标至幻灯片的左上角，在打开的【音频工具】的【格式】选项卡的【大小】组中，设置【高度】和【宽度】均为 1 厘米。

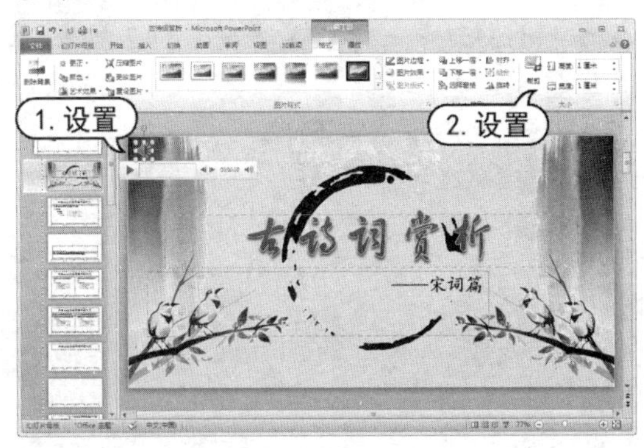

step 14 打开【音频工具】的【播放】选项卡，在【音频选项】组中，单击【开始】下拉列表，从中选择【自动】选项；分别选中【放映时隐藏】和【循环播放，直到停止】复选框。在【编辑】组中，设置【淡入】和【淡出】均为 05.00。

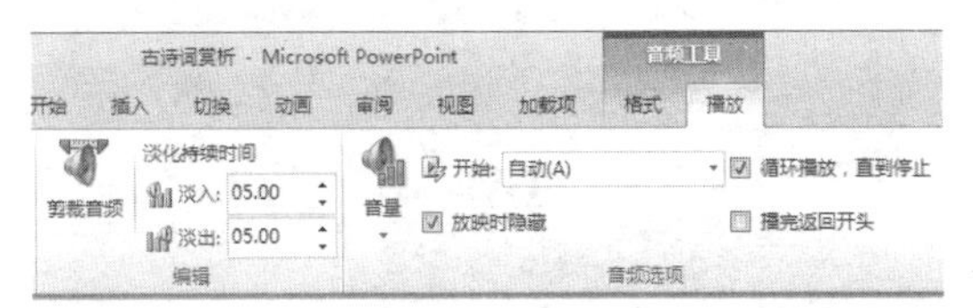

step 15 单击【播放】按钮试听插入的音频效果，在【音频选项】组中单击【音量】下拉按钮，从弹出的列表中选择【中】选项。

step 16 在幻灯片浏览窗格中，选中【垂直排列标题与文本版式】幻灯片，将其显示在编辑窗口中。

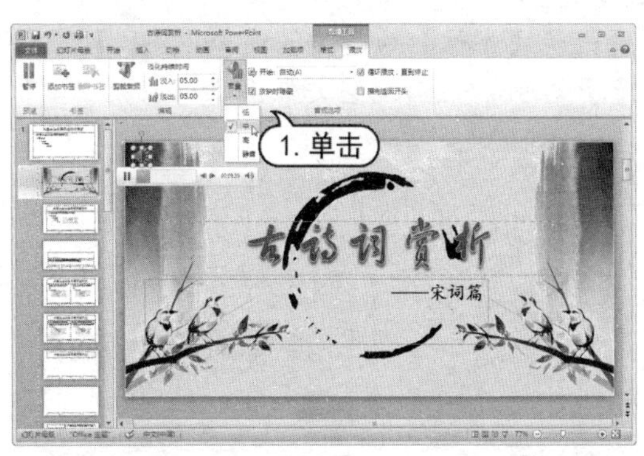

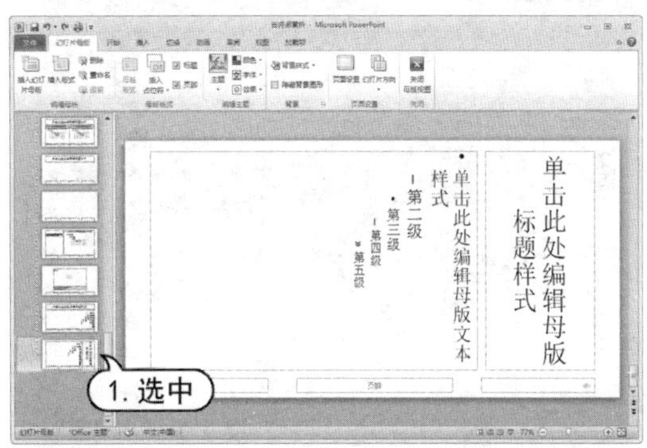

step 17 打开【幻灯片母版】选项卡，在【背景】组中单击【背景样式】下拉按钮，从弹出的列表中选择【设置背景格式】命令。

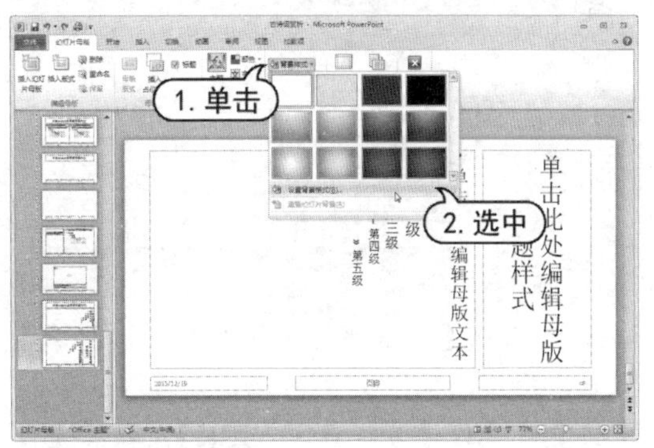

step 18 在打开的【设置背景格式】对话框中，选中【图片或纹理填充】单选按钮，单击【文件】按钮，打开【插入图片】对话框。在对话框中，选中所需要的图片文件，单击【插入】按钮。单击【关闭】按钮关闭【设置背景格式】对话框，将图片插入到幻灯片中。

step 19 在【母版版式】组中，取消选中【页脚】复选框。选中【单击此处编辑母版标题样式】文本占位符，输入文字内容。

step 20 打开【开始】选项卡，在【字体】组中设置【字体】为【方正黄草_GBK】，【字号】为 96，然后调整文本占位符的大小。

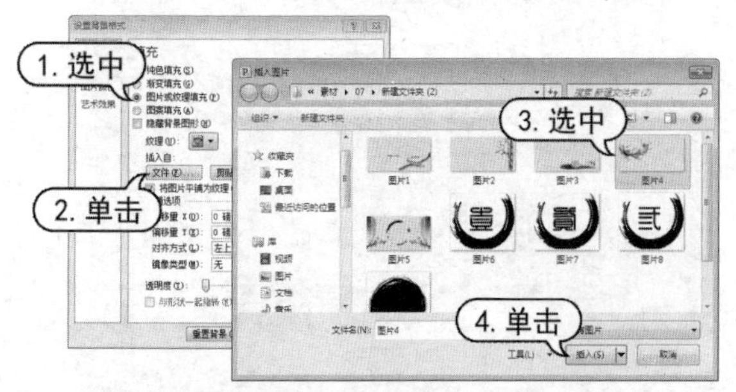

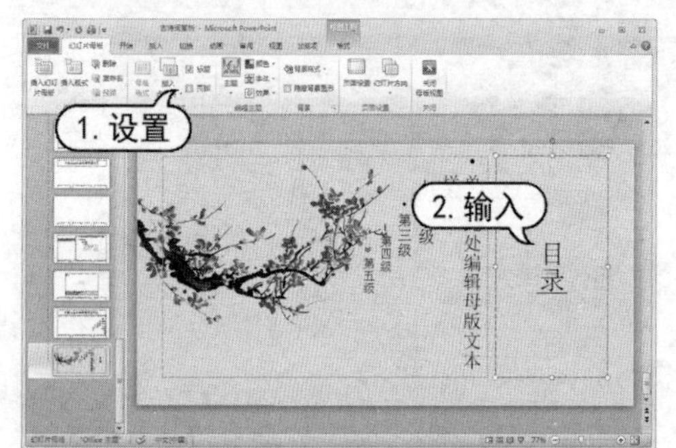

step 21 选中【单击此处编辑母版文本样式】文本占位符，输入文字内容。在【字体】组中设置字体为【方正黄草_GBK】，取消项目符号，并调整文本占位符的大小。

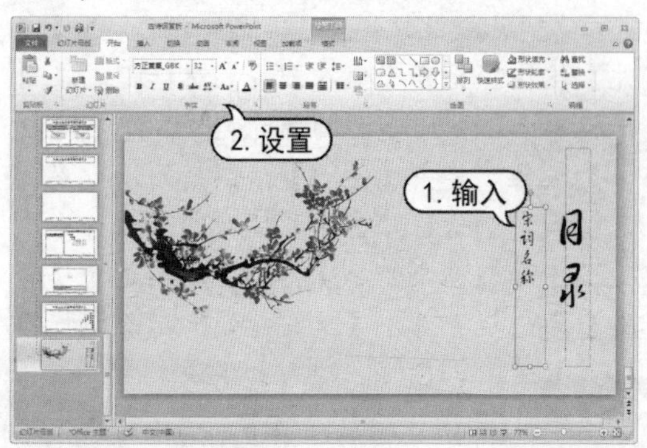

step 22 打开【插入】选项卡，在【图像】组中单击【图片】按钮，打开【插入图片】对话框。在该对话框中，选择所需要的图片，单击【插入】按钮。

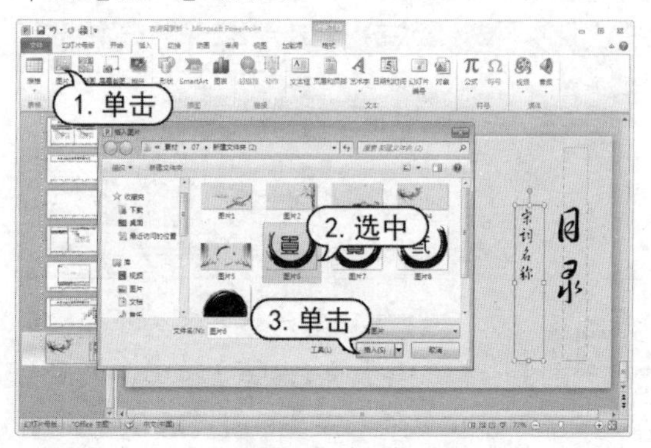

step 23 打开【图片工具】的【格式】选项卡，在【大小】组中，设置【宽度】为 2 厘米，并调整其位置。

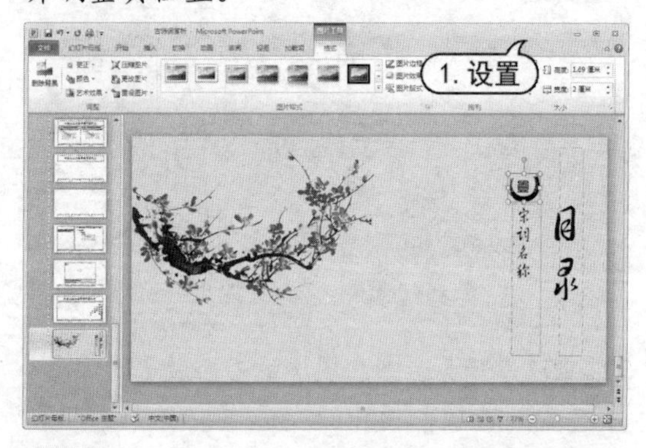

step 24 在幻灯片中，选中先前步骤 21~23 中插入的文本与图片，按住Ctrl+Alt键移动并复制对象。

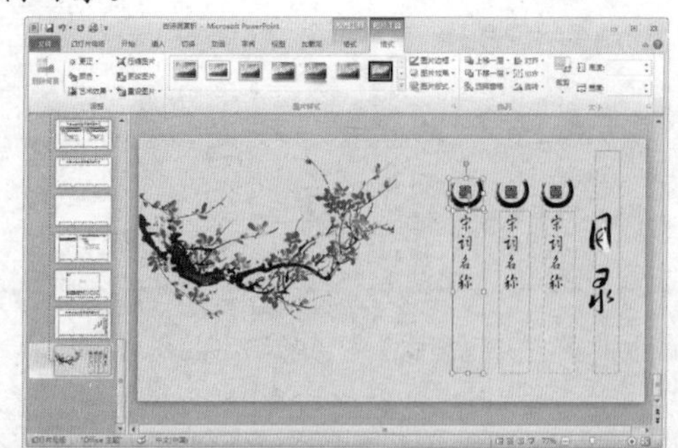

step 25 选中复制的插入图片，在【调整】组中，单击【更改图片】按钮，再次打开【插入图片】对话框。在该对话框中，选中所需要的图片，然后单击【插入】按钮。

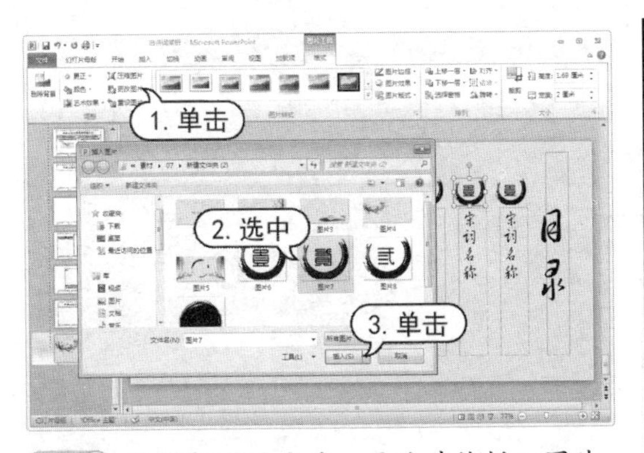

step 26 使用相同的方法，更改其他插入图片。

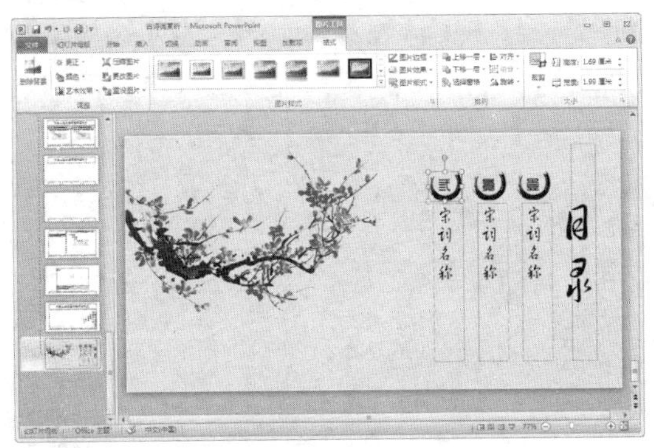

step 27 打开【幻灯片母版】选项卡，在【编辑母版】组中，单击【重命名】按钮，打开【重命名版式】对话框。

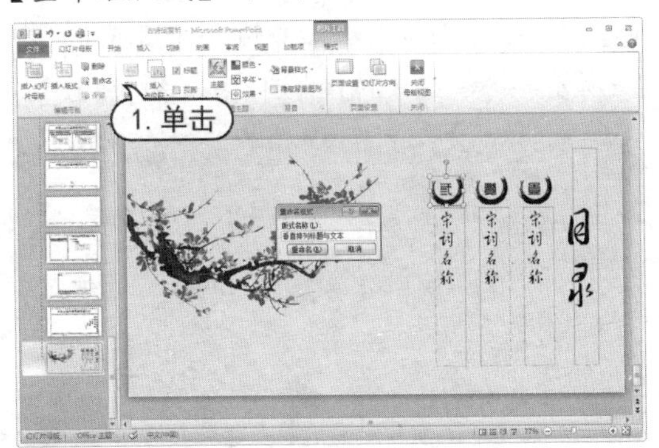

step 28 在【重命名版式】对话框的【版式名称】文本框中输入“垂直排列目录”，然后单击【重命名】按钮。

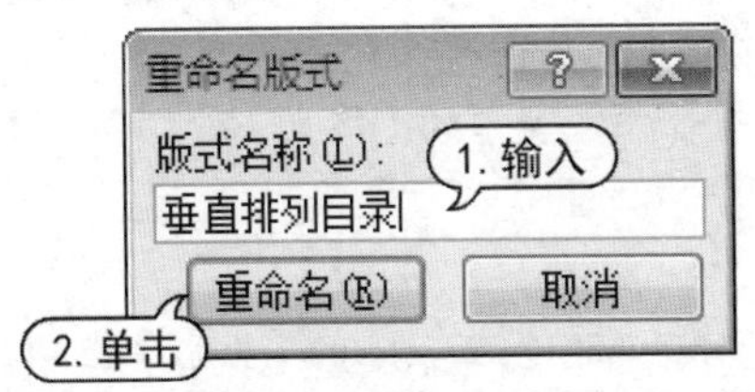

step 29 在幻灯片浏览窗格窗格中，选中标题幻灯片，将其显示在编辑窗口中。选中音频图标，右击，从弹出的菜单中选择【复制】命令。

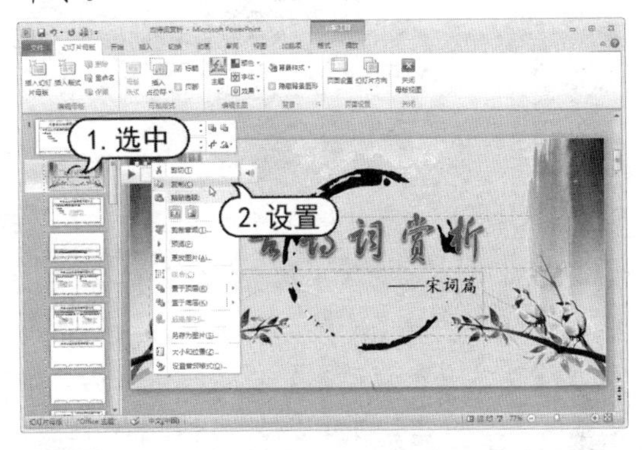

step 30 在幻灯片浏览窗格窗格中，选中【垂直排列目录】幻灯片，将其显示在编辑窗口中。在幻灯片中右击，从弹出的菜单中选中【使用目标主题】按钮粘贴复制音频文件。

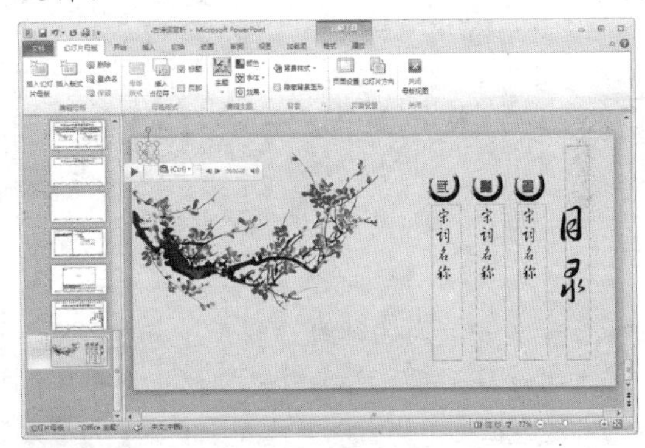

step 31 在幻灯片浏览窗格窗格中，选中标题和内容幻灯片，将其显示在编辑窗口中。

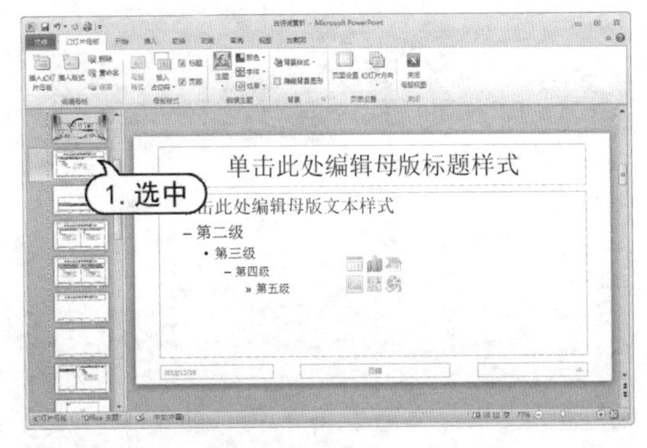

step 32 打开【幻灯片母版】选项卡，在【背景】组中单击【背景样式】下拉按钮，从弹出的列表中选择【设置背景格式】命令。

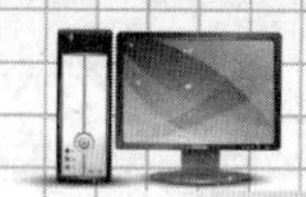

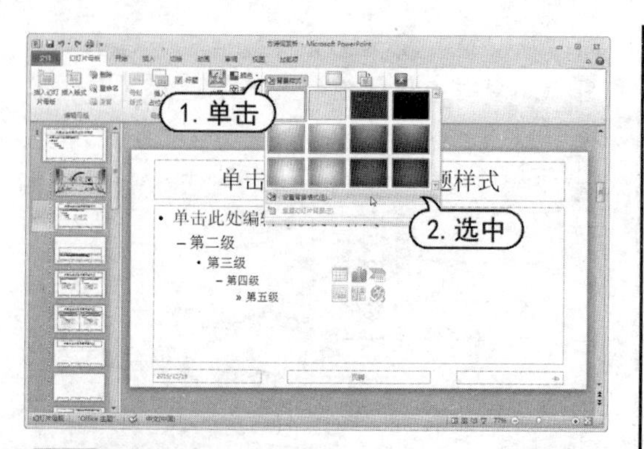

step 33 在打开的【设置背景格式】对话框中，选中【图片或纹理填充】单选按钮，然后单击【文件】按钮，打开【插入图片】对话框。在对话框中，选中所需要的图片文件，单击【插入】按钮。单击【关闭】按钮关闭【设置背景格式】对话框，将图片插入到幻灯片中。

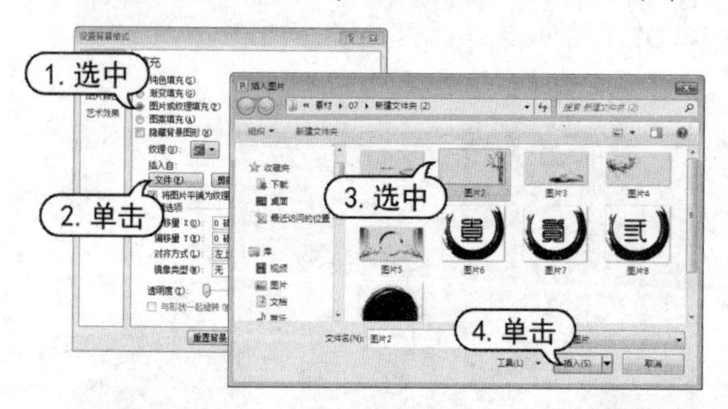

step 34 选中【单击此处编辑母版标题样式】文本占位符，输入文字内容。打开【开始】选项卡，在【字体】组中设置【字体】为【方正大标宋简体】，并调整文本占位符大小。

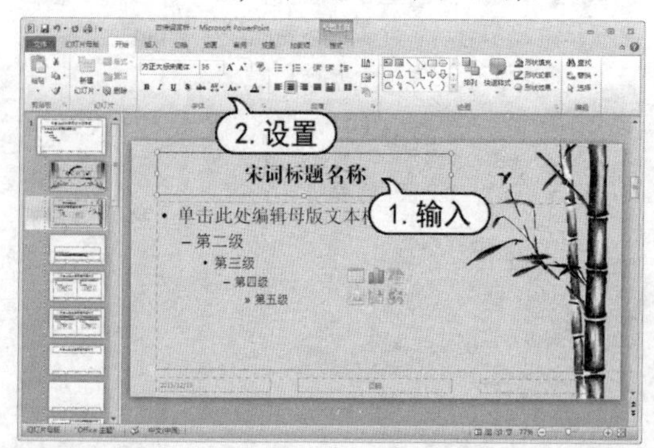

step 35 选中【单击此处编辑母版文本样式】文本占位符，输入标题文本内容。在【字体】组中设置【字体】为【方正楷体_GBK】，【字号】为 20，取消项目符号，并调整文本占位符大小。

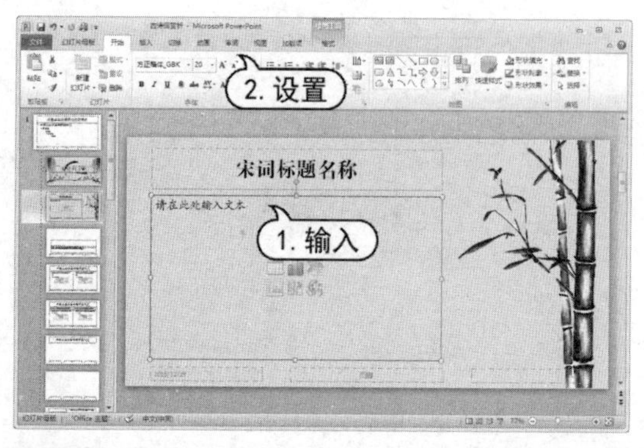

step 36 打开【插入】选项卡，在【媒体】组中，单击【音频】下拉按钮，从弹出的列表中选择【文件中的音频】命令。

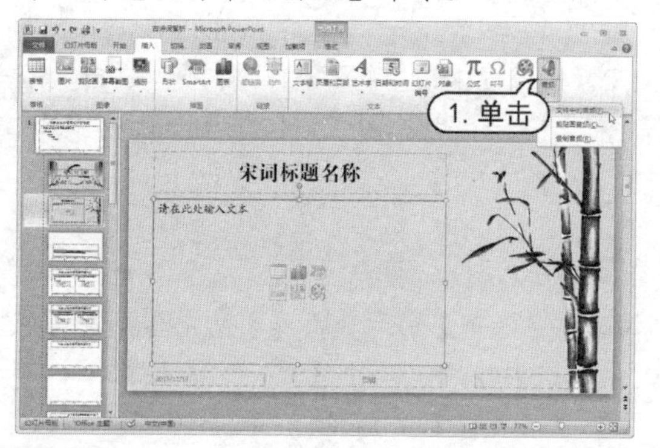

step 37 在打开的【插入音频】对话框中，选中所需要的音频文件，然后单击【插入】按钮。

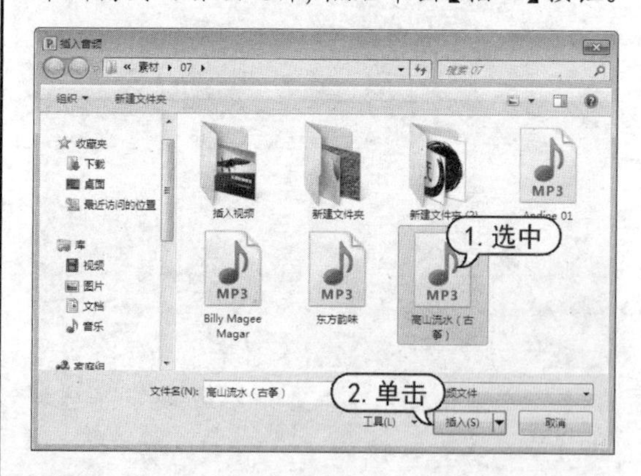

step 38 拖动音频图标至幻灯片的左上角，在打开的【音频工具】的【格式】选项卡的【大小】组中，设置【高度】和【宽度】均为 1 厘米。

step 39 打开【音频工具】的【播放】选项卡，在【音频选项】组中，单击【开始】下拉列表，从弹出的列表中选择【自动】选项；分别选中【放映时隐藏】和【循环播放，直到停止】复选框。

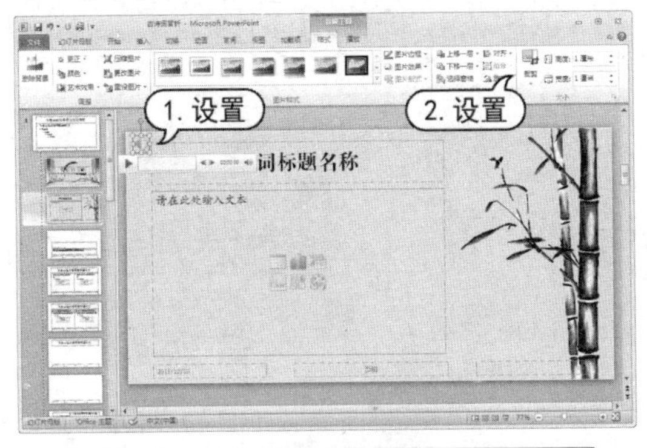

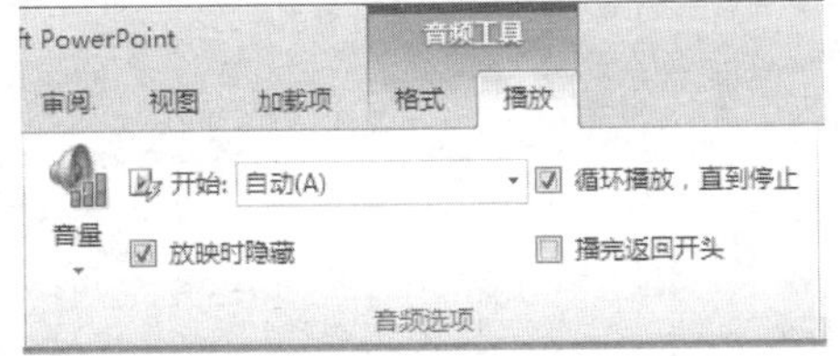

step 40 单击【播放】按钮试听插入的音频效果，在【音频选项】组中单击【音量】下拉按钮，从弹出的列表中选择【低】选项。

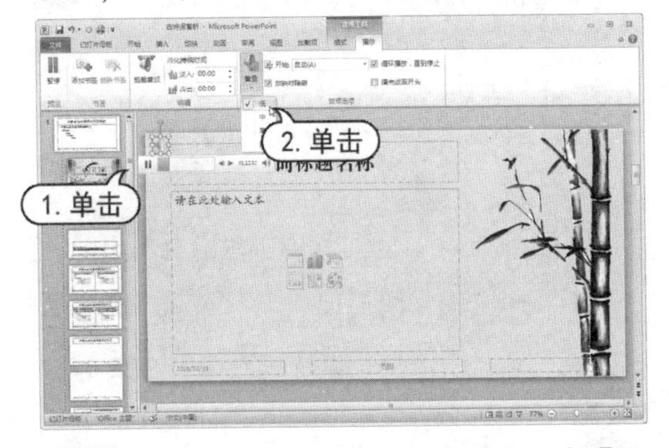

step 41 打开【幻灯片母版】选项卡，在【编辑母版】组中，单击【重命名】按钮，打开【重命名版式】对话框。

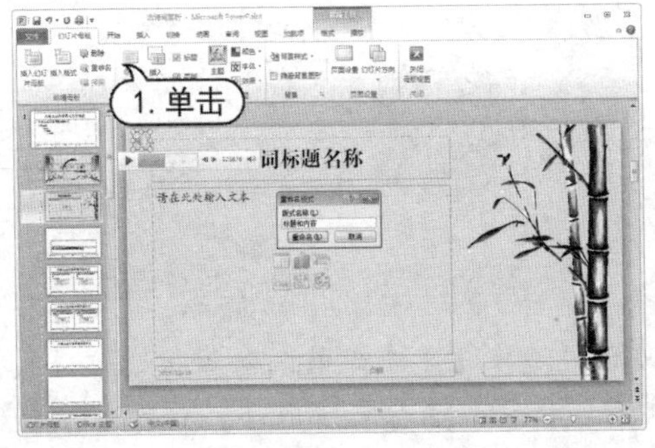

step 42 在【重命名版式】对话框中，在【版式名称】文本框中输入“正文”，然后单击【重命名】按钮。

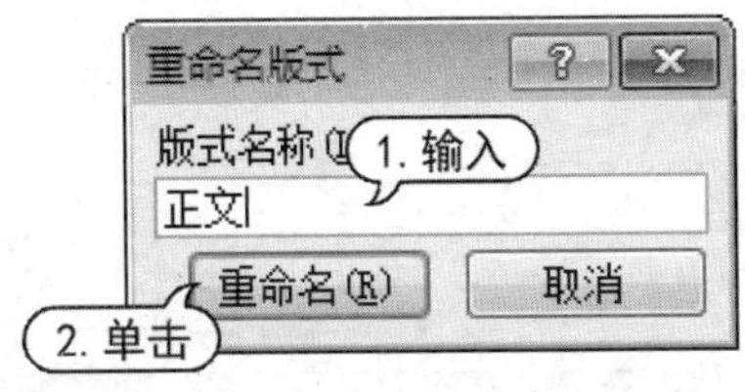

step 43 在幻灯片浏览窗格窗格中的【正文】幻灯片上右击，从弹出的菜单中选择【复制版式】命令新建幻灯片。

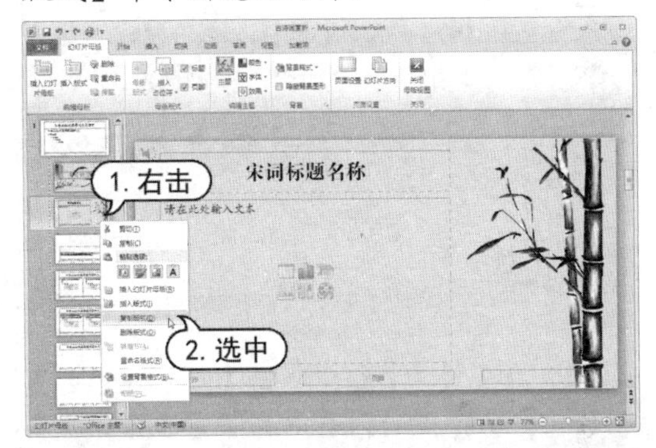

step 44 在复制的正文幻灯片中，单击【背景】组中的启动【设置背景格式】对话框按钮。在打开的【设置背景格式】对话框中，单击【文件】按钮，打开【插入图片】对话框。在该对话框中，选中所需要的图片，然后单击【插入】按钮。

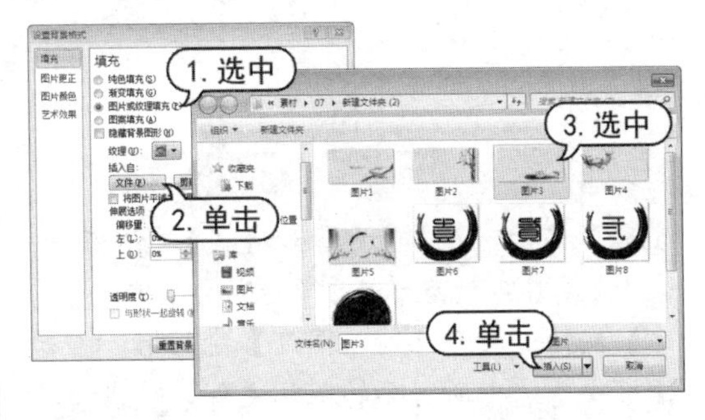

step 45 单击【关闭】按钮，关闭【设置背景格式】对话框，插入背景图片。

step 46 在幻灯片浏览窗格中，选中仅标题幻灯片。在【母版版式】组中，取消选中【页脚】复选框。

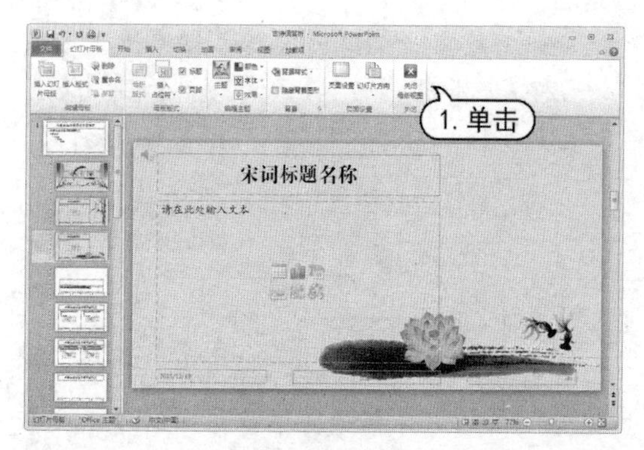

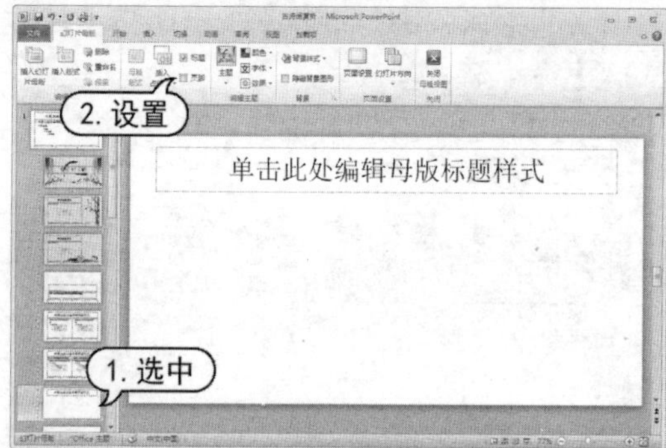

step 47 在【背景】组中单击【背景样式】下拉按钮，从弹出的列表中选择【设置背景格式】命令。

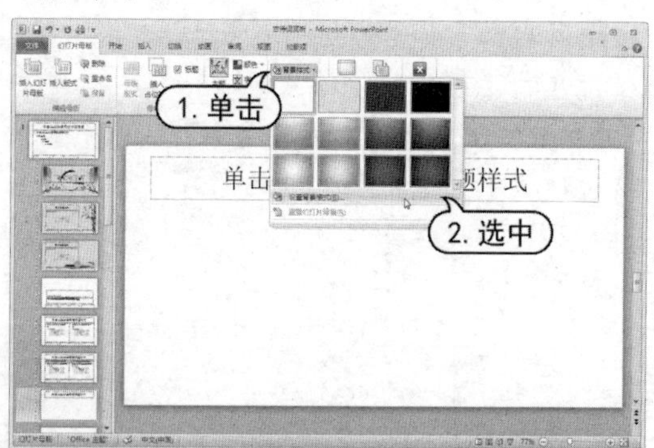

step 48 在打开的【设置背景格式】对话框中，选中【图片或纹理填充】单选按钮，单击【文件】按钮，打开【插入图片】对话框。在对话框中，选中所需要的图片文件，单击【插入】按钮。

step 49 单击【关闭】按钮关闭【设置背景格式】对话框，将图片插入到幻灯片中。

step 50 打开【插入】选项卡，在【图像】组中单击【图片】按钮，打开【插入图片】对话框。在该对话框中，选中所需要的图片，然后单击【插入】按钮。

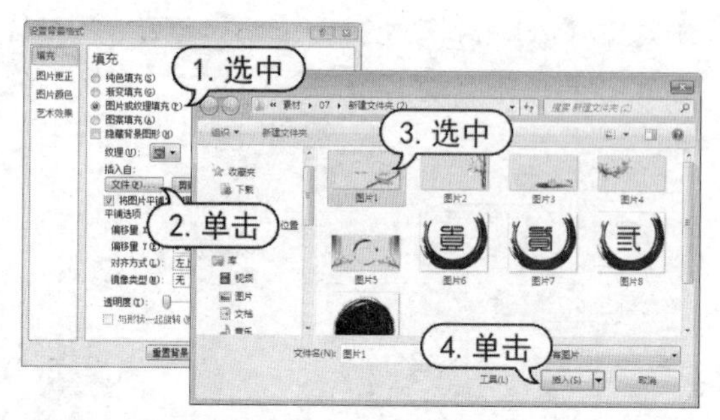

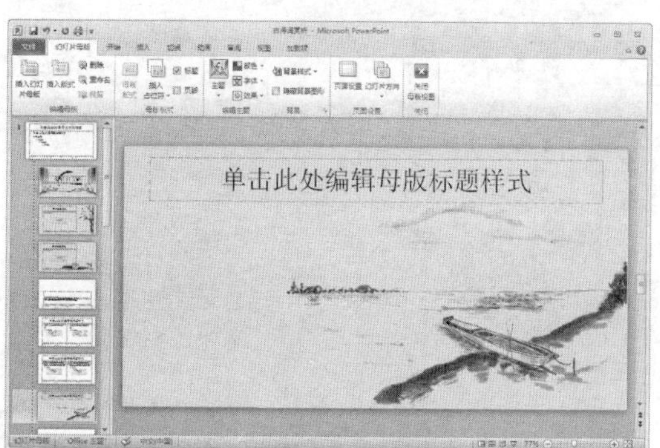

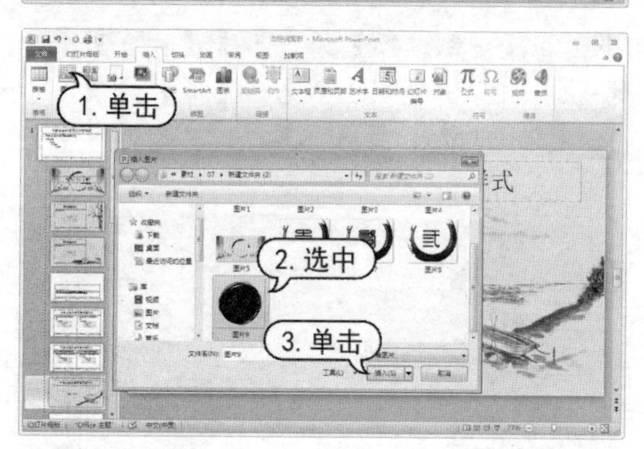

step 51 在幻灯片中，拖动插入图片至合适的位置。

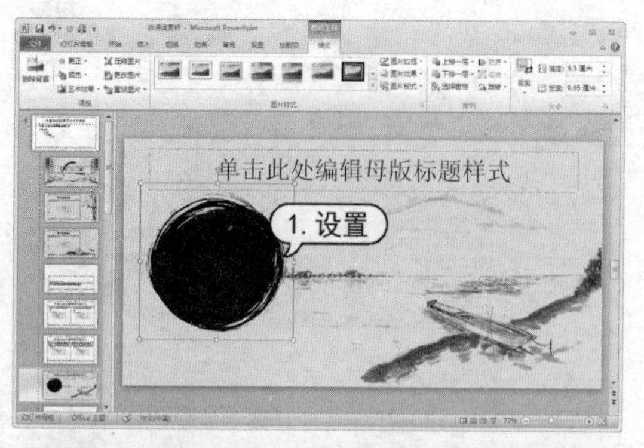

step 52 选中【单击此处编辑母版标题样式】文本占位符，输入文字内容。打开【开始】

选项卡，在【字体】组中设置字体为【方正黄草_GBK】，字号为 48，字体颜色为【白色】，单击【字符间距】下拉按钮，从弹出的列表中选择【很紧】选项。在【绘图】组中，单击【排列】下拉按钮，从弹出的列表中选择【置于顶层】选项。调整文本占位符的大小及位置。

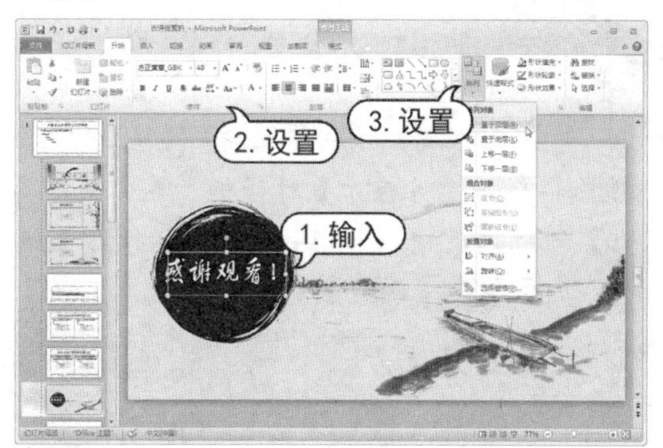

step 53 在幻灯片浏览窗格窗格中，选中标题幻灯片，将其显示在编辑窗口中。选中音频图标，并右击，从弹出的菜单中选择【复制】命令。

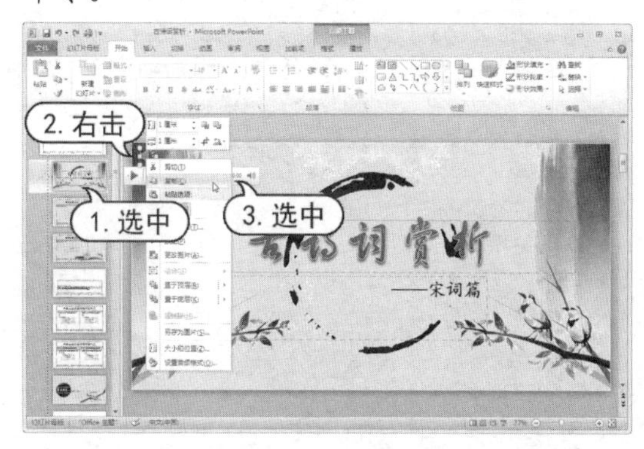

step 54 在幻灯片浏览窗格窗格中，选中仅标题幻灯片，将其显示在编辑窗口中。在幻灯片中右击，从弹出的菜单中选择【使用目标主题】按钮粘贴复制音频。

step 55 打开【音频工具】的【播放】选项卡，在【音频选项】对话框中，单击【音量】下拉按钮，从弹出的菜单中选择【低】选项。

step 56 打开【幻灯片母版】选项卡，在【编辑母版】组中单击【重命名】按钮，打开【重命名版式】对话框。

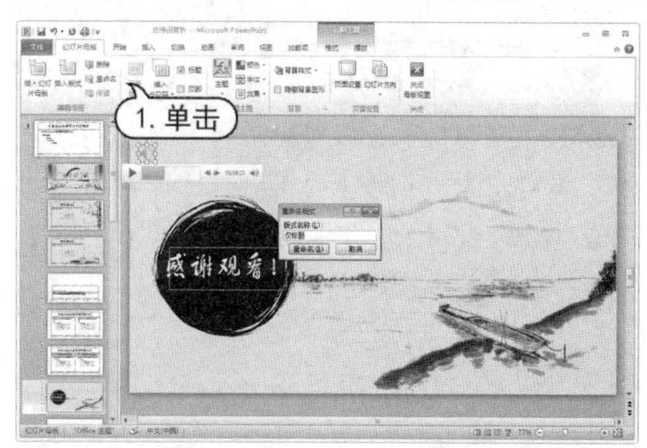

step 57 在【重命名版式】对话框的【版式名称】文本框中输入“结束”，然后单击【重命名】按钮。

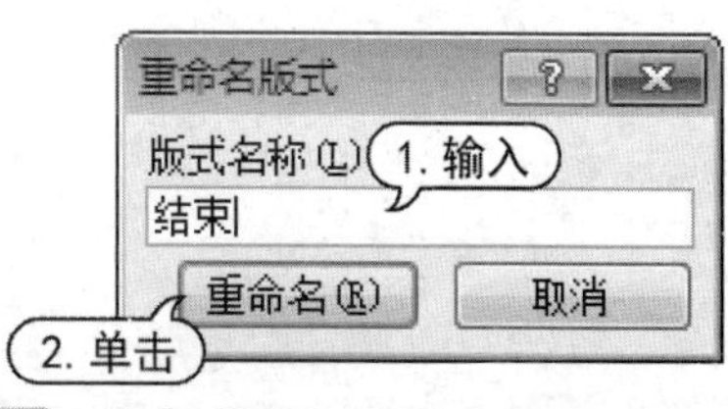

step 58 单击【关闭母版视图】按钮，返回普通视图。在【开始】选项卡的【幻灯片】组中，单击【新建幻灯片】下拉按钮，从弹出的列表框中，选中【垂直排列目录】选项新建一张幻灯片。

step 59 使用相同操作方法，添加先前制作的其他版式幻灯片。

step 60 在快速访问工具栏中单击【保存】按钮，保存【古诗词赏析】演示文稿。单击【文件】按钮，在弹出的菜单中选择【另存为】命令。

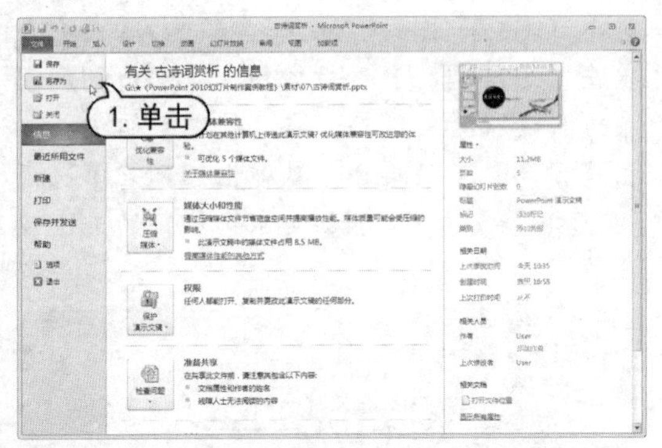

step 61 打开【另存为】对话框，在【保存类型】下拉列表中选择【PowerPoint模板】选项，然后单击【保存】按钮。

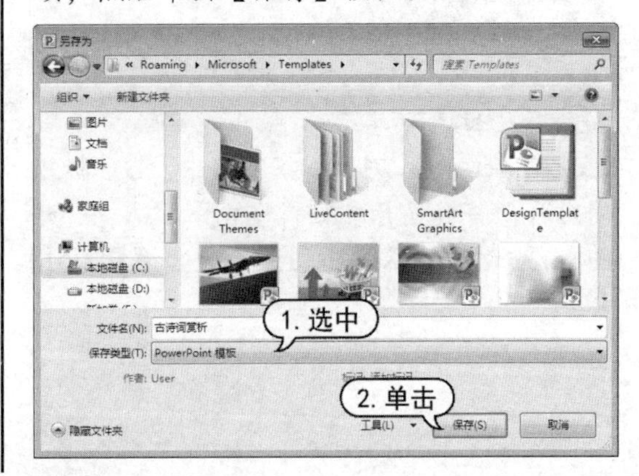

第 8 章

设置幻灯片的切换效果与动画

在 PowerPoint 2010 中，用户可以为演示文稿的文本或多媒体对象添加特殊的视觉效果或声音效果，例如使文字逐字飞入演示文稿，或在显示图片时自动播放声音等。使用 PowerPoint 提供的动画效果，可以为设置幻灯片切换动画和对象的自定义动画。

对应光盘视频

例 8-1 为幻灯片添加切换动画
例 8-2 设置切换动画选项
例 8-3 为对象设置进入动画
例 8-4 为对象设置强调动画
例 8-5 为对象设置退出动画
例 8-6 为对象设置动作路径
例 8-7 设置动画触发器
例 8-8 设置动画计时选项
例 8-9 重新排序动画
例 8-10 设计演示文稿动画效果

8.1 设置幻灯片切换动画

幻灯片切换效果是指一张幻灯片从屏幕上消失，以及另一张幻灯片显示在屏幕上的方式。幻灯片切换方式可以是简单地以一个幻灯片代替另一个幻灯片，也可以使幻灯片以特殊的效果出现在屏幕上。

8.1.1 为幻灯片添加切换动画

在演示文稿中，可以为一组幻灯片设置同一种切换方式，也可以为每张幻灯片设置不同的切换方式。

要为幻灯片添加切换动画，可以打开【切换】选项卡。在【切换到此幻灯片】选项组中进行设置。在该组中单击按钮，将打开幻灯片动画效果列表，当鼠标指针指向某个选项时，幻灯片将应用该效果，供用户预览。

【例 8-1】在“旅游公司演示文稿”演示文稿中，为幻灯片添加切换动画。

视频+素材 (光盘素材\第 08 章\例 8-1)

step 1 启动PowerPoint 2010 应用程序，打开“旅游公司演示文稿”演示文稿，自动显示第 1 张幻灯片。

step 2 打开【切换】选项卡，在【切换到此幻灯片】组中单击【其他】按钮，从弹出的列表框中选择【百叶窗】选项。

step 3 此时，即可将【百叶窗】型切换动画应用到第 1 张幻灯片中，并预览该切换动画效果。

实用技巧

在普通视图或幻灯片浏览视图中都可以为幻灯片设置切换动画，但在幻灯片浏览视图中设置动画效果时，更容易把握演示文稿的整体风格。

step 4 在【切换到此幻灯片】组中，单击【效果选项】下拉按钮，从弹出的列表中选择【水平】选项。

step 5 此时，即可在幻灯片中预览第 1 张幻灯片设置后的切换动画效果。

实用技巧

选中应用切换方案后的幻灯片，在【切换】选项卡的【预览】组中单击【预览】按钮，即可查看幻灯片的切换效果。

step 6 在幻灯片预览窗口中，选中第 2~4 张幻灯片缩略图，在【切换】选项卡的【切换到此幻灯片】组中，单击【其他】按钮，从弹出的列表框中选择【闪光】选项。

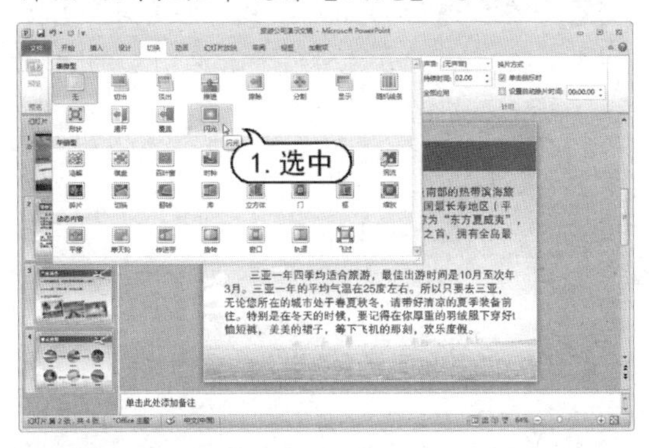

step 7 此时，即可为第 2~4 张幻灯片应用【闪光】型切换效果。

step 8 在快速访问工具栏中单击【保存】按钮，保存设置切换动画后的演示文稿。

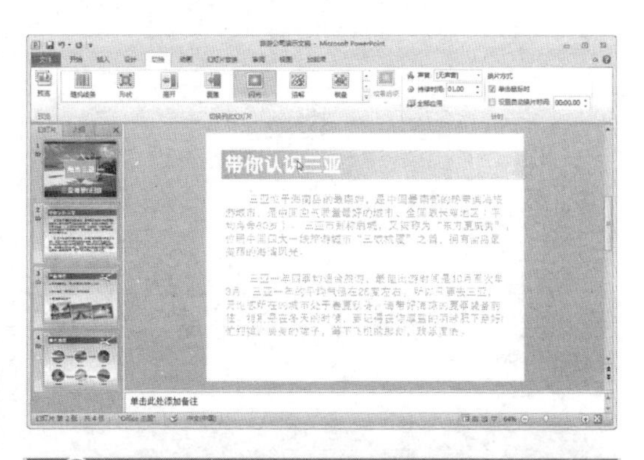

知识点滴

为第 1 张幻灯片设置切换动画时，打开【切换】选项卡，在【计时】选项组中单击【全部应用】按钮，即可将该切换动画应用在每张幻灯片中。

8.1.2 设置切换动画选项

PowerPoint 2010 除了可以提供方便快捷的切换方案外，还可以为所选的切换效果配置音效、改变切换速度和换片方式，以增强演示文稿的活泼性。

【例 8-2】在“旅游公司演示文稿”演示文稿中，设置切换动画选项。
视频+素材 (光盘素材\第 08 章\例 8-2)

step 1 启动PowerPoint 2010 应用程序，打开“旅游公司演示文稿”演示文稿。

step 2 打开【切换】选项卡，在【计时】选项组中单击【声音】下拉按钮，从弹出的列表中选择【其他声音】命令。

step 3 打开【添加音频】对话框，选中所需要的音频文件，单击【确定】按钮，为幻灯片应用该效果的声音。

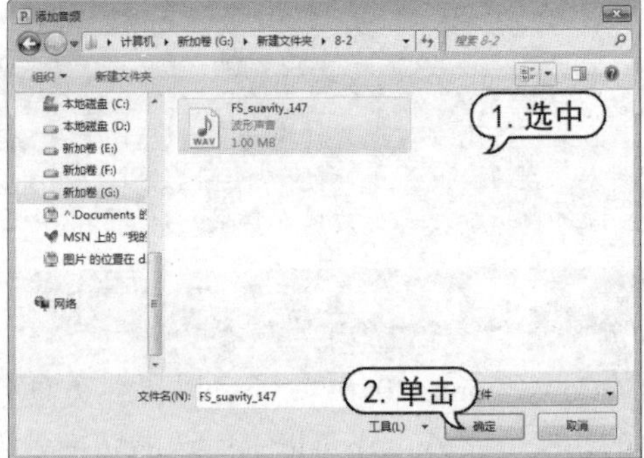

知识点滴

在使用一些特殊的声音效果时，例如掌声、微风等可循环播放的声音效果，这时用户可以在弹出的下拉菜单中继续选择【播放下一段声音之前一直循环】命令，控制声音持续循环播放，直至开始下一段声音的播放。

step 4 在【计时】组中的【持续时间】微调框中输入“08.00”。取消选中【单击鼠标时】复选框，选中【设置自动换片时间】复选框，并在其后的微调框中输入“00:10.00”。

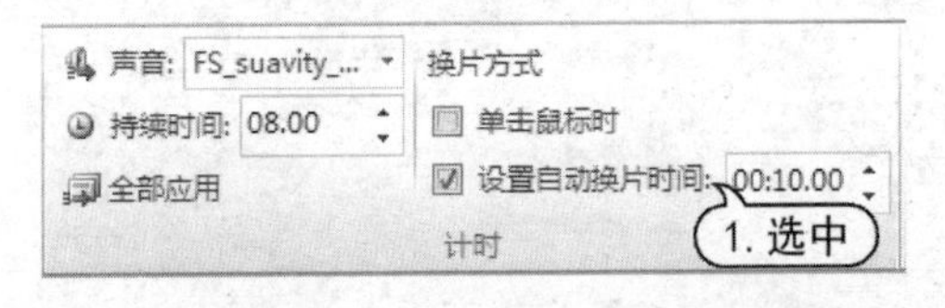

实用技巧

为幻灯片设置持续时间的目的是控制幻灯片的切换速度，以便查看幻灯片内容。

step 5 单击【全部应用】按钮，将设置好的计时选项应用到每张幻灯片中。

step 6 在状态栏中单击【幻灯片浏览】按钮，切换至幻灯片浏览视图，查看设置后的自动切片时间。

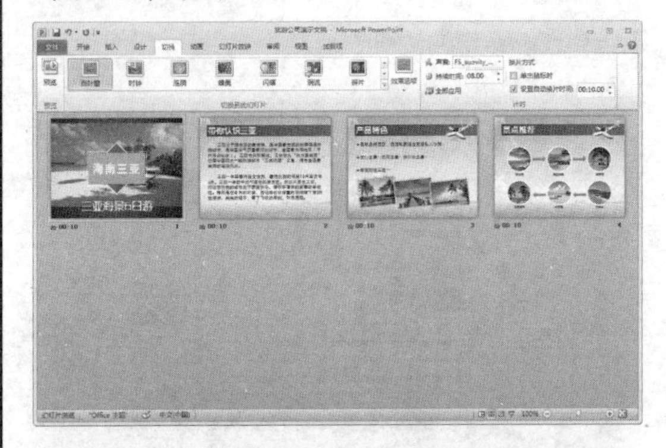

知识点滴

打开【切换】选项卡，在【计时】组的【换片方式】区域中，选中【单击鼠标时】复选框，表示在播放幻灯片时，需要在幻灯片中单击鼠标左键来换片，而取消选中该复选框，选中【设置自动换片时间】复选框，表示在播放幻灯片时，经过所设置的时间后会自动切换至下一张幻灯片，无须单击鼠标。另外，PowerPoint 还允许同时为幻灯片设置单击鼠标以切换幻灯片和输入具体值以定义幻灯片切换的延迟时间这两种换片的方式。

step 7 在快速访问工具栏中单击【保存】按钮，保存设置切换动画计时选项后的“旅游公司演示文稿”演示文稿。

8.2 为幻灯片中的对象添加动画效果

在 PowerPoint 中，除了幻灯片切换动画外，还包括幻灯片的动画效果。动画效果是指为幻灯片内部各个对象设置的动画效果。用户可以对幻灯片中的文本、图形、表格等对象添加不同的动画效果，如进入动画、强调动画、退出动画和动作路径动画等。

8.2.1 添加进入效果

进入动画是为了设置文本或其他对象以多种动画效果进入放映屏幕。在添加该动画效果之前需要选中对象。对于占位符或文本框来说，选中占位符、文本框，以及进入其文本编辑状态时，都可以为它们添加该动画效果。

选中对象后，打开【动画】选项卡。单击【动画】组中的【其他】按钮，在弹出的列表框中选择一种进入效果，即可为对象添加该动画效果。

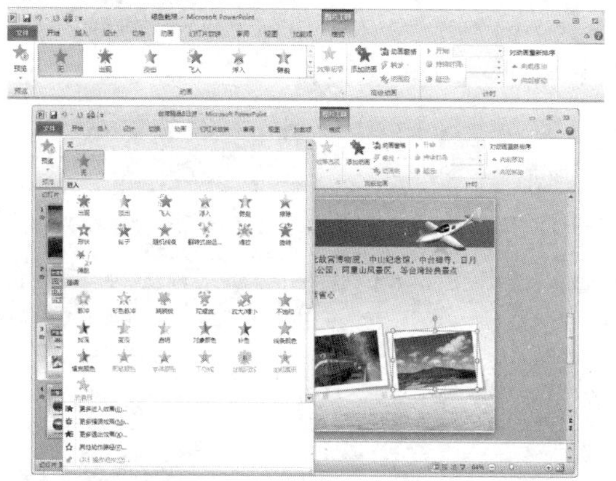

在列表框中选择【更多进入效果】命令，将打开【更改进入效果】对话框，在该对话框中可以选择更多的进入动画效果。

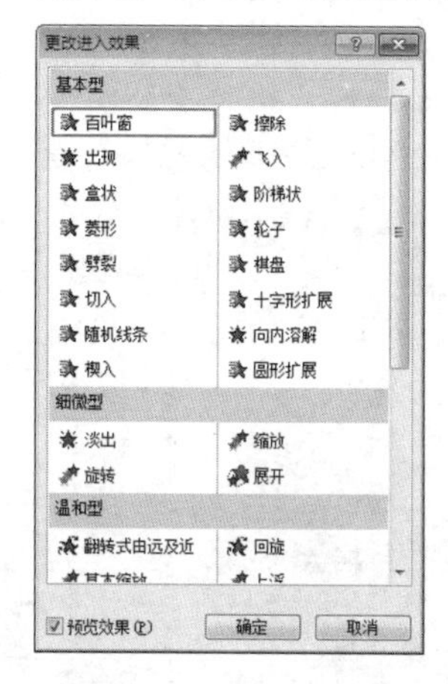

另外，在【动画】选项卡的【高级动画】组中单击【添加动画】按钮，同样可以在弹出的列表中选择内置的进入动画效果。

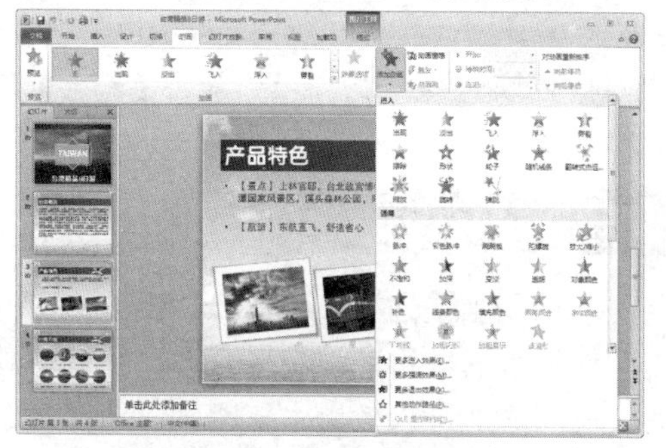

若选择【更多进入效果】命令，则打开【添加进入效果】对话框，用户在该对话框中同样可以选择更多的进入动画效果。

知识点滴

【更改进入效果】或【添加进入效果】对话框的动画按风格分为【基本型】、【细微型】、【温和型】和【华丽型】。选中对话框最下方的【预览效果】复选框，则在对话框中单击一种动画时，均能在幻灯片编辑窗口中看到该动画的预览效果。

【例 8-3】为【绿色栽培】演示文稿中的对象设置进入动画。

视频+素材 (光盘素材\第 08 章\例 8-3)

step 1 启动PowerPoint 2010 应用程序，打开“绿色栽培”演示文稿，在打开的第 1 张幻灯片中选中标题占位符。

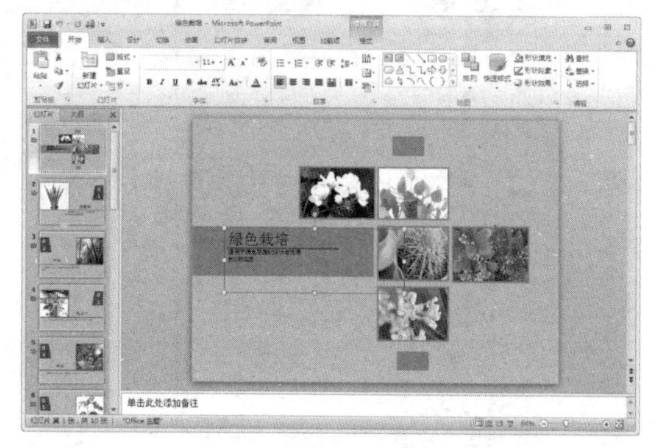

step 2 打开【动画】选项卡，在【动画】组中的【其他】按钮，从弹出的列表中选择【进入】选项区中的【弹跳】选项，为正标题文字应用【弹跳】进入效果。

step 3 选中第 3 张幻灯片中的图片，单击【动画】组中的【其他】按钮，从弹出的列表中选择【更多进入效果】选项。

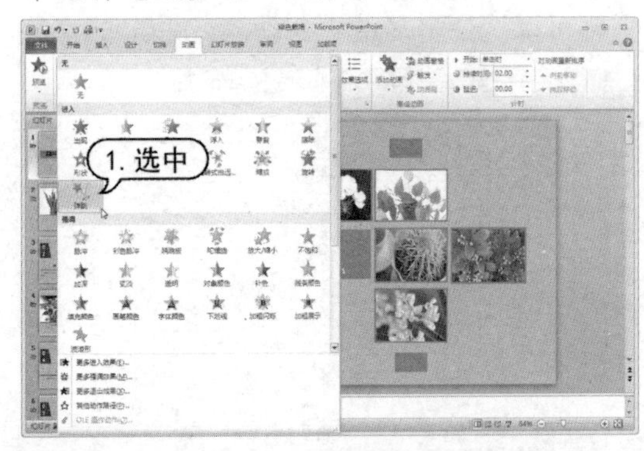

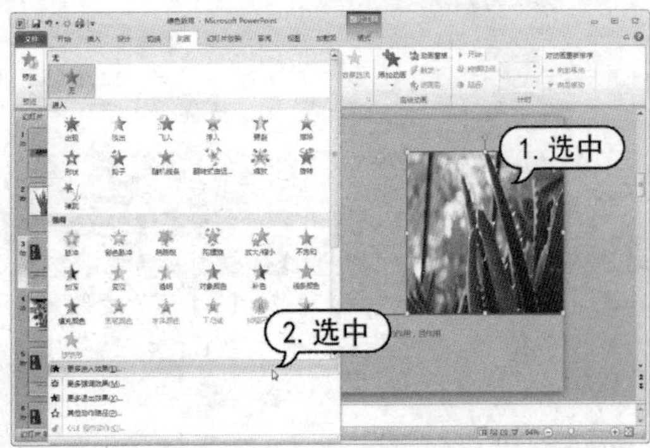

step 4 打开【更改进入效果】对话框，在【基本型】选项区域中选择【向内溶解】选项，单击【确定】按钮，为剪贴画更改该进入效果。

step 5 选中第4张幻灯片中的标题文字，在【动画】组中的【其他】按钮，从弹出的列表中选择【进入】选项区中的【飞入】选项。

step 6 在【动画】组中单击【效果选项】下拉按钮，从弹出的下拉列表中选择【自右侧】选项，为飞入设置进入效果属性。

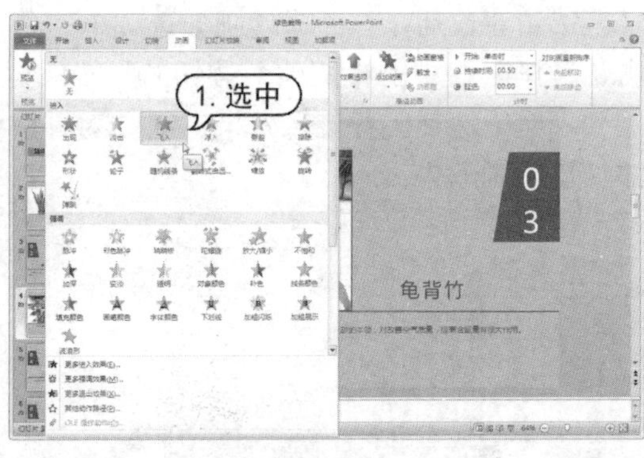

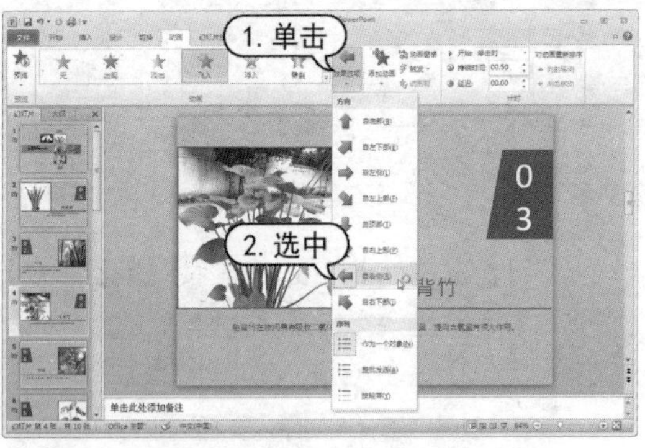

step 7 完成幻灯片中对象的进入动画设置，在幻灯片编辑窗口中以编号的形式标记对象。在【动画】选项卡的【预览】组中单击【预览】按钮，即可查看幻灯片中应用的所有进入动画效果。

step 8 在快速访问工具栏中单击【保存】按钮，保存演示文稿。

8.2.2 添加强调效果

强调动画是为了突出幻灯片中的某部分内容而设置的特殊动画效果。添加强调动画的过程和添加进入效果大体相同。选择对象后，在【动画】组中单击【其他】按钮，

在弹出列表框的【强调】选项区中选择一种强调效果，即可为对象添加该动画效果。选择【更多强调效果】命令，将打开【更改强调效果】对话框，用户在该对话框中可以选择更多的强调动画效果。

另外，在【高级动画】组中单击【添加动画】按钮，同样可以在弹出列表框中选择一种强调动画效果。若选择【更多强调效果】命令，则打开【添加强调效果】对话框，在该对话框中同样可以选择更多的强调动画效果。

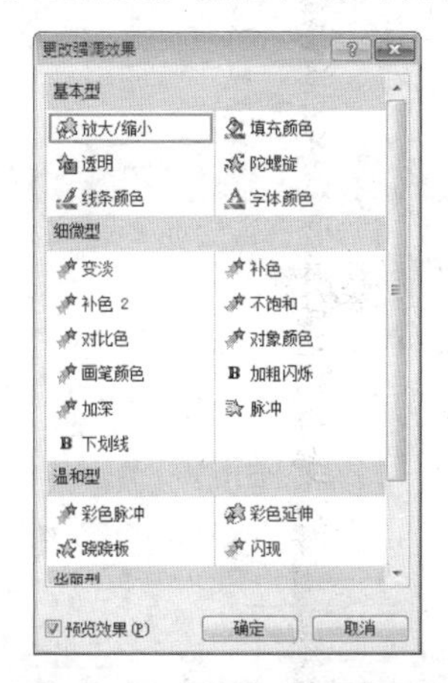

【例 8-4】为"绿色栽培"演示文稿中的对象设置强调动画。

视频+素材 (光盘素材\第 08 章\例 8-4)

step 1 启动PowerPoint 2010 应用程序，打开"绿色栽培"演示文稿，在幻灯片浏览窗格中选择第 2 张幻灯片缩略图，将其显示在幻灯片编辑窗口中。

step 2 选中标题【虎尾兰】占位符，打开【动画】组，单击【其他】按钮，在弹出的列表中选择【强调】选项区中的【画笔颜色】选项，为文本应用该强调效果。

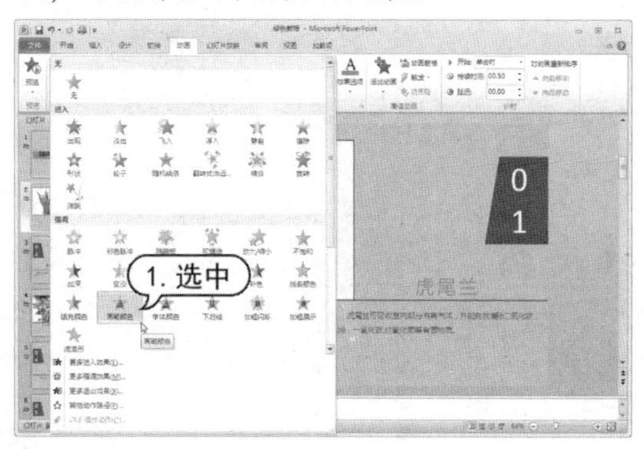

step 3 在【动画】组中单击【效果选项】下拉按钮，从弹出的下拉列表中选择【红色】选项。

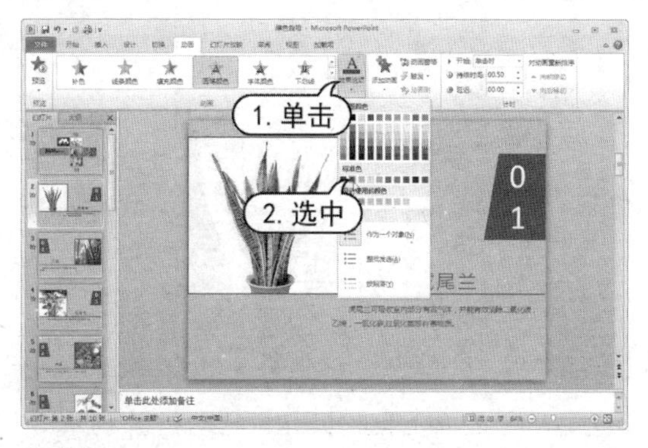

step 4 在【动画】选项卡的【预览】组中单击【预览】按钮，即可查看第 2 张幻灯片中的强调动画的效果。

step 5 选中第 2 张幻灯片中的图片，在【高级动画】组中单击【添加动画】按钮，同样可以在弹出的菜单中选择【更多强调效果】命令。

step 6 打开【添加强调效果】对话框，在【华丽型】选项区域中选择【闪烁】选项，单击

【确定】按钮，完成添加强调动画设置。

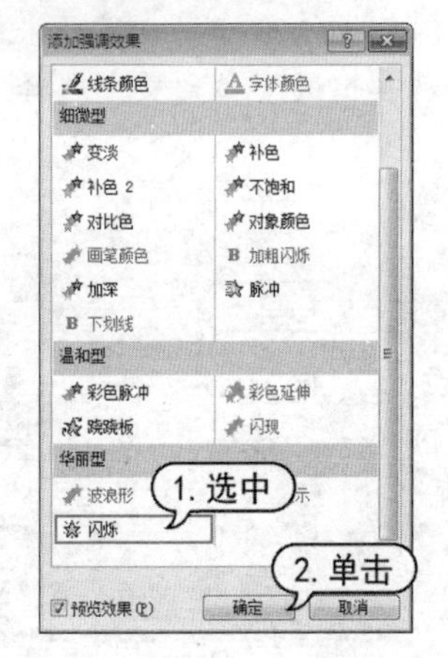

step 7 参照以上操作，为其他幻灯片的标题占位符应用【陀螺旋】强调效果。

step 8 在快速访问工具栏中单击【保存】按钮，保存演示文稿。

8.2.3 添加退出效果

退出动画用于设置幻灯片中的对象退出屏幕的效果。添加退出动画的过程和添加进入、强调动画效果大体相同。

选中需要添加退出效果的对象，在【高级动画】组中单击【添加动画】按钮，在弹出的列表中选择【退出】选项区中的一种退出动画效果即可。

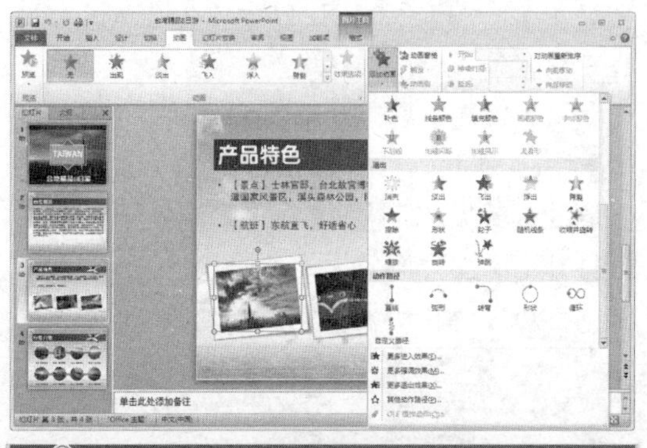

实用技巧

退出动画名称有很大一部分与进入动画名称相同，只是它们的运动方向存在差异。

若在弹出的列表中选择【更多退出效果】命令，则打开【添加退出效果】对话框，在该对话框中可以选择更多的退出动画效果。

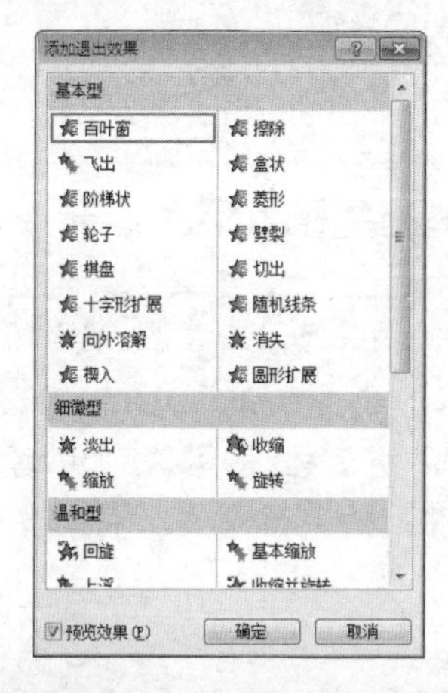

【例 8-5】为【绿色栽培】演示文稿中的对象设置退出动画。

视频+素材 (光盘素材\第 08 章\例 8-5)

step 1 启动PowerPoint 2010 应用程序，打开"绿色栽培"演示文稿，在幻灯片浏览窗格中选择第 6 张幻灯片缩略图，将其显示在幻灯片编辑窗口中。

step 2 在幻灯片中选中图片，打开【动画】选项卡，在【动画】组中单击【其他】按钮，在弹出的列表中选择【更多退出效果】命令。

step 3 打开【更改退出效果】对话框，在【温和型】选项区域中选择【下沉】选项，单击【确定】按钮。

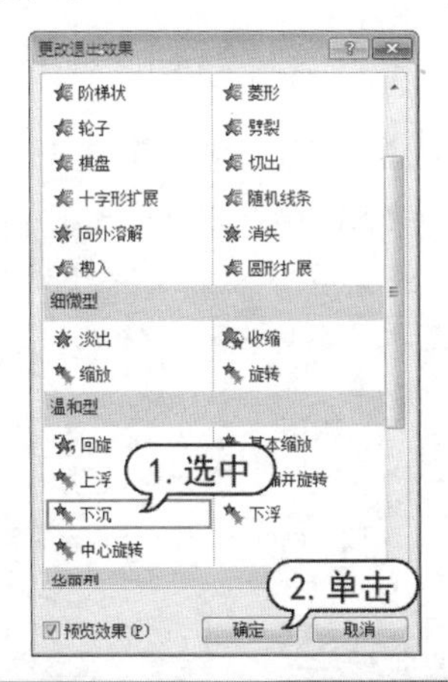

实用技巧

在使用【添加动画】按钮添加动画效果时，可以为单个对象添加多个动画效果，多次单击该按钮，选择不同的动画效果即可。

step 4 返回至幻灯片编辑窗口中，此时在图片前显示数字编号。在【动画】选项卡的【预览】组中单击【预览】按钮，即可查看第 5 张幻灯片中的退出动画效果。

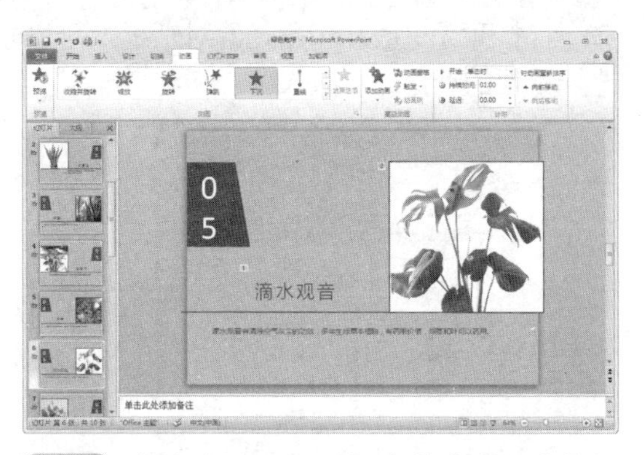

step 5 在快速访问工具栏中单击【保存】按钮，保存演示文稿。

8.2.4 添加动作路径动画效果

动作路径动画又称为路径动画，可以指定文本等对象沿预定的路径运动。PowerPoint 中的动作路径动画不仅提供了大量预设路径效果，还可以由用户自定义路径动画。

添加动作路径效果的步骤与添加进入动画的步骤基本相同，在【动画】组中单击【其他】按钮，在弹出的列表中选择【动作路径】选项区中一种动作路径效果，即可为对象添加该动画效果。

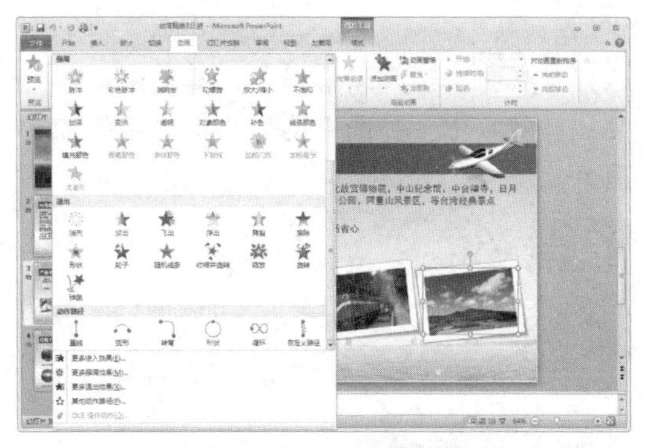

知识点滴

删除幻灯片中不需要的动画的操作非常简单，单击设置动画效果对象左上角的数字按钮，直接按 Delete 键即可。除此之外，还可以通过【动画窗格】任务窗格删除动画：在【动画窗格】任务窗格中选择需要删除的动画，右击，从弹出的菜单中选择【删除】命令。

若从弹出列表中选择【其他动作路径】

命令，打开【更改动作路径】对话框，可以选择其他的动作路径效果。

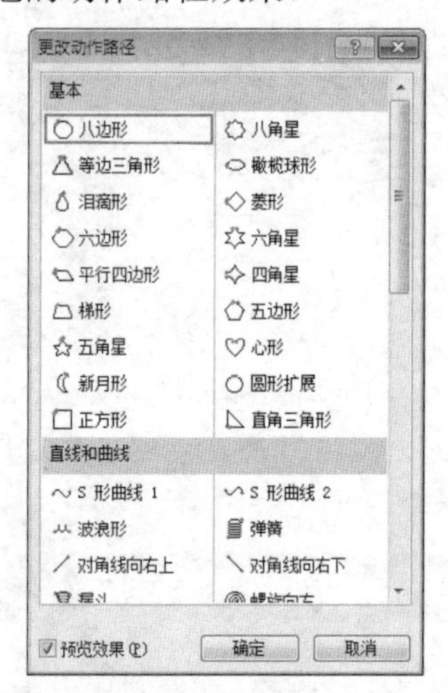

另外，在【高级动画】组单击【添加动画】按钮，在弹出的列表中同样可以选择【动作路径】选项区中的一种动作路径效果；选择【其他动作路径】命令，打开【添加动作路径】对话框，也可以选择更多的动作路径。

【例 8-6】为“绿色栽培”演示文稿中的对象设置动作路径。
视频+素材 (光盘素材\第 08 章\例 8-6)

step 1 启动PowerPoint 2010 应用程序，打开“绿色栽培”演示文稿，在幻灯片浏览窗格中选择第 7 张幻灯片缩略图，将其显示在幻灯片编辑窗口中，并选中幻灯片中的【绿萝】图片。

step 2 打开【动画】选项卡，在【动画】组中单击【其他】按钮，在弹出的【动作路径】列表框选择【自定义路径】选项。

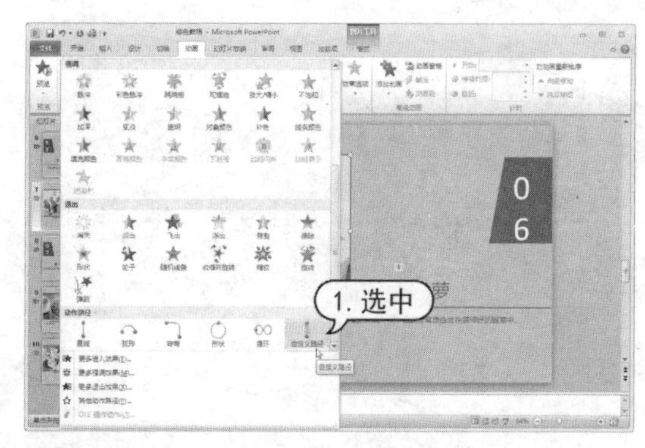

step 3 将鼠标指针移动到图形附近，当鼠标指针变成十字形状时，拖动鼠标绘制曲线。双击完成曲线的绘制，此时即可查看图片的动作路径。

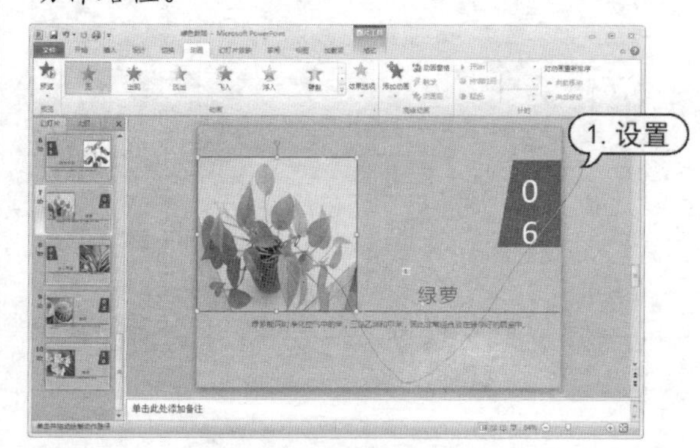

step 4 查看完成动画效果后，在幻灯片中显示曲线的动作路径，动作路径起始端将显示一个绿色的▸标志，结束端将显示一个红色的▸标志，二者由以一条虚线连接。

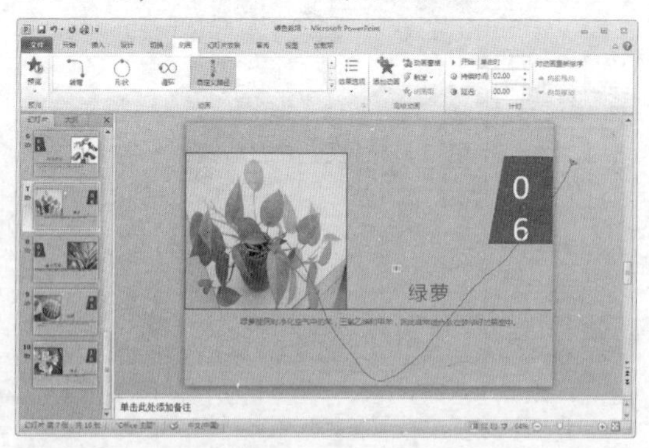

step 5 使用同样的方法，为第 8~10 张幻灯片中图片对象设置动作路径动画。

step 6 在快速访问工具栏中单击【保存】按钮，保存演示文稿。

8.3　动画效果高级设置

PowerPoint 2010 新增了动画效果高级设置功能，如设置动画触发器、使用动画刷复制动画、设置动画计时选项以及重新排序动画等。使用该功能，可以使整个演示文稿更为美观，可以使幻灯片中的各个动画的衔接更为合理。

8.3.1 设置动画触发器

在幻灯片放映时，使用触发器功能，可以在单击幻灯片中的对象时显示动画效果。下面将以具体实例来介绍设置动画触发器的方法。

【例 8-7】在“绿色栽培”演示文稿中，设置动画触发器。
视频+素材 (光盘素材\第 08 章\例 8-7)

step 1 启动PowerPoint 2010 应用程序，打开“绿色栽培”演示文稿。

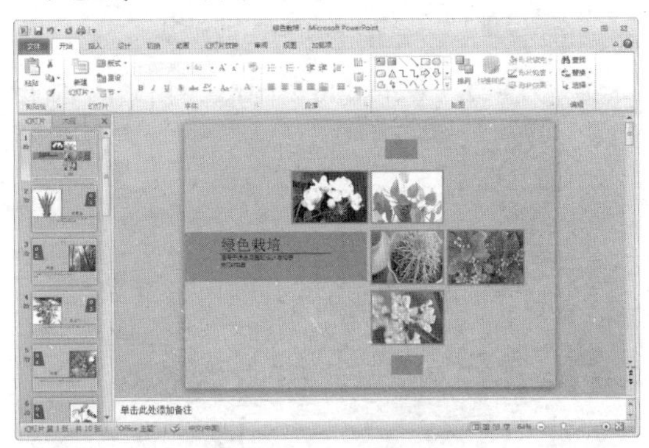

step 2 自动显示第 1 张幻灯片，打开【动画】选项卡，在【高级动画】选项组中单击【动画窗格】按钮，打开【动画窗格】任务窗格。

step 3 选择第 2 个动画效果，在【高级动画】选项组中单击【触发】按钮，在弹出的列表中选择【单击】选项，然后再从弹出的子菜单中选择【图片 1】对象。

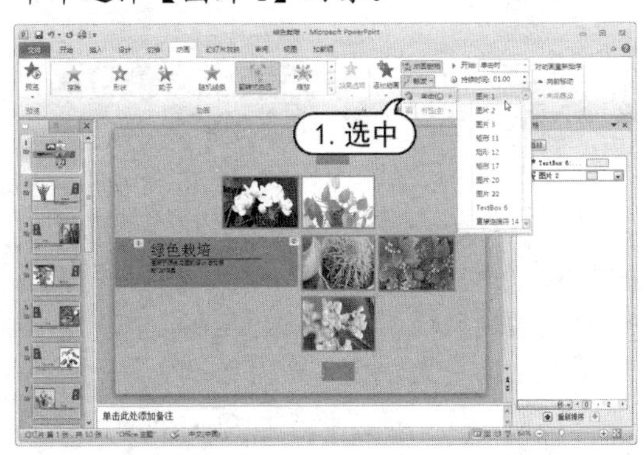

step 4 此时，图片 1 对象上产生动画的触发器，并在任务窗格中显示所设置的触发器。

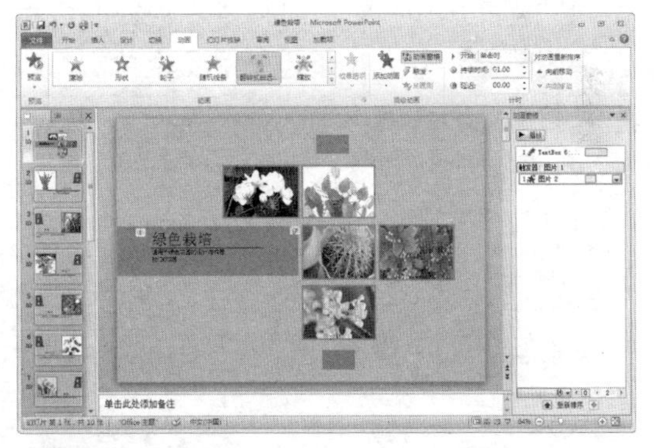

step 5 当播放幻灯片时，将鼠标指针指向对象并单击，即可启用触发器的动画效果。

step 6 在快速访问工具栏中单击【保存】按钮，保存演示文稿。

知识点滴

单击【动画窗格】中第 3 个动画效果右侧的下拉箭头，从弹出的下拉菜单中选择【计时】命令，然后在打开的对话框的【触发器】区域，可对触发器进行设置。

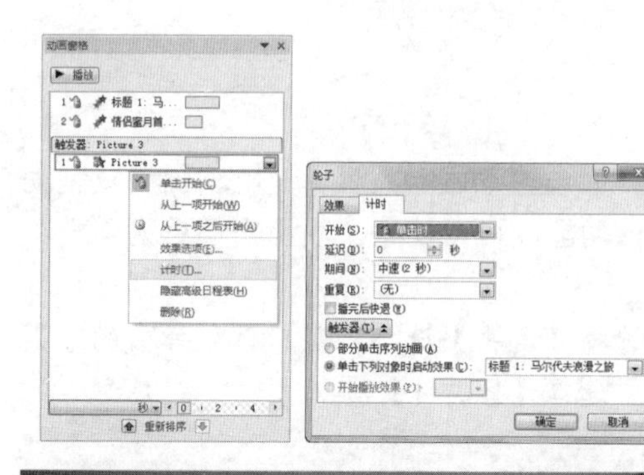

8.3.2 动画刷复制动画效果

在 PowerPoint 2010 中，用户经常需要在同一幻灯片中为多个对象设置同样的动画效果，这时在设置一个对象动画后，通过动画刷复制动画功能，可以快速复制动画到其他对象中，这是最快捷、最有效的方法。

在幻灯片中选择设置动画后的对象，打开【动画】选项卡，在【高级动画】选项组中单击【动画刷】按钮 动画刷 。将鼠标指针指向需要添加动画对象时，鼠标指针变成指针加刷子形状，在指定的对象上单击，即可复制所选的动画效果。

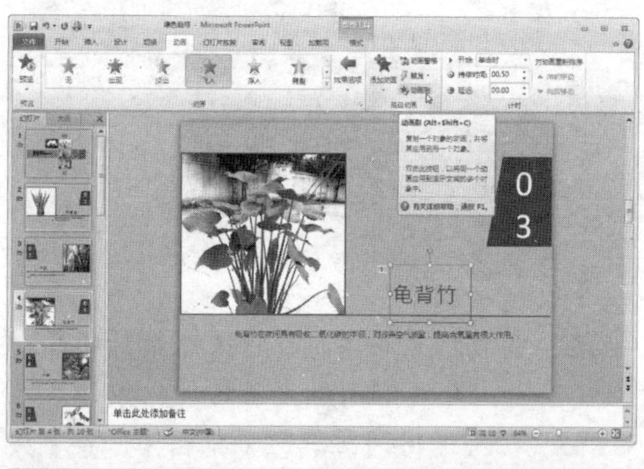

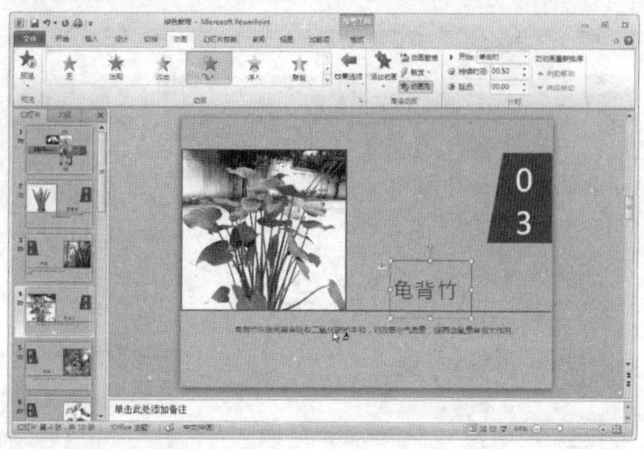

实用技巧

将复制的动画效果应用到指定对象时，自动预览所复制的动画效果，表示该动画效果已被应用到指定对象中。

8.3.3 设置动画计时选项

为对象添加了动画效果后，还需要设置动画计时选项，如开始时间、持续时间以及延迟时间等。

默认设置的动画效果在幻灯片放映屏幕中持续播放的时间只有几秒钟，同时需要单击鼠标时才会开始播放下一个动画。如果默认的动画效果不能满足用户实际需求，则可以通过【动画设置】对话框的【计时】选项卡进行动画计时选项的设置。

【例 8-8】在“绿色栽培”演示文稿中，设置动画计时选项。

视频+素材 (光盘素材\第 08 章\例 8-8)

step 1 启动PowerPoint 2010 应用程序，打开“绿色栽培”演示文稿。

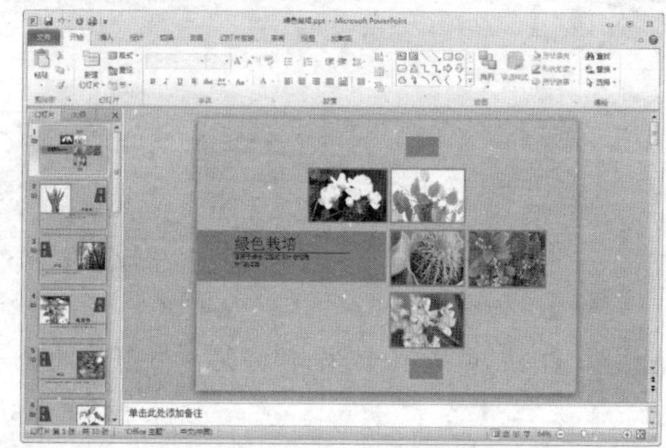

step 2 在自动打开的第 1 张幻灯片中，打开【动画】选项卡，在【高级动画】选项组中单击【动画窗格】按钮，打开【动画窗格】任务窗格。

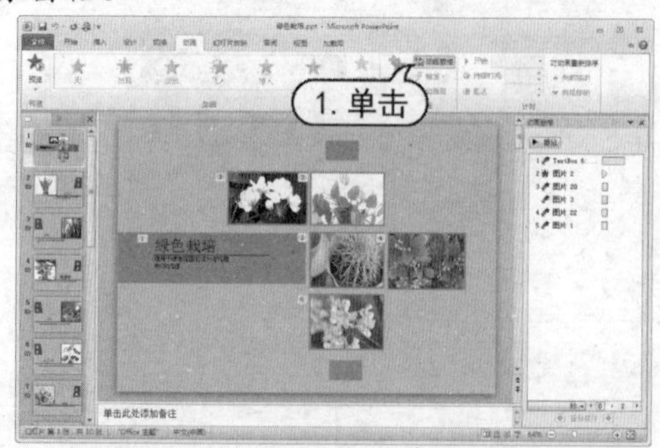

step 3　在【动画窗格】任务窗格中选中第 2 个动画，在【计时】组中单击【开始】下拉按钮，从弹出的快捷菜单中选择【上一动画之后】选项。

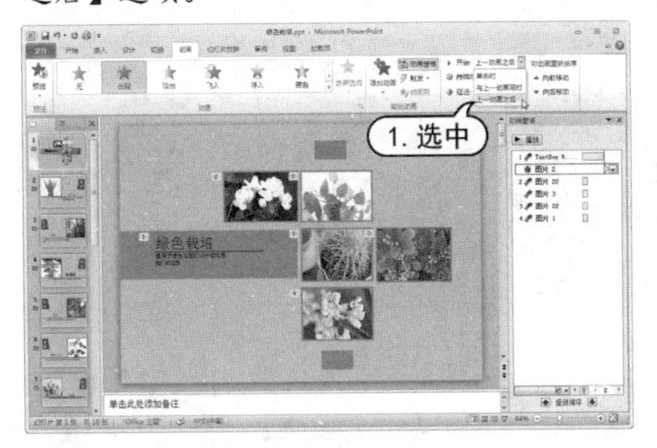

step 4　第 2 个动画和第 1 个动画将合并为一个动画，将在第 1 个动画播放完后自动开始播放，无须单击。

step 5　在【动画窗格】任务窗格中选中第【图片 20】动画效果，在【计时】选项组中单击【开始】下拉按钮，从弹出的快捷菜单中选择【上一动画之后】选项，并在【持续时间】和【延迟】文本框中输入“01.00”。

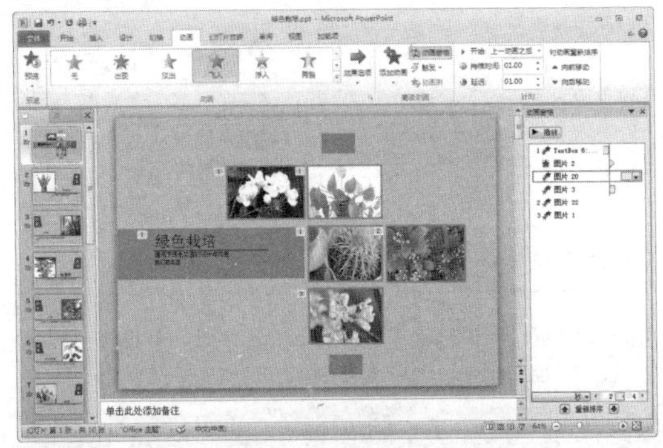

step 6　在【动画窗格】任务窗格中选中【图片 22】动画效果，右击，从弹出的菜单中选择【计时】命令，打开【飞入】对话框的【计时】选项卡。

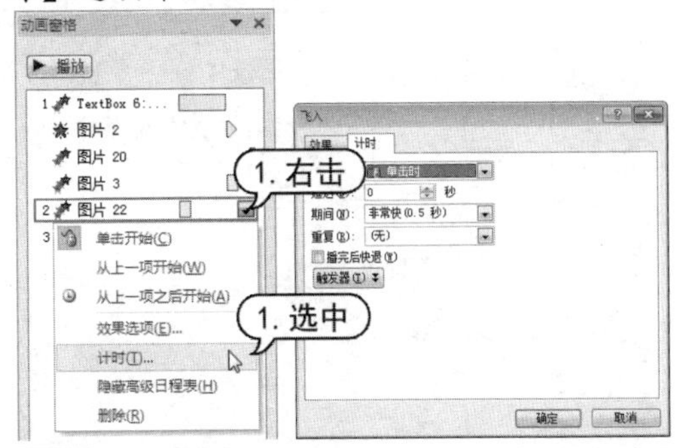

step 7　在【期间】下拉列表中选择【中速(2 秒)】选项，在【重复】下拉列表中选择【直到幻灯片末尾】选项，然后单击【确定】按钮。

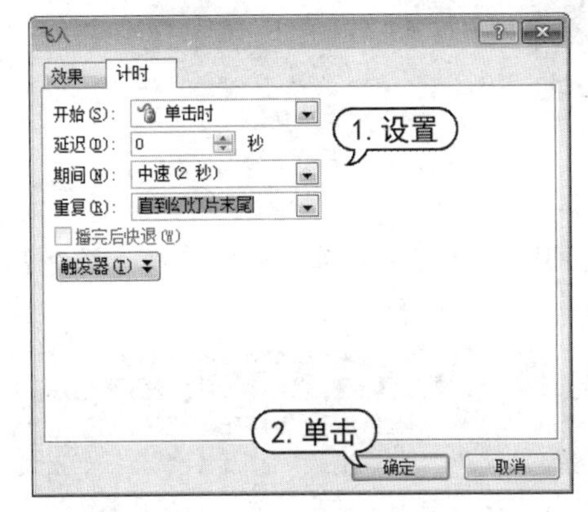

step 8　在幻灯片浏览窗格中选择第 2 张幻灯片缩略图，将其显示在幻灯片编辑窗口中。

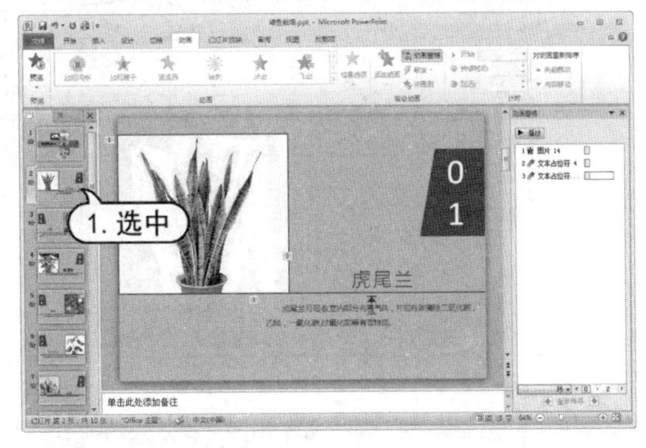

step 9　在【动画窗格】任务窗格中选中第 2~3 个动画效果，在【计时】组中单击【开始】下拉按钮，从弹出的列表中选择【与上一动画同时】选项。

step 10　此时，原编号为 1~3 的 3 个动画将合并为一个动画。

step 11 在快速访问工具栏中单击【保存】按钮，保存演示文稿。

知识点滴

在【动画窗格】任务窗格中，右击动画，从弹出的快捷菜单中选择【效果选项】命令，打开【动画对象】对话框的【效果】选项卡，在其中可以设置声音效果。

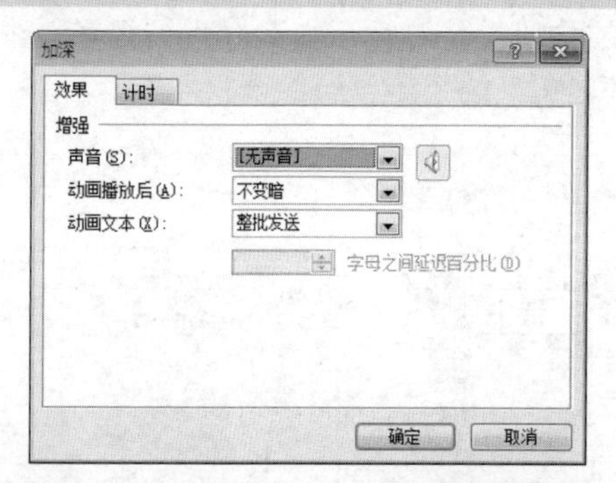

8.3.4 重新排序动画

当一张幻灯片中设置了多个动画对象时，用户可以根据自己的需求重新排序动画，即调整各个动画出现的顺序。

【例 8-9】在“绿色栽培”演示文稿中，重新排序第 1 张幻灯片中的动画。

视频+素材 (光盘素材\第 08 章\例 8-9)

step 1 启动PowerPoint 2010 应用程序，打开“绿色栽培”演示文稿。在幻灯片浏览窗格中选中第 10 张幻灯片。

step 2 打开【动画】选项卡，在【高级动画】选项组中单击【动画窗格】按钮，打开【动画窗格】任务窗格。

step 3 在【动画窗格】任务窗格中选中【图片 14】的动画，在【计时】选项组中单击 2 次【向前移动】按钮或者单击 2 次【动画窗格】中按钮，将其移动到文本占位符动画效果的上方，此时标号自动更改为 2。

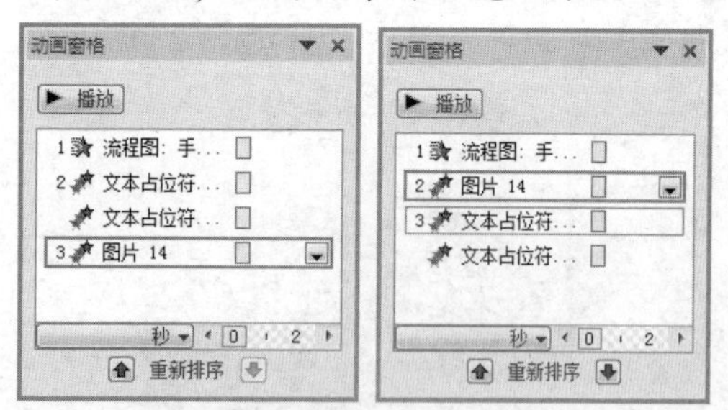

step 4 在快速访问工具栏中单击【保存】按钮，保存演示文稿。

实用技巧

在【动画窗格】任务窗格中选中动画，在【计时】选项组中单击【向后移动】按钮，或者单击任务窗格下方的按钮，即可将该动画向下移动。

8.4 案例演练

本章的案例演练部分通过设计“医院季度工作总结报告”演示文稿动画效果，使用户通过练习从而巩固本章所学知识。

【例 8-10】设计“医院季度工作总结报告”演示文稿动画效果。

视频+素材 (光盘素材\第 08 章\例 8-10)

step 1 启动PowerPoint 2010 应用程序，打开“医院季度工作总结报告”演示文稿。

step 2 默认选中第 1 张幻灯片，打开【切换】选项卡，在【切换到此幻灯片】组中单击【其他】按钮，从弹出的列表中选择【华丽型】选项区中的【百叶窗】选项。

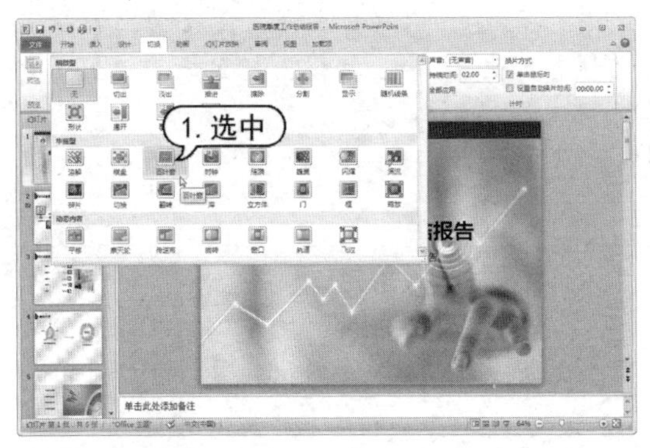

step 3 此时，即可将【百叶窗】型切换动画应用到第 1 张幻灯片，并自动放映该切换动画效果。

step 4 在【计时】组中单击【声音】下拉按钮，从弹出的下拉列表中选择【风声】选项，选中【换片方式】下的所有复选框，并设置时间为 01:00.00。

step 5 在【计时】组中，单击【全部应用】按钮，将设置好的效果和计时选项应用到所有幻灯片中。

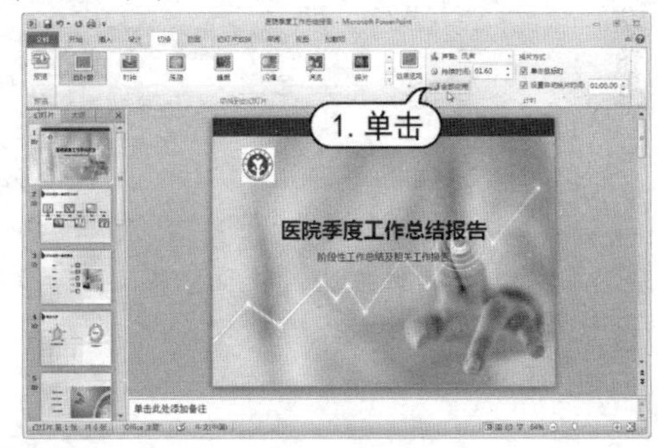

step 6 单击状态栏中的【幻灯片浏览】按钮 ，切换至幻灯片浏览视图，在幻灯片缩略图下显示切换效果图标和自动切换时间。

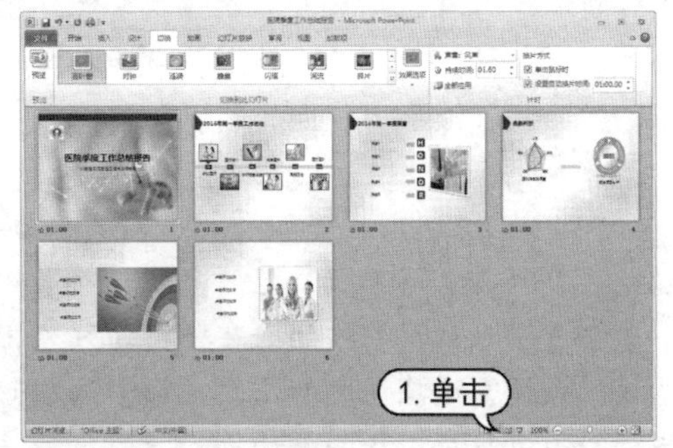

step 7 切换至普通视图，在幻灯片浏览窗格

中选择第 2 张幻灯片，将其显示在编辑窗口中。选中其中最左侧的图片，打开【动画】选项卡。

step 8 在【动画】组中，单击【其他】按钮，在弹出的列表中选择【进入】选项区中的【翻转式由远及近】选项，为图片应用该进入动画。

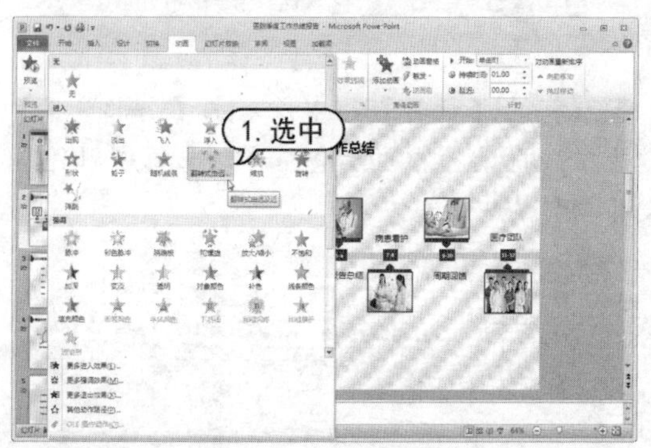

step 9 使用同样的方法，为第 2 张幻灯片中的其他图片应用进入动画效果。

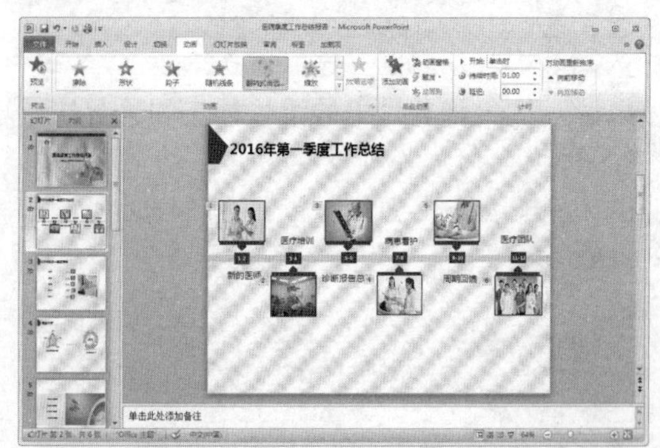

step 10 选中标题占位符，在【高级动画】组中单击【添加动画】按钮，在弹出的列表中选择【强调】选项区中的【波浪形】选项，为标题占位符应用该强调动画。

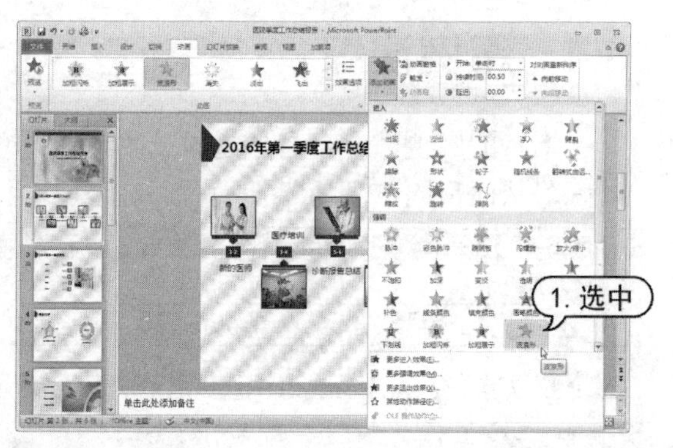

step 11 在【高级动画】组中单击【动画窗格】按钮，然后在打开的【动画窗格】窗格中将标题动画调整为最先播放。

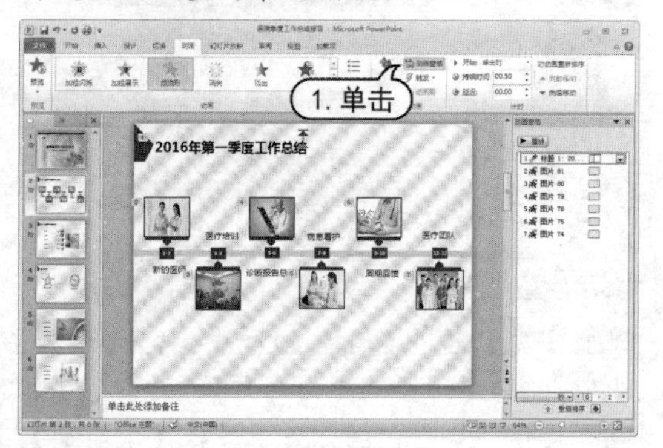

step 12 在幻灯片浏览窗格中，选中第 3 张幻灯片，并选中标题占位符。在【动画】组中单击【其他】按钮，在弹出的列表中选择【更多进入效果】命令。

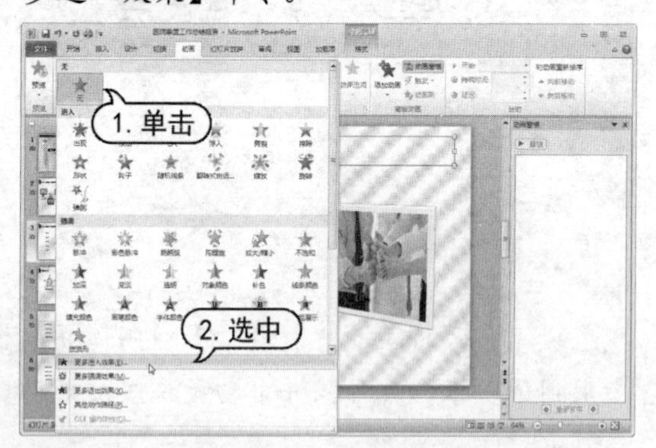

step 13 打开【更改进入效果】对话框。在其中然后选择【展开】选项，然后单击【确定】按钮。

step 14 选中幻灯片中最右侧的图片，在【高级动画】组中单击【添加动画】下拉列表按钮，在弹出的下拉列表中选择【更多强调效果】命令，打开【添加强调效果】对话框。

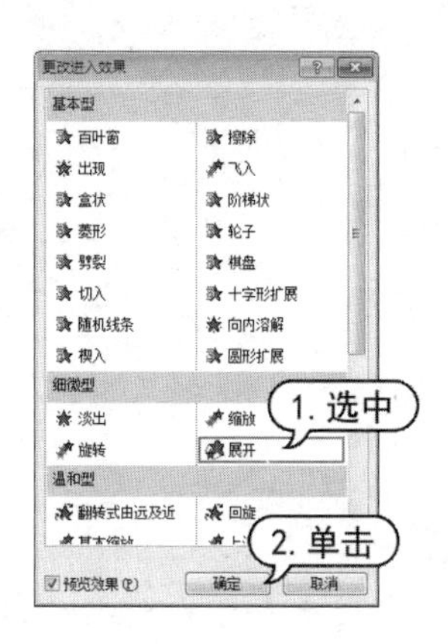

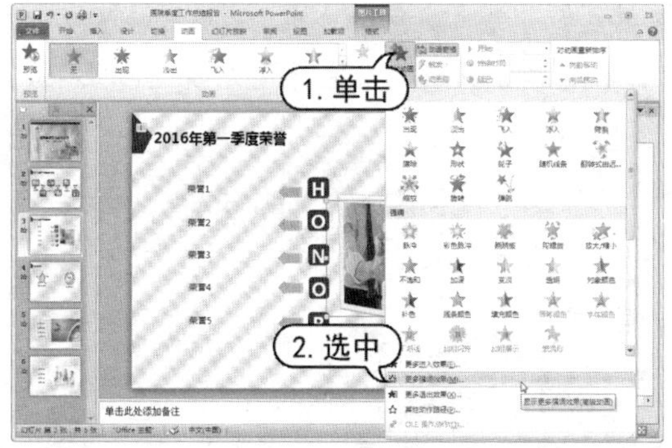

step 15　在【添加强调效果】对话框中选择【加深】选项后，然后单击【确定】按钮，为图片设置【加深】动画效果。

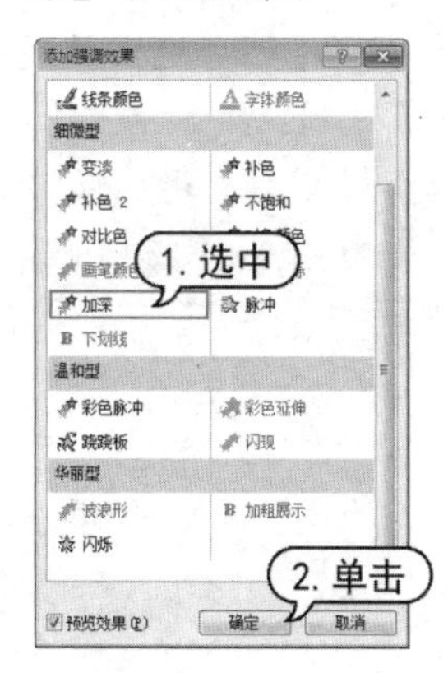

step 16　保持图片的选中状态，在【动画】选项卡的【计时】组中单击【开始】下拉列表按钮，在弹出的下拉列表中选中【与上一动画同时】选项，在【持续时间】文本框中输入“01.50”。

step 17　选中第 4 张幻灯片，然后选中幻灯片中的标题占位符，在【高级动画】选项组中单击【添加动画】下拉按钮，从弹出的列表中选择【其他动作路径】命令。

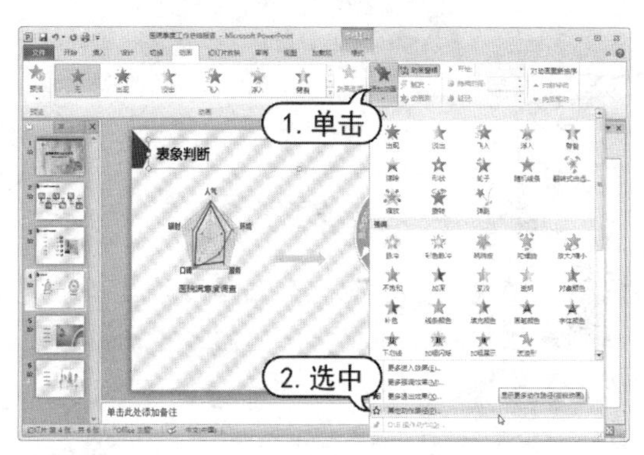

step 18　打开【添加动作路径】对话框，选中【向右】选项，然后单击【确定】按钮，添加【向右】路径动画效果。

step 19　在幻灯片中调整动画的路径，单击【预览】按钮预览效果。

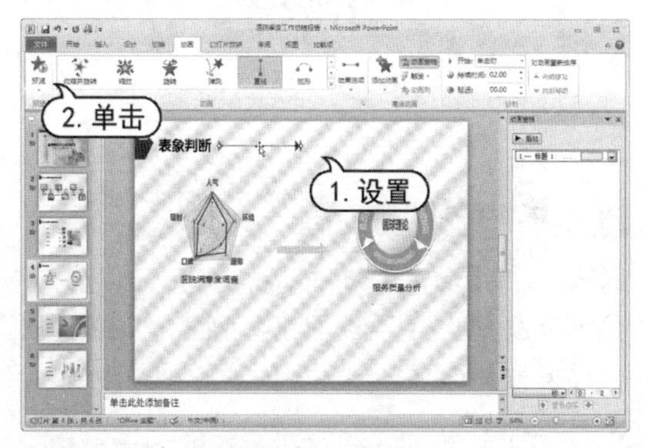

step 20　选中幻灯片最左侧的图片，在【动画】

选项卡的【动画】组中单击【其他】按钮，在弹出的下拉列表中选择【飞入】选项。

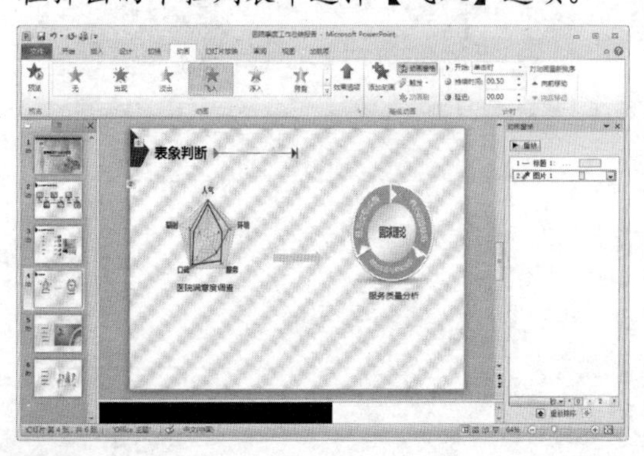

step 21 在【动画】组中单击【效果选项】下拉列表按钮，在弹出的下拉列表中选择【自左侧】选项。

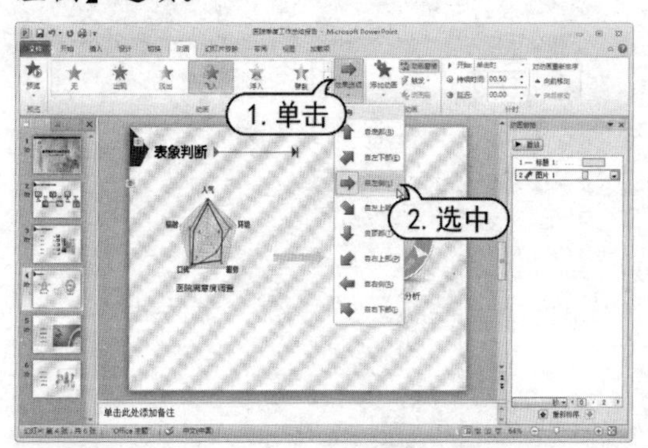

step 22 选中幻灯片最右侧的图片，在【动画】选项卡的【动画】组中单击【其他】按钮，在弹出的下拉列表中选择【轮子】选项。

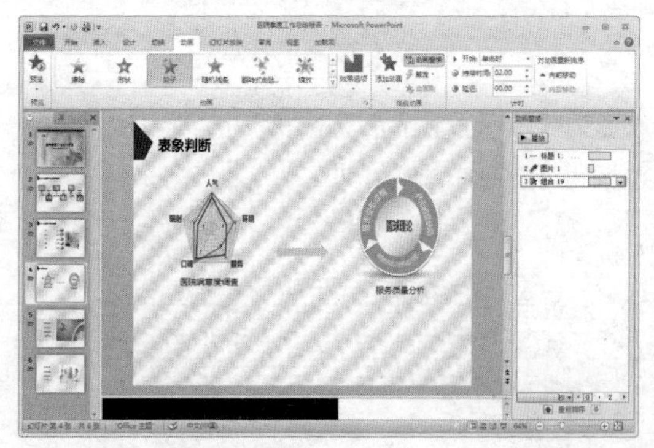

step 23 在【动画】组中单击【效果选项】下拉列表按钮，在弹出的下拉列表中选择【8轮辐图案】选项。

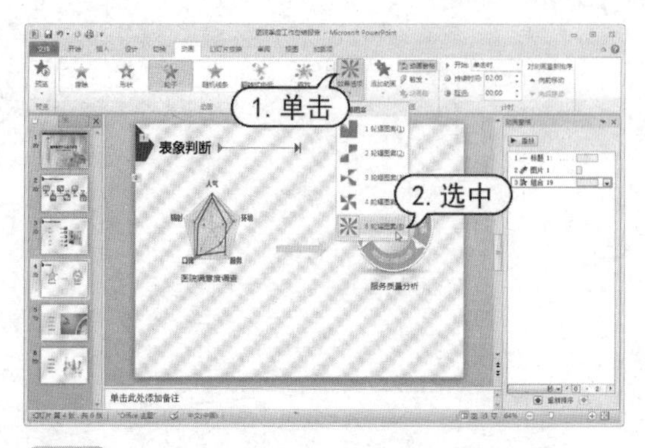

step 24 选中最后一张幻灯片中的图片，在【高级动画】选项组中单击【添加动画】按钮，在弹出的下拉列表中选择【更多退出效果】命令。

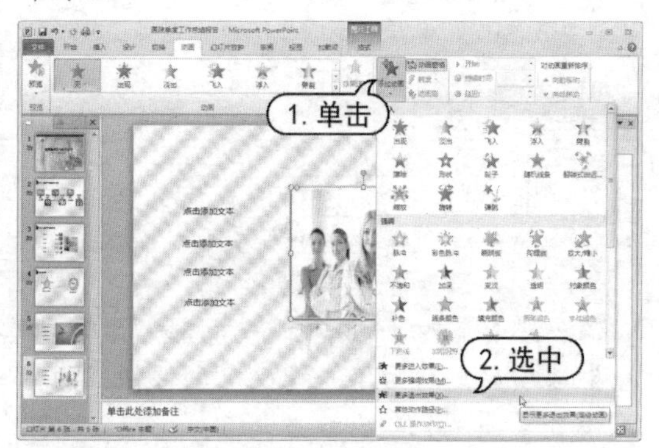

step 25 在打开的【添加退出效果】对话框中选择【棋盘】选项，然后单击【确定】按钮，为占位符添加【棋盘】退出动画效果。

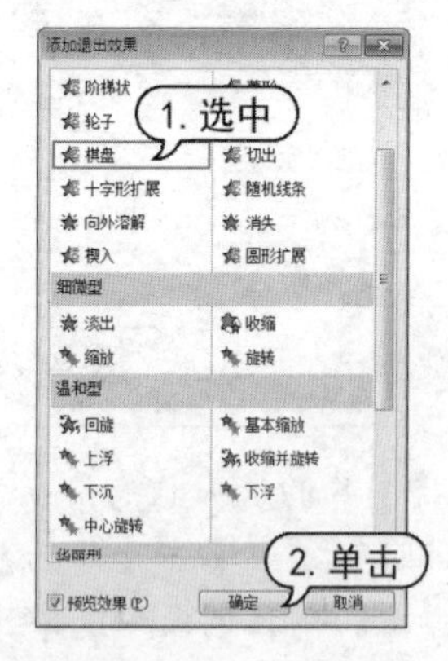

step 26 在快速访问工具栏中单击【保存】按钮，保存演示文稿。

第 9 章

设计交互式演示文稿

在 PowerPoint 中，可以为幻灯片中的文本、图像等对象添加超链接或者动作。当放映幻灯片时，可以在添加了超链接的文本或动作按钮上单击，程序将自动跳转到指定的页面，或者执行指定的程序。演示文稿不再是从头到尾播放的线形模式，而是具有了一定的交互性，能够按照预先设定的方式，在适当的时候放映需要的内容，或做出相应的反应。

对应光盘视频

例 9-1 为文本创建超链接
例 9-2 为图片创建超链接
例 9-3 设置超链接格式
例 9-4 链接到其他演示文稿
例 9-5 添加动作按钮
例 9-6 制作“旅游行程”演示文稿
例 9-7 制作“肌肤测试”演示文稿

9.1 设置幻灯片超链接

在平时浏览网页的过程中，用户单击某段文本或某张图片就会弹出另一个相关的网页，通常这些被单击的对象就称为超链接。超链接是指向特定位置或文件的一种连接方式，可以利用它指定程序的跳转的位置。超链接只有在幻灯片放映时才有效。在 PowerPoint 中，超链接可以跳转到当前演示文稿中的特定幻灯片、其他演示文稿中特定的幻灯片、自定义放映、电子邮件地址、文件或 Web 页上。

9.1.1 创建超链接

只有幻灯片中的对象才能添加超链接，备注、讲义等内容不能添加超链接。幻灯片中可以显示的对象几乎都可以作为超链接的载体。添加或修改超链接的操作一般在普通视图中的幻灯片编辑窗口中进行，在幻灯片浏览窗格的大纲选项卡中，只能对文字添加或修改超链接。

1. 为幻灯片中的文本创建超链接

当完成幻灯片的制作后，可以为幻灯片中的文本创建超链接。首先选中需要创建超链接的文本，然后打开【插入】选项卡，在【链接】选项组中单击【超链接】按钮。在打开的【插入超链接】对话框中进行设置，即可为选中的文本创建超链接。

【例 9-1】为“踏青时节”演示文稿文本创建超链接。
视频+素材 (光盘素材\第 09 章\例 9-1)

step① 启动PowerPoint 2010 应用程序，打开“踏青时节”演示文稿。

step② 在幻灯片浏览窗格中选中第2张幻灯片，将其显示在幻灯片编辑窗口中。在文本占位符中选中“明孝陵”文本。

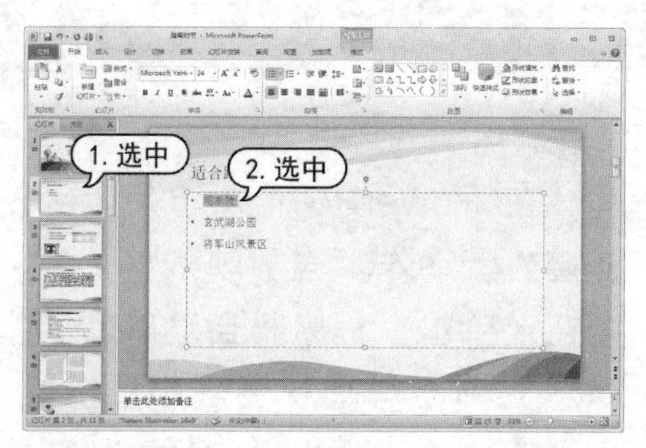

step③ 打开【插入】选项卡，在【链接】组中单击【超链接】按钮，打开【插入超链接】对话框。

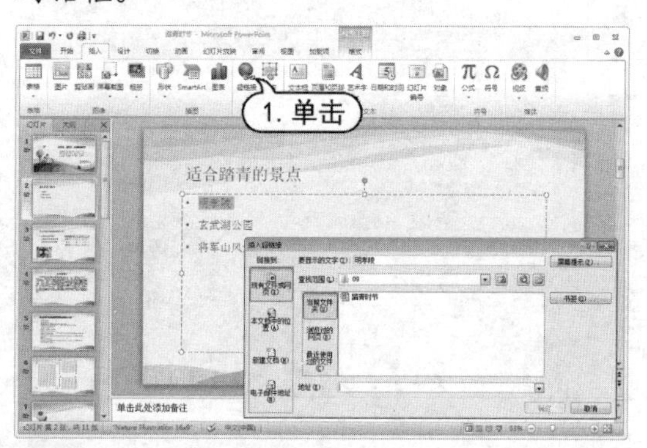

step④ 在【插入超链接】对话框的【链接到】列表框中单击【本文档中的位置】按钮，在【请选择文本框中的位置】列表框中选择需要链接到的第 4 张幻灯片，然后单击【确定】按钮。

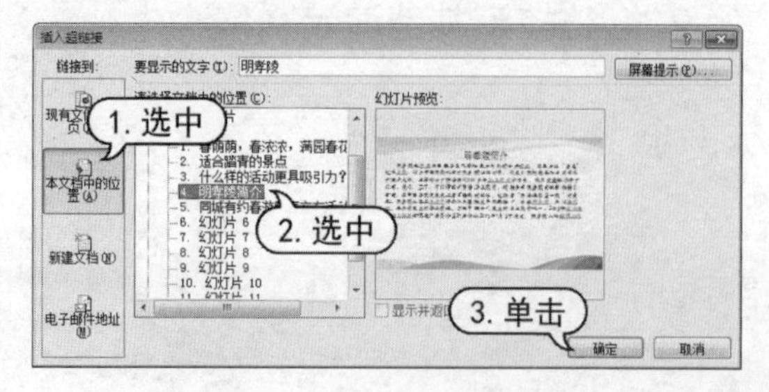

step 5　返回幻灯片编辑窗口，此时在第 2 张幻灯片中可以看到“明孝陵”文本的颜色变成了绿色，并且下方还增加了下划线，这就表示该文本创建了超链接。

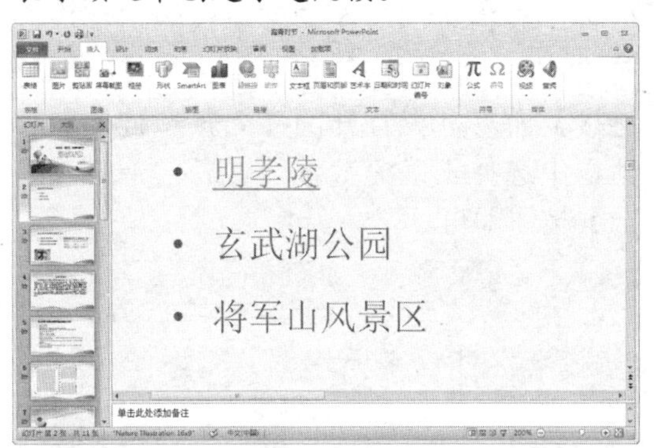

step 6　按下F5 键放映幻灯片，当放映到第 2 张幻灯片时，将鼠标移动到“明孝陵”文字上方，此时鼠标变成手形，单击超链接，演示文稿将自动跳转到第 4 张幻灯片。

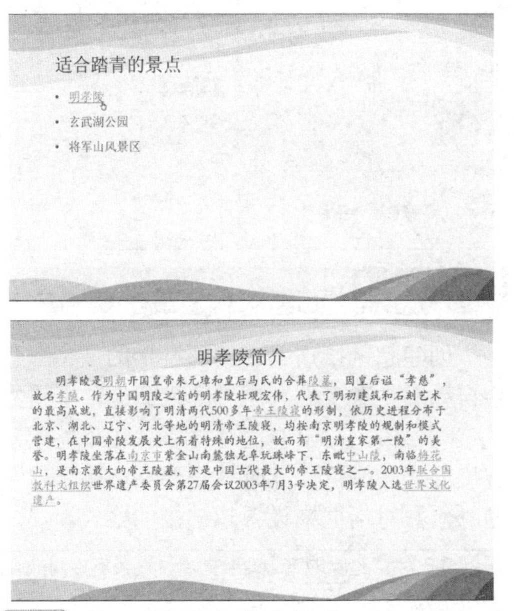

step 7　按Esc键退出放映模式，返回幻灯片编辑窗口，此时，第 2 张幻灯片中的超链接将改变颜色，表示在放映演示文稿的过程中已经预览过该超链接。

step 8　在快速问工具栏中单击【保存】按钮，保存添加超链接后的“踏青时节”演示文稿。

2. 为幻灯片中的图片创建超链接

在制作演示文稿时，除了可以为幻灯片中的文本创建超链接外，幻灯片中显示的图片同样也可以创建为超链接。为幻灯片中的图片创建超链接的方法与为文本创建超链接类似，只是设置对象不同。

【例 9-2】为“踏青时节”演示文稿图片创建超链接。
视频+素材 (光盘素材\第 09 章\例 9-2)

step 1　启动PowerPoint 2010 应用程序，打开“踏青时节”演示文稿，在幻灯片浏览窗格中选中第 3 张幻灯片，将其显示在幻灯片编辑窗口中。

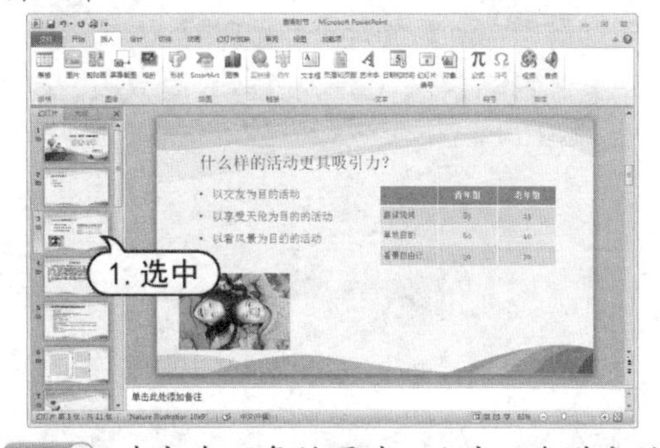

step 2　选中左下角的图片，右击，在弹出的快捷菜单中选择【超链接】命令。

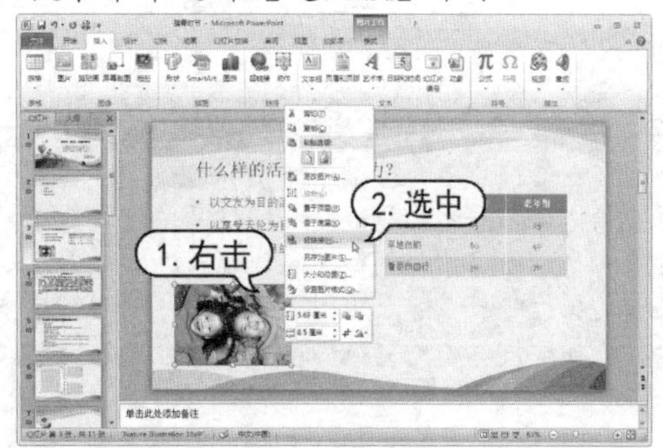

step 3 打开【插入超链接】对话框，在【链接到】列表框中单击【本文档中的位置】按钮，在【请选择文本框中的位置】列表框中选择需要链接到的第5张幻灯片，然后单击【确定】按钮。

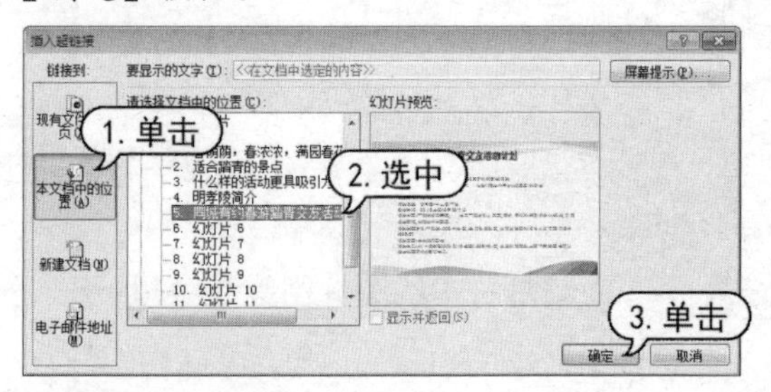

step 4 返回幻灯片编辑窗口，单击阅读视图按钮，进入阅读视图模式，单击图片，即可查看链接到的幻灯片。

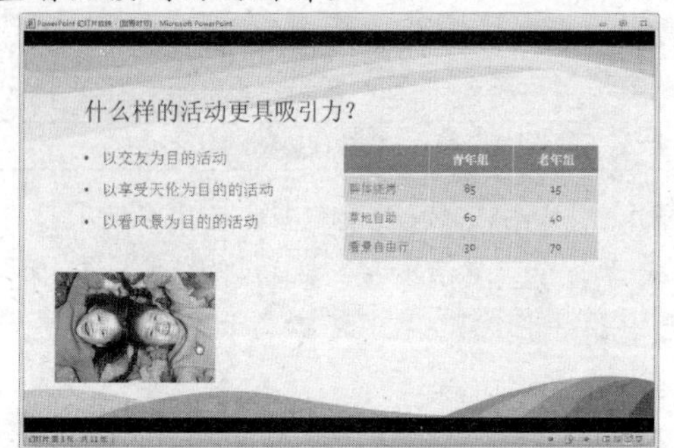

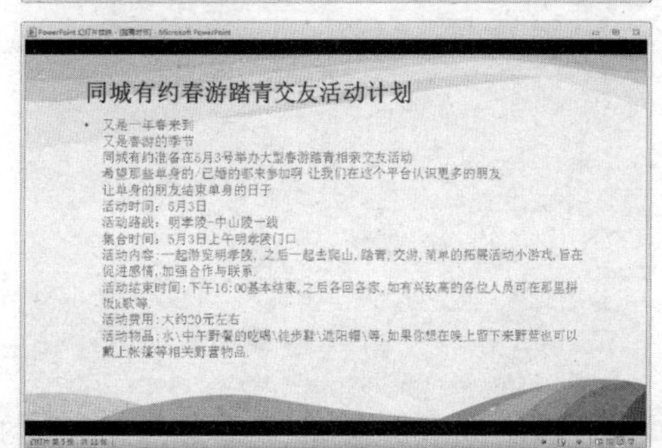

step 5 在快速访问工具栏中单击【保存】按钮，保存"踏青时节"演示文稿。

知识点滴

只有幻灯片中的对象才能添加超链接，备注、讲义等内容不能添加超链接。幻灯片中可以显示的对象几乎都可以作为超链接的载体。添加或修改超链接的操作一般在普通视图中的幻灯片编辑窗口中进行，在幻灯片浏览窗格的大纲选项卡中只能对文字添加或修改超链接。

9.1.2 编辑超链接

创建超链接后，若发现位置有误，则可对其进行编辑，即重新设置正确的链接位置。操作方法：在需要编辑的超链接上右击，在弹出的快捷菜单中选择【编辑超链接】命令，在打开的【编辑超链接】对话框中选择正确的链接位置后，单击【确定】按钮即可。

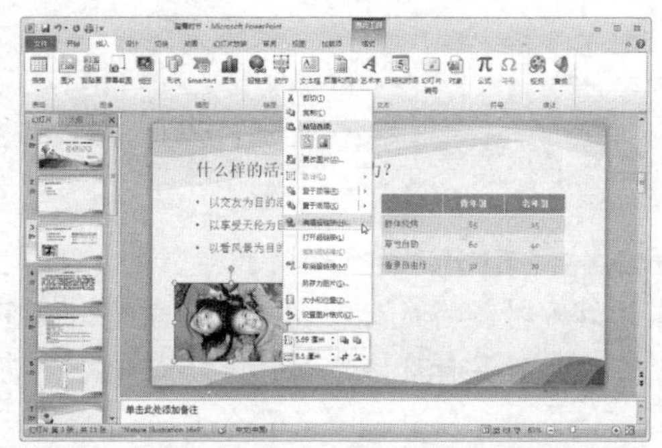

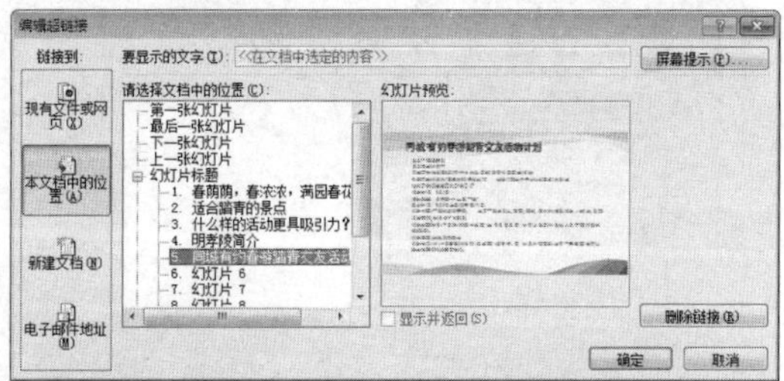

9.1.3 设置超链接格式

创建超链接后，应用超链接的文字颜色会自动发生改变。利用【插入】选项卡里的【字体】组的【字体颜色】按钮，也不能改变链接文字的颜色。此时就需要利用【新建主题颜色】对话框来设置超链接的格式。

【例 9-3】为"踏青时节"演示文稿设置超链接格式。
视频+素材 (光盘素材\第 09 章\例 9-3)

step 1 启动PowerPoint 2010 应用程序，打开"踏青时节"演示文稿，在幻灯片浏览窗格中选择第2张幻灯片，将其显示在幻灯片编辑窗口中。

step 2 打开【设计】选项卡，在【主题】组中单击【颜色】下拉按钮，从弹出的下拉列表中选择【新建主题颜色】选项。

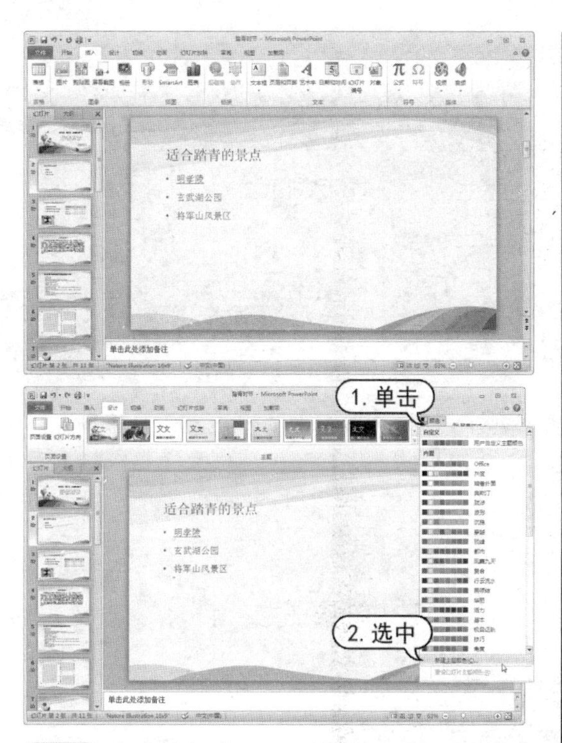

step 3　打开【新建主题颜色】对话框，在【主题颜色】栏中单击【超链接】右侧的下拉按钮，在弹出的下拉列表中选择【标准色】栏中的【红色】。

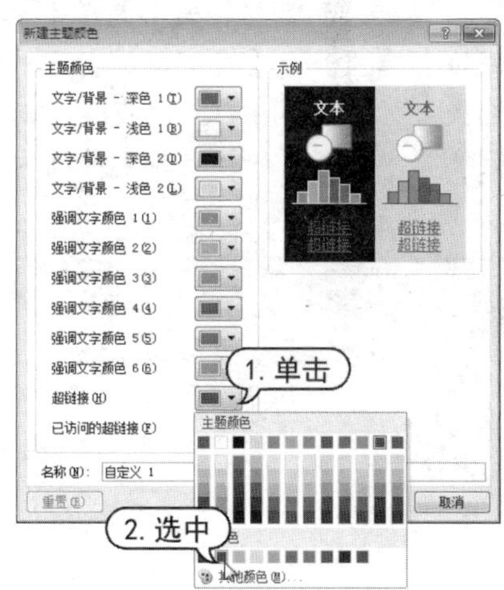

step 4　按照同样的方法将已访问的超链接颜色设置为【蓝色】，然后单击【保存】按钮完成所有设置。

step 5　返回幻灯片编辑窗口，添加链接的文字由原来的绿色变成了红色。当放映幻灯片时，单击添加链接的文字后，文字的颜色会变成蓝色。

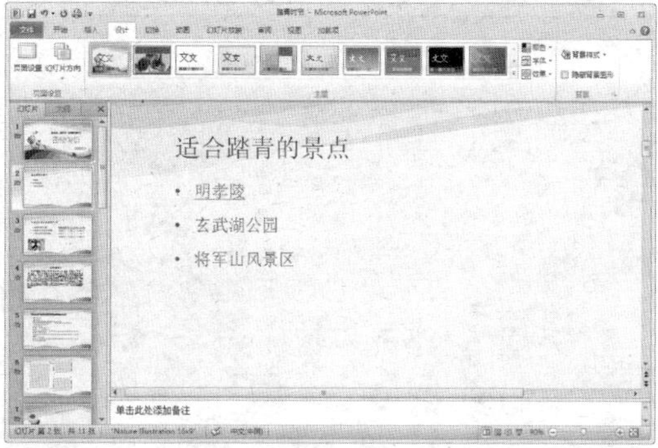

step 6　在快速访问工具栏中单击【保存】按钮，保存“踏青时节”演示文稿。

9.1.4 清除超链接

如果幻灯片中存在无用的超链接，可以将其及时清除。操作方法：先将鼠标指针定位到需要清除超链接的内容中，然后选择【插入】选项卡的【链接】组，单击【超链接】按钮，在打开的【编辑超链接】对话框中单击【删除链接】按钮即可。

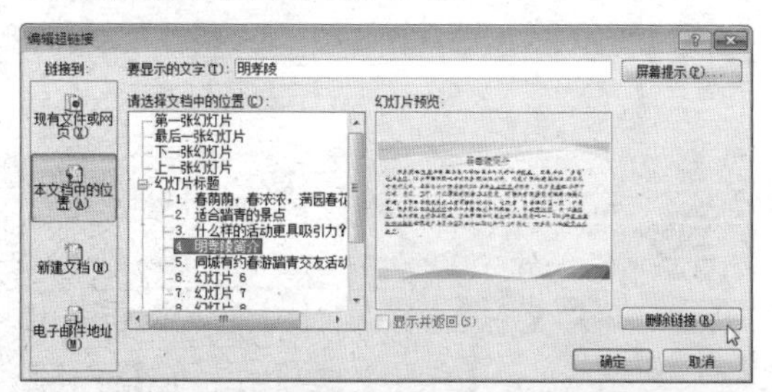

实用技巧

右击添加的超链接，在快捷菜单中选择【取消超链接】命令，即可删除该超链接。

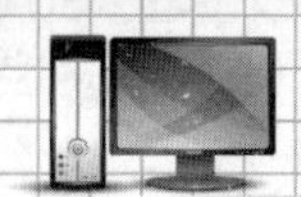

9.1.5 链接到其他对象

在 PowerPoint 2010 中除了可以将对象链接到当前演示文稿的其他幻灯片中外，还可以链接到其他对象中，如其他演示文稿、电子邮件和网页等。

1. 链接到其他演示文稿

将幻灯片中对象链接到其他演示文稿的目的是为了快速查看相关内容。

【例 9-4】将“丽江之旅”演示文稿链接到“旅行社宣传”演示文稿中。
视频+素材（光盘素材\第 09 章\例 9-4）

step 1 启动PowerPoint 2010 应用程序，打开“旅行社宣传”演示文稿。

step 2 在第 1 张幻灯片中，打开【插入】选项卡，在【文本】组中单击【文本框】按钮，从弹出的下拉菜单中选择【横排文本框】命令。

step 3 拖动鼠标在幻灯片中绘制文本框，并输入文本。打开【开始】选项卡，在【字体】组中设置文本字体为【楷体】，字号为 20，然后分别单击【加粗】按钮和【文字阴影】按钮。

step 4 打开【插入】选项卡，在【链接】组中单击【超链接】按钮，打开【超链接】对话框。

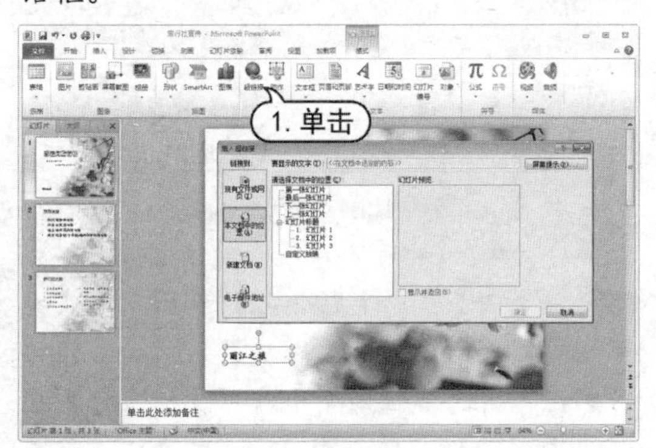

step 5 在【链接到】列表框中选择【现有文件或网页】选项，在【查找范围】下拉列表框中选择目标文件所在位置，在【当前文件夹】列表框中选择【丽江之旅】选项，单击【确定】按钮。

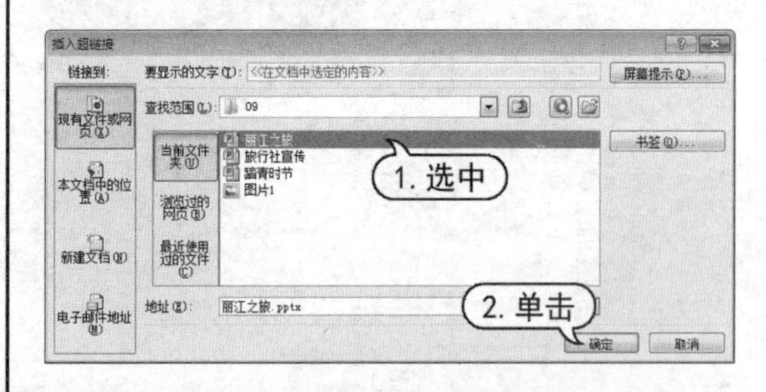

step 6 此时，“旅行社宣传”演示文稿即可链接到“丽江之旅”演示文稿中，按下F5 键放映幻灯片，在第 1 张幻灯片中将鼠标指针移动到“丽江之旅”文本框中，此时鼠标指针变为手形。

step 7 单击超链接，系统将自动跳转到“丽江之旅”演示文稿的放映界面。

step 8　按Esc键退出放映模式，返回到幻灯片编辑窗口，在快速访问工具栏中单击【保存】按钮，保存添加超链接后的“旅行社宣传”演示文稿。

2. 链接到电子邮件

在 PowerPoint 2010 中可以将幻灯片链接到电子邮件中。

选择要链接的对象，打开【插入】选项卡，在【链接】组中单击【超链接】按钮，打开【超链接】对话框，在【链接到】列表框中选择【电子邮件地址】选项，在【电子邮件地址】和【主题】文本框中输入所需文本，然后单击【确定】按钮完成设置。此时，对象中的文本文字颜色变为淡蓝色，并自动添加下划线。

上年度主要商品销售额

商品分类	销售额（元）
服饰类	1,850,560
食品类	5,894,698
出版品类	693,125
化妆品类	1,235,653
生活用品类	2,679,324
其他类	35,567

实用技巧

放映链接后的演示文稿，单击超链接文本，将自动启动电子邮件软件 Outlook 2010，在打开的写信页面中填写收件人和主题，输入正文后，单击【发送】按钮即可发送邮件。

3. 链接到网页

在 PowerPoint 2010 中还可以将幻灯片链接到网页中。其链接方法与为幻灯片中的文本或图片添加超链接的方法类似，只是链接的目标位置不同。其方法为：选择要设置链接的对象，打开【插入】选项卡，在【链接】组中单击【超链接】按钮，打开【超链接】对话框，在【链接到】列表框中选择【现有文件或网页】选项，在【地址】文本框中粘贴所复制的网页地址，然后单击【确定】按钮即可。

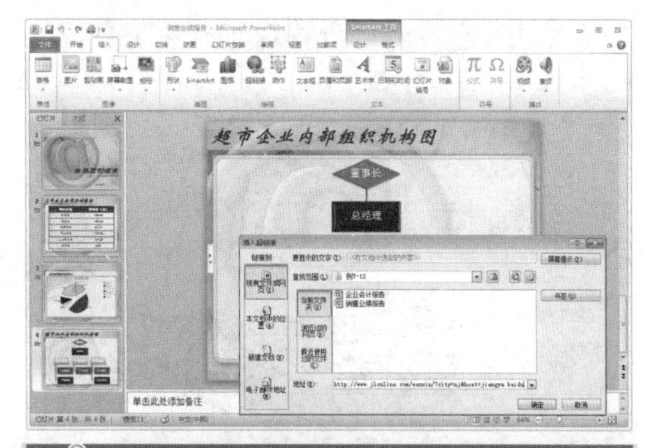

实用技巧

在放映幻灯片时，单击添加超链接的对象后，将自动打开所链接的网站。

4. 链接到其他文件

在 PowerPoint 2010 中还可以将幻灯片链接到其他文件，如 Office 文件。

打开【插入】选项卡，在【链接】组中单击【超链接】按钮，打开【超链接】对话框。在【链接到】列表框中选择【现有文件或网页】选项，在【查找位置】右侧单击【浏览文件】按钮，打开【链接到文件】对话框。在其中选择目标文件，单击【确定】按钮，在【地址】文本框中显示链接地址，单击【确定】按钮，完成链接操作。

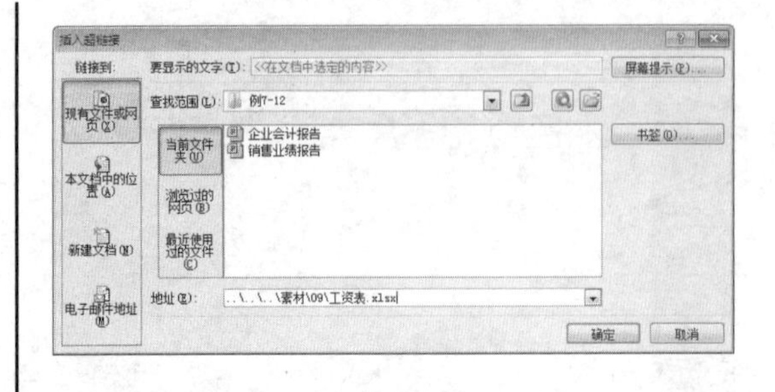

9.2 添加动作按钮

动作按钮是 PowerPoint 中预先设置好的一组带有特定动作的图形按钮，这些按钮被预先设置为指向前一张、后一张、第一张、最后一张幻灯片、播放声音及播放电影等链接，应用这些预置好的按钮，可以实现在放映幻灯片时跳转的目的。

动作与超链接有很多相似之处，几乎包括了超链接可以指向的所有位置，动作还可以设置其他属性，如设置当鼠标移过某一对象上方时的动作。设置动作与设置超链接是相互影响的，在【设置动作】对话框中所做的设置，可以在【编辑超链接】对话框中表现出来。

【例 9-5】为“丽江之旅”演示文稿，添加动作按钮。
视频+素材 (光盘素材\第 09 章\例 9-5)

step 1 启动PowerPoint 2010 应用程序，打开“丽江之旅”演示文稿。在幻灯片浏览窗格中选择第 3 张幻灯片缩略图，将其显示在幻灯片编辑窗口中。

step 2 打开【插入】选项卡，在【插图】组中单击【形状】按钮，在弹出的下拉列表中选择【动作按钮】选项区域中的【后退或前一项】选项。

step 3 在幻灯片的右上角拖动鼠标绘制形状，当释放鼠标时，系统将自动打开【动作设置】对话框。

step 4 在【动作设置】对话框的【单击鼠标时的动作】选项区域中，选中【超链接到】单选按钮，然后在【超链接到】下拉列表框中选择【幻灯片】选项。打开【超链接到幻灯片】对话框，在该对话框中选择幻灯片【美丽的丽江之旅】选项，然后单击【确定】按钮。

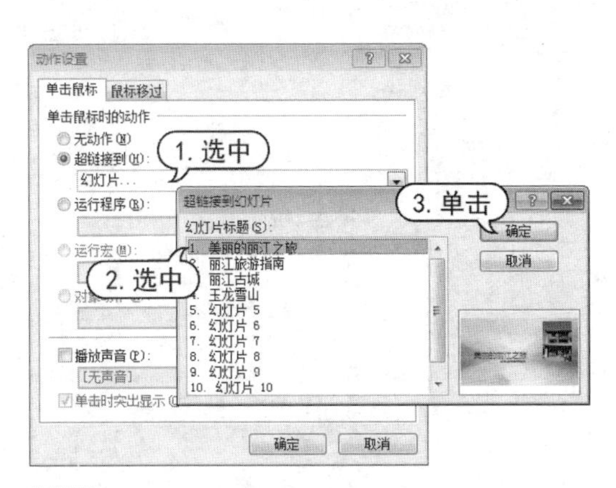

step 5 返回【动作设置】对话框，打开【鼠标移过】选项卡，在该选项卡中选中【播放声音】复选框，并在其下方的下拉列表中选择【单击】选项，然后单击【确定】按钮，完成该动作的设置。

知识点滴

放映演示文稿过程中，当鼠标移过该动作按钮(无需单击)时，将自动播放【单击】声音，而单击该按钮时，演示文稿将直接跳转到指定幻灯片。

step 6 在幻灯片中保持选中绘制的图形，打开【绘图工具】的【格式】选项卡，单击【形状样式】组中的【其他】按钮，在弹出的列表框中选择一种样式，为图形快速应用该形状样式。

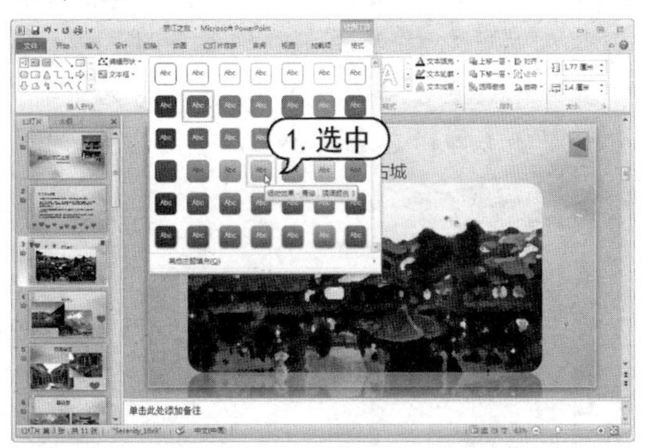

step 7 在快速访问工具栏中单击【保存】按钮，保存“丽江之旅”演示文稿。

知识点滴

在幻灯片中选中文本后，在【链接】组中单击【动作】按钮，同样将打开【动作设置】对话框，此时【鼠标移动时突出显示】复选框不可用。而为图形或图形设置动作时，该复选框呈可用状态。

9.3　案例演练

本章的案例演练部分包括制作“旅游行程”演示文稿和“肌肤测试”演示文稿两个综合实例操作，用户通过练习从而巩固本章所学知识。

9.3.1 制作“旅游行程”演示文稿

【例 9-6】应用超链接和动作按钮创建交互式“旅游行程”演示文稿。
视频+素材 (光盘素材\第 09 章\例 9-6)

step 1 启动PowerPoint 2010 应用程序，单击【文件】按钮，从弹出的菜单中选择【新建】命令，在【可用的模板和主题】窗格中单击【我的模板】按钮，打开【新建演示文稿】对话框。

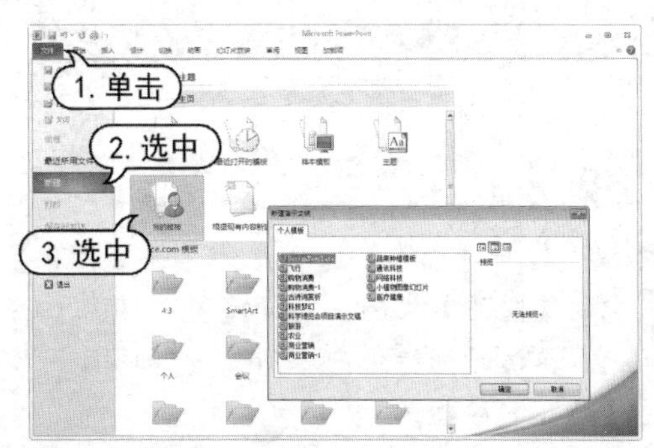

step 2 打开【新建演示文稿】对话框，在【个人模板】列表框中选择【旅游】选项，单击

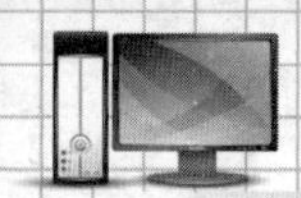

【确定】按钮，新建一个演示文稿。

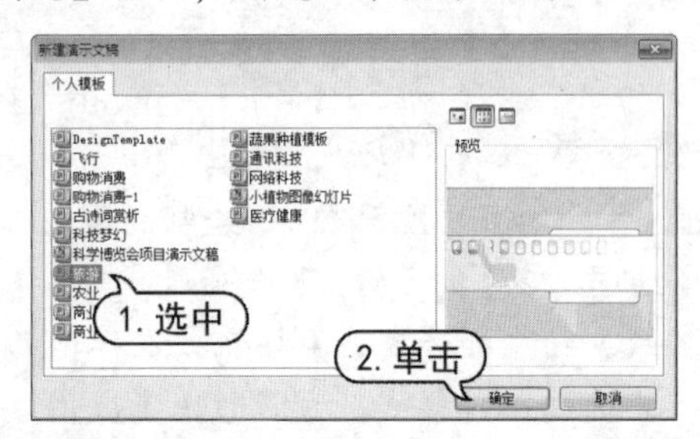

step 3 在【单击此处添加标题】文本占位符中输入标题文字"春游路线详细说明",在【字体】组中设置字体为【隶书】，字号为 54，分别单击【加粗】按钮和【文字阴影】按钮。

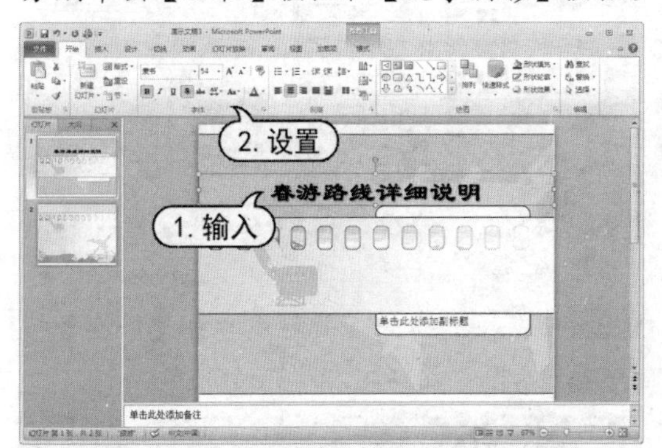

step 4 在【单击此处添加副标题】文本占位符中输入副标题文字"—— 普陀一日游"，在【字体】组中设置字体为【华文行楷】，字号为 36；在【段落】面板中单击【居中】按钮。

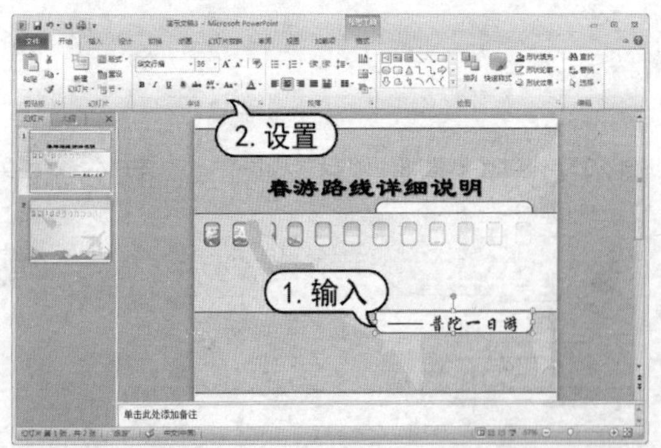

step 5 打开【插入】选项卡，单击【图像】组中的【图片】按钮，打开【插入图片】对话框。在该对话框中选择所需要的图片，单击【插入】按钮。

step 6 此时，即可在幻灯片中插入一张图片，并调整插入图片的大小及位置。

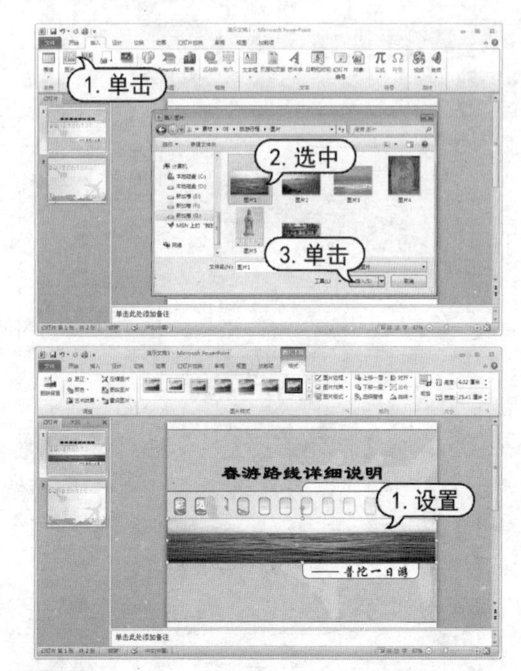

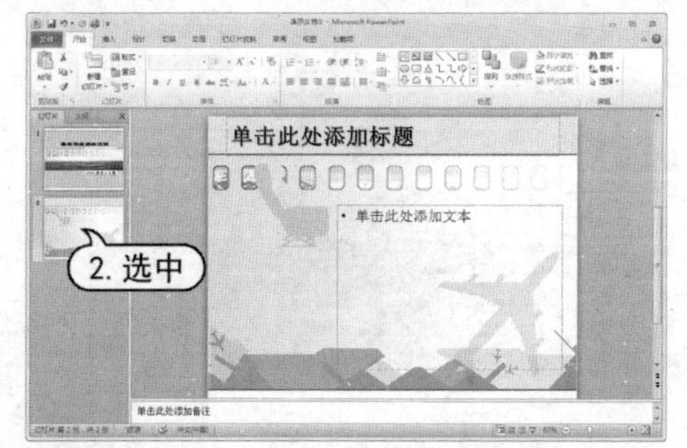

step 7 在幻灯片浏览窗格中选择第2张幻灯片缩略图，将其显示在幻灯片编辑窗口中。

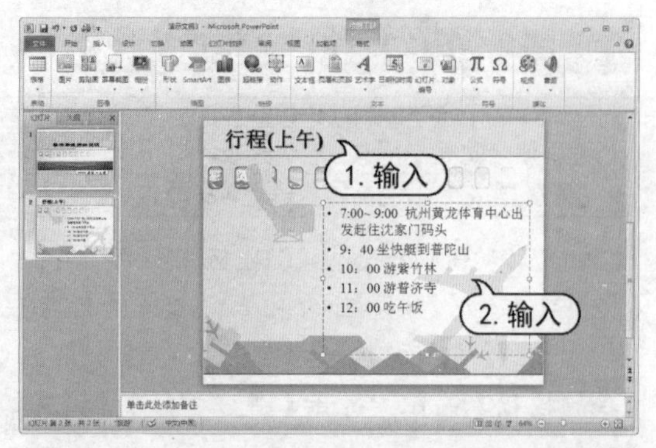

step 8 在幻灯片中输入标题文字"行程(上午)"，在【字体】组中单击【加粗】按钮和【文字阴影】按钮。在【单击此出添加文本】文本占位符中输入文字内容。

step 9 打开【插入】选项卡，单击【图像】

组中的【图片】按钮，打开【插入图片】对话框。在该对话框中选择所需要的图片，单击【插入】按钮在幻灯片中插入一张图片。

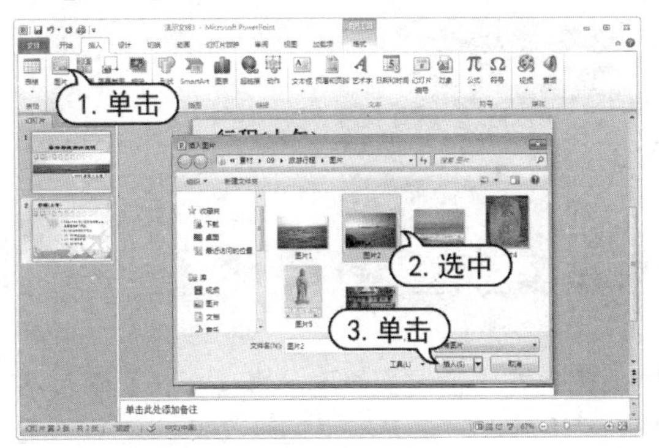

step 10 调整插入图片的大小，并在【图片样式】组中的图片总体外观样式组中单击【其他】按钮，从弹出的列表框中选择【金属椭圆】样式。

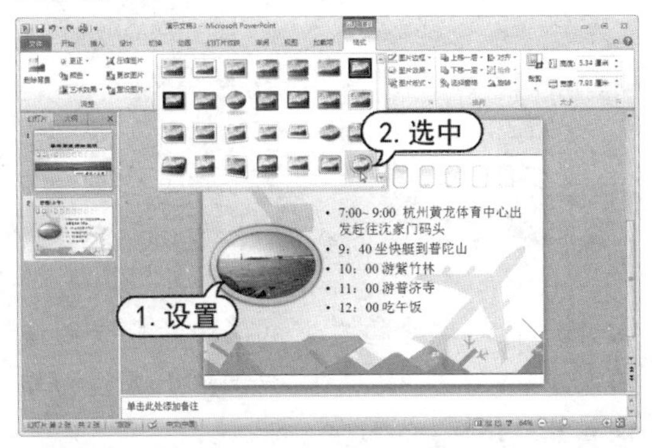

step 11 打开【开始】选项卡，在【幻灯片】组中单击【新建幻灯片】按钮，新建一张幻灯片，使用同样的方法，添加并设置第3张幻灯片的内容。

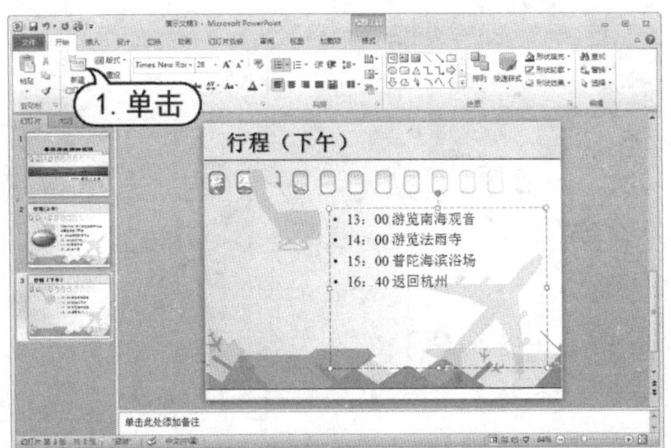

step 12 使用同样的方法，依次添加另外三张景点介绍的幻灯片。

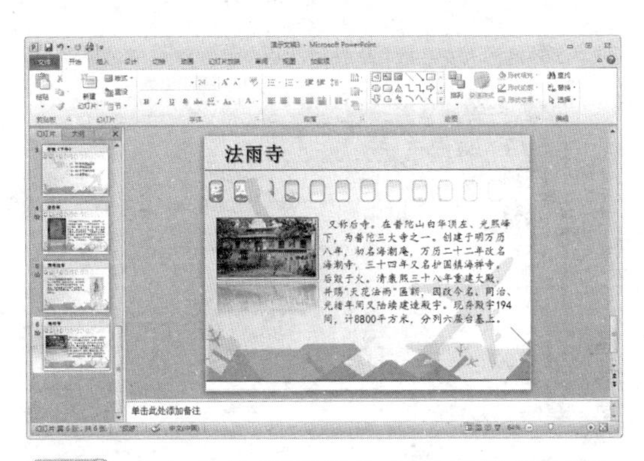

step 13 在幻灯片浏览窗格中选择第2张幻灯片缩略图，将其显示在幻灯片编辑窗口中。选中文字“紫竹林”，打开【插入】选项卡，在其中单击【链接】组中的【超链接】按钮。

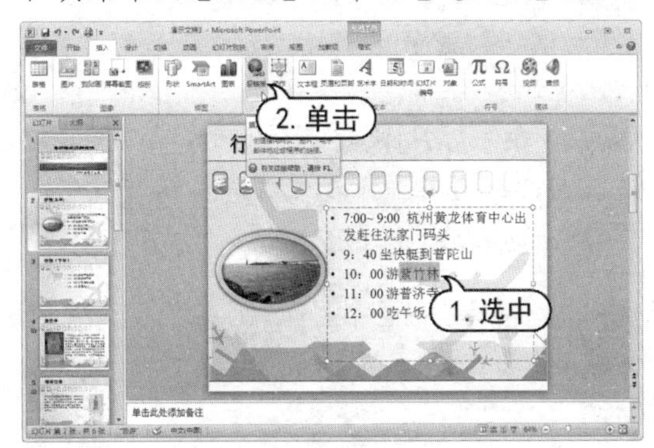

step 14 打开【插入超链接】对话框，在【链接到】列表中单击【本文档中的位置】按钮，在【请选择文档中的位置】列表框中单击【幻灯片标题】展开列表，选择【紫竹林】选项，单击【屏幕提示】按钮。

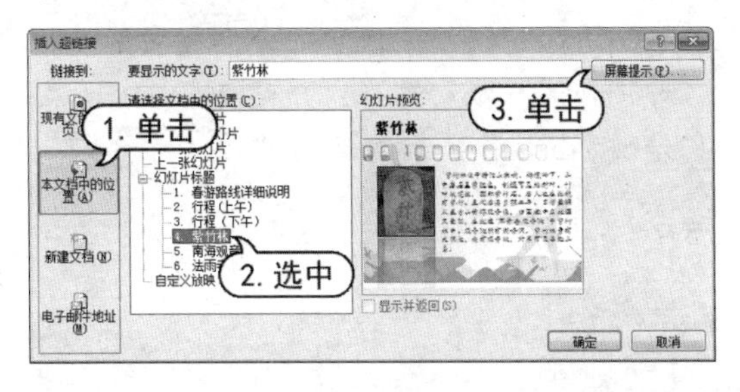

step 15 打开【设置超链接屏幕提示】对话框，在【屏幕提示文字】文本框中输入提示文字“紫竹林介绍”，然后单击【确定】按钮。

step 16 返回到【插入超链接】对话框，再次单击【确定】按钮，完成该超链接的设置。返回至幻灯片编辑窗口中，此时可以查看链接文本。

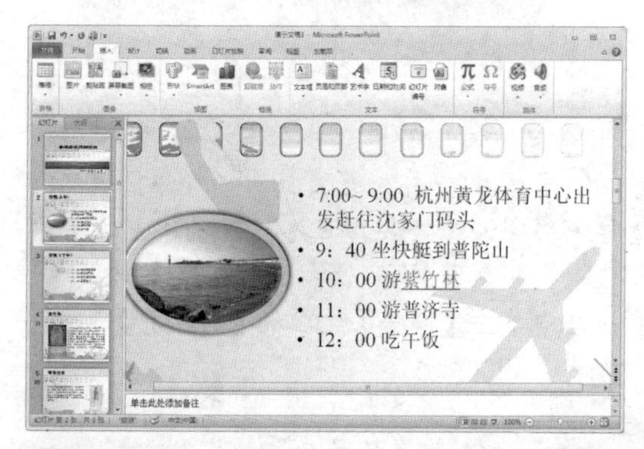

step 17 在幻灯片浏览窗格中选择第3张幻灯片缩略图，将其显示在幻灯片编辑窗口中。

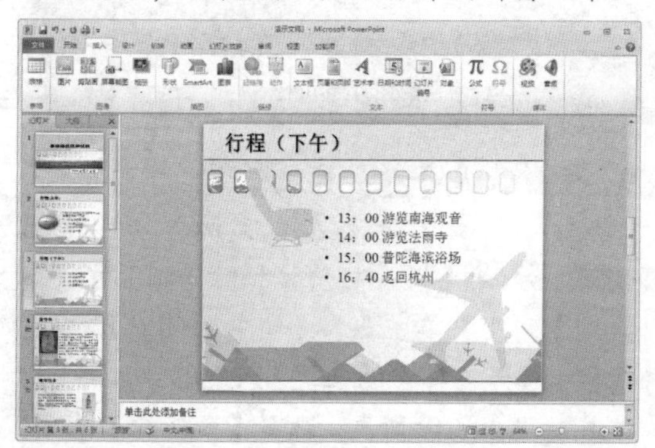

step 18 为幻灯片中的文字“南海观音”和“法雨寺”添加超链接，使它们分别指向第5张幻灯片和第6张幻灯片，并设置屏幕提示文字分别为“南海观音介绍”和“法雨寺介绍”。

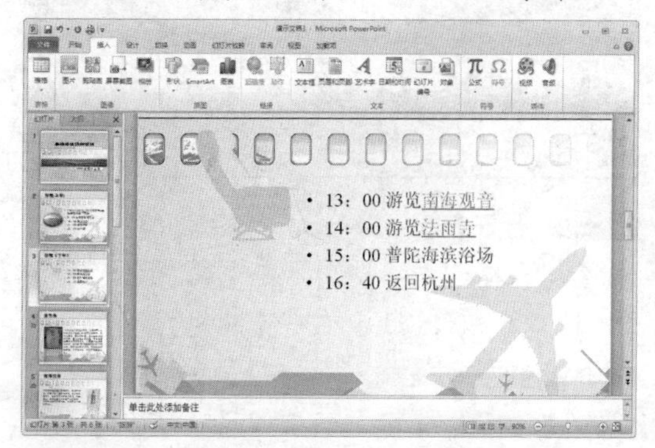

step 19 在幻灯片浏览窗格中选择第4张幻灯片缩略图，将其显示在幻灯片编辑窗口中。

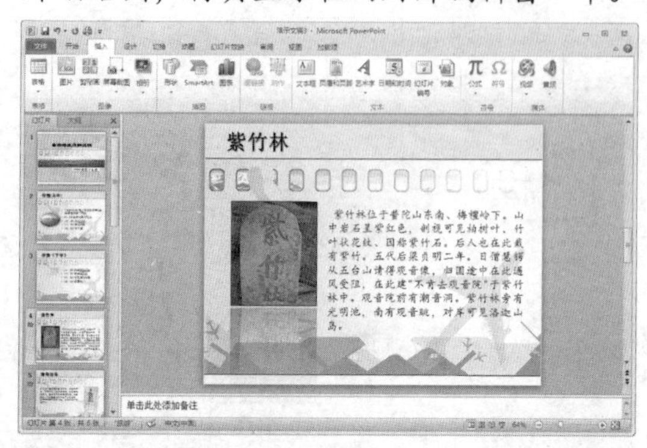

step 20 在【插图】组中单击【形状】下拉按钮，从弹出的列表框中选择【动作按钮：上一张】选项。

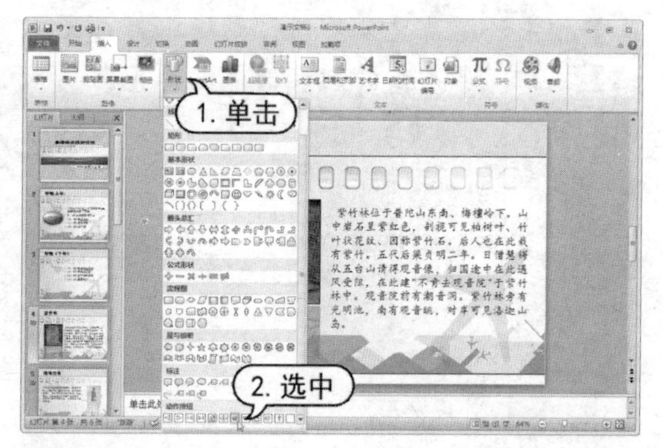

step 21 在幻灯片的右上角拖动鼠标绘制该图形，当释放鼠标时，系统自动打开【动作设置】对话框。

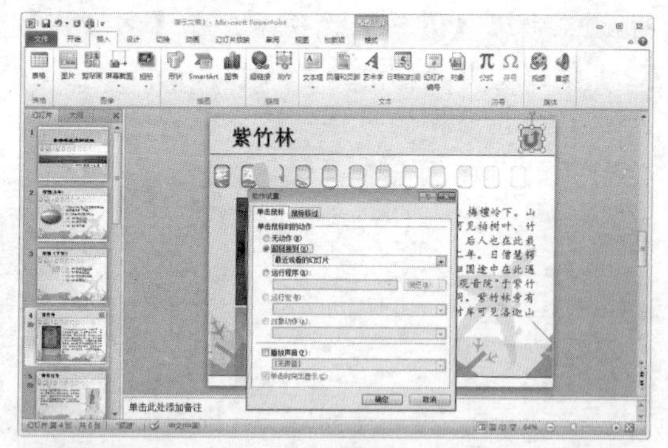

step 22 在【单击鼠标时的动作】选项区域中选中【超链接到】单选按钮，此时在【超链接到】下拉列表框中选择【幻灯片】选项，打开【超链接到幻灯片】对话框，在该对话框中选择【行程(上午)】选项，然后单击【确定】按钮，完成该动作的设置。

step 23 打开【绘图工具】的【格式】选项卡，在【形状样式】组中单击形状外观样式组的【其他】按钮，从弹出的列表框中选择一种样式，为创建的动作按钮添加外观样式。

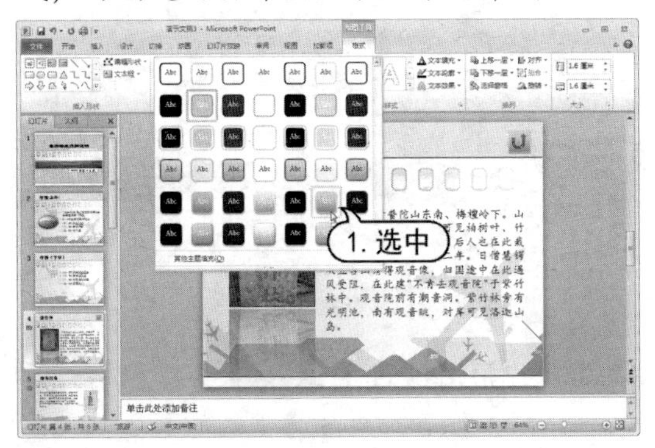

step 24 使用同样的方法，在第 5 张幻灯片和第 6 张幻灯片右上角绘制动作按钮，并将它们链接到第 3 张幻灯片。

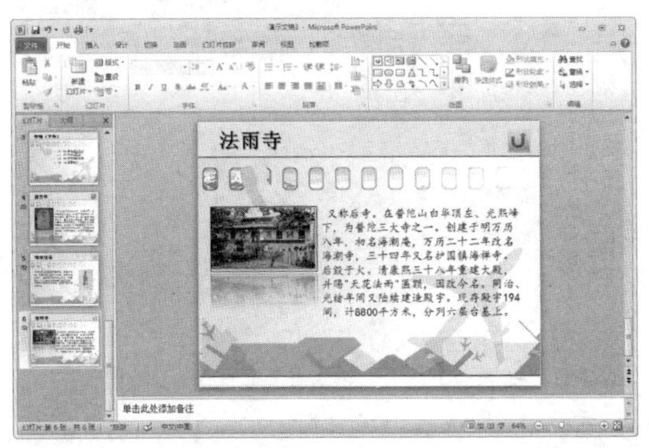

step 25 在快速访问工具栏中单击【保存】按钮，将该演示文稿以文件名“旅游行程”进行保存。

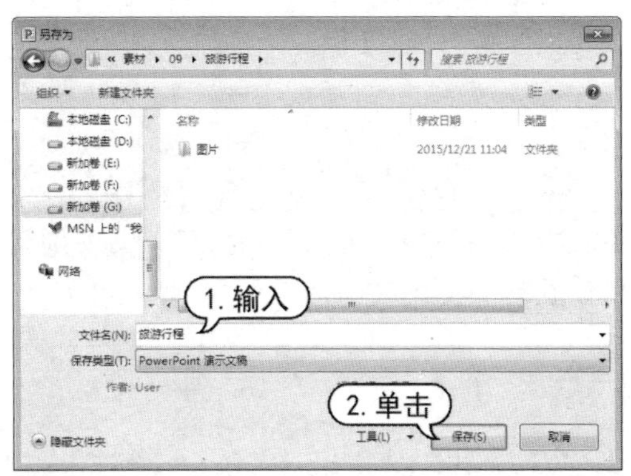

step 26 单击状态栏中的【幻灯片浏览】按钮，切换至幻灯片浏览视图，查看制作完成的交互式演示文稿。

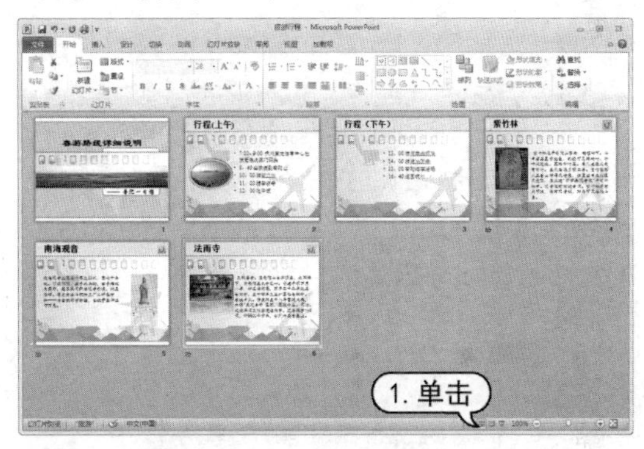

step 27 在幻灯片浏览视图中，选中第 1 张幻灯片缩略图，打开【切换】选项卡，在切换到此幻灯片时应用该效果组中单击【其他】按钮，在弹出的列表框中选择【百叶窗】选项，为幻灯片应用该切换效果。

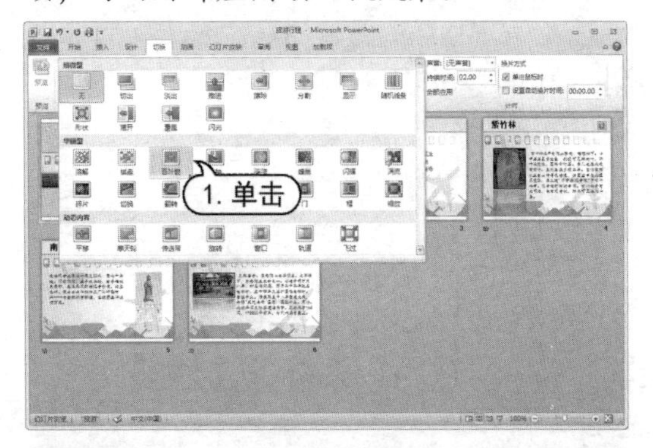

step 28 在【计时】组中单击【声音】下拉按钮，从弹出的下拉列表中选择【微风】选项，然后单击【全部应用】按钮。

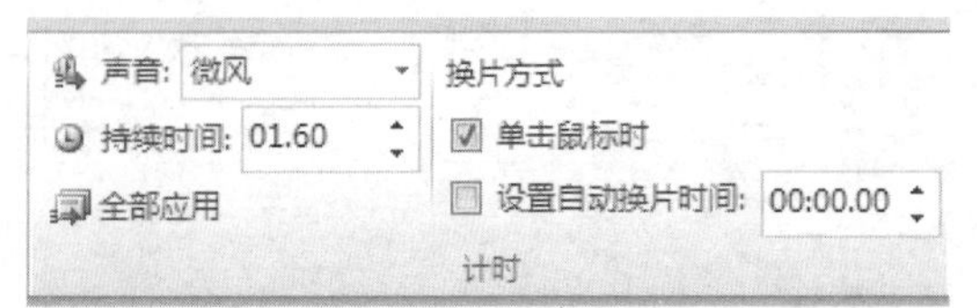

step 29 此时，演示文稿中所有的幻灯片将应用设置的切换效果和计时选项。

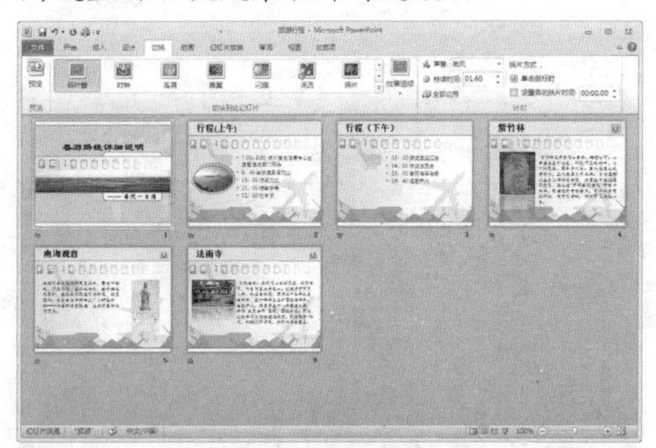

step 30 单击状态栏中的【普通视图】按钮，切换至普通视图。

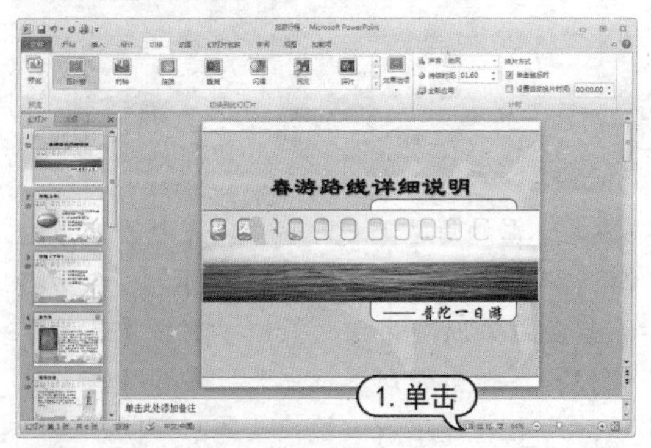

step 31 在第1张幻灯片中选中标题文本占位符，打开【动画】选项卡。

step 32 在【动画】组中，单击切换到此幻灯片时应用该效果组的【其他】按钮，从弹出的列表框中选择【弹跳】选项，为标题应用【弹跳】进入动画效果。

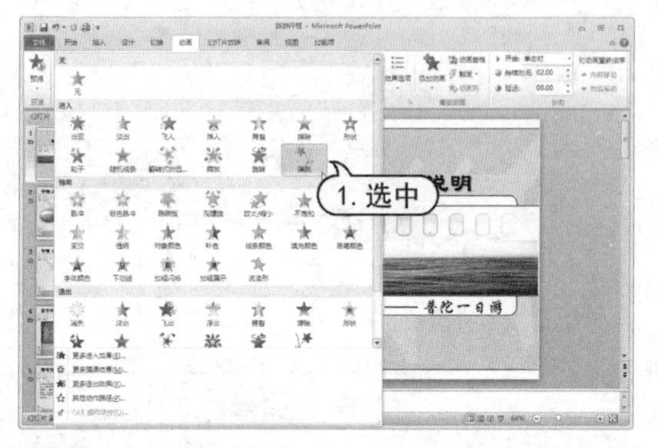

step 33 使用同样的方法，为副标题占位符设置【形状】进入动画效果。

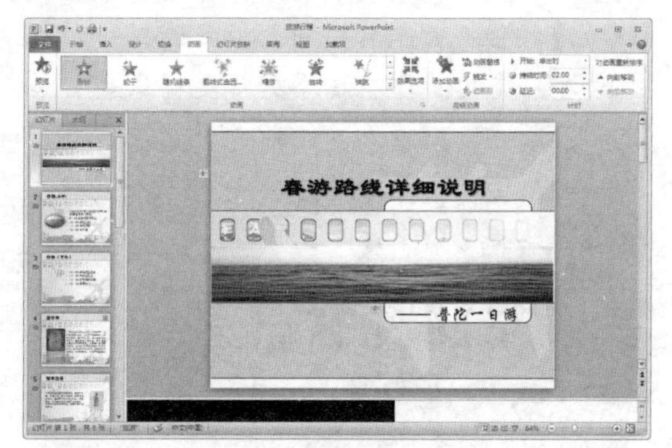

step 34 使用同样的方法，为第2~3张幻灯片中的标题占位符，设置【下划线】强调动画效果。

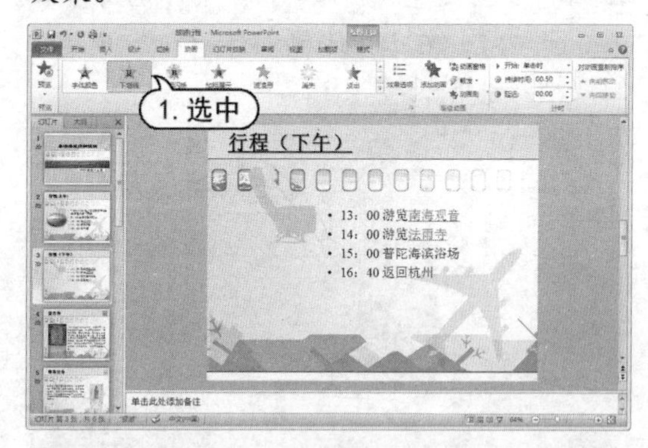

step 35 在幻灯片浏览窗格中选择第4张幻灯片缩略图，将其显示在幻灯片编辑窗口中，并选中标题占位符。

step 36 在【动画】组中，单击切换到此幻灯片时应用该效果组的【其他】按钮，从弹出的列表中选择【轮子】选项，为标题应用【轮子】进入动画效果。

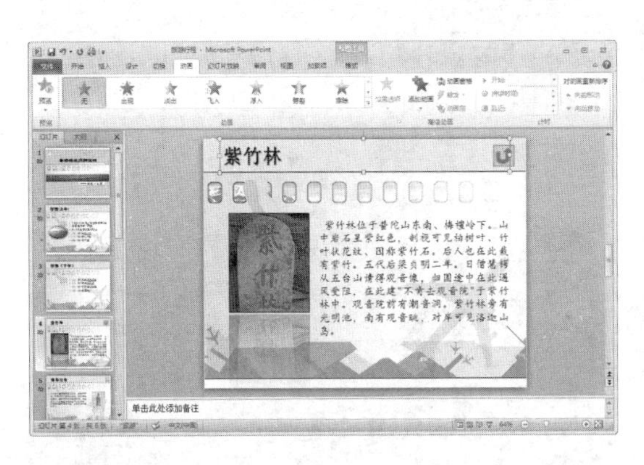

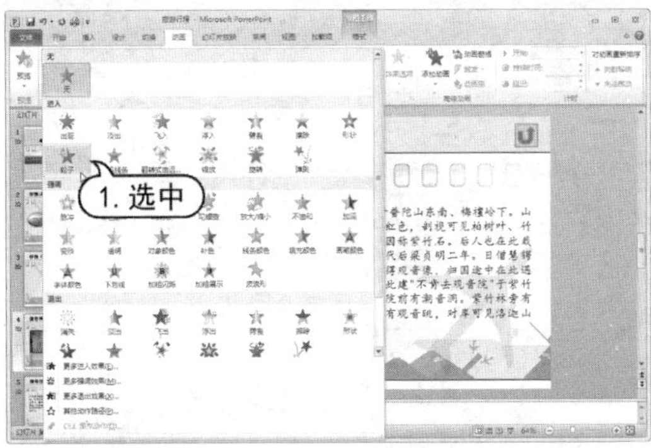

step 37 选中图片，在【动画】组中，单击切换到此幻灯片时应用该效果组的【其他】按钮，从弹出的列表中选择【浮入】选项，为图片应用【浮入】进入动画效果。

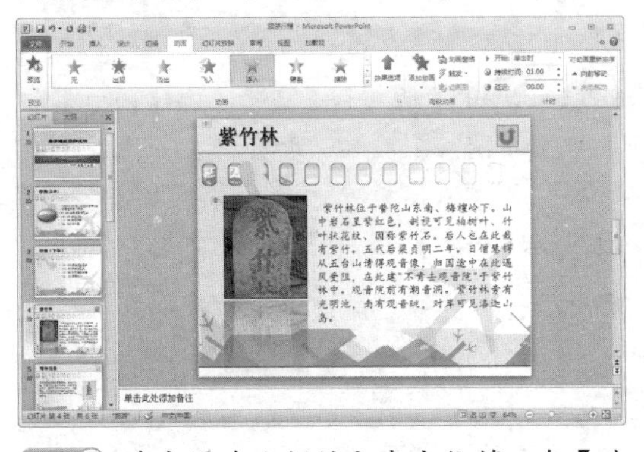

step 38 选中图片右侧的文本占位符，在【动画】组中，单击切换到此幻灯片时应用该效果组的【其他】按钮，从弹出的列表中选择【加粗展示】选项，为标题应用【加粗展示】强调动画效果。

step 39 参照步骤 35~38，为第 5~6 张幻灯片中的对象设置同样的动画效果。

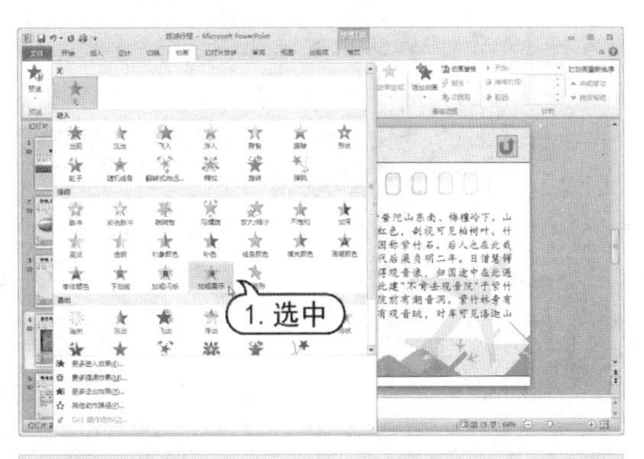

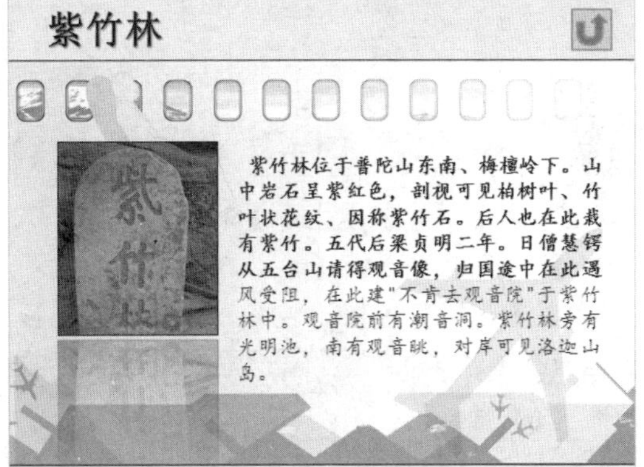

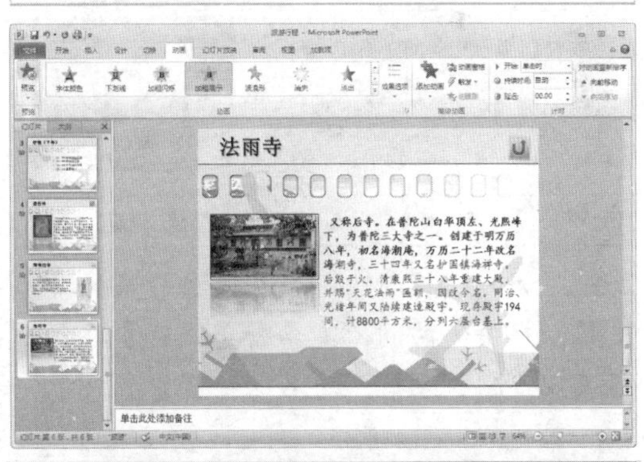

实用技巧

在为第 5~6 张幻灯片设置动画效果时，也可以使用【动画刷】按钮 动画刷 来复制动画效果。

step 40 单击【文件】按钮，在弹出的菜单中选择【保存】命令，保存设置动画效果后的“旅游行程”演示文稿。

9.3.2 制作“肌肤测试”演示文稿

【例 9-7】使用 PowerPoint 2010 制作“肌肤测试”演示文稿。

视频+素材 (光盘素材\第 09 章\例 9-7)

step 1 启动PowerPoint 2010 应用程序，单击

【文件】按钮，从弹出的【文件】菜单中选择【新建】命令，在【可用的模板和主题】窗格中单击【我的模板】按钮，打开【新建演示文稿】对话框。

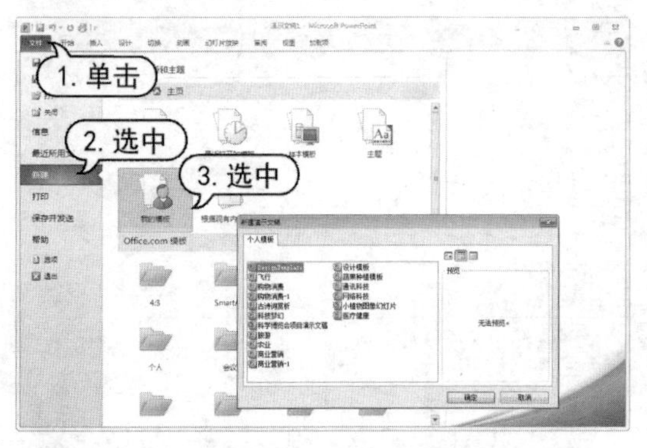

step 2 在【新建演示文稿】对话框的【个人模板】列表框中选择【设计模板】选项，然后单击【确定】按钮。

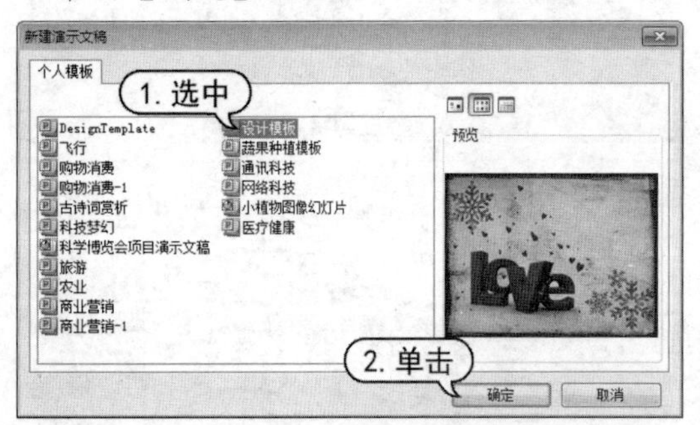

step 3 此时，将新建一个基于该模板的演示文稿，在快速访问工具单击【保存】按钮，将其以“肌肤测试”为名保存。

step 4 自动打开第 1 张幻灯片，单击【单击此处添加标题】文本占位符，并输入文字内容。在【字体】组中设置字体为【华文琥珀】，字号为 54，单击【文字阴影】按钮，单击【字体颜色】下拉按钮，从弹出的列表中选择【深红】选项。调整文本占位符大小及位置。

step 5 单击【单击此处添加副标题】文本占位符，并输入文字内容。在【字体】组中设置字体为【方正大标宋简体】，字号为 24。然后调整文本占位符大小及位置。

step 6 打开【插入】选项卡，在【图像】组中单击【图片】按钮，打开【插入图片】对话框。在该对话框中选择所需要的图片，然后单击【插入】按钮将其插入到幻灯片中。

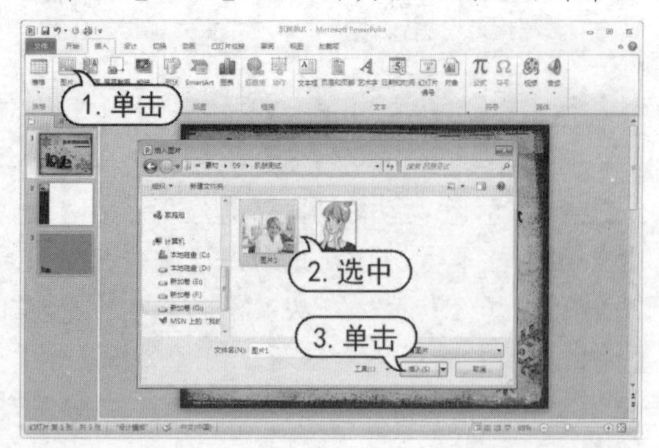

step 7 在幻灯片中，拖动鼠标调节插入图片的大小及位置。

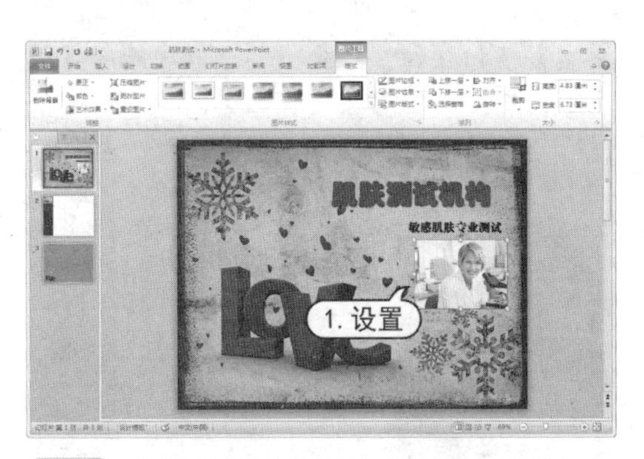

step 8　在幻灯片浏览窗格中选择第2张幻灯片缩略图，将其显示在幻灯片编辑窗格中，并打开【开始】选项卡。

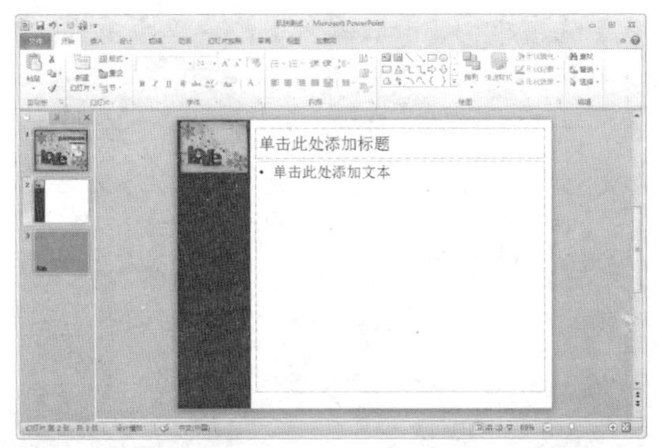

step 9　在幻灯片中输入标题文字“确定敏感类型”，在【字体】组中设置字体为【华文新魏】，字号为36，然后单击【文字阴影】按钮。

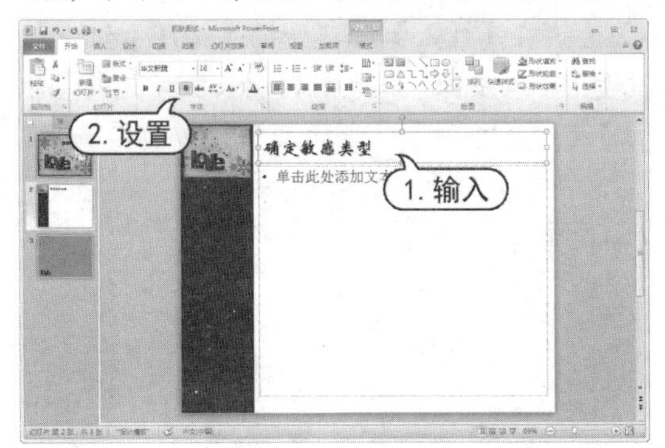

step 10　在幻灯片中，删除【单击此处添加文本】文本占位符，打开【插入】选项卡，在【图像】组中单击【图片】按钮。打开【插入图片】对话框，选中需要插入的图片，然后单击【插入】按钮。

step 11　将图片插入的幻灯片中，并在幻灯片中调整其位置。

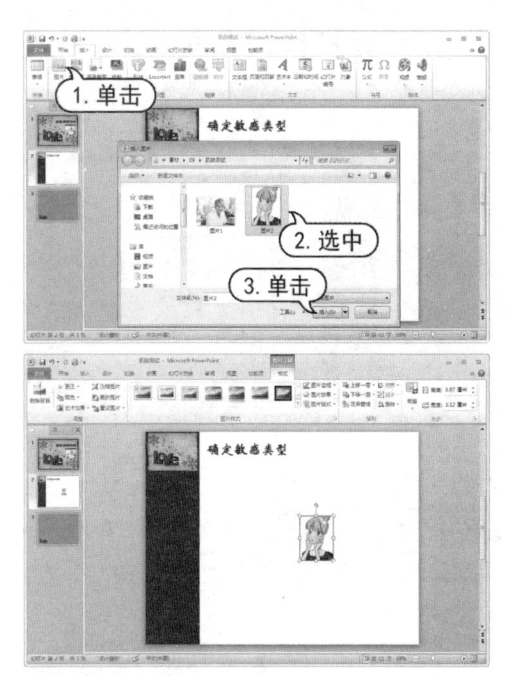

step 12　在【插入】选项卡的【插图】组中单击【形状】按钮，在弹出列表框中选择【空心弧】选项。

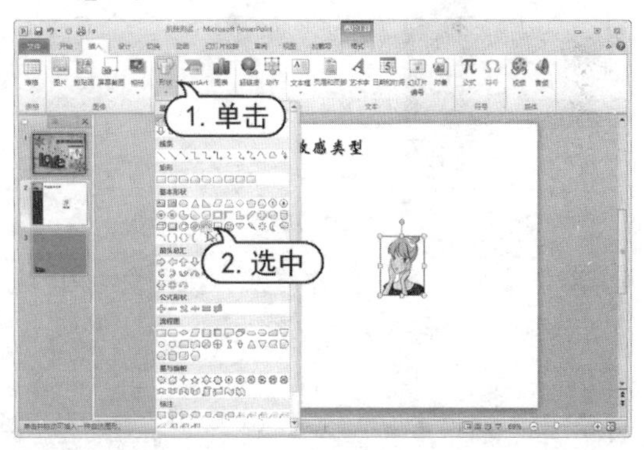

step 13　按住Shift键，拖动鼠标在幻灯片中绘制空心弧图形。

step 14　拖动图形上的黄色形状控制点，调整

空心弧形状效果。

step 15 选中图形，按Ctrl+C键复制图形，按Ctrl+V键粘贴。打开【绘图工具】的【格式】选项卡，在【排列】组中单击【旋转】按钮，从弹出的菜单中选择【向右旋转 90°】命令，使图形旋转 90°。

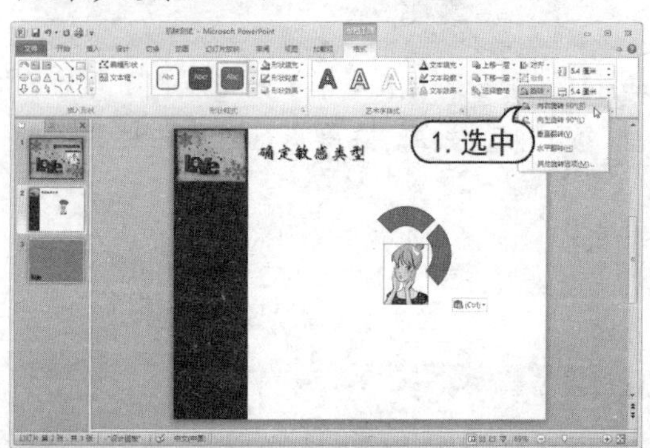

step 16 使用相同的操作方法，在幻灯片中复制粘贴 3 个相同大小的空心弧图形，并调整它们的位置和旋转方向。

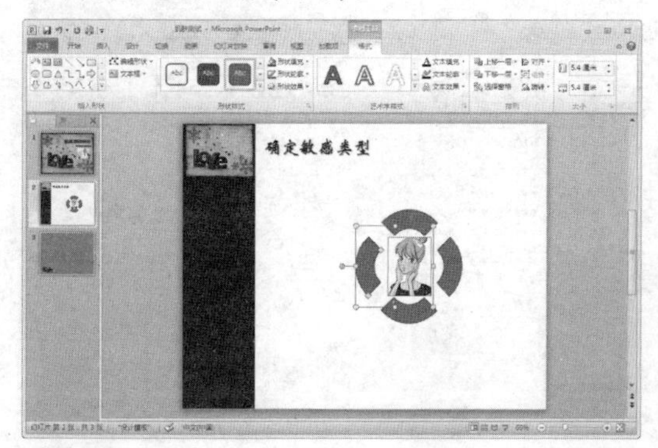

step 17 选中上下两个空心弧图形，在【格式】选项卡的【形状样式】组中单击【形状轮廓】下拉按钮，从弹出的列表中选择【无轮廓】命令，为图形设置无轮廓效果。单击【形状填充】下拉按钮，从弹出的列表中选择【橙色】色块，为图形填充该颜色。

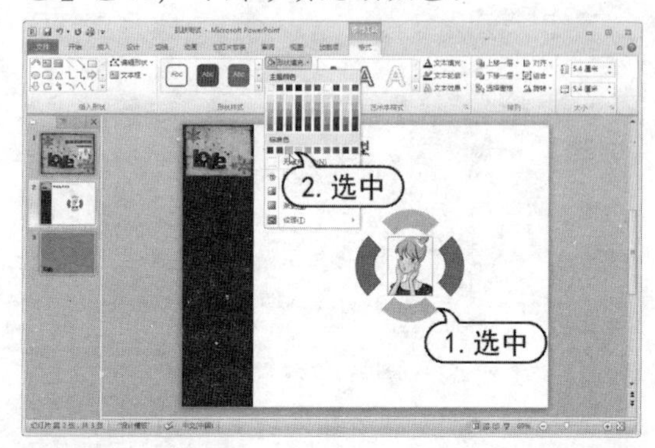

step 18 选中左、右两个空心弧图形，在【格式】选项卡的【形状样式】组中单击【其他】按钮，从弹出的列表框中选择一种形状样式，为图形快速应用该样式。

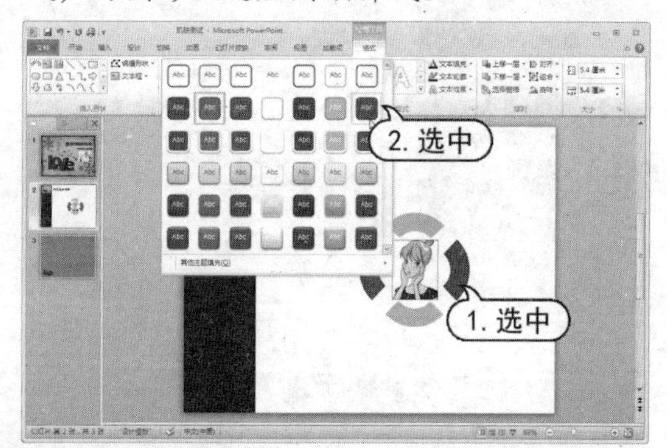

step 19 在【插入】选项卡的【插图】组中单击【形状】按钮，在弹出的列表框中选择【标注】选项区中的【线形标注 2(无边框)】选项。

step 20 在幻灯片中，拖动鼠标绘制刚选择的标注图形，并调整其形状。

step 21 选中刚绘制的标注图形，按住Ctrl+Alt键向下移动并复制。

step 22 调整标注图形的位置，并调整标注图形上黄色控制点的位置，改变指示线效果。

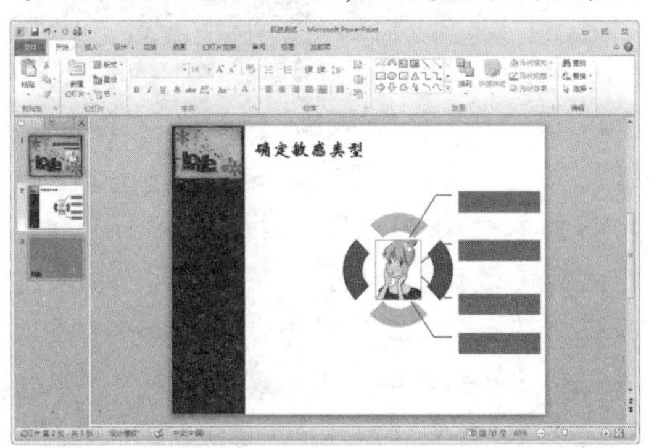

step 23 选中右侧所有标注图形，按住Ctrl+Alt键向左移动并复制。打开【绘图工具】的【格式】选项卡，在【排列】组中单击【旋转】下拉按钮，从弹出的列表中选择【水平翻转】选项。

step 24 按住Ctrl键不放，逐一选中标注图形，在【格式】选项卡的【形状样式】组中单击【其他】按钮，从弹出的列表框中选择一种形状样式，为标注填充为该形状样式。

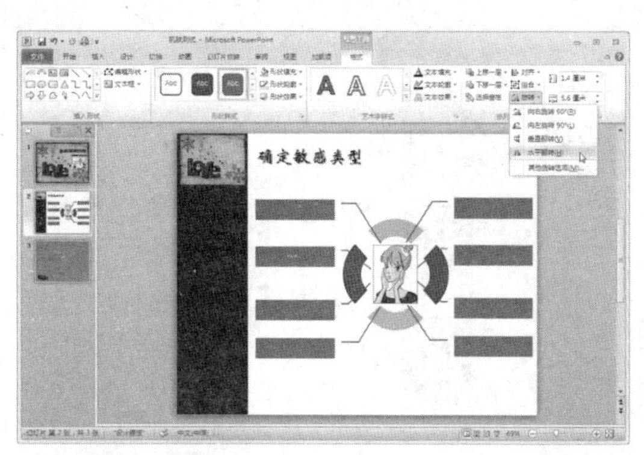

step 25 右击标注图形，在弹出的快捷菜单中选择【编辑文字】命令，然后在图形中输入文本内容。打开【开始】选项卡，在【字体】组中设置字号为 14，单击【加粗】按钮；在【段落】组中，单击【文本左对齐】按钮。

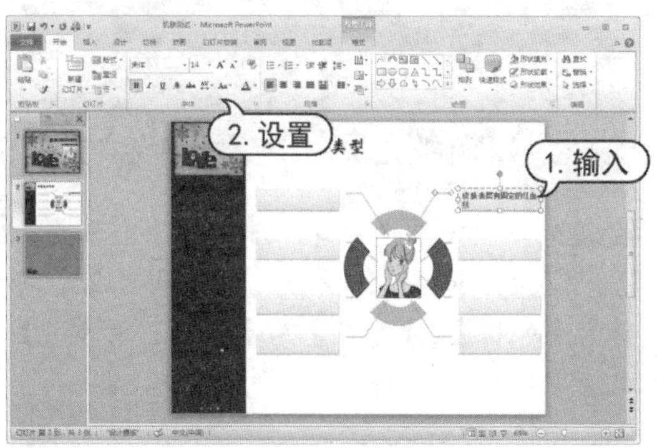

step 26 使用同样的方法，在幻灯片中添加其他的标注文本。

step 27 在幻灯片浏览窗格中选择第 3 张幻灯片缩略图，将其显示在幻灯片编辑窗格中。

step 28 输入标题文字“确定敏感程度”，设置其字体为【华文中宋】，字号为 36，单击【加粗】按钮，然后单击【字体颜色】下拉按钮，从弹出的列表框中选择【深蓝】选项。

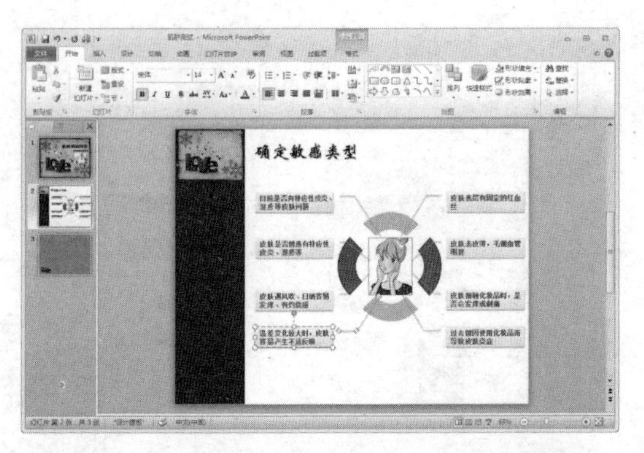

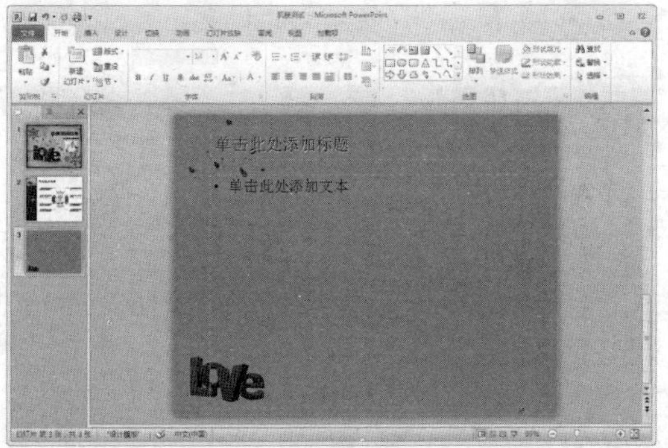

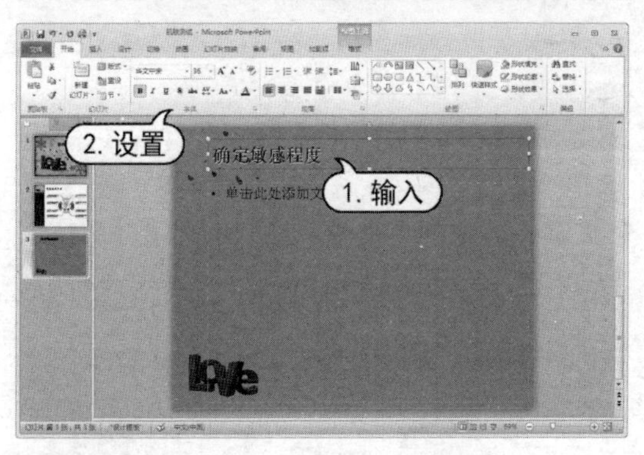

step 29 单击【单击此处添加文本】文本占位符，输入文本内容，设置文字字号为24，字形为【加粗】，字体颜色为【深绿，背景2】，取消项目符号。

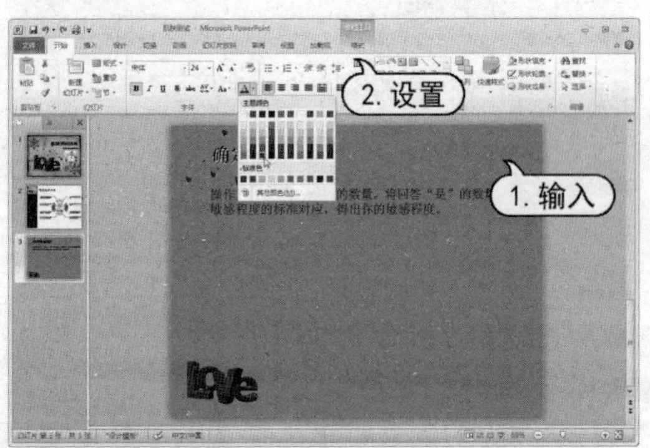

step 30 在【段落】组中单击启动【段落】对话框按钮，打开【段落】对话框。在该对话框的【特殊格式】下拉列表中选择【首行缩进】选项，设置【度量值】为1.5厘米，然后单击【确定】按钮。

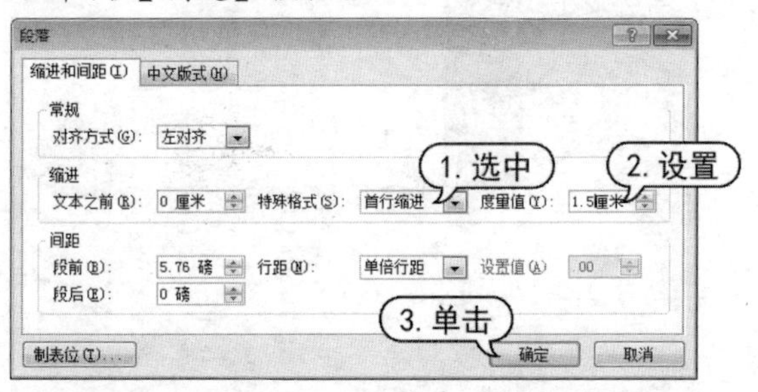

step 31 在幻灯片中，调整文本占位符的大小及位置。

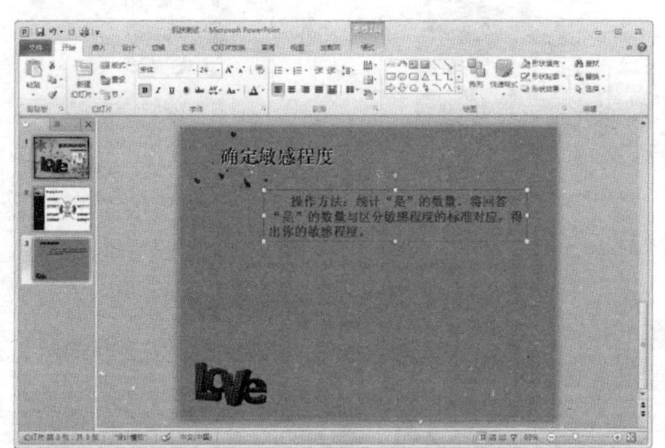

step 32 打开【插入】选项卡，在【文本】组中单击【文本框】下拉按钮，从弹出的列表中选择【横排文本框】选项，然后在幻灯片中拖动插入一个横排文本框，并输入文本内容。在【开始】选项卡的【字体】组中设置文字字号为24，单击【加粗】按钮，设置【字体颜色】为深绿，并为部分文字添加下划线；在【段落】组中，单击【居中】按钮。

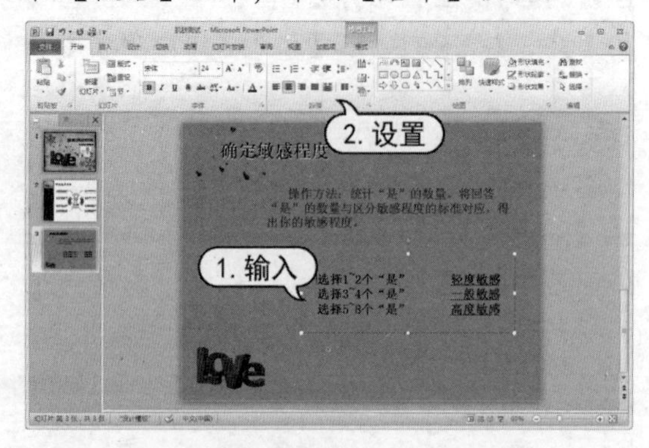

step 33 选中文本框，在【段落】组中，单击【项目符号】下拉按钮，从弹出的列表框中选择【加粗空心方形项目符号】选项。

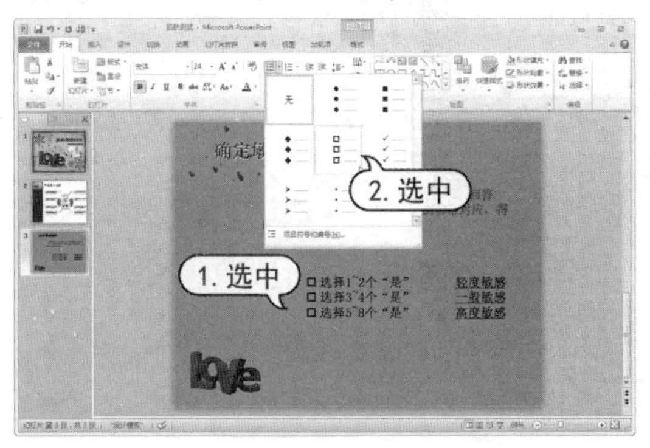

step 34 打开【绘图工具】的【格式】选项卡，在【形状样式】组中单击【形状填充】按钮，在弹出的列表中选择【深红】选项。

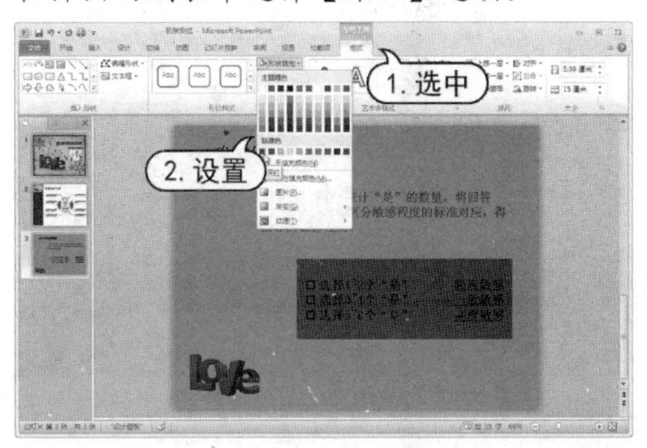

step 35 在【格式】选项卡的【形状样式】组中单击【形状轮廓】按钮，在弹出的列表选择【粗细】选项，从弹出的列表中选择【2.25 磅】选项。此时即可为文本框快速应用设置的填充色和轮廓。

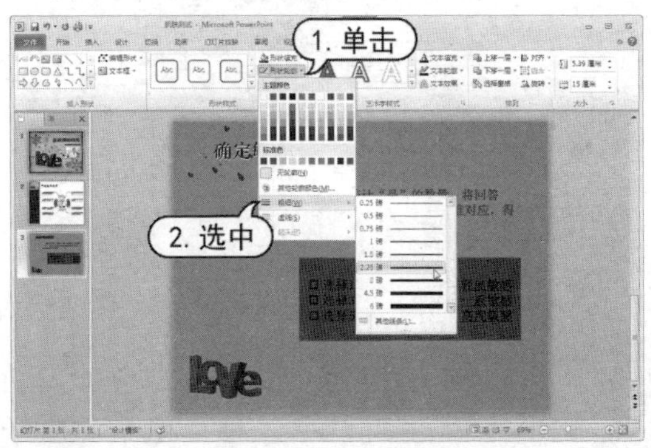

step 36 打开【开始】选项卡，在【幻灯片】组中单击【新建幻灯片】按钮，在演示文稿中插入一张新幻灯片。

step 37 在幻灯片中单击【单击此处添加标题】文本占位符，输入文本内容。在【字体】组中设置字体为【华文琥珀】，字号为 48。

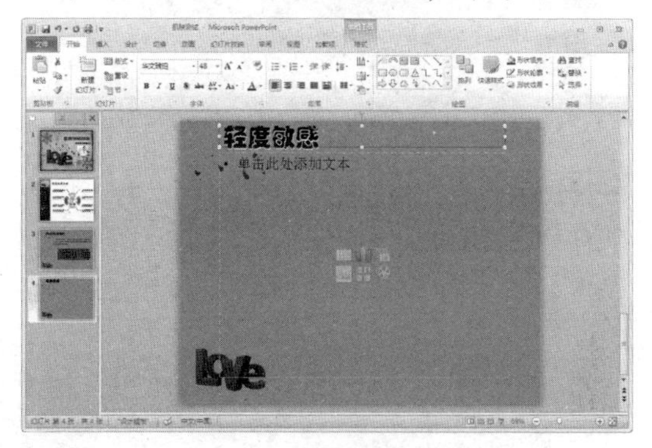

step 38 单击【单击此处添加文本】占位符，输入文字内容并在【字体】组中单击【加粗】按钮。

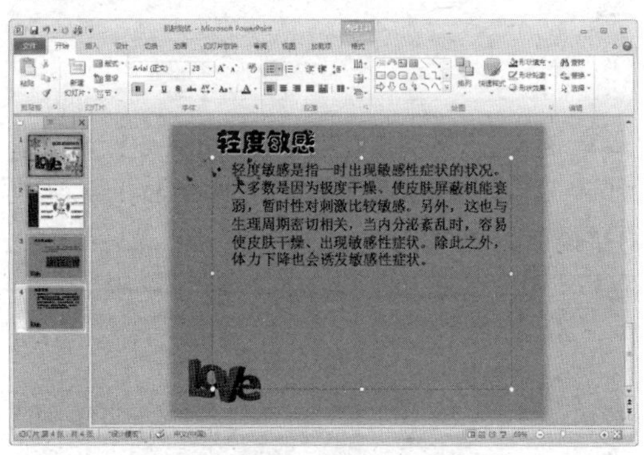

step 39 在幻灯片中，调节两个文本占位符的位置和大小。

step 40 使用步骤 36~39 的操作方法，新建第 5 和第 6 张幻灯片，在其中输入相同格式的文本内容。

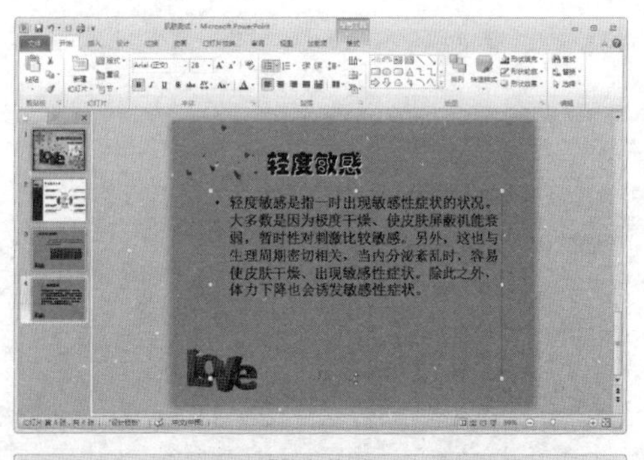

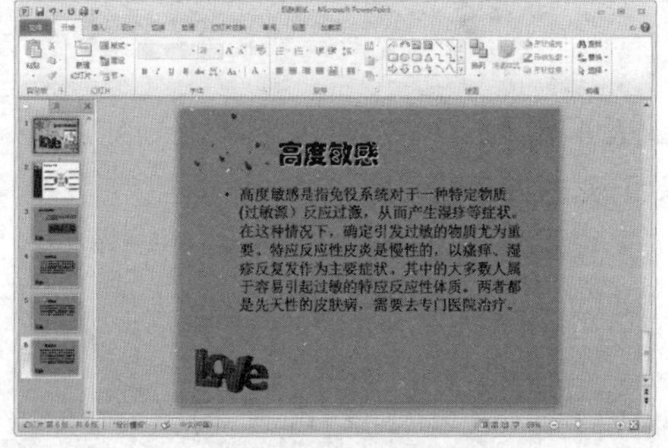

step 41 在幻灯片浏览窗格中，选择第 3 张幻灯片缩略图，将其显示在幻灯片编辑窗口中。

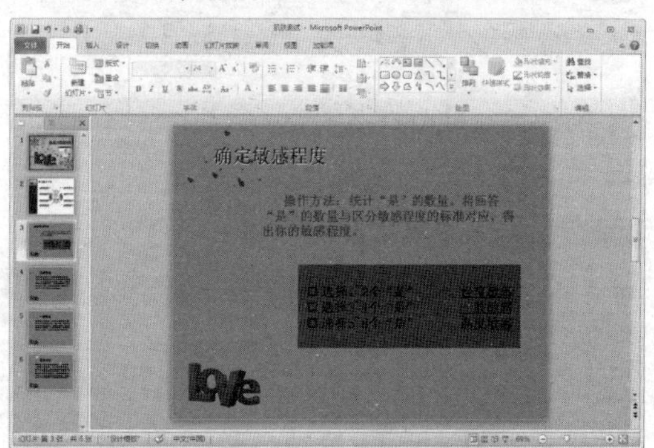

step 42 选中文本框中的“轻度敏感”文字，打开【插入】选项卡，在【链接】组中单击【超链接】按钮。

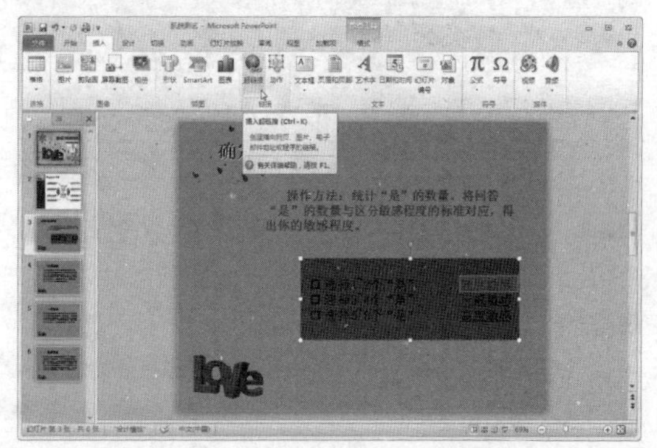

step 43 打开【插入超链接】对话框，在【链接到】选项区域中单击【本文档中的位置】按钮，在【请选择文档中的位置】列表框中选择【轻度敏感】幻灯片，然后单击【确定】按钮创建超链接。

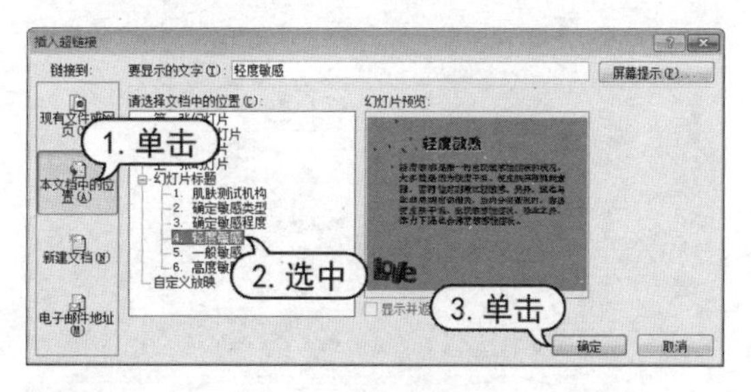

step 44 按F5 键预览幻灯片的放映效果，当放映到第 3 张幻灯片时，将鼠标指针放置到“轻度敏感”文字上，鼠标指针变为手形指针。

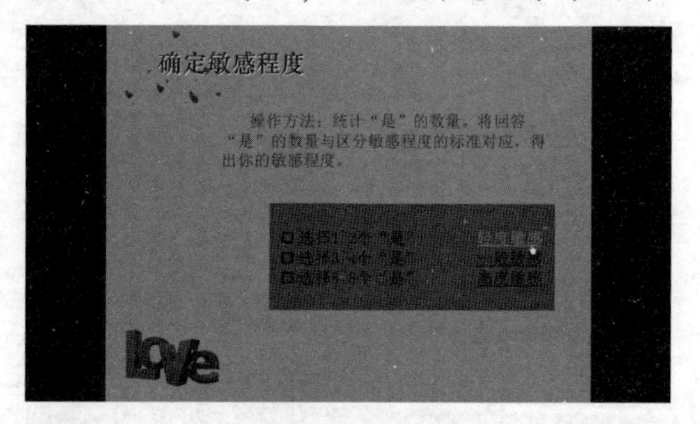

step 45 按Esc键退出幻灯片放映，使用同样的方法，为另外两段带下划线的文字设置超链接，将它们分别链接到幻灯片“一般敏感”和“高度敏感”。

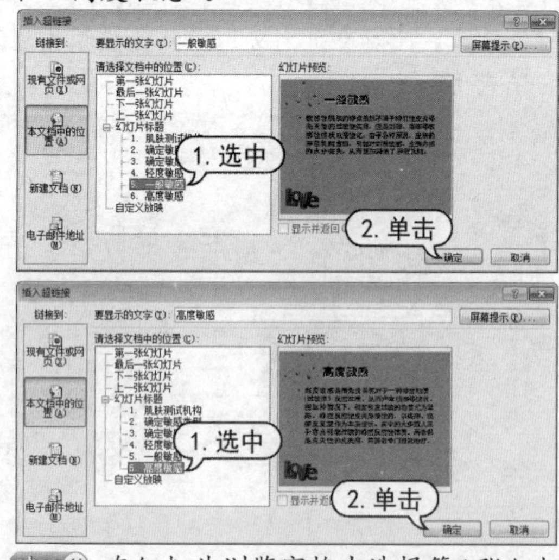

step 46 在幻灯片浏览窗格中选择第 1 张幻灯

片缩略图，将其显示在幻灯片编辑窗口中。

step 47 打开【切换】选项卡，在【切换到此幻灯片】组中单击【其他】按钮，在弹出的列表框中选择【窗口】选项。此时，幻灯片自动预览该切换动画。

step 48 在【计时】组中，单击【声音】下拉按钮，从弹出的下拉列表中选择【疾驰】选项，选中【设置自动换片时间】复选框，设置时间为30秒，然后单击【全部应用】按钮。

step 49 在状态栏中单击【幻灯片浏览】按钮，切换至幻灯片浏览视图中，此时可以看到设置切换动画后，幻灯片缩略图左下角将显示符号。

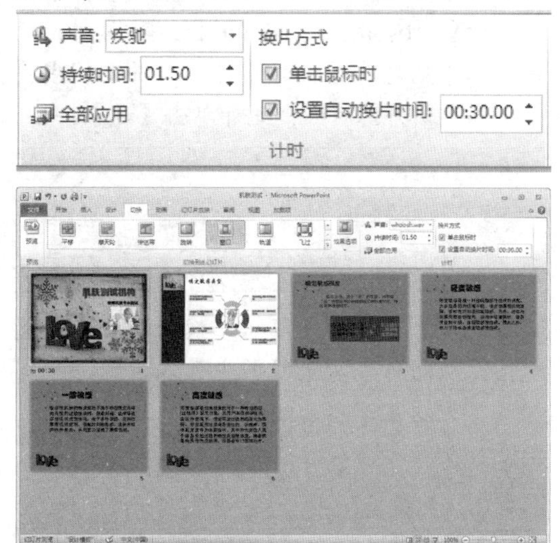

step 50 打开【幻灯片放映】选项卡，在【设置】组中单击【排练计时】按钮，演示文稿将自动切换到幻灯片放映状态。

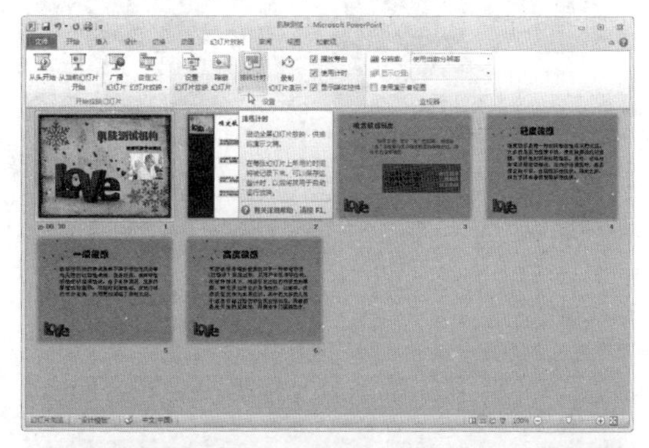

step 51 在幻灯片左上角将显示【录制】对话框，连续单击鼠标进行幻灯片的放映，此时【录制】对话框中的数据会不断更新。

step 52 当最后一张幻灯片放映完毕后，系统将打开Microsoft PowerPoint对话框，该对话框中显示了幻灯片播放的总时间，并询问用户是否保留该排练时间，此外单击【是】按钮。

step 53 此时，演示文稿将切换到幻灯片浏览视图，从幻灯片浏览视图中可以看到每张幻灯片下方均显示各自的排练时间。

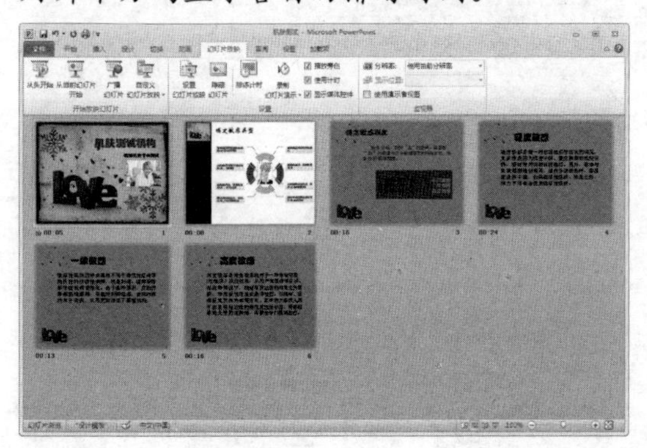

step 54 在快速访问工具栏中单击【保存】按钮，保存“肌肤测试”演示文稿。

实用技巧

使用【排练计时】功能排练整个演示文稿放映的时间后，再次放映演示文稿时，可以按照排练的时间来放映和切换幻灯片，不需用户单击来切换。当放映到第 3 张幻灯片时，将鼠标指针移动到正方形上，当鼠标指针变成手形状时单击，即可切换至相应的幻灯片中查看内容。

第 10 章

演示文稿放映控制

在 PowerPoint 2010 中，可以为演示文稿选择最为理想的放映速度与放映方式，使幻灯片放映时结构清晰、节奏明快、过程流畅。另外，在放映时还可以利用绘图笔在屏幕上随时进行标示或强调，从而使重点更为突出。本章将着重介绍放映和控制幻灯片的方法。

对应光盘视频

例 10-1 使用【排练计时】功能
例 10-2 创建自定义放映
例 10-3 使用幻灯片缩略图放映
例 10-4 录制旁白
例 10-5 广播“演示文稿。
例 10-6 切换和定位幻灯片
例 10-7 使用绘图笔标注重点
例 10-8 设置监视器分辨率
例 10-10 进行信息检索
例 10-12 执行编码转换
例 10-13 创建批注
其他视频文件参见配套光盘

10.1 幻灯片放映前的设置

制作完演示文稿后，用户可以根据需要进行放映前的准备，如进行录制旁白，排练计时、设置放映的方式和类型、设置放映内容或调整幻灯片放映的顺序等。本节将介绍幻灯片放映前的一些基本设置。

10.1.1 设置放映时间

在放映幻灯片之前，演讲者可以运用PowerPoint 的【排练计时】功能来排练整个演示文稿放映的时间，即控制每张幻灯片的放映时间和整个演示文稿的总放映时间。

【例 10-1】使用【排练计时】功能排练“旅游公司演示文稿”演示文稿的放映时间。
视频+素材 (光盘素材\第 10 章\例 10-1)

step 1 启动PowerPoint 2010 应用程序，打开“旅游公司演示文稿”演示文稿。

step 2 打开【幻灯片放映】选项卡，在【设置】组中单击【排练计时】按钮。

step 3 演示文稿将自动切换到幻灯片放映状态，开始放映演示文稿。

step 4 与普通放映不同的是，在幻灯片放映过程中，屏幕左上角将显示【录制】对话框。

step 5 不断单击鼠标进行幻灯片的放映，此时【录制】对话框中的数据会不断更新。当最后一张幻灯片放映完毕时，将打开Microsoft PowerPoint对话框。该对话框显示演示文稿播放所需要的总时长，并询问用户是否保留该排练时间，单击【是】按钮进行保留。

step 6 此时演示文稿将切换到幻灯片浏览视图，从幻灯片浏览视图中可以看到每张幻灯片下方均显示各自的排练时间。

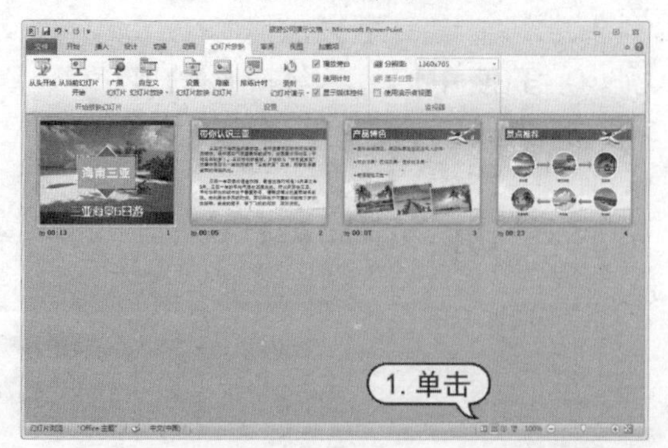

10.1.2 设置放映方式

PowerPoint 2010 提供了多种演示文稿的放映方式，最常用的是幻灯片页面的演示控制，主要有幻灯片的定时放映、连续放映及循环放映。

1. 定时放映

用户在设置幻灯片切换效果时，可以设置每张幻灯片在放映时的停留时间。到达设定的时间后，将自动放映下一张幻灯片。

打开【切换】选项卡，在【计时】选项组中选中【单击鼠标时】复选框，则用户单击鼠标或按下 Enter 键和空格键时，放映的演示文稿将切换到下一张幻灯片；选中【设置自动换片时间】复选框，并在其右侧的文本框中输入时间(时间为秒)后，则在演示文稿放映时，当幻灯片停留至设定的秒数之后，将自动切换到下一张幻灯片。

2. 连续放映

在【切换】选项卡的【计时】选项组选中【设置自动切换时间】复选框，并为当前选定的幻灯片设置自动切换时间，然后单击【全部应用】按钮，即可为演示文稿中的每张幻灯片设定相同的切换时间，从而实现幻灯片的连续自动放映。

需要注意的是，由于每张幻灯片的内容不同，放映的时间可能不同，所以设置连续放映的最常见方法是通过【排练计时】功能实现。

3. 循环放映

用户将制作好的演示文稿设置为循环放映，可以应用于如展览会场的展台等场合，让演示文稿自动运行并循环播放。

打开【幻灯片放映】选项卡，在【设置】选项组中单击【设置幻灯片放映】按钮，打开【设置放映方式】对话框。在【放映选项】选项区域中选中【循环放映，按 Esc 键终止】复选框，则在播放完最后一张幻灯片后，会自动跳转到第 1 张幻灯片，而不是结束放映，直到用户按 Esc 键退出放映状态。

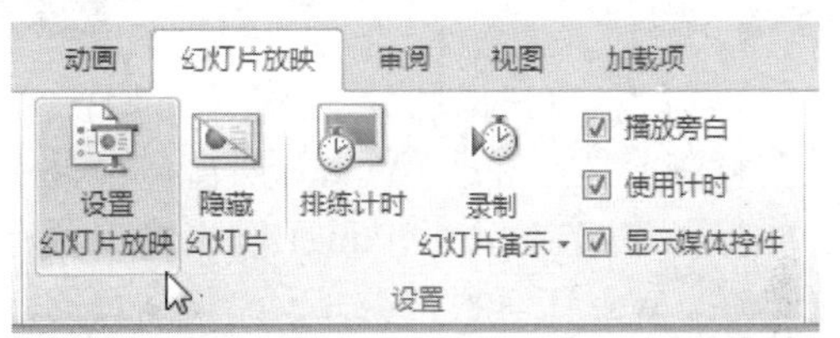

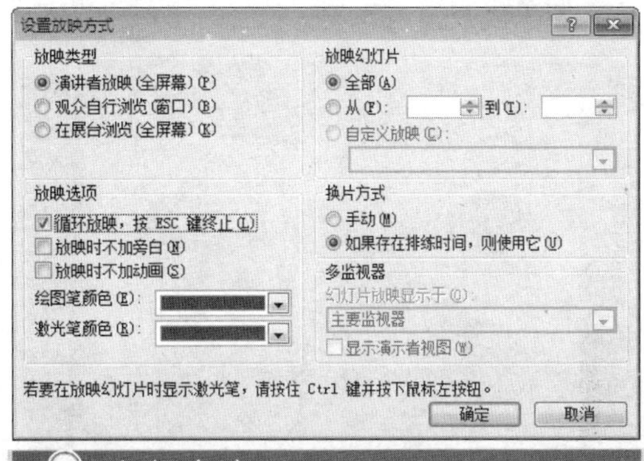

知识点滴

在【放映选项】选项区域中选中【放映时不加旁白】复选框，可以设置在幻灯片放映时不播放录制的旁白；选中【放映时不加动画】复选框，可以设置在幻灯片放映时不显示动画效果。

10.1.3 设置放映类型

在【设置放映方式】对话框的【放映类型】选项区域中可以设置幻灯片的放映模式。

- 【演讲者放映】模式(即全屏幕)：该模式是系统默认的放映类型，也是最常见的全屏放映方式。在该放映方式下，演讲者现场控制演示节奏，具有放映的完全控制权。用户可以根据观众的反应随时调整放映速度或节奏，还可以暂停进行讨论或记录观众即席反应，甚至可以在放映过程中录制旁白。一般用于召开会议时的大屏幕放映、联机会议或网络广播等。

▶【观众自行浏览】模式(即窗口)：观众自行浏览是在标准 Windows 窗口中显示的放映形式，放映时的 PowerPoint 窗口具有菜单栏、Web 工具栏，类似于浏览网页的效果，便于观众自行浏览。

知识点滴

使用该放映类型时，用户可以在放映时复制、编辑及打印幻灯片，还可以使用滚动条或 Page Up/Page Down 控制幻灯片的播放。该放映类型常用于在局域网或 Internet 中浏览演示文稿。

▶【展台浏览】模式(即全屏幕)：该放映类型最主要的特点是不需要专人控制即可自动运行，在使用该放映类型时，如超链接等的控制方法均会失效。当播放完最后一张幻灯片后，会自动从第一张重新开始播放，直至用户按下 Esc 键才会停止播放。该放映类型主要用于展览会的展台或会议中的某部分需要自动演示等场合。

实用技巧

使用【展台浏览】模式放映演示文稿时，用户不能对其放映过程进行干预，必须设置每张幻灯片的放映时间，或者预先设定演示文稿排练计时，否则可能会长时间停留在某张幻灯片上。

10.1.4 自定义放映

自定义放映是指用户可以自定义演示文稿放映的张数，使一个演示文稿适用于不用的观众。即可以将一个演示文稿中的多张幻灯片进行分组，以便该特定的观众放映演示文稿中的特定部分。用户还可以使用超链接分别指向演示文稿中的各个自定义放映，也可以在放映整个演示文稿时只放映其中的某个自定义放映。

【例 10-2】为“销售业绩报告”演示文稿创建自定义放映。
视频+素材 (光盘素材\第 10 章\例 10-2)

step 1 启动PowerPoint 2010 应用程序，打开“销售业绩报告”演示文稿。

step 2 打开【幻灯片放映】选项卡，单击【开始放映幻灯片】选项组的【自定义幻灯片放映】按钮，在弹出的菜单中选择【自定义放映】命令。

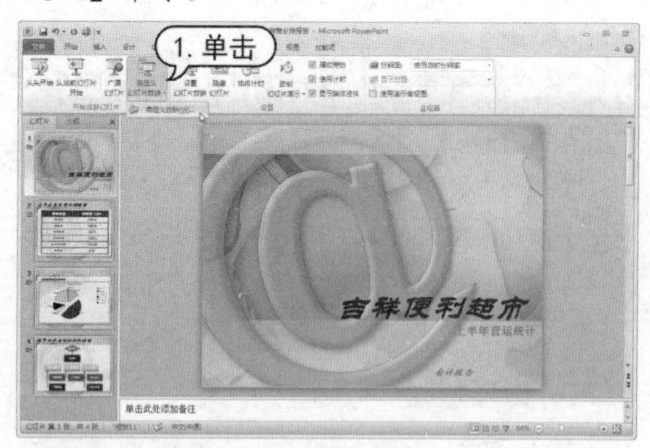

step 3 打开【自定义放映】对话框，单击其中的【新建】按钮。

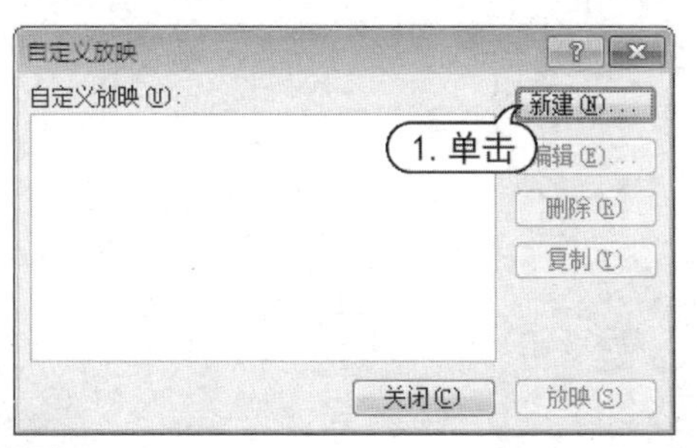

step 4　打开【定义自定义放映】对话框，在【幻灯片放映名称】文本框中输入文字“超市销售数据”，在【在演示文稿中的幻灯片】列表中选择第 1 张和第 2 张幻灯片，然后单击【添加】按钮，将两张幻灯片添加到【在自定义放映中的幻灯片】列表中，然后单击【确定】按钮。

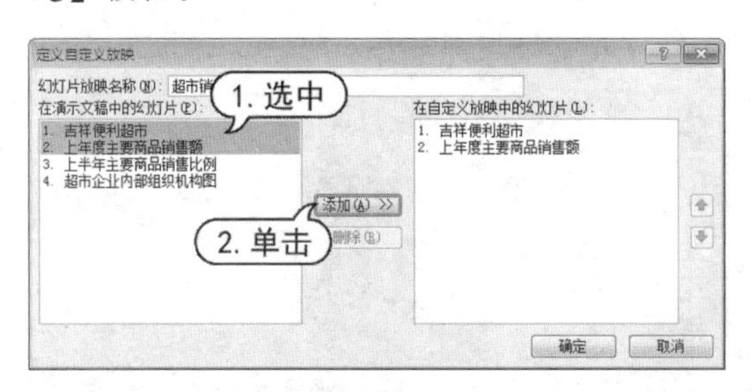

step 5　返回至【自定义放映】对话框，在【自定义放映】列表中显示创建的放映，单击【关闭】按钮。

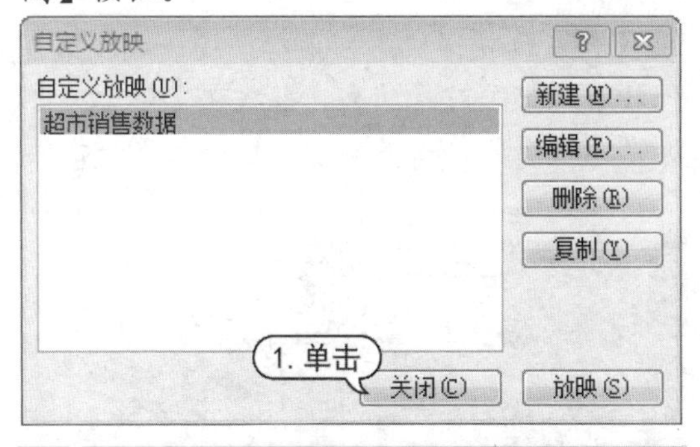

实用技巧

在【自定义放映】对话框中单击【放映】按钮，此时 PowerPoint 将自动放映该自定义放映，供用户预览。

step 6　在【幻灯片放映】选项卡的【设置】选项组中单击【设置幻灯片放映】按钮，打开【设置放映方式】对话框。

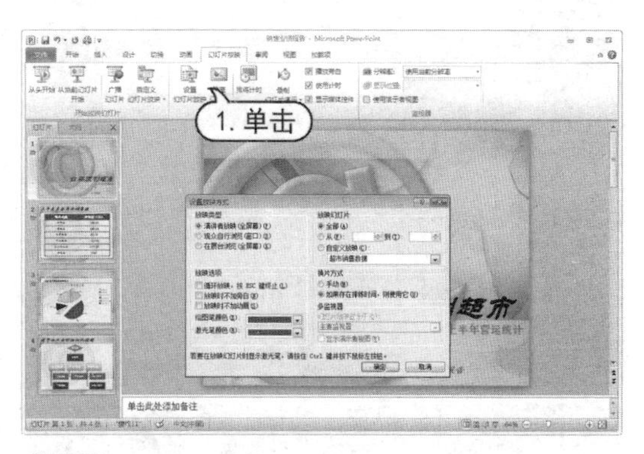

step 7　在【放映幻灯片】选项区域中选中【自定义放映】单选按钮，然后在其下方的列表框中选择需要放映的自定义放映，然后单击【确定】按钮。

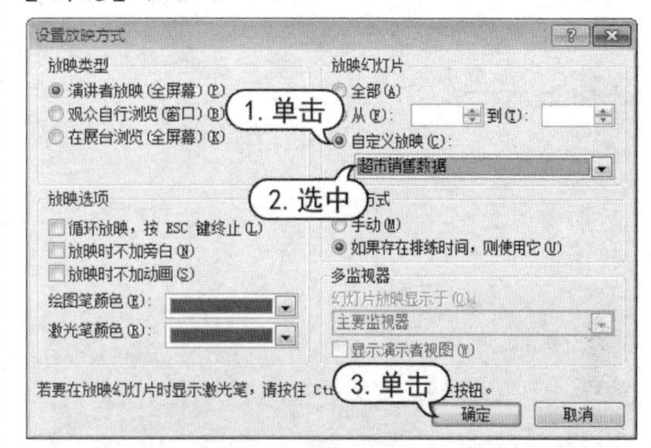

实用技巧

【放映幻灯片】选项区域用于设置放映幻灯片的范围：选中【全部】单选按钮，设置放映全部幻灯片；选中【从···到】单选按钮，设置从某张幻灯片开始放映到某张幻灯片终止。

step 8　此时，按下F5 键，将自动播放自定义放映幻灯片。

step 9　单击【文件】按钮，在弹出的菜单中选择【另存为】命令，将该演示文稿以“自定义放映”为名进行保存。

上年度主要商品销售额

商品分类	销售额（元）
服饰类	1,850,560
食品类	5,894,698
出版品类	693,125
化妆品类	1,235,653
生活用品类	2,679,324
其他类	35,567

知识点滴

用户可以在幻灯片的其他对象中添加指向自定义放映的超链接，当单击该超链接后，就会播放自定义放映。

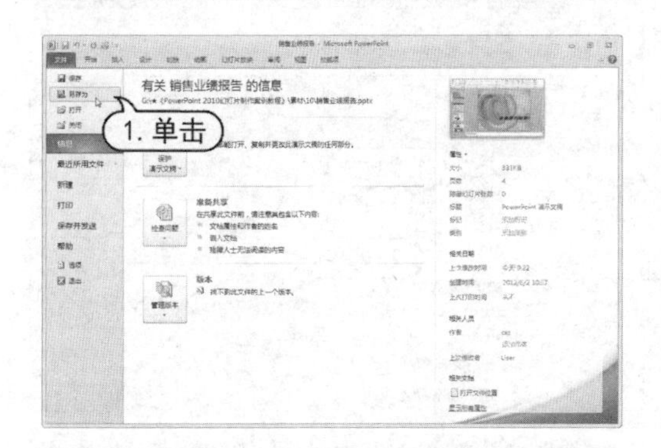

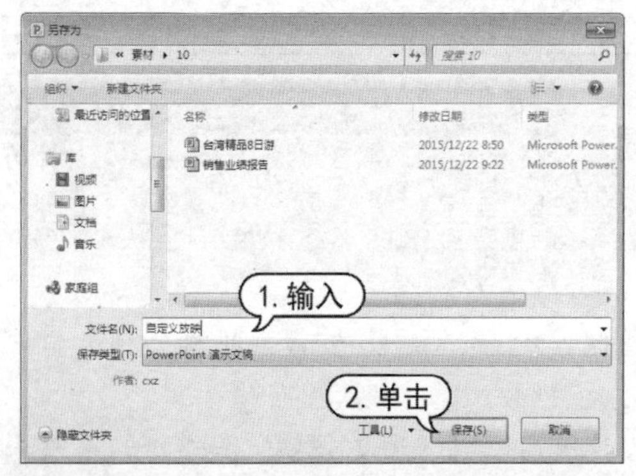

10.1.5 幻灯片缩略图放映

幻灯片缩略图放映是指可以让 PowerPoint 在屏幕的左上角显示幻灯片的缩略图，从而方便用户在编辑时预览幻灯片效果。

【例 10-3】使“旅游公司演示文稿”演示文稿实现幻灯片缩略图放映。
视频+素材 (光盘素材\第 10 章\例 10-3)

step 1 启动PowerPoint 2010 应用程序，打开“旅游公司演示文稿”演示文稿。在幻灯片预览窗口中选择第 3 张幻灯片缩略图，将其显示在幻灯片编辑窗口中。

step 2 打开【幻灯片放映】选项卡，在【开始放映幻灯片】组中，按住Ctrl键，同时单击【从当前幻灯片开始】按钮，此时即可进入幻灯片缩略图放映模式。

step 3 在放映区域单击鼠标，逐一放映第 3 张幻灯片中的对象动画。当放映完毕后，再次在放映区域单击鼠标，将切换到下一张幻灯片。

知识点滴

在幻灯片缩略图放映区域中查看完整个演示文稿的放映后，按 Esc 键，即可退出幻灯片放映。

10.1.6 录制语音旁白

在 PowerPoint 中可以为指定的幻灯片或全部幻灯片添加录音旁白。使用录制旁白可以为演示文稿增加解说词，在放映状态下自动播放语音说明。

【例 10-4】为“古诗词赏析”演示文稿录制旁白。
视频+素材 (光盘素材\第 10 章\例 10-4)

step 1 启动PowerPoint 2010 应用程序，打开“古诗词赏析”演示文稿。

step 2 打开【幻灯片放映】选项卡，在【设置】选项组中单击【录制幻灯片演示】按钮，从弹出的菜单中选择【从头开始录制】命令。

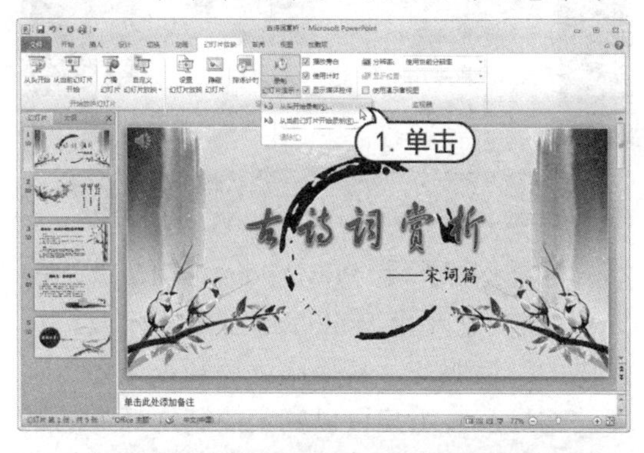

实用技巧

选择【从当前演示开始录制】命令即可从用户选中的幻灯片开始录制旁白。

step 3 打开【录制幻灯片演示】对话框，保持默认设置，单击【开始录制】按钮。

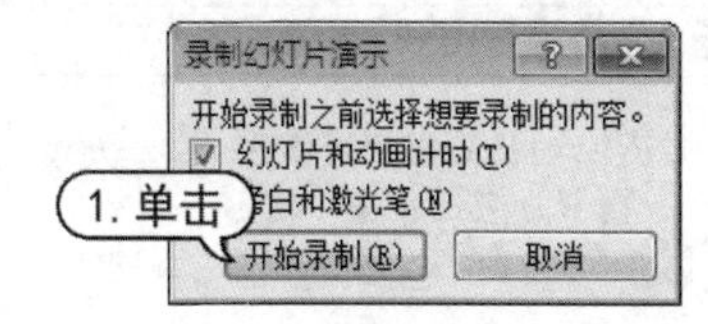

实用技巧

在【录制幻灯片演示】对话框中选中【幻灯片和动画计时】、【旁白和激光笔】复选框后，用户即可通过麦克风为演示文稿配置语音，同时也可以按住 Ctrl 键激活激光笔工具，指示演示文稿的重点部分。

step 4 进入幻灯片放映状态，同时开始录制旁白。如果是第一次录音，用户可以根据需要自行调节麦克风的声音质量。

step 5 单击鼠标或按Enter键切换到下一张幻灯片。

step 6 当旁白录制完成后，按下Esc键或者单击鼠标左键即可。此时，演示文稿将切换到幻灯片浏览视图，即可查看录制的效果。

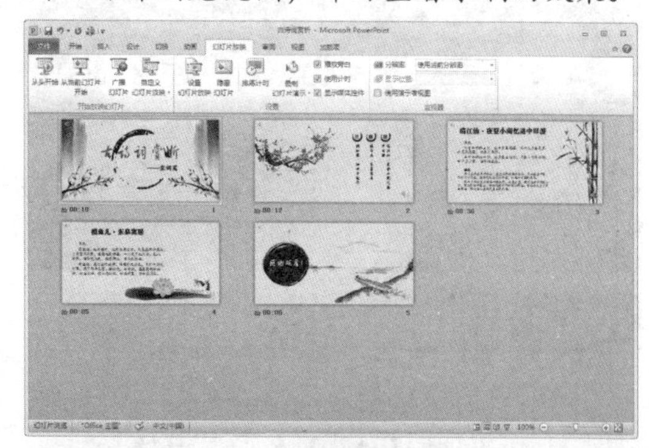

知识点滴

录制了旁白的幻灯片右下角会显示一个声音图标 。如果要删除幻灯片中的旁白，只需在幻灯片编辑窗口中单击选中声音图标 ，按下 Delete 键即可。

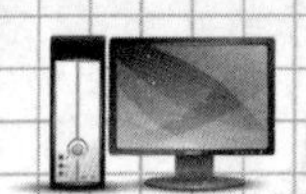

step 7 单击【文件】按钮，在弹出的菜单中选择【另存为】命令，将演示文稿以“旁白古诗词赏析”为文件名进行保存。

10.2 开始放映幻灯片

完成放映前的准备工作后，即可放映演示文稿了。常用的放映方法很多，除了自定义放映外，还有从头开始放映、从当前幻灯片开始放映和广播幻灯片等。

10.2.1 从头开始放映

从头开始放映是指从演示文稿的第一张幻灯片开始播放演示文稿。

在 PowerPoint 2010 中，打开【幻灯片放映】选项卡，在【开始放映幻灯片】组中单击【从头开始】按钮，或者直接按 F5 键，开始放映演示文稿，此时进入全屏模式的幻灯片放映视图。

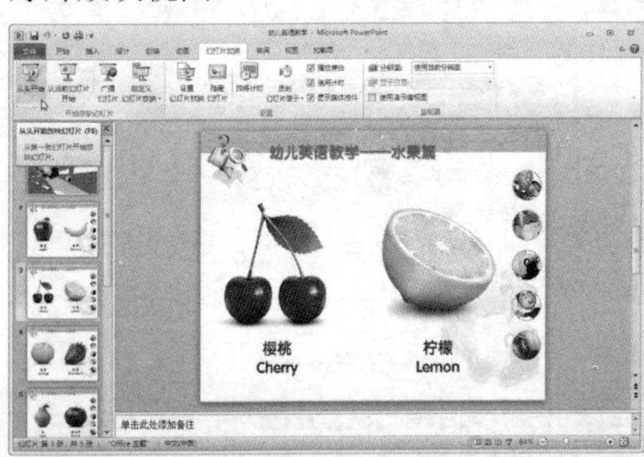

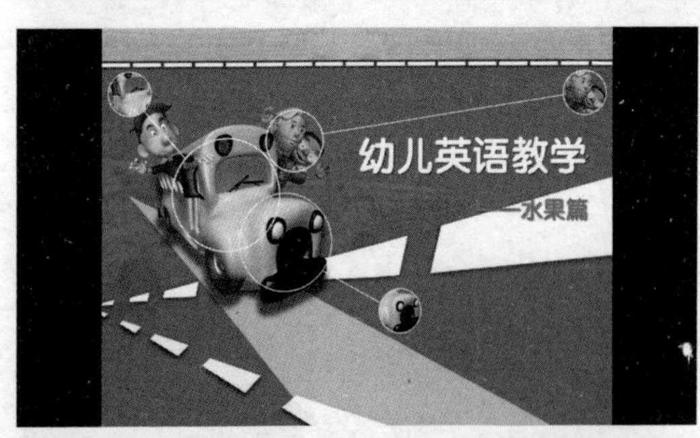

10.2.2 从当前幻灯片开始放映

当用户需要从指定的某张幻灯片开始放映时，则可以使用【从当前幻灯片开始】功能。

选择指定的幻灯片，打开【幻灯片放映】选项卡，在【开始放映幻灯片】组中单击【从当前幻灯片开始】按钮，将显示从当前幻灯片开始放映的效果。此时进入幻灯片放映视图，幻灯片以全屏幕方式从当前选定幻灯片开始放映。

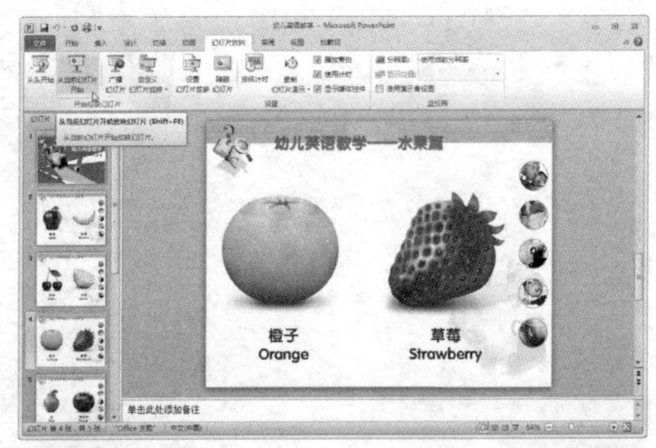

10.2.3 广播幻灯片

广播幻灯片是 PowerPoint 2010 新增的一项功能。它利用 Windows Live 账户或组织提供的广播服务，直接向远程观众广播所制作的幻灯片。用户可以完全控制幻灯片的进度，而观众只需在浏览器中跟随浏览。

知识点滴

使用【广播幻灯片】功能时，首先需要用户注册一个 Windows Live 账户。

【例 10-5】广播“旅游景点剪辑”演示文稿。
视频+素材 (光盘素材\第 10 章\例 10-5)

step 1 启动PowerPoint 2010 应用程序，打开“旅游景点剪辑”演示文稿。

step 2 打开【幻灯片放映】选项卡，在【开始放映幻灯片】组中单击【广播幻灯片】按钮。

step 3 打开【广播幻灯片】对话框，单击其中的【启动广播】按钮。

实用技巧

在【广播幻灯片】对话框中单击【更改广播服务】按钮，在更新的对话框中选择广播演示文稿的协议。

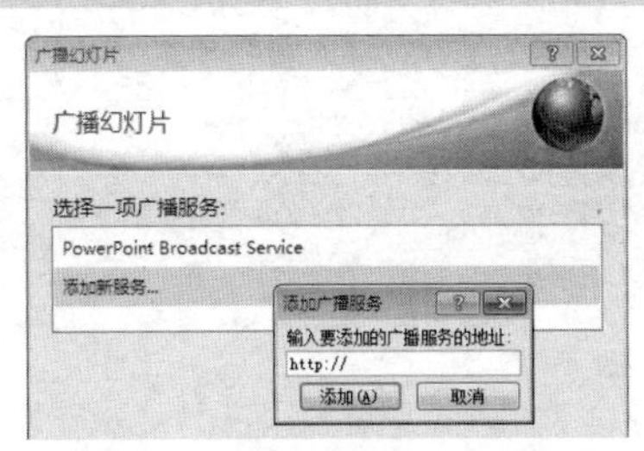

step 4 此时，开始链接服务器，并在弹出的进度对话框中显示正在链接服务器进度。

step 5 打开【链接到】对话框，在【电子邮件地址】和【密码】文本框中分别输入账户和密码，然后单击【确定】按钮。

step 6 返回至【广播幻灯片】对话框，正在准备广播，并显示广播的进度条。

step 7 在经过广播的进度条之后，在【广播幻灯片】对话框显示共享的网络链接，此时，单击【开始放映幻灯片】按钮。

实用技巧

在更新的对话框中复制演示文稿的网络地址，可以发送给其他用户以播放。

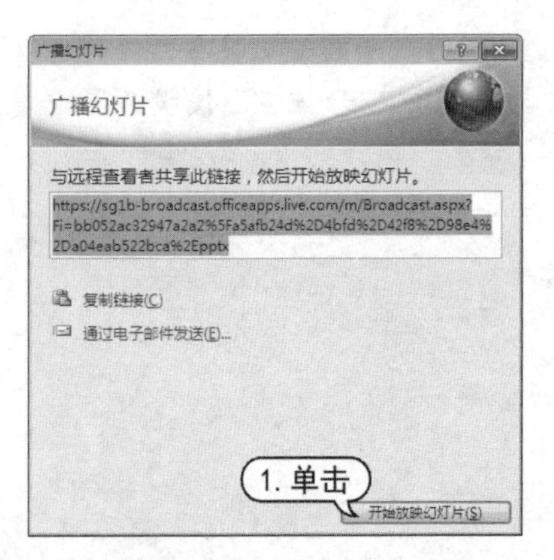

step 8 即可进入幻灯片放映视图，此时以全屏幕方式开始放映幻灯片。

step 9 放映完毕后，返回至演示文稿工作界面，打开【广播】选项卡，在【广播】组中单击【结束广播】按钮，结束放映。

step 10 此时，系统将自动弹出信息提示框，提示是否要结束此广播，此外单击【结束广播】按钮。

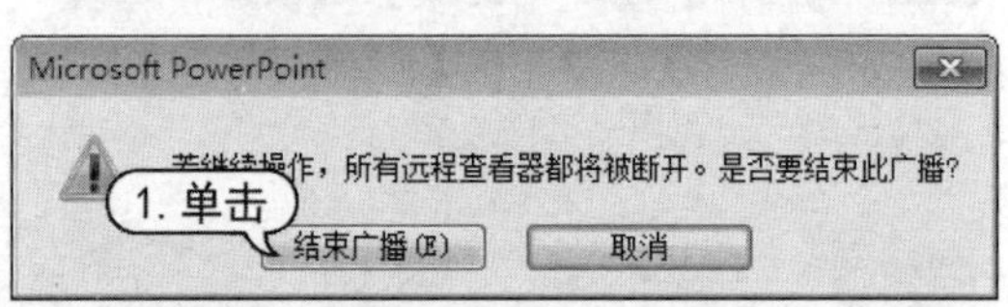

知识点滴

在广播幻灯片时，其他用户可以通过使用浏览器浏览网络地址来查看放映中的幻灯片。

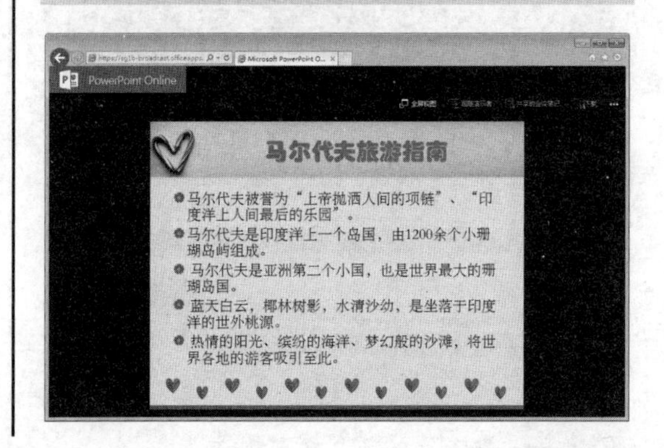

10.3 控制幻灯片的放映过程

在放映演示文稿的过程中，用户可以根据需要按放映次序依次放映、快速定位幻灯片、为重点内容做上标记、使屏幕出现黑屏或白屏和结束放映等。

10.3.1 切换和定位幻灯片

在放映幻灯片时，用户可以从当前幻灯片切换至上一张幻灯片或下一张幻灯片，也可以直接从当前幻灯片跳转到另一张幻灯片。

以全屏幕方式进入幻灯片放映视图，在幻灯片中右击，从弹出的快捷菜单中选择【上一张】命令或【下一张】命令，可以快速切换幻灯片；选择【定位至幻灯片】命令，可以从弹出的列表中选择所要放映的幻灯片名称，即可定位到相应的幻灯片。

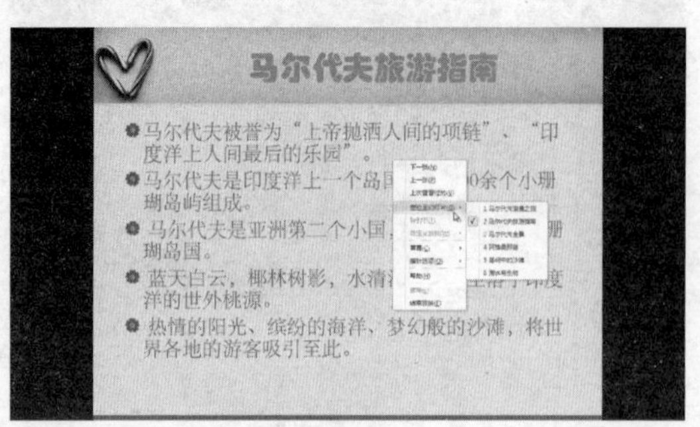

【例 10-6】放映“旅游景点剪辑”演示文稿，在放映过程中切换和定位幻灯片。

视频+素材 (光盘素材\第 10 章\例 10-6)

step 1 启动PowerPoint 2010 应用程序，打开“旅游景点剪辑”演示文稿。打开【幻灯片放映】选项卡，在【开始放映幻灯片】组中单击【从头开始】按钮，开始放映演示文稿。

step 2 在第 1 张幻灯片页面中右击，从弹出的快捷菜单中选择【定位至幻灯片】|【3 马尔代夫全景】命令。

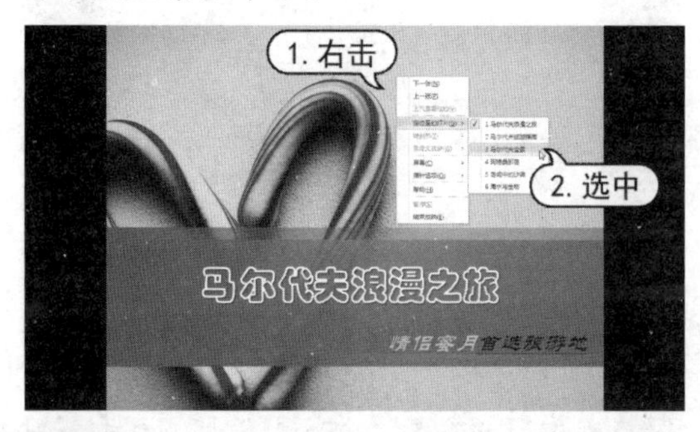

step 3 此时即可切换到所选的第 3 张的幻灯片。

step 4 在幻灯片中右击，从弹出的快捷菜单中选择【上一张】命令，此时快速切换至第 2 张幻灯片。

step 5 将鼠标指针移至屏幕左下角出现的控制区域，单击按钮，从弹出的菜单中选择【下一张】命令，即可开始放映动画。

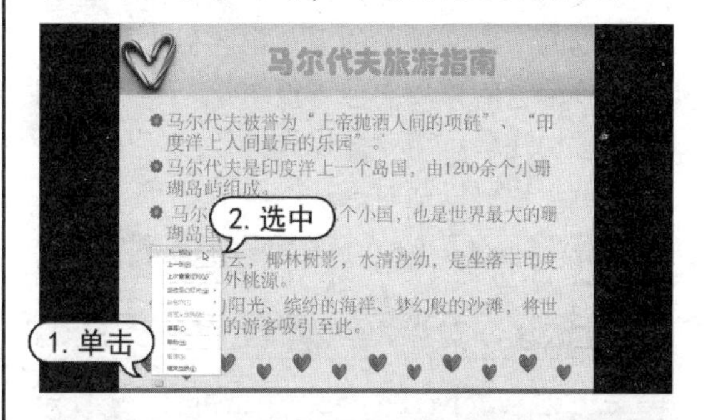

知识点滴

当幻灯片中设置了动画后，如果选择【上一张】或【下一张】命令，则不是逐张放映幻灯片，而是逐项地放映动画。

step 6 当放映完所有的动画后，在左下角出现的控制区域中单击【下一张】按钮，切换至第 3 张幻灯片。

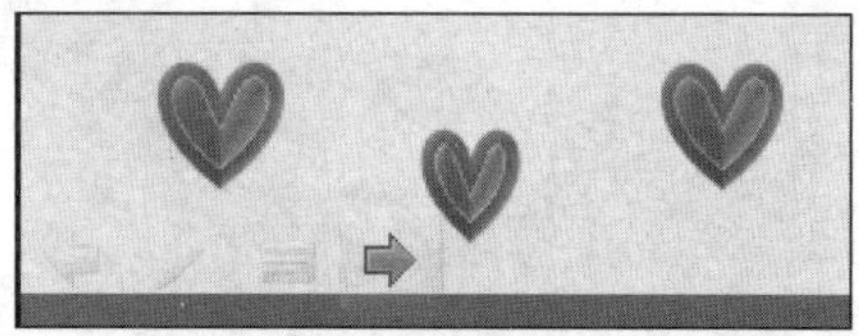

实用技巧

在左下角出现的控制区域中，单击【上一张】按钮，返回至上一张幻灯片中放映动画。单击【下一张】按钮放映下一张幻灯片。

step 7 在幻灯片中右击或单击按钮，从弹出的快捷菜单中选择【结束放映】命令，结束幻灯片的放映退出放映视图。

知识点滴

在幻灯片放映的过程中，还可以暂停放映幻灯片，具体操作是在右键菜单中选择【暂停】命令。

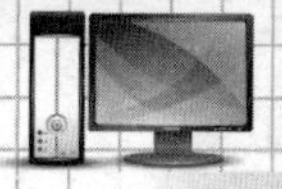

10.3.2 为重点内容做标记

使用 PowerPoint 2010 提供的绘图笔功能可以为演示文稿中的重点内容做上标记。

绘图笔的作用类似于板书笔，常用于强调或添加注释。用户可以选择绘图笔的形状和颜色，也可以随时擦除绘制的笔迹。

【例 10-7】放映“光盘策划提案”演示文稿，使用绘图笔标注重点。

视频+素材 (光盘素材\第 10 章\例 10-7)

step 1 启动PowerPoint 2010 应用程序，打开“光盘策划提案”演示文稿。打开【幻灯片放映】选项卡，在【开始放映幻灯片】组中单击【从头开始】按钮，放映演示文稿。

step 2 当放映到第 2 张幻灯片时，单击 按钮，或者在屏幕中右击，在弹出的快捷菜单中选择【荧光笔】选项，将绘图笔设置为荧光笔样式。

step 3 单击 按钮，在弹出的快捷菜单中选择【墨迹颜色】命令，在打开的【标准色】面板中选择【黄色】选项。

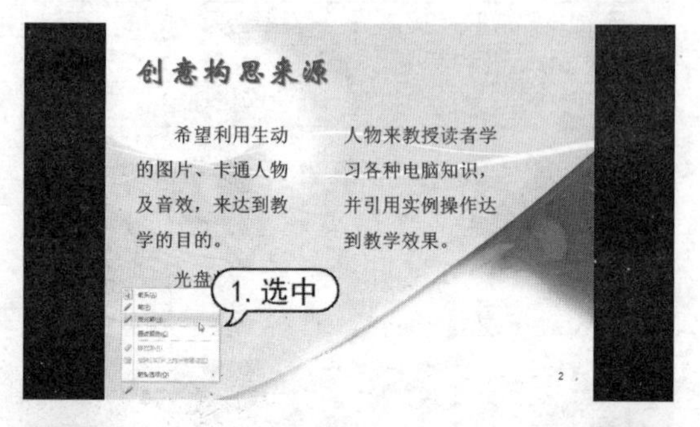

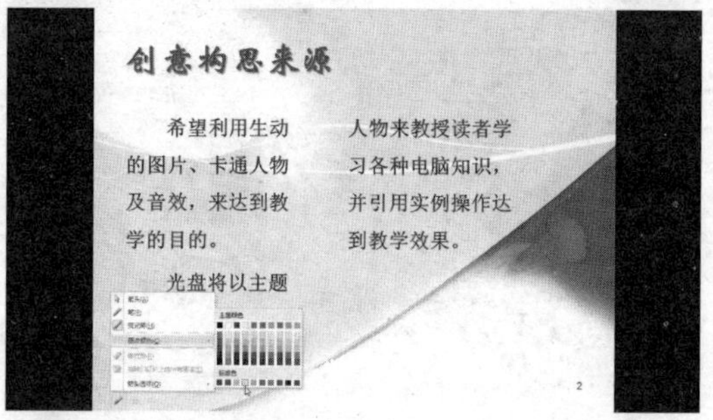

step 4 此时鼠标指针变为一个小矩形形状 ，在需要绘图的地方拖动鼠标绘制标记。

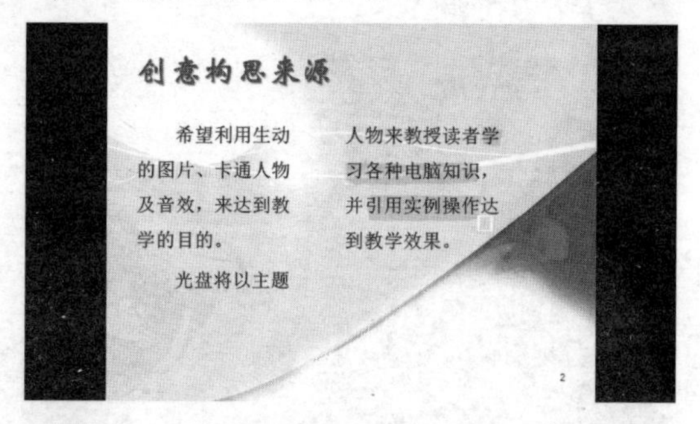

step 5 当放映到第 3 张幻灯片时，右击空白处，从弹出的快捷菜单中选择【指针选项】|【笔】命令。

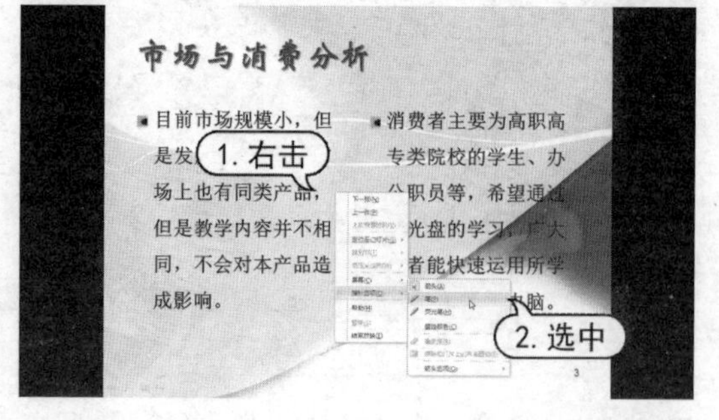

step 6 在放映视图中右击，从弹出的快捷菜单中选择【指针选项】|【墨迹颜色】命令，然后从弹出的颜色面板中选择【红色】色块。

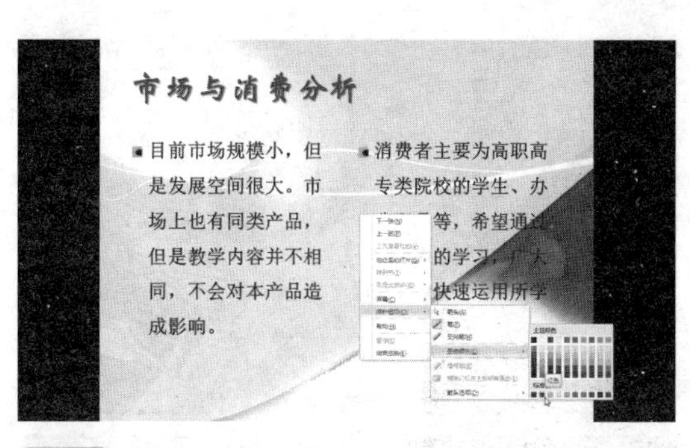

step 7 此时，拖动鼠标在放映界面中在文字下方绘制墨迹。

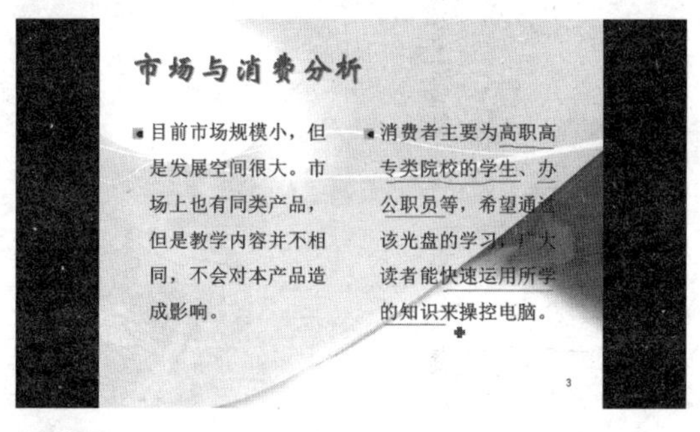

step 8 使用同样的方法，在其他幻灯片中绘制墨迹。

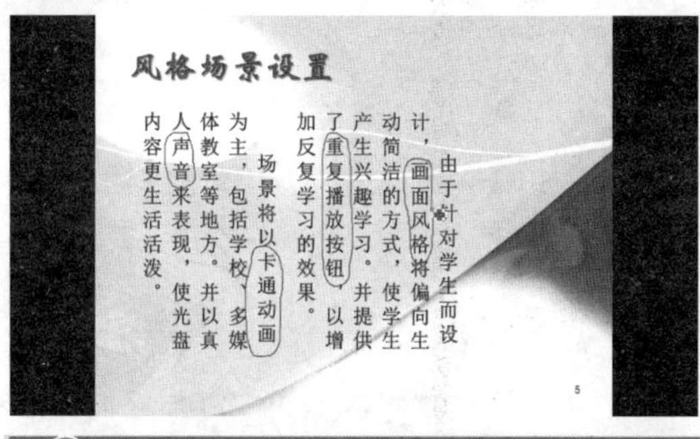

知识点滴

当用户在绘制注释的过程中出现错误时，可以在右键菜单中选择【指针选项】|【橡皮擦】命令，单击墨迹将其擦除；也可以选择【擦除幻灯片上的所有墨迹】命令，将所有墨迹擦除。

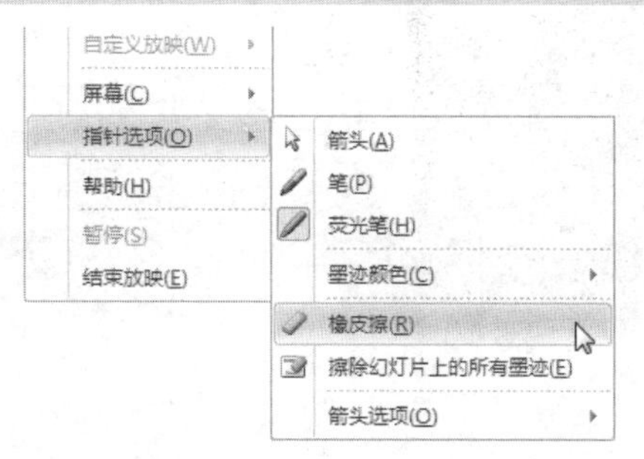

step 9 当幻灯片播放完毕后，单击鼠标左键退出放映状态时，系统将弹出对话框询问用户是否保留在放映时所做的墨迹注释。

step 10 单击【保留】按钮，将绘制的注释图形保留在幻灯片中。

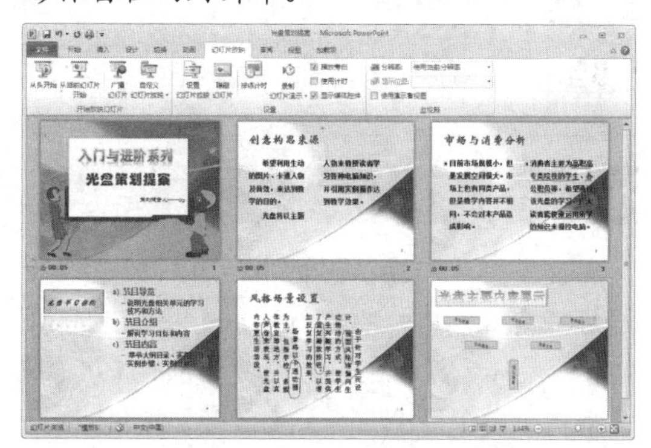

step 11 在快速访问工具栏中单击【保存】按钮，将修改后的演示文稿保存。

10.3.3 激光笔

在幻灯片放映视图中，可以将鼠标指针变为激光笔样式，以将观看者的注意力吸引到幻灯片的某个重点内容或特别要强调的内容位置。将演示文稿切换至幻灯片放映视图状态下，按 Ctrl 键的同时，单击鼠标左键，此时鼠标指针变成激光笔样式，移动鼠标指针，将其指向需要观众注意的内容上。

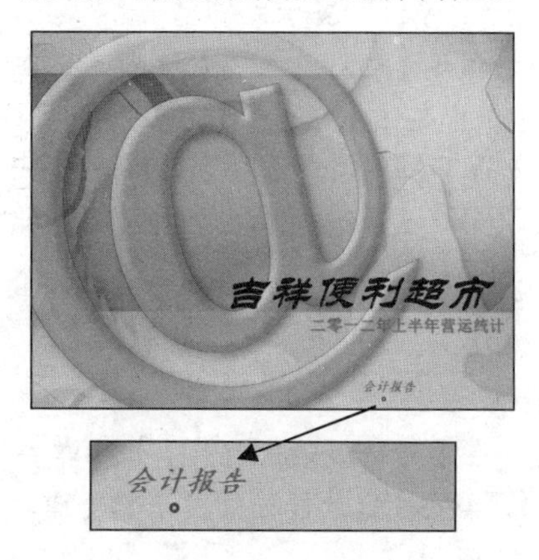

实用技巧

激光笔默认颜色为红色，用户可以对其进行更改。打开【设置放映方式】对话框，在【激光笔颜色】下拉列表框中选择颜色即可。

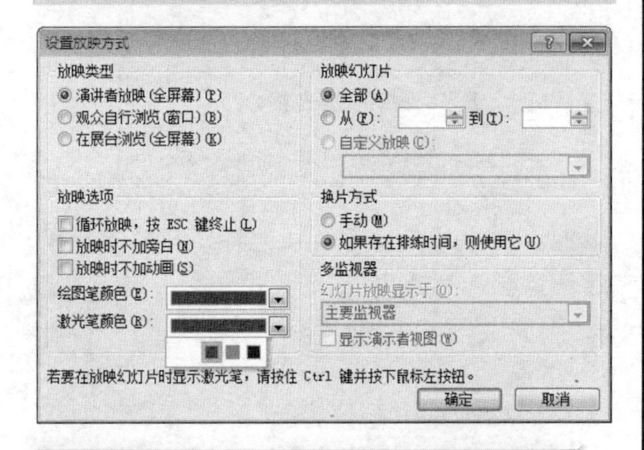

10.3.4 黑屏和白屏

在幻灯片放映的过程中，有时为了隐藏幻灯片内容，可以将幻灯片进行黑屏或白屏显示。具体方法：在右键菜单中选择【屏幕】|【黑屏】命令或【屏幕】|【白屏】命令即可。

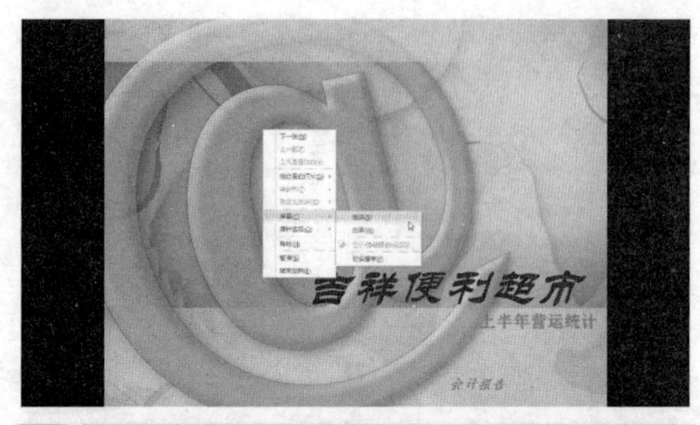

知识点滴

除了选择右键菜单命令外，还可以直接使用快捷键。按下 B 键，将出现黑屏，按下 W 键将出现白屏。另外，在幻灯片放映视图模式中，按 F1 键，打开【幻灯片放映帮助】对话框，在其中可以查看各种快捷键的功能。

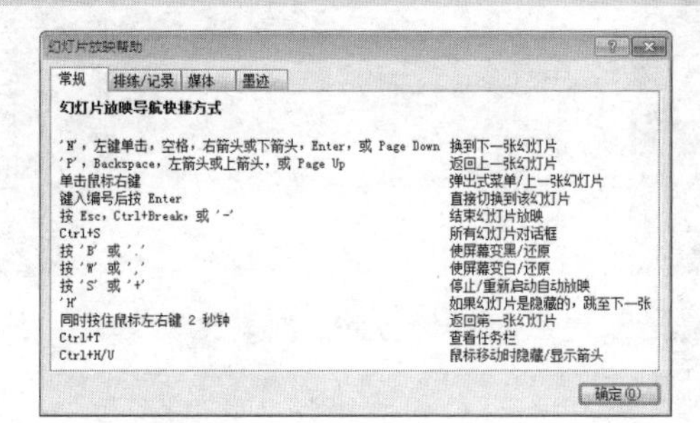

10.4 使用监视器

在使用如显示器、幻灯片以及投影仪等设备播放演示文稿之前，往往需要对其进行调试，以使演示文稿可以顺利地在多平台进行播放。这时，就需要通过计算机显示器模拟这些监视器的分辨率。

【例 10-8】在“旅游景点剪辑”演示文稿中设置监视器分辨率。

视频+素材 (光盘素材\第 10 章\例 10-8)

step 1 启动PowerPoint 2010 应用程序，打开“旅游景点剪辑”演示文稿。。

step 2 打开【幻灯片放映】选项卡，在【监视器】组中单击【分辨率】右侧的下拉按钮，从弹出的下拉列表中选择【800×600】选项。

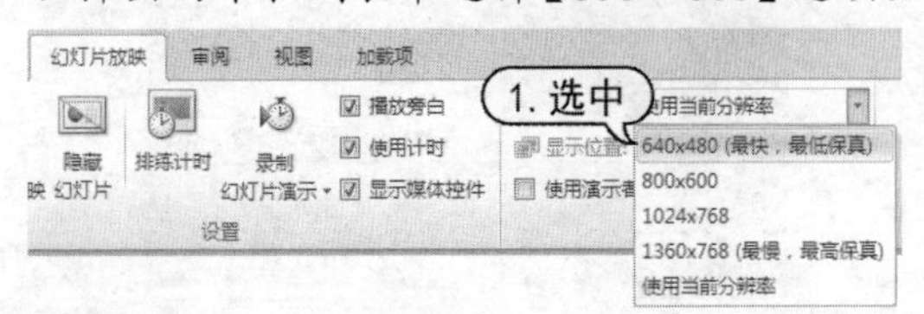

step 3 在【开始放映幻灯片】组中单击【从头开始】按钮，此时计算机显示器会模拟 800×600 的监视器分比率放映演示文稿。需要注意的是，这时放映出来的幻灯片中的图片或文字有时会出现失真现象。

如果用户的计算机只使用了一种显示器，则可以为演示文稿应用该显示器支持的各种分辨率模式，如模拟 17 英寸 CRT 显示器时，可以使用 1024px × 768px 的分辨率。如果使用了多显示器，则除了应用这些显示模式外，用户还可以设置【显示位置】等属性，选择其他显示器，显示演示文稿的内容。

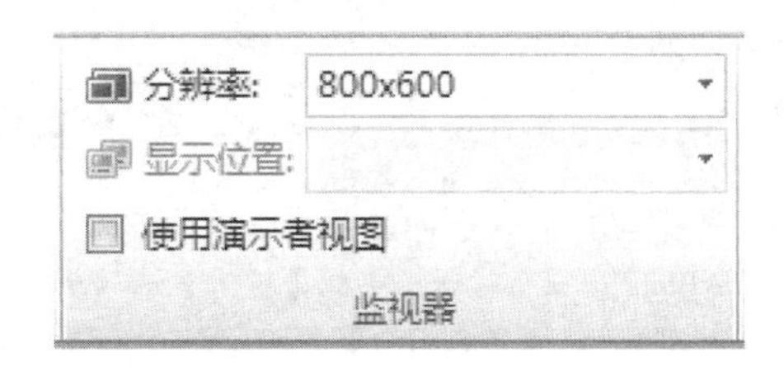

10.5　审阅演示文稿

PowerPoint 提供的审阅功能，非常实用。使用审阅功能允许对演示文稿进行校验和翻译，甚至允许多个用户对演示文稿的内容进行编辑并标记编辑历史等。

10.5.1 校验演示文稿

校验演示文稿功能的作用是校验演示文稿中使用的文本内容是否符合语法。它可以将演示文稿中的词汇与 PowerPoint 自带的词汇进行比较，查找出使用错误的词。

【例 10-9】校验“光盘策划提案”演示文稿。
素材 (光盘素材\第 10 章\例 10-9)

step 1 启动PowerPoint 2010 应用程序，打开“光盘策划提案”演示文稿。

step 2 打开【审阅】选项卡，在【校对】组中单击【拼写检查】按钮。

step 3 打开【拼写检查】对话框，自动校验演示文稿，并检测所有文本中的不符合词典的单词。

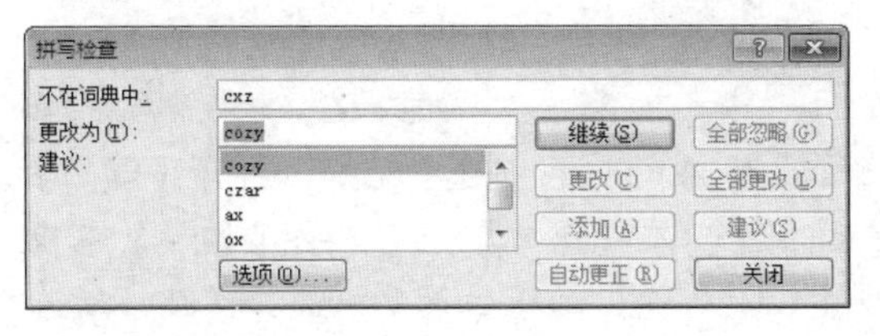

step 4 在【不在词典中】文本框中显示不符合词典的单词，同时为用户提供更改建议，显示在【建议】列表框中。在【不在词典中】文本框中单击，在激活的按钮中，单击【忽略】按钮，忽略当前词汇的语法错误，但在该单词下一次出现时将继续报错。

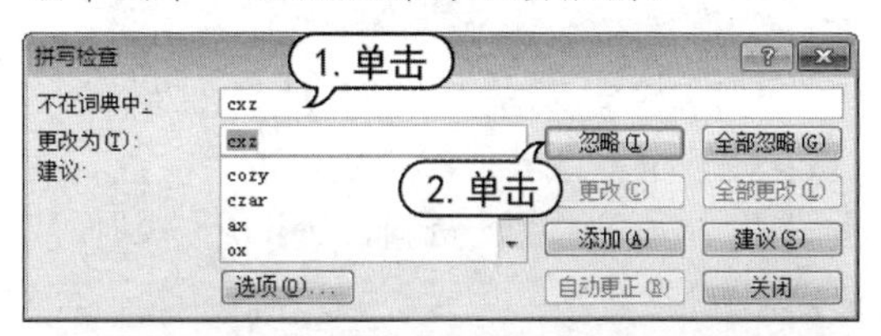

实用技巧

在【拼写检查】对话框中，单击【全部忽略】按钮，将忽略该词汇在演示文稿中的每一次出现的报错；单击【更改】按钮，对出现的错误进行更改；单击【全部更改】按钮，应用对该词汇的所有更改；单击【添加】按钮将该词汇添加到 PowerPoint 的词汇中；单击【建议】按钮，根据建议对演示文稿进行修改；单击【自动更正】按钮，自动更正所有语法错误；单击【关闭】按，关闭【拼写检查】对话框。

step 5 当检测完毕后，系统自动打开Microsoft PowerPoint提示框，提示用户拼写检查结束，单击【确定】按钮。

step 6 在快速访问工具栏中单击【保存】按

钮，将修改后的演示文稿保存。

知识点滴

在打开的演示文稿中单击【文件】按钮，在弹出的【文件】菜单中选择【选项】命令，打开【PowerPoint 选项】对话框中的【校对】选项卡，在其中可以设置拼写检查的各种属性。

10.5.2 信息检索

信息检索功能的作用是通过微软的Bing 搜索引擎或其他参考资料库，检查与演示文稿中词汇相关的资料，辅助用户制作演示文稿内容。

【例 10-10】在“光盘策划提案”演示文稿中进行信息检索。
视频+素材 (光盘素材\第 10 章\例 10-10)

step 1 启动PowerPoint 2010 应用程序，打开“光盘策划提案”演示文稿。

step 2 打开【审阅】选项卡，在【校对】组中单击【信息检索】按钮，打开【信息检查】任务窗格。

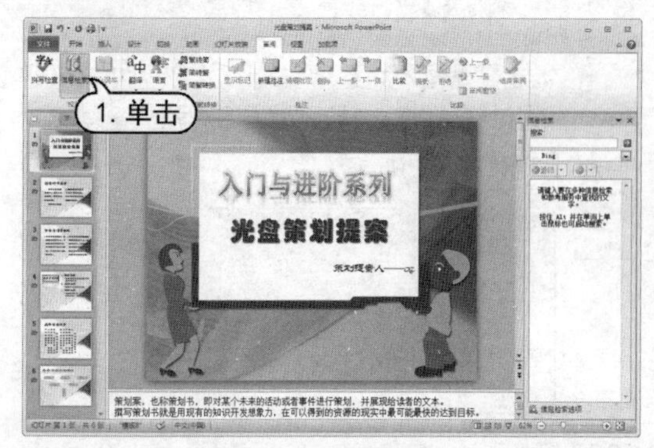

step 3 在【信息检查】任务窗格的【搜索】文本框中输入关键字“市场与消费分析”，自动选择Bing搜索引擎，然后单击【搜索】按钮，在其下的列表框中将显示搜索结果。

step 4 查看完一页，单击列表框上方的【下一页】链接，进入下一页查看相关参考资料信息。

10.5.3 翻译内容

Office 系统软件可以直接调用微软翻译网站的翻译引擎，将演示文稿中的英文翻译为中文等语言。

【例 10-11】翻译“励志名言”演示文稿中的英文内容。
素材 (光盘素材\第 10 章\例 10-11)

step 1 启动PowerPoint 2010 演示文稿，新建一个名为“励志名言”演示文稿。在幻灯片浏览窗格中，选中第 2 张幻灯片，将其显示在编辑窗口中。

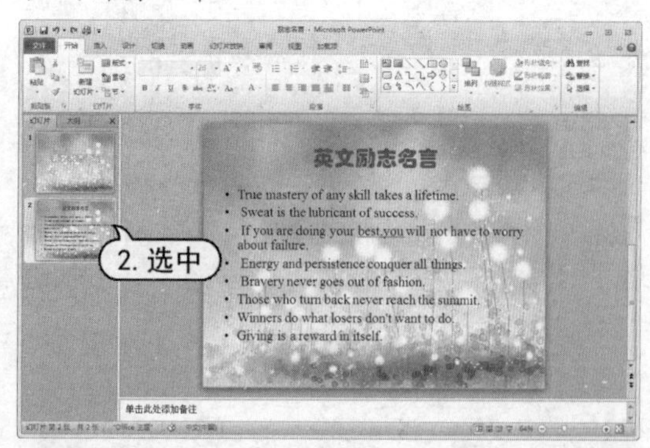

step 2 在幻灯片中选中文本，打开【审阅】选项卡，在【语言】组中单击【翻译】下拉按钮，从弹出的下拉菜单中选择【翻译所选

文字】命令。

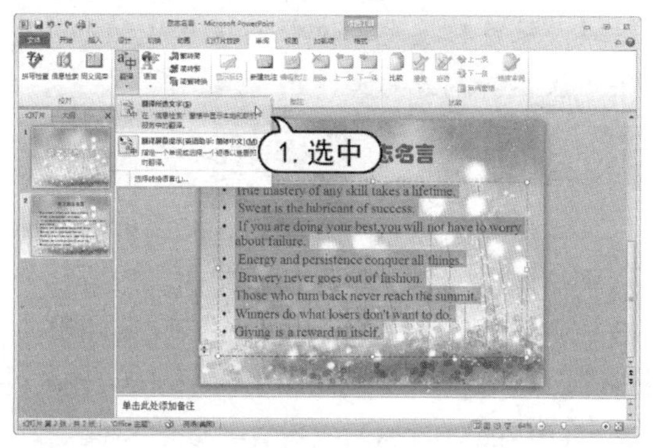

step 3 打开【信息检索】任务窗格，此时PowerPoint 2010会自动通过互联网的翻译引擎翻译选中的英文，并显示翻译结果。

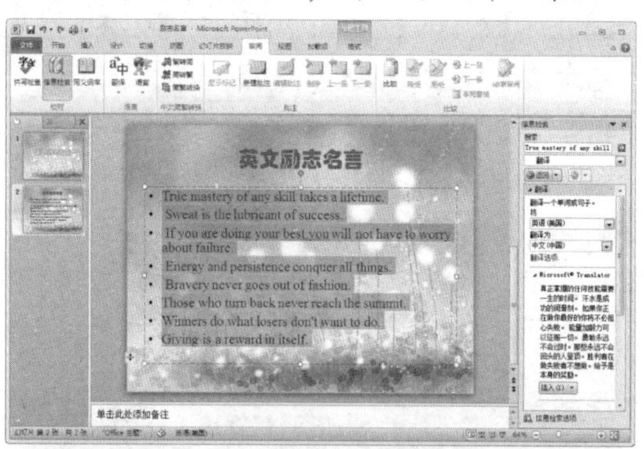

知识点滴

除了可以将英文翻译成中文外，用户还可以将英文翻译成其他各种语言。在【信息检查】任务窗格的【翻译】列表框中进行设置，即在【翻译为】下拉列表中选择语言即可。

step 4 关闭【信息检索】任务窗格，然后在【语言】组中单击【翻译】下拉按钮，从弹出的下拉菜单中选择【翻译屏幕提示】命令。

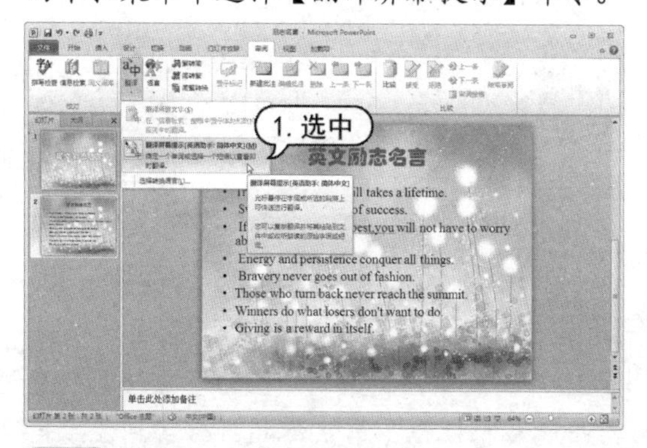

step 5 将鼠标指针指向单词conquer中，自动弹出屏幕提示框，显示语法和解释，单击【播放】按钮，试听读音。

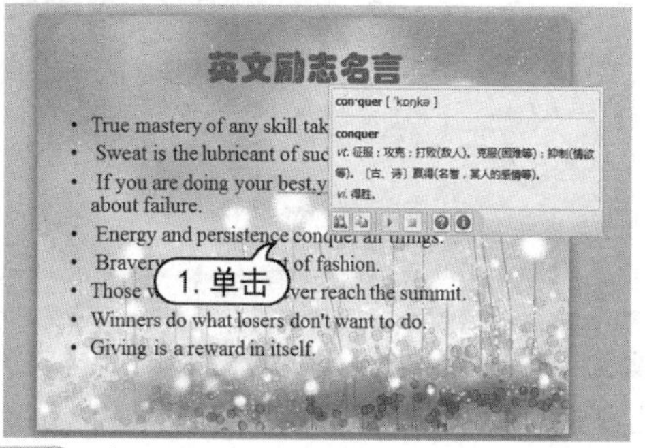

step 6 单击【展开】按钮，打开【信息检索】任务窗格，开始检索信息，并在列表框中显示检索的结果。

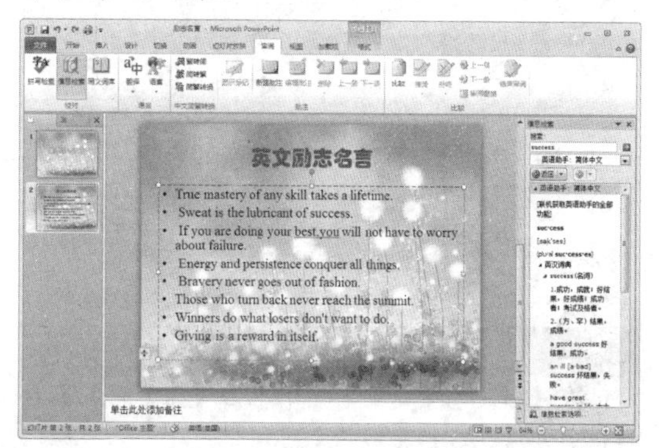

step 7 使用同样的方法，查看其他单词的相关信息。在快速访问工具栏中单击【保存】按钮，保存“励志名言”演示文稿。

10.5.4 编码转换

目前常用的中文包括简体中文GB2312/GB18030体系和繁体中文BIG5体系两种编码体系。默认情况下，PowerPoint显示的文本为简体中文，为了工作需要，可以将其转换为繁体中文。这时需要用到PowerPoint的编码转换功能。

【例 10-12】在“光盘策划提案”演示文稿中执行编码转换。
视频+素材 (光盘素材\第 10 章\例 10-12)

step 1 启动PowerPoint 2010应用程序，打开“光盘策划提案”演示文稿。

step 2 在幻灯片预览窗口中选择第2张幻灯片缩略图，将其显示在幻灯片编辑窗口中。

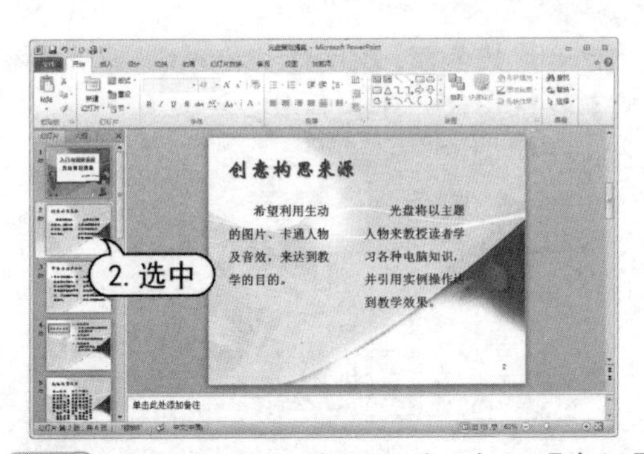

step 3 选中标题和文本占位符，打开【审阅】选项卡，在【中文简繁转换】组中单击【简转繁】按钮，即可将简体中文转换为繁体中文。

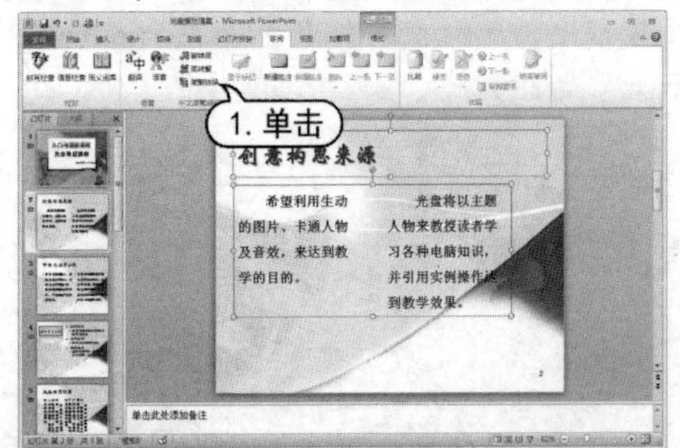

知识点滴

在【中文简繁转换】组中单击【简繁转换】按钮，打开【中文简繁转换】对话框，在其中可以设置转换方向(繁体转换为简体或者简体转换为繁体)和自定义词典。

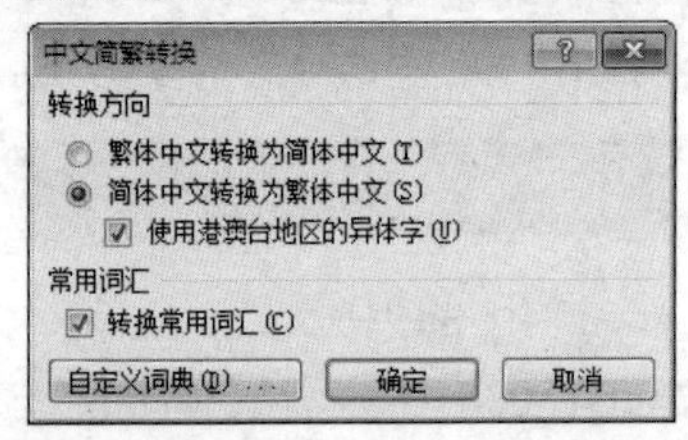

step 4 使用同样的方法，在其他幻灯片中进行文本的简繁转换。

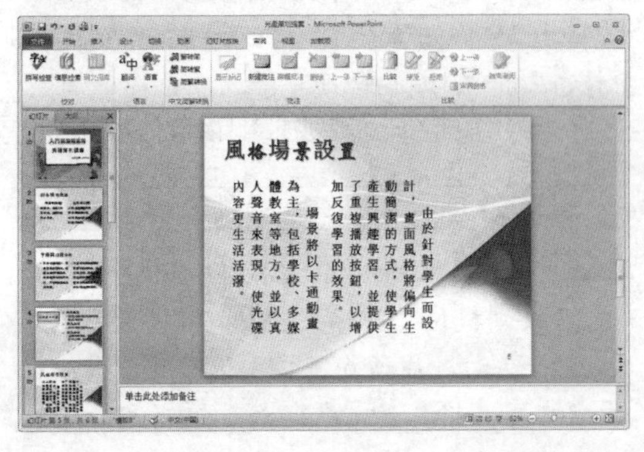

step 5 在快速访问工具栏中单击【保存】按钮，保存转换为繁体中文的“光盘策划提案”演示文稿。

10.5.5 创建批注

在用户制作完演示文稿后，还可以将演示文稿提供给其他用户，让其他用户参与到演示文稿的修改中，添加对演示文稿的修改意见。这时就需要其他用户使用 PowerPoint 的批注功能对演示文稿进行修改和审阅。

【例 10-13】在“光盘策划提案”演示文稿中创建批注。

视频+素材 (光盘素材\第 10 章\例 10-13)

step 1 启动PowerPoint 2010 应用程序，打开“光盘策划提案”演示文稿。

step 2 打开【审阅】选项卡，在【批注】组中单击【新建批注】按钮。

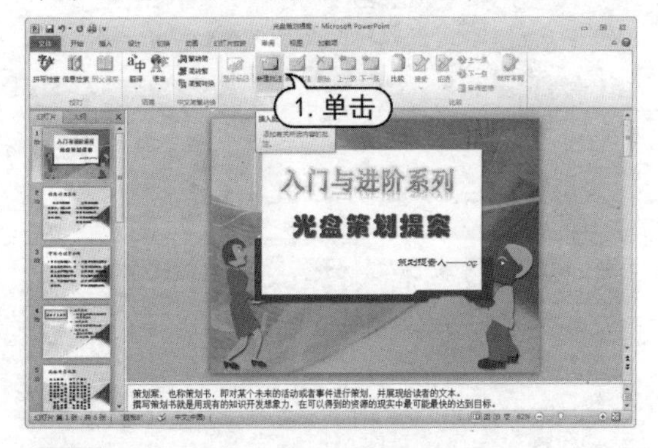

step 3 此时，系统自动弹出批注框，在其中输入批注文本。

step 4 输入批注内容后，在幻灯片任意位置单击隐藏批注框，当鼠标指针移动到左上角的批注标签上，系统自动弹出批注框，显示

文本信息。

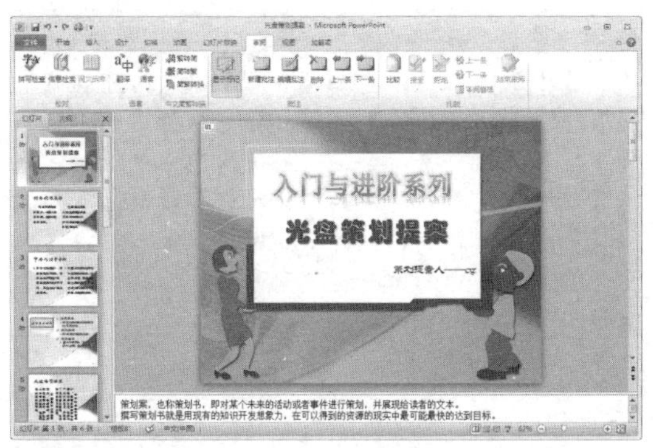

step 5 在幻灯片浏览窗格中选择第3张幻灯片缩略图，将其显示在幻灯片编辑窗口中。选中标题占位符，在【审阅】选项卡的【批注】组中，单击【新建批注】按钮。

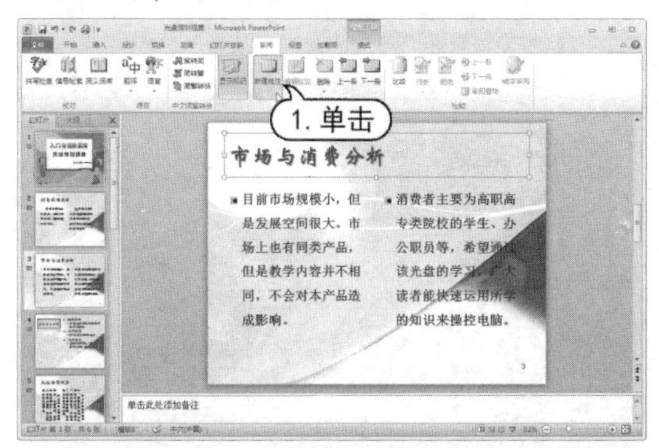

知识点滴

双击批注标签或单击【批注】组中的【编辑批注】按钮，此时光标将自动定位在批注框中，这时就可以对内容进行编辑。

step 6 使用同样的操作方法，在其他幻灯片中输入批注文本。

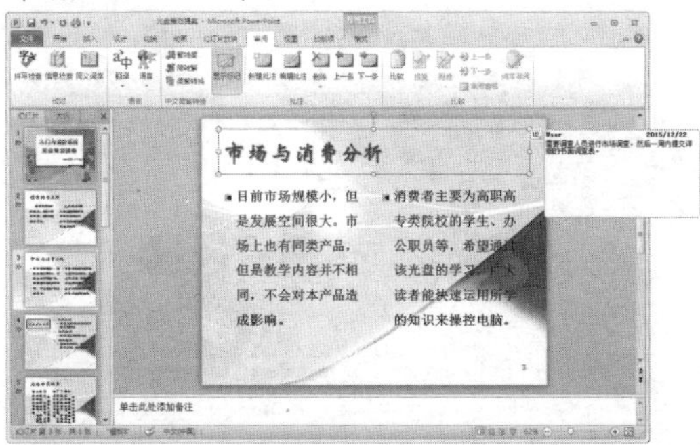

step 7 在幻灯片的任意位置单击，隐藏批注框，此时在标题右上侧显示批注标签。

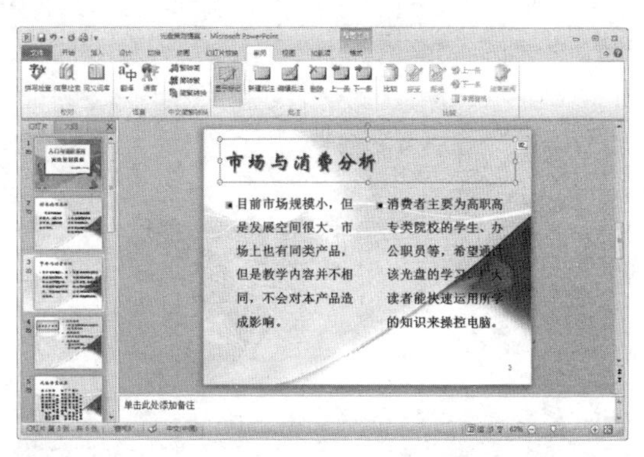

step 8 在幻灯片浏览窗格中选择第6张幻灯片缩略图，将其显示在幻灯片编辑窗口中。选中标题占位符，使用同样的方法，在幻灯片中新建批注，并输入批注文本。

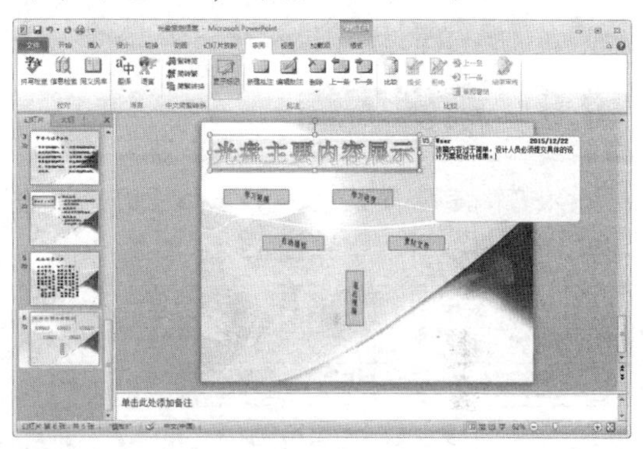

step 9 在【审阅】选项卡的【批注】组中单击【显示标记】按钮，取消其激活状态。此时PowerPoint自动隐藏所有幻灯片中的批注标签。

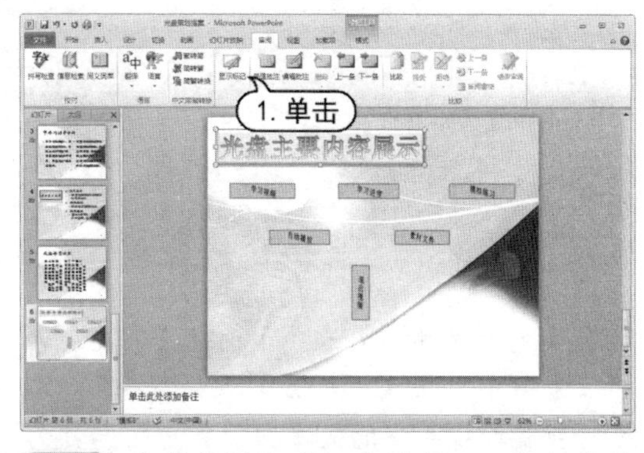

step 10 在【审阅】选项卡的【批注】组中单击【上一条】按钮，此时将定位在第3张幻灯片中隐藏的批注标签中，同时弹出批注框显示批注文本。

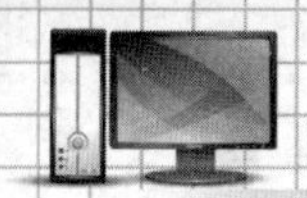

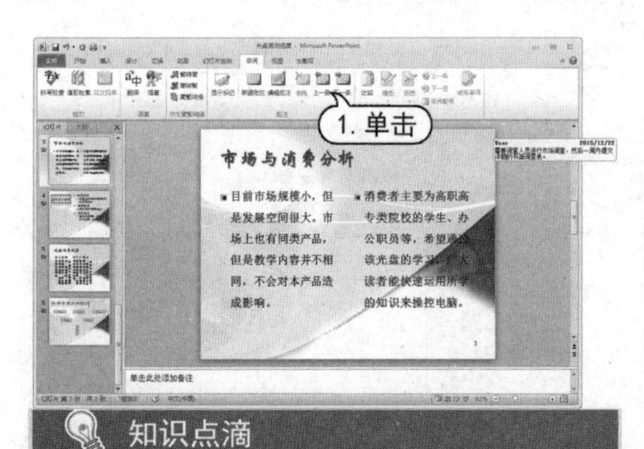

知识点滴

在【审阅】选项卡的【批注】组中单击【下一条】按钮，此时光标将会定位到下一个批注便签位置，同时弹出批注框，在其中显示批注文本。

step 11 在快速访问工具栏中单击【保存】按钮，将添加批注后的“光盘策划提案”演示文稿保存。

实用技巧

选中批注标签，打开【审阅】选项卡，在【批注】组中单击【删除】下拉按钮，从弹出的下拉菜单中选择【删除】命令，可以删除选中的批注；选择【删除当前幻灯片中的所有标记】命令，可以删除选中批注所在的幻灯片中的所有批注；选择【删除此演示文稿中的所有标记】命令，可以删除整个演示文稿中的所有批注。

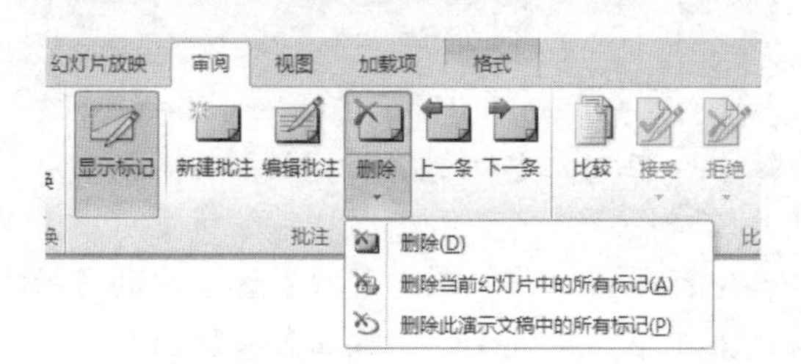

10.6 案例演练

本章的案例演练部分主要介绍放映“旅游行程”演示文稿综合实例操作，使用户通过练习从而巩固本章所学知识。

【例 10-14】审阅“旅游行程”演示文稿，添加排练计时，并在放映过程中为重点内容做标记。

视频+素材 (光盘素材\第 10 章\例 10-14)

step 1 启动PowerPoint 2010 应用程序，打开“旅游行程”演示文稿。在幻灯片预览窗口中按住Shift键的同时，选中所有的幻灯片。

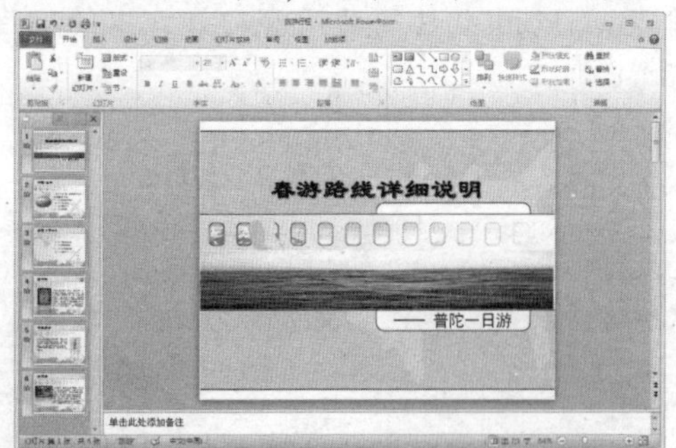

step 2 打开【审阅】选项卡，在【中文简繁转换】组中单击【简转繁】按钮，即可将所有幻灯片中的文本由简体中文转换为繁体中文。

step 3 选中第 1 张幻灯片缩略图，在【批注】组中单击【新建批注】按钮，在幻灯片左上角添加一个标签和批注框。此时即可在批注框中输入批注内容。

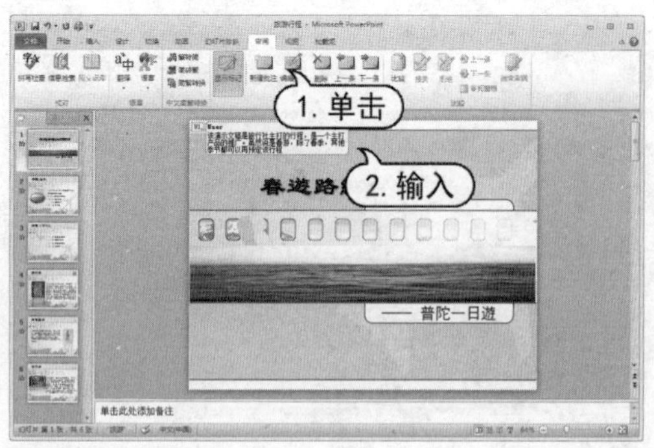

step 4 批注输入后，在幻灯片任意位置单击，隐藏批注框，并在幻灯片左上角显示批注的标签。

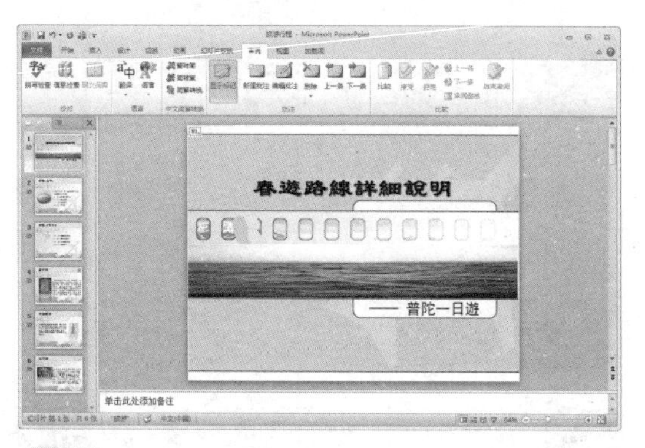

step 5　将鼠标指针移动到批注标签上，即可显示批注框和文本信息。

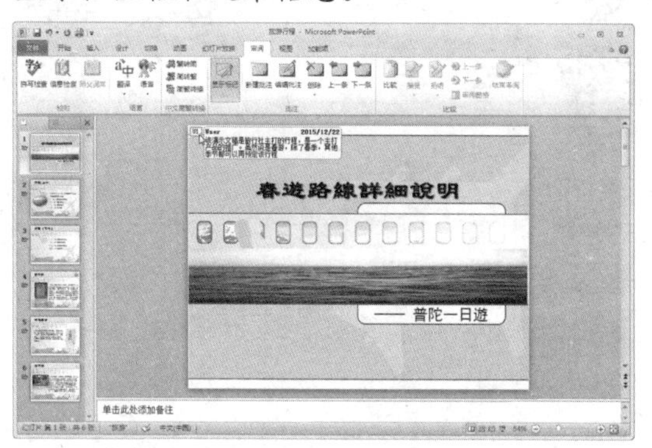

step 6　打开【幻灯片放映】选项卡，在【设置】中单击【排练计时】按钮。

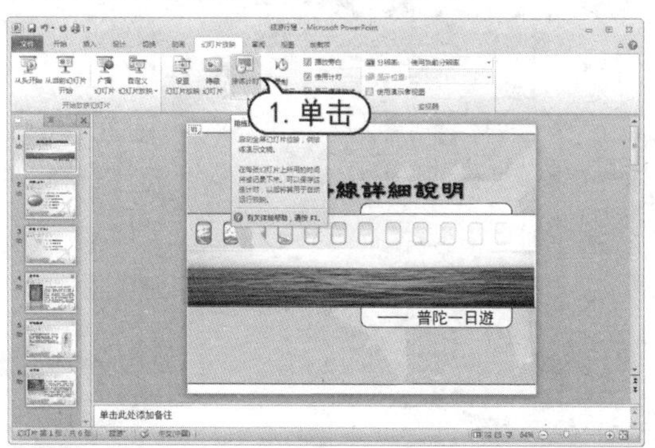

step 7　此时，演示文稿将自动切换到幻灯片放映状态。

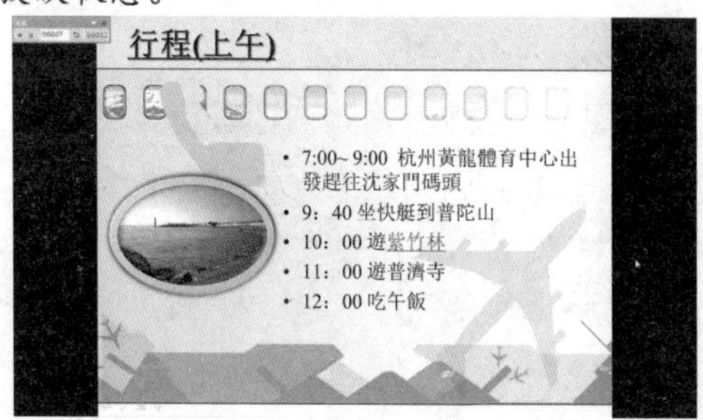

step 8　连续单击鼠标进行幻灯片放映，此时【录制】对话框中的数据会不断更新。

step 9　当最后一张幻灯片放映完毕后，系统将打开Microsoft PowerPoint对话框，该对话框显示幻灯片播放的总时间，并询问用户是否保留该排练时间，此处单击【是】按钮。

step 10　此时，演示文稿将切换到幻灯片浏览视图，从幻灯片浏览视图中可以看到每张幻灯片下方均显示各自的排练时间。

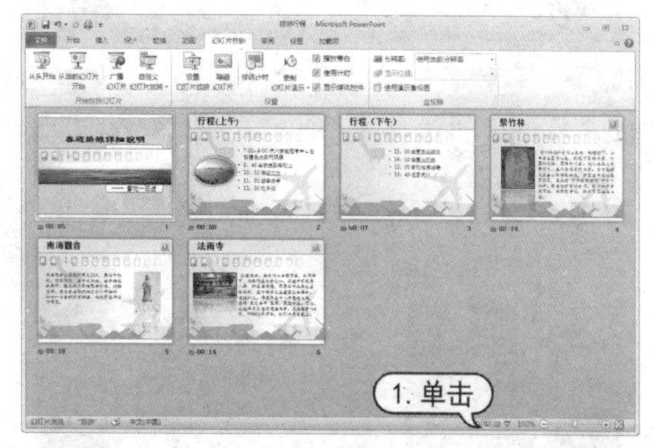

step 11　打开【幻灯片放映】选项卡，在【开始放映幻灯片】组中单击【从头开始】按钮，放映演示文稿，此时无须单击，即可逐一放映排练后的动画效果。

step 12　当放映到第 2 张幻灯片时，右击任意处，从弹出的快捷菜单中选择【指针选项】|【笔】命令。

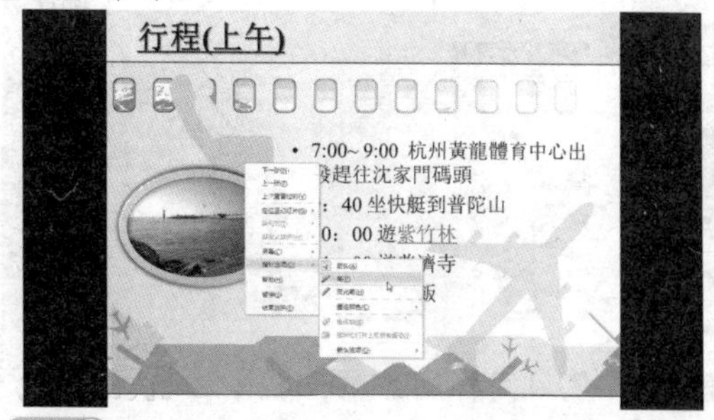

step 13　在幻灯片放映界面中拖动鼠标绘制

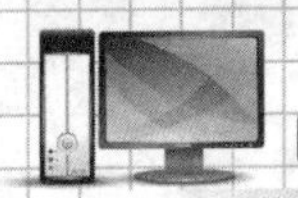

旅行重点地段。

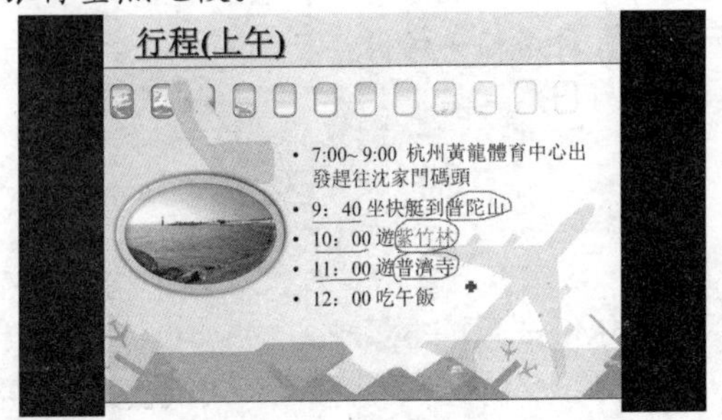

step 14 使用同样的方法，在第 3 张幻灯片放映界面中绘制重点。

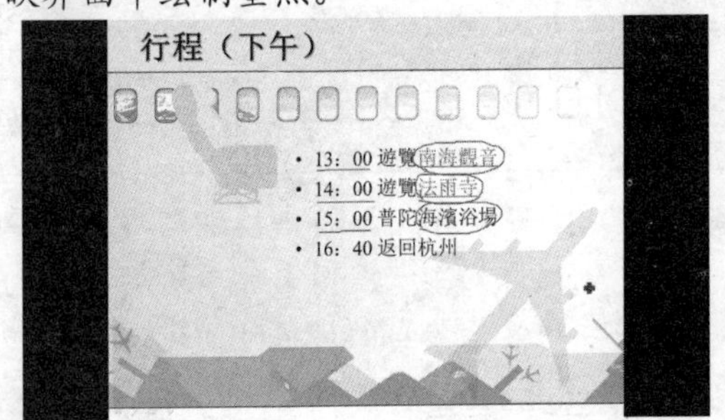

step 15 当放映到第 4 张幻灯片时，右击任意处，从弹出的快捷菜单中选择【指针选项】|【荧光笔】命令。

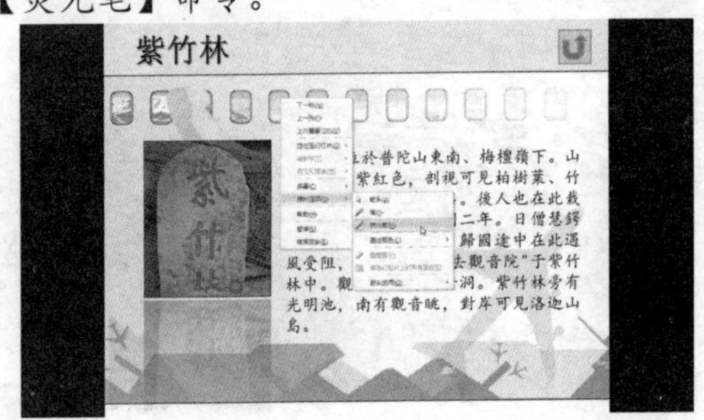

step 16 在幻灯片放映界面中此时鼠标指针形状变成【荧光笔】样式，拖动荧光笔绘制重点内容。

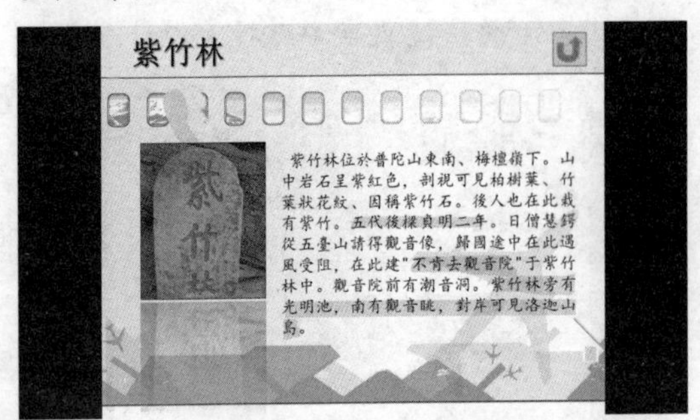

step 17 使用同样的方法，在其他幻灯片中使用荧光笔绘制重点内容。

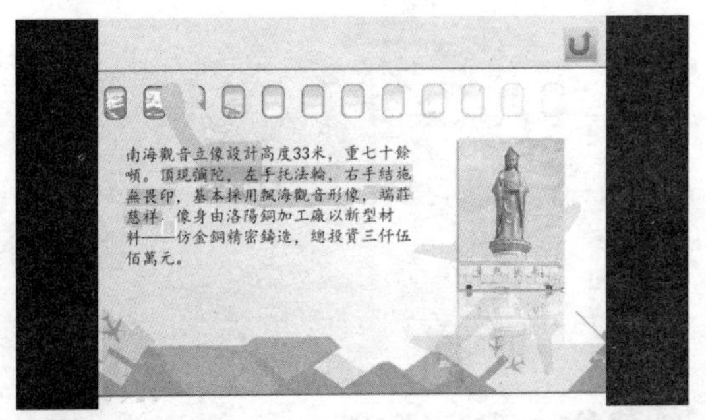

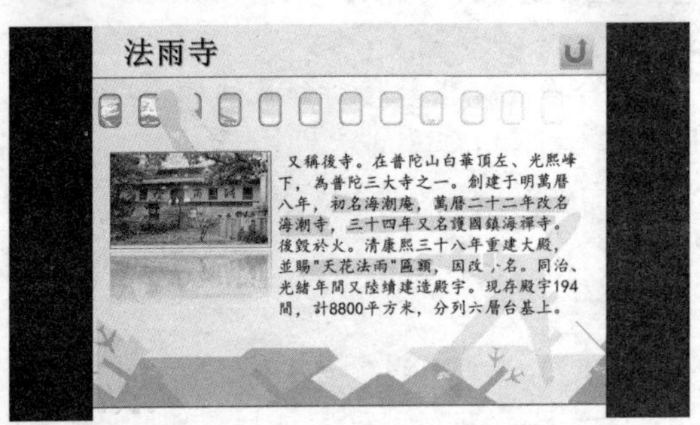

step 18 当幻灯片播放完毕后，单击鼠标左键退出放映状态。系统将自动打开信息提示框，询问用户是否保留在放映时所做的墨迹注释，此处单击【保留】按钮。

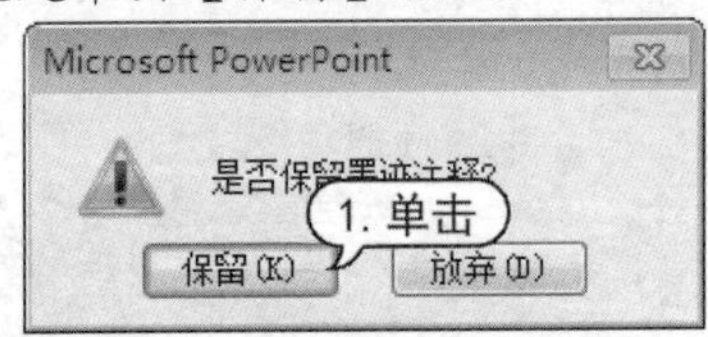

step 19 此时自动打开幻灯片浏览视图，此时即可查看幻灯片中保留的所绘制的注释线段和图形。

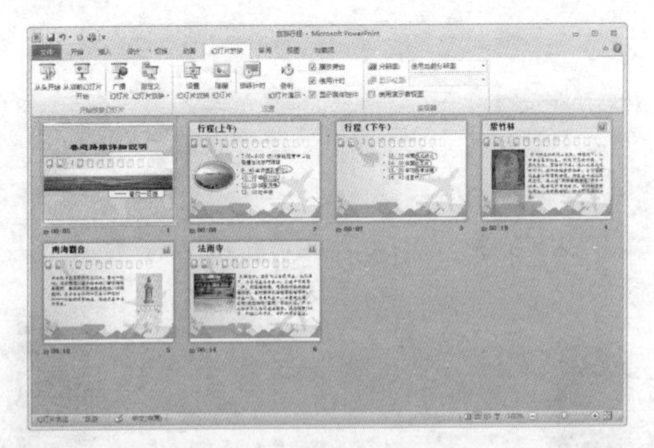

step 20 在快速访问工具栏中单击【保存】按钮，将设置幻灯片放映后的“旅游行程”演示文稿进行保存。

第11章

演示文稿的后期管理

PowerPoint 提供了多种保存、输出演示文稿的方法，用户可以将制作出来的演示文稿输出为多种形式，以满足在不同环境下的需求。另外，用户也可以将演示文稿打印到纸张上，通过传统的机械幻灯机来播放，以此来增强演示文稿的共享性。

对应光盘视频

例 11-1 发布演示文稿
例 11-2 保存到 Web
例 11-4 输出为 JPEG 格式文件
例 11-5 输出为幻灯片放映
例 11-6 输出为大纲文件
例 11-7 发布为 PDF 文档
例 11-8 制作成 Word 讲义
例 11-9 打包为 CD
例 11-10 创建为视频
其他视频文件参见配套光盘

11.1　发布幻灯片

发布幻灯片是指将 PowerPoint 2010 演示文稿存储到幻灯片库中，已达到共享和调用各个演示文稿的目的。

【例 11-1】发布“手机流量调查分析”演示文稿。
视频+素材 (光盘素材\第 11 章\例 11-1)

step 1　启动PowerPoint 2010 应用程序，打开“手机流量调查分析”演示文稿。

step 2　单击【文件】按钮，在弹出的在弹出的菜单中选择【保存并发送】命令。在中间窗格的【保存并发送】选项区域中选择【发布幻灯片】选项，并在右侧的【发布幻灯片】窗格中单击【发布幻灯片】按钮。

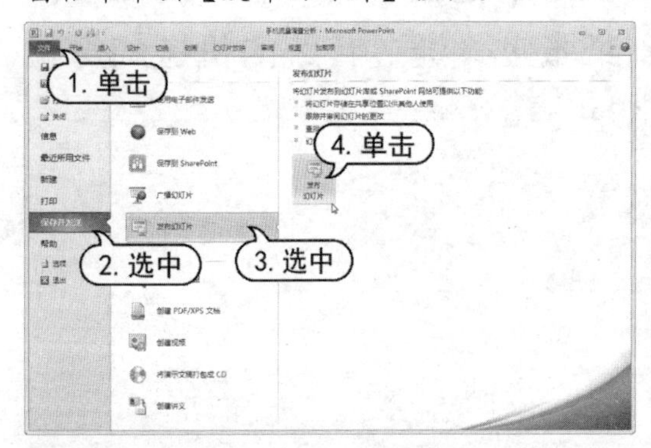

step 3　打开【发布幻灯片】对话框，在中间的列表框中选中需要发布到幻灯片库中的幻灯片缩略图前的复选框，单击【全选】按钮，然后单击【发布到】下拉列表框右侧的【浏览】按钮。

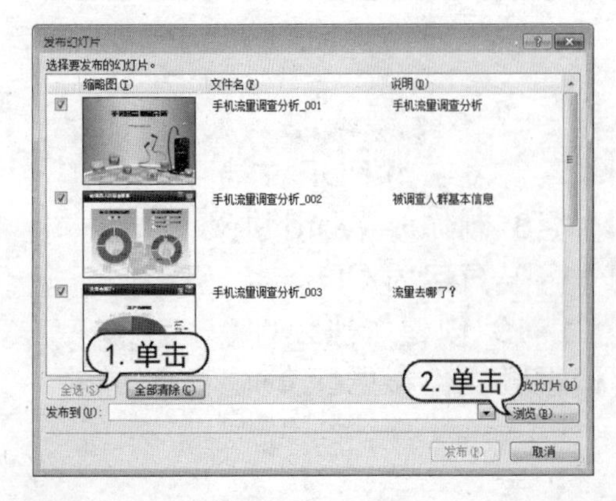

step 4　打开【选择幻灯片库】对话框，在其中选择发布文件的位置，然后单击【选择】按钮。

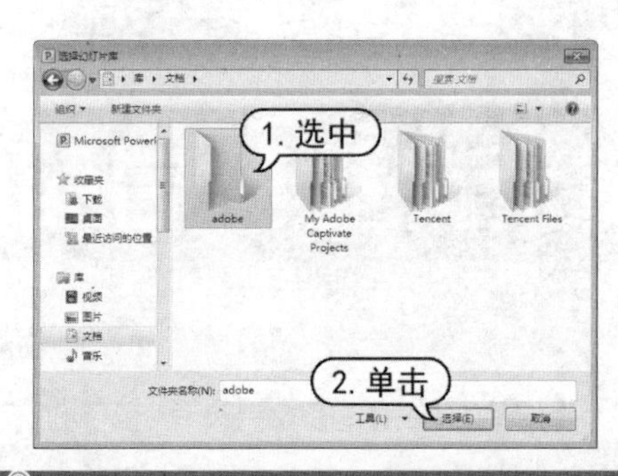

实用技巧

在【发布幻灯片】对话框中的【发布到】下拉列表框中可以直接输入要将幻灯片发布到的幻灯片库的位置。

step 5　返回至【发布幻灯片】对话框，在【发布到】下拉列表框中将显示刚选择的发布位置，然后单击【发布】按钮。

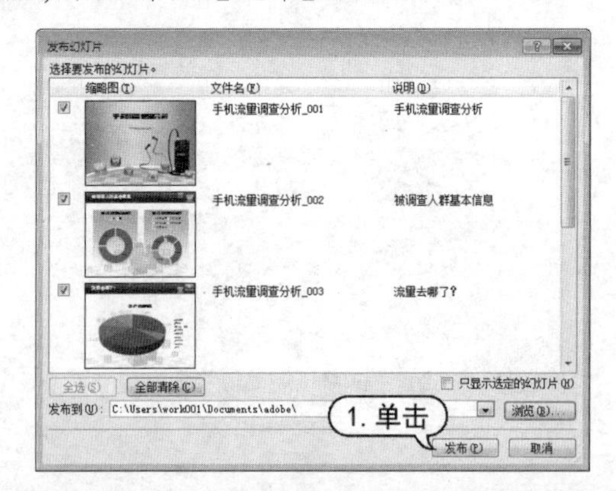

step 6　此时即可在发布到的幻灯片库位置查看发布后的幻灯片。

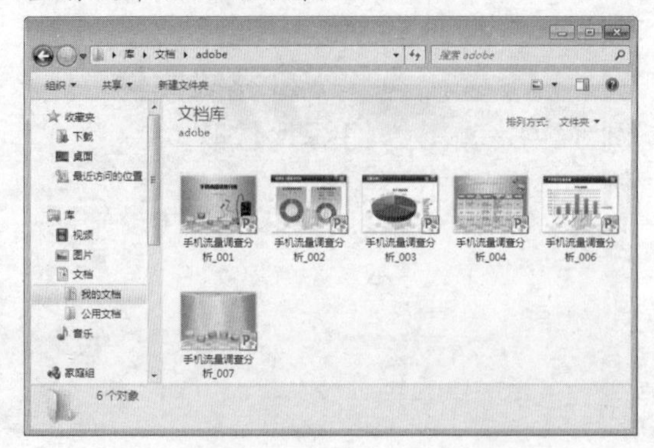

11.2　将演示文稿保存到 Web

通过 PowerPoint 2010 可以方便地将演示文稿上传到 Web 中，这样可以从任何一台计算机访问该演示文稿，或与他人共享此演示文稿。

【例 11-2】将“励志名言”演示文稿保存到 Web。
视频+素材 (光盘素材\第 11 章\例 11-2)

step 1 启动PowerPoint 2010 应用程序，打开“励志名言”演示文稿。

step 2 单击【文件】按钮，在弹出的菜单中选择【保存并发送】命令。在中间窗格的【保存并发送】选项区域中选择【保存到Web】选项，并在右侧窗格中单击【登录】按钮。

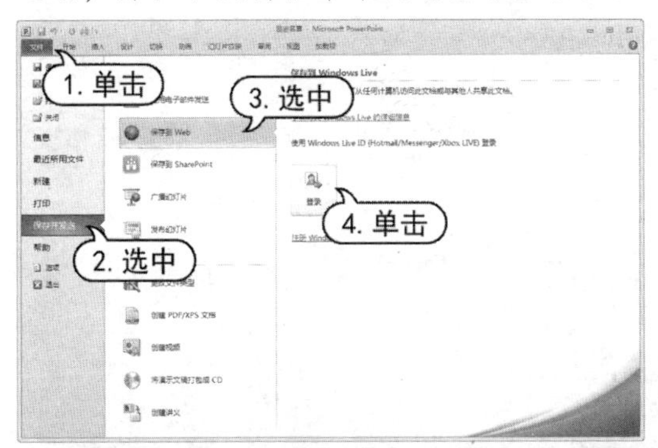

实用技巧

在将演示文稿共享到网络之前，需要在打开的【欢迎使用 Windows Live】网页中根据注册向导创建一个 Windows Live ID 和密码。

step 3 打开【连接到docs.live.net】对话框，在其中输入账户和密码，然后单击【确定】按钮。

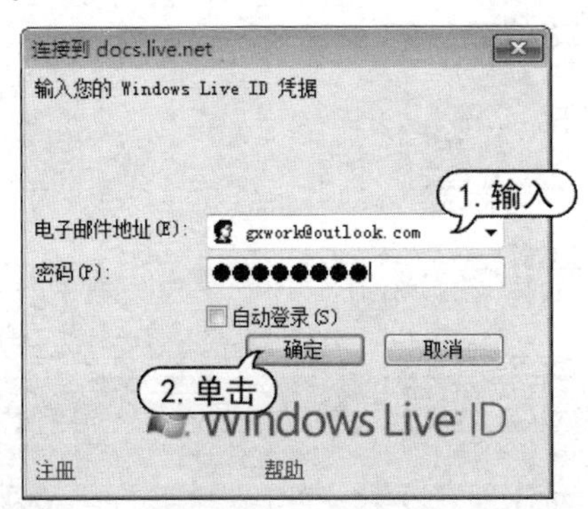

step 4 自动连接服务器，显示正在连接服务器的进度。

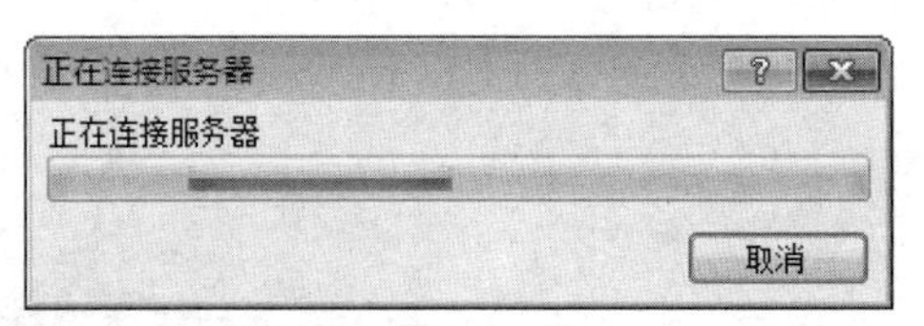

step 5 返回至【保存到Microsoft OneDrive】窗格，在其中显示成功登录后的个人信息，选择【文档】选项，单击【另存为】按钮。

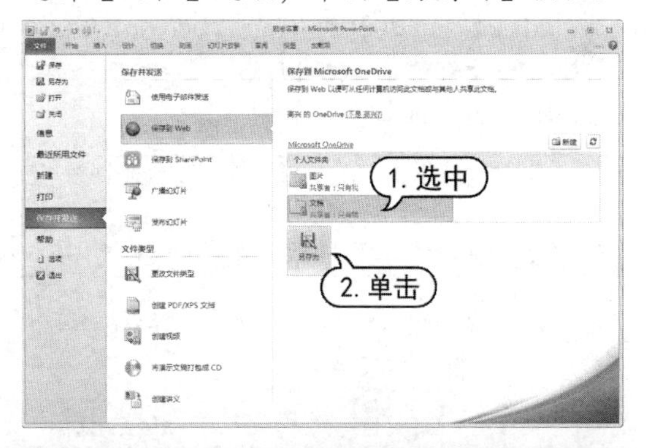

知识点滴

在【保存到 Microsoft OneDrive】窗格中单击【新建】按钮，可以登录 Windows Live 创建一个新的文件夹。

step 6 打开【另存为】对话框，保持默认设置，单击【保存】按钮，稍等片刻，即可将演示文稿保存到Web中。

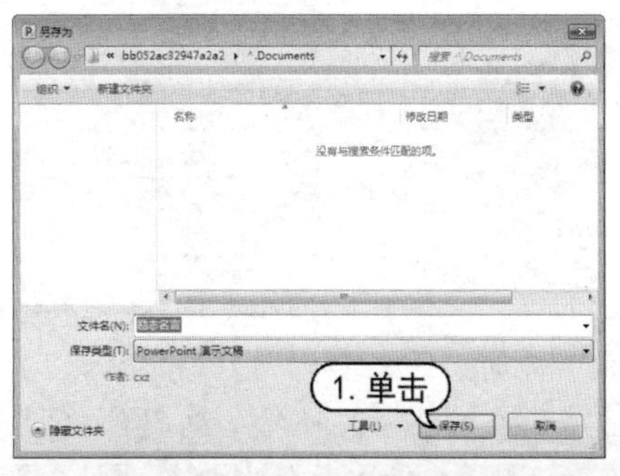

实用技巧

在【保存到 Microsoft OneDrive】窗格单击 Microsoft OneDrive 链接，将打开相应的网页，查看保存到 Web 后的演示文稿文件。

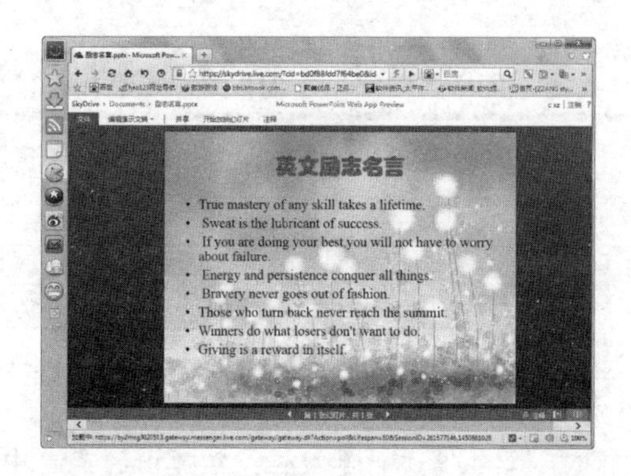

11.3 使用电子邮件发送演示文稿

PowerPoint 2010 可以与 Microsoft Outlook 软件结合，通过电子邮件将演示文稿以多种形式发送给收件人，包括以附件、PDF、XPS 以及 Internet 传真等形式。本节将主要介绍将演示文稿作为附件发送给收件人。

【例 11-3】将“励志名言”演示文稿作为附件发送给其他用户。

素材 (光盘素材\第 11 章\例 11-3)

step① 启动PowerPoint 2010 应用程序，打开“励志名言”演示文稿。

step② 单击【文件】按钮，在弹出的菜单中选择【保存并发送】命令。在中间窗格的【保存并发送】选项区域中选择【使用电子邮件发送】选项，并在右侧【使用电子邮件发送】窗格中单击【作为附件发送】按钮。

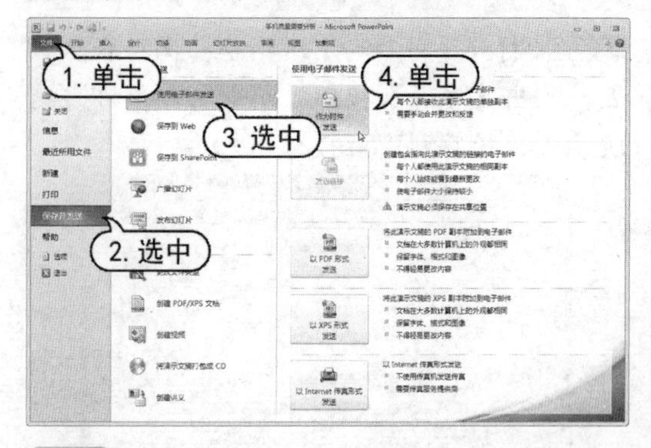

step③ 此时，系统自动启动Outlook 2010，自动将完成的演示文稿添加到附件中，在【收件人】文本框中输入收件人邮箱地址；在【正文】列表框中输入正文，然后单击【发送】按钮。

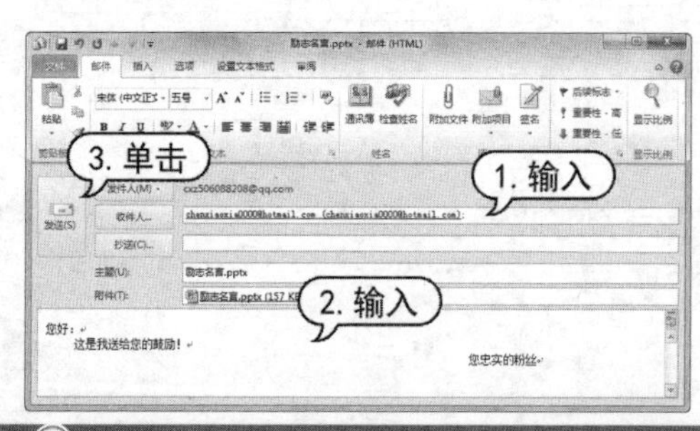

知识点滴

在使用【使用电子邮件发送】功能前，必须先在 Microsoft Outlook 2010 添加账户，然后才能使用该账户发送邮件，第一次启动 Outlook 2010 时，系统会自动打开【添加新账户】向导对话框，根据提示逐步完成账户的添加操作。

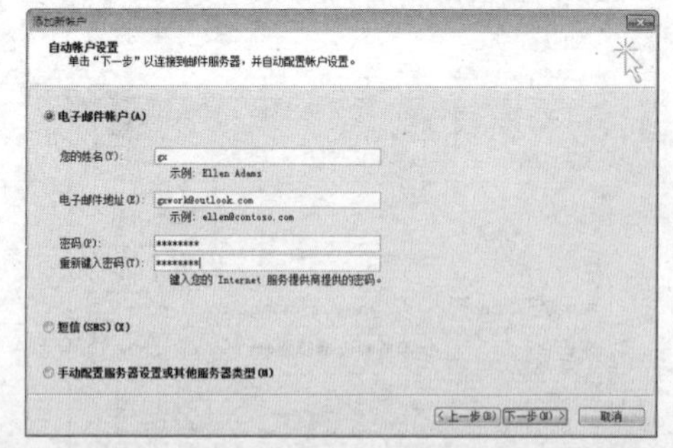

实用技巧

如果用户将演示文稿上传到微软的 MSN Live 共享空间，通过在【使用电子邮件发送】窗格中单击【发送连接】按钮，将演示文稿的网页 URL 地址发送到其他用户的电子邮箱中。

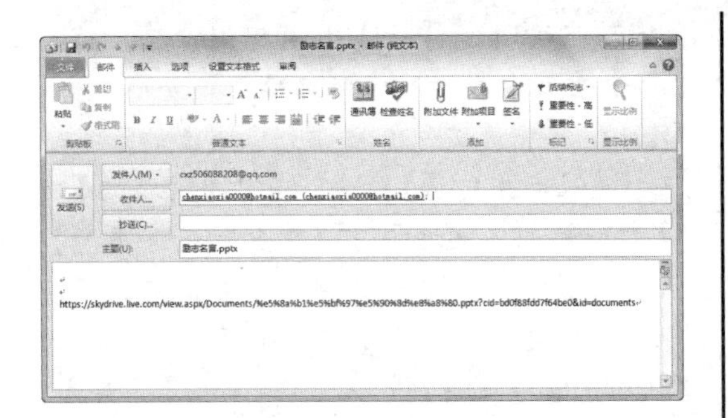

step 4　此时即可将电子邮件发送到指定的收件人邮箱中，并在【已发送邮件】列表中显示已经发送的邮件。

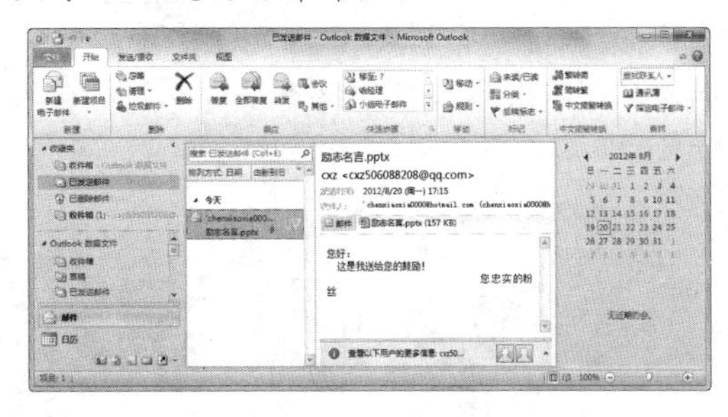

11.4　将演示文稿输出为其他格式

演示文稿制作完成后，还可以将它们转换为其他格式的文件，如图片文件、幻灯片放映以及 RTF 大纲文件等，以满足用户多用途的需要。

11.4.1 输出为图形文件

PowerPoint 支持将演示文稿中的幻灯片输出为 GIF、JPG、PNG、TIFF、BMP、WMF 及 EMF 等格式的图形文件。这有利于用户在更大范围内交换或共享演示文稿中的内容。

【例 11-4】将"郁金香展示相册"演示文稿输出为 JPEG 格式文件。
视频+素材 (光盘素材\第 11 章\例 11-4)

step 1 启动PowerPoint 2010 应用程序，打开"郁金香展示相册"演示文稿。

step 2　单击【文件】按钮，从弹出的菜单中选择【保存并发送】命令，在中间窗格的【文件类型】选项区域中选择【更改文件类型】选项。在右侧【更改文件类型】窗格的【图片文件类型】选项区域中选择【JPEG文件交换格式】选项，然后单击【另存为】按钮。

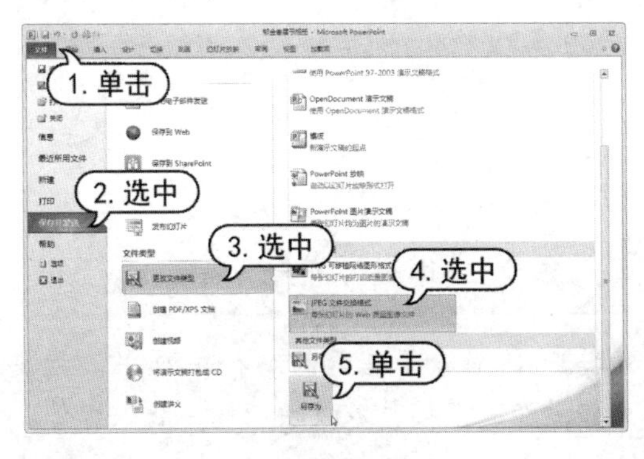

step 3　打开【另存为】对话框，设置存放路径，单击【保存】按钮。

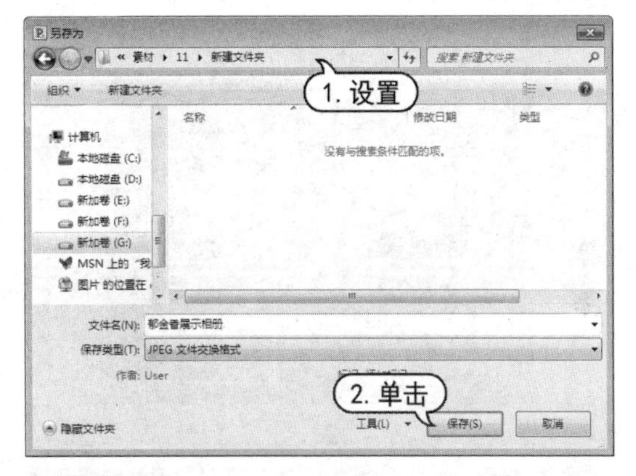

step 4　此时，系统会弹出提示对话框，供用户选择输出为图片文件的幻灯片范围，此时单击【每张幻灯片】按钮。

实用技巧

如果只需要将当前幻灯片输出为图片文件，则只需在弹出的提示对话框中单击【仅当前幻灯片】按钮即可。

step 5　将演示文稿输出为图形文件后，系统并弹出提示框，提示用户每张幻灯片都以独立的方式保存到文件夹中，单击【确定】按钮即可。

step 6 在资源管理器中双击打开保存的文件夹，此时 5 张幻灯片以图形格式显示在文件夹中。

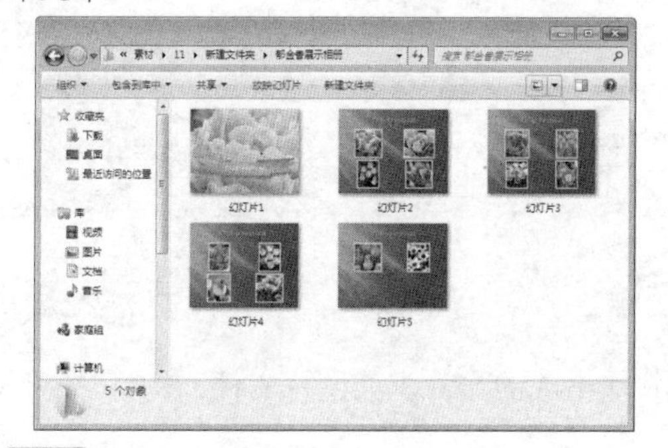

step 7 双击某张图片，即可打开该图片，查看其内容。

实用技巧

在 PowerPoint 演示文稿中，单击【文件】按钮，从弹出的【文件】菜单中选择【另存为】命令，打开【另存为】对话框。在【保存类型】列表中选择【JPEG 文件交换格式】选项，然后单击【保存】按钮，同样可以执行输出图片文件操作。

11.4.2 输出为幻灯片放映

在 PowerPoint 中经常用到的输出格式还有幻灯片放映。幻灯片放映是将演示文稿保存为总是以幻灯片放映的形式打开的演示文稿。每次打开该类型文件，PowerPoint 都会自动切换到幻灯片放映状态，而不会出现 PowerPoint 编辑窗口。

【例 11-5】将"郁金香展示相册"演示文稿输出为幻灯片放映。
视频+素材 (光盘素材\第 11 章\例 11-5)

step 1 启动PowerPoint 2010 应用程序，打开"郁金香展示相册"演示文稿。

step 2 单击【文件】按钮，从弹出的菜单中选择【保存并发送】命令，在中间窗格的【文件类型】选项区域中选择【更改文件类型】选项。在右侧【更改文件类型】窗格的【演示文稿文件类型】选项区域中选择【PowerPoint放映】选项，然后单击【另存为】按钮。

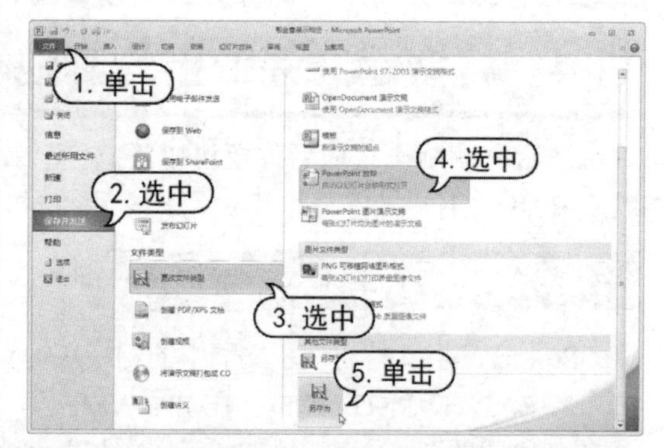

知识点滴

在【更改文件类型】窗格的【演示文稿文件类型】选项区域中可以设置将演示文稿更改为早期版本的 PowerPoint 文件格式、模板格式等。如果将 PowerPoint 2010 演示文稿另存为早期版本的 PowerPoint 文件格式，可能就无法保留 PowerPoint 2010 所特有的格式和功能。

step 3 打开【另存为】对话框，设置文件的保存路径，然后单击【保存】按钮，即可将幻灯片输出为放映文件。

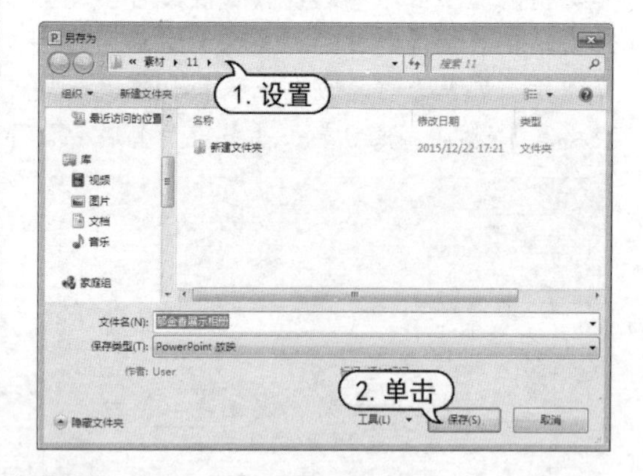

step 4 在资源管理器的路径中双击该放映文件，即可直接进入放映屏幕，放映文件。

实用技巧

在 PowerPoint 演示文稿中，单击【文件】按钮，从弹出的【文件】菜单中选择【另存为】命令，打开【另存为】对话框。在【保存类型】列表中选择【PowerPoint 放映】选项，然后单击【保存】按钮，同样可以执行输出为幻灯片放映操作。

11.4.3 输出为大纲文件

PowerPoint 输出的大纲文件是按照演示文稿中的幻灯片标题及段落级别生成的标准 RTF 文件，可以被其他如 Word 等文字处理软件打开或编辑，方便用户打开文件，查看演示文稿中的文本内容。生成的 RTF 文件中除了不包括幻灯片中的图形、图片外，也不包括用户添加的文本框中的文本内容。只显示原幻灯片的占位符中的文本。

【例 11-6】将“励志名言”演示文稿输出为大纲文件。
视频+素材 (光盘素材\第 11 章\例 11-6)

step 1 启动PowerPoint 2010 应用程序，打开“励志名言”演示文稿。单击【文件】按钮，从弹出的菜单中选择【另存为】命令。

step 2 打开【另存为】对话框，设置文件的保存路径，在【保存类型】下拉列表中选择【大纲/RTF 文件】选项，然后单击【保存】按钮。

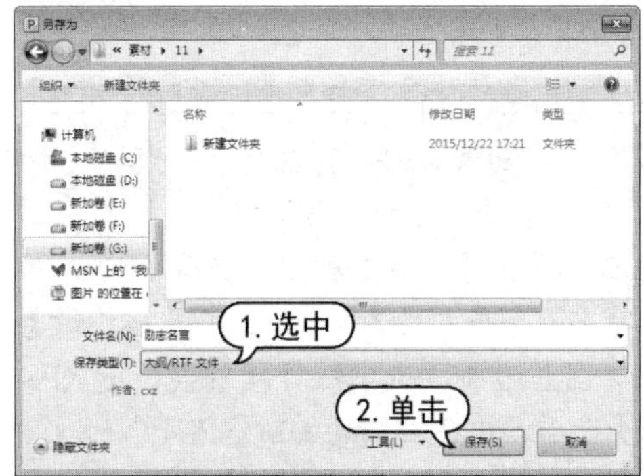

step 3 此时即可将幻灯片中的文本输出为大纲/RTF文件。

step 4 双击该大纲/RTF文件，即可启动Word 2010 应用程序，并打开该兼容性文件，该文件属于Word文件格式。

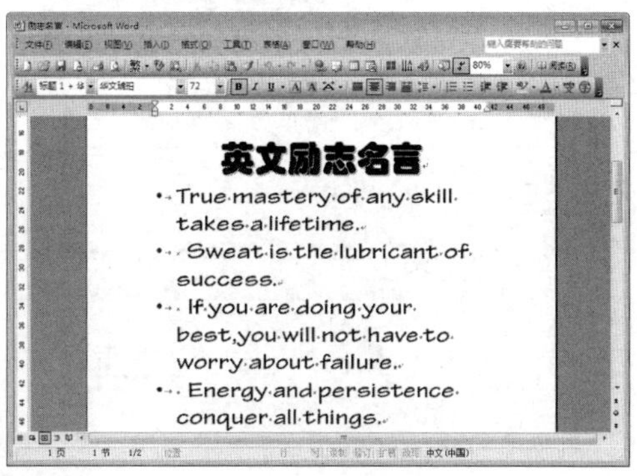

11.5 创建 PDF/XPS 文档与讲义

使用 PowerPoint 的【保存并发送】功能，用户可以将演示文稿转换为可移植文档格式，也可以将演示文稿内容粘贴到 Word 文档中制作演示讲义。

11.5.1 创建 PDF/XPS 文档

在 PowerPoint 2010 中，用户可以方便地将制作好的演示文稿转换为 PDF/XPS 文档。

【例 11-7】将“手机流量调查分析”演示文稿发布为 PDF 文档。
视频+素材 (光盘素材\第 11 章\例 11-7)

step 1 启动PowerPoint 2010 应用程序，打开“手机流量调查分析”演示文稿。

step 2 单击【文件】按钮，在弹出的菜单中选择【保存并发送】命令。在中间窗格的【文件类型】选项区域中选择【创建PDF/XPS文档】选项，并在右侧的【创建PDF/XPS文档】窗格中单击【创建PDF/XPS】按钮。

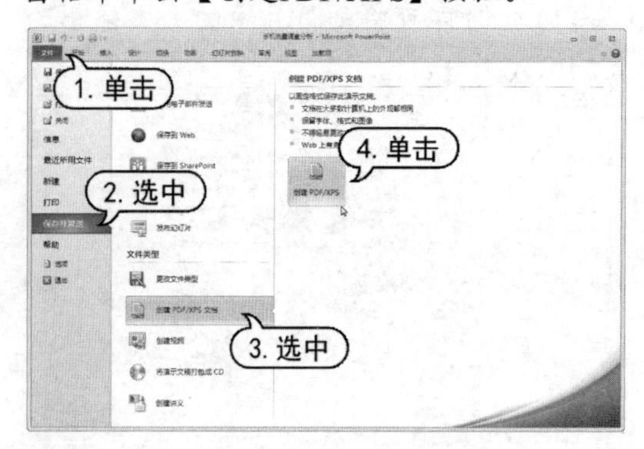

step 3 打开【发布为PDF或XPS】对话框，在其中设置保存文档的路径，然后单击【选项】按钮。

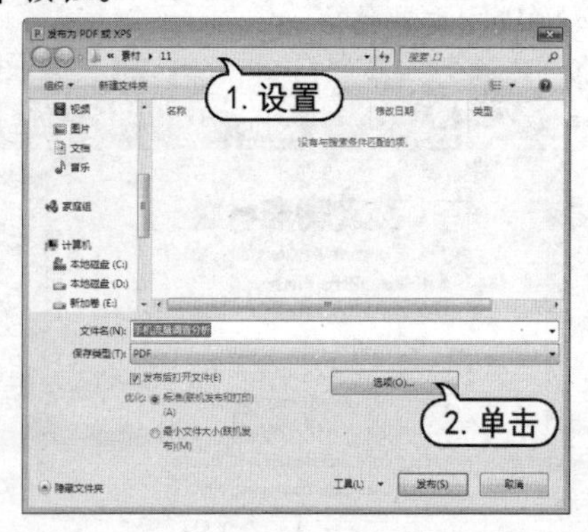

step 4 打开【选项】对话框，在【发布选项】选项区域中选中【幻灯片加框】复选框，保持其他默认设置，然后单击【确定】按钮。

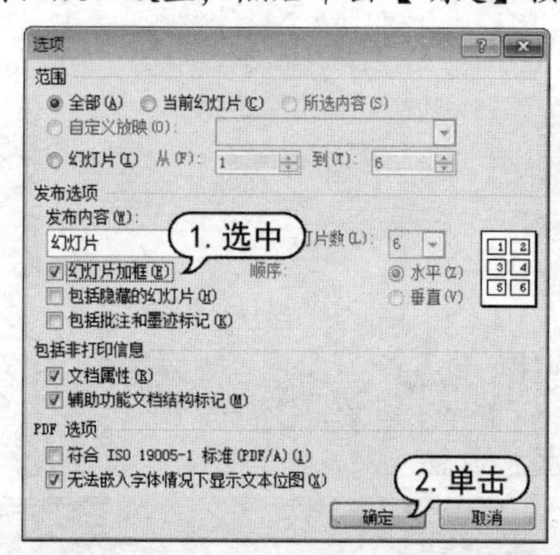

实用技巧

在【选项】对话框的【范围】选项区域中指定转换的幻灯片范围，可以是全部幻灯片、当前显示的幻灯片或自定义放映列表内的幻灯片。

step 5 返回至【发布为PDF或XPS】对话框，在【保存类型】下拉列表框中选择PDF选项，单击【发布】按钮。

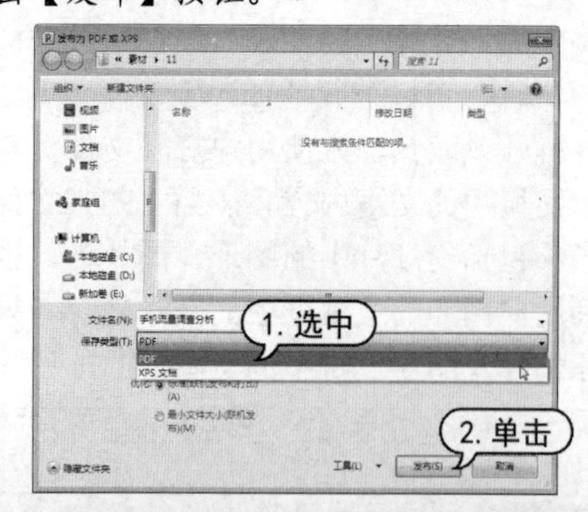

知识点滴

要将演示文稿发布为 XPS 文档，在【发布为 PDF 或 XPS】对话框的【保存类型】下拉列表框选择【XPS 文档】选项，单击【发布】按钮即可。

step 6 此时，系统自动弹出【正在发布】对话框，在其中显示发布进度。

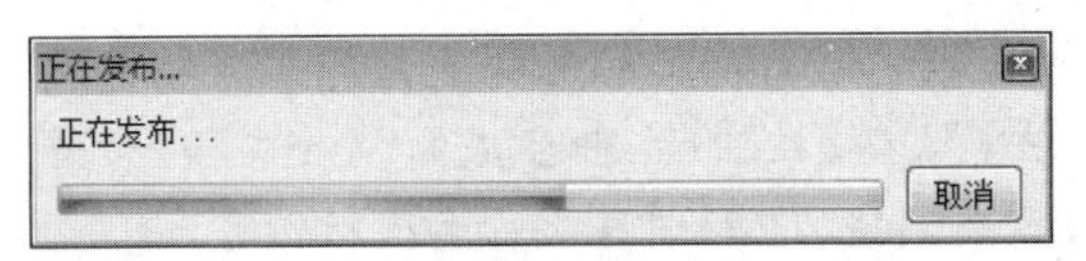

step 7 发布完成后，自动启动Adobe Reader应用程序，并打开发布成PDF格式的文档。

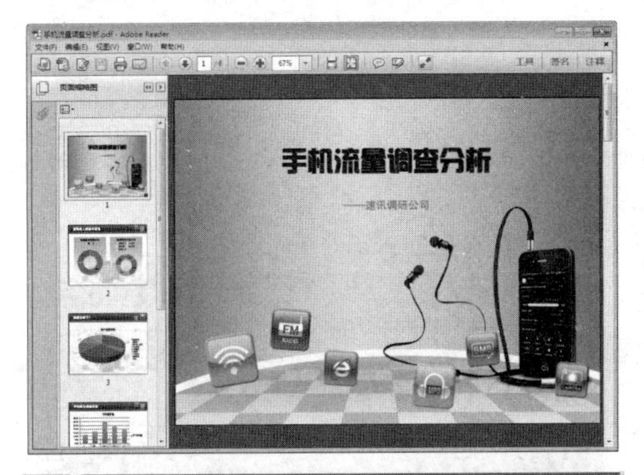

实用技巧

如果未安装 PDF 阅读器，将不会自动打开 PDF 文档。要打开该文档，必须安装 Adobe Reader X 应用程序，下载地址为：http://www.onlinedown.net/soft/300171.htm。

11.5.2 创建讲义

讲义是辅助演讲者进行讲演、提示演讲内容的文稿。在 PowerPoint 2010 中，用户可以将制作好的演示文稿中的幻灯片粘贴到 Word 文档中。

【例 11-8】将“光盘策划提案”演示文稿制作成 Word 讲义。
视频+素材 (光盘素材\第 11 章\例 11-8)

step 1 启动PowerPoint 2010 应用程序，打开“光盘策划提案”演示文稿。

step 2 单击【文件】按钮，在弹出的菜单中选择【保存并发送】命令。在中间窗格的【文件类型】选项区域中选择【创建讲义】选项，并在右侧的窗格中单击【创建讲义】按钮。

step 3 打开【发送到Microsoft Word】对话框，保持【备注在幻灯片旁】和【粘贴】单选按钮的选中状态，单击【确定】按钮。

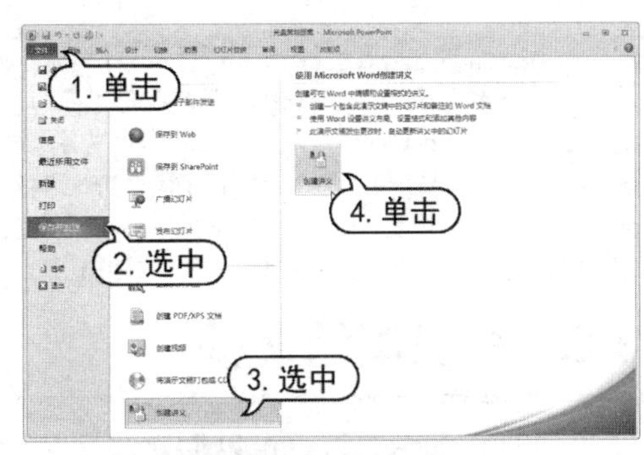

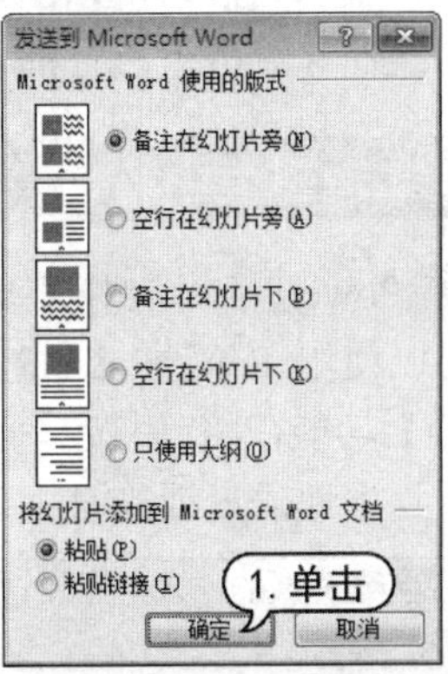

知识点滴

在【发送到 Microsoft Word】对话框中可以设置讲义的版式，提供以下几种属性设置：【备注在幻灯片旁】是指在幻灯片旁显示备注；【空行在幻灯片旁】是指在幻灯片旁留空；【备注在幻灯片下】是指在幻灯片下方显示备注；【空行在幻灯片下】是指在幻灯片下方留空；【只使用大纲】是指只为讲义添加大纲。在【将幻灯片添加到 Microsoft Word 文档】选项区域中选中【粘贴】单选按钮，可以设置将幻灯片内容全部粘贴到 Word 文档中，选中【粘贴链接】单选按钮，可以设置只为 Word 文档粘贴链接地址，不粘贴幻灯片。

step 4 此时系统自动启动Microsoft Word应用程序，生成表格形式的Word文档，在其中查看阅读讲义内容。

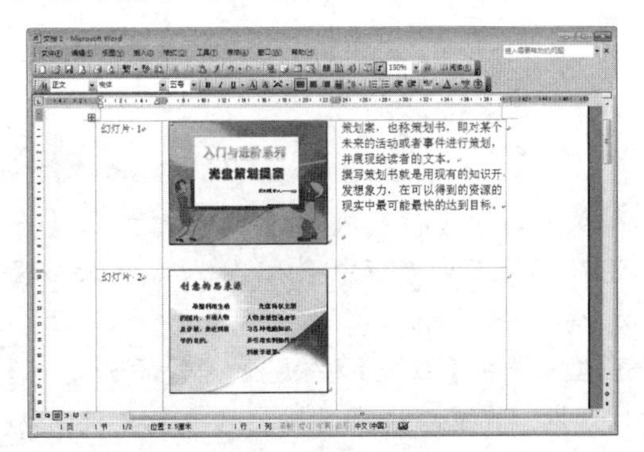

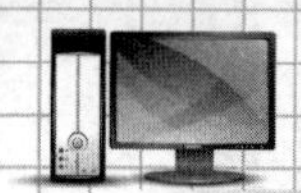

知识点滴

在【发送到 Microsoft Word】对话框的【将幻灯片添加到 Microsoft Word 文档】选项区域中选中【粘贴】单选按钮，可以设置将幻灯片内容全部粘贴到 Word 文档中，选中【粘贴链接】单选按钮，可以设置只为 Word 文档粘贴链接地址，不粘贴幻灯片。

step 5 在Word文档的快速访问工具栏中单击【保存】按钮，将生成的Word文档以“光盘策划提案PPT讲义”为名进行保存。

11.6 打包演示文稿

通过打包演示文稿，可以创建演示文稿的 CD 或是打包文件夹，轻松实现将演示文稿分发或转移到其他计算机上进行演示放映。

11.6.1 从本地磁盘中打包

在使用 PowerPoint 制作完成演示文稿后，用户可以使用 PowerPoint 2010 提供的【打包成 CD】功能，将其打包为光盘内容，并将其存放到本地磁盘或光盘中。

【例 11-9】将创建完成的“人力资源管理战略”演示文稿打包为 CD。
视频+素材 (光盘素材\第 11 章\例 11-9)

step 1 启动PowerPoint 2010 应用程序，打开“人力资源管理战略”演示文稿。

step 2 单击【文件】按钮，在弹出的菜单中选择【保存并发送】命令。在中间窗格的【文件类型】选项区域中选择【将演示文稿打包成CD】选项，并在右侧的窗格中单击【打包成CD】按钮。

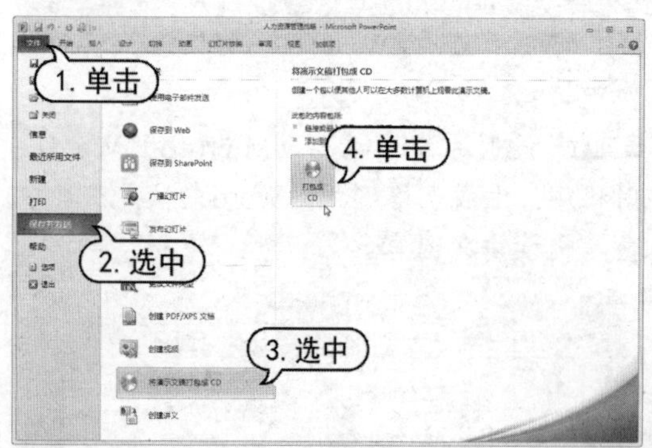

step 3 打开【打包成CD】对话框，在【将CD命名为】文本框中输入“《人力资源管理战略》演示文稿”。

step 4 单击【添加】按钮，打开【添加文件】对话框，在其中选择【励志名言】文件，然后单击【添加】按钮。

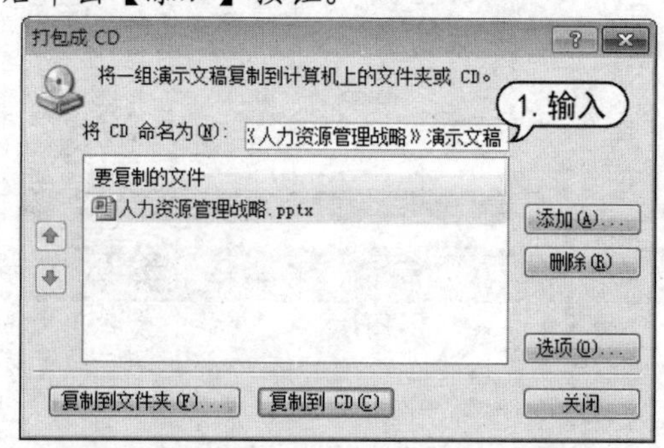

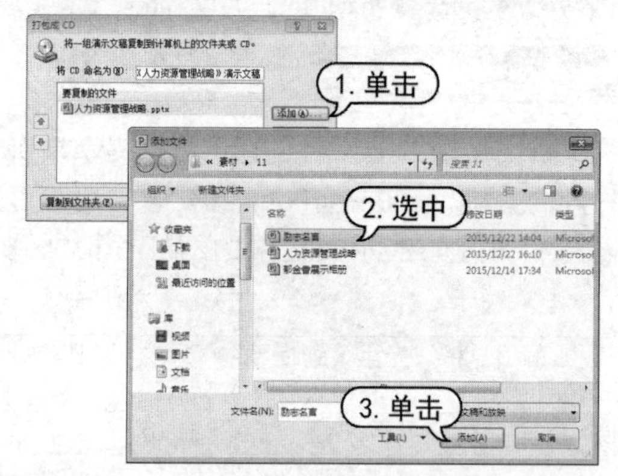

step 5 返回至【打包成CD】对话框，可以看到新添加的幻灯片，单击【选项】按钮。

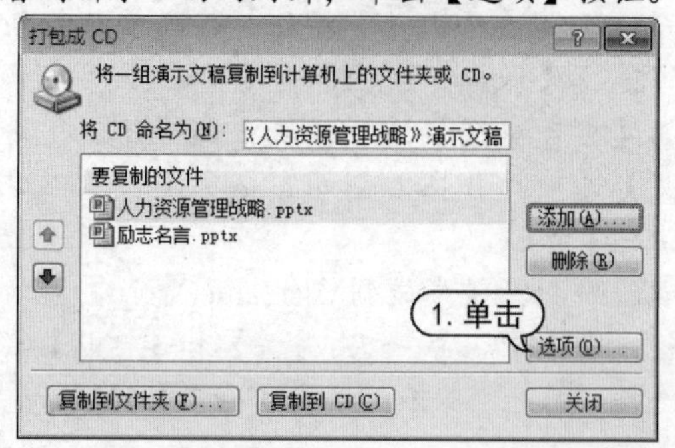

实用技巧

在【打包成 CD】对话框中的【要复制的文件】列表框中显示了要复制到 CD 的文件，如果要删除文件，则选择文件，单击【删除】按钮即可。

step 6 打开【选项】对话框，选择包含的文件，在密码文本框中输入相关的密码(这里设置打开密码为 123，修改秘密为 456)，单击【确定】按钮。

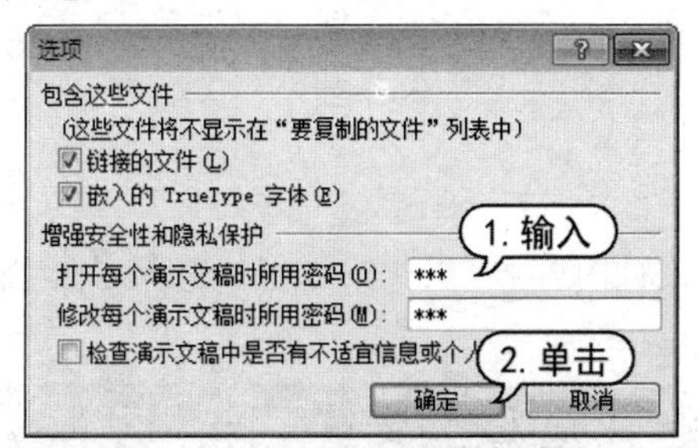

知识点滴

密码是区分大小写的，如果用户指定密码时混合使用了大小写字母，用户输入密码时，键入的大小写形式必须与之完全一致。当设置演示文稿密码时，建议用户将密码写下并保存在安全的位置。

step 7 在打开的【确认密码】对话框中输入打开密码，然后单击【确定】按钮。

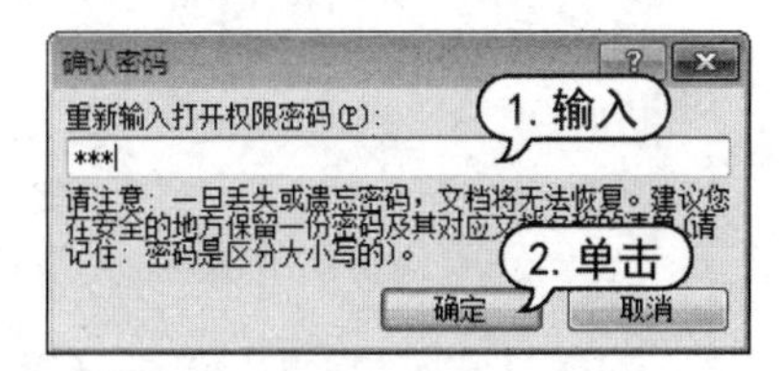

step 8 在打开的【确认密码】对话框输入修改密码，然后单击【确定】按钮。

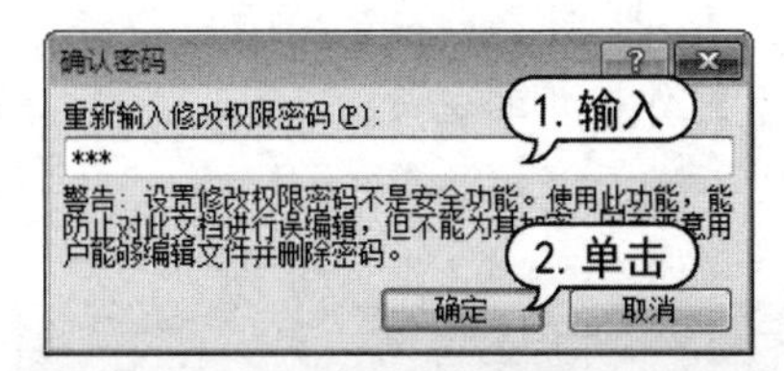

实用技巧

如果用户的计算机存在刻录机，可以在【打包成 CD】对话框中单击【复制到 CD】按钮，PowerPoint 将检查刻录机中的空白 CD，在插入正确的空白刻录盘后，即可将打包的文件刻录到光盘中。

step 9 返回【打包成CD】对话框，在该对话框中单击【复制文件夹】按钮。

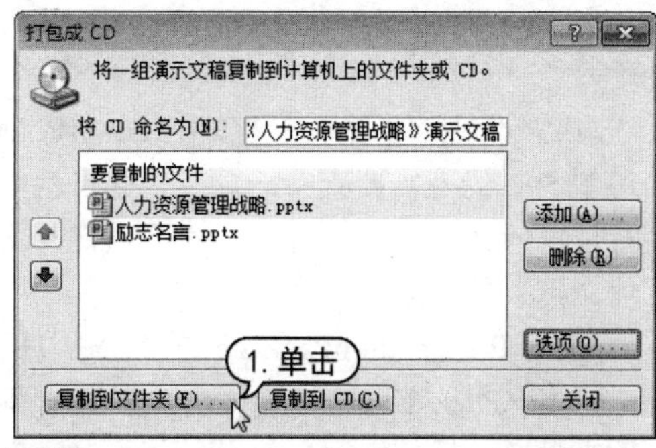

step 10 打开【复制文件夹】对话框，在【位置】文本框右侧单击【浏览】按钮。

step 11 打开【选择位置】对话框，在其中设置文件的保存路径，然后单击【选择】按钮。

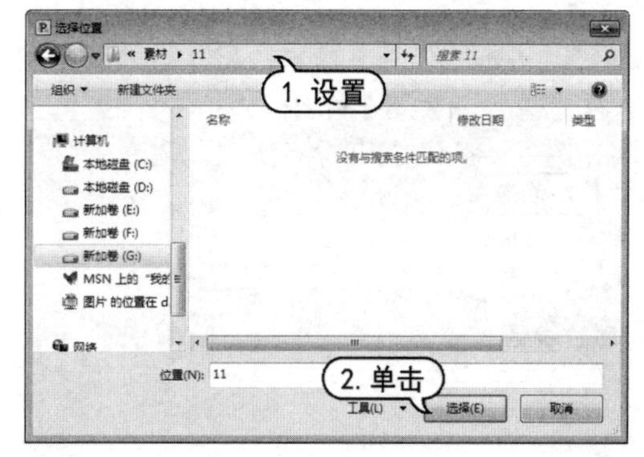

step 12 返回至【复制文件夹】对话框，在【位置】文本框中查看文件的保存路径，单击【确定】按钮。

step 13 打开Microsoft PowerPoint提示框，单击【是】按钮。此时，系统将开始自动复制文件到文件夹。

11.6.2 在其他计算机中解包

如果所使用的计算机上未安装 PowerPoint 2010 软件，仍然需要查看幻灯片，这是就需要对打包的文件夹进行解包，才可以打开幻灯片文档，并播放幻灯片。

双击 PresentationPackage 文件夹中的 PresentationPackage.html 网页，可以查看打包后光盘自动播放的网页效果。

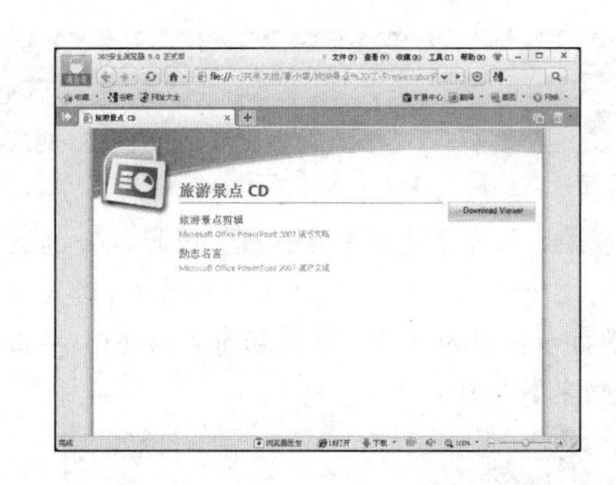

11.7 创建视频

使用 PowerPoint 2010 还可以将演示文稿转换为视频内容，以供用户通过视频播放器播放该视频文件，实现与其他用户共享该视频。

【例 11-10】将演示文稿创建为视频。
视频+素材 (光盘素材\第 11 章\例 11-10)

step 1 启动PowerPoint 2010 应用程序，打开“旅游景点剪辑”演示文稿。

step 2 单击【文件】按钮，在弹出的菜单中选择【保存并发送】命令。

step 3 在中间窗格的【文件类型】选项区域中选择【创建视频】选项，并在右侧窗格的【创建视频】选项区域中设置显示选项和放映时间，然后单击【创建视频】按钮。

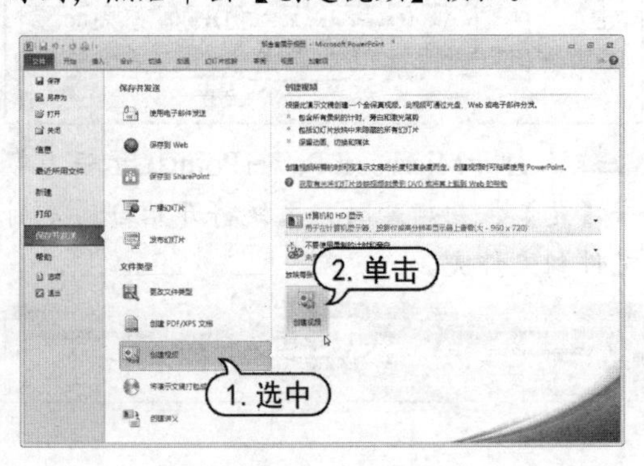

实用技巧

在【计算机和 HD 显示】下拉列表框中可以设置将创建的视频显示在计算机、Internet、DVD 和便捷式设备上。

step 4 打开【另存为】对话框，设置视频文件的名称和保存路径，然后单击【保存】按钮。

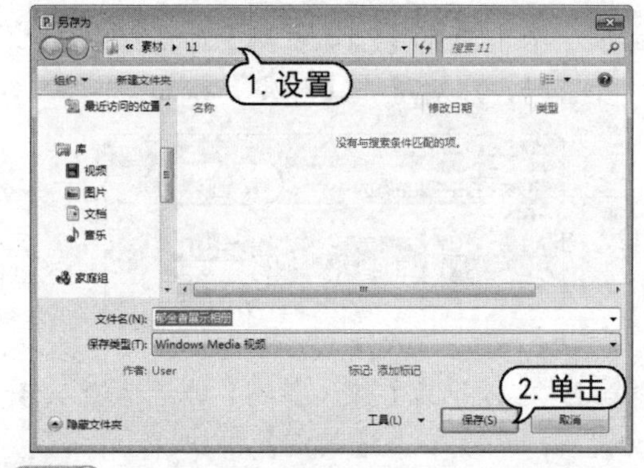

step 5 此时，PowerPoint 2010 窗口任务栏中将显示制作视频的进度。

step 6 制作完毕后，打开视频存放路径，双击视频文件，即可使用计算机中视频播放器来播放该视频。

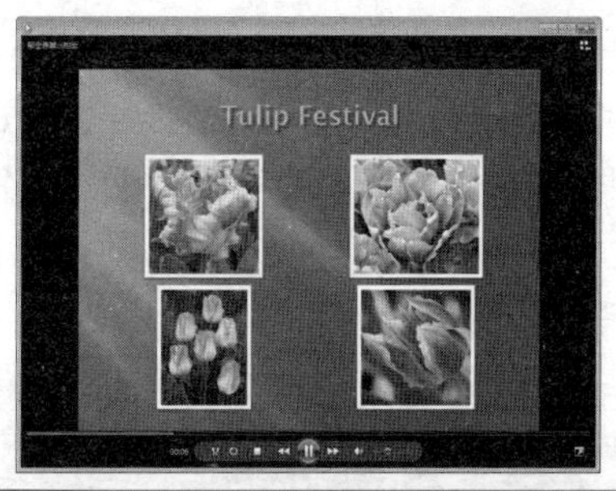

知识点滴

在 PowerPoint 演示文稿中单击【文件】按钮，从弹出的【文件】菜单中选择【另存为】命令，打开【另存为】对话框。在【保存类型】中选择【Windows Media 视频】选项，然后单击【保存】按钮，同样可以执行输出视频操作。

11.8 打印演示文稿

在 PowerPoint 2010 中，制作好的演示文稿不仅可以进行现场演示，还可以通过打印机打印出来，分发给观众作为演讲提示。在打印时，根据不同的目的将演示文稿打印为不同的形式，常用的打印稿形式有幻灯片、讲义、备注和大纲视图。

11.8.1 页面设置

在打印演示文稿前，可以根据个人需要对打印页面进行设置，使打印的形式和效果更符合实际需要。

打开【设计】选项卡，在【页面设置】选项组中单击【页面设置】按钮，在打开的【页面设置】对话框中对幻灯片的大小、编号和方向进行设置。

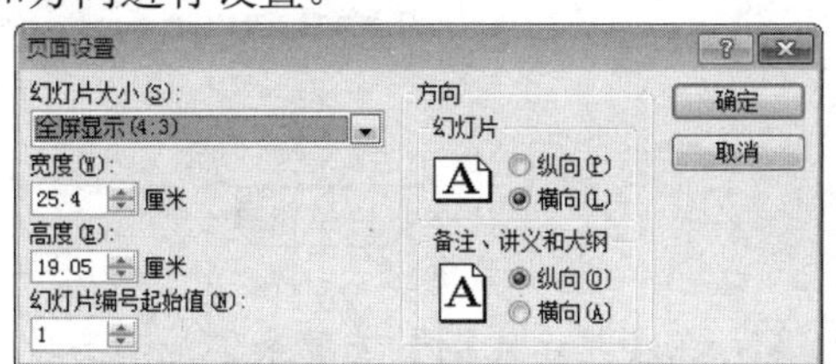

对话框中部分选项的含义如下。

- 【幻灯片大小】下拉列表框：用来设置幻灯片的大小。
- 【宽度】和【高度】文本框：用来设置打印区域的尺寸，单位为厘米。
- 【幻灯片编号起始值】文本框：用来设置当前打印的幻灯片的起始编号。
- 【方向】选项区域在对话框的右侧，可以分别设置幻灯片与备注、讲义和大纲的打印方向，在此处设置的打印方向对整个演示文稿中的所有幻灯片及备注、讲义和大纲均有效。

【例 11-11】在“光盘策划提案”演示文稿中，设置幻灯片的大小和方向。
视频+素材 (光盘素材\第 11 章\例 11-11)

step 1 启动PowerPoint 2010 应用程序，打开“光盘策划提案”演示文稿。

step 2 打开【设计】选项卡，在【页面设置】组中单击【页面设置】按钮，打开【页面设置】对话框。

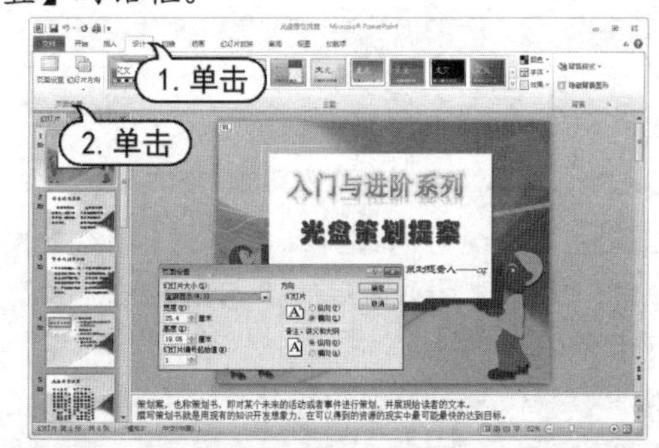

step 3 在【页面设置】对话框中，单击【幻

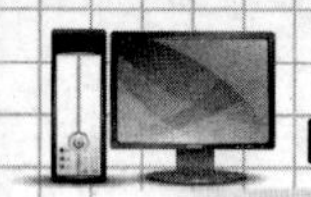

灯片大小】下拉列表，选择【自定义】选项；在【宽度】数值框中输入26，在【高度】数值框中输入16；在【方向】选项区域中选中【备注、讲义和大纲】的【横向】单选按钮，然后单击【确定】按钮。

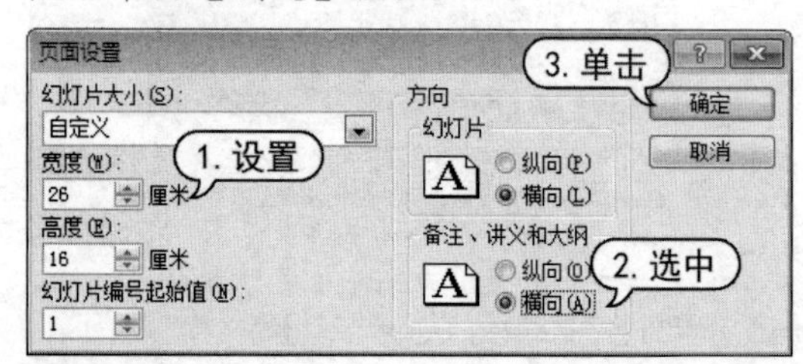

step 4 打开【视图】选项卡，在【演示文稿视图】组中单击【幻灯片浏览】按钮，即可查看设置页面属性后的幻灯片缩略图效果。

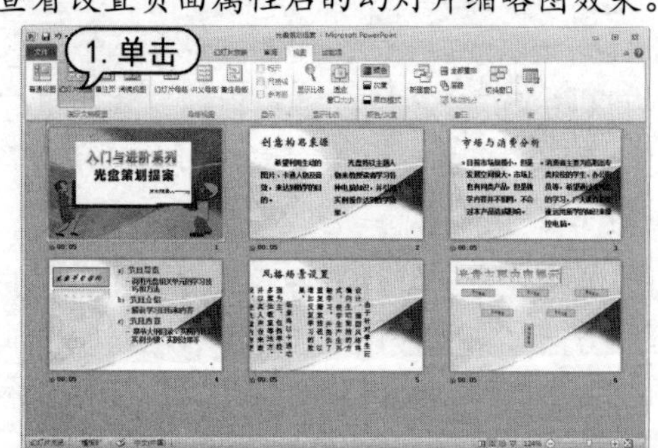

step 5 在【演示文稿视图】组中单击【备注页】按钮，切换至备注页视图，查看设置方向后的幻灯片。

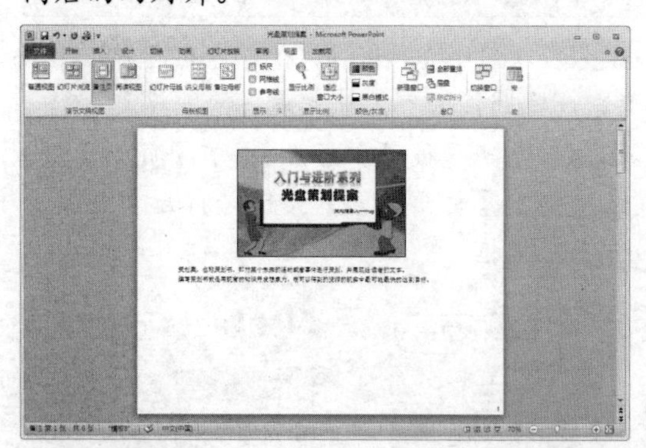

step 6 在快速访问工具栏中单击【保存】按钮，保存设置页面后的“光盘策划提案”演示文稿。

11.8.2 打印预览

用户在页面设置中设置好打印的参数后，在实际打印之前，可以使用打印预览功能预览打印效果。

【例 11-12】打印预览“光盘策划提案”演示文稿。
视频+素材 (光盘素材\第 11 章\例 11-12)

step 1 启动PowerPoint 2010 应用程序，打开【例 11-11】设置后的“光盘策划提案”演示文稿。

step 2 单击【文件】按钮，从弹出的菜单中选择【打印】命令，打开Microsoft Office Backstage视图。

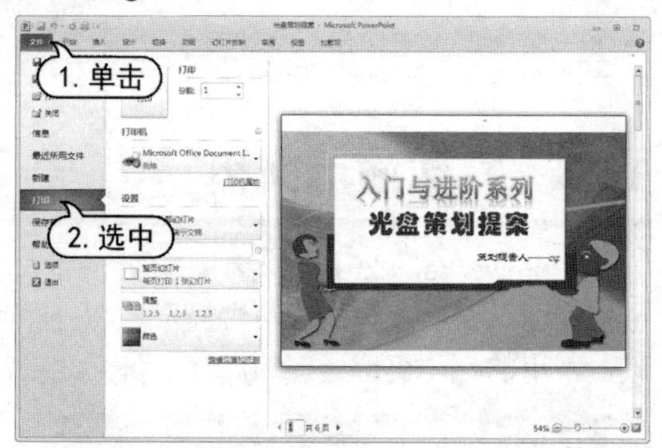

step 3 在最右侧的窗格中可以查看幻灯片的打印效果，单击预览页中的【下一页】按钮，查看下一张幻灯片效果。

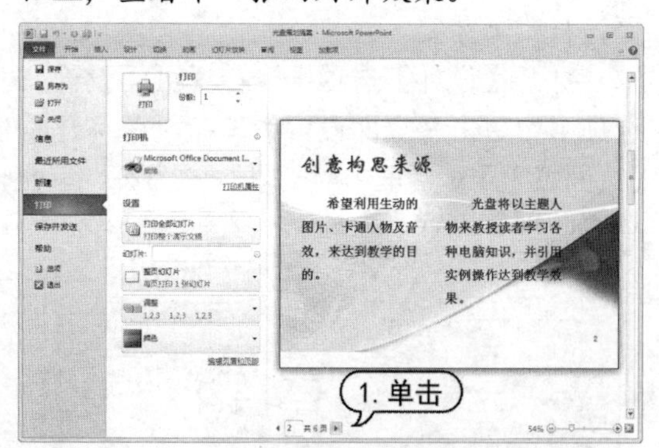

step 4 在【显示比例】进度条中拖动滑块，将幻灯片的显示比例设置为60%，查看其中的文本内容。

step 5 单击【下一页】按钮，逐一查看每张幻灯片中的具体内容。

step 6 打印预览完毕后，单击【文件】按钮，返回到幻灯片普通视图。预览的效果与实际打印的效果非常相近。

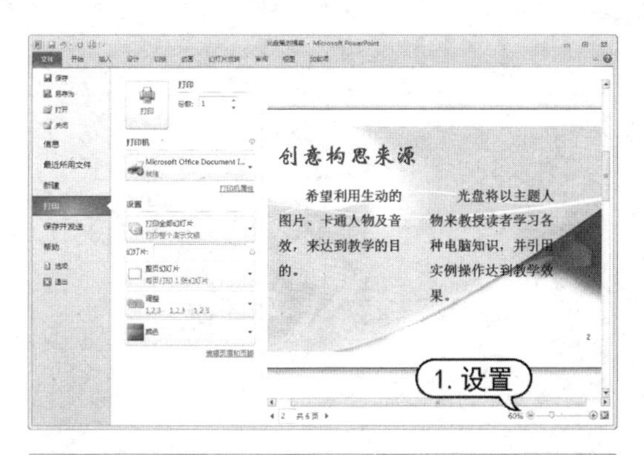

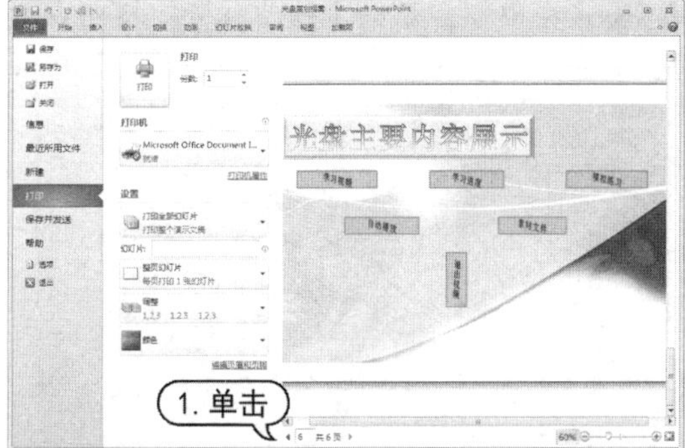

11.8.3 设置打印

如果当前的打印设置及预览效果满足用户需要，可以连接打印机开始打印演示文稿。单击【文件】按钮，从弹出的菜单中选择【打印】命令，打开 Microsoft Office Backstage 视图，在中间的【打印】窗格中进行相关设置。

其中，各选项的主要作用如下。

- 【份数】微调框：用来设置演示文稿打印的份数。
- 【打印机】下拉列表框：自动调用系统默认的打印机，当用户的计算机中安装有多个打印机时，可以根据需要选择打印机或设置打印机的属性。
- 【打印全部幻灯片】下拉列表框：用来设置打印范围，系统默认打印当前演示文稿中的所有内容，用户可以选择打印当前幻灯片或在其下的【幻灯片】文本框中输入需要打印的幻灯片编号。
- 【整页幻灯片】下拉列表框：用来设置打印的版式、边框和大小等参数。

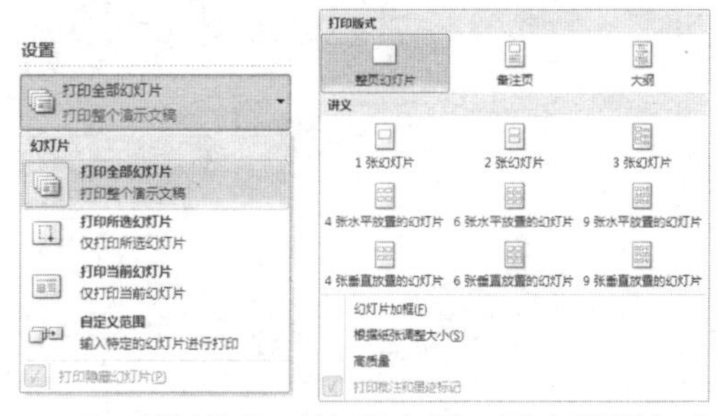

- 【调整】下拉列表框：用来设置打印排列顺序。
- 【颜色】下拉列表框：用来设置演示文稿打印时的颜色。

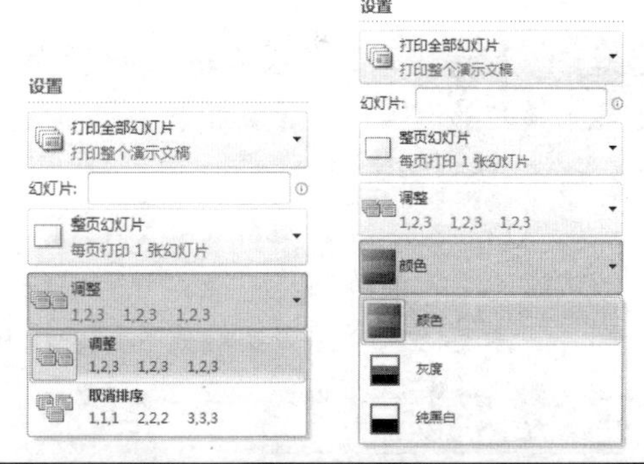

【例 11-13】打印 10 份彩色的“幼儿英语教学”演示文稿，并在一张纸张中打印整个演示文稿。

视频+素材 (光盘素材\第 11 章\例 11-13)

step 1　启动 PowerPoint 2010 应用程序，打开“幼儿英语教学”演示文稿。

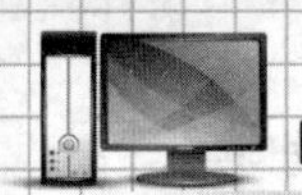

step② 单击【文件】按钮，从弹出的菜单中选择【打印】命令，打开Microsoft Office Backstage 视图。

step③ 在中间窗格的【份数】数值框中输入10；单击【整页幻灯片】下拉按钮，在弹出的下拉列表框选择【6 张水平放置的幻灯片】选项。

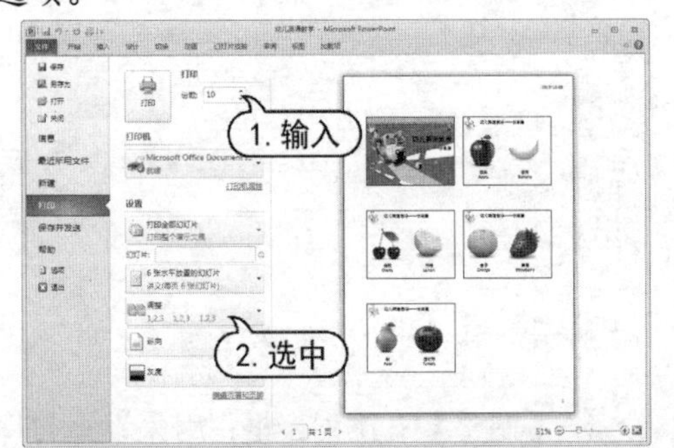

实用技巧

除此之外，用户还可以选择【添加打印机】命令，为本地计算机添加一台新的打印机，再进行打印操作。

step④ 在增加显示的【纵向】下拉列表中，选择【横向】选项；在【灰度】下拉列表框中选择【颜色】选项。

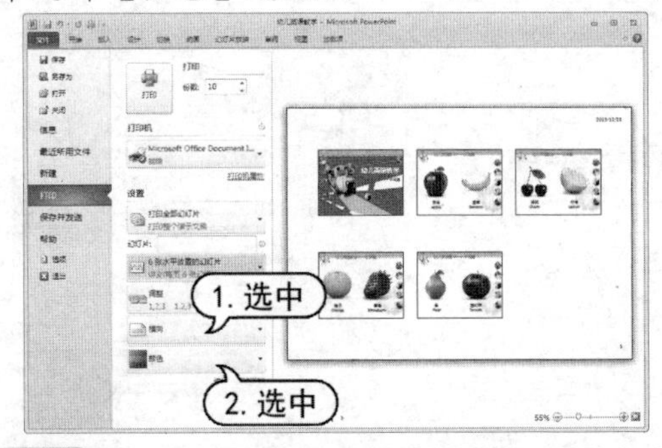

step⑤ 在中间窗格的【打印机】下拉列表中选择正确的打印机。

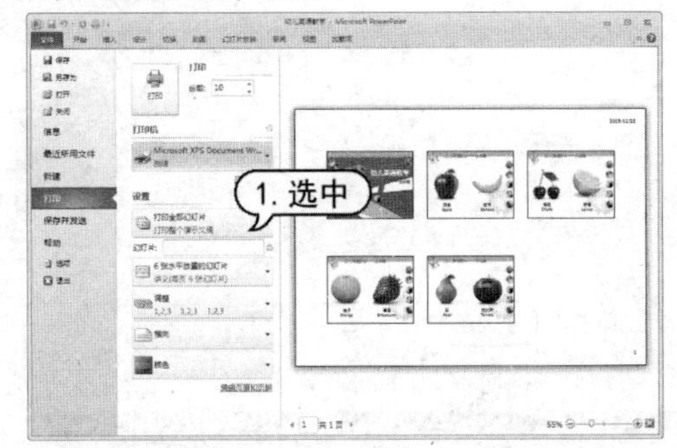

step⑥ 设置完毕后，单击左上角的【打印】按钮，即可开始打印幻灯片。

11.9 案例演练

本章的案例演练部分包括将“旅游行程”演示文稿输出为图片文件和预览并打印“旅游行程”演示文稿两个综合实例操作，使用户通过练习从而巩固本章所学知识。

11.9.1 将演示文稿输出为图片

【例 11-14】将打开的“旅游行程”演示文稿输出为 PNG 可移植网络图形格式文件。
视频+素材 (光盘素材\第 11 章\例 11-14)

step① 启动PowerPoint 2010 应用程序，打开“旅游行程”演示文稿。

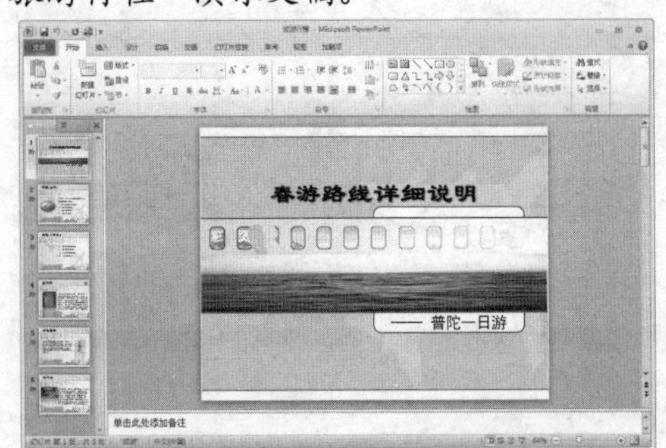

step② 单击【文件】按钮，从弹出的菜单中选择【保存并发送】命令，在中间窗格的【文件类型】选项区域中选择【更改文件类型】选项。在右侧【更改文件类型】窗格的【图片文件类型】选项区域中选择【PNG可移植网络图形格式】选项，然后单击【另存为】按钮。

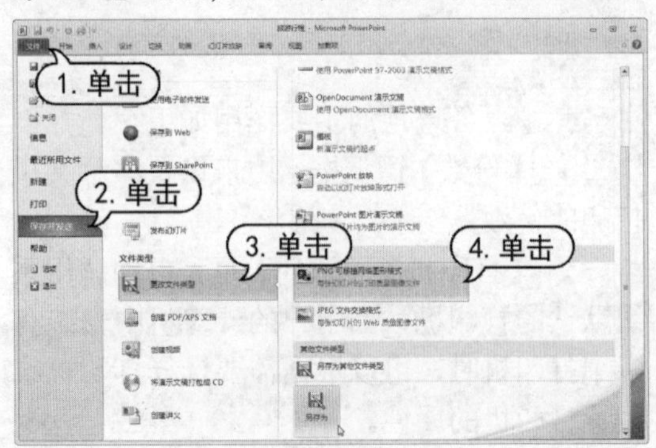

step 3 打开【另存为】对话框，设置存放路径，然后单击【保存】按钮。

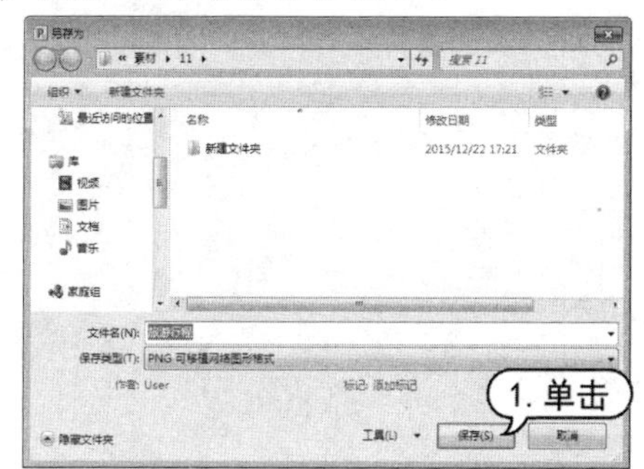

step 4 此时，系统会弹出提示对话框，供用户选择输出为图片文件的幻灯片范围，单击【每张幻灯片】按钮，开始输出图片，并在窗口任务栏中显示进度。

step 5 完成输出后，系统自动弹出提示框，提示用户每张幻灯片都以独立的方式保存到文件夹中，此时单击【确定】按钮即可。

step 6 双击打开保存的文件夹，此时 6 张幻灯片以PNG图像格式显示在文件夹中。双击某张图片，打开并查看该图片。

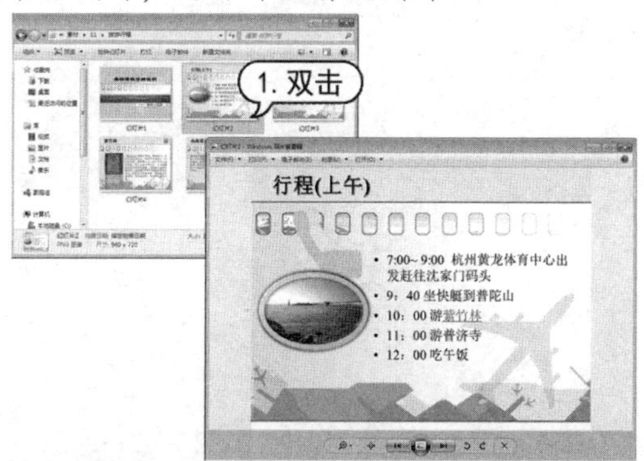

11.9.2 预览并打印演示文稿

【例 11-15】预览并打印“旅游行程”演示文稿。
视频+素材 (光盘素材\第 11 章\例 11-15)

step 1 启动PowerPoint 2010 应用程序，打开“旅游行程”演示文稿。

step 2 单击【文件】按钮，从弹出的菜单中选择【打印】命令，打开Microsoft Office Backstage 视图。

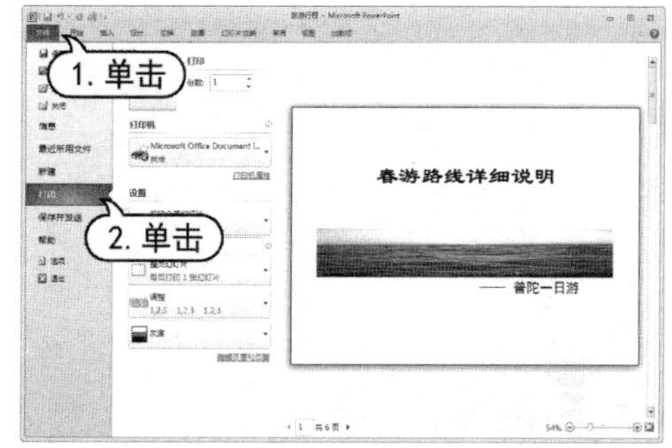

step 3 在最右侧的窗格中可以查看幻灯片的打印效果，逐步单击预览页中的【下一页】按钮▶，逐张查看幻灯片效果。

step 4 在中间窗格的【打印机】下拉列表中选择正确的打印机；单击【整页幻灯片】下拉按钮，在弹出的下拉列表框选择【3 张幻灯片】选项和【根据纸张调整大小】选项。

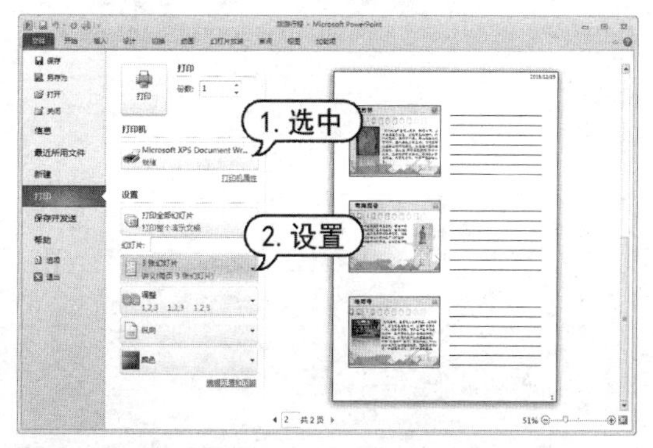

step 5 单击左上角的【打印】按钮，即可开始打印演示文稿。